实用液压气动回路880例

黄志坚 编著

化学工业出版社
·北京·

本书结合液压与气动技术的新成果及数字化、智能化的发展趋势，较全面地介绍了目前国内机械设备中的各种液压与气动回路共计880例。

全书按照由简单到复杂的顺序，以一图一表的形式，一目了然地介绍了常用液压气动回路的特点、功能、应用范围以及回路选用原则和注意事项等。同时也列举了液压与气动回路设计和使用维修参考实例。读者在分析回路的过程中，应着重弄清回路图中油路（气路）的走向，主油路（气路）与先导油路（气路）的关系，各元件在其中的作用以及回路的技术特点。

本书的主要读者是广大液压气动设备设计开发与使用维修工程技术人员，也可作为高等工科院校与职业技术学院有关专业师生的教学参考书或培训教材。

图书在版编目（CIP）数据

实用液压气动回路880例/黄志坚编著．—北京：化学工业出版社，2018.1

ISBN 978-7-122-30934-1

Ⅰ．①实… Ⅱ．①黄… Ⅲ．①液压回路②气压传动装置-回路 Ⅳ．①TH137.7②TH138.7

中国版本图书馆CIP数据核字（2017）第272561号

责任编辑：黄 滢　　装帧设计：王晓宇

责任校对：王素芹

出版发行：化学工业出版社（北京市东城区青年湖南街13号　邮政编码100011）

印　　刷：三河市航远印刷有限公司

装　　订：三河市瞰发装订厂

787mm×1092mm　1/16　印张23　字数566千字　2018年1月北京第1版第1次印刷

购书咨询：010-64518888（传真：010-64519686）　售后服务：010-64518899

网　　址：http：//www.cip.com.cn

凡购买本书，如有缺损质量问题，本社销售中心负责调换。

定　　价：98.00元

前言

液压系统是一种动力传递与控制装置，人们利用它实现机械能—液压能—机械能的转换。液压传动与控制技术在国民经济与国防各部门的应用日益广泛，液压设备在装备体系中占十分重要的位置。液压系统是结构复杂且精密度高的机、电、液综合系统，液压技术涉及机械、电气、流体力学、控制工程等学科。同时，液压技术在不断进步与更新。

液压系统由回路组成。所谓液压回路是指能实现某种规定功能的若干液压元件的组合，因此，液压回路是由液压元件组成的。哪种回路更适合应用环境，是设计开发人员所关心的；液压回路隐含了液流的路径，油液从哪里来，又去向哪里，则是维修人员所关心的。

基本回路按在液压系统中的功能可分为压力控制回路——控制整个系统或局部油路的工作压力；速度控制回路——控制和调节执行元件的速度；方向控制回路——控制执行元件运动方向的变换和锁停；多执行元件控制回路——控制几个执行元件间的工作循环。液压回路图一般由液压元件符号及连接线构成，它是液压回路技术内容的主要表现形式。设计开发人员利用它表达技术方案；维修人员通过它理解设备的工作原理。

气压传动是流体传动与控制的另一分支。气压传动工作环境适应性好，特别是易燃、易爆、多尘埃、强磁场、潮湿、温度变换大、振动、存在腐蚀性气体等恶劣场合。气动元件结构简单、紧凑，易于制造，工作介质是空气，比较容易获得，使用后一般可以直接排入大气中，处理方便。因此气压传动有着广泛的应用。气动回路的结构类型及工作原理与液压回路有一定程度的相似。

本书在收集整理各方资料的基础上，较全面地介绍了目前国内机械设备中的各种液压与气动回路。对每一种回路，给出了回路图，并以表格的形式简要介绍了它的技术特点及适用环境。同时也列举了液压与气动回路设计使用维修参考实例。

本书技术内容条理分明、浅显易读，适合初学者。读者在分析回路的过程中，应着重弄清回路图中油路（气路）的走向，主油路（气路）与先导油路（气路）的关系，各元件在其中的作用，以及回路的技术特点。每章的后部分是应用实例，一个实例可能包括多个回路，实例也可能涉及 PLC 电控技术，内容构成更加复杂，专业面更广且稍有深度，读者可在学习基础部分之后进一步研读。液压与气动回路由元件构成，建议读者在较好地掌握液压与气动元件专业基础上阅读本书。

本书的主要读者是广大液压气动设备设计开发与使用维修工程技术人员，本书也可作为高等工科院校与职业技术学院有关专业教师与学生的教学参考书或培训教材。

由于笔者水平有限，书中不足之处，敬请广大读者批评指正。

编著者

目录

第1篇 液压回路

液压技术（hydraulics）在现代新技术和核心技术领域中占有着非常重要的地位。液压工业已经成为现代装备制造工业的一个重要组成部分。

液压技术的应用领域不断拓展，作为机械装备传动与控制的核心技术，其应用程度已成为衡量一个国家工业化水平的重要标志之一。越先进的设备，液压技术所占的比重就越多。

液压系统以液体为工作介质来传递力和运动，并对其运行调节和控制。液压基本回路是构成液压系统最基本的结构和功能单元。机械设备的液压传动系统有时会很复杂，但都是由一些液压基本回路组成的。例如，用来改变执行元件运动方向的换向回路，用来控制系统中液体压力的调压回路，用来调节执行元件运动速度的调速回路等等，这些都是液压系统中最常用的基本回路。熟悉基本回路是分析和设计液压传动系统的重要基础。

第1章 液压源回路

液压源回路也称为动力源回路，是液压系统中最基本的不可缺少的部分。液压源回路的功能是向液压系统提供一定压力和流量的传动介质，以满足执行机构的工作需要。液压源回路是由油箱、油箱附件、液压泵、电动机、压力阀、过滤器、单向阀等组成的。在选择和使用液压源时要考虑系统所需的流量和压力，使用的工况、作业的环境以及液压油的污染控制和温度控制等。

因此，设计和选择油源时，要综合考虑系统压力的稳定性、流量的均匀性、工作的可靠性、传动介质的温度和污染度以及节能等因素。要选择合理的油源供油系统，使之非常接近负载的要求，提供刚好能满足液压系统所必需的流量、压力及功率，以节约能量，提高经济效益，这是液压源回路的设计目标，也是现代液压装备发展的方向之一。

1.1 液压系统中的基本液压源回路（图 1-1 和表 1-1）

1.2 定量泵-溢流阀液压源回路（图 1-2 和表 1-2）

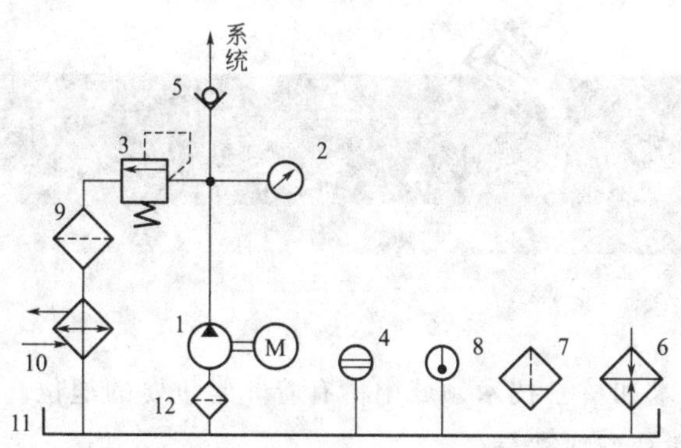

图 1-1 基本液压源回路

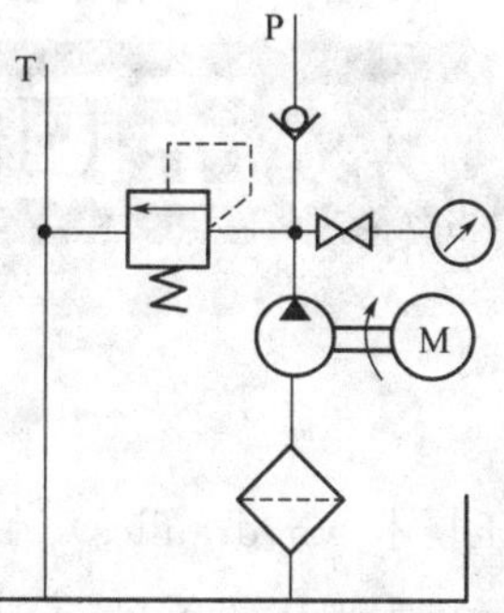

图 1-2 定量泵-溢流阀液压源回路

表 1-1 基本液压源回路

回路描述	特点及应用
回路中溢流阀 3 用于调定液压泵 1 的输出压力，压力值可以通过压力表 2 读出，在泵 1 的吸油口设置过滤器 12。泵 1 的出口设置单向阀 5，以防止载荷变化引起的油液回流。油箱 11 用于存储油液、散热和逸出气体等 空气过滤器 7 一般设在油箱顶盖上同时作为注油口。液位计 4 一般设在油箱侧面，以显示油箱液位。加热器 6 和冷却器 10 用来对油温进行调节，温度计 8 用来检测油温	该回路为液压系统中的基本液压源回路。可根据系统状况、环境温度等条件决定是否安装加热器、冷却器等液压辅助元件 冷却器通常设在工作回路的回油管中。为了保持油箱内油液的清洁度，在冷却器上游设置回油过滤器 9

表 1-2 定量泵-溢流阀液压源回路

回路描述	特点及应用
定量泵的出口压力由溢流阀调定，泵出口压力近似不变，为一恒定值	结构简单，是开式液压系统中常用的液压源回路，有溢流损失 可根据系统所需的压力和流量等实际要求选择泵和阀的规格型号

1.3 变量泵-安全阀液压源回路（图 1-3 和表 1-3）

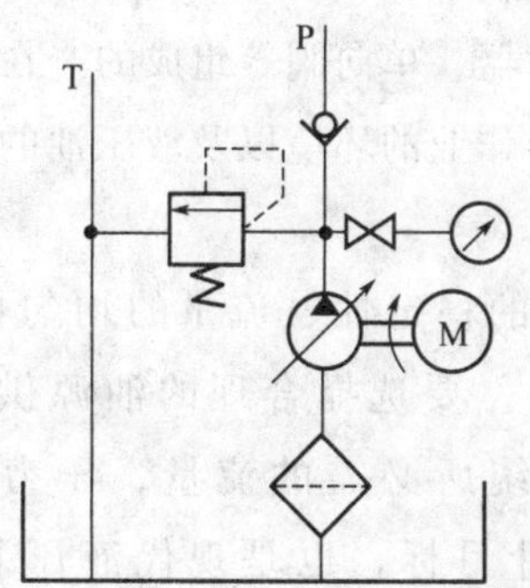

图 1-3 变量泵-安全阀液压源回路

表 1-3 变量泵-安全阀液压源回路

回路描述	特点及应用
变量泵可随负载的变化自动调整输出压力和流量，系统超载时，可以通过安全阀卸荷	泵出口有溢流阀作为安全阀，没有溢流损失。该回路是开式液压回路中常用的回路，如振动下料机的液压系统

1.4 高低压双泵液压源回路（图 1-4 和表 1-4）

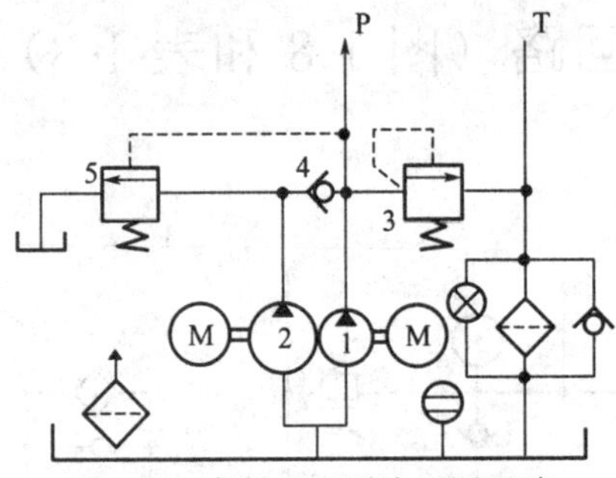

图 1-4　高低压双泵液压源回路

表 1-4　高低压双泵液压源回路

回路描述	特点及应用
双泵协同供油，1 为高压小流量泵，2 为低压大流量泵。当系统中的执行机构所克服的负载较小而要求快速运动时，两泵同时供油，当负载增加而要求执行机构运动速度较慢时，系统工作压力升高，卸荷阀 5 打开，低压大流量泵 2 卸荷	经常用于需要工作在不同工作速度，而且两个速度相差很大时的情况下。如压力管离心铸造机喷拉车液压系统、带轮三角槽辊轧机液压系统

1.5 采用插装阀的双泵液压源回路（图 1-5 和表 1-5）

1.6 多泵并联供油液压源回路（图 1-6 和表 1-6）

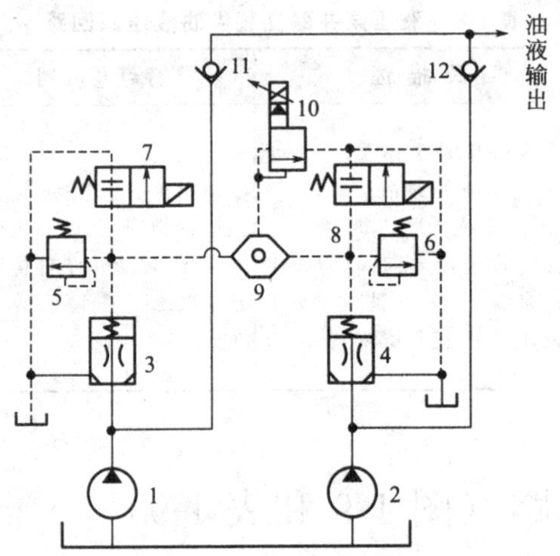

图 1-5　采用插装阀的双泵液压源回路

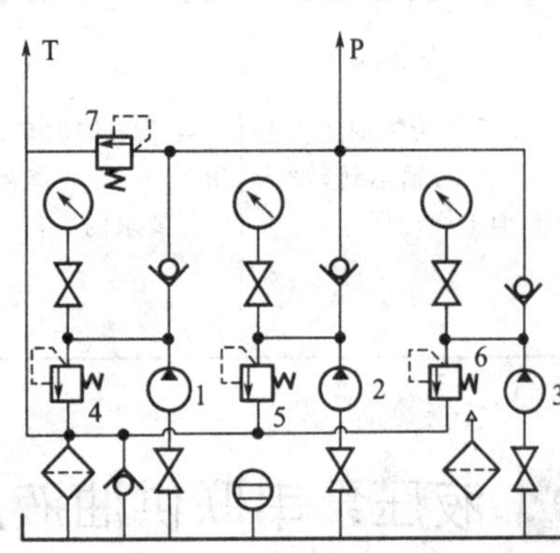

图 1-6　多泵并联供油液压源回路

表 1-5　采用插装阀的双泵液压源回路

回路描述	特点及应用
电磁阀 7 与 8 均未通电时，泵 1 和泵 2 同时向系统供油。由于梭阀 9 的作用，两个先导调压阀 5 与 6 以及比例调压阀 10 均与阀 3、阀 4 的控制腔相通，阀 5 和阀 6 均起安全阀的作用。此时工作压力由比例调压阀 10 统一调定 阀 7 通电时，阀 3 打开，泵 1 卸荷，由泵 2 向系统供油。此时由阀 10 对泵 2 的供油压力进行调节 阀 8 通电时，泵 2 卸荷，泵 1 向系统供油，泵 1 的压力同样由阀 10 进行调节。如定量泵 1 与 2 流量不同，系统可获得三种不同的流量	在功率较大的液压系统中，因为市场上没有特大流量的泵供选用，所以往往使用多台定量泵作为液压源 阀 3 与阀 4 都是带阻尼孔的插装件，与两只先导电磁阀 8 与 7、先导调压阀 5 与 6、比例调压阀 10 以及梭阀 9 构成对泵的控制回路

表 1-6　多泵并联供油液压源回路

回路描述	特点及应用
多泵并联供油液压源回路中泵的数量依据系统流量需要而确定。或根据长期连续运转工况，要求液压系统设置备用泵，一旦发现故障及时启动备用泵或采用多泵轮换工作制延长液压源使用和维护周期。各泵出口的溢流阀也可采用电磁溢流阀，使泵具有卸荷功能	三个定量泵的流量分别为 $q_1<q_2<q_3$，$q_3>q_1+q_2$。控制各个泵的工作状态，此油源可以提供七种不同的输出流量 系统压力由主油路溢流阀 7 设定

1.7 液压泵并联同时供油液压源回路（图 1-7 和表 1-7）

1.8 液压泵并联交替供油液压源回路（图 1-8 和表 1-8）

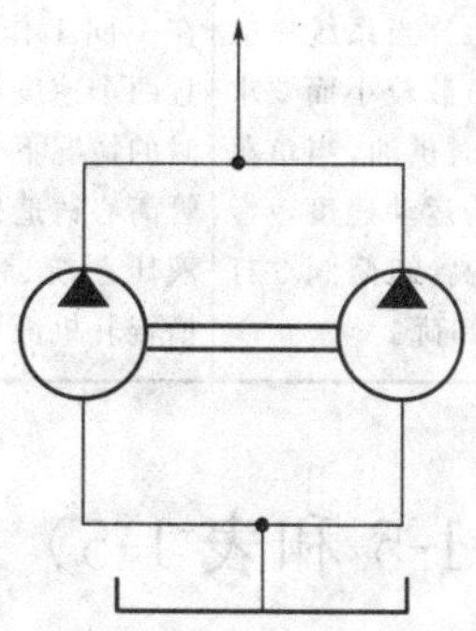

图 1-7 液压泵并联同时供油液压源回路

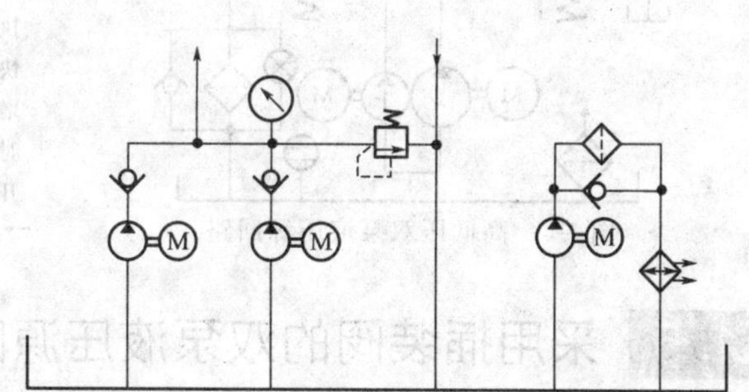

图 1-8 液压泵并联交替供油液压源回路

表 1-7 液压泵并联同时供油液压源回路

回路描述	特点及应用
提供液压系统所需的压力和流量。两个泵同轴运转，增大系统流量，但不增加压力	两个泵同时运转，用在单一泵不能满足流量要求的场合

表 1-8 液压泵并联交替供油液压源回路

回路描述	特点及应用
两个泵一个是工作泵，一个是备用泵，工作泵出现故障时，备用泵启动，使系统正常工作 回路中设两个单向阀，防止工作液压泵输出的液压油流入不工作的液压泵中，使其反转	应用在不允许液压泵出现故障的情况下，如飞机的液压系统、淬火炉工件传送机液压系统

1.9 液压泵串联供油液压源回路（图 1-9 和表 1-9）

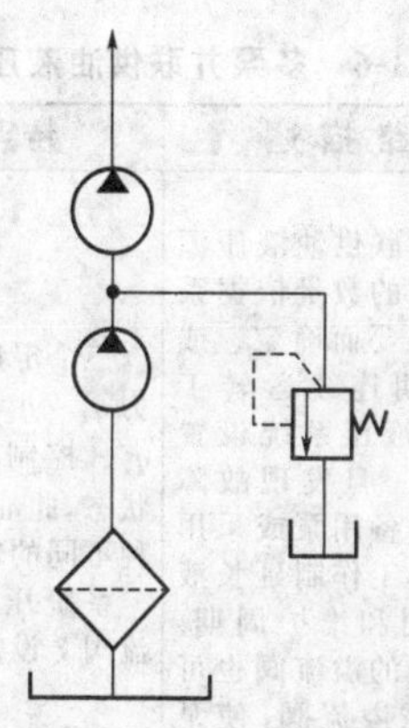

图 1-9 液压泵串联供油液压源回路

表 1-9 液压泵串联供油液压源回路

回路描述	特点及应用
前吸泵不承担液压系统的负载，只为主泵供油，以保证主泵顺利吸入油液	解决自吸能力差的泵的吸油问题，前吸泵的流量必须大于主泵的流量

1.10 阀控液压源回路

1.10.1 阀控液压源回路Ⅰ（图 1-10 和表 1-10）

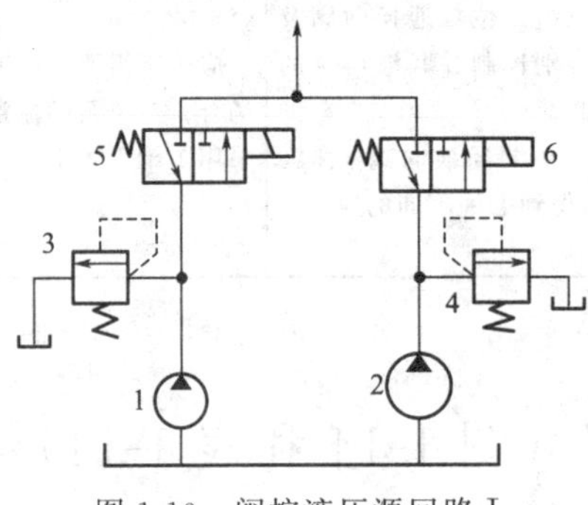

图 1-10　阀控液压源回路Ⅰ

表 1-10　阀控液压源回路Ⅰ

回路描述	特点及应用
阀 5 切换在左位，阀 6 切换在右位时，由泵 2 供油；阀 5 切换在右位，阀 6 切换在左位时，由泵 1 供油；阀 5 切换在右位，阀 6 切换在右位时，由泵 1、2 同时供油	两泵的压力分别由溢流阀 1、2 调节，二者的调定压力应相等。避免两泵同时供油发生油液倒流 应用于液压源与负载要求的流量相适应，节能，提高了系统的效率。如应用于双面组合铣床液压系统中

1.10.2 阀控液压源回路Ⅱ（图 1-11 和表 1-11）

1.10.3 阀控液压源回路Ⅲ（图 1-12 和表 1-12）

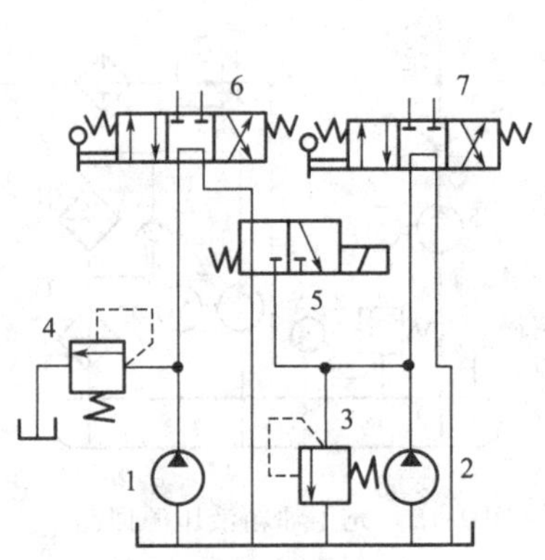

图 1-11　阀控液压源回路Ⅱ

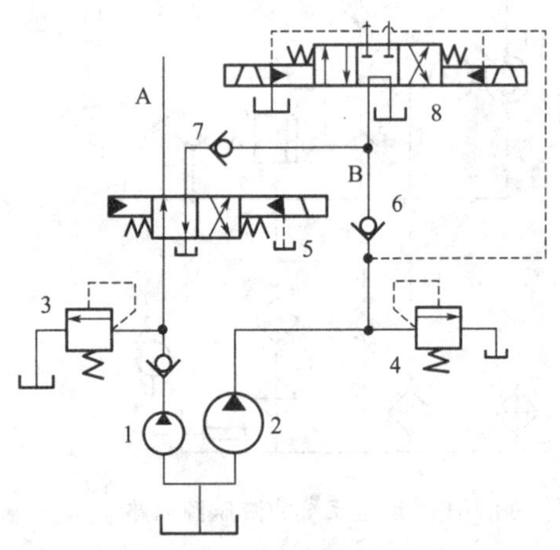

图 1-12　阀控液压源回路Ⅲ

表 1-11　阀控液压源回路Ⅱ

回路描述	特点及应用
阀 5 处于左位时，泵 1 和泵 2 可单独向各自的执行机构供油，此时为慢速运动。当阀 6 的执行机构不需要工作时，可将阀 5 换至右位，泵 1 和泵 2 同时向泵 2 的执行机构供油，此时为快速运动	调速范围根据两泵的流量来定。调速范围只有两级，应用于一个泵不工作时，另一个执行机构正好需要快速运动的场合，常用于工程机械

表 1-12　阀控液压源回路Ⅲ

回路描述	特点及应用
泵 1 和 2 分别向 A 和 B 两个支路供油，当换向阀 5 处于右位时，泵 1 和 2 输出的油液汇合在一起，向支路 B 供油，因此支路 B 的执行机构得到两级速度	调速范围只有两级，应用于其中一个泵不工作时，另一个执行机构正好需要快速运动的场合

1.10.4 阀控液压源回路Ⅳ（图1-13和表1-13）

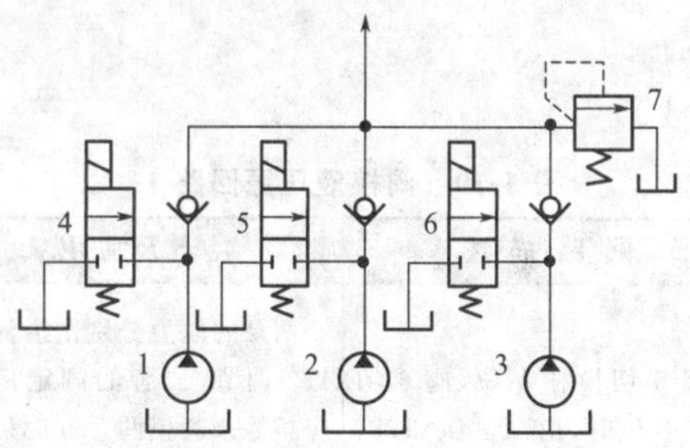

图1-13 阀控液压源回路Ⅳ

表1-13 阀控液压源回路Ⅳ

回路描述	特点及应用
采用三组二位二通换向阀及单向阀分别控制并联液压泵的供油和卸荷 控制二位二通换向阀4、5、6的通断，得到七种不同的速度	应用于需要多级速度的场合。三个泵的流量比常采用1∶2∶4

1.11 闭式液压系统的液压源回路（图1-14和表1-14）

1.12 充压油箱液压源回路（图1-15和表1-15）

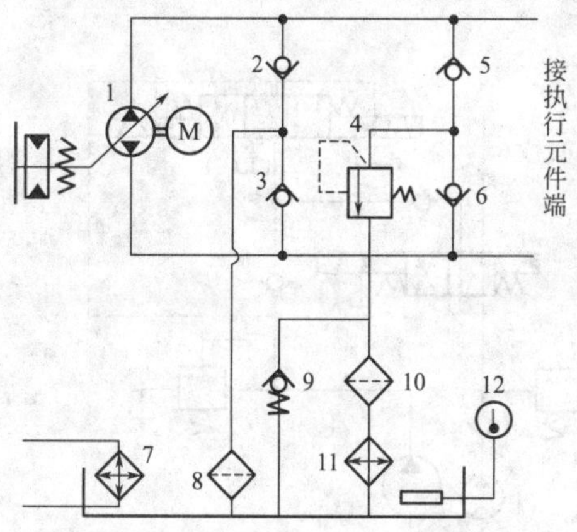

图1-14 闭式液压系统的液压源回路

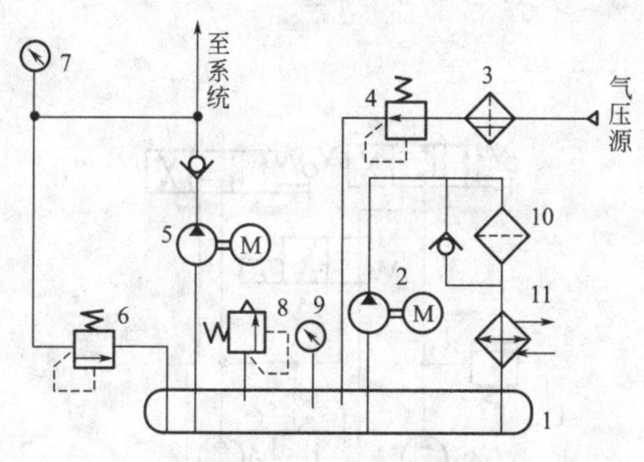

图1-15 充压油箱液压源回路

表1-14 闭式液压系统的液压源回路

回路描述	特点及应用
双流向变量泵1的输出液流给执行元件，执行元件的回油直接输入到泵的吸油口。压油口由溢流阀4实现压力控制，吸油口经单向阀2或3补充油液。为了防止冷却器11被堵塞，设有旁通单向阀9。为了保持油箱内油液的清洁度，在冷却器上游设置回油过滤器10。温度表12用于检测油温	闭式液压系统中，一般要设置补油泵向系统补油 应用在功率大、换向频繁的液压系统，如龙门刨床、拉床、挖掘机、船舶等液压系统

表1-15 充压油箱液压源回路

回路描述	特点及应用
充压油箱1采用全封闭式设计，由充气装置（气源、空气过滤器3及减压阀4等）向油箱提供过滤的压缩空气 泵5（工作泵）的工作压力由溢流阀6调定，并由压力表7显示	该回路用于水下作业或者环境条件恶劣的场合 冷却过滤液压泵2的设置，使得即使主系统不工作，采用这种结构，同样可以对系统进行过滤和冷却

1.13 液压泵补油回路

1.13.1 液压泵补油回路Ⅰ（图 1-16 和表 1-16）

1.13.2 液压泵补油回路Ⅱ（图 1-17 和表 1-17）

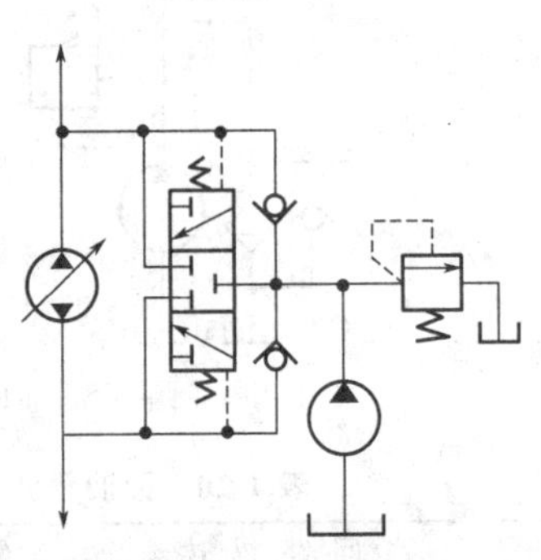
图 1-16　液压泵补油回路Ⅰ

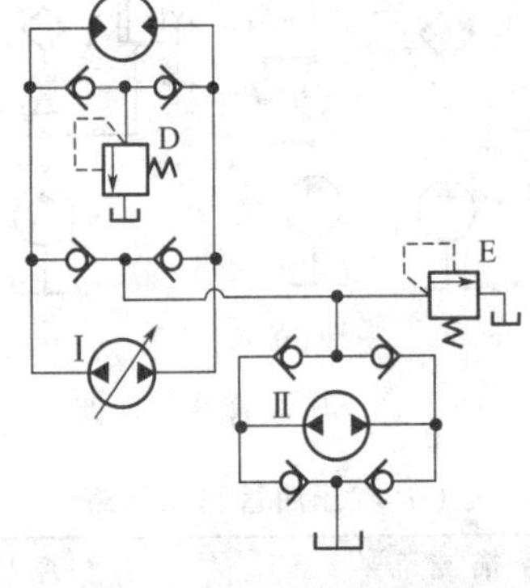

图 1-17　液压泵补油回路Ⅱ

表 1-16　液压泵补油回路Ⅰ

回路描述	特点及应用
用低压充油泵对高压主泵的吸油管充油以提高主泵的性能，而且可以减少泵的噪声 本回路装有自动切换阀，可消除由于顶开单向阀而造成的压力损失	对于闭式回路，充油泵应供给主泵输出量和返回量之差的 110% 左右的油量 充油泵一般用齿轮泵，压力在 1MPa 以下

表 1-17　液压泵补油回路Ⅱ

回路描述	特点及应用
本回路是液压马达双向转动的闭式回路，由变量泵Ⅰ供油。阀 D 是液压马达的制动阀，也是泵的安全阀 为了补偿系统泄漏，本回路采用双向补油泵Ⅱ及单向阀组成的桥式回路给液压马达补油	该回路可用于泵Ⅱ必须正反向转动的场合。阀 E 是泵Ⅱ的溢流阀，调定补油压力

1.14 液压源滤油回路

1.14.1 吸油管滤油回路（图 1-18 和表 1-18）

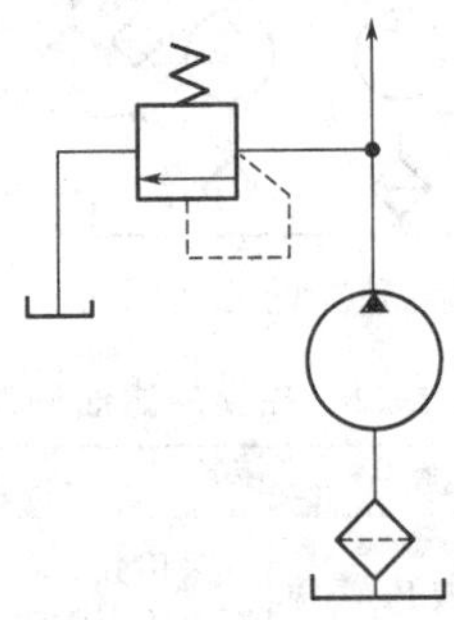
图 1-18　吸油管滤油回路

表 1-18　吸油管滤油回路

回路描述	特点及应用
过滤器安装在液压泵吸油管的入口处，防止固体颗粒物等污染物进入液压系统，以保护液压泵	属于直接保护液压泵的滤油回路，因此一般液压系统都需采用。为了使液压泵吸油充分，滤油器流量要大，滤油阻力要小，使用时，表面不应露出油面

1.14.2 压油管滤油回路（图 1-19 和表 1-19）

1.14.3 回油管滤油回路（图 1-20 和表 1-20）

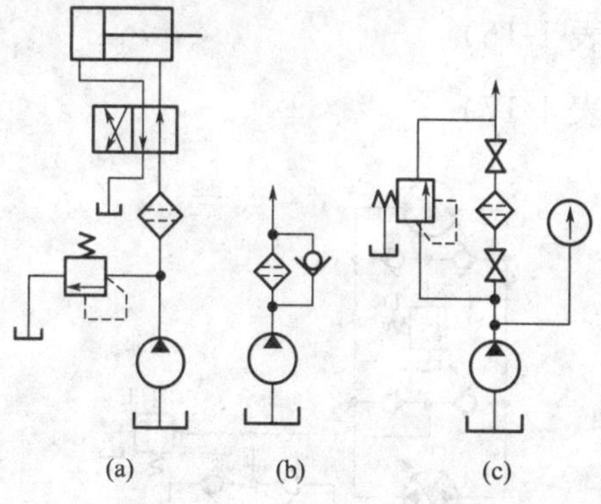

图 1-19 压油管滤油回路

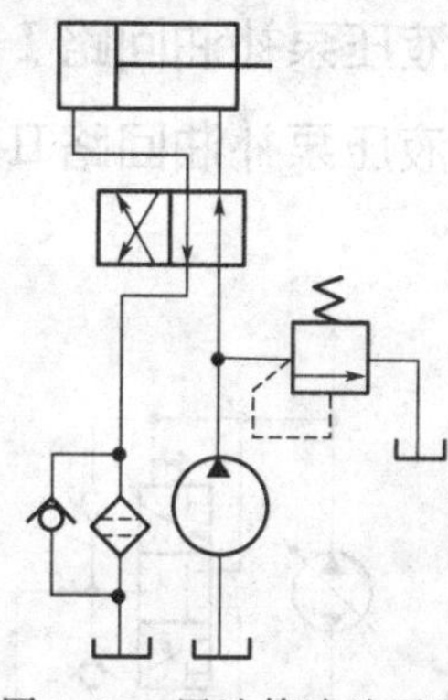

图 1-20 回油管滤油回路

表 1-19 压油管滤油回路

回路描述	特点及应用
滤油器直接安装在液压泵出口处，使全部流量都经过精滤，将吸油管滤油器未滤去的杂质和液压泵产生的磨损颗粒滤去，保护除液压泵以外的全部液压元件 为了避免滤油器淤塞而引起液压泵过载，滤油器必须安装在溢流阀支油路的后面，而不应放在它的前面，如图 1-19(a)所示，或者与一个安全阀并联，如图 1-19(b)、图 1-19(c)所示	本回路是精过滤的滤油回路，适用于对污染敏感的液压系统 对于图 1-19(b)、图 1-19(c)所示回路，安全阀的开启压力应高于滤油器的最大允许压差，压差太大会使较大的杂质颗粒挤过滤孔，并有压坏滤芯的危险

表 1-20 回油管滤油回路

回路描述	特点及应用
所有的杂质颗粒经过阀、缸等元件后，在回到油箱前被滤去 回路中应与滤油器并联一个安全阀，以防止滤油器堵塞后，引起过高的背压，甚至将滤油器的滤芯压坏	本回路的优点是滤油器可在低压下工作，可采用强度和刚度较低的滤油器进行精滤，过滤精度一般为 20～25μm。缺点是不能直接防止杂质进入系统

1.14.4 支油管滤油回路（图 1-21 和表 1-21）

1.14.5 独立的滤油回路（图 1-22 和表 1-22）

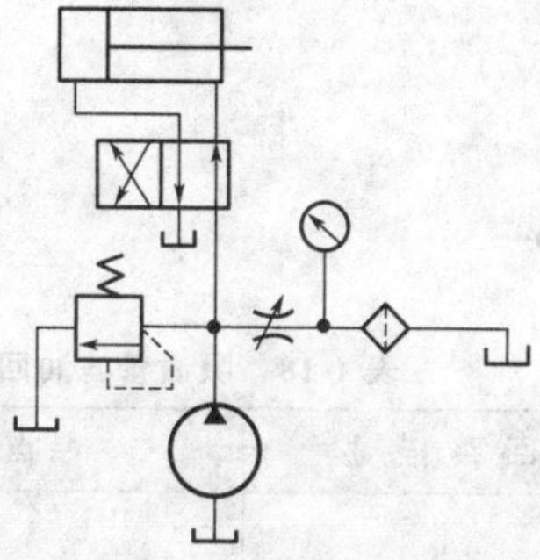

图 1-21 支油管滤油回路

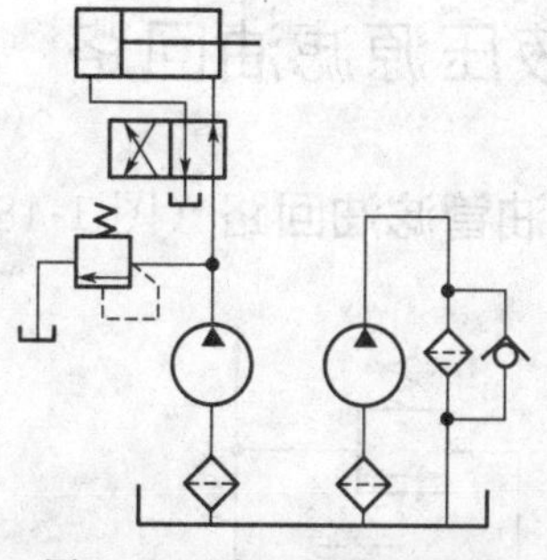

图 1-22 独立的滤油回路

表 1-21 支油管滤油回路

回路描述	特点及应用
滤油器装在压油管的支路上，只能循环地除去油液中的部分杂质。经过滤油器的流量使液压泵的有效输油量减小	适用于旁路节流调速的支油路滤油回路

表 1-22 独立的滤油回路

回路描述	特点及应用
在大型设备液压系统中，可采用独立的液压泵来滤去油液中的杂质	采用独立的滤油回路，虽不能直接保护液压元件，但可使油液在低压下不断精滤。适用于大型设备的液压系统

1.15 液压源油液冷却回路

1.15.1 溢流冷却回路（图 1-23 和表 1-23）

1.15.2 闭式系统冷却回路（图 1-24 和表 1-24）

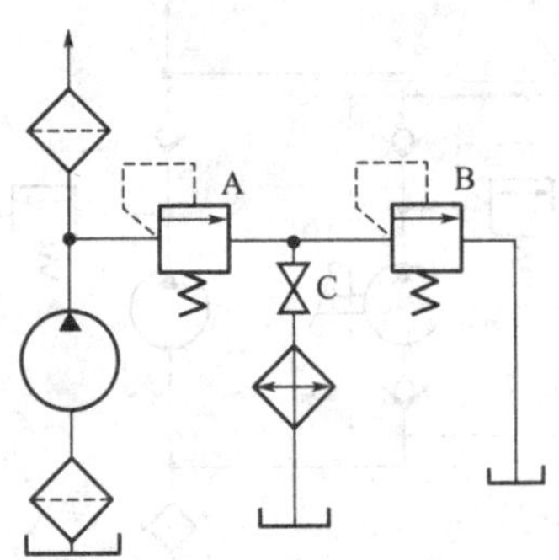

图 1-23 溢流冷却回路

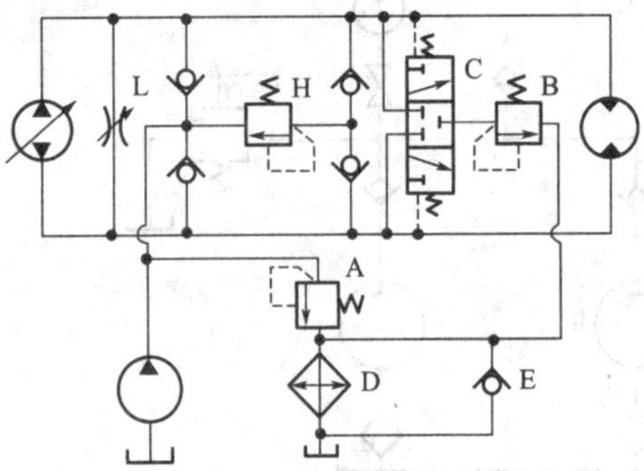

图 1-24 闭式系统冷却回路

表 1-23 溢流冷却回路

回路描述	特点及应用
冷却器安装在溢流阀 A 的回油路中，只冷却通过溢流阀 A 的流量 为了减小冷却器的尺寸，采用流量比泵全流量小的冷却器，并联一个安全阀 B。当通过冷却器的流量过大或油的黏度很高时，安全阀 B 即打开，使一部分油经阀 B 直接流回油箱。截止阀 C 的作用是在检修或更换冷却器时，可以将油路关断，使系统可照常工作	适用于开式回路节流调速的液压系统 通过溢流阀 A 的流量是随系统的需油量而变化的，当系统不工作时，通过溢流阀 A 的流量是泵的全流量

表 1-24 闭式系统冷却回路

回路描述	特点及应用
低压溢流阀 A 的调整压力高于回油溢流阀 B 的压力时，补油泵排出的油全部流入主油路低压管路中，低压管路中多余的热油经三位液动换向阀 C、溢流阀 B 和冷却器 D 返回油箱，实现冷却。冷却器 D 被堵塞时，回油可通过安全阀 E 返回油箱	回路为变量泵定量马达组成的闭式回路。定量泵是补油泵，阀 A 调定补油压力，溢流阀 H 是系统的安全阀。打开节流阀 L，可使液压马达浮动 系统的平衡温度一般为 60℃

1.15.3 油温自动调节的回路（图 1-25 和表 1-25）

1.15.4 油温自动调节的伺服回路（图 1-26 和表 1-26）

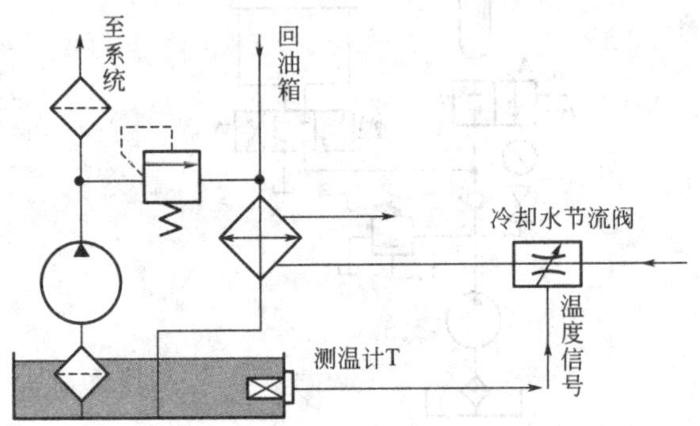

图 1-25 油温自动调节的回路

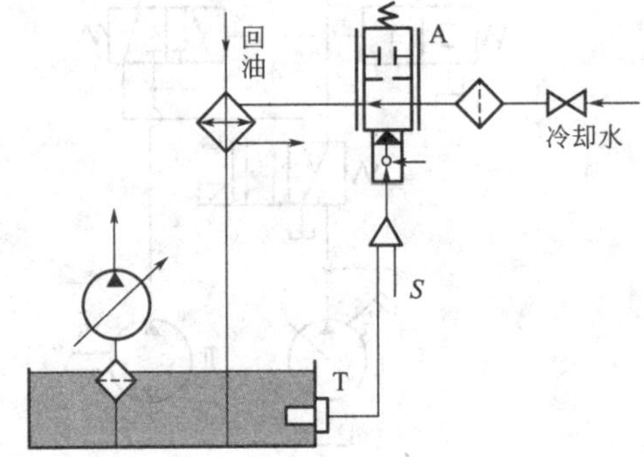

图 1-26 油温自动调节的伺服回路

表 1-25 油温自动调节的回路

回路描述	特点及应用
在油箱中装有测温计 T，根据测得的温度来自动调节冷却水节流阀的开度，以改变冷却水的进水量，使油箱中的油温维持恒定	适用于对工作温度要求较高的大功率液压系统，自动控制油液的温度 冷却器装在回油路末端，使全部回油通过冷却器

表 1-26 油温自动调节的伺服回路

回路描述	特点及应用
油温由传感器 T 检测后转化为电信号，与预定油温的电气指令信号 *S* 进行比较，由比较而得偏差信号经放大后使伺服阀 A 动作，通过改变冷水的进水量来调节油温，使油温保持在预定的数值	应用于需要控制液压系统油温的场合，液压系统的回油通过水冷却器流回油箱

1.16 应急液压源回路

1.16.1 用备用泵的应急液压源回路（图 1-27 和表 1-27）

1.16.2 用手动泵的应急液压源回路Ⅰ（图 1-28 和表 1-28）

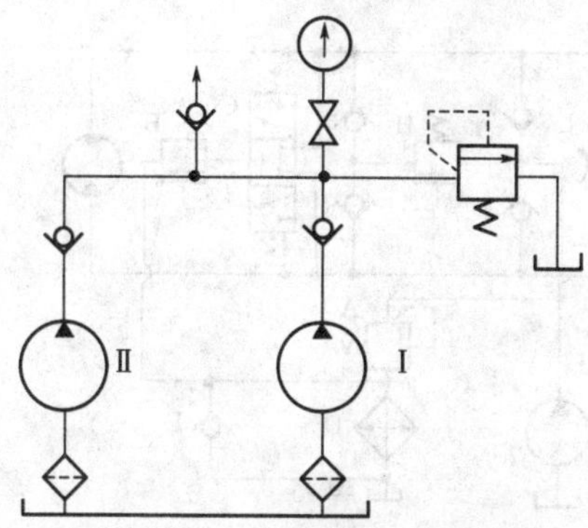

图 1-27 用备用泵的应急液压源回路

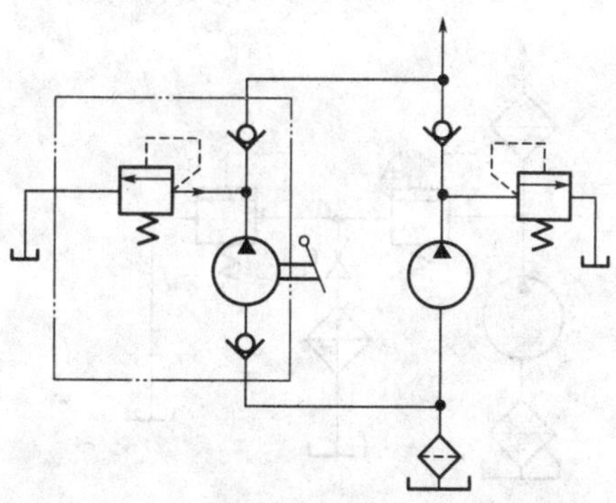
图 1-28 用手动泵的应急液压源回路Ⅰ

表 1-27 用备用泵的应急液压源回路

回路描述	特点及应用
系统正常工作时，由液压泵Ⅰ供油，液压泵Ⅱ不工作。当液压泵Ⅰ损坏后，可用液压泵Ⅱ供油，液压系统不致发生停车事故	用于生产周期固定，生产连续性强的场合 溢流阀调定系统的压力。单向阀隔离双泵，使两个泵可以独立工作

表 1-28 用手动泵的应急液压源回路Ⅰ

回路描述	特点及应用
系统正常工作时，由电动泵单独供油，手动泵不工作。在停电等紧急情况时，电动泵不能供油，可由手动泵继续供油，避免发生事故	本回路是由手动泵等组成的备用液压源回路。手动泵的流量很小，不能使执行机构得到所需的运动速度，只能暂时使执行机构继续运动 可用于工程机械、起重运输设备等的液压系统

1.16.3 用手动泵的应急液压源回路Ⅱ（图 1-29 和表 1-29）

1.16.4 用蓄能器的应急液压源回路Ⅰ（图 1-30 和表 1-30）

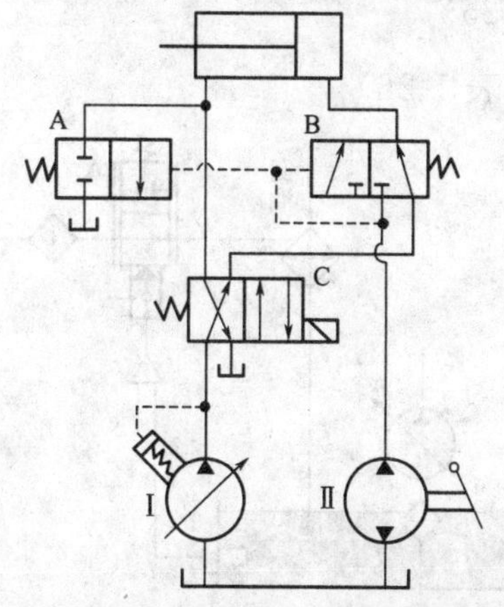

图 1-29 用手动泵的应急液压源回路Ⅱ

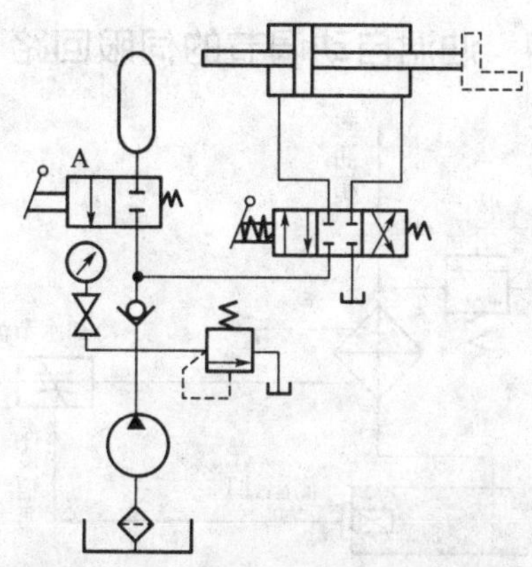

图 1-30 用蓄能器的应急液压源回路Ⅰ

表 1-29 用手动泵的应急液压源回路Ⅱ

回路描述	特点及应用
系统正常工作时，由主泵Ⅰ供油，液动换向阀A与B处于图示位置，换向阀C操纵活塞往复运动 当液压泵Ⅰ不能正常工作时，可由手动泵Ⅱ供油。压力油首先使阀A与B切换，然后进入液压缸右腔，使活塞逐渐向左移动至终端，避免发生事故	出现故障时，可使工作机构实现返程（只用于使活塞返程，不能使系统连续正常工作）

表 1-30 用蓄能器的应急液压源回路Ⅰ

回路描述	特点及应用
液压源失效时，可切换手动换向阀A，使蓄能器中的压力油进入液压缸，使系统保持压力	可用于机床液压系统，因停电或液压泵故障等使液压源失效时，可利用蓄能器进行紧急安全操作，短时提供压力油

1.16.5　用蓄能器的应急液压源回路Ⅱ（图 1-31 和表 1-31）

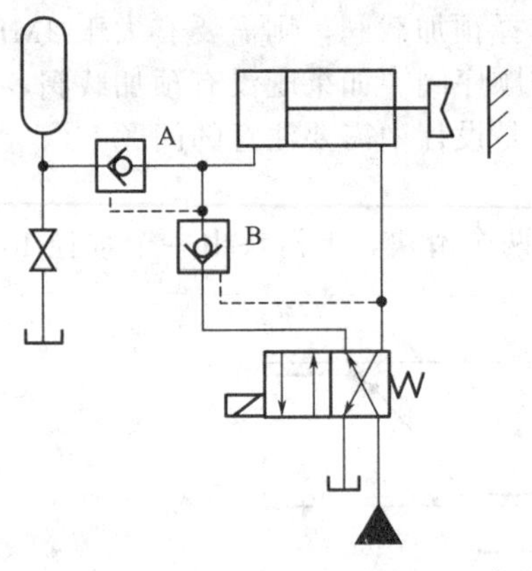

图 1-31　用蓄能器的应急液压源回路Ⅱ

表 1-31　用蓄能器的应急液压源回路Ⅱ

回路描述	特点及应用
正常工作时，液压源的压力油经液控单向阀 B 进入液压缸左腔，并经液控单向阀 A 进入蓄能器 若液压泵出现故障，液控单向阀 B 切断向下油路，蓄能器仍可向液压缸供油	可用于机床夹具的液压系统

1.17　液压源回路应用实例

1.17.1　闭环控制轴向柱塞泵

在液压系统中，常常要求系统压力、速度在工作过程中能进行无级调节，以适应生产工艺的需求。对于比例压力调节，传统方法一般是使用比例调压阀（图 1-32）来实现；对于比例速度调节，一般使用比例方向阀、比例流量阀或比例泵来实现（图 1-32）。图 1-32 中的比例泵为电控变量泵，该泵的排量允许无级和可编程设定，排量大小与 2Y2（比例流量控制阀）的比例电磁铁中的电流大小成正比。当电动机功率选定后，为了防止电动机过载，在泵出口增加了压力传感器，通过设定值和传感器实测比较，由电气控制保证系统功率小于电动机功率。如果一个液压系统既要比例调速又要比例调压，则需要将多个元件进行叠加。这既增加了液压系统的复杂性，也增加了电气控制的复杂性。

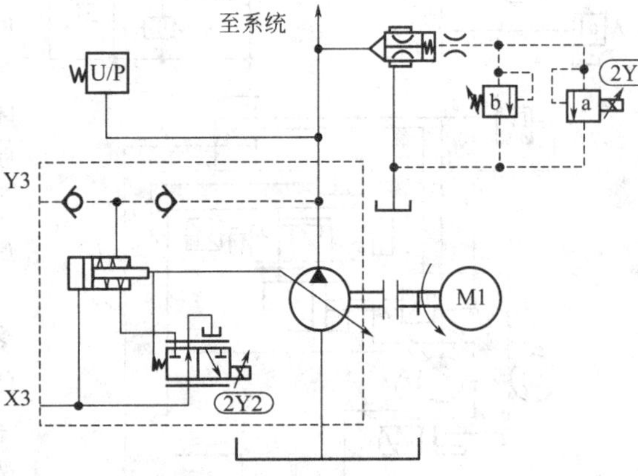

图 1-32　比例控制系统

2Y1—比例压力控制阀；2Y2—比例流量控制阀

（1）系统特点

电闭环控制轴向柱塞泵可对压力、流量、功率进行连续闭环控制，控制精度小于 0.2%（传统比例阀控制精度为 2%），并具有很好的动态特性。对于复杂的液压系统，如果采用新型电子闭环控制柱塞泵，只要一个泵就可替代原有多个元件，不仅可实现比例调速、比例调压，还能实现比例功率调节。对于小流量、小功率的工艺，应用常规的元件，需要通过溢流阀溢掉多余的油液，这不仅造成能源浪费，还会带来系统发热，降低泵的容积效率，增加泄漏，对系统是非常不利的。若改用这种新型的电子闭环控制轴向柱塞泵，则可实现恒功率控制。

电闭环控制轴向柱塞泵是由多种元件叠加复合在轴向柱塞泵上形成的组合体。根据使用环境、使用方法不同，有多种控制系统，但一般由轴向柱塞泵、压力传感器、放大器、预加载阀等元件组成。

压力传感器测量值为压力实测值，与放大器的设定值比较后，输出信号控制泵。位置控制与压力控制相同。预加载阀为可选项，主要功用是在泵口建立 2MPa 以上的控制压力，控制泵的斜盘倾角改变，以达到变量的目的。如果没有选择预加载阀，则需要有大于 2MPa 的外部控制油压，或在泵出口增加一个 2MPa 以上的外控顺序阀。如果既没有预加载阀，也没有在泵口建立 2MPa 以上压力，泵将无法正常运行，这是设计中需要注意的问题。

(2) 闭环控制在液压机中的应用

某 50t 专用液压机（简称 50t 压机）。该压机有上下两个滑块，上滑块由一个缸径 160mm 活塞缸驱动，下滑块由两个缸径 125mm 活塞缸驱动。

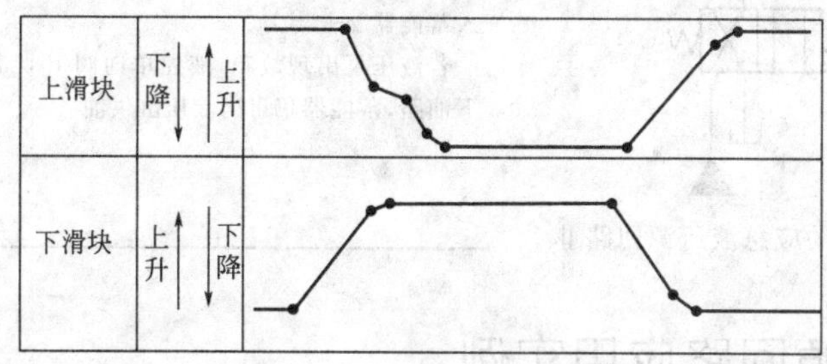

图 1-33 50t 压机功能简图

当两滑块同时空载运行时，速度快，需要的流量大（图 1-33），而此时不带负载，系统压力较低；当两滑块同时加压慢速运行时，流量较大、压力高；当一个滑块加压慢速运行时，流量小、压力高；当一个滑块慢速退回时，则为小流量、低压力。由于压机需要多级流量、压力和功率控制，为此选用了电闭环控制轴向柱塞泵，并且没有选择预加载阀，而是在泵口增加了外控顺序阀，建立大于 2MPa 的系统控制压力，如图 1-34 所示。虽然系统要求有多级变化，但只要改变输入的电信号量，就可轻易实现，现在液压设备多数都为 PLC 控制，这就使得输入信号大小的改变非常容易。另外还在程序中设定了功率控制，让泵的功率随着工艺要求的改变而改变。

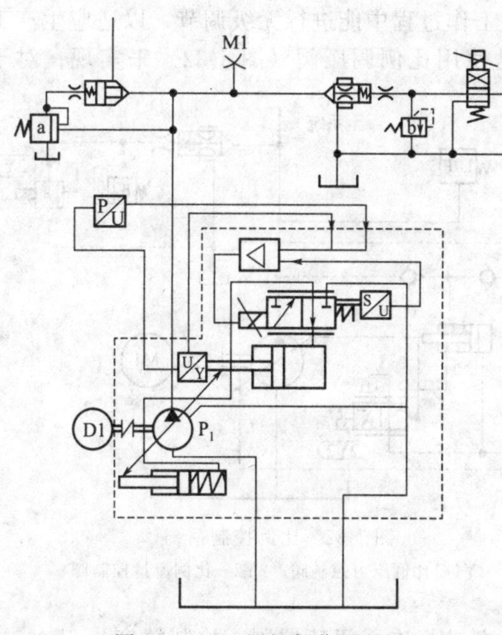

图 1-34 50t 压机部分原理图

对于小流量、低压力的工况，功率要求低，采用这种电闭环控制轴向柱塞泵既节省了电能，也无需将多余的油液进行溢流，油箱尺寸减小了，也改善了系统性能。

电控泵也可运用在其他液压系统中，要求越复杂的系统，越能体现它的优越性，并且精度高，动态特性好，节能降耗，在高精尖系统中的运用必将越来越多。

1.17.2 履带拖拉机闭式液压行走系统

如图 1-35 所示，该液压行走系统采用单泵驱动双马达的闭式驱动，变量马达输出的动力通过减速器驱动行走装置的驱动轮，来实现动力的传递。其主要特点是结构简单，操纵控制灵活，过载保护能力强，防止汽蚀和减少油耗，与发动机有良好的匹配特性，比任何机械传动响应速度都快，动力性能好。

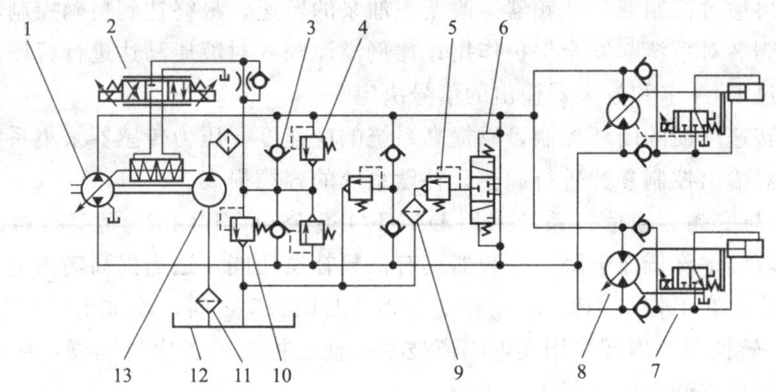

图 1-35　履带拖拉机闭式液压行走系统原理图

1—变量泵；2—变量泵控制机构；3—单向阀；4—安全阀；5、10—溢流阀；6—冲洗阀；7—变量马达控制机构；8—变量马达；9、11—过滤器；12—油箱；13—补油泵

变量泵不仅是液压能源，也是主要的控制部件。通过调整变量泵斜盘的倾斜角度和倾斜方向，来改变液压马达输出速度的大小和方向，从而实现拖拉机的前进、后退、调速和转向的目的。

通过调节变量马达的倾斜角，来改变马达的排量。变量马达在大排量时，输出扭矩大，主要用于低速作业工况；在小排量时，输出速度较大，用于道路行驶等非作业工况。

冲洗阀的作用是防止由闭式回路导致液压油油温的升高，同时也具有清洗作用。

补油泵的作用主要是补充系统泄漏和冲洗阀排出而损失的油液，同时供给变量泵伺服控制系统所需的压力油，防止空气进入系统而产生汽蚀现象。

油泵出口压力的最大值由安全阀来调定，从而能够在超载的情况下起到保护系统的目的。

由于拖拉机行驶速度较慢，当变量泵处于中位时，主油泵不再输出液压油，液压马达也不再转动，系统内的油液起到了很好的制动作用。

1.17.3　液压系统的变频容积调速

（1）系统结构

图 1-36 为变频液压容积调速系统结构示意图，图 1-37 为其电气原理框图。用光电编码器采集液压马达的转速信号，经 A/D 卡进行脉冲计数和定时后反馈给计算机，与给定输入

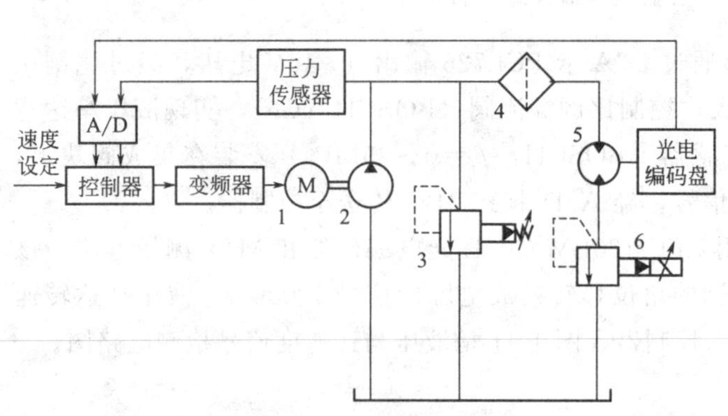

图 1-36　变频液压容积调速系统结构示意图

1—电动机；2—液压泵；3—溢流阀；4—过滤器；5—液压马达；6—比例溢流阀

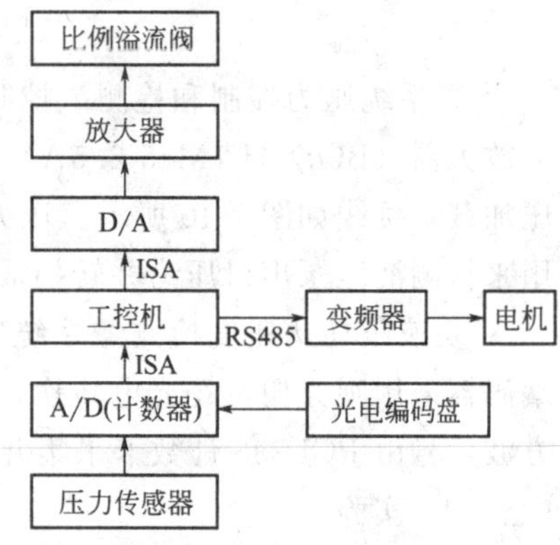

图 1-37　变频液压容积调速系统电气原理框图

值进行比较，再通过控制器、变频器等改变主油泵的转速，最终达到精确控制液压马达转速的目的。溢流阀3对系统起安全保护作用；比例溢流阀6对液压马达进行背压加载，其调定值由控制器通过D/A卡和放大器输出的信号决定。

系统采用转速反馈的闭环控制，以提高系统响应速度。压力传感器采集系统压力值并传递给控制器，对输出控制参数进行调整，补偿系统的容积损失。

① 工控机与变频器通信　系统采用DANFOSS公司VLT2875型变频器。被控电动机的最大转矩随着频率降低而下降。变频器具有低频补偿功能，适当提高输入电压，以补偿定子电阻的电压降。在工控机IPC-6606和变频器VLT2875之间，增加RS232/485电平转换器（图1-38）。转换器的内部采用光电隔离技术，使工控机的各串口隔离，从而提高系统安全性。工控机通信查询程序如图1-39所示。

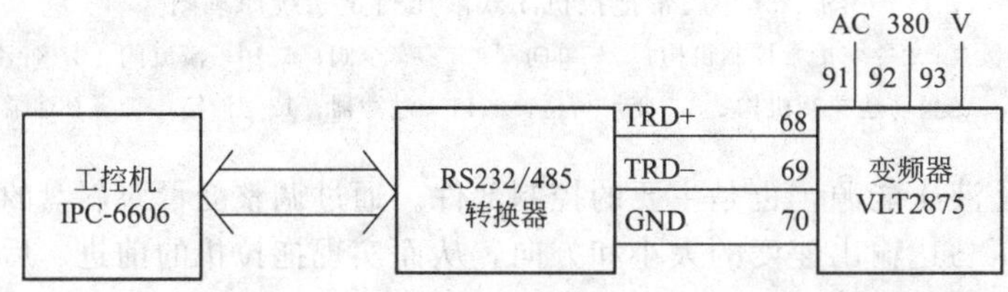

图1-38　工控机-变频器连接图

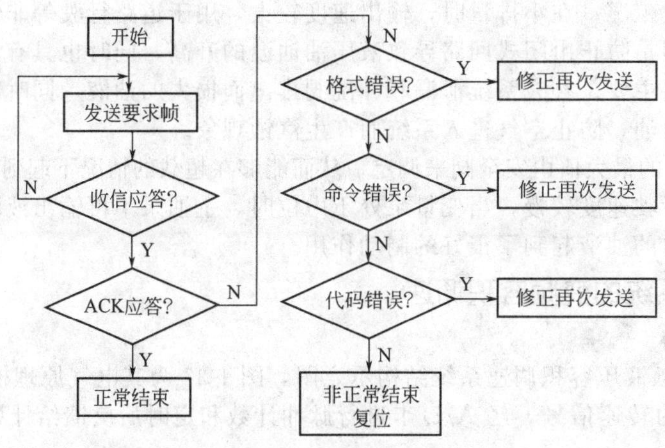

图1-39　工控机通信查询程序图

② 系统压力控制和检测　控制器通过D/A卡PCL726输出0～10V电压，经过比例压力放大器（BOSCH 1M45-2.5A）放大，控制比例溢流阀（BOSCH NG6），实现液压马达背压加载。接线如图1-40所示。压力传感器（BOSCH，$p=0\sim35$MPa）安装在集成阀块上，用来检测液压泵出口压力并转换成电信号，经A/D卡PS2129传送至控制器。

③ 液压马达速度检测　系统选用LEC-120BM-G05E光电编码器和M/T测量方法。该编码器采用圆光栅，经光电转换，将轴的角位移转换成电脉冲信号1200p/r。液压马达转速方波信号由PCL836计数卡采集并输入控制器。图1-41是液压马达速度信号检测电路图。

（2）实验

变频液压容积调速系统实验台溢流阀的调定压力在20MPa左右，当安全阀使用。实验采用程序控制方式，由工控机输出控制信号，分别控制变频器及比例溢流阀。给变频器输入2.2V阶跃控制电压信号（对应电机同步转速660r/min），液压马达转速、系统压力及加载

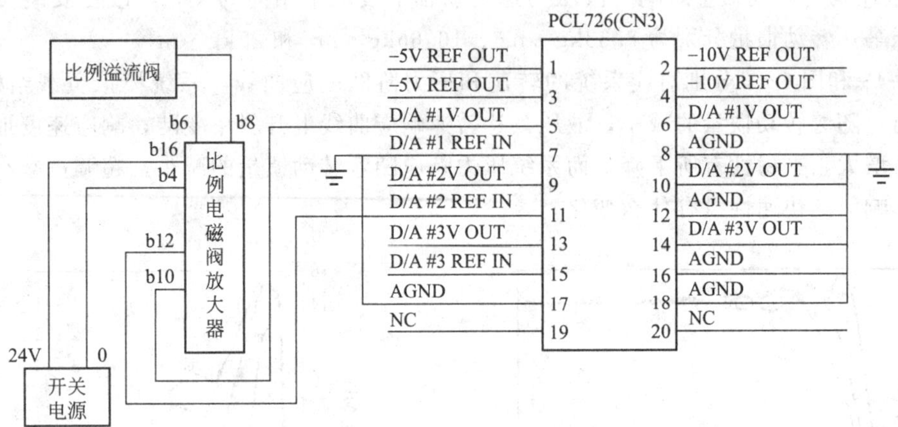

图 1-40　压力控制元件电路连接图

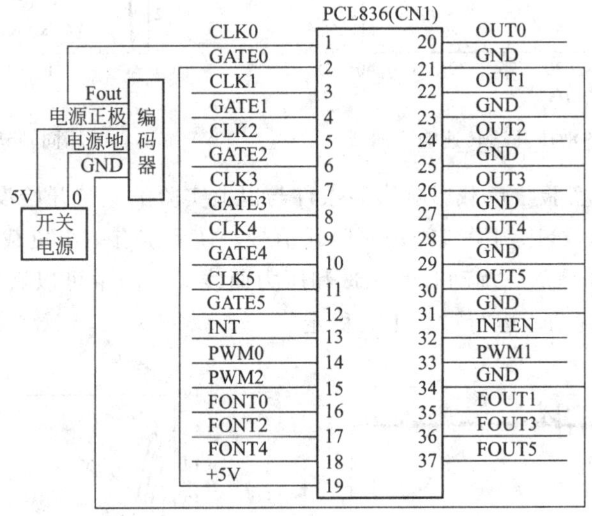

图 1-41　液压马达速度信号检测电路

回路压力，分别由转矩转速仪、系统压力传感器及加载回路的压力传感器测得，通过测试回路进入工控机。

① 阶跃响应　图 1-42 中 A 为阶跃响应曲线，B 为系统压力响应曲线。因为液压油流过较长的软管，系统中高压回路的体积弹性模量较低，导致转速与压力响应曲线都有约 2s 的延时；压力油通过流量计，使系统流量压力产生一定的滞后，管道中的溢流阀等液压元件的泄漏，也对压力和流量的延迟有影响。在系统压力达到 14MPa 左右时，系统压力上升曲线的斜率急速下降，而马达转速上升曲线也有所下降，这时溢流阀开始起作用。由实验曲线发现流量和压力的振荡频率和振荡幅度都比较大，要在 25s 后才稳定。

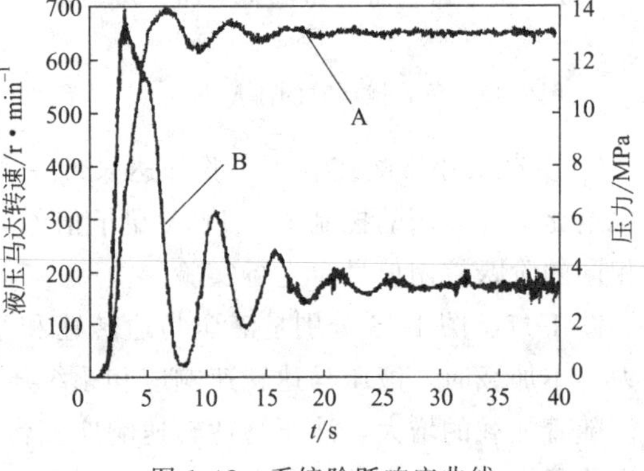

图 1-42　系统阶跃响应曲线

② 液压马达转动惯量影响 液压马达转动轴上装三个相同的飞轮，改变安装飞轮的个数，液压马达转动惯量分别为 8.33kg·m^2、16.66kg·m^2 和 25kg·m^2。

图 1-43 和图 1-44 分别对应系统的转速和压力阶跃响应曲线。系统模拟负载给定为零。可以看出，随着转动惯量的减小，液压马达转速响应曲线上升斜率变陡，响应速度加快，超调量有所增大，平稳性有所下降；而系统压力响应随着转动惯量的减小，超调量减小，平稳性增强，响应的快速性没有什么变化。

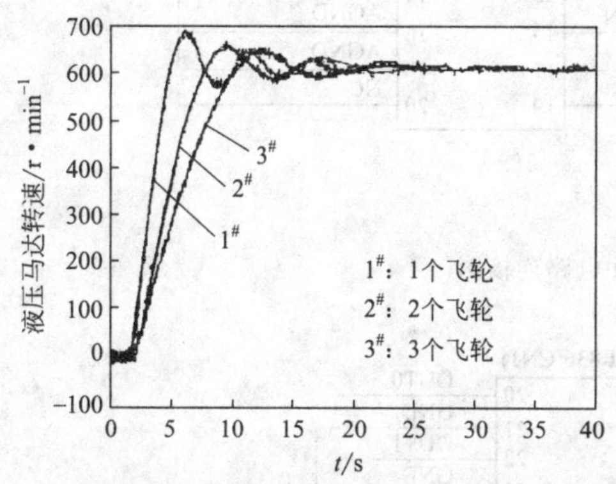

图 1-43 不同转动惯量的液压马达转速响应曲线

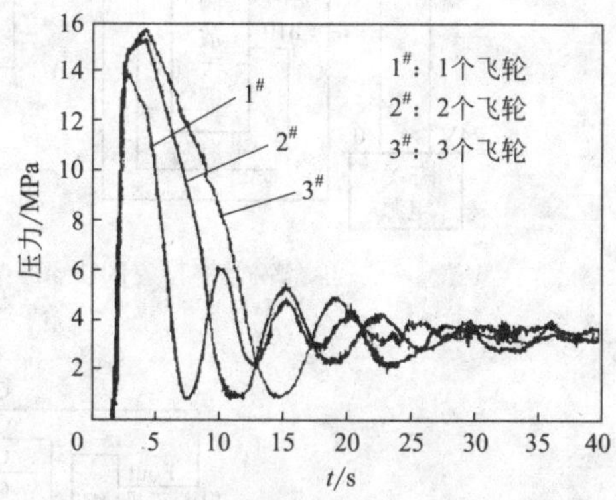

图 1-44 不同转动惯量的系统压力曲线

③ 负载扰动影响实验 负载影响实验条件与以上实验类似。开始没有加载，在 36～40s 系统基本稳定运行时，给比例溢流阀加一阶跃信号，使系统有一个负载扰动信号。

图 1-45 和图 1-46 是负载扰动时的流量和压力曲线。由图中可以看出，增大负载转动惯量，有利于吸收系统扰动，运行过程更为稳定。

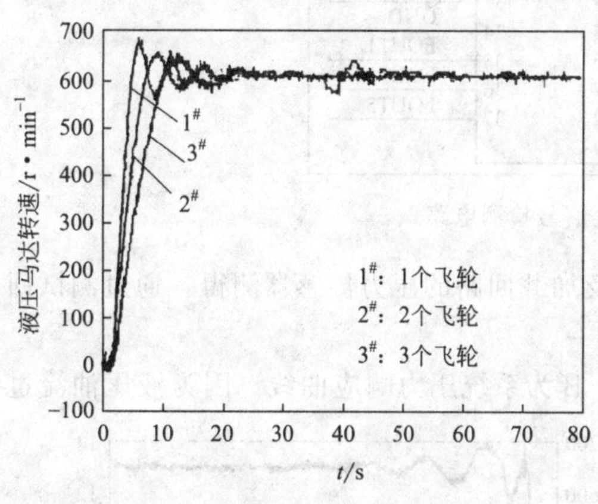

图 1-45 负载扰动时的流量曲线

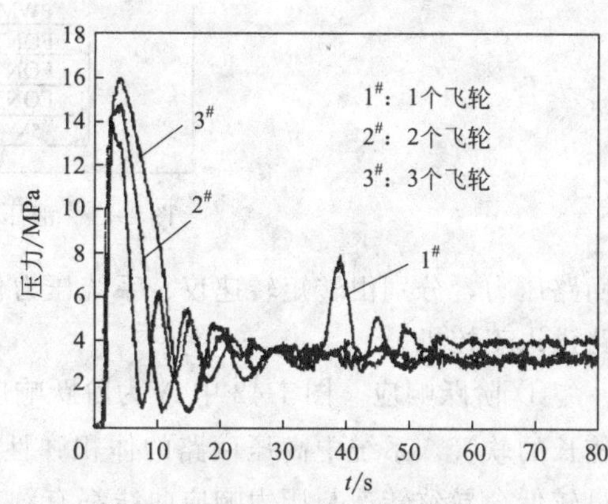

图 1-46 负载扰动的压力曲线

④ 负载大小影响实验 实验马达只带一个飞轮负载，转动惯量为 8.33kg·m^2。实验中依次给比例溢流阀的控制加载 D/A 端子信号，对应为大负载、小负载和空载，然后给变频器相同的阶跃控制信号，进行实验。

图 1-47、图 1-48 分别是液压马达转速和系统压力响应曲线。可以看出，负载大小影响很大。不加载时，液压马达转速响应和系统压力响应都有超调和振荡，液压马达转速响应较快。随着加载的增大，液压马达转速响应变慢，超调量减小，平稳性逐渐变好；压力响应速度变化很小，但稳定性明显变好。另外负载大小对液压马达转速和系统压力的稳定值影响很

大。当负载由2MPa增加到13MPa时，系统压力的稳态值从3.8MPa增加到14.2MPa，液压马达转速的稳态值由620r/min减小到320r/min，损失48.4%。这说明系统压力较高时，存在较大的泄漏。

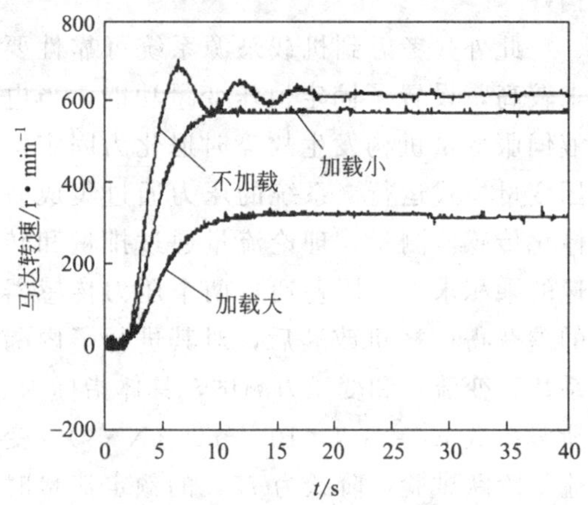

图1-47 不同负载时液压马达转速响应曲线

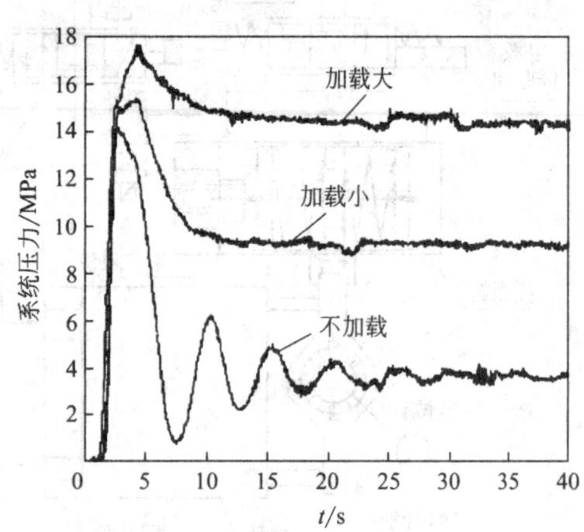

图1-48 不同负载时系统压力响应曲线

1.17.4 机载智能泵源系统

一种智能泵源系统，可根据飞行任务进行工作模式的管理和输入量的设置，并在工作模式和输入不变的情况下使输出按照设定的工作模式跟随所设定的输入值，以满足机载液压系统的需要。

(1) 结构组成与工作原理

机载智能泵源系统组成如图1-49所示。它由公管液压子系统的计算机、微控制器、电液伺服变量机构、液压泵、集成式传感器5部分组成，其中微控制器、电液伺服变量机构、轴向柱塞液压泵、集成式传感器4部分构成智能泵。

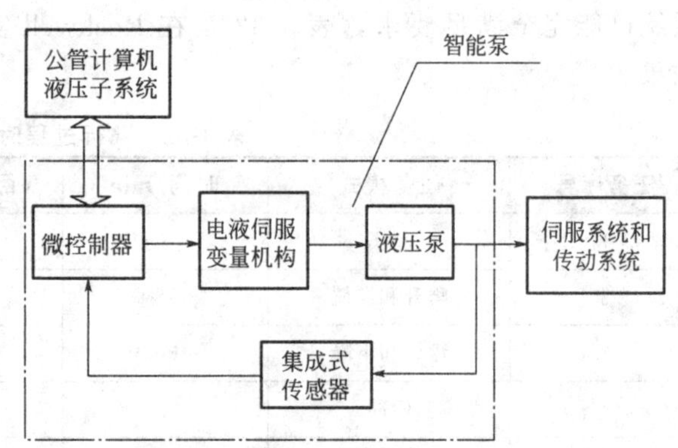

图1-49 智能泵源系统组成

图1-49中，智能泵的工作模式和控制器的输入由机载公共设备液压子系统的计算机根据飞机的工作任务确定，微控制器接受公管液压计算机的指令，选择与指令工作模式相对应的被调节量进行采集和反馈，并与参考输入比较求得误差信号，对误差信号按规定的控制算法进行计算获得控制量，并通过D/A转换器送给伺服放大器去控制电液伺服变量泵按选定工作模式和设定的希望输入运转。

智能泵源系统的特点是：按照要求选择工作模式和被调节量，然后采集对应的被调量实现反馈控制。因此，它表现了非常强的柔性和适应性。

(2) 智能泵结构原理样机

原理样机是在A4V泵基础上改制的。改制方法对其他航空液压泵也有参考价值。对A4V泵进行改装，将双向变量方式改成了单向方式，取消了双向安全阀，增加了电液伺服

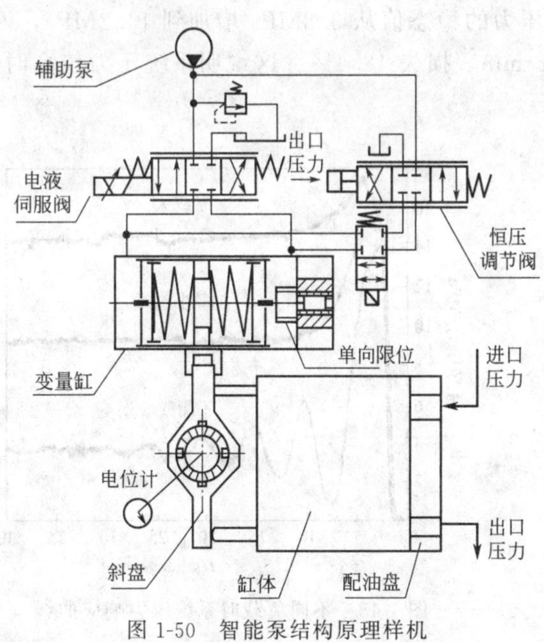

图 1-50 智能泵结构原理样机

变量机构，改造后的智能泵的结构原理如图 1-50 所示。采用电液伺服变量机构的好处是其快速性和可控性比电液比例控制机构好。

此外，考虑到机载泵源系统可靠性要求较高，设置了固定恒压变量功能，当电液伺服变量机构发生故障时退化为固定恒压变量模式运行。系统的压力通过集成一体化传感器测量，理论流量通过排量和转速的乘积求得，压差通过两个压力传感器的差获得。样机改装后，对其进行了内漏系数、变流量和变压力测试，具体指标为：泄漏系数 $K_1=3.4\times10^{-12}\mathrm{m}^5/(\mathrm{N\cdot s})$。变流量阶跃试验：阶跃为 75% 的额定流量时调整时间不大于 200ms。变压力阶跃试验：1～20MPa 阶跃调整时间不大于 50ms。

（3）工作模式管理

与定量泵加溢流阀所组成的恒压源相比，恒压变量泵（压力补偿泵）加安全阀组成的恒压油源消除了溢流损失，因而提高了系统的效率。但对高压系统来说，当负载甚小或运动速度要求不高时，将有较大的节流压降。美国的研究结果表明，对于一架典型的战斗机来讲，飞机对机载液压泵源要求工作压力为 55.2MPa 的时间还不到飞行时间的 10%，在其余时间内，包括起飞、飞行到战斗位置、返航和着陆，20.7MPa 的机载液压系统已能完全满足要求，表 1-32 是在 Rockwell 实施的军用飞机某项研究所得到的统计结果。

表 1-32 飞行过程时间统计表

任务序号	任务模式	时间/min	百分比/%	飞行高度/km	马赫数
1	起飞	3	1.9		0.28
2	爬升和巡航	48	29.6	10.67	0.8
3	盘旋和下降	36	22.2	9.14	0.7
4	俯冲	4	2.4		1.1
5	格斗	5	3.2	3.05	0.6
6	巡航和降落	48	29.6	12.19	0.8
7	着陆	18	11.1		0.28
	总计	162	100		

从表 1-32 可以看出，工作模式管理对智能泵来说是非常重要的，如果仅有智能泵但没有对其进行有效的运转模式管理不能称之为真正意义上的智能泵。必须根据飞行任务制定工作模式和输入设定程序，才能使智能泵发挥应有的作用。所制定的工作模式和输入设定如表 1-33 所示。

表 1-33　工作模式和输入设定表

任务序号	任务模式	时间百分比/%	工作模式	设定量
1	起飞	1.9	恒流量模式	大
2	爬升和巡航	29.6	负载敏感或恒压	压差设定中或中恒压
3	盘旋和下降	22.2	负载敏感或恒压	压差设定中或中恒压
4	俯冲	2.4	恒压模式	大
5	格斗	3.2	恒压模式	大
6	巡航和降落	29.6	负载敏感或恒压	压差设定中或中恒压
7	着陆	11.1	恒流量模式	大

工作模式的管理和输入设定由机载公共设备智能管理计算机完成，已与智能泵的微控制器通过 1553B 总线构成递阶控制。

(4) 能量利用情况分析

图 1-51 是负载敏感泵与负载连接情况，图 1-52～图 1-54 给出了 3 种泵源的功率利用情况。图 1-51～图 1-54 各图中 p_P 为泵的输出压力；p_S 为出口压力；p_L 为负载压力；p_{LS} 为所有支路油负载压力的最大值；LS 为负载敏感；SV 为伺服阀；Q_L 为泵的负载流量；Q_P 为泵的输出流量；Δp 为设定工作压差；i 为控制电流。

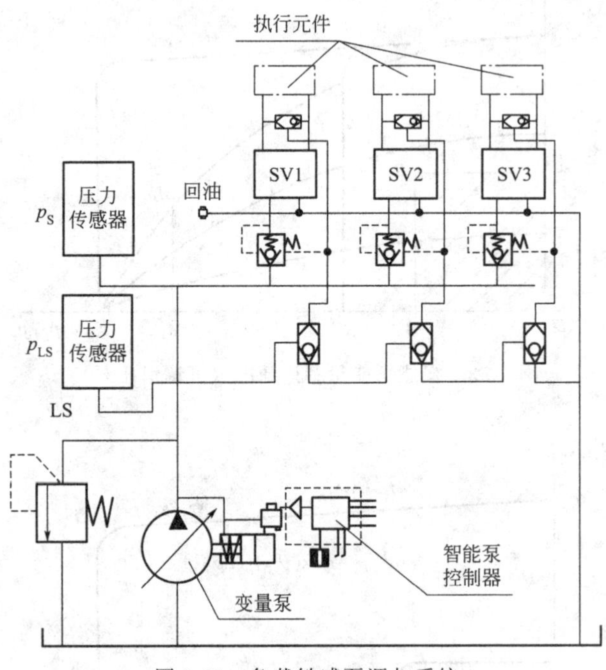

图 1-51　负载敏感泵源与系统

从图 1-52～图 1-54 可以看出，负载敏感变量泵功率利用情况最好但动态特性较差，可调恒压变量泵的功率利用情况较好。值得提出的是，可调恒压是指供油压力随任务不同可以控制，不是像负载敏感泵那样供油压力随负载压力变化；负载敏感泵供油时，由于供油压力随负载压力变化，所以伺服机构的负载压力与负载流量间的抛物线关系已不再成立。图 1-52 和图 1-53 中，*COAB* 相当于 90%左右的工作区。$A_1B_1C_1$ 相当于 10%左右的大机动工作区。从图 1-54 可以看出，如果负载敏感泵驱动多执行元件，当负载相差悬殊时，节流损失仍很大，同时动态特性也不好。如果采用功率电传，末端以泵驱动单执行元件的模式比采用负载敏感泵有一定优越性，但随着电机调速性能的改善，此方案的可用性已经受到质疑。

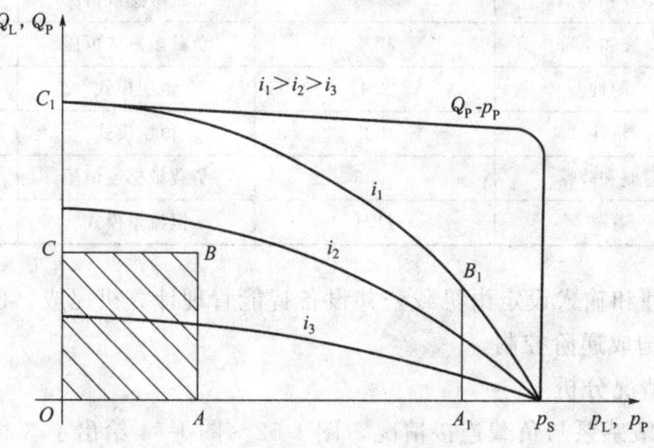

图 1-52 普通恒压泵能量利用情况

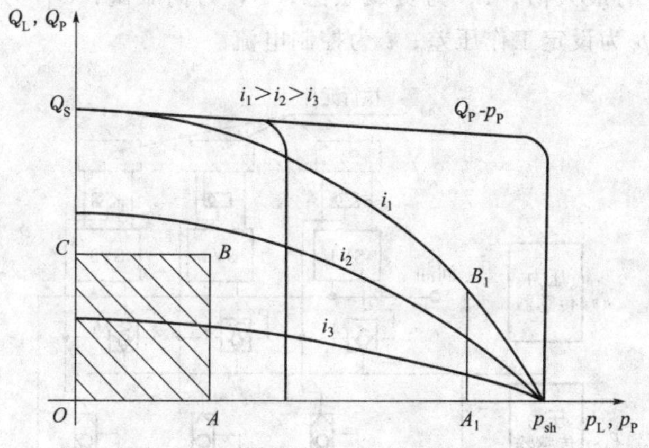

图 1-53 智能泵能量利用情况（可调恒压泵）

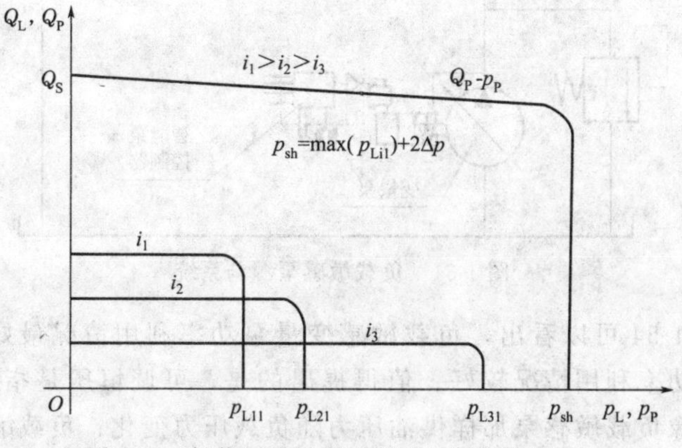

图 1-54 智能泵能量利用情况（负载敏感泵）

（5）智能泵微控制器

智能泵微控制器基于 89C51 单片机实现，可以通过 1553B（GJB 498）总线与机载公共设备管理系统液压子系统的计算机相连。所研制的智能泵微控制器的结构组成如图1-55所示，由89C51单片机、AD574A、TLC5620、调理电路、电流负反馈放大电路和显示电路等组成，控制程序固化在89C51单片机的EEPROM中。对于智能泵来说，无论是流量控制、压力控制还是负载敏感控制，最终均可归结为对变量泵排量的控制，而排量的控制采用电液位置伺服系统通过单片型微机控制系统来调节变量泵的斜盘摆角实现。电液伺服变量装置微机控制系统负责实现用微机控制智能泵的流量探力特性，并选择与运转方式相对应的反馈量与设定量比较获得误差信号进而通过计算求得控制量。图1-55中，2路频率信号分别是转速信号和扭矩信号，2路数字输出信号分别用于驱动流量检测/加载阀组的两个电磁阀，1路模拟输出信号用于控制电液伺服变量装置的电液伺服阀。通过串口，可实现上位机与其微控制器通讯，实现从上位机向下位机传送变量方式、控制给定和控制律的参数等。微控制器可以实现模糊PID和常规PID两种控制算法。

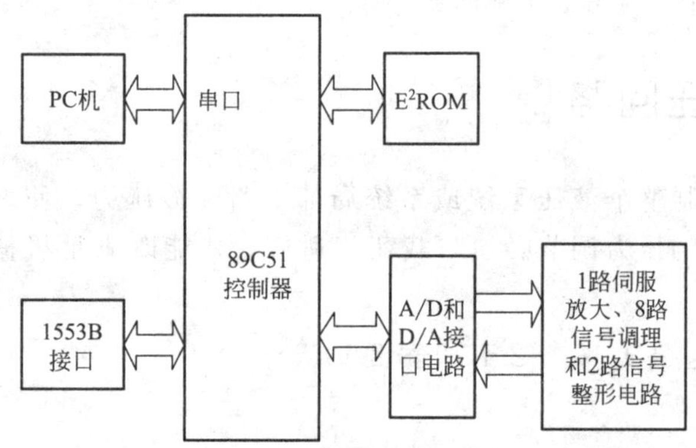

图1-55　智能泵微控制器方块图

通过智能泵微控制器的测试，其模出、模入和定时精度如下。

① 模出　单通道，精度优于0.1%。

② 模入　4通道，精度优于0.1%。

③ 转速测试精度　优于0.5%。

④ 定时精度　优于采样周期的0.05%，采样周期可以在2～50ms之间设定。

第2章 压力控制回路

压力控制回路主要是通过各类压力控制元件来控制液压系统中各支路的压力，以满足各个执行机构所需的力或力矩。利用压力控制回路可以实现对系统进行的调压、减压、增压、卸荷、保压与平衡等各种控制。

在选用压力控制回路时，要根据机械设备工艺要求、特点、适用场合认真考虑后选择。在一个工作循环中的某一段时间内各支路不需要提供液压能时，则考虑用卸荷回路；当某支路需要稳定的低于动力源的压力时，应考虑减压回路；当载荷变化较大时，应考虑多级压力控制回路；当有惯性较大的运动部件、容易产生冲击时，应考虑缓冲或制动回路；在有升降运动部件的液压系统中，应考虑平衡回路。

2.1 单级调压回路

调压回路用来控制整个液压系统或系统局部支路油液压力，使之保持恒定或限制其最高值。液压系统中的压力调节必须与载荷相适应，才能既满足机械设备要求又减少动力消耗。

2.1.1 单级调压回路Ⅰ（图 2-1 和表 2-1）

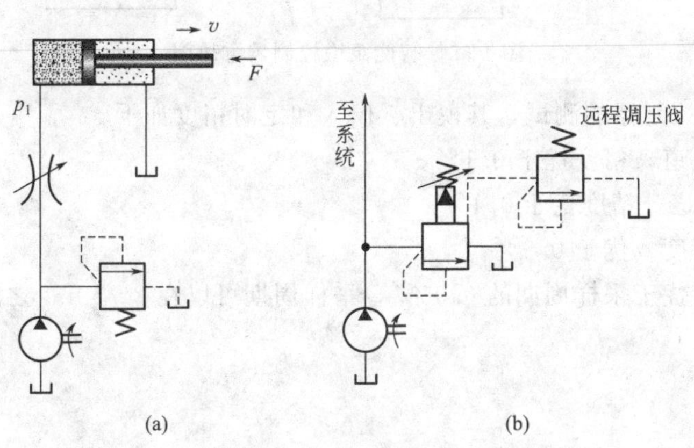

图 2-1 单级调压回路Ⅰ

表 2-1 单级调压回路Ⅰ

回路描述	特点及应用
图 2-1(a)所示回路，调节溢流阀可以改变泵的输出压力。当溢流阀的调定压力确定后，液压泵就在溢流阀的调定压力下工作。节流阀调节进入液压缸的流量，定量泵提供的多余的油经溢流阀流回油箱，溢流阀起定压溢流作用，以保持系统压力稳定，且不受负载变化的影响。从而实现了对液压系统进行调压和稳压控制 图 2-1(b)为远程调压阀和先导式溢流阀组成的单级调压回路，远程调压阀的进油口接先导式溢流阀的遥控口，泵的出口压力由远程调压阀调定	溢流阀并联在定量泵的出口，采用进油口节流调速，与节流阀和单活塞杆液压缸组合构成单级调压回路 该回路为最基本的调压回路，一般用于功率较小的中低压系统。溢流阀的调定压力应该大于液压缸的最大工作压力，其中包含管路上的各种压力损失

2.1.2　单级调压回路Ⅱ（图 2-2 和表 2-2）

2.1.3　变量泵单级调压回路（图 2-3 和表 2-3）

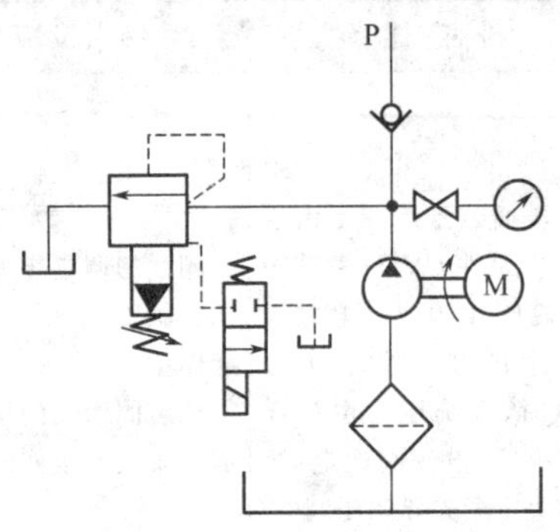

图 2-2　单级调压回路Ⅱ

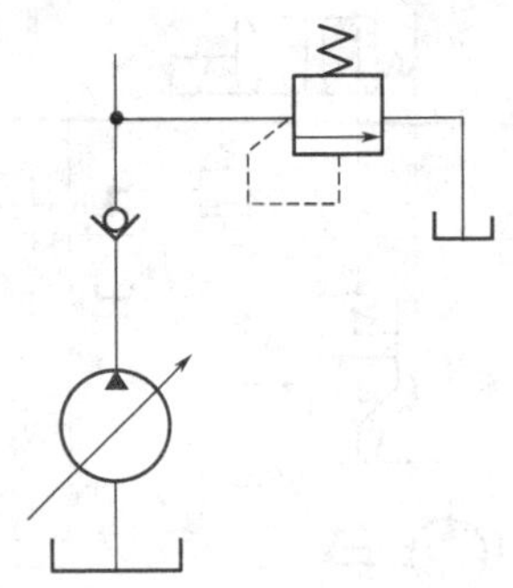

图 2-3　变量泵单级调压回路

表 2-2　单级调压回路Ⅱ

回路描述	特点及应用
供油压力与系统卸荷由先导式溢流阀和二位二通换向阀控制，可以实现远程卸荷。接通二位二通换向阀，系统即实现远程卸荷	需要远程调压的场合。如肋片管自动焊接机液压系统压力调定回路

表 2-3　变量泵单级调压回路

回路描述	特点及应用
当采用限压式变量泵时，系统的最高压力由泵调节，其值为泵处于无流量输出时的压力 安全阀一般采用直动型溢流阀为好。安全阀的功能是防止液压泵变量机构失灵引起事故	功率损失小，适用于利用变量泵的液压系统中，如快慢速交替工作的机械设备的液压系统中

2.2　多级调压回路

为了降低功率消耗，合理利用能源，减少油液发热，提高执行元件运动的平稳性，当液压系统在不同的工作阶段需要有不同的工作压力时，可采用二级或多级调压回路。

2.2.1　二级调压回路

2.2.1.1　二级调压回路（图 2-4 和表 2-4）

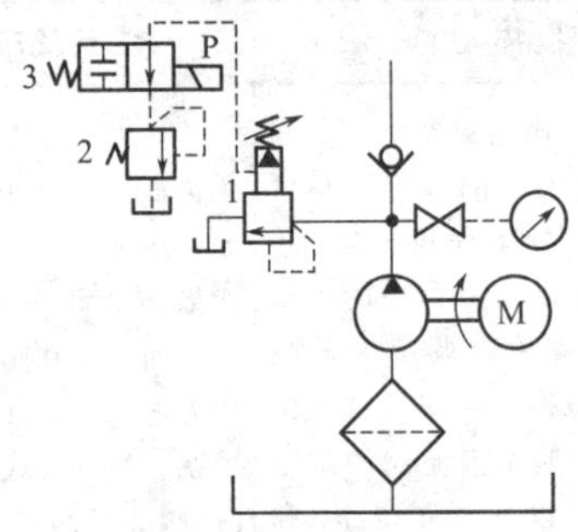

图 2-4　二级调压回路

表 2-4　二级调压回路

回路描述	特点及应用
远程调压阀 2 通过二位二通电磁换向阀 3 与溢流阀 1 的遥控口相连。电磁换向阀 3 断电时，溢流阀 1 工作，系统压力较高；当二位二通电磁换向阀 3 接通后，远程调压阀 2 工作，系统压力降低	该回路通常应用于压力机中，以产生不同的工作压力 注意：溢流阀 1 的调定压力应该高于溢流阀 2，否则 2 不起作用

2.2.1.2 用插装阀的二级调压回路Ⅰ（图 2-5 和表 2-5）

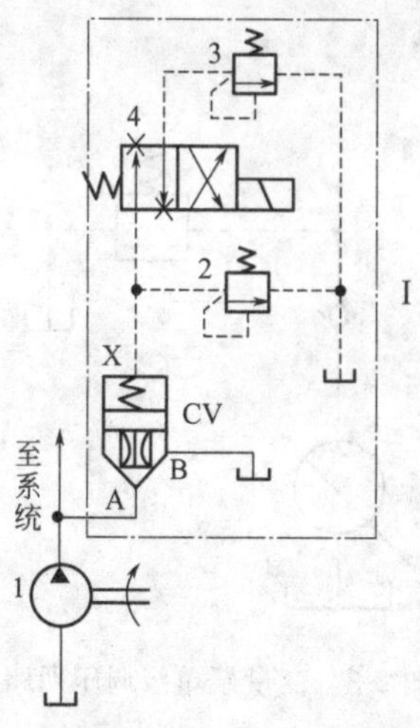

图 2-5 用插装阀的二级调压回路Ⅰ

表 2-5 用插装阀的二级调压回路Ⅰ

回路描述	特点及应用
二级调压插装溢流阀Ⅰ由压力控制插装元件 CV 与先导阀 2、3 及电磁阀 4 构成。电磁阀相当于一个压力选择阀，电磁阀不通电时，系统压力由先导调压阀 2 决定；电磁阀通电时，系统压力决定于先导调压阀 3	阀 3 的调定压力要小于调压阀 2 的压力，否则不起作用 插装阀组成的调压回路适用于大流量液压系统

2.2.1.3 用插装阀的二级调压回路Ⅱ（图 2-6 和表 2-6）

2.2.2 三级调压回路（图 2-7 和表 2-7）

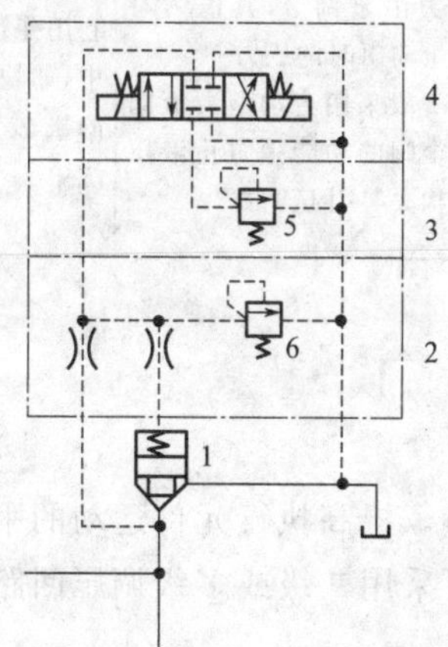

图 2-6 用插装阀的二级调压回路Ⅱ

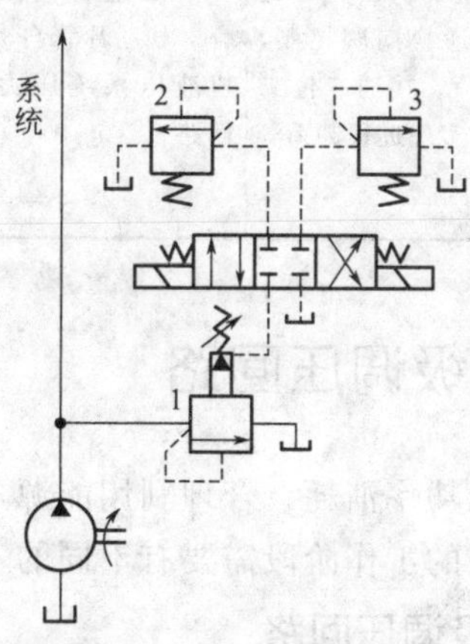

图 2-7 三级调压回路

表 2-6 用插装阀的二级调压回路Ⅱ

回路描述	特点及应用
回路由插装阀 1、带有先导调压阀的盖板 2、可叠加的调压阀 3 和三位四通阀 4 组成 该回路具有高低压两级压力选择和卸荷控制功能。三位四通换向阀处于左位时，系统压力由阀 6 确定；三位四通换向阀处于右位时，系统压力由阀 5 确定	插装阀组成的调压回路适用于大流量的液压系统 插装阀结构简单，通流能力大，动态响应快，密封性好，抗污染

表 2-7 三级调压回路

回路描述	特点及应用
三级压力分别由溢流阀 1、2、3 调定，先导式溢流阀 1 的远程控制口通过换向阀分别接远程调压阀 2 和阀 3。图 2-7 所示状态时，泵的出口压力由先导式溢流阀调定为最高压力 p_1，当电磁换向阀切换至左位和右位时，由于两个溢流阀的调定压力不同，又可以分别获得 p_2 和 p_3 两种压力。这样通过换向阀的切换可以得到三种不同压力值	远程调压阀 2 和阀 3 的调定压力值必须低于先导式溢流阀 1 的调定压力值。而阀 2 和阀 3 的调定压力之间没有什么一定的关系。当阀 2 或阀 3 工作时，阀 2 或阀 3 相当于阀 1 上的另一个先导阀

2.2.3　四级调压回路（图 2-8 和表 2-8）

2.2.4　五级调压回路（图 2-9 和表 2-9）

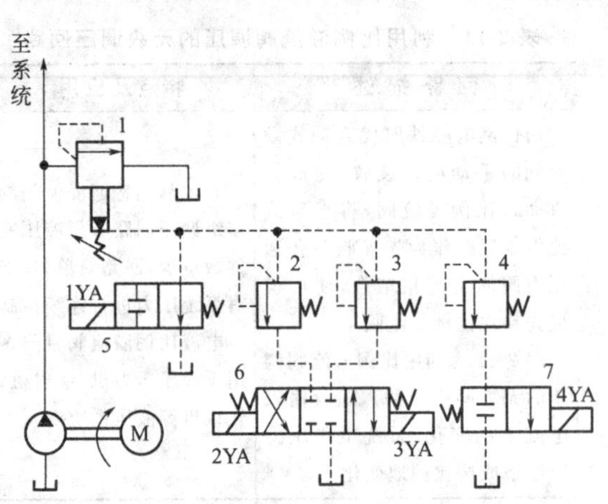

图 2-8　四级调压回路（带卸荷）

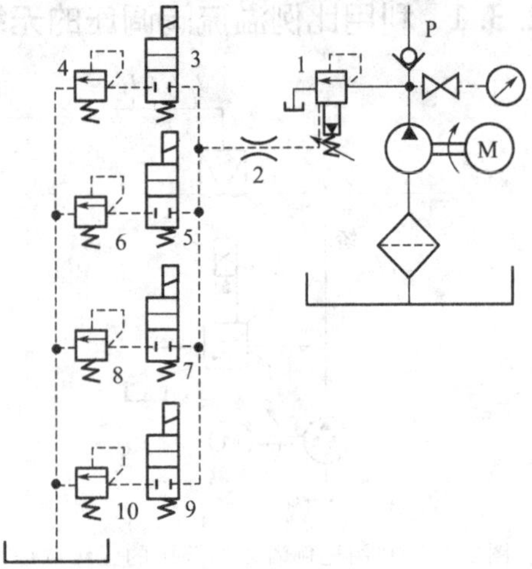

图 2-9　五级调压回路

表 2-8　四级调压回路（带卸荷）

回 路 描 述	特点及应用
在溢流阀 1 的外控口，通过换向阀 5、6、7 的不同通油口，并联三个远程调压阀 2、3、4，即可构成四级调压回路 1YA(＋)2YA(－)3YA(－)4YA(－)时，压力由远程调压阀 1 调定；1YA(＋)2YA(＋)3YA(－)4YA(－)时，压力由远程调压阀 2 调定；1YA(＋)2YA(－)3YA(＋)4YA(－)时，压力由远程调压阀 3 调定；1YA(＋)2YA(－)3YA(－)4YA(＋)时，压力由远程调压阀 4 调定	当 1YA 通电时，泵处于卸荷状态。是一种带卸荷的四级调压回路

表 2-9　五级调压回路

回 路 描 述	特点及应用
在溢流阀 1 的遥控口连接四个并联的远程调压阀 4、6、8、10，它们分别由二位二通换向阀 3、5、7、9 控制 在图示位置时，四个二位二通换向阀 3、5、7、9 全部关闭，系统压力由溢流阀 1 的调定压力确定；当二位二通换向阀 3 得电处于上位时，系统压力由远程调压阀 4 的调定压力确定。同样，当其他的二位二通换向阀得电处于上位时，系统压力由相应支路中的远程调压阀的调定压力确定	阻尼孔 2 用来减少主油路压力转换时的冲击 该回路通常用于注塑机主油路的调压

2.2.5　数字逻辑多级远程调压回路（图 2-10 和表 2-10）

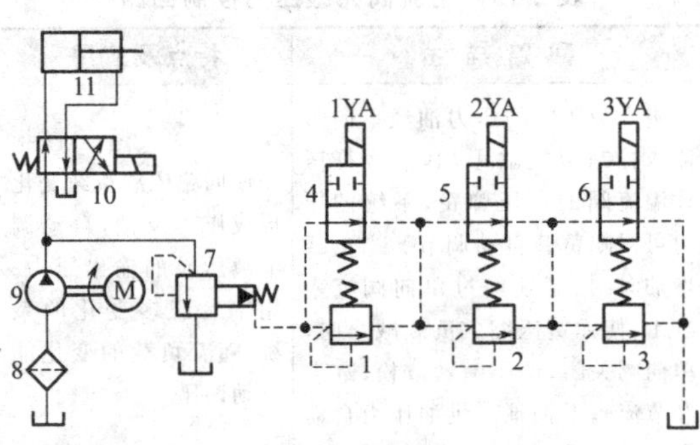

图 2-10　数字逻辑多级远程调压回路

表 2-10　数字逻辑多级远程调压回路

回 路 描 述	特点及应用
该调压回路采用定量液压泵 9 供油。先导式溢流阀 7 的遥控口串接有三个远程调压阀 1、2、3（调压值满足 $p_3>p_2>p_1$ 和 $p_3>p_1+p_2$）。当 1YA、2YA、3YA 中的一个通电时，则相应的遥控油路被接通。假设 1YA、2YA、3YA 的通电状态为(1、1、0)（1 为通电，0 为断电），则系统最高供油压力为(p_1+p_2)。通过三只电磁阀不同的通断电逻辑组合可得到 0～($p_1+p_2+p_3$)共八种不同的系统压力	通过若干组二位二通电磁换向阀与远程调压阀的逻辑组合，可以构成更多级别的远程调压回路

2.3 无级调压回路

2.3.1 利用比例溢流阀调压的无级调压回路（图 2-11 和表 2-11）

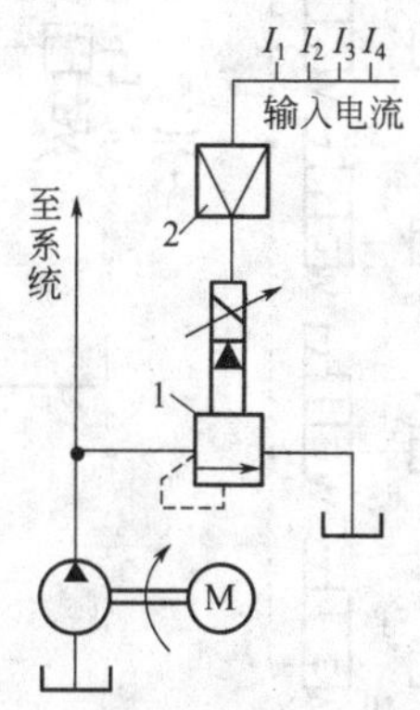

图 2-11 利用比例溢流阀调压的无级调压回路

表 2-11 利用比例溢流阀调压的无级调压回路

回路描述	特点及应用
用比例电磁铁取代直动式溢流阀的手动调压装置，变成为直动式比例溢流阀，将直动式比例溢流阀作为先导阀与普通压力阀的主阀相结合，便可组成先导式比例溢流阀 图 2-11 为利用比例溢流阀调压的无级调压回路。随着输入电流 I 的变化，系统工作压力连续地或按比例地变化	它比利用普通溢流阀的多级调压回路所用液压元件数量少，回路简单，且能对系统压力进行连续控制 电液比例溢流阀目前多用于液压压力机、注射机、轧板机等液压系统

2.3.2 变量泵构成的无级调压回路（图 2-12 和表 2-12）

2.3.3 溢流阀无级压力控制回路（图 2-13 和表 2-13）

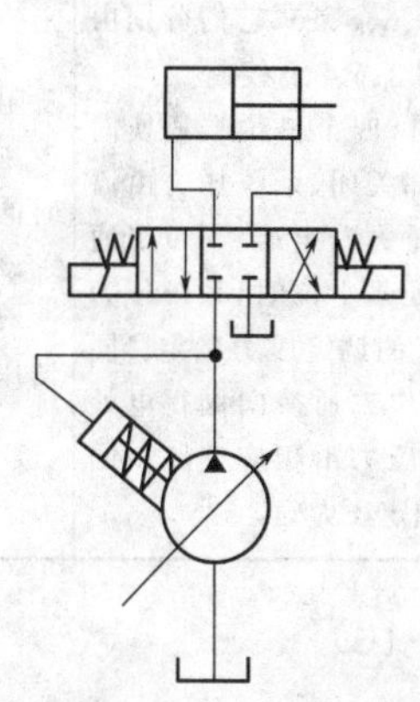

图 2-12 变量泵构成的无级调压回路

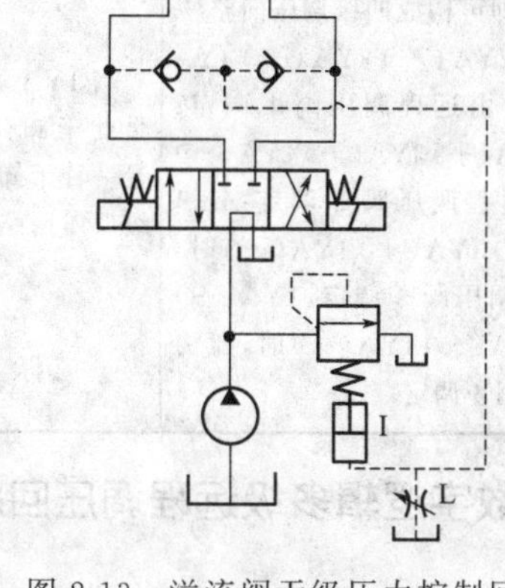

图 2-13 溢流阀无级压力控制回路

表 2-12 变量泵构成的无级调压回路

回路描述	特点及应用
依靠负载变化形成压力反馈，自动调节液压泵的输出压力，实现系统压力的无级调压	通常在中低压系统中采用限压式变量叶片泵，在高压系统可采用恒功率变量柱塞泵 该回路无溢流损失，节能，效率高

表 2-13 溢流阀无级压力控制回路

回路描述	特点及应用
进入液压缸的压力油经单向阀流入控制液压缸Ⅰ，其活塞杆压住溢流阀的调压弹簧，系统的压力可以随负载自动调节。当负载增加时，控制油经过单向阀流入缸Ⅰ，使弹簧压缩。负载减小时，单向阀关闭，调压弹簧放松，缸Ⅰ经节流阀L回油。供油压力自动和负载相适应	该回路依靠负载变化形成压力反馈，自动调节液压泵的输出压力。用于负载多变化的系统，随着负载的变化能自动调压

2.4 双向调压回路

2.4.1 用远程调压阀的单泵双向调压回路（图 2-14 和表 2-14）

2.4.2 用溢流阀的单泵双向调压回路（图 2-15 和表 2-15）

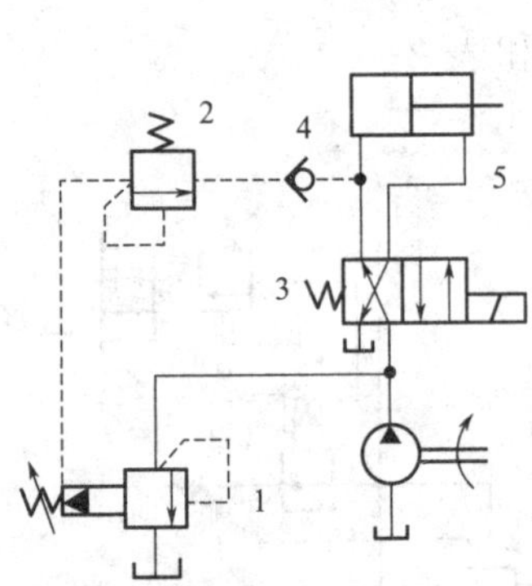

图 2-14 用远程调压阀的单泵双向调压回路

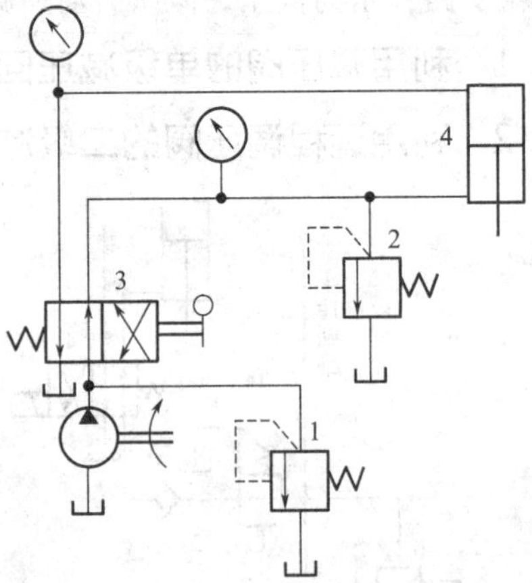

图 2-15 用溢流阀的单泵双向调压回路

表 2-14 用远程调压阀的单泵双向调压回路

回路描述	特点及应用
远程调压阀 2 接先导式溢流阀 1 的遥控口。当电磁换向阀 3 断电时，液压缸 5 的活塞向右运动，单向阀 4 关闭，系统最大工作压力由溢流阀 1 调定；当阀 3 通电切换至左位时，活塞向左运动，液压缸 5 无杆腔通油箱，故单向阀 4 开启，系统压力由远程调压阀 2 调定	远程调压阀 2 和先导式溢流阀 1 的设定压力必须满足 $p_2 < p_1$ 该回路可实现双向调压

表 2-15 用溢流阀的单泵双向调压回路

回路描述	特点及应用
手动换向阀 3 切换至右位，使液压缸 4 的活塞向下运动时，液压泵的最大工作压力由溢流阀 1 调定；手动换向阀 3 切换至左位，使液压缸 4 的活塞向上运动时，液压泵的最大工作压力由溢流阀 2 调定	两溢流阀的压力设定值必须满足 $p_2 < p_1$

2.4.3 双泵双向调压回路（图 2-16 和表 2-16）

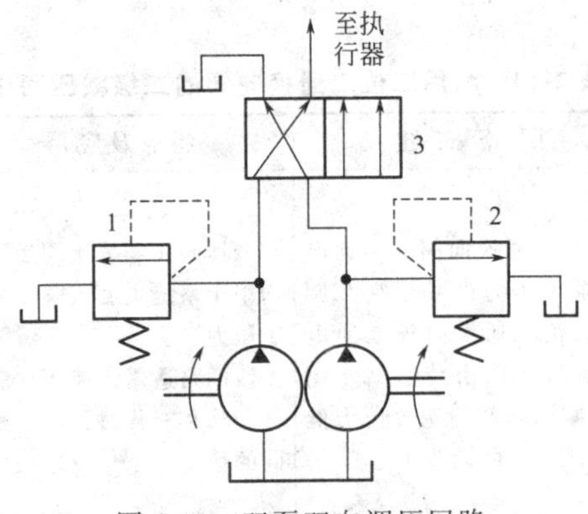

图 2-16 双泵双向调压回路

表 2-16 双泵双向调压回路

回路描述	特点及应用
由两组压力可调的独立液压源组成，用二位四通换向阀 3 进行切换，实现二级调压。溢流阀 1 和溢流阀 2 的调定压力互不相关	双向调压回路可用于挤压机等因双向载荷不同，而要求压力不同的液压系统

2.5 减压回路

当系统压力较高，而局部回路或支路要求较低压力时，可以采用减压回路，如机床液压系统中的定位、夹紧回路，以及液压元件的控制油路等，它们往往要求比主油路较低的压力。减压回路较为简单，一般是在所需低压的支路上串接减压阀。采用减压回路虽能方便地获得某支路稳定的低压，但压力油经减压阀口时要产生压力损失。

2.5.1 利用减压阀的单级减压回路（图 2-17 和表 2-17）

2.5.2 利用远程调压阀的二级减压回路（图 2-18 和表 2-18）

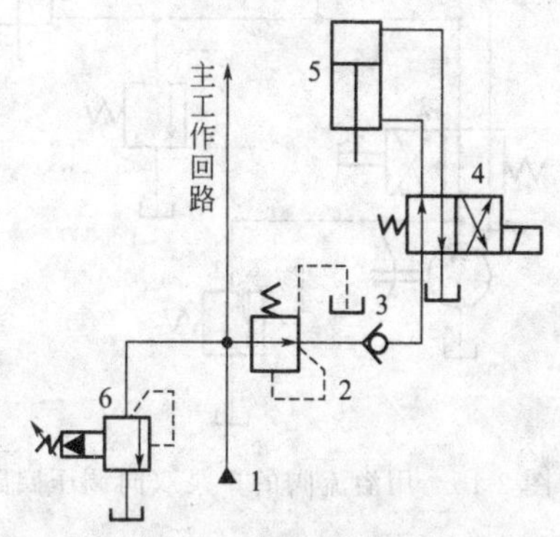

图 2-17 利用减压阀的单级减压回路

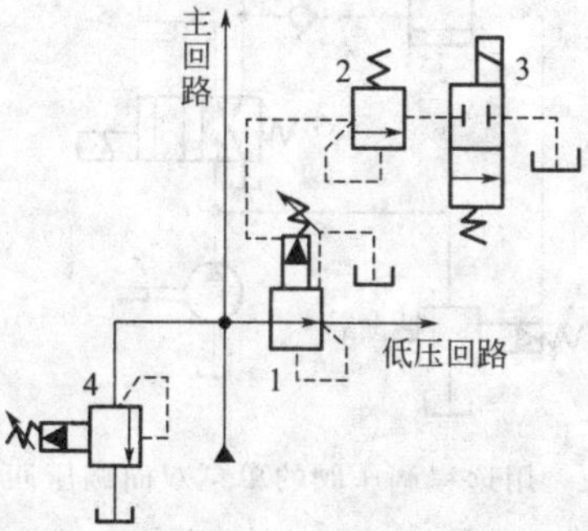

图 2-18 利用远程调压阀的二级减压回路

表 2-17 利用减压阀的单级减压回路

回路描述	特点及应用
高压液压源 1 的压力由溢流阀 6 调定。除了供给主工作回路的压力油外，还经过减压阀 2、单向阀 3 及电磁阀 4 进入液压缸 5。根据工作负载的不同，可用调节减压阀来调节液压缸 5 的工作压力	减压阀 2 调定压力要在 0.5MPa 以上，但要比溢流阀 6 的调定压力至少低 0.5MPa。这样可使减压阀出口压力保持在一个稳定的范围内 单向阀 3 的作用是：当主油路压力降低（低于阀 2 设定值）时，可以防止油液倒流，起短时保压作用

表 2-18 利用远程调压阀的二级减压回路

回路描述	特点及应用
先导式减压阀 1 的遥控口上接远程调压阀 2。二位二通电磁阀 3 上位时，减压阀出口压力由该阀本身调定；当二位二通电磁阀 3 切换至下位后，减压阀出口压力由阀 2 调定为较低的压力值	二位二通电磁阀 3 安装在远程调压阀 2 之后，可以减缓压力转换时的冲击

2.5.3 利用二位二通换向阀的二级减压回路（图 2-19 和表 2-19）

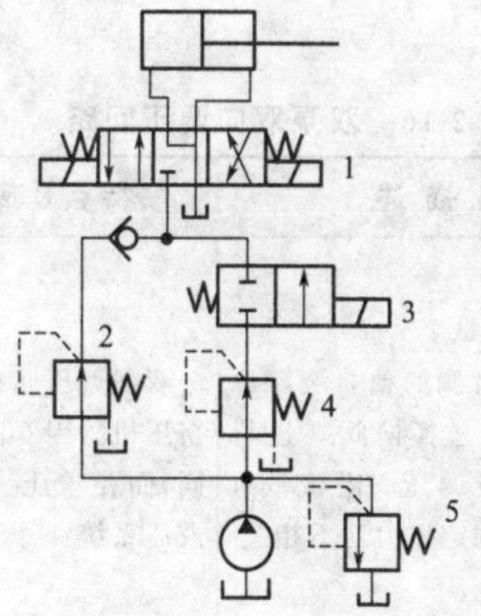

图 2-19 利用二位二通换向阀的二级减压回路

表 2-19 利用二位二通换向阀的二级减压回路

回路描述	特点及应用
二位二通换向阀 3 不通电时，系统压力由减压阀 2 调定；二位二通换向阀 3 通电时，系统压力由减压阀 4 调定。减压阀 2 的调节压力低于减压阀 4 的调节压力	减压阀 4 和减压阀 2 压力均小于系统主溢流阀 5 的调定压力 该回路适用于液压缸活塞杆左移和右移时需要两种不同的稳定低压

2.5.4　多级减压回路（图 2-20 和表 2-20）

2.5.5　单向减压回路（图 2-21 和表 2-21）

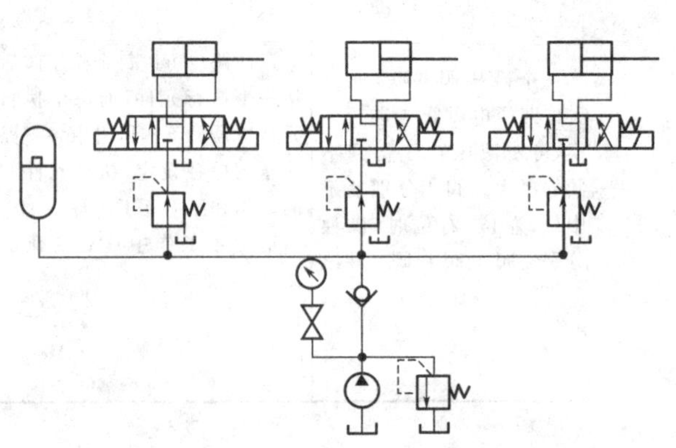

图 2-20　多级减压回路

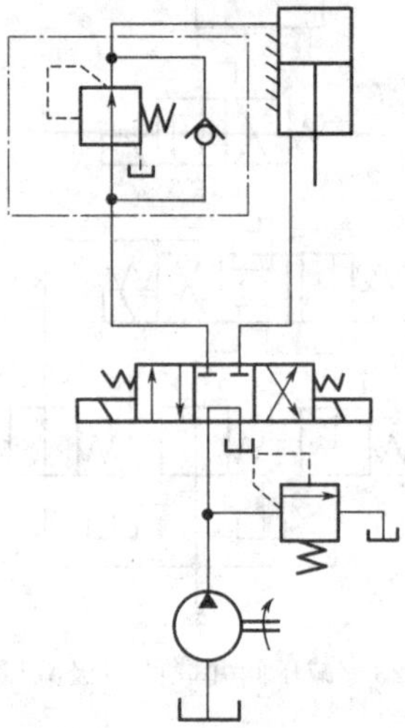

图 2-21　单向减压回路

表 2-20　多级减压回路

回路描述	特点及应用
在同一液压源供油的系统里可以设置多个不同工作压力的减压回路，各支路减压阀的调定压力均小于溢流阀的调定压力	各支路减压阀的调定压力和负载相适应 适用于需要不同工作压力的系统，节约成本。如可用于压力机中对不同试件同时试验

表 2-21　单向减压回路

回路描述	特点及应用
采用单向减压阀组成的单向减压回路，液压泵输出的压力由溢流阀调定，经减压阀减压后的压力油液进入液压缸	采用单向阀是为了液压缸活塞返程时，油液可以不经过减压阀减压，而经过单向阀直接回油箱，实现单向减压

2.5.6　利用两个减压阀的双向减压回路（图 2-22 和表 2-22）

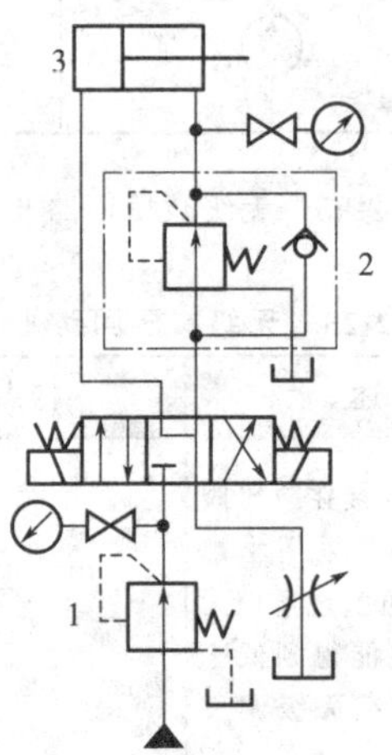

图 2-22　利用两个减压阀的双向减压回路

表 2-22　利用两个减压阀的双向减压回路

回路描述	特点及应用
回路采用两个减压阀，液压缸 3 右移的压力由减压阀 1 调定；液压缸左移的压力由减压阀 2 调定	该回路适用于液压系统中需要低压的部分回路

2.5.7 减压阀并联的多级减压回路（图 2-23 和表 2-23）

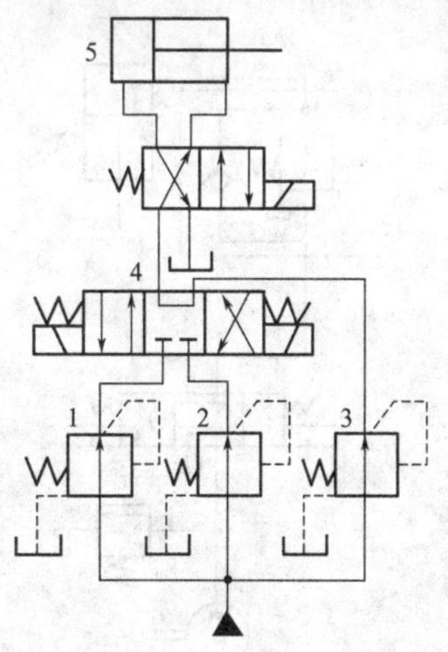

图 2-23 减压阀并联的多级减压回路

表 2-23 减压阀并联的多级减压回路

回路描述	特点及应用
三个减压阀并联，通过三位四通电磁阀 4 进行转换，可使液压缸 5 得到不同的压力。阀 4 分别处于中位、左位、右位时，供油分别经阀 3、阀 1、阀 2 减压	该回路也可以每个减压阀后接一个执行元件，而每个执行元件所需的工作压力由各支路减压阀单独设定，执行元件间的动作和压力互不干扰 适用于工作中负载变化的场合

2.5.8 无级减压回路

2.5.8.1 无级减压回路Ⅰ（图 2-24 和表 2-24）

2.5.8.2 无级减压回路Ⅱ（图 2-25 和表 2-25）

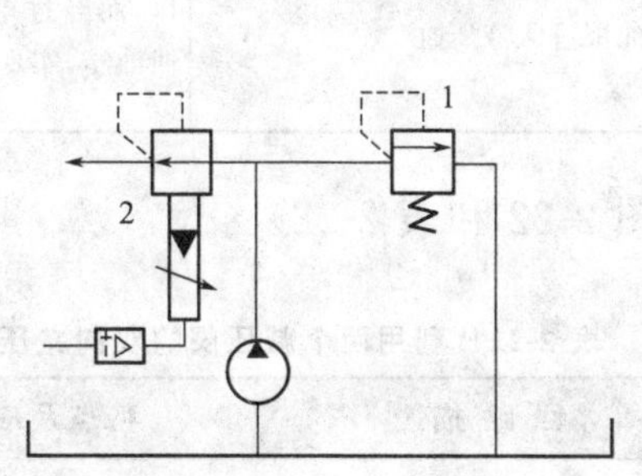

图 2-24 无级减压回路Ⅰ

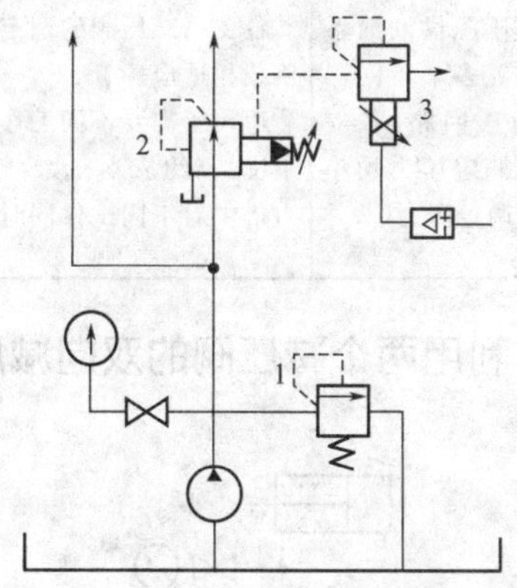

图 2-25 无级减压回路Ⅱ

表 2-24 无级减压回路Ⅰ

回路描述	特点及应用
电液比例先导减压阀的调定压力与电流成比例，该支路能得到低于系统工作压力的连续无级调节压力	适用于需要连续调压的场合

表 2-25 无级减压回路Ⅱ

回路描述	特点及应用
采用比例先导阀 3 接在减压阀 2 的遥控口上，只需要采用小规格的比例先导阀即可实现遥控无级减压，使分支油路能得到低于系统工作压力的连续无级调节压力	适用于现场环境较为恶劣，需要遥控和连续调压的场合

2.6 增压回路

如果系统或系统的某一支油路需要压力较高但流量又不大的压力油，而采用高压泵又不经济，或者根本就没有必要增设高压力的液压泵时，就常采用增压回路，这样不仅易于选择液压泵，而且系统工作较可靠，噪声小。

2.6.1 增力回路（图2-26和表2-26）

2.6.2 单作用增压器增压回路（图2-27和表2-27）

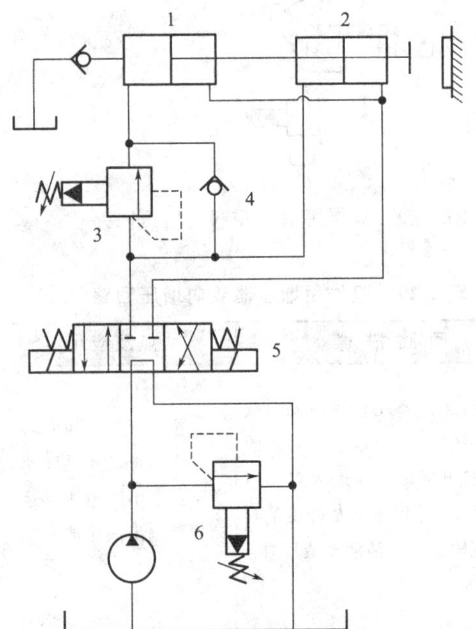

图2-26 增力回路

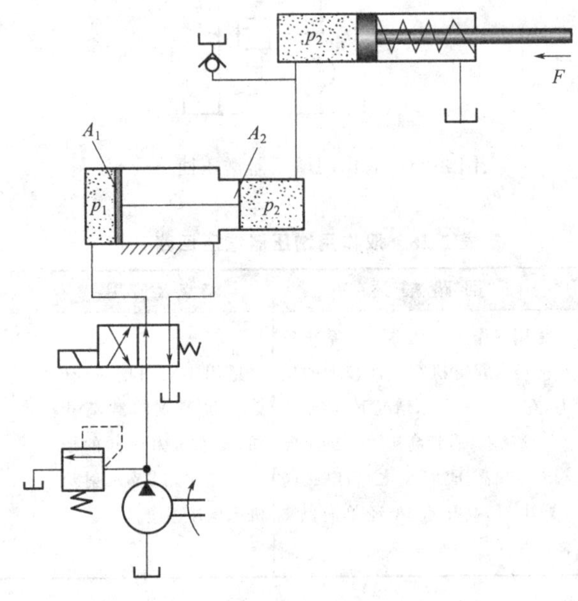

图2-27 单作用增压器增压回路

表2-26 增力回路

回路描述	特点及应用
当换向阀5处于左位时，顺序阀3关闭，压力油流入缸2，实现快速右移，缸1经其左侧的单向阀从油箱吸油。活塞杆接触到工件后回路压力上升，顺序阀3开启，压力油同时也进入缸1，压力上升到溢流阀6的调定压力。这时的夹紧力是两个液压缸的推力之和 换向阀5切换至右位时，压力油同时流入两缸右腔，左腔中的油经换向阀5流回油箱	通过双缸的联动来增大夹紧力，回程时两缸都经换向阀5回油。溢流阀6的调定压力应大于顺序阀3的调定压力

表2-27 单作用增压器增压回路

回路描述	特点及应用
采用单作用增压器，以系统较小的压力获得执行元件较大的压力 增压缸两个活塞腔的面积不相等，使得小活塞腔可获得较高的压力 p_2 如图2-27所示为利用增压缸的单作用增压回路，当系统在图2-27所示位置工作时，系统的供油压力 p_1 进入增压缸的大活塞腔，此时在小活塞腔即可得到所需的较高压力 p_2 当二位四通电磁换向阀左位接入系统时，增压缸返回，辅助油箱中的油液经单向阀补入增压缸小活塞。液压缸在弹簧力的作用下返回	一般只适用于液压缸单方向需要很大力和行程较短的场合，如铆接机的液压系统 通常根据所需增压比来选择增压器的参数

2.6.3 双作用增压器增压回路（图 2-28 和表 2-28）

2.6.4 双作用增压器双向增压回路（图 2-29 和表 2-29）

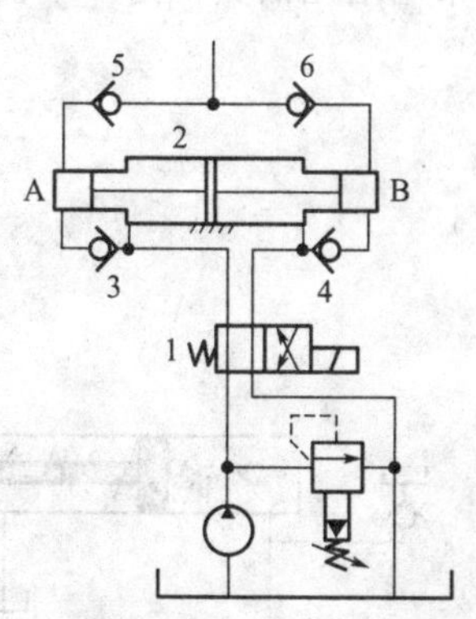

图 2-28 双作用增压器增压回路

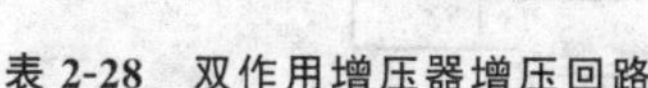

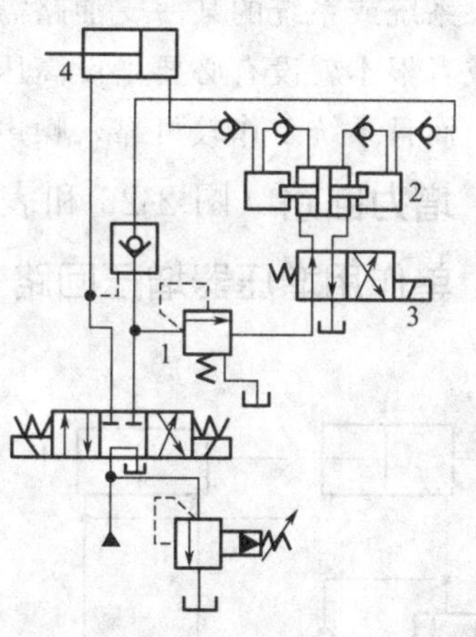

图 2-29 双作用增压器双向增压回路

表 2-28 双作用增压器增压回路

回路描述	特点及应用
采用双作用增压器。以系统较小的压力获得执行元件较大的压力，在图 2-28 所示情况下，增压器 2 的活塞右行，其高压腔 B 经单向阀 6 输出高压油；反之，当电磁阀 1 通电时，高压腔 A 经单向阀 6 输出高压油	适用于双向增压，如挤压机等双向载荷相同、要求压力相同的增压回路中，以及水射流机床增压系统

表 2-29 双作用增压器双向增压回路

回路描述	特点及应用
液压缸 4 活塞左行遇到较大载荷时，系统压力升高，低压油源的压力油打开顺序阀 1 进入双作用增压器 2，无论增压器左行还是右行，均能输出高压油液至液压缸 4 的无杆腔	二位四通电磁换向阀 3 连续通断电切换，使增压器 2 不断地往复运动连续输出高压油

2.6.5 利用增压器的增压回路（图 2-30 和表 2-30）

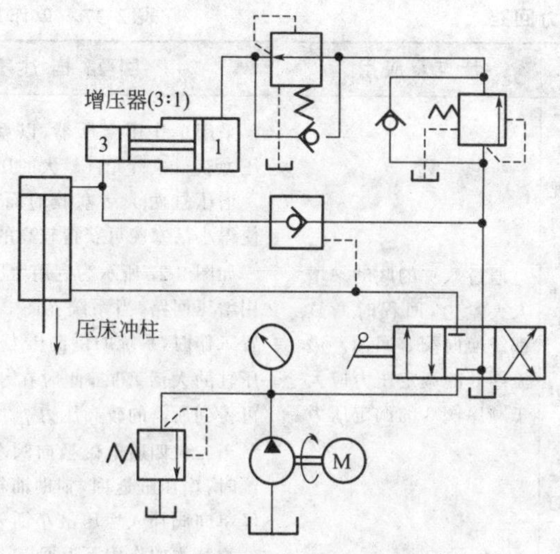

图 2-30 利用增压器的增压回路

表 2-30　利用增压器的增压回路

回路描述	特点及应用
图 2-30 所示是利用增压器的增压回路。三位四通换向阀右位工作时，压力油液经液控单向阀到液压缸活塞上方使活塞下压。同时，增压器的活塞也受到油液作用向右移动，但达到规定的压力后就自然停止了，这样使它一有油送进增压器活塞大直径侧，就能够马上前进，当冲柱下降碰到工件时(即产生负荷时)，泵的输出立即升高，并打开顺序阀，油液以减压阀所调定的压力作用在增压器的大活塞上，增压器小直径侧产生 3 倍于减压阀所调定压力的高压油液，油液进入冲柱上方而产生更强的加压作用	换向阀如移到中位时，可以暂时防止冲柱向下掉。如果要完全防止其向下掉，则必须在冲柱下降时在油的出口处装一液控单向阀

2.6.6　利用液压马达的增压回路

2.6.6.1　利用液压马达的增压回路Ⅰ（图 2-31 和表 2-31）

2.6.6.2　利用液压马达的增压回路Ⅱ（图 2-32 和表 2-32）

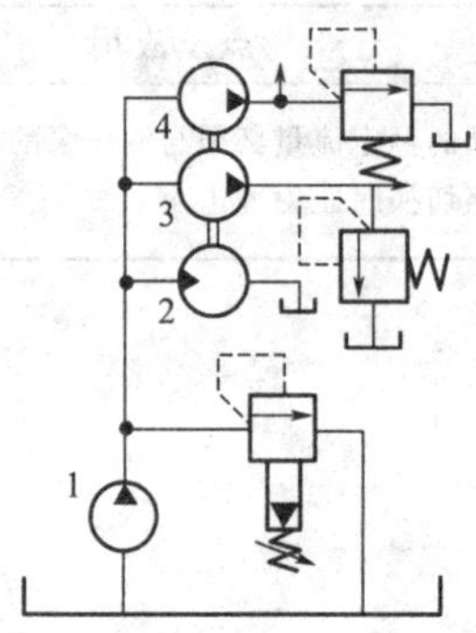

图 2-31　利用液压马达的增压回路Ⅰ

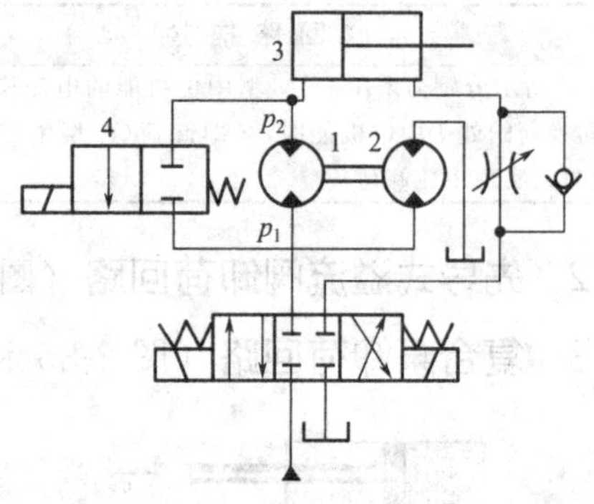

图 2-32　利用液压马达的增压回路Ⅱ

表 2-31　利用液压马达的增压回路Ⅰ

回路描述	特点及应用
液压泵 1 的压力由溢流阀设定，液压马达 2 由液压泵 1 供油驱动运转，液压马达 2 又驱动液压泵 3 和 4，泵 1 与泵 3、泵 1 与泵 4 串联双级供油，从而实现增压，增压的最大值分别由溢流阀设定	此回路多用于起重机的液压系统

表 2-32　利用液压马达的增压回路Ⅱ

回路描述	特点及应用
液压马达 1、2 的轴刚性连接，液压马达 2 出口通油箱，液压马达 1 出口通工作缸 3 的无杆腔。若液压马达 1 进口压力为 p_1，则液压马达 1 出口压力 $p_2=(1+a)p_1$，a 为两马达的排量之比，即 $a=V_2/V_1$，实现了增压目的	阀 4 用来使活塞快速退回。本回路适用于现有液压泵不能实现而又需要连续高压的场合

2.7　卸荷回路

在液压系统工作中，有时执行元件短时间停止工作，或者执行元件在某段工作时间内保持一定的力，而运动速度极慢，甚至停止运动。在这种情况下，不需要消耗液压系统功率，为此，需要采用卸荷回路，即在液压泵驱动电动机不频繁启闭的情况下，使液压泵在功率输出接近于零的情况下运转，以减少功率损耗，降低系统发热，延长泵和电动机的寿命。

2.7.1 换向阀卸荷回路（图 2-33 和表 2-33）

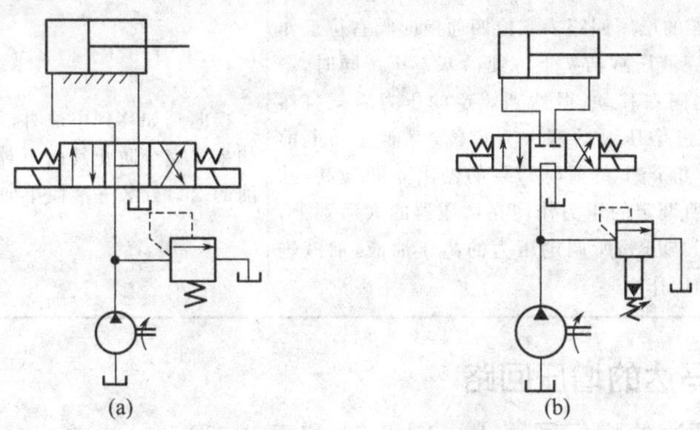

图 2-33 换向阀卸荷回路

表 2-33 换向阀卸荷回路

回路描述	特点及应用
图 2-33 所示分别为采用 H、M 型中位机能的电磁换向阀的卸荷回路，三位换向阀处于中位机能时，泵即卸荷（K 型中位机能的电磁换向阀也可以实现中位卸荷）	换向阀的额定流量必须与液压泵的额定流量相符 该回路切换时压力冲击小

2.7.2 先导式溢流阀卸荷回路（图 2-34 和表 2-34）

2.7.3 复合泵卸荷回路（图 2-35 和表 2-35）

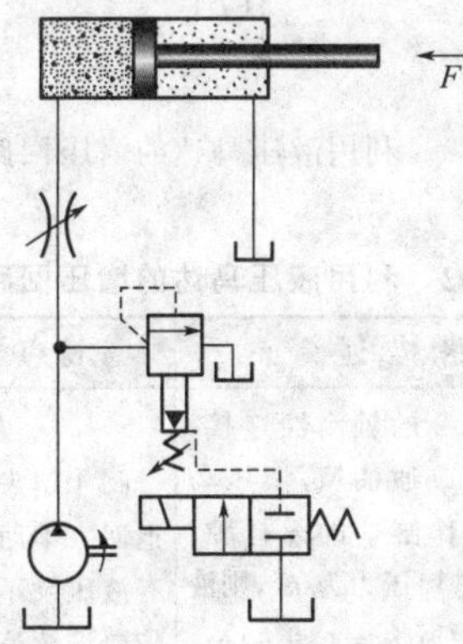

图 2-34 先导式溢流阀卸荷回路

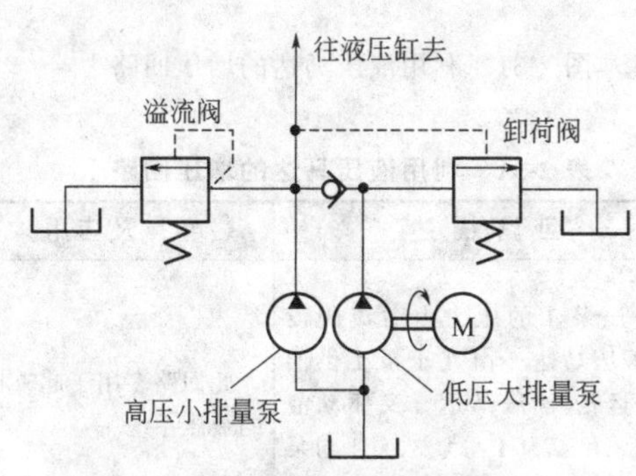

图 2-35 复合泵卸荷回路

表 2-34 先导式溢流阀卸荷回路

回路描述	特点及应用
使先导式溢流阀的远程控制口直接与二位二通电磁阀相连，便构成一种用先导型溢流阀的卸荷回路，当电磁阀通电时，溢流阀的外控口与油箱相通，即先导式溢流阀主阀上腔直通油箱，液压泵输出的液压油将以很低的压力开启溢流阀的溢流口而流回油箱，实现卸荷，此时溢流阀处于全开状态	卸荷压力的高低取决于溢流阀主阀弹簧刚度的大小。因此，当停止卸荷使系统重新开始工作时，这种卸荷回路卸荷压力小，切换时冲击也小 这种卸荷方式适用于高压大流量系统

表 2-35 复合泵卸荷回路

回路描述	特点及应用
回路中，执行机构快速运动时，高低压泵同时供油；当系统压力升高时，卸荷阀被打开，低压泵卸荷，高压泵继续工作，实现慢速、加压或保压功能	高、低压泵组成的双泵卸荷回路适用于执行机构需要快速进给和工进的场合 这种回路的动力大多由高压泵在消耗，所以可达到节约能源目的，卸荷阀的调定压力通常比溢流阀的调定压力要低 0.5MPa 以上

2.7.4　二位二通阀卸荷回路

2.7.4.1　二位二通阀卸荷回路Ⅰ（图 2-36 和表 2-36）

2.7.4.2　二位二通阀卸荷回路Ⅱ（图 2-37 和表 2-37）

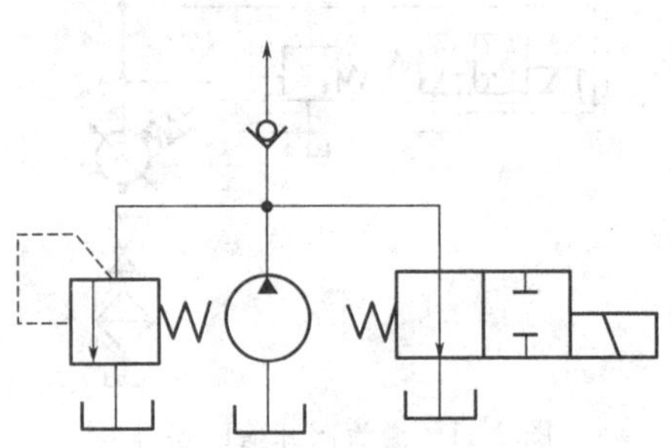

图 2-36　二位二通阀卸荷回路Ⅰ

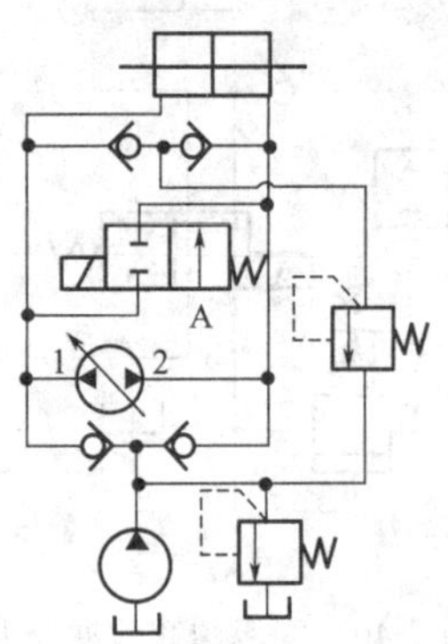

图 2-37　二位二通阀卸荷回路Ⅱ

表 2-36　二位二通阀卸荷回路Ⅰ

回路描述	特点及应用
液压泵的出油口经二位二通电磁阀与油箱相通。二位二通电磁阀断电时，液压泵卸荷；二位二通电磁阀通电时，液压泵正常工作	回路结构简单，特别适用于低压小流量系统，选用的二位二通电磁阀应能通过泵的全部流量，即阀的额定流量和泵的额定流量相等

表 2-37　二位二通阀卸荷回路Ⅱ

回路描述	特点及应用
闭式系统可用二位二通换向阀 A 使主油路 1 与 2 互通而卸荷	闭式系统卸荷，无溢流损失

2.7.4.3　二位二通阀卸荷回路Ⅲ（图 2-38 和表 2-38）

2.7.5　溢流阀卸荷回路

2.7.5.1　溢流阀卸荷回路Ⅰ（图 2-39 和表 2-39）

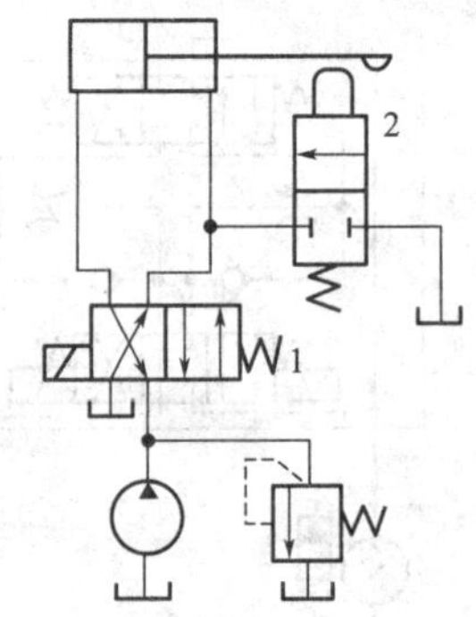

图 2-38　二位二通阀卸荷回路Ⅲ

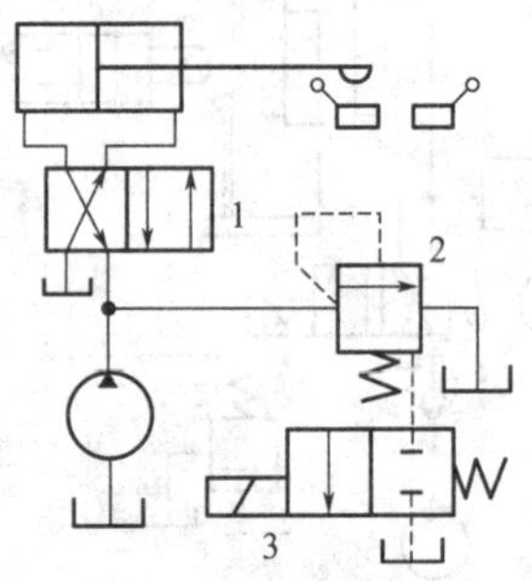

图 2-39　溢流阀卸荷回路Ⅰ

表 2-38　二位二通阀卸荷回路Ⅲ

回路描述	特点及应用
行程换向阀 1 处于右位时，活塞向左退回，活塞退回到终点位置时，撞块使行程换向阀切换，于是主油路油液经换向阀 1、行程换向阀 2 上位卸荷	常用于行程终点需停留较长时间的液压回路，行程换向阀 2 的额定流量与泵的额定流量相等

表 2-39　溢流阀卸荷回路Ⅰ

回路描述	特点及应用
溢流阀 2 的遥控口与二位二通换向阀 3 相通，当阀 3 处于左位时，泵即可通过溢流阀 2 流回油箱卸荷 二位二通换向阀 3 只需要通过很少的流量，因此可以采用小流量阀	远程控制实现泵的卸荷的场合，如仿形刨床，PLC 自动控制的板料剪切机，自动焊接机等

2.7.5.2 溢流阀卸荷回路Ⅱ（图 2-40 和表 2-40）

2.7.5.3 溢流阀卸荷回路Ⅲ（图 2-41 和表 2-41）

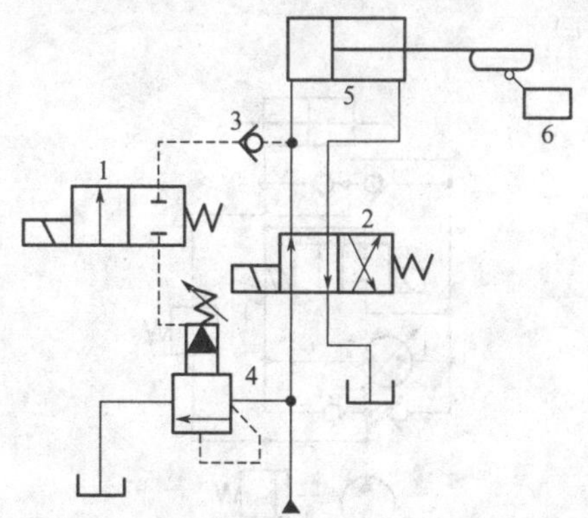

图 2-40 溢流阀卸荷回路Ⅱ

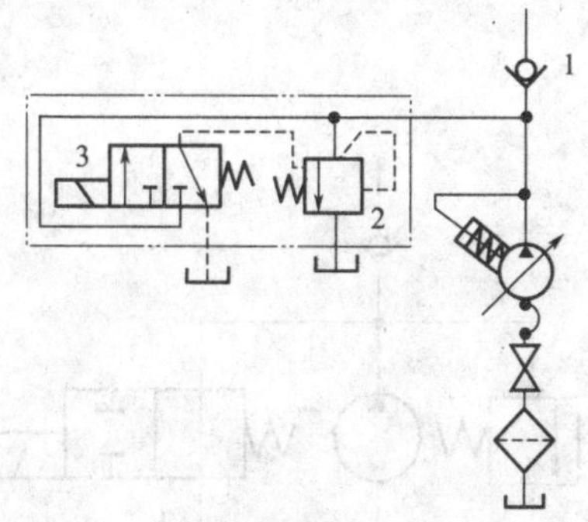

图 2-41 溢流阀卸荷回路Ⅲ

表 2-40 溢流阀卸荷回路Ⅱ

回路描述	特点及应用
电磁换向阀 2 通电，电磁换向阀 1 断电时，压力油流入液压缸左腔，活塞右移 当电磁换向阀 2 断电，活塞退回到终点时，压下微动开关 6，使二位二通电磁换向阀 1 通电，先导式溢流阀 4 的遥控口经阀 1、单向阀 3 和阀 2 与油箱相通，泵通过溢流阀 4 卸荷	适用于活塞退回时泵远程卸荷

表 2-41 溢流阀卸荷回路Ⅲ

回路描述	特点及应用
在压力补偿变量泵接近零输出时，为了减少零位时的功率发热损失，可使电磁换向阀 3 断电，溢流阀 2 遥控口通油箱，变量泵卸荷	单向阀 1 用来避免变量泵受到倒流的高压影响

2.7.5.4 溢流阀卸荷回路Ⅳ（图 2-42 和表 2-42）

2.7.6 电液换向阀卸荷回路（图 2-43 和表 2-43）

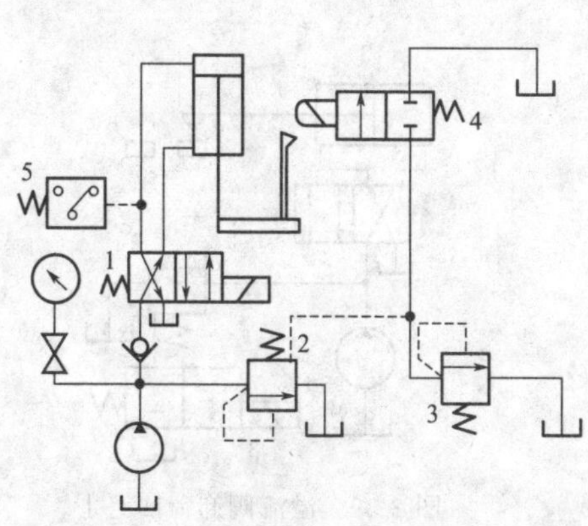

图 2-42 溢流阀卸荷回路Ⅳ

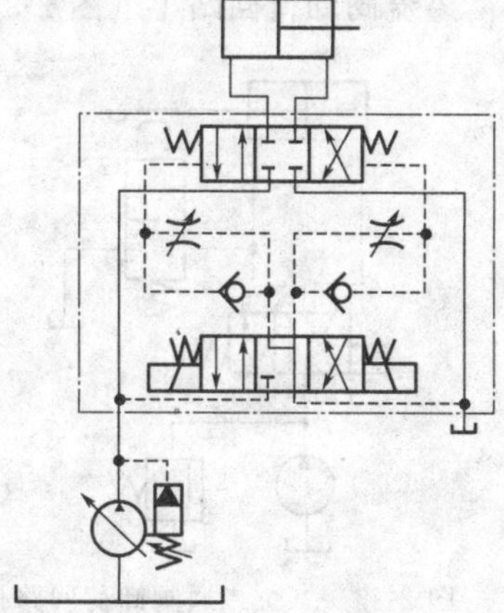
图 2-43 电液换向阀卸荷回路

表 2-42 溢流阀卸荷回路Ⅳ

回路描述	特点及应用
阀 1 通电，压力油从泵出来，经单向阀、阀 1 右位进入液压缸上腔，活塞下降压住工件 当液压缸上腔内压力达到压力继电器的调定压力时，阀 1 断电，压力油经单向阀、阀 1 左位进入液压缸下腔，活塞返回。当活塞杆上的撞块压住行程换向阀 4 后，泵卸荷	泵的压力由阀 3 调节，在工件上施加的压力由压力继电器调节

表 2-43 电液换向阀卸荷回路

回路描述	特点及应用
通过调节控制油路中的节流阀控制主阀芯移动的速度，使阀口缓慢开启，避免液压缸突然卸压，因而实现较平稳卸压	适用于流量较大，需要平稳卸荷的场合，如装载机线控转向系统

2.7.7　插装溢流阀卸荷回路（图 2-44 和表 2-44）

2.7.8　蓄能器卸荷回路（图 2-45 和表 2-45）

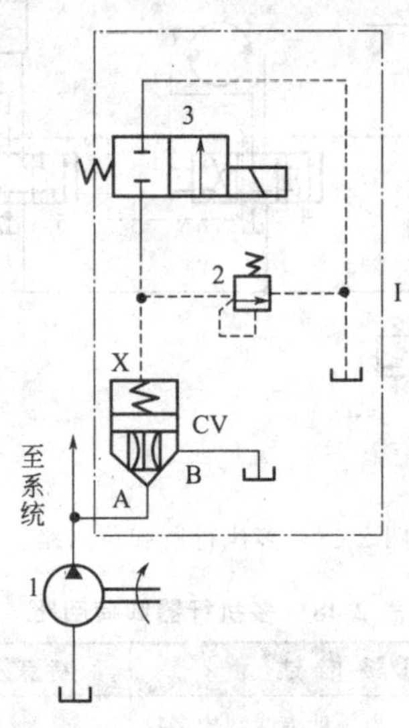

图 2-44　插装溢流阀卸荷回路

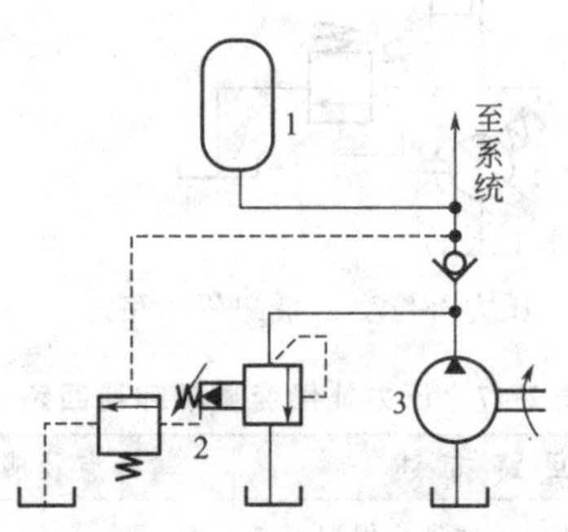

图 2-45　蓄能器卸荷回路

表 2-44　插装溢流阀卸荷回路

回路描述	特点及应用
插装溢流阀Ⅰ组件由压力控制元件 CV 与先导调压阀 2 及二位二通电磁换向阀 3 构成。阀 3 断电时，系统压力由调压阀调定；阀 3 通过切换至右位时，液压泵 1 卸荷	插装溢流阀通过流量大，系统功率损耗小

表 2-45　蓄能器卸荷回路

回路描述	特点及应用
图 2-45 所示卸荷回路用蓄能器 1 蓄能，达到卸荷压力时，远程调压阀 2 溢流，使液压泵 3 卸荷	蓄能器实现保压功能，此回路适宜卸荷时间较长的场合采用

2.7.9　压力继电器双泵卸荷回路（图 2-46 和表 2-46）

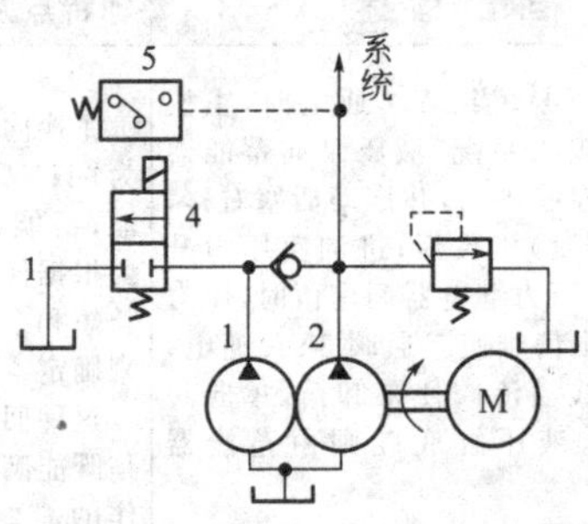

图 2-46　压力继电器双泵卸荷回路

表 2-46　压力继电器双泵卸荷回路

回路描述	特点及应用
当系统在低压大流量工况时，两台泵同时供油；当系统要求高压小流量或保压时，压力继电器 5 发信使电磁阀通电切换至上位，从而使低压大流量泵 1 卸荷	调节压力继电器，可以控制大流量泵 1 的卸荷压力 此回路只能实现单泵卸荷

2.7.10 压力补偿变量泵卸荷回路（图 2-47 和表 2-47）

2.7.11 多执行器卸荷回路（图 2-48 和表 2-48）

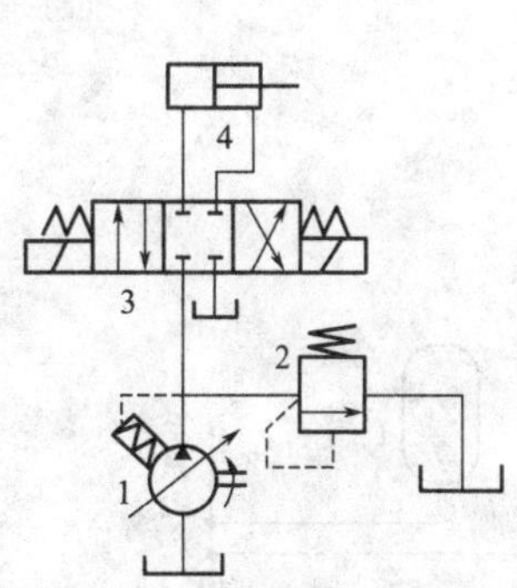

图 2-47 压力补偿变量泵卸荷回路

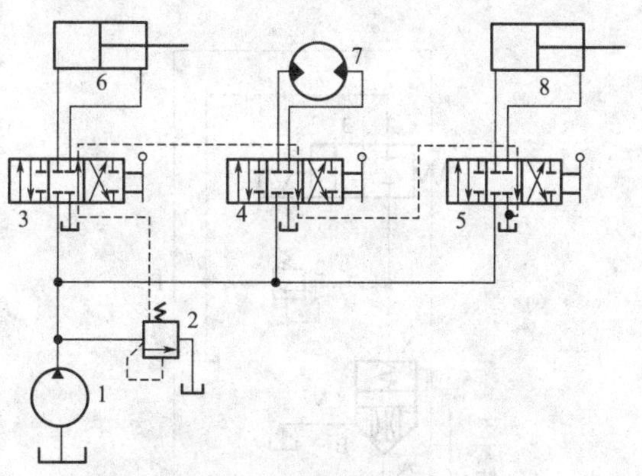

图 2-48 多执行器卸荷回路

表 2-47 压力补偿变量泵卸荷回路

回路描述	特点及应用
当液压缸 4 运动到行程端点或换向阀 3 处于图 2-47 所示中位时，泵 1 的压力升高到补偿装置所需压力，泵的流量便自动减至补足液压缸和换向阀的泄漏，此时尽管泵出口压力很大，但因泵输出的流量很小，其耗费的功率大为降低，实现了泵的卸荷	压力补偿变量泵 1 具有低压时输出大流量和高压时输出小流量的特性 该回路中的溢流阀 2 作安全阀用

表 2-48 多执行器卸荷回路

回路描述	特点及应用
图 2-48 所示为一种串联结构多执行器卸荷回路，当各执行器都停止工作时，三位六通手动阀都处于中位，溢流阀 2 的遥控口经各换向阀中位的一个通路与油箱连通，泵 1 卸荷。任一换向阀不在中位工作时，溢流阀的遥控口就不会与油箱接通，此时泵会结束卸荷状态	多执行器卸荷回路的功用是使液压泵在各执行器都不工作时自动卸荷，而当任一执行器要求工作时又立即由卸荷转为工作状态

2.8 保压回路

在液压系统中，常要求液压执行元件在一定的位置上停止运动时，稳定地保持规定的压力，这就要采用保压回路。

2.8.1 利用蓄能器的保压回路（图 2-49 和表 2-49）

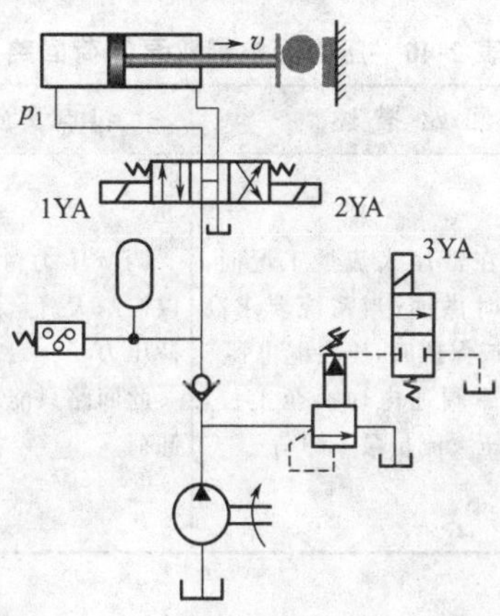

图 2-49 利用蓄能器的保压回路

表 2-49 利用蓄能器的保压回路

回路描述	特点及应用
启动液压泵，当 1YA 通电时，主换向阀左位接入系统，液压泵向蓄能器和液压缸左腔供油，并推动活塞右移，压紧（或夹紧）工件后，进油路压力升高，当升至压力继电器调定值时，压力继电器发出信号使二通阀 3YA 通电，通过先导式溢流阀使泵卸荷，单向阀自动关闭，液压缸底腔则由蓄能器保压 当蓄能器的压力不足时，压力继电器复位使泵启动。压力升高重新升高后，泵又卸荷	主换向阀宜选择为“H”型中位机能，蓄能器的容量要根据保压时间的长短和系统泄漏量来确定 这种回路的特点是既能满足保压工作的需要，又能节省功率，减少系统发热

2.8.2 辅助泵保压回路

2.8.2.1 辅助泵保压回路Ⅰ（图2-50和表2-50）

2.8.2.2 辅助泵保压回路Ⅱ（图2-51和表2-51）

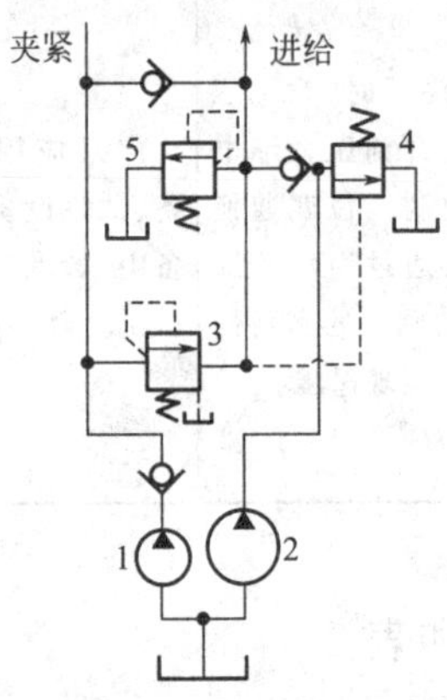

图2-50 辅助泵保压回路Ⅰ

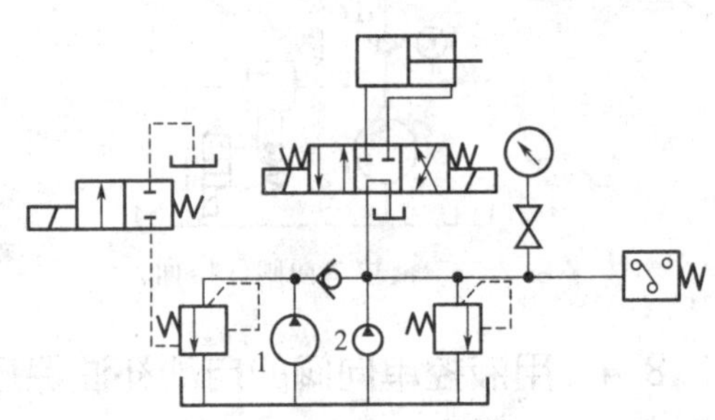

图2-51 辅助泵保压回路Ⅱ

表2-50 辅助泵保压回路Ⅰ

回路描述	特点及应用
在夹紧装置回路中，夹紧缸移动时，两泵同时供油。夹紧后，小泵1压力升高，打开顺序阀3使夹紧缸保压 进给缸快进，泵1、2同时供油。慢进时，油压升到阀4的调定压力，阀4打开，泵2卸荷，由泵1单独供油，供油压力由阀3调节	夹紧和进给分别由不同的油路来控制时，阀4的调定压力大于顺序阀3的调定压力，阀5的调定压力大于阀4的调定压力

表2-51 辅助泵保压回路Ⅱ

回路描述	特点及应用
液压缸工作行程时，大小泵同时供油，液压缸移动到行程末端时，压力升高，压力继电器动作，二位二通换向阀通电，大流量泵1卸荷，小流量泵2继续工作保压	泵1为高压泵，泵2为低压泵。多用于夹紧回路

2.8.2.3 辅助泵保压回路Ⅲ（图2-52和表2-52）

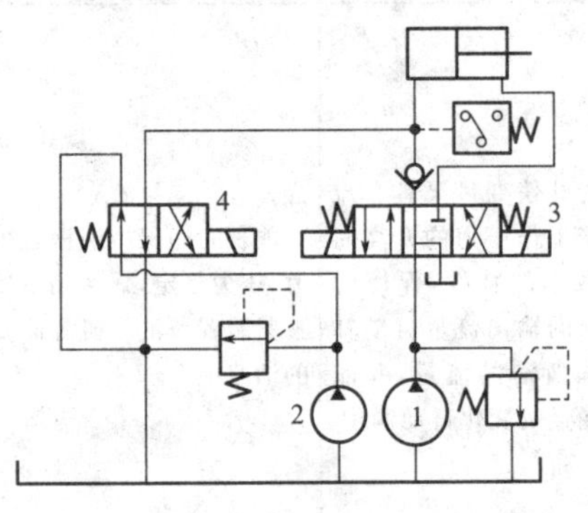

图2-52 辅助泵保压回路Ⅲ

表2-52 辅助泵保压回路Ⅲ

回路描述	特点及应用
当三位四通换向阀3处于左位时，二位四通阀4通电处于右位，泵1和泵2同时供油，液压缸活塞快速移动。随着液压缸载荷的增加，工作压力也升高。达到压力继电器设定压力时，三位四通换向阀3处于中位，泵1卸荷，泵2继续供油，保持系统压力	泵1为大流量低压泵，泵2为小流量高压辅助泵。保压过程所需功率较小，不会导致系统严重发热

2.8.3 液控单向阀保压回路（图 2-53 和表 2-53）

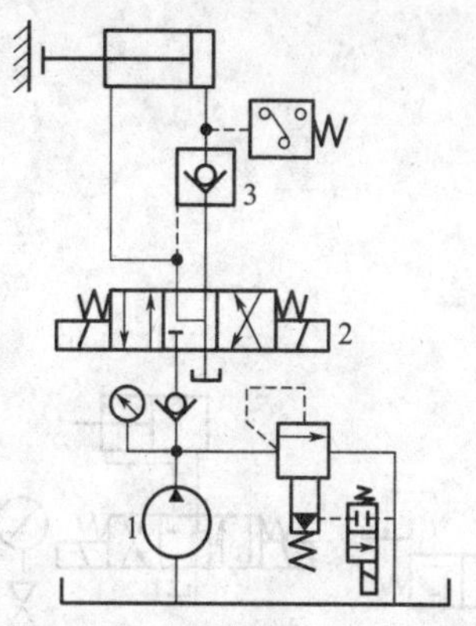

图 2-53 液控单向阀保压回路

表 2-53 液控单向阀保压回路

回路描述	特点及应用
当液压缸行程终了时，系统压力上升，当压力上升到压力继电器调定压力时，控制三位四通换向阀 2 回中位，泵通过溢流阀卸荷。依靠液控单向阀 3 的密封性能对液压缸无杆腔实现保压	广泛应用于机械设备、试验设备和冶金设备中，如汽车刹车泵高压试验台

2.8.4 用液控单向阀的自动补油保压回路（图 2-54 和表 2-54）

2.8.5 压力补偿变量泵保压回路（图 2-55 和表 2-55）

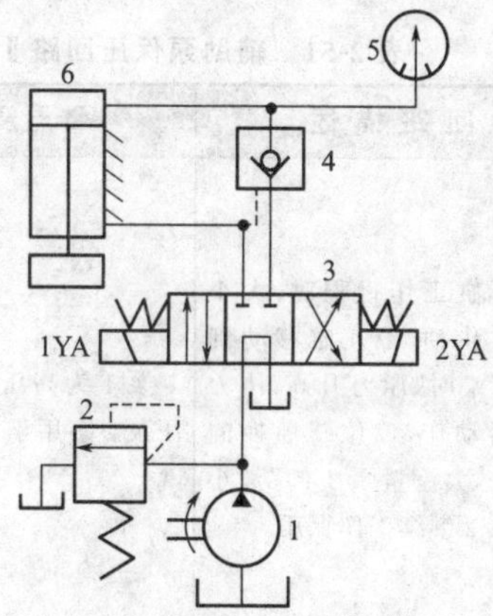

图 2-54 用液控单向阀的自动补油保压回路

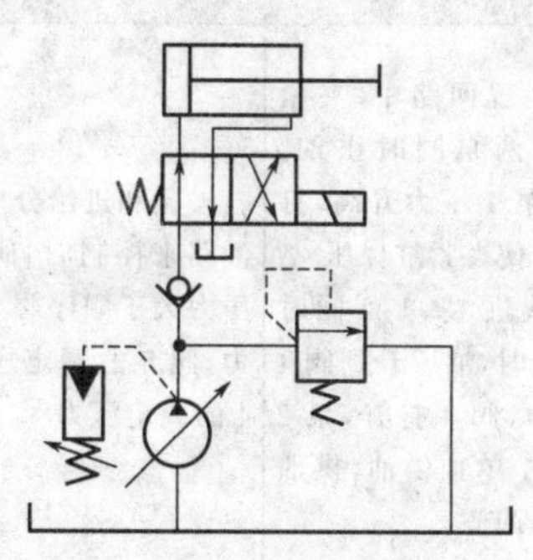

图 2-55 压力补偿变量泵保压回路

表 2-54 用液控单向阀的自动补油保压回路

回路描述	特点及应用
当电磁铁 1YA 通电使阀 3 切换至左位时，液压缸活塞快速向上移动。当电磁铁 2YA 通电使换向阀 3 切换至右位，液压缸 6 向下移动，当上腔压力上升至电接点压力表 5 的上限值时，压力表高压触点通电，使电磁铁 2YA 断电，换向阀 3 至中位，液压泵 1 经阀 3 的中位卸荷，液压缸由液控单向阀 4 实现保压 保压期间若缸的上腔因泄漏原因压力下降到压力表调定下限值时，压力表又发信，使电磁铁 2YA 通电，液压泵开始向液压缸 6 上腔供油，使压力上升	此回路能自动地保持液压缸上腔的压力在某一范围内，保压时间长，压力稳定性高，适用于液压机等保压性能要求较高的液压系统

表 2-55 压力补偿变量泵保压回路

回路描述	特点及应用
压力补偿变量泵具有流量随着工作压力的升高而自动减小的特性，保压时液压泵的输出流量自动补偿泄漏所需的流量，并能随泄漏量的变化自动调整	能长时间保持液压缸中的压力，压力稳定，效率高。适用于夹紧装置或液压机等需要保压的油路中

2.8.6 综合保压回路（图 2-56 和表 2-56）

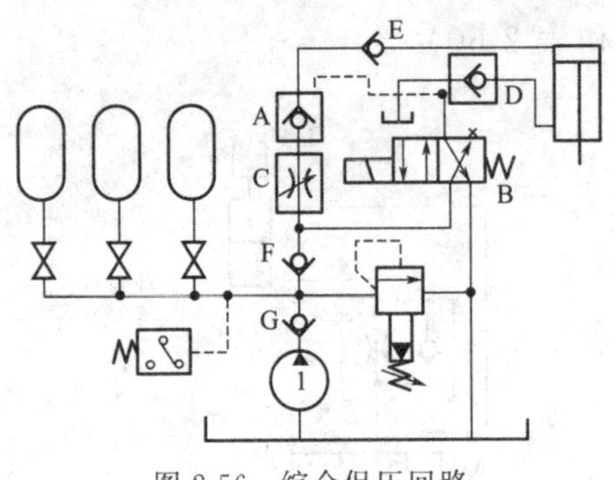

图 2-56 综合保压回路

表 2-56 综合保压回路

回路描述	特点及应用
保压时，电磁换向阀 B 通电处于左位，蓄能器中的压力油打开液控单向阀 A 和 D，并经阀 C、A、E 流入液压缸的大腔进行保压。阀 D 使液压缸下腔卸压，以避免液压缸背压增加。当蓄能器中的油压降至压力继电器断开时，阀 B 断电处于右位，电动机转动使液压泵供油至蓄能器，压力升高。直到压力升高到继电器的接通压力时，电动机停转	适用于大流量液压系统和用蓄能器保压的场合

2.9 平衡回路

为了防止垂直放置或倾斜放置的液压缸和与之相连的工作部件因自重而自行下落，或在下行运动中因自重造成的失控失速，可设计使用平衡回路。平衡回路通常用单向顺序阀或液控单向阀来实现平衡控制。

2.9.1 利用单向顺序阀的平衡回路（图 2-57 和表 2-57）

2.9.2 利用液控单向阀的平衡回路（图 2-58 和表 2-58）

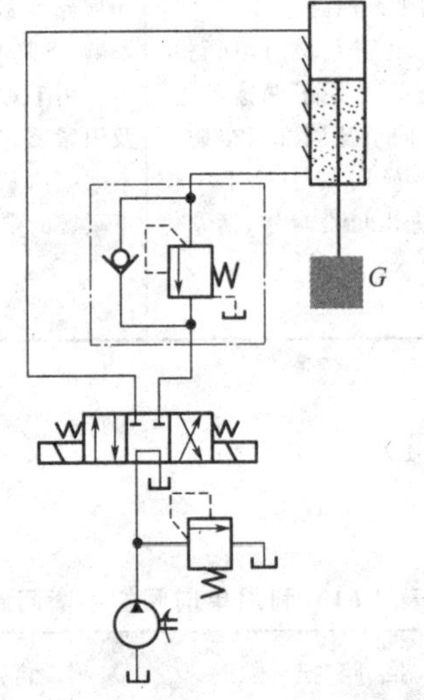

图 2-57 利用单向顺序阀的平衡回路

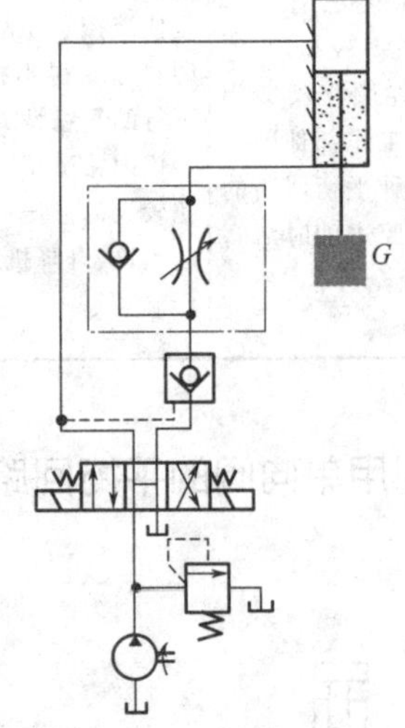

图 2-58 利用液控单向阀的平衡回路

表 2-57 利用单向顺序阀的平衡回路

回路描述	特点及应用
图 2-57 所示回路为采用单向顺序阀的平衡回路，当电磁换向阀切换至左位后，活塞下行，回油路上就存在着一定的背压；只要将这个背压调得能支承住活塞和与之相连的工作部件自重，活塞就可以平稳地下落。当换向阀处于中位时，由于在液压缸的下腔油路上加设一个平衡阀（即单向顺序阀），使液压缸下腔形成一个与液压缸运动部分重量相平衡的压力，可防止其因自重而下滑	该回路只适用于工作部件重量不大、活塞锁住时定位要求不高的场合 这种回路当活塞向下快速运动时功率损失大，锁住时活塞和与之相连的工作部件会因单向顺序阀和换向阀的泄漏而缓慢下落

表 2-58 利用液控单向阀的平衡回路

回路描述	特点及应用
当换向阀右位工作时，液压缸下腔进油，液压缸上升至终点；当换向阀处于中位时，液压泵卸荷，液压缸停止运动，由液控单向阀锁紧；当换向阀左位工作时，液压缸上腔进油，当液压缸上腔压力足以打开液控单向阀时，液压缸才能下行	液压缸下腔的回油由节流阀限速，由于液控单向阀泄漏量极小，故其闭锁性能较好

2.9.3 利用液控顺序阀的平衡回路（图 2-59 和表 2-59）

2.9.4 利用单向节流阀的平衡回路（图 2-60 和表 2-60）

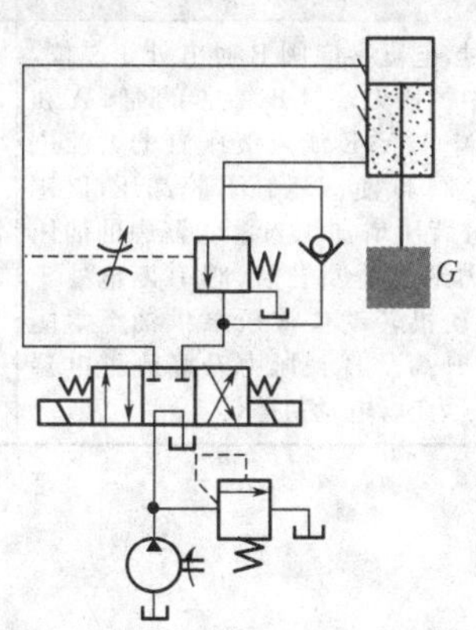

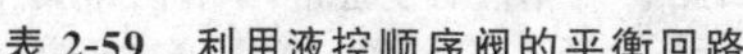

图 2-59 利用液控顺序阀的平衡回路

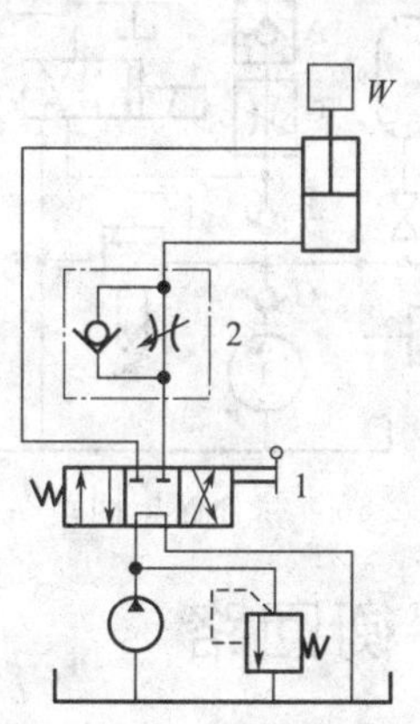

图 2-60 利用单向节流阀的平衡回路

表 2-59 利用液控顺序阀的平衡回路

回路描述	特点及应用
当活塞下行时，控制压力油打开液控顺序阀，背压消失，因而回路效率较高；当停止工作时，液控顺序阀关闭以防止活塞和工作部件因自重而下降。这种平衡回路的优点是只有上腔进油时活塞才下行，比较安全可靠	节流阀(阻尼小孔)的作用是使液控顺序阀的开启和关闭状态变得不再频繁，活塞下行的平稳性大大改善 该回路适用于平衡质量变化较大的液压机械。如液压起重机、升降机等

表 2-60 利用单向节流阀的平衡回路

回路描述	特点及应用
回路是用单向节流阀 2 和换向阀 1 组成的平衡回路 换向阀 1 处于左位时，回路中的单向节流阀 2 处于调速状态，适当调节单向节流阀 2 可以防止超速下降。换向阀 1 处于中位时，液压缸进出口被封住，活塞停在某一位置	回路受载荷 W 大小影响，下降速度不稳定 常用于对速度稳定性及锁紧要求不高、功率不大或功率虽大但工作不频繁的定量泵油路中

2.9.5 利用单向阀的平衡回路（图 2-61 和表 2-61）

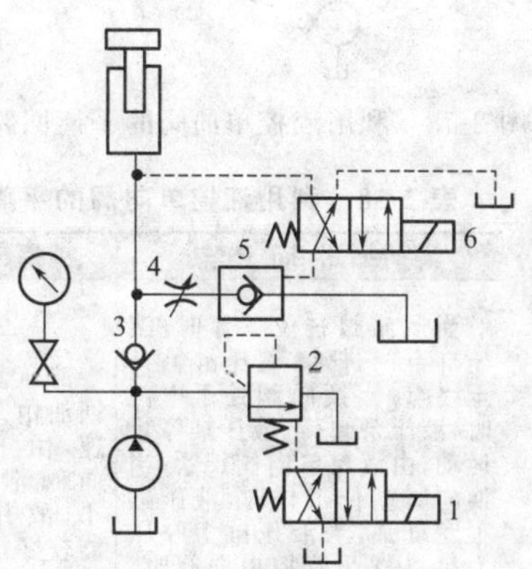

图 2-61 利用单向阀的平衡回路

表 2-61 利用单向阀的平衡回路

回路描述	特点及应用
图 2-61 所示状态，液压泵卸荷，单向阀 3 和液控单向阀 5 都关闭，可将升降平台支撑在任意位置 当换向阀 1 通电时，升降平台上升。当换向阀 6 通电时，液控单向阀 5 打开，升降平台开始下降，调节节流阀 4 即可以调节升降平台的下降速度	本回路的优点是用小规格的电磁换向阀 1 和阀 6 就可以控制平台的升降。平台下降行程不需要消耗动力，冲击很小

2.9.6 利用插装阀的平衡回路（图 2-62 和表 2-62）

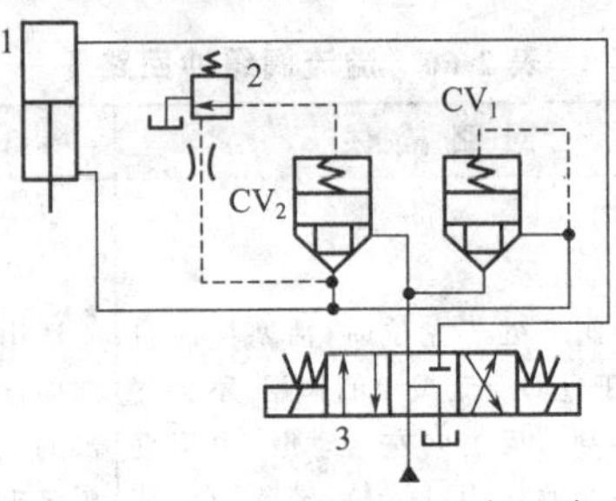

图 2-62　利用插装阀的平衡回路

表 2-62　利用插装阀的平衡回路

回路描述	特点及应用
三位四通电磁阀 3 切换至右位时，压力油经阀 3 进入液压缸 1 的上腔，缸的下腔回油背压达到顺序阀 2 的调压值时，顺序阀开启，液压缸 1 下腔油液经 CV_2 和阀 3 向油箱排油；当 3 切换至左位时，压力油顶开插装阀 CV_1 进入缸的下腔，上腔经阀 3 向油箱排油；当阀 3 处于中位时，油源卸荷，液压缸下腔由插装阀闭锁，平衡液压缸及其拖动的重物	顺序阀 2 的调压值决定液压缸拖动的重物质量大小

2.10 缓冲回路

当执行机构质量较大、运动速度较高时，若突然换向或停止，会产生很大的冲击和振动，为了减少或消除冲击，除了对执行机构本身采取一些措施外，也可对液压系统采取适当办法来实现缓冲。

2.10.1 液压缸缓冲回路（图 2-63 和表 2-63）

2.10.2 蓄能器缓冲回路（图 2-64 和表 2-64）

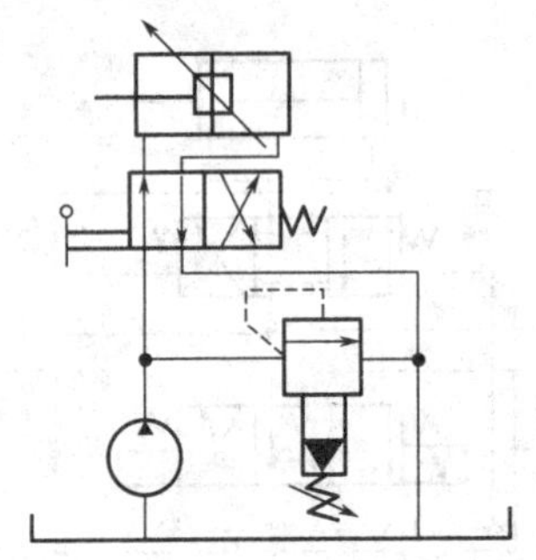
图 2-63　液压缸缓冲回路

图 2-64　蓄能器缓冲回路

表 2-63　液压缸缓冲回路

回路描述	特点及应用
用可调式双向缓冲液压缸来起缓冲作用，减少冲击和振动，实现缓冲，缓冲动作可靠	适用于缓冲行程位置固定的工作场合，其缓冲效果由缓冲液压缸的缓冲装置调整

表 2-64　蓄能器缓冲回路

回路描述	特点及应用
蓄能器用于吸收因负载突然变化使液压缸产生位移而产生的液压冲击，当冲击太大，蓄能器吸收容量有限时，可由安全阀消除	蓄能器的容量应与液压缸正常工作时产生的压力冲击相适应

2.10.3 溢流阀缓冲回路

2.10.3.1 溢流阀缓冲回路 Ⅰ（图 2-65 和表 2-65）

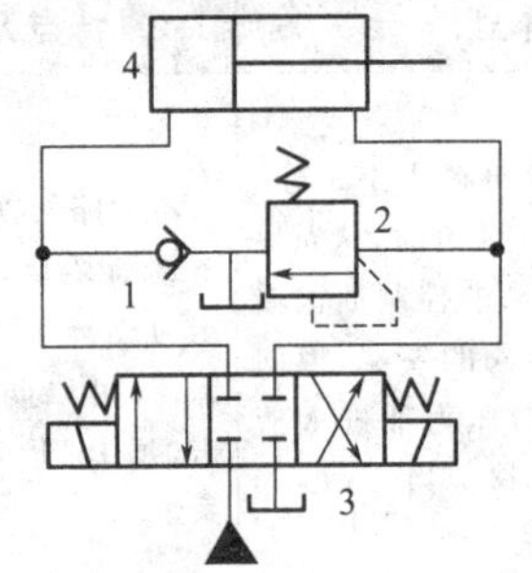

图 2-65　溢流阀缓冲回路 Ⅰ

表 2-65　溢流阀缓冲回路 Ⅰ

回路描述	特点及应用
液压缸 4 向右运动过程中，活塞及移动部件有惯性，当换向阀 3 处于中位，回路停止工作时，溢流阀 2 起制动和缓冲作用	液压缸无杆腔经单向阀 1 从油箱补油

2.10.3.2 溢流阀缓冲回路Ⅱ（图 2-66 和表 2-66）

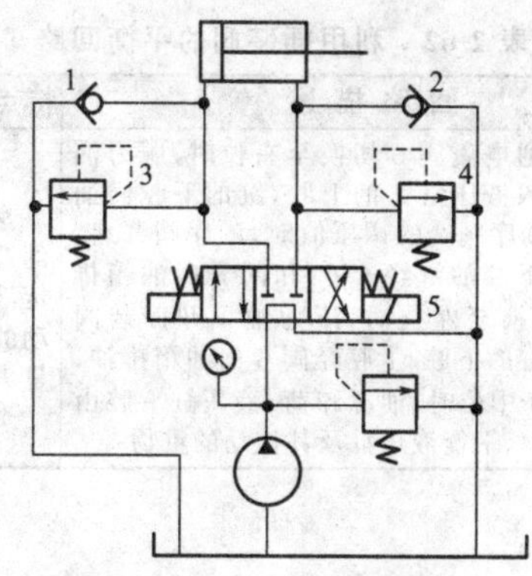

图 2-66 溢流阀缓冲回路Ⅱ

表 2-66 溢流阀缓冲回路Ⅱ

回路描述	特点及应用
当换向阀 5 处于左位时，活塞杆向右移动，由于直动溢流阀 4 的作用，不会突然向右移动。反之向左运动时，由于直动溢流阀 3 的作用，减缓或消除液压缸活塞换向时产生的液压冲击	适用于经常换向而且会产生冲击的场合，例如压路机振动部分液压回路

2.10.4 电液换向阀缓冲回路

2.10.4.1 电液换向阀缓冲回路Ⅰ（图 2-67 和表 2-67）

2.10.4.2 电液换向阀缓冲回路Ⅱ（图 2-68 和表 2-68）

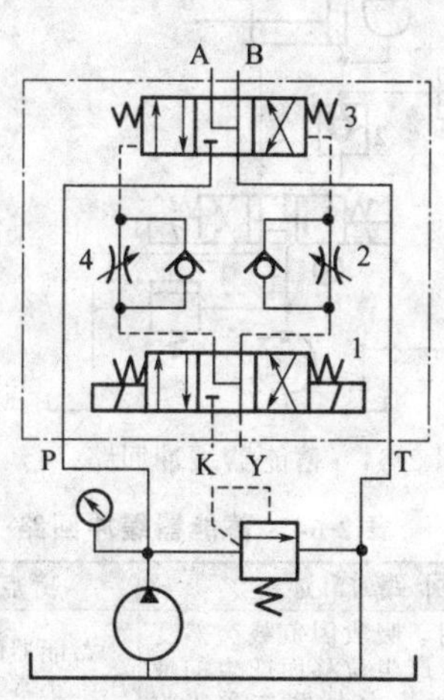

图 2-67 电液换向阀缓冲回路Ⅰ

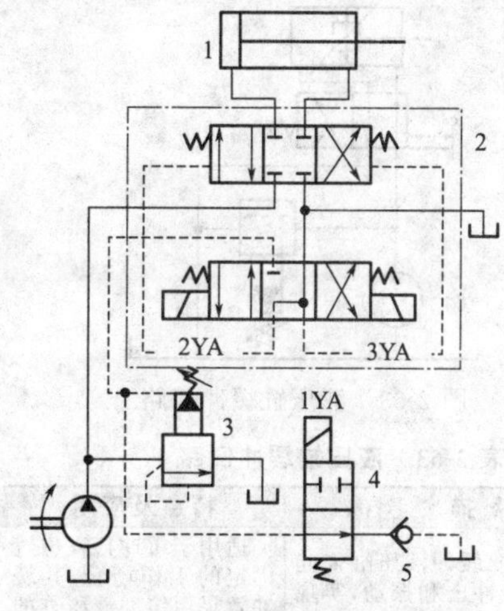

图 2-68 电液换向阀缓冲回路Ⅱ

表 2-67 电液换向阀缓冲回路Ⅰ

回路描述	特点及应用
调节主阀 3 和先导换向阀 1 之间的单向节流阀 2(或阀 4)的井口量，就调节了流入主阀控制腔的流量，延长主阀芯的换向时间，达到缓冲的目的	适用于经常需要换向，而且产生很大冲击的场合，缓冲效果较好

表 2-68 电液换向阀缓冲回路Ⅱ

回路描述	特点及应用
图 2-68 所示位置液压缸 1 不工作。当电磁铁 1YA 和 2YA 通电时，从先导式溢流阀 3 的遥控口来的控制油被输入到阀 2 中液动换向阀的左端，换向阀逐渐被切换到左位，压力油进入液压缸的左腔，活塞右移。当 1YA 和 3YA 通电时，活塞向左返回	本回路的换向阀在低压下逐渐切换，液压缸工作压力逐渐上升，不工作时卸荷，可以防止发热和冲击，适用于大功率液压系统

2.10.5　调速阀缓冲回路（图 2-69 和表 2-69）

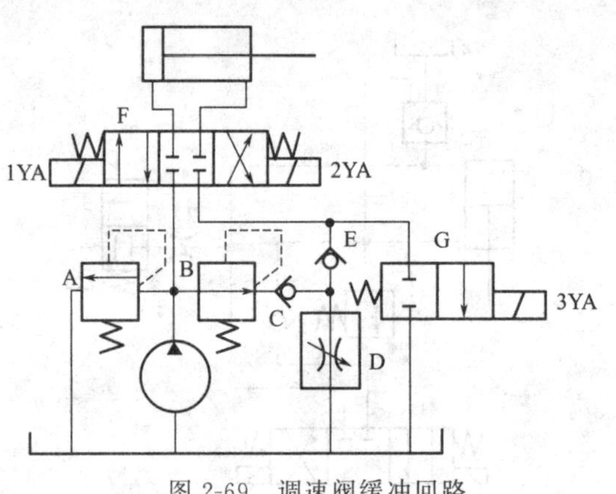

图 2-69　调速阀缓冲回路

表 2-69　调速阀缓冲回路

回 路 描 述	特点及应用
调速阀 D 由于减压阀 B 的作用预先处于工作状态，从而起到避免液压缸活塞前冲的目的。当液压缸停止运动前，活塞杆碰行程开关，使 3YA 断电，调速阀开始工作，活塞减速，达到缓冲的目的	二位二通换向阀 G 是为了使活塞快速移动设置的

2.10.6　节流阀缓冲回路（图 2-70 和表 2-70）

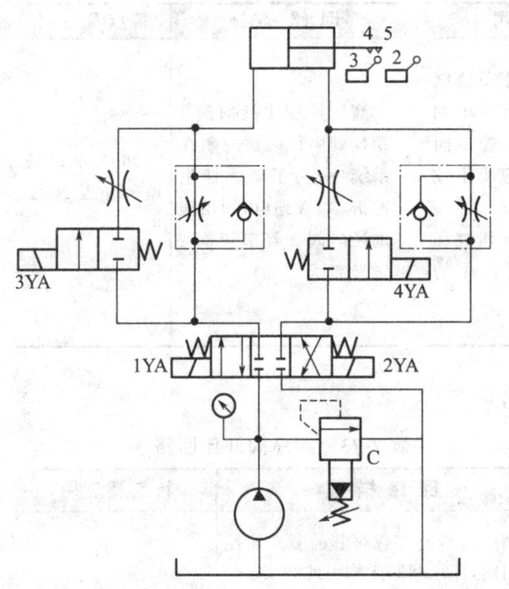

图 2-70　节流阀缓冲回路

表 2-70　节流阀缓冲回路

回 路 描 述	特点及应用
活塞杆上有凸块 4 或 5，当其运动碰到行程开关时，电磁铁 3YA 或 4YA 断电，单向节流阀开始节流，实现液压缸的缓冲	可应用于大型、需要经常往复运动的场合，如牛头刨床中

2.11　卸压回路

卸压回路作用是使执行元件高压腔中的压力缓慢地释放、避免突然释放所引起的冲击。

2.11.1 节流阀卸压回路

2.11.1.1 节流阀卸压回路Ⅰ（图 2-71 和表 2-71）

2.11.1.2 节流阀卸压回路Ⅱ（图 2-72 和表 2-72）

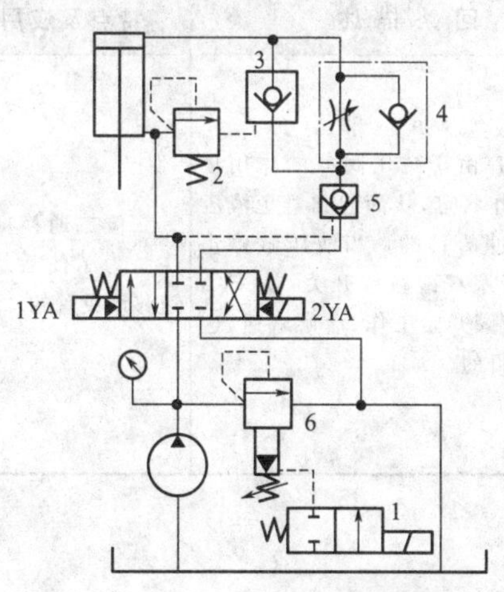

图 2-71 节流阀卸压回路Ⅰ

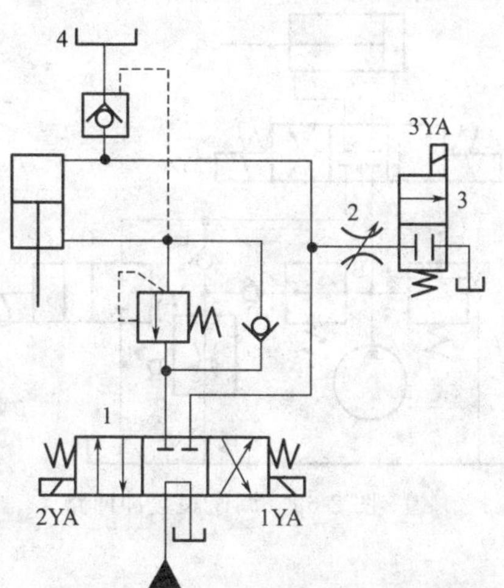

图 2-72 节流阀卸压回路Ⅱ

表 2-71 节流阀卸压回路Ⅰ

回路描述	特点及应用
当换向阀处于右位时，液压油经换向阀右位，液控单向阀 5、单向节流阀 4 进入液压缸上腔，活塞杆下移，开始加压。加压结束后，卸压时先使换向阀左位接通，由于上腔压力很高，活塞不能移动，液压缸有杆腔压力升高，首先开启液控单向阀 5，液压缸上腔经节流阀 4、液控单向阀 5 缓慢卸压，开始卸压过程 当液压缸有杆腔压力达到顺序阀 2 的调定压力时，液控单向阀 3 开启，主缸活塞上移回程	卸压速度取决于节流阀 4 开度的大小及顺序阀调定压力的大小，液控单向阀 5 的控制油压应小于顺序阀 2 的调定压力 该回路应用于液压缸在回程结束后需要卸压的场合

表 2-72 节流阀卸压回路Ⅱ

回路描述	特点及应用
高压油在主换向阀 1 切换到中位时被封闭在系统中，为了防止产生冲击，3YA 通电，利用辅助换向阀 3 经节流阀 2 缓慢卸压	卸压方式简单，卸压速度可调

2.11.2 顺序阀卸压回路（图 2-73 和表 2-73）

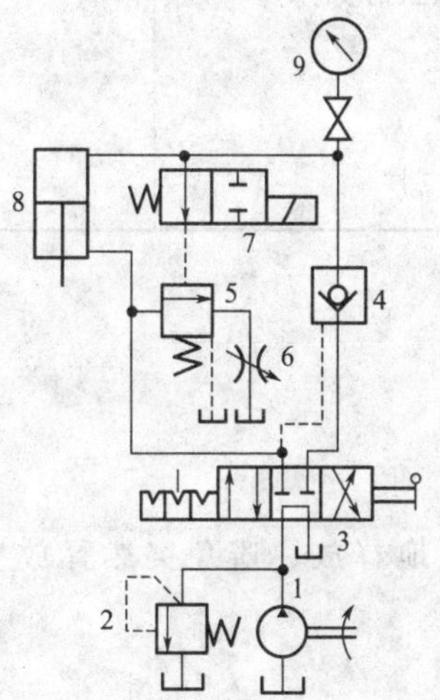

图 2-73 顺序阀卸压回路

表 2-73 顺序阀卸压回路

回路描述	特点及应用
阀 4 为带有卸载阀芯的复式液控单向阀，保压和卸压均由此阀实现 三位四通换向阀 3 处于右位时，活塞杆下移，开始加压。加压结束后，卸压时先使三位四通换向阀 3 左位接通，使从泵出来的液压油经换向阀左位、顺序阀 5 和节流阀 6 流回油箱。调整节流阀 6，使其产生的背压只能顶开液控单向阀 4 的卸荷阀芯，使主缸上腔卸压 当主缸上腔压力低于顺序阀的设定压力时，顺序阀切断油路，系统压力升高，打开液控单向阀的主阀芯，主缸活塞回程上移	采用顺序阀的卸压回路应用较广。卸压时顺序阀 5 一直处于开启状态 选用该回路时注意各阀调定压力之间的关系及其与动作顺序之间的关系

2.11.3　二级液控单向阀卸压回路（图 2-74 和表 2-74）

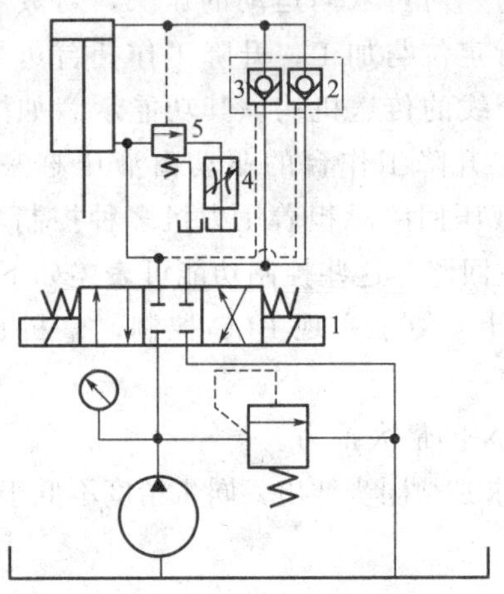

图 2-74　二级液控单向阀卸压回路

表 2-74　二级液控单向阀卸压回路

回 路 描 述	特点及应用
换向阀 1 处于右位，开始加压。加压结束后，换向阀 1 切换至左位，中位不停留。这时顺序阀 5 仍保持开启，泵输出的油液经顺序阀 5 及节流阀 4 流回油箱，节流阀 4 使回油压力保持在 2MPa 左右，不足以使活塞上移，只能打开液控单向阀中的卸压阀 3，使液压缸上腔的压力油经阀 3 流回油箱，上腔压力慢慢降低 在使液压缸上腔的压力降低至阀 5 的调定压力 2～4MPa 后，阀 5 关闭，进油压力上升并打开液控单向阀 2 使活塞上移	液控单向阀中的阀 3 是卸压阀，阀 2 是主阀。系统加压结束后，液压缸上腔压力经过一段时间的缓慢卸压后，活塞杆才开始上移。顺序阀 5 的调定压力应该大于节流阀 4 产生的背压，液控单向阀 3 的控制油压应大于顺序阀 5 的调定压力，也大于节流阀 4 产生的背压，系统才能正常工作 此回路通常应用于大型液压机的动力回路

2.11.4　电液换向阀卸压回路（图 2-75 和表 2-75）

2.11.5　节能降噪卸压回路（图 2-76 和表 2-76）

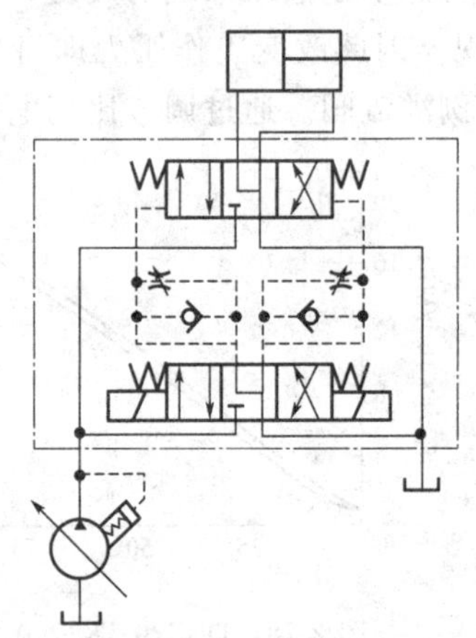
图 2-75　电液换向阀卸压回路

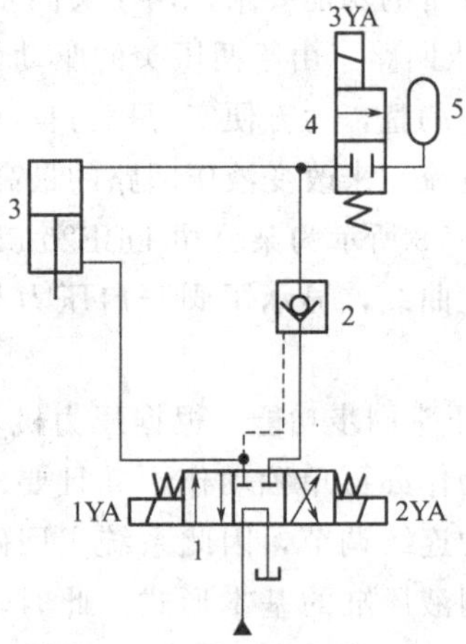

图 2-76　节能降噪卸压回路

表 2-75　电液换向阀卸压回路

回 路 描 述	特点及应用
调节控制油路的节流阀，来控制阀芯移动的速度，使阀口缓慢打开，液压缸因阀口的节流作用而逐渐卸压	采用电液换向阀卸压，能避免液压缸突然卸压

表 2-76　节能降噪卸压回路

回 路 描 述	特点及应用
加压过程结束后，用液控单向阀 2 实现保压。卸压时，电磁铁 3YA 通电使阀 4 切换至上位，液压缸无杆腔与蓄能器 5 接通，其保压期间积聚的液体压力势能大部分被蓄能器吸收，降低了系统卸压产生的巨大噪声	此回路适用于高压大功率液压系统

2.12　压力控制回路应用实例

2.12.1　水平式压力机液压系统

（1）概述

各种压力机广泛应用于机械制造、包装成型等行业。一种双向推进全自动压力机在传动

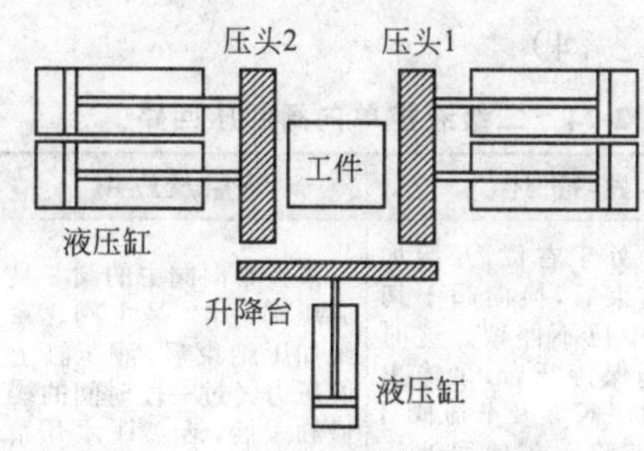

图 2-77 升降工作台功能示意图

形式选择上均采用液压传动，装机容量为 150kW，其主要工作部件为一对可双向运动的压头，对放在压头中间的部件进行定位与加工，升降工作托台可架起工件使其脱离生产线的传送机构。其功能示意如图 2-77 所示。两压头与升降工作台的驱动由液压缸来实现，其中两压头的液压回路承担着压力机多种控制功能的实现，为系统主回路，这些控制功能可表述如下。

① 系统设计上便于实现 PLC 控制，整机自动化程度高，可进行全自动、半自动、手动模式的操作。

② 两压头各自最大行程为 2000mm，可产生 50kN 的最大推力。

③ 两压头可单独动作。在正常工作压进过程中要求必须同步伸出，同步精度不低于 1%。

④ 两压头的运动速度可实现连续调节。

⑤ 两压头间产生的推力可实现连续调节。

⑥ 两压头压紧工件后，系统有保压定位要求，同时卸压换向时要求平稳无冲击。

⑦ 优化系统，尽量满足节能要求。

(2) 系统关键功能

根据设备的功能要求，两压头同步功能与压头间压力调节是液压系统的关键。

① 调压回路 由于两压头的驱动由液压系统来实现，因此改变工作压力即可实现压头输出推力的调整，为方便实现压力自动控制，可采用比例溢流阀。通过调节比例电磁铁的给定（控制电流）来改变液压回路的最高压力。

如图 2-78 所示为某公司 DBE20-5X/200 型比例溢流阀的特性曲线，显示了阀开启压力与控制时间的对应曲线。

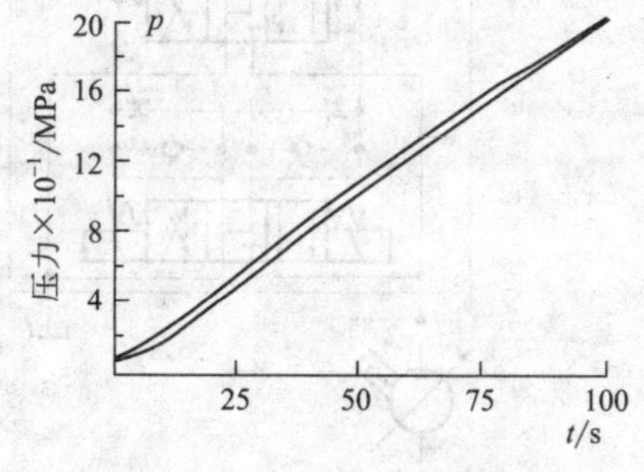

图 2-78 DBE20-5X/200 型比例溢流阀的特性曲线

② 两压头同步功能 根据压力机功能要求，两压头可联合动作亦可单独动作，并且要求压头速度可方便实现自动连续调节，因此系统主回路设计为两比例方向阀控制液压缸的基本形式。此时，两压头同步功能的实现归结为两比例阀的同步问题。对于两比例阀控制缸的同步实现，可采用“主从控制”思路，因同步回路本质上可归结为位置控制回路，对比例控制系统而言，位置误差的检测可通过位移传感器来进行。“主从控制”就是在系统中设置两个比例换向阀，使其中一个比例换向阀为“主动阀”，其不参与闭环电液控制；另一个比例换向阀为“从动阀”，自动控制系统通过位置误差的检测使从动阀自动跟随主动阀的输出量变化，当出现位置偏差时，比例放大器得到一控制信号，调整从动阀的开口度，使之朝消除偏差的方向变化。该系统的同步控制精度取决于位置检测元件的精度与液压元件的动态性能。一般而言，主动阀可选用普通比例方向阀，从动阀则根据系统的同步控制精度要求选用高频响比例方向阀或伺服阀。

(3) 液压系统

该压力机主回路液压系统原理如图 2-79 所示。该主液压系统回路由压头控制回路与工件升降台控制回路构成。在图 2-79 中，阀 Y57、V56、V57 及液压缸 C5、C6 组成工件升降托台控制回路，该回路较为简单，可实现工件升降托台在任意位置的可靠定位与支撑。其余元件组成压头控制回路，其各项动作功能介绍如下。

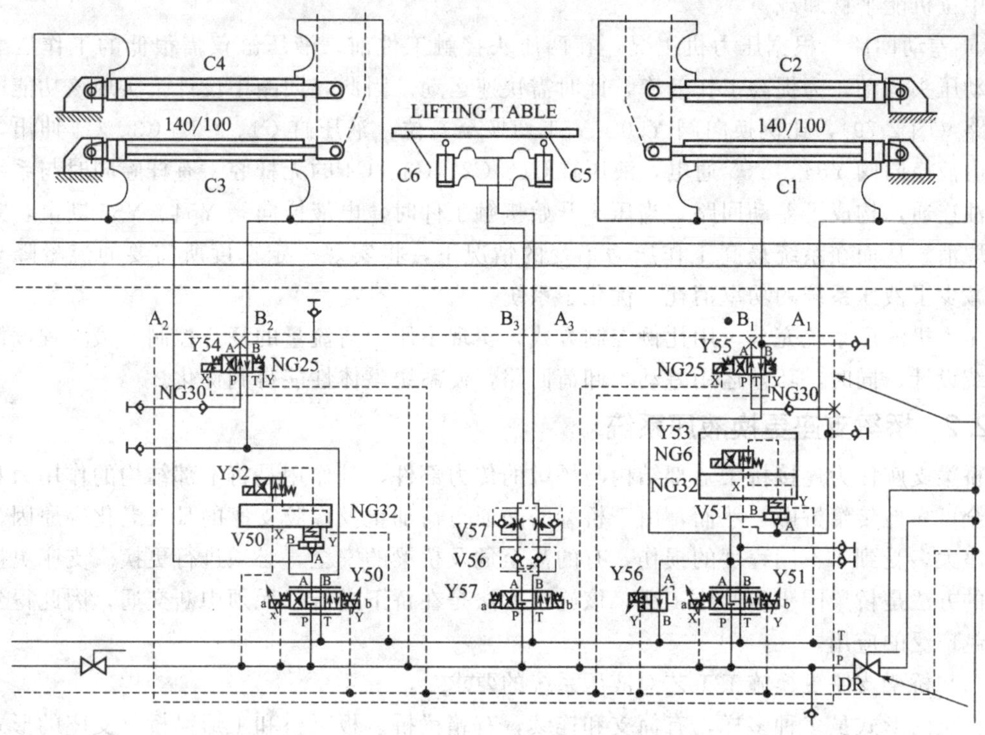

图 2-79 主回路液压系统原理图

C1、C2、C3、C4、C5、C6—液压缸；Y50、Y51—比例换向阀；Y56—比例溢流阀；Y54、Y55—二位四通换向阀；Y52、Y53—二位四通先导换向阀；V50、V51—锥阀；Y57—电磁换向阀；V56—液压锁；V57—双向节流阀

① 压头同步 压头1侧的液压缸C1、C2采用刚性连接，压头2侧的液压缸C3、C4采用同样连接形式。系统由比例换向阀Y50、Y51实现液压缸C1、C2与C3、C4的同步运动，从而实现两压头的同步推进。其中，在设计中比例换向阀Y50为主动阀，Y51为从动阀，Y51控制液压缸C1、C2动态跟随液压缸C3、C4的运动位移。液压缸C1、C3内安装磁环式位移传感器，其最高分辨能力达5μm，用于检测压头位置并参与同步闭环控制。在元件的选型方面，Y50选用Rexroth4W25W6型无阀芯位置反馈式比例方向阀，而Y51选用Rexroth-4WRDE25W1型高频响比例方向阀。

② 调压功能 当系统工作时，PLC根据操作人员的参数设定发送给比例溢流阀Y56的比例电磁铁——控制电流，控制其开启压力。当两压头接触工件后，系统压力升高至比例溢流阀Y56的开启压力时，压力油液通过Y56溢流，此时系统压力不再升高，从而实现了两压头的输出推力在0～50kN间的无级调节。Y56选用Rexroth-DBE20-5X/200型比例溢流阀。

③ 压头的保压定位功能 两压头压紧工件，系统压力升高至比例溢流阀Y56的开启压力。此时两压头不再产生相对位移，该状态可通过液压缸C1、C3内设置的位移传感器读数对时间的变化率ds/dt归零来判断。此时，先导电磁换向阀Y53、Y52通电，插装阀V50、V51关闭，比例换向阀Y50、Y51切换至中位，液压缸C1、C2、C3、C4无杆腔油路被锁闭，实现了压头的保压定位要求。

④ 卸压功能 当压头保压过程结束后，液压缸C1、C2、C3、C4无杆腔内存在高压，此时为减少系统的换向冲击，在比例换向阀换向前，电磁换向阀Y53、Y52断电，插装阀

V50、V51 打开，液压缸 Cl、C2、C3、C4 无杆腔内压力油可利用比例换向阀 Y50、Y51 的 Y 型中位机能平稳卸载。

⑤ 差动回路 根据压力机工况，在两压头接触工件前，液压缸仅需很低的工作压力便可驱动压头运动，为提高工作效率，此时需快速运动。因此，回路中设计了实现该功能的差动回路（图 2-79），比例换向阀 Y50、Y51 切换至右位，液压缸 C1、C2、C3、C4 伸出，此时，电液换向阀 Y54、Y55 通电，液压缸 C1、C2、C3、C4 的无杆腔、有杆腔同时与系统压力供油连通，构成了差动回路，当压头开始接触工件时，电液换向阀 Y54、Y55 断电，差动回路取消。从而在系统最高工作压力不变的情况下，将实现一定速度所需要的流量降至最低，减少了液压系统的功率消耗，优化了系统。

压力机液压系统充分运用比例控制方式，实现了压力与流量的复合控制，最大程度简化了系统设计。同时，巧妙运用差动、卸荷回路，使系统整体性能得到优化。

2.12.2 桥梁支座更换液压系统

桥梁支座作为连接桥梁上部结构与桥墩的传力部件，其作用是将上部结构的作用力和变形安全可靠地传给桥墩。然而，由于桥梁的交通负荷加重及橡胶支座的日久老化等原因，橡胶支座大多受到了不同程度的损伤，有的甚至危及桥梁的安全，必须进行更换。支座更换最常用的方法是桥梁同步顶升施工法，该施工方法是在桥下进行，无须中断交通，因此得到了越来越广泛的应用。

（1）桥梁支座更换施工工艺对液压系统的要求

桥梁的形式虽多种多样，有简支和连续，有箱梁桥、板梁桥和工形梁桥，支座的形式也有板式橡胶支座、球冠支座、盆式支座和球形支座等，但桥梁支座更换的施工工艺基本相同，主要有以下步骤。

① 称重 称重是为了找出所有顶升点的实际载荷值，为顶升做准备。

② 同步顶升 在液压系统同步机构的帮助下，液压缸同步、缓慢地将桥梁顶升到预定高度，以便于支座更换施工。

③ 更换支座 顶升到位后，利用液压系统的自锁机构，保证位置静止不变，进行支座更换施工，如施工时间过长，必须使用临时支撑。

④ 同步落梁 支座更换完成后，利用桥梁自重和液压系统同步机构使桥梁同步、缓慢地落下，直到与支座充分接触。

对液压系统的要求主要有以下几点。

① 分散布置桥梁一般体积庞大，要对其进行顶升，工程装备执行机构必须满足分散布置的特点，使大型液压缸能够分散布置在桥梁下任意指定的顶升支点。

② 油路简单，由于更换桥梁支座施工现场布置的液压缸数量较多，简单的油路不仅利于现场油管布置，而且可以降低施工成本。

③ 泵站尽量少，数目众多的液压缸不可能由一个泵站提供动力源，需由多个泵站提供动力，但泵站的数量要尽量少。

④ 液压缸多缸同步，由于桥梁架设方法不同，质量一般不是均匀分布，分散布置的液压缸受力也不相同，该系统应能保证各液压缸出力不均的情况下实现同步，避免在施工过程中桥梁因变形过大出现开裂。

（2）分布式电液比例控制液压系统

桥梁更换支座采用分布式电液比例控制液压系统，如图 2-80 所示，图中以 4 组分泵站为例，而实际上该液压系统分泵站的组数要视具体所需要的液压缸数而定，每组分泵站由 8 个并联的大型液压缸作为其执行机构，图 2-81 给出了单个分泵站的液压系统图。

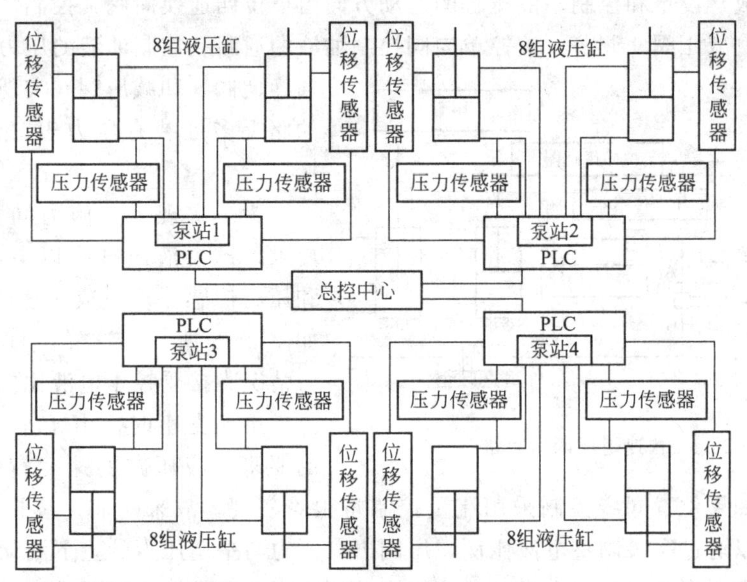

图 2-80　分布式电液比例控制液压系统

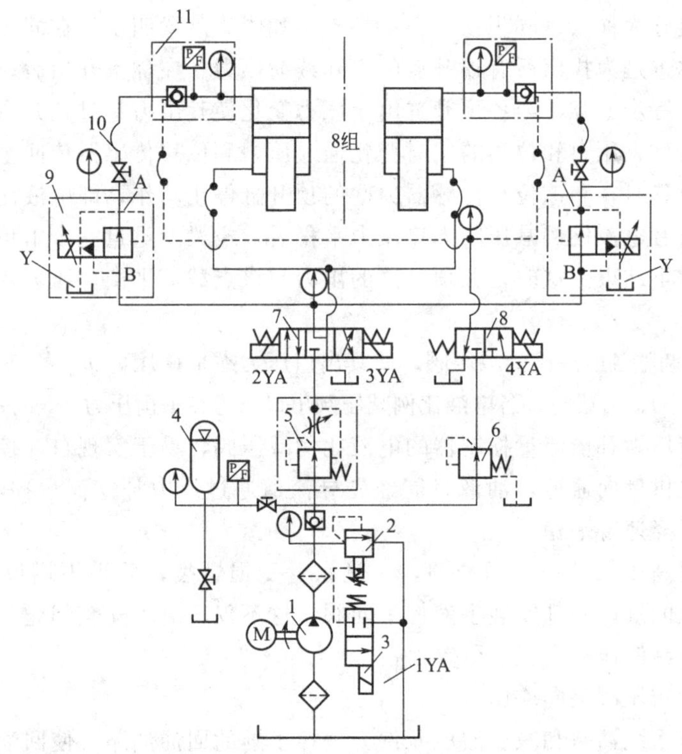

图 2-81　液压系统

1—定量泵；2—先导式溢流阀；3—二位二通换向阀；4—蓄能器；5—调速阀；6—减压阀；7—三位四通换向阀；8—二位三通换向阀；9—电液比例减压阀；10—高压软管；11—液控单向阀、压力传感器组合单个分泵站液压系统的液压执行机构由 8 组液压缸组成，由 1 台定量泵 1 供油，总流量由调速阀 5 调节。定量泵 1 的供油压力与卸荷由电磁溢流阀（先导式溢流阀 2 和二位二通换向阀 3 共同构成）设定和控制，液压缸的运动方向由三位四通换向阀 7 控制，液压缸的顶升压力由电液比例减压阀 9 调节，液控单向阀控制油液的通断和控制油液的压力分别由二位三通换向阀 8 和减压阀 6 实现。在液压系统油路上多处装有压力表，监测系统正常运行。

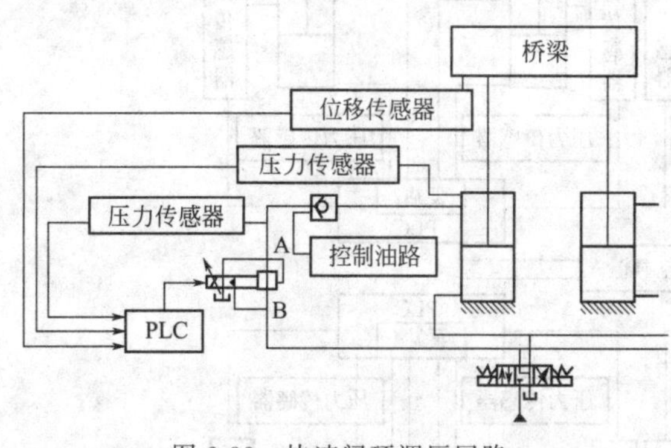

图 2-82 快速闭环调压回路

为了实现多点施力同步控制的技术要求，每个液压缸配以电液比例减压阀和压力传感器，组成快速闭环调压回路，如图 2-82 所示，这样，每个液压缸的出力情况直接受控于电液比例减压阀。

更换支座时，由于平稳性和安全性的要求，液压缸的速度较慢，属于高压小流量系统，如果位置同步控制采用流量控制将很难实现，故采用非连续控制实现位置同步。顶升时可以通过实时调整电液比例减压阀出口压力与平衡压力的上下波动，当减压阀出口压力大于平衡压力时顶升缸上升，减压阀出口压力小于平衡压力时顶升缸在液控单向阀作用下停止，从而实现顶升缸的位移同步控制。

(3) 液压系统工作原理

桥梁支座更换分为称重、同步顶升、更换支座和同步落梁四步。在同步顶升前，首先对桥梁进行称重，称重是为找出所有顶升点的实际载荷压力。在称重开始后，控制各电液比例减压阀出口的压力逐步上升，当各顶升缸由于压力变化使其出力超过顶升点的载荷时，活塞伸出使该点产生位移，压力和位移的实时变化通过压力和位移传感器传回主控电脑。当位移传感器测得微小位移时，和该位移传感器关联的顶升缸停止动作，即电液比例减压阀出口压力停止上升，当所有电液比例减压阀出口压力平稳后，桥梁的重量完全由顶升缸承载，桥梁处于悬浮状态，称重结束。这时，各顶升缸的出力与该点载荷平衡，压力传感器传回的压力为平衡压力 p_A。

同步顶升时，调整各电液比例减压阀，使其出口压力在平衡压力 p_A 的基础上增加 Δp（根据工程实际确定大小）；落梁时，各电液比例减压阀出口压力在平衡压力 p_A 的基础上减小 Δp。

该系统采用带压力补偿流量控制器的电液比例减压阀，易于实现自动控制。落梁时，由于二通减压阀不提供反向通道，油液只能经先导流道通过压力补偿流量控制器从 Y 口回油箱，保证了带载下降速度平稳。

液压缸是通过高压软管进、回油的，一旦软管受损爆裂，后果不堪设想。为了确保安全，在每个液压缸的缸体上都安装了液控单向阀，这不仅解决了安全问题，还为施工作业带来了方便，可以允许液压缸在任意位置停留。

(4) 电液比例减压阀反向应用

为了简化液压系统油路和减少液压元件，去掉了缸的回油油路，使回油流经电液比例减压阀流回油箱，即电液比例减压阀的反向应用。

液压油路由恒压油源、三位四通换向阀、电液比例减压阀、液控单向阀、液压缸以及重物等组成，如图 2-83 所示。图 2-84 是电液比例减压阀内部结构等效原理图。

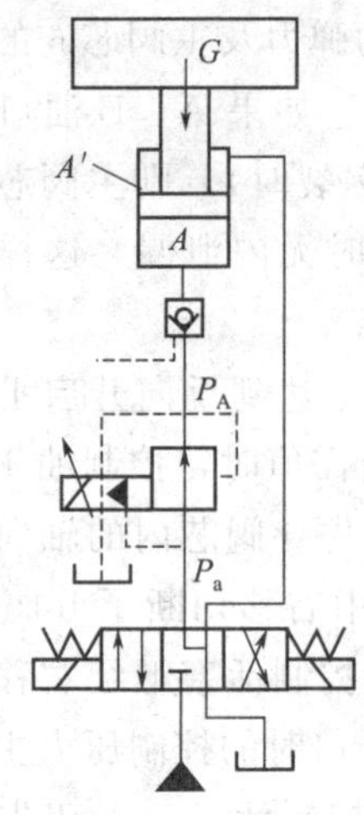

图2-83 减压阀反向应用相关油路

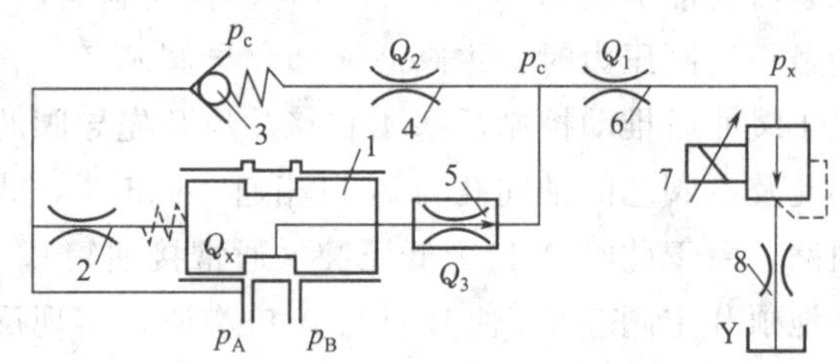

图2-84 电液比例减压阀内部等效原理图

1—主阀；2、4、6、8—阻尼小孔；3—单向阀；5—流量稳定器；7—先导比例压力阀

电液比例减压阀的反向应用简化了液压系统的设计，节省了液压元件和管路，降低了桥梁同步顶升液压系统的造价。

2.12.3 风电叶片模具液压翻转系统

风电叶片模具的开合是采用平衡回路的液压系统。

风电叶片模具的开合过程目前主要有两种形式：一种是机械行车的吊装翻转；另一种是全自动液压翻转设备。前一种翻转形式存在这样一些缺点：①翻转过程是间歇运动，会产生模具抖动，影响模具精度和寿命，从而影响叶片的质量；②由于风电叶片模具较长，MW级风电叶片模具的长度一般在30～50m，而且由于其由钢结构构成，大的模具重量可达30t左右，因此对操作者要求很高，行车容易损坏；③安全程度不是很高。全自动液压翻转设备弥补了以上的缺点，业已成为风电叶片生产厂家的首选翻转形式。

(1) FD型平衡阀的工作原理

FD型平衡阀亦称单向截止型平衡调速阀，图2-85为其结构原理图。

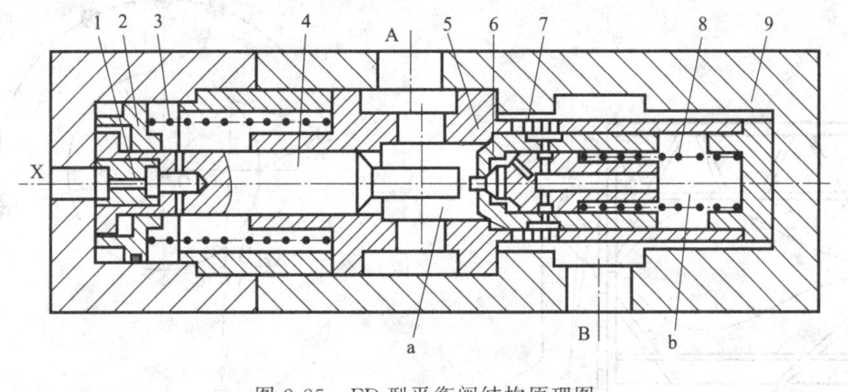

图2-85 FD型平衡阀结构原理图

1—阻尼孔；2—阻尼活塞；3、8—弹簧；4—控制活塞；5—阀套；6—主阀芯；7—先导阀芯；9—阀体

该阀正确接法是：油口 A 接压力源，油口 B 接负载，X 油口接控制油。

当油液从 A 口流向 B 口时，a 腔油压克服 b 腔油压、弹簧 8 的弹力及主阀芯 6 的摩擦阻力，主阀芯 6 即被推开，压力油从 A 口进入 B 口，实现正向流动。如果 A、B 油口间的压差小于负载压力（例如系统失压或换向阀至油口 A 间的连接软管爆裂时），则主阀芯 6 在油口 B 中的负载压力和弹簧组件 8 中的弹力作用下直接关闭，截止时无内泄漏，这样可使运行中的负载安全定位，不至于突然坠落，此谓该阀的单向截止功能。

当需要油液从 B 口流向 A 口时，在控制油口 X 无压力或压力未达到反向开启平衡阀所需的最小控制压力时，主阀芯 6 和先导阀芯 7 一直关闭。当达到所需值时，控制油压通过阻尼孔 1 缓冲后推动控制活塞 4 右移并顶开先导阀芯 7，使 b 腔通过先导阀芯内的轴向孔、斜向小孔及主阀芯的轴向孔与 A 口相通。同时，先导阀芯在主阀芯中右移切断了 b 腔与 B 口的通路，由于此时 A 口为低压腔（通常接油箱），因而 b 腔卸荷，控制活塞继续右移，接着轻易地顶开主阀芯 6，使 B 口与 A 口沟通，实现反向流动。反向开启时的控制压力主要取决于 b 腔（即 B 口）的油压力和控制活塞与先导阀芯的面积比，因控制活塞一般比先导阀芯大很多，因而最小控制压力不大。随着控制活塞 4 的轴向右移，主阀芯 6 的控制棱边逐渐打开阀套 5 上的节流孔，阀口过流面积逐渐增大。同时，随着弹簧 3 被拉伸，8 被压缩，弹簧力也逐渐增大。当弹簧力与液压力相等时，控制活塞 4 停止移动，处于某一平衡位置。平衡位置处的节流开口面积取决于控制压力的大小。在某一开口面积下，如因某种原因使负载运动速度突然加快，则通过阀口的流量立即增大，势必引起阀口前后压差迅速增大，即背压力迅速增大，以阻止活塞加速运动。由于节流口面积、控制油压及从 B 口到 A 口的压差三者互相制约，并且决定了从 B 口至 A 口的流量即执行器排出的流量，而这个流量又与流入执行器的流量直接相关，因此可防止执行器速度失控，这是 FD 型平衡阀的独特之处。

（2）液压翻转机构工作过程分析

液压翻转机构结构示意如图 2-86 所示。

根据翻转机构的结构特点，可知开合模过程均有 5 个重要的状态位置，模具的重心位置如图 2-87 中Ⅰ～Ⅴ所示：Ⅰ为翻转起始或结束位置；Ⅱ为 B 缸死点位置；Ⅲ为模具重心垂直位置；Ⅳ为 A 缸死点位置；Ⅴ为翻转结束或开始位置。

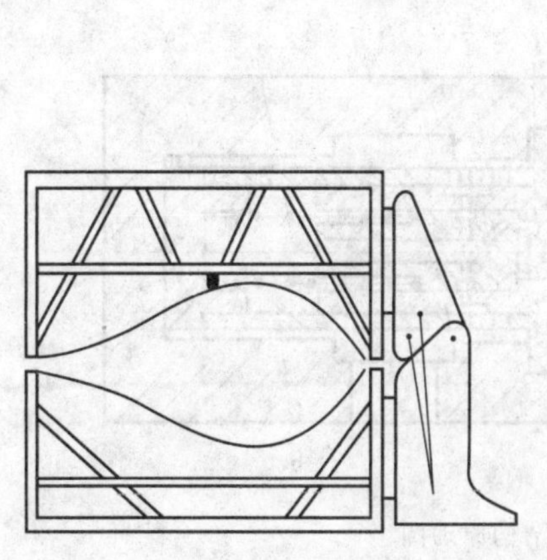

图 2-86 液压翻转机构结构示意图

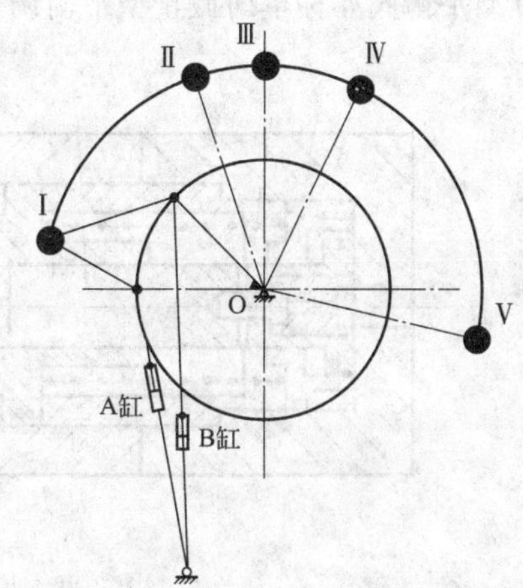

图 2-87 开合模过程的 5 个状态位置

以开模过程为例，从平衡叶片模具在翻转过程中对回转中心所形成的力矩的角度，说明A、B缸的动作过程以及受力情况。状态位置Ⅰ～Ⅱ：A、B缸同时伸长，A、B缸都产生顶升力；状态位置Ⅱ～Ⅲ：A缸继续伸长，B缸回收，A缸产生顶升力，B缸不产生顶升力；状态位置Ⅲ～Ⅳ：A缸继续伸长，B缸继续回收，A缸不产生顶升力，B缸产生顶升力；状态位置Ⅳ～Ⅴ：A缸回收，B缸继续回收，A、B缸都产生顶升力。

(3) FD型平衡阀在翻转机构上的应用

根据对液压翻转机构工作过程分析并进行相应的受力计算，设计液压系统，系统额定压力为32MPa，图2-88为单个翻转机构液压控制原理图。

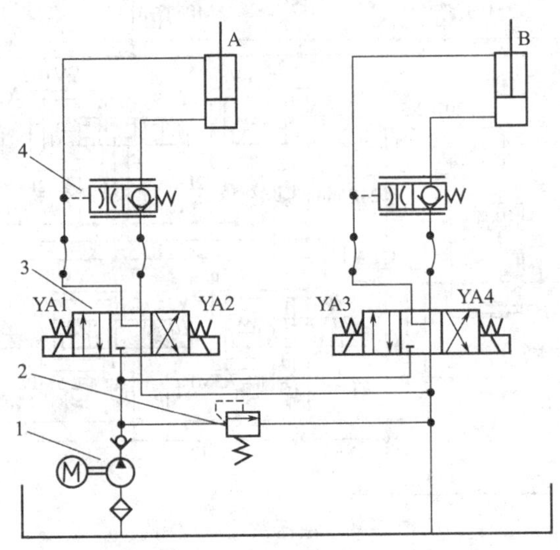

图2-88　翻转机构液压控制原理图

1—液压泵；2—溢流阀；3—电磁换向阀；4—FD型平衡阀

同样以开模过程为例来说明，从状态位置Ⅲ开始，重力相对于回转中心所形成的力矩与执行元件液压缸B的运动方向相同，此时重力成为超越负载，翻转机构有超速下倾的趋势。B缸回路中的FD型平衡阀开始起超速调节作用，从状态位置Ⅳ开始，A缸回路中的FD型平衡阀也开始发挥作用，直至模具落地停机。在整个液压控制过程中，通过旋转编码器检测翻转机构相应的旋转角度，然后输入PLC，由PLC来控制电磁阀在各个状态位置的切换。合模过程可作类似的分析。

(4) FD型平衡阀使用中应注意的问题

① FD型平衡阀的定位　FD型平衡阀一定要放在机构需要平衡的回路中。当液压缸需要使用软管连接时，则该阀必须放在液压缸与软管之间，以确保机构运行的安全性。

② 单向节流阀的设置方向　FD型平衡阀的最大功能是保持变载机构速度平稳性，但有时变载机构运行速度需要调节，这就要求回路中设置流量控制阀，当在方向阀与FD型平衡阀之间使用单向节流阀时，应特别注意其安装方向，单向节流阀的节流孔与FD型平衡阀中的节流孔两者功能不能产生重叠。

2.12.4　天车液压系统

(1) 液压站的组成及功能

某多功能天车液压站由双联液压泵、压力阀组、流量阀组、各工具控制阀、液压缸、液压马达、油箱及连接管路等组成。液压系统如图 2-89 所示，电磁铁得电表见表 2-77。

（2）故障现象

无论进行何种关于主泵（变量泵）的操作，系统均无压力。

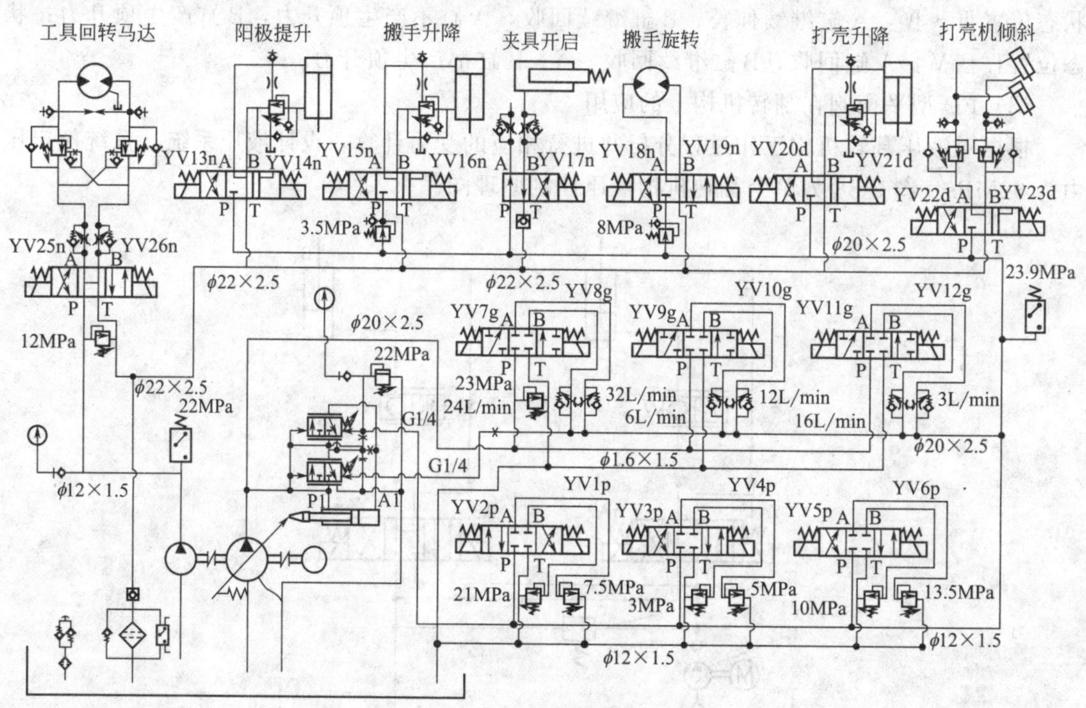

图 2-89 液压系统原理图

表 2-77 液压系统电磁铁动作程序表

机构动作 名称		YY1p	YV2p	YV3p	YV4p	YV5p	YV6p	YV7g	YV8g	YV9g	YV10g	YV11g	YV12g	YV13n	YV14n	YV15n	YV16n	YV17n	YV18n	YV19n	Yv20d	YV21	YV22d	YV23d	YV25n	YV26n
更换阳极机构	慢速下降	+		+									+		+											
	快速下降	+		+					+				+		+											
	快速上升中力	+				+			+	+				+												
	慢速上升中力	+				+				+				+												
	慢速上升小力	+			+					+				+												
	慢速上升大力	+								+				+												
阳极夹具打开		+		+									+					+								
扳手	下降	+		+				+									+									
	上升	+		+								+				+										
	正转		+					+												+						
	反转		+					+											+							
打壳机构	慢速下降	+				+				+												+				
	快速下降	+				+			+	+												+				
	慢速上升		+							+											+					
	快速上升		+						+	+											+					
打击头	倾斜	+			+			+																+		
	垂直	+			+							+											+			
工具	正转																								+	
	反转																									+

（3）故障检查与判断

拆开流量伺服阀清洗，检查拆开的阀芯，各零件良好，阀芯内无异物，无阀芯卡死、调节弹簧失效的情况。清洗后，重新安装伺服阀。启动液压泵，液压系统压力恢复正常。

由此可见，液压系统无压力故障是由于控制阀组的压力伺服阀阀芯卡死所造成。

（4）故障分析

该故障发生在液压站投运初期，因在液压管道安装或加油过程中将异物带入液压站内，在液压泵运行时，异物卡死压力伺服阀阀芯，造成压力伺服阀的油口 P1 与油口 A1 相通。当液压泵启动时，液压泵控制小油缸的无杆腔进油，油缸迅速运行至顶部，油缸活塞全部伸出，控制液压泵压力和流量的斜盘角度最小，液压泵的压力和流量输出几乎为零。因此，无论手柄做何种动作，溢流阀和节流阀均对系统压力不起作用，系统压力为零。

（5）改进措施

① 在设备安装和检修过程中，保持现场环境清洁干净，确保无异物被带入液压系统内。

② 在设备安装前，对液压管道进行清洗。

③ 加油机上选择过滤精度较高的滤芯，保证加油时不将异物带入液压站。

④ 定期更换过滤器滤芯。

⑤ 定期清洗油箱并更换液压油。

第3章 方向控制回路

在液压系统中，方向控制回路的作用是实现执行元件的启动、停止或改变运动方向。即利用各种方向控制阀来控制系统中各油路油液的接通、断开及变向，方向控制回路主要有换向回路和锁紧回路两类。

3.1 换向回路

3.1.1 采用二位四通电磁换向阀的换向回路（图 3-1 和表 3-1）

3.1.2 采用手动换向阀的换向回路（图 3-2 和表 3-2）

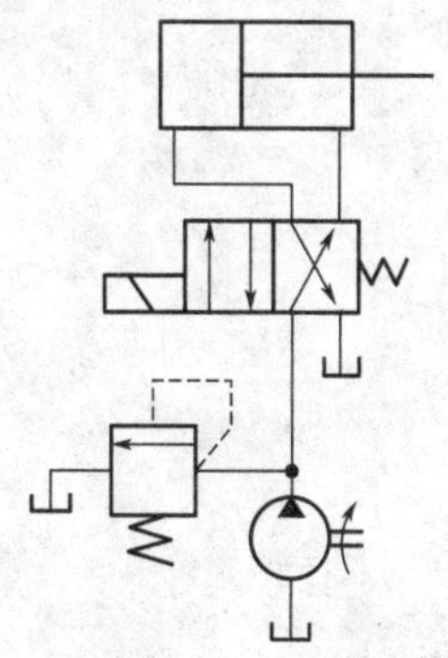

图 3-1 采用二位四通电磁换向阀的换向回路

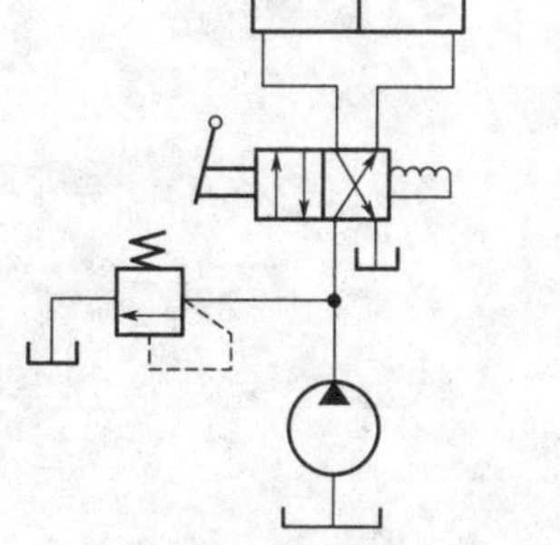

图 3-2 采用手动换向阀的换向回路

表 3-1 采用二位四通电磁换向阀的换向回路

回 路 描 述	特点及应用
图 3-1 所示为采用二位四通电磁换向阀的换向回路。当电磁换向阀通电时，油液进入液压缸左腔，推动活塞杆向右移动；断电时，弹簧力使阀芯复位，油液进入液压缸右腔，推动活塞杆向左移动	二位四通电磁换向阀没有中位，所以在此回路中，活塞只能停留在液压缸的两端，不能停留在任意位置上 采用二位四通电磁换向阀换向的回路，布置灵活，操纵方便，对于多缸系统容易实现自动循环

表 3-2 采用手动换向阀的换向回路

回 路 描 述	特点及应用
当换向阀左位接通时，压力泵输出的压力油进入液压缸左腔，驱动双杆缸活塞右移；当换向阀右位接通时，压力油进入液压缸右腔，活塞左移	常用于换向不频繁且无需自动换向的场合。如一般机床夹具、油压机、起重机、工程机械等

3.1.3 采用三位四通换向阀的换向回路（图 3-3 和表 3-3）

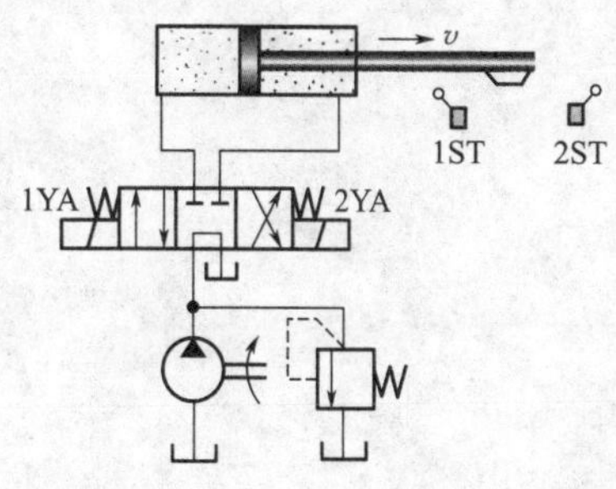

图 3-3 采用三位四通换向阀的换向回路

表 3-3 采用三位四通换向阀的换向回路

回 路 描 述	特点及应用
阀处于中位时，M 型滑阀机能使泵卸荷，液压缸两腔油路封闭，活塞停止；当 1YA 通电时，换向阀切换至左位，液压缸左腔进油，活塞向右移动；当滑块触动行程开关 2ST 时，2YA 通电，换向阀切换至右位工作，液压缸右腔进油，活塞向左移动。当滑块触动行程开关 1ST 时，1YA 又通电，开始下一工作循环	由于两个行程开关的作用，此回路可以使执行元件完成连续的自动往复运动 电磁换向阀的换向回路应用最为广泛，一般用于小流量、平稳性要求不高的场合

3.1.4 采用二位三通换向阀使单作用缸换向的换向回路（图 3-4 和表 3-4）

3.1.5 采用三通换向阀换向的换向回路（图 3-5 和表 3-5）

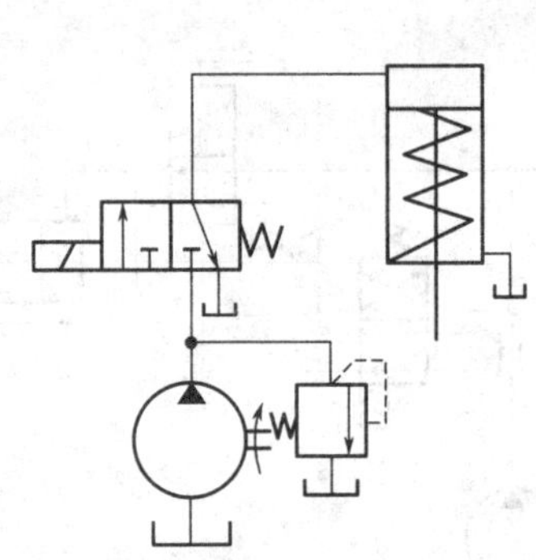

图 3-4 采用二位三通换向阀使单作用缸换向的换向回路

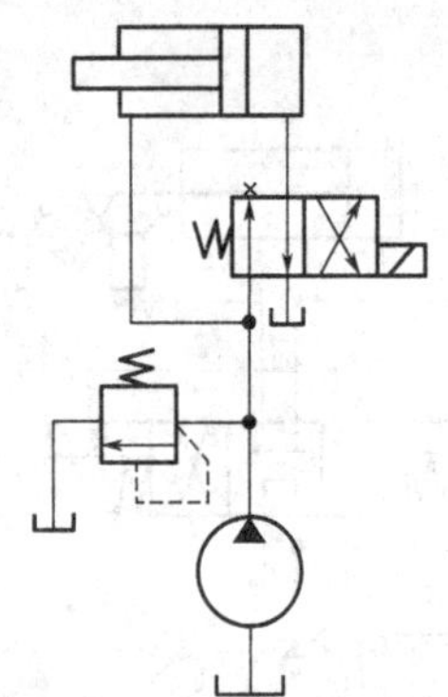

图 3-5 采用三通换向阀换向的换向回路

表 3-4 采用二位三通换向阀使单作用缸换向的换向回路

回路描述	特点及应用
采用二位三通换向阀，使依靠弹簧力(或重力)返回的单作用液压缸进行换向 当换向阀在右位时，液压缸活塞在弹簧作用下将缸内的油液排回油箱，活塞杆缩回；当换向阀在左位时，液压泵供油给液压缸，作用在活塞上的液压力克服弹簧力使活塞杆伸出	活塞靠液压力单向运动，返回行程靠弹簧力(或其他外力)

表 3-5 采用三通换向阀换向的换向回路

回路描述	特点及应用
回路中的二位四通阀被堵上一个阀口而成为二位三通阀。当换向阀在左位时，液压泵直接供油给液压缸左腔，活塞向右运动。换向阀在右位时，油路为差动连接，液压缸左腔的油也经换向阀进入液压缸右腔，加上液压泵的供油则活塞向左快速运动	回路结构简单，可用于要求往返运动速度相等的液压系统

3.1.6 采用四通换向阀使柱塞缸换向的换向回路（图 3-6 和表 3-6）

3.1.7 先导阀控制液动换向阀的换向回路（图 3-7 和表 3-7）

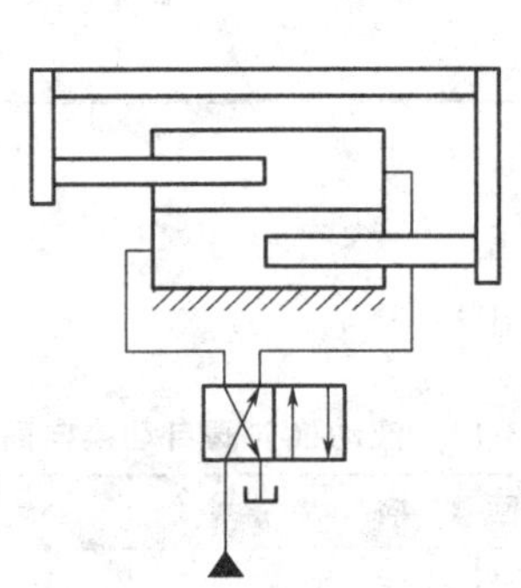

图 3-6 采用四通换向阀使柱塞缸换向的换向回路

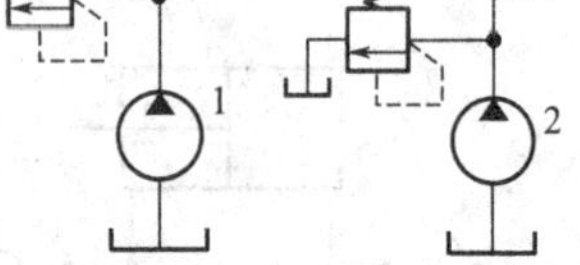

图 3-7 先导阀控制液动换向阀的换向回路

表 3-6 采用四通换向阀使柱塞缸换向的换向回路

回路描述	特点及应用
换向阀左位接通，柱塞左移；换向阀右位接通，柱塞右移	因柱塞缸内壁不必精加工，因此可适用于行程很长的场合，例如龙门刨床等

表 3-7 先导阀控制液动换向阀的换向回路

回路描述	特点及应用
回路中用辅助泵 2 提供低压控制油，通过手动先导阀 3 来控制液动换向阀 4 来实现主油路的换向，当转阀 3 在右位时，控制油进入阀 4 的左端，右端的油液经转阀 3 回油箱，使阀 4 左位接入，活塞下移 当转阀 3 切入到左位时，控制油使阀 4 换向至右位，活塞上移退回。当转阀 3 到中位时，阀 4 两端的控制油通油箱，在弹簧力的作用下，其阀芯回复到中位、主泵 1 卸荷	用于流量较大和换向平稳性要求较高的场合。尤其是自动化程度要求较高的组合机床液压系统中被普遍采用

3.1.8　电液换向阀换向回路（图 3-8 和表 3-8）

3.1.9　装有节流阀的电液换向阀换向回路（图 3-9 和表 3-9）

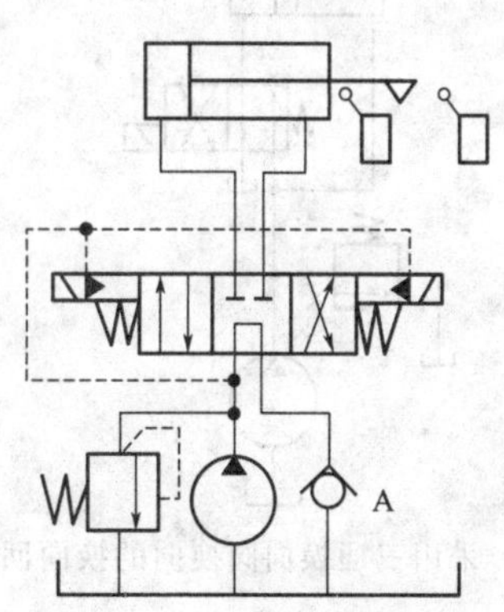

图 3-8　电液换向阀换向回路

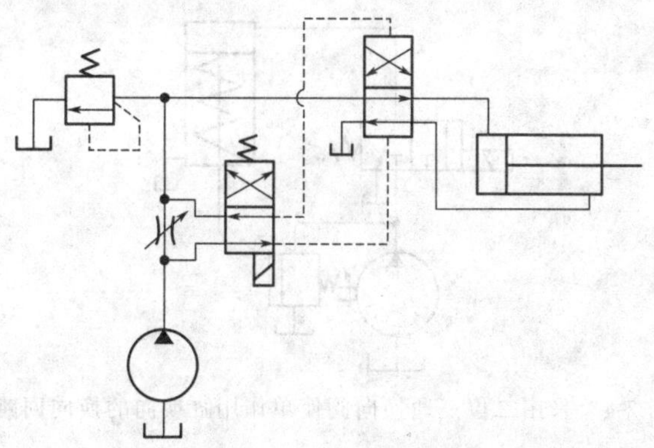
图 3-9　装有节流阀的电液换向阀换向回路

表 3-8　电液换向阀换向回路

回路描述	特点及应用
电液换向阀是由电磁换向阀和液动换向阀组成的复合阀。电磁换向阀为先导阀，改变控制油路的方向；液动换向阀为主阀，改变主油路的方向 电液阀处于中位时，泵可依靠阀中位机能实现卸荷功能，背压阀 A 的作用是建立电液阀换向所需的最低控制压力	适用于流量超过 67L/min、对换向精度与平稳性有一定要求的液压系统 换向阀的控制方式和中位机能可依据主机需要及系统组成的合理性等因素来选择。当主阀采用 M 型或 H 型中位机能时，必须在回路中设置背压阀，保证控制油液有一定的压力

表 3-9　装有节流阀的电液换向阀换向回路

回路描述	特点及应用
在主油路中装一个节流阀或背压阀，利用此阀的进出口压差来切换液动换向阀，实现主油路的换向	换向平稳，动作可靠，适用于大功率系统

3.1.10　液动换向阀自动换向回路

3.1.10.1　液动换向阀自动换向回路Ⅰ（图 3-10 和表 3-10）

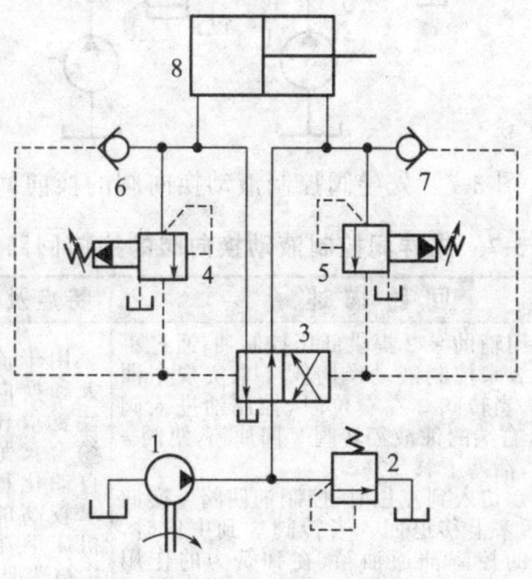

图 3-10　液动换向阀自动换向回路Ⅰ

表 3-10　液动换向阀自动换向回路Ⅰ

回路描述	特点及应用
液动换向阀 3 左位时，液压泵 1 的压力油进入缸 8 的有杆腔，活塞向左运动 运动到终点时，负载压力增大，顺序阀 5 打开，控制油使阀 3 切换至右位，缸的活塞换向，活塞向右运动，当运动到终点时，负载压力增大，顺序阀 4 打开，控制油又使阀 3 切换至左位，液压缸自动往复换向	单向阀 6、7 用来隔离控制压力油与液压缸回油 该回路实现了液压缸的自动往复换向

3.1.10.2 液动换向阀自动换向回路Ⅱ（图3-11和表3-11）

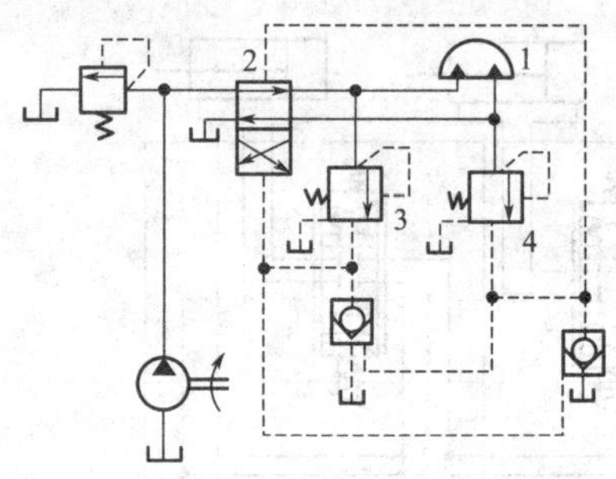

图3-11 液动换向阀自动换向回路Ⅱ

表3-11 液动换向阀自动换向回路Ⅱ

回路描述	特点及应用
当负载压力超过顺序阀3或4的设定压力时，二位四通液动换向阀切换，摆动液压马达换向	回路用液动换向阀2对摆动液压马达3进行换向

3.1.11 电液比例换向阀换向回路（图3-12和表3-12）

3.1.12 用多路换向阀换向的换向回路

3.1.12.1 用多路换向阀换向的换向回路Ⅰ（图3-13和表3-13）

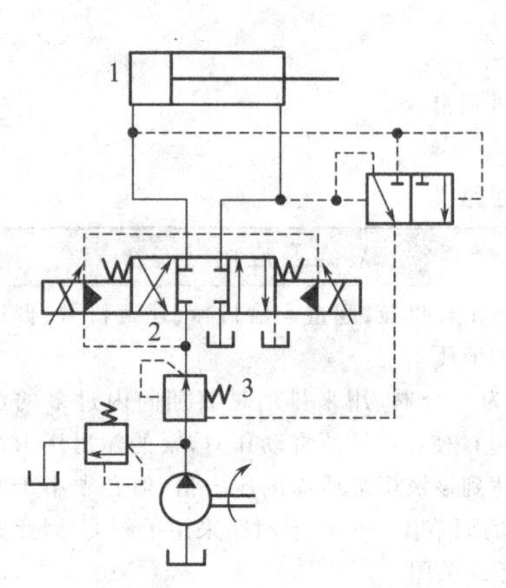

图3-12 电液比例换向阀换向回路

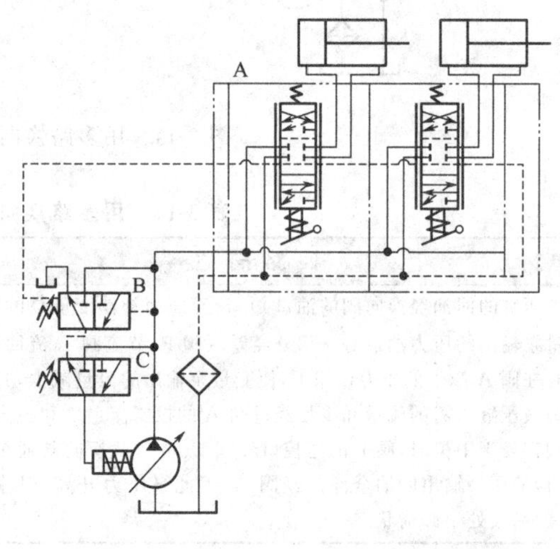

图3-13 用多路换向阀换向的换向回路Ⅰ

表3-12 电液比例换向阀换向回路

回路描述	特点及应用
液压缸1在电液比例换向阀2的控制下，既能实现往复换向，又能实现调速，定差减压阀3为主阀阀口提供压力补偿	此类回路控制性能好，动作平稳，适宜速度变化缓慢、运动部件质量不大的场合采用

表3-13 用多路换向阀换向的换向回路Ⅰ

回路描述	特点及应用
将泵输出的压力油引入阀B阀芯的右端，液压缸工作腔的压力油引至阀芯的左端，两者的压力差由弹簧力平衡，因此当泵流量比换向阀A所调节的流量大时，由于压力差增加，阀芯左移，使泵流量减少。反之，泵的流量增加。当液压缸到达行程终点时，截止阀C动作，一方面使泵保持由该阀所调定的最高压力，同时又使泵仅输出补偿泄漏所需的微小流量	功率损失小，效率高，适用于大功率的中、高压系统

3.1.12.2 用多路换向阀换向的换向回路Ⅱ（图 3-14 和表 3-14）

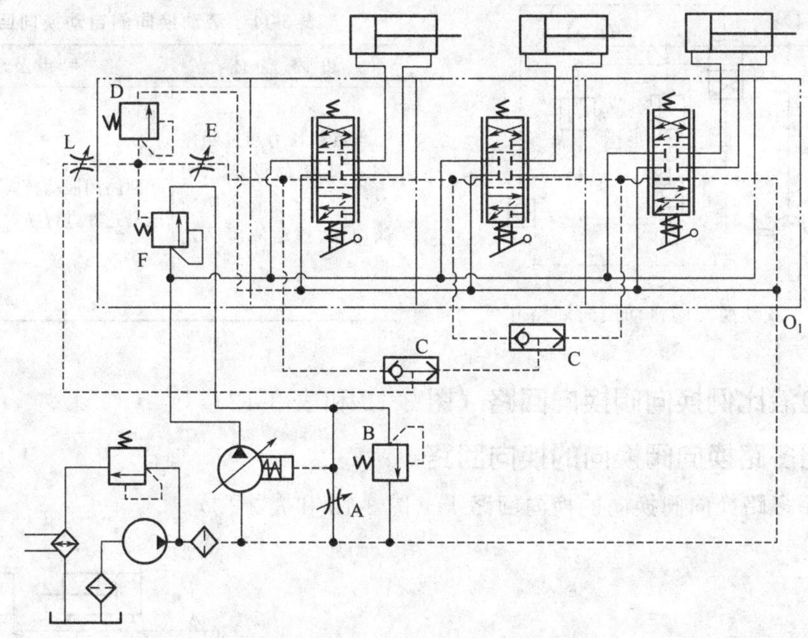

图 3-14 用多路换向阀换向的换向回路Ⅱ

表 3-14 用多路换向阀换向的换向回路Ⅱ

回路描述	特点及应用
液压缸的回油经换向阀的油口 O_1 流至压力补偿变量泵的吸油口，变量泵输出的压力油也有一部分经差压阀 F、节流阀 A 流回吸油口。此时在阀 A 产生的压力作用下，使变量泵输出的流量减少，其输出流量为液压缸所需的流量和少量经过阀 A 的控制流量之和。当所有换向阀都处于中位时，阀 F 的遥控口经阀 L、阀 C 及换向阀通至泵的吸油口，液压泵输出的油全部流经阀 A，因此泵压力升高，但输出的流量减少，泵处于卸荷状态	多用于工程机械、起重运输机械、建筑机械、掘进机械等的液压系统 阀 B 为安全阀，用来排出过渡期间内过多的流量。梭阀 C 使任一液压缸动作时，泵的输出压力都能自动达到该液压缸所需的压力值，但必须小于安全阀 D 的调节压力。由于回路采用了阀 C，因此阀 E 必须始终关闭

3.1.13 用插装阀组成的换向回路

3.1.13.1 用插装阀组成的三通换向回路（图 3-15 和表 3-15）

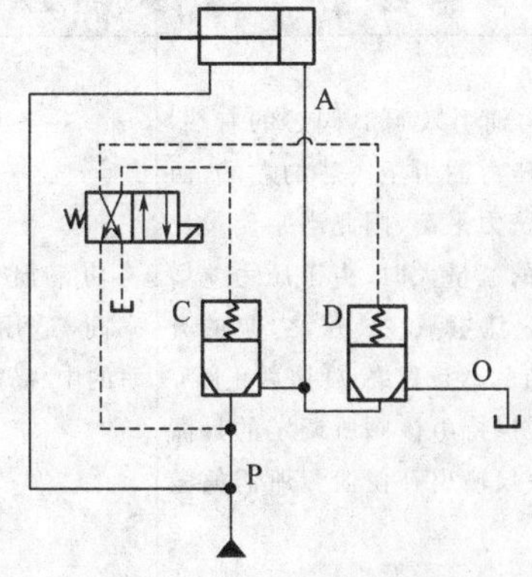

图 3-15 用插装阀组成的三通换向回路

表 3-15 用插装阀组成的三通换向回路

回路描述	特点及应用
该换向回路由小流量电磁阀进行控制。图示位置时，插装阀 C 上腔通压力油，插装阀 D 上腔通油箱，因此油口 P 关闭，油口 O 打开，活塞向右移动 电磁铁通电后，则插装阀 C 上腔通油箱，插装阀 D 上腔通压力油，油口 P 打开，油口 O 关闭，液压缸实现差动连接，活塞向左移动	对于大流量液压系统可采用插装阀，将插装阀嵌入集成块体孔道内部，在集成块外面叠加控制阀组成回路。它的优点如下：流动阻力小、通油能力大、动作速度快、密性好、结构简单、制造容易、工作可靠和可以组成多功能阀 插装阀是开关式元件，因此可以用计算机进行逻辑控制，能设计出最合理的液压系统

3.1.13.2　用插装阀组成的四通换向回路Ⅰ（图3-16和表3-16）

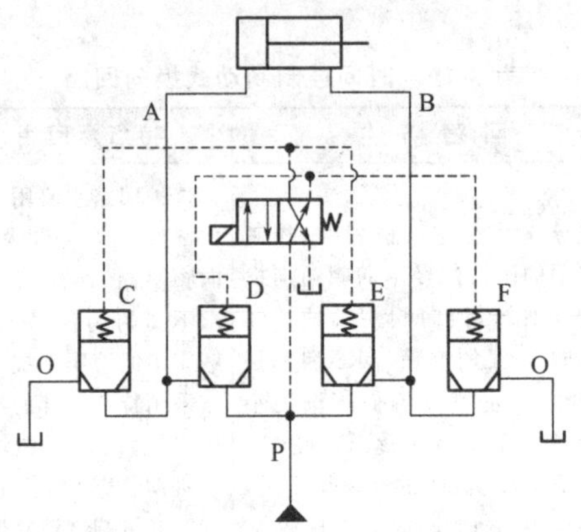

图3-16　用插装阀组成的四通换向回路Ⅰ

表3-16　用插装阀组成的四通换向回路Ⅰ

回路描述	特点及应用
图3-16所示位置时，插装阀C与E上腔通油箱，插装阀D与F上腔通压力油，故C与E可通，D与F截止。压力油通过插装阀E流入液压缸右腔，左腔的油则通过插装阀C流回油箱，活塞向左移动 当电磁铁通电后，则插装阀D与F可通，插装阀C与E不通，活塞向右移动	回路采用插装阀换向。它相当于一个二位四通电液换向阀，由小流量电磁阀进行控制 适用于大功率中、高压系统

3.1.13.3　用插装阀组成的四通换向回路Ⅱ（图3-17和表3-17）

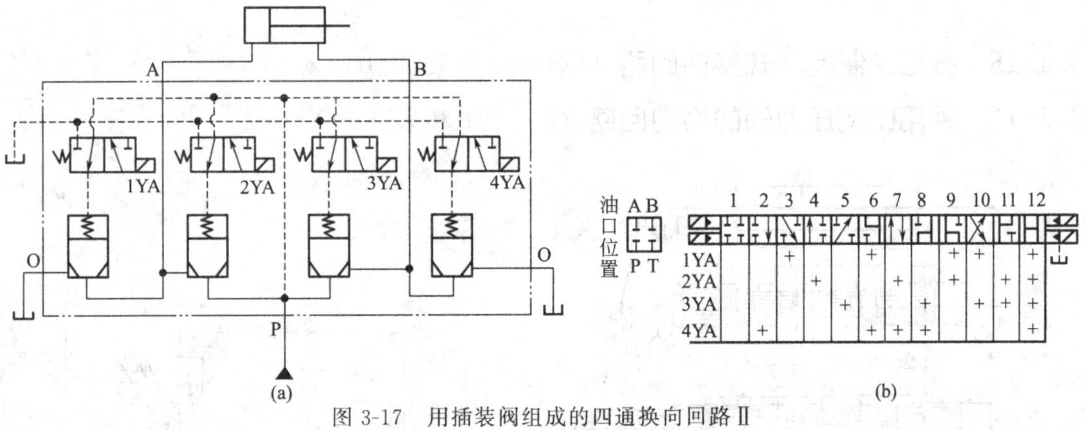

油口位置	1	2	3	4	5	6	7	8	9	10	11	12
1YA			+			+			+	+		+
2YA				+			+		+		+	+
3YA					+			+		+	+	+
4YA		+				+	+	+				+

图3-17　用插装阀组成的四通换向回路Ⅱ

表3-17　用插装阀组成的四通换向回路Ⅱ

回路描述	特点及应用
阀的机能与电磁铁1YA/2YA/3YA/4YA关系如图3-17(b)所示，可实现图3-17(b)所示的12种机能，如快速运动、浮动、锁紧等	大流量液压系统需要多机能换向时可采用本回路

3.1.13.4　用插装阀控制的换向回路（图3-18和表3-18）

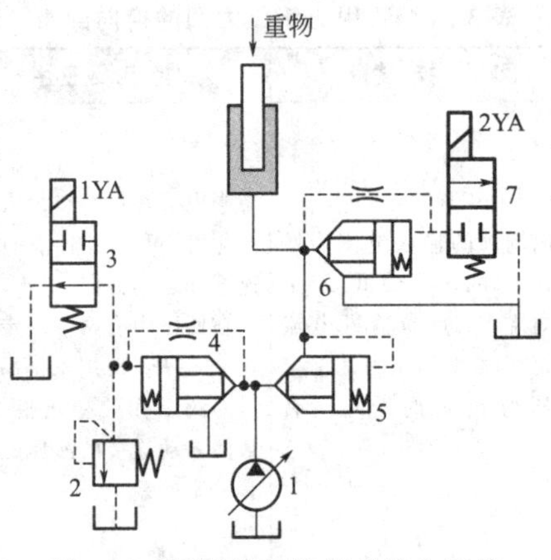

图3-18　用插装阀控制的换向回路

表3-18　用插装阀控制的换向回路

回路描述	特点及应用
当1YA通电，锥阀4由先导溢流阀2控制，成为系统的安全阀。这时压力油经单向锥阀5进入柱塞缸，推重物上升 重物上升到位后，使1YA断电，阀4开启，使泵卸荷，此时阀5和阀6均为关闭状态，系统保压，柱塞在上位停留 当仅2YA通电时，阀4仍是泵卸荷，阀5仍关闭，而阀6则开启，缸内油液经锥阀6(阀6起背压阀作用)回油箱，柱塞因自重下落回程。柱塞降至原位，2YA断电，阀6关闭，柱塞原位停止	该回路采用插装阀控制立式柱塞缸实现"慢速上升—保压停留—回程下降—停止"的工作循环

3.1.14 时间控制制动式换向回路（图 3-19 和表 3-19）

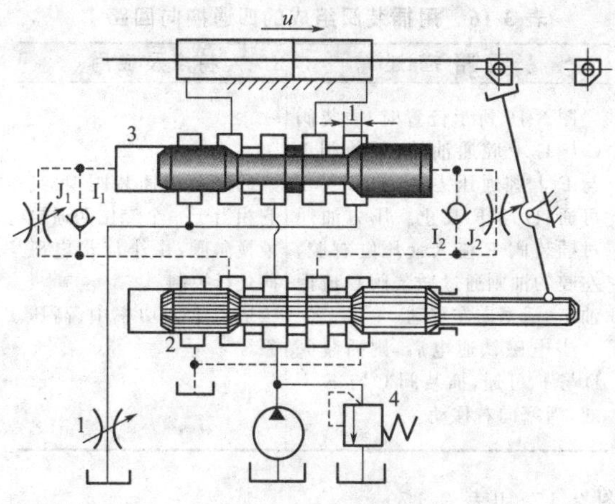

图 3-19 时间控制制动式换向回路

表 3-19 时间控制制动式换向回路

回路描述	特点及应用
先导阀 2 在左端位置时，控制油路中的压力油经单向阀通向换向阀 3 右端，换向阀左端的油经节流阀 J_1 流回油箱，阀芯向左移动，阀芯上的制动锥面逐渐关小回油通道，活塞速度逐渐减慢 当节流阀 J_1、J_2 的开口调定后，不论工作台原来的速度快慢如何，制动的时间基本不变	这种回路主要用于工作部件运动速度大、换向频率高、换向精度要求不高的场合，如平面磨床中的液压系统 采用特殊设计的机液换向阀，以行程挡块推动机动先导阀，由它控制一个可调试液动换向阀来实现工作台的换向，可消除换向冲击

3.1.15 行程控制制动式换向回路（图 3-20 和表 3-20）

3.1.16 采用比例压力阀的换向回路（图 3-21 和表 3-21）

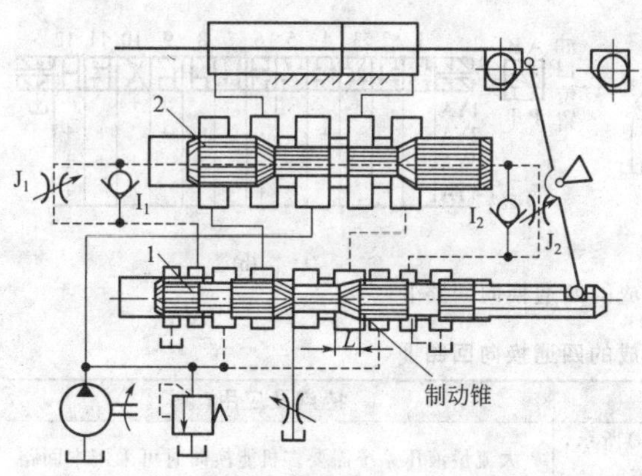

图 3-20 行程控制制动式换向回路

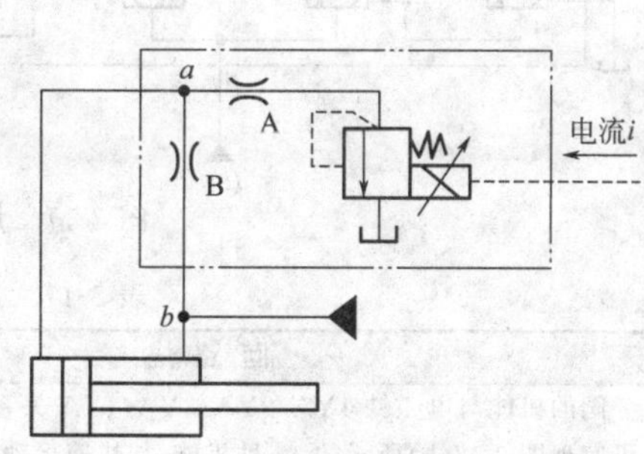

图 3-21 采用比例压力阀的换向回路

表 3-20 行程控制制动式换向回路

回路描述	特点及应用
行程控制制动式换向的主油路不仅要经过主换向阀 2，其回油还受先导阀 1 的控制，换向时在挡铁和杠杆的作用下，先导阀阀芯上的制动锥可逐渐将液压缸的回油通道关小，使工作部件实现预制动，当工作台运动速度变得很小时，主油路才开始换向 当节流器 J_1、J_2 的开口调定后，不论工作台原来的速度快慢如何，工作台预先制动的行程基本不变	这种回路适用于工作部件运动速度不大，但对换向精度要求很高的场合，如内、外圆磨床中的液压系统

表 3-21 采用比例压力阀的换向回路

回路描述	特点及应用
当比例阀的输入电流为最小时，a 点的压力最低，于是活塞向左移动；当输入电流为最大时，a 点的压力几乎接近油压力 p，此时活塞向右移动	当电流在最小～最大之间变化时，可控制活塞的运动速度和运动方向 在回路中有两个固定阻尼孔 A 与 B。A 用来提高比例压力阀工作的稳定性，B 用来使差动连接的液压缸两腔有一定压差

3.1.17 比例电液换向阀换向回路

3.1.17.1 开环控制的用比例电液换向阀的换向回路（图 3-22 和表 3-22）

3.1.17.2 闭环控制的用比例电液换向阀的换向回路（图 3-23 和表 3-23）

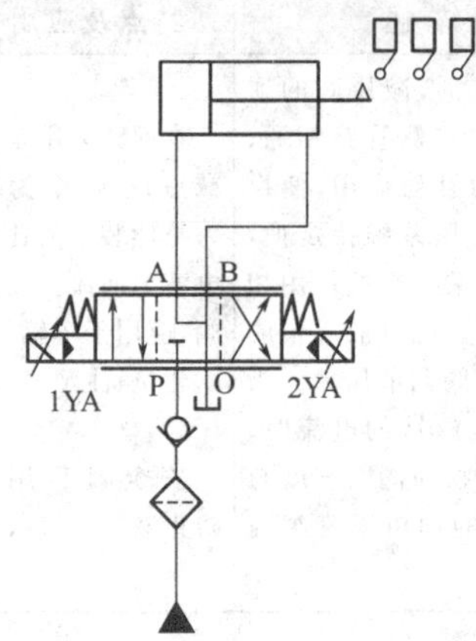

图 3-22 开环控制的用比例电液换向阀的换向回路

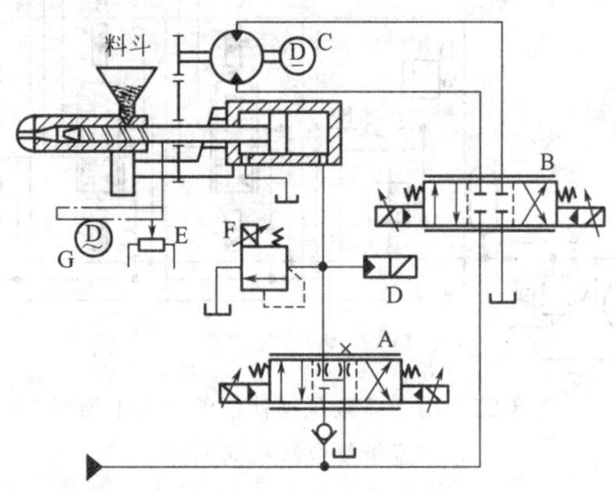

图 3-23 闭环控制的用比例电液换向阀的换向回路

表 3-22 开环控制的用比例电液换向阀的换向回路

回路描述	特点及应用
比例电磁铁 1YA 通电，液压缸活塞向右移动；比例电磁铁 2YA 通电，液压缸活塞向左移动，从而可改变液压缸的运动方向 改变输给比例电磁铁的电流大小，即可改变通过比例电液换向阀的流量，因而改变液压缸的速度	用比例电液换向阀可以控制液压缸的运动方向和速度。本回路采用开环控制，无反馈，精度较闭环控制低 控制精度较高，成本适中，广泛应用于开环控制的液压系统

表 3-23 闭环控制的用比例电液换向阀的换向回路

回路描述	特点及应用
由速度传感器 C 检测液压马达的转速，并与预定值在调节器中进行比较，由比较而得的偏差量控制阀 B 的开口量，使液压马达达到预定的转速。活塞向左前进注射时，由位移传感器 E 发信号，使比例电液换向阀 A 改变开口量，从而得到多级注射速度。由速度传感器 G 检测每级注射速度，并与预定值在调节器中进行比较，由比较而得的偏差量控制阀 A 的开口量，使活塞达到预定的注射速度。压力传感器 D 用来检测注射缸右腔的压力，并在调节器中与预定值进行比较，用比较而得的偏差量控制比例压力阀 F 的调节压力，使压力与预定值一致	本回路是注塑机注射缸的液压控制回路。本回路采用闭环控制，精度比开环控制高，但性能比采用伺服阀的回路差 注射时，为了保证塑料制品的质量，注射速度与注射压力都必须按预定要求变化

3.1.18 比例电液方向流量复合阀换向回路

3.1.18.1 用定差溢流阀补偿的比例电液方向流量复合阀换向回路（图 3-24 和表 3-24）

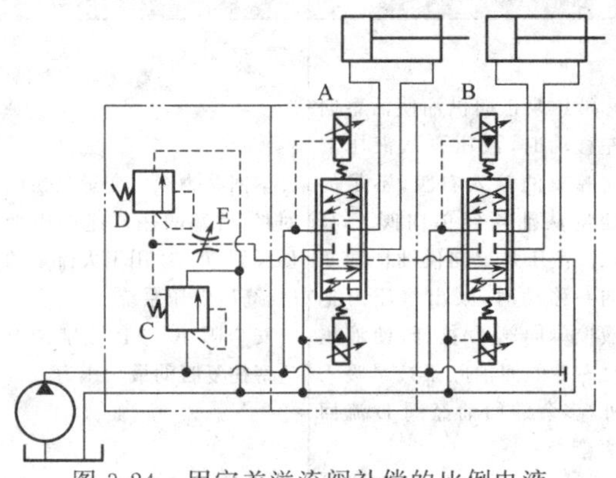

图 3-24 用定差溢流阀补偿的比例电液方向流量复合阀换向回路

表 3-24 用定差溢流阀补偿的比例电液方向流量复合阀换向回路

回路描述	特点及应用
当阀 A 与 B 都处于中间位置时，阀 C 的遥控口与油箱相通，液压泵卸荷。若阀 A 与 B 切换，则遥控口与比例阀出口侧管路相通，阀 C 即起压力补偿阀作用，使换向阀节流口前后的压差维持定值，可使压差与负载压力无关，相当于一个溢流节流阀。此时泵的输出压力为负载压力加最低补偿压力差。当改变通过比例电磁铁的电流时，即按比例改变换向阀的开度，亦即按比例改变流入液压缸的油的流量，多余的油经溢流阀流回油箱	这种回路又称压力匹配液压回路，是一种高效回路，可应用于车辆、土木建筑、注塑机、机床等 本回路采用定差溢流阀作为压力补偿装置的比例电液方向流量复合阀。安全阀 D 用来防止系统过载。它的加、减速或正、反向等控制性能较好。启动、停止时无冲击。易于实现遥控

3.1.18.2 用定差减压阀补偿的比例电液方向流量复合阀换向回路（图3-25和表3-25）

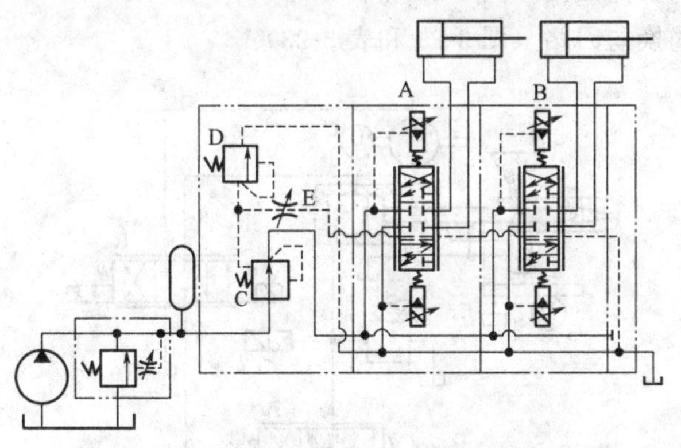

图3-25 用定差减压阀补偿的比例电液方向流量复合阀换向回路

表3-25 用定差减压阀补偿的比例电液方向流量复合阀换向回路

回路描述	特点及应用
当换向阀切换后，减压阀的遥控口与比例阀出口侧管路相通，减压阀即起压力补偿作用，使换向节流口前后的压差维持定值，而与负载压力无关。它的作用相当于一个调速阀。此时液压泵的输出压力为溢流阀调节压力。当改变通过比例电磁铁的电流时，即可按比例改变换向阀的开度与通过流量，多余的油由溢流阀溢回油箱	本回路采用定差减压阀C作为压力补偿装置的比例电液方向流量复合阀，应用于车辆、土木建筑、注塑机、机床等 安全阀D用来防止液压缸过载

3.1.19 双向泵换向回路

3.1.19.1 双向定量泵换向回路（图3-26和表3-26）

3.1.19.2 双向变量泵换向回路Ⅰ（图3-27和表3-27）

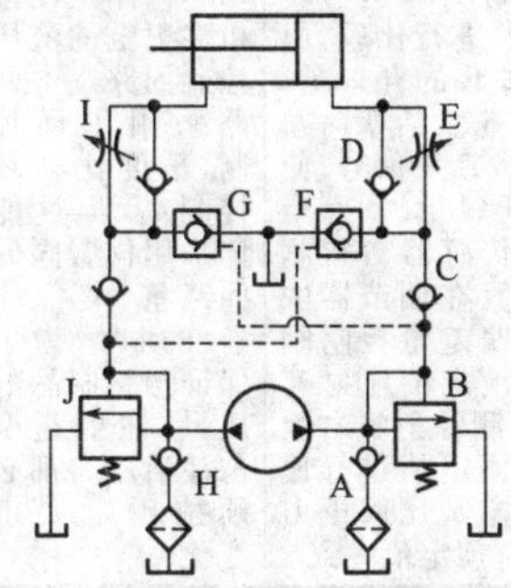

图3-26 双向定量泵换向回路

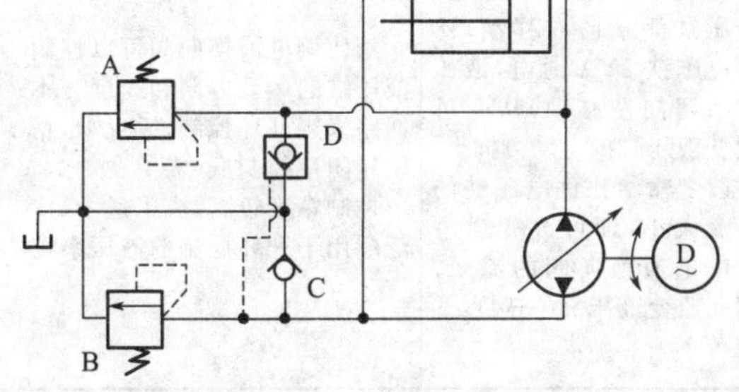

图3-27 双向变量泵换向回路Ⅰ

表3-26 双向定量泵换向回路

回路描述	特点及应用
正转时，液压泵左边油口为出油口，压力油经两个单向阀进入液压缸左腔，同时使液控单向阀F打开，液压缸右腔的油经节流阀E和液控单向阀F回油箱，液压缸活塞右行。而液压泵的吸油则通过单向阀A进行。溢流阀J调定液压缸活塞右行时的工作压力 本回路为对称式油路，反向动作类似	用双向定量泵换向，要借助电动机实现泵的正反转，电动机正转时，油压由溢流阀B调节；电动机反转时，油压由溢流阀J调节。活塞以回油路节流调速移动。电动机停转时，液控单向阀G与F将液压缸锁紧。适用于换向频率不高的液压系统。应用本回路时，要在轻载或卸荷状态下启动液压泵

表3-27 双向变量泵换向回路Ⅰ

回路描述	特点及应用
液压泵正向供油使活塞向左移动时，液压泵从液压缸左腔吸油输入右腔，不足的油量从油箱经单向阀C吸入。液压泵反向供油使活塞向右移动时，泵出口压力把液控单向阀D打开，使液压缸右腔的回油除了被泵吸入外，多余的回油经阀D流回油箱	本回路为双向变量泵换向回路，活塞的往复速度由变量泵调节。适用于大流量的中、高压液压系统 安全阀A与B分别调节活塞往复时的最大压力

3.1.19.3 双向变量泵换向回路Ⅱ（图 3-28 和表 3-28）

3.1.19.4 双向变量泵换向回路Ⅲ（图 3-29 和表 3-29）

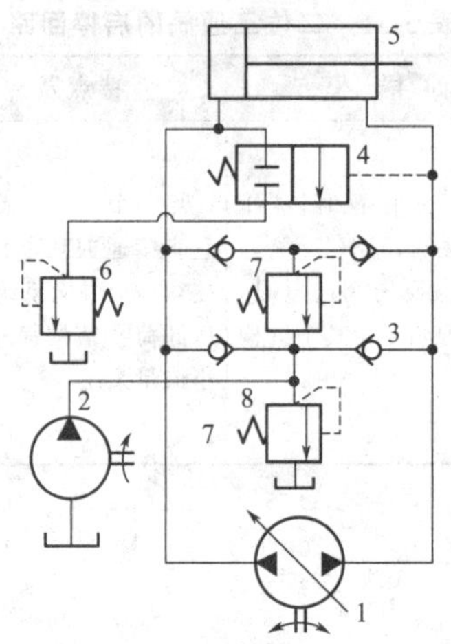
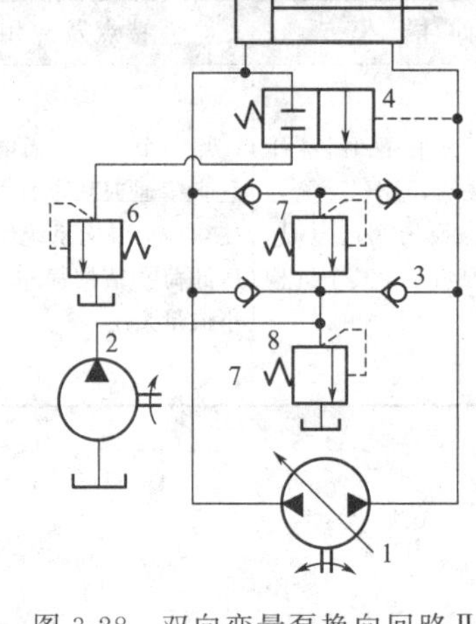

图 3-28 双向变量泵换向回路Ⅱ

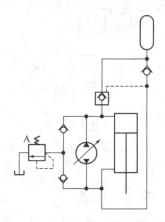

图 3-29 双向变量泵换向回路Ⅲ

表 3-28 双向变量泵换向回路Ⅱ

回路描述	特点及应用
执行元件是单杆双作用液压缸5，活塞向右运动时，其进油量大于排油量，双向变量泵 1 吸油侧流量不足，可用辅助泵 2 通过单向阀 3 来补充。改变双向变量泵 1 的供油方向，活塞向左运动时，排油量大于进油量，泵 1 吸油侧多余的油液通过由缸 5 进油侧压力控制的二位二通阀 4 和溢流阀 6 排回油箱	本回路为另一种形式的双向变量泵换向回路 这种回路适用于压力较高、流量较大的场合。溢流阀 7 是防止系统过载的安全阀，8 为补油泵溢流阀，6 为背压阀

表 3-29 双向变量泵换向回路Ⅲ

回路描述	特点及应用
本回路为采用双向变量泵使液压缸换向的闭式回路。变量泵上油口为压油口时，高压油进入液压缸无杆腔，活塞下行，有杆腔油液直接流回泵的吸油口；泵换向，油液反向流动，使液压缸换向	为了补偿在闭式回路中单杆液压缸两油腔的油量差，采用了一个蓄能器。当活塞下行时，蓄能器放出油液以补偿泵吸油量的不足。当活塞上行时，压力油将液控单向阀打开使液压缸上腔多余的回油流入蓄能器 适用于压力较高、流量较大的液压系统。阀 A 是安全阀，调压值应高于系统的工作压力

3.2 启停回路

3.2.1 二位二通阀的启停回路（图 3-30 和表 3-30）

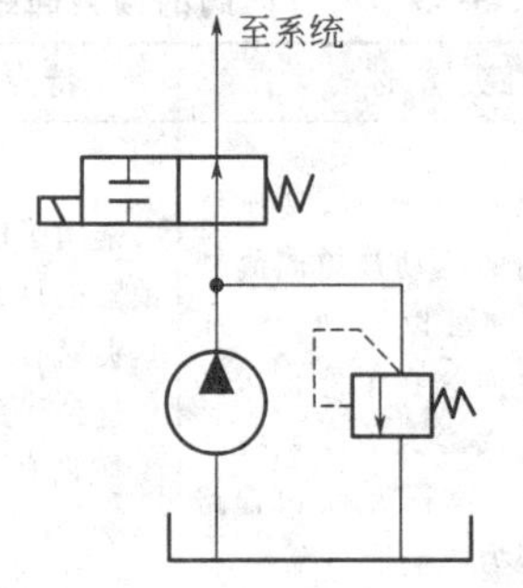

图 3-30 二位二通阀的启停回路

表 3-30 二位二通阀的启停回路

回路描述	特点及应用
二位二通电磁换向阀通电，换向阀左位接入，主油路断开，工作机构停止运动；电磁铁断电，换向阀右位接入，系统启动	该回路中，要求二位二通阀能通过全部流量，故一般适用于小流量系统

3.2.2 二位三通阀的启停回路（图 3-31 和表 3-31）

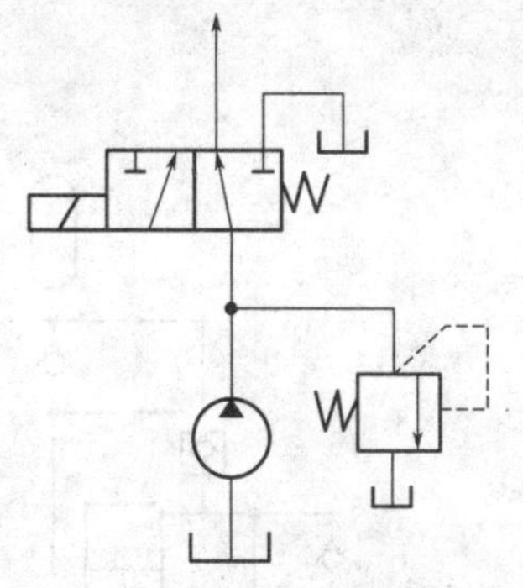

图 3-31 二位三通阀的启停回路

表 3-31 二位三通阀的启停回路

回路描述	特点及应用
图 3-31 所示位置时，液压泵向系统供油，液压系统开始工作；电磁换向阀通电时，左位接通，泵卸荷，工作机构停止运动	用一个二位三通电磁换向阀来接通或切断压力油源，使得压力泵向系统供油或低压卸荷。结构简单，适用于小流量系统

3.3 锁紧回路

为了使液压执行元件能在任意位置上停留，或者在停止工作时，切断其进、出油路，使之不因外力的作用而发生移动或窜动，准确地停留在原定位置上，可以采用锁紧回路。

3.3.1 用换向阀的中位机能锁紧回路（图 3-32 和表 3-32）

3.3.2 用单向阀的锁紧回路（图 3-33 和表 3-33）

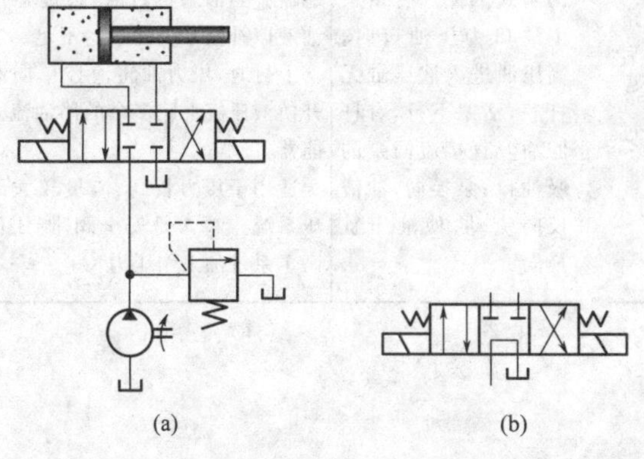

图 3-32 用换向阀的中位机能锁紧回路

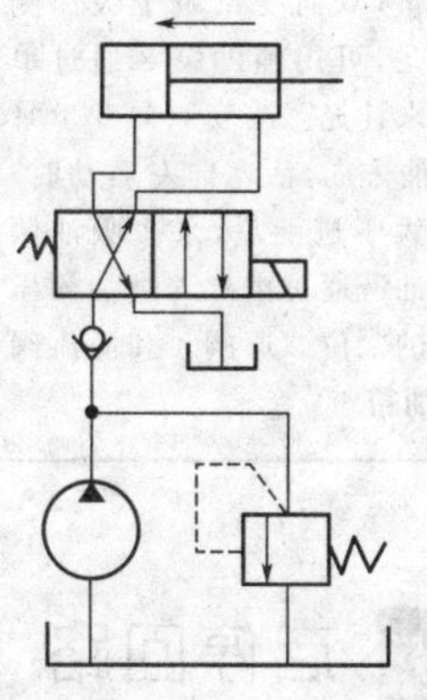

图 3-33 用单向阀的锁紧回路

表 3-32 用换向阀的中位机能锁紧回路

回路描述	特点及应用
采用 O 型或 M 型机能的三位换向阀，当阀芯处于中位时，液压缸的进、出口都被封闭，可以将活塞锁紧	这种锁紧回路结构简单，但由于换向滑阀的环形间隙泄漏较大，故一般只用于锁紧要求不太高或只需短暂锁紧的场合

表 3-33 用单向阀的锁紧回路

回路描述	特点及应用
当液压泵停止工作时，液压缸活塞向右方向的运动被单向阀锁紧，向左方向则可以运动。液压泵出口处的单向阀在泵停止运转时还有防止空气渗入液压系统的作用，并可防止执行元件和管路等处的冲击压力影响液压泵	常用于仅要求单方向锁紧的回路，如机床夹具夹紧装置的液压回路 这种回路的锁紧精度受换向阀内泄漏量的影响

3.3.3　用液压单向阀的单向锁紧回路（图 3-34 和表 3-34）

3.3.4　用液控单向阀的锁紧回路（图 3-35 和表 3-35）

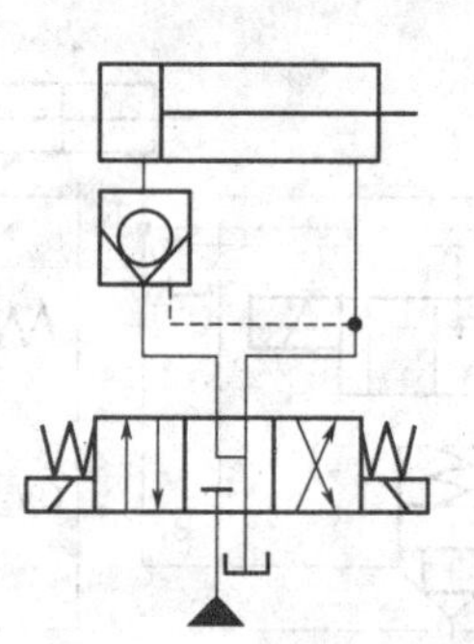

图 3-34　用液压单向阀的单向锁紧回路

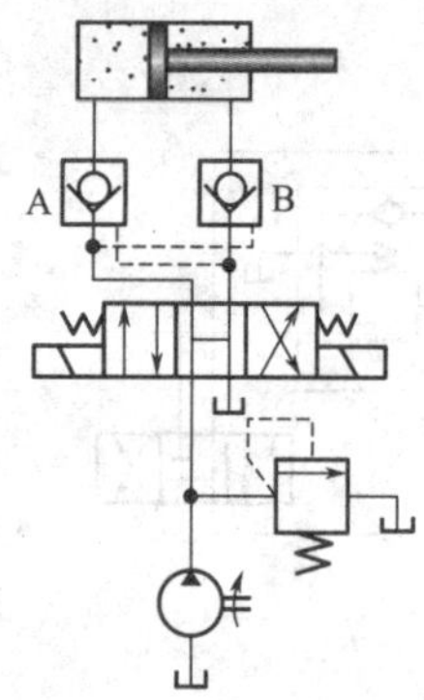

图 3-35　用液控单向阀的锁紧回路

表 3-34　用液压单向阀的单向锁紧回路

回路描述	特点及应用
换向阀采用H型或Y型，当换向阀处于中位时，使液压单向阀进油及控制油口与油箱相通，液压单向阀迅速封闭	常用于对单向锁紧精度要求较高的液压系统 液压单向阀有良好的封闭性能，锁紧精度只受液压缸内少量的内泄漏影响，因此，锁紧精度较高。即使在外力作用下，也能使执行元件长时间锁紧

表 3-35　用液控单向阀的锁紧回路

回路描述	特点及应用
在液压缸的进、回油路中都串接液控单向阀（又称液压锁），换向阀的中位机能应使液控单向阀的控制油液卸压，即换向阀只宜采用H型或Y型中位机能。换向阀处于中间位置时，液压泵卸荷，输出油液经换向阀回油箱，由于系统无压力，液控单向阀A和B关闭，液压缸左右两腔的油液均不能流动，活塞被双向闭锁	液压缸活塞可以在任何位置锁紧，由于液控单向阀有良好的密封性，闭锁效果较好 这种回路广泛应用于工程机械、起重运输机械等有较高锁紧要求的场合

3.3.5　用液控顺序阀的单向锁紧回路（图 3-36 和表 3-36）

3.3.6　用液控顺序阀的双向锁紧回路（图 3-37 和表 3-37）

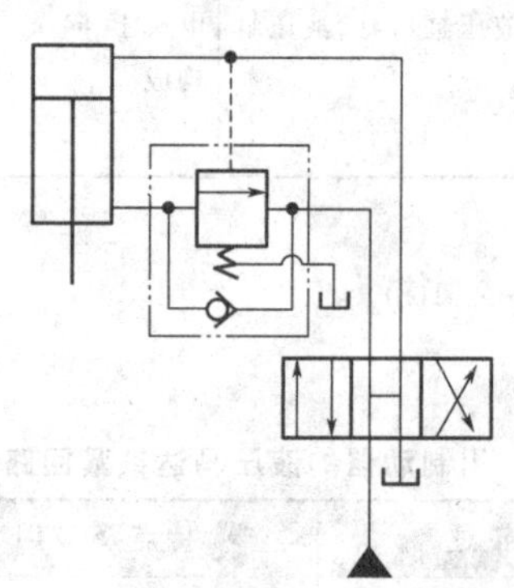

图 3-36　用液控顺序阀的单向锁紧回路

图 3-37　用液控顺序阀的双向锁紧回路

表 3-36　用液控顺序阀的单向锁紧回路

回路描述	特点及应用
当液压缸上腔不进油或上腔压力低于液控顺序阀的调整压力时，液控顺序阀关闭，液压缸下腔不能回油，使活塞锁紧不致下落	适用于单向锁紧并且锁紧精度要求不高的液压系统，由于液控顺序阀有泄漏，因此锁紧时间不能太长

表 3-37　用液控顺序阀的双向锁紧回路

回路描述	特点及应用
本回路用两个液压缸来驱动一个大的回转装置R。当1YA、3YA通电时，压力油将阀A打开，R逆时针反向旋转 停车时，使1YA断电，3YA仍通电，阀A遥控腔的油通过节流孔C回油箱，使阀A逐渐关闭回油路起缓冲作用 当停车或电气失效时，3YA断电，阀A与B迅速关闭将液压缸锁紧，以防止大风等外力使R旋转	回路为采用液控顺序阀的双向锁紧回路，具有缓冲制动和双向锁紧的功能 缓冲制动的效果取决于节流阀C的开度，锁紧则取决于单向顺序阀A、B

3.3.7 用锁紧缸锁紧的回路（图 3-38 和表 3-38）

3.3.8 用液控插装单向阀的液压缸锁紧回路（图 3-39 和表 3-39）

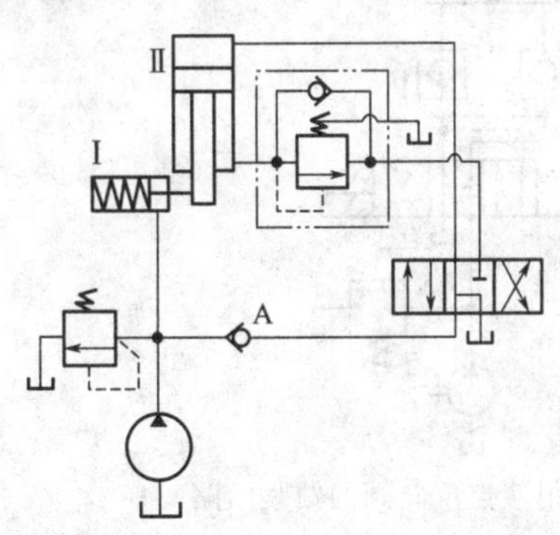

图 3-38 用锁紧缸锁紧的回路

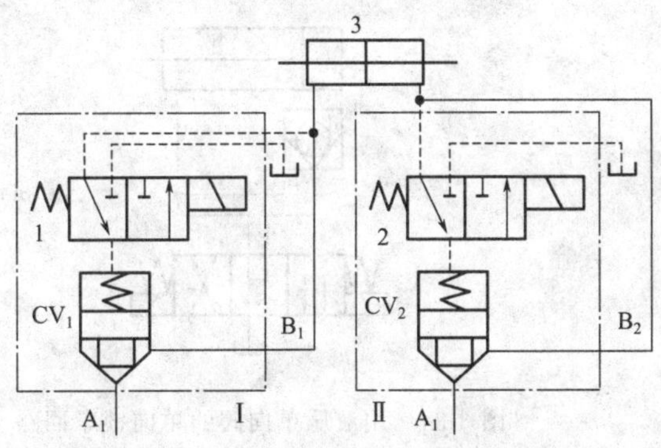

图 3-39 用液控插装单向阀的液压缸锁紧回路

表 3-38 用锁紧缸锁紧的回路

回 路 描 述	特点及应用
当换向阀切换，液压缸Ⅱ工作时，由单向阀 A 和液压缸阻力所产生的油压克服锁紧缸Ⅰ的弹簧力而使锁紧松开。当换向阀回到中位而泵卸荷时，单向阀 A 产生的压力不足以克服弹簧力，弹簧使锁紧缸Ⅰ活塞伸出并将活塞锁紧	适用于锁紧时间长、锁紧精度要求高的液压系统

表 3-39 用液控插装单向阀的液压缸锁紧回路

回 路 描 述	特点及应用
先导阀 1 和 2 的电磁铁通电时，插装元件 CV_1 和 CV_2 的 X 腔与油箱接通，故在压力油作用下开启，允许油液正反向流动。电磁铁断电时，插装元件 CV_1 和 CV_2 的 X 腔分别与 B_1 和 B_2 腔相通，此时，插装元件 CV_1 防止液压缸 3 左移，而插装元件 CV_2 防止液压缸右移，液压缸被锁紧	液控单向插装阀Ⅰ由插装元件 CV_1 与二位三通电磁换向先导阀 1 构成，液控单向插装阀Ⅱ由插装元件 CV_2 与二位三通电磁换向先导阀 2 构成

3.3.9 用制动器的液压马达锁紧回路（图 3-40 和表 3-40）

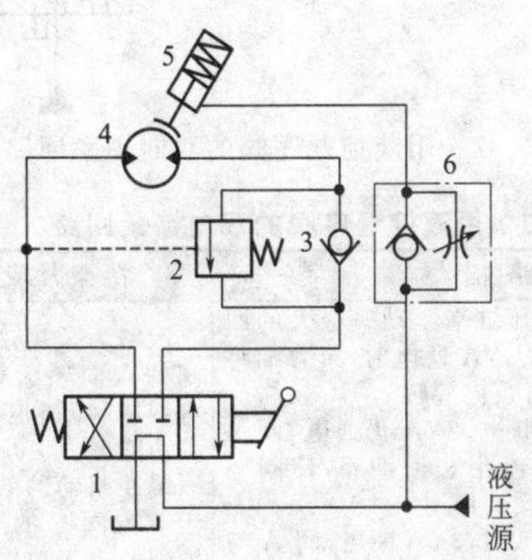

图 3-40 用制动器的液压马达锁紧回路

表 3-40 用制动器的液压马达锁紧回路

回 路 描 述	特点及应用
回路中的单向节流阀 6 可以实现快速制动，松闸时滞后，以防止开始起升负载时因松闸过快而造成负载下滑然后再上升的现象	制动器液压缸 5 为单作用缸，它与起升液压马达 4 的进油路相连接

3.4 连续往复运动回路

3.4.1 用行程开关控制的连续往复运动回路

3.4.1.1 用行程开关控制的连续往复运动回路Ⅰ（图3-41和表3-41）

3.4.1.2 用行程开关控制的连续往复运动回路Ⅱ（图3-42和表3-42）

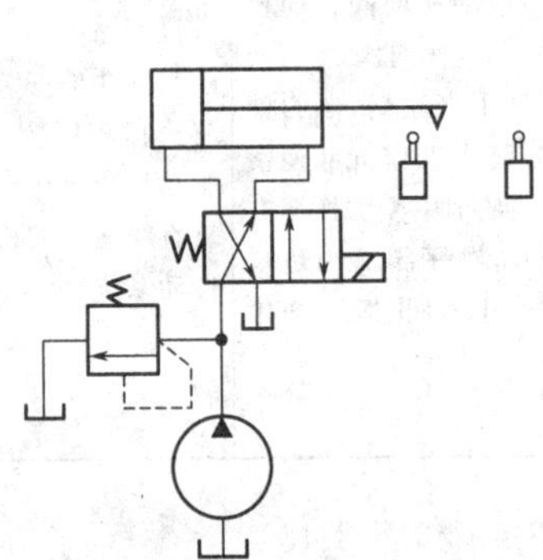

图3-41　用行程开关控制的连续往复运动回路Ⅰ

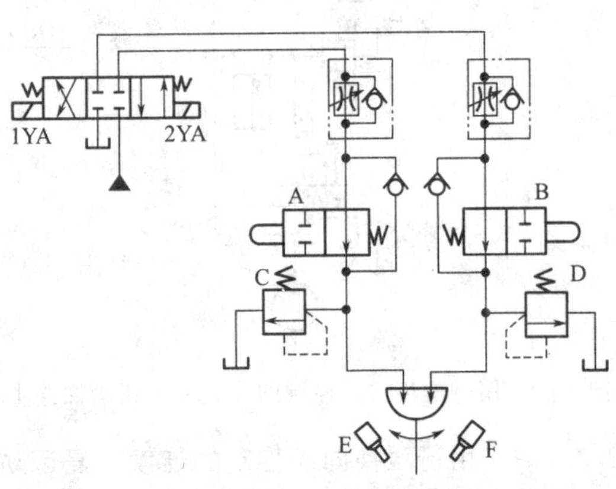

图3-42　用行程开关控制的连续往复运动回路Ⅱ

表3-41　用行程开关控制的连续往复运动回路Ⅰ

回路描述	特点及应用
图3-41所示状态，电磁铁断电，换向阀左位接通，压力油进入液压缸右腔，活塞左移。当撞块压下左侧行程开关，电磁铁通电，换向阀右位接通，压力油进入液压缸左腔，活塞右移。当撞块压下右侧行程开关，电磁铁断电，换向阀左位接通，开始下一循环，实现活塞的连续往复运动	用行程开关发信号使电磁换向阀连续通断来实现液压缸自动往复。由于电磁换向阀的换向时间短，故会产生换向冲击。本回路只适用于换向频率低于每分钟30次，流量小于63L/mm，运动部件质量不大的场合

表3-42　用行程开关控制的连续往复运动回路Ⅱ

回路描述	特点及应用
1YA通电换向阀左位接通，马达顺时针摆动；当撞上行程开关E后，1YA断电，2YA通电，换向阀右位接通，马达逆时针摆动，当撞上行程开关F后，1YA通电、2YA断电，换向阀左位接通，开始下一个循环 摆动马达换向前先通过凸轮逐渐关闭行程阀A或B，使摆动马达减速。行程阀关断后，溢流阀C或D起安全作用，防止因摆动马达的惯性转动引起过大的冲击压力	本回路由行程开关使电磁换向阀切换来完成自动连续摆动运动，适用于高速重载连续摆动运动

3.4.1.3 用行程开关控制的连续往复运动回路Ⅲ（图3-43和表3-43）

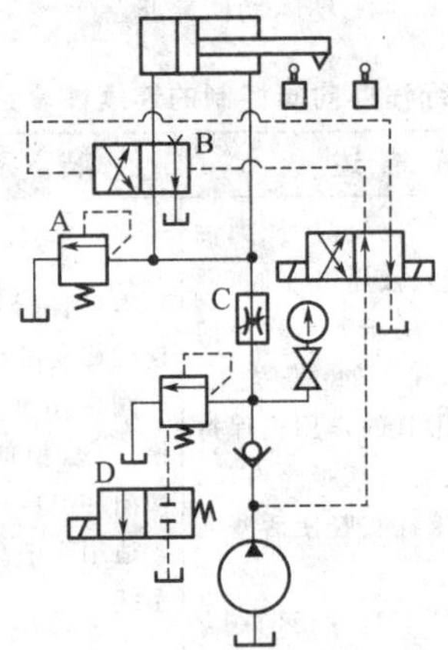

图3-43　用行程开关控制的连续往复运动回路Ⅲ

表3-43　用行程开关控制的连续往复运动回路Ⅲ

回路描述	特点及应用
本回路由行程开关发信号给电磁先导阀，进而再控制液动换向阀B切换，使液动换向阀B连续换向来完成液压缸的连续往复运动 该回路为差动回路，活塞往复速度可以相等。活塞速度可由调速阀C调节。为了防止因工作台在换向时的惯性力在油管中引起过高的油压，故设有安全阀A。工作结束后，阀D通电使系统卸荷	本回路可适用于流量较大的系统中，如果需要提高换向的平稳性，可以采用带阻尼器的液动换向阀

3.4.2 用行程换向阀控制的连续往复运动回路

3.4.2.1 用行程换向阀控制的连续往复运动回路Ⅰ（图3-44和表3-44）

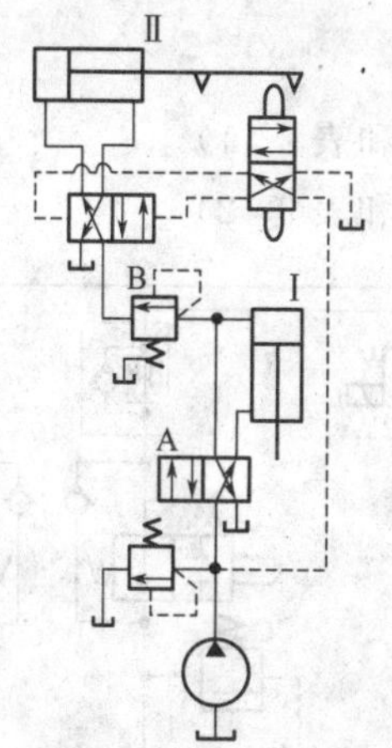

图3-44 用行程换向阀控制的连续往复运动回路Ⅰ

表3-44 用行程换向阀控制的连续往复运动回路Ⅰ

回路描述	特点及应用
利用工作部件上的撞块与行程换向阀来控制液动换向阀换向使活塞自动往复。当换向阀A切换至左位，夹紧缸Ⅰ夹紧后，压力油打开顺序阀B流入工作缸Ⅱ使活塞向右移动。换向阀A切换至右位后，工件松开，顺序阀B因进口压力降低而关闭，缸Ⅱ活塞即停止运动	该回路中的行程换向阀与撞块的安装位置要与行程相匹配，适用于驱动机床工作台实现往复直线运动的机床液压传动系统

3.4.2.2 用行程换向阀控制的连续往复运动回路Ⅱ（图3-45和表3-45）

3.4.2.3 用行程换向阀控制的连续往复运动回路Ⅲ（图3-46和表3-46）

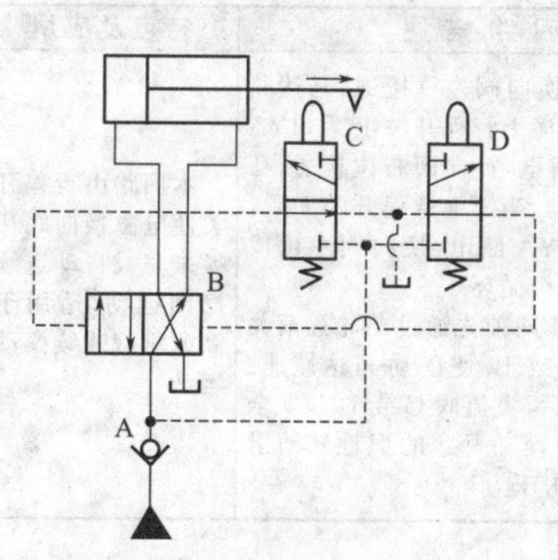

图3-45 用行程换向阀控制的连续往复运动回路Ⅱ

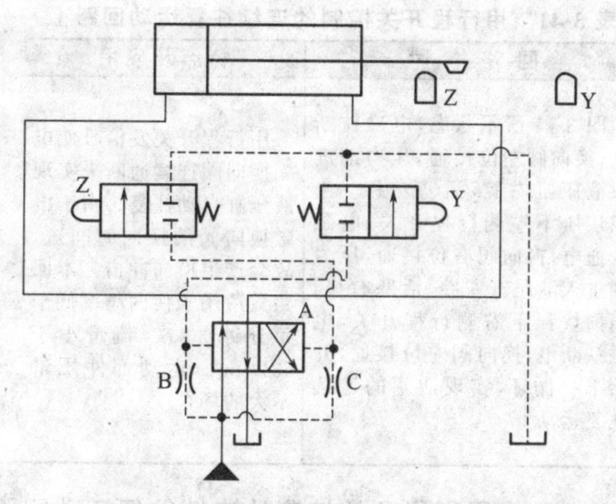

图3-46 用行程换向阀控制的连续往复运动回路Ⅲ

表3-45 用行程换向阀控制的连续往复运动回路Ⅱ

回路描述	特点及应用
在图3-45所示的位置时，活塞向左移动，当撞块压下阀C的触头后，压力油使液动换向阀B切换至左位，使活塞向右移动。当撞块压下阀D后，液动换向阀B切换至右位，活塞即向左移动	本回路用行程换向阀C及D切换液动换向阀B使活塞连续往复运动。活塞行程的长度可用两个挡块调节 适用于实现往复直线运动的机床液压传动系统

表3-46 用行程换向阀控制的连续往复运动回路Ⅲ

回路描述	特点及应用
在图3-46所示位置时，压力油经换向阀A流入液压缸左腔，活塞向右移动。撞块压下行程换向阀Y的触头后，阀A的左侧失压，右侧由于节流孔B的作用仍保持一定压力，因此阀A切换至右位，压力油流入液压缸右腔使活塞向左移动 同样当撞块压下行程换向阀Z的触头后，活塞又自动换向	本回路是行程控制的连续往复运动回路，主换向阀采用液动二位四通换向阀，换向时间可调，换向冲击可控 适用于中高压、大流量系统

3.4.2.4　用行程换向阀控制的连续往复运动回路Ⅳ（图3-47和表3-47）

3.4.3　用压力继电器控制的连续往复运动回路（图3-48和表3-48）

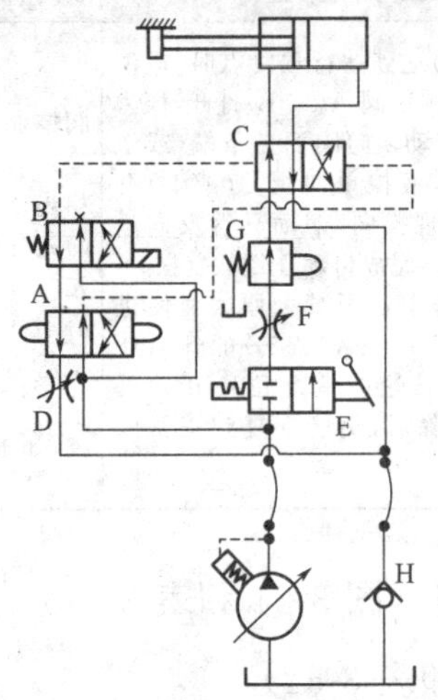

图3-47　用行程换向阀控制的连续往复运动回路Ⅳ

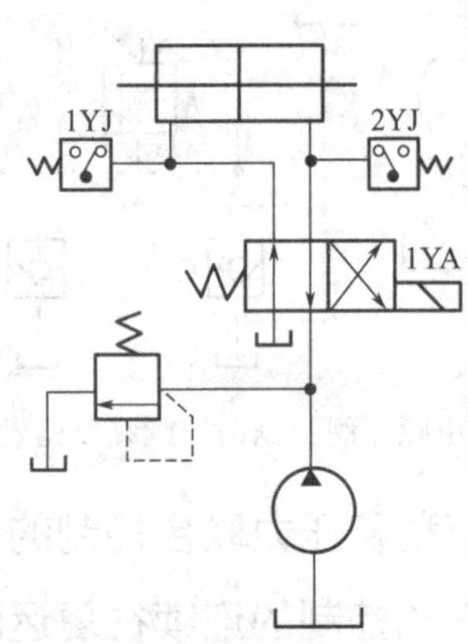

图3-48　用压力继电器控制的连续往复运动回路

表3-47　用行程换向阀控制的连续往复运动回路Ⅳ

回路描述	特点及应用
主油路中的压力油经开关阀E，节流阀F，行程节流阀G与换向阀C流入液压缸。行程换向阀A是液动换向阀C的先导阀，它由工作台上的撞块控制，使工作台能自动往复。开关阀E可使工作台启动与停止，并可停留在任何位置上。节流阀F调节流入液压缸油的流量。行程节流阀G与工作台上的撞块配合可得到所需的速度变化，使工作台完成不等速的自动往复运动。背压阀H用来增加运动的平稳性，节流阀D控制换向时间	当电磁阀B通电后，工作台不能再继续下一个往复运动而停在左端 适用于流量较大、换向平稳性要求较高的液压系统

表3-48　用压力继电器控制的连续往复运动回路

回路描述	特点及应用
在图3-48所示位置时，活塞左移。当负载增大或活塞移动到终点后，进油压力升高使压力继电器2YJ发信号，1YA通电，换向阀右位接通，活塞向右移动。当进油压力升高至压力继电器1YJ动作时，1YA断电，活塞又向左移动	本回路为用压力继电器控制的连续往复运动回路。系统压力变化，压力继电器发出电信号，使电磁铁通断，控制换向阀动作，实现连续往复运动 用于换向精度和换向平稳性要求不高的液压系统

3.4.4　用顺序阀控制的连续往复运动回路

3.4.4.1　用顺序阀控制的连续往复运动回路Ⅰ（图3-49和表3-49）

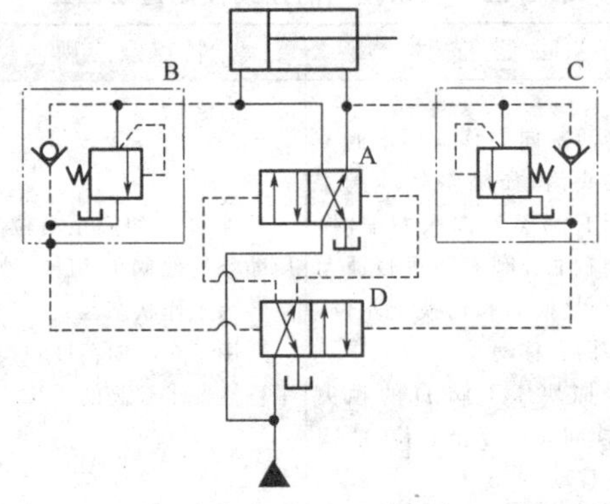

图3-49　用顺序阀控制的连续往复运动回路Ⅰ

表3-49　用顺序阀控制的连续往复运动回路Ⅰ

回路描述	特点及应用
在图3-49所示的位置时，活塞正在向左移动，当到达行程终端或负载压力达到阀C的调定压力时，阀C打开，控制油使先导阀D切换至右位，随后换向阀A切换至左位，活塞向右移动。在活塞右移过程中，只要负载压力达到阀B的调定压力时，阀D就切换至左位，活塞向左移动，如此循环往复	本回路是用顺序阀控制的连续往复运动回路。顺序阀控制先导阀，先导阀控制液动主换向阀，进而使活塞往复运动 适用于大流量的液压系统

3.4.4.2 用顺序阀控制的连续往复运动回路Ⅱ（图3-50和表3-50）

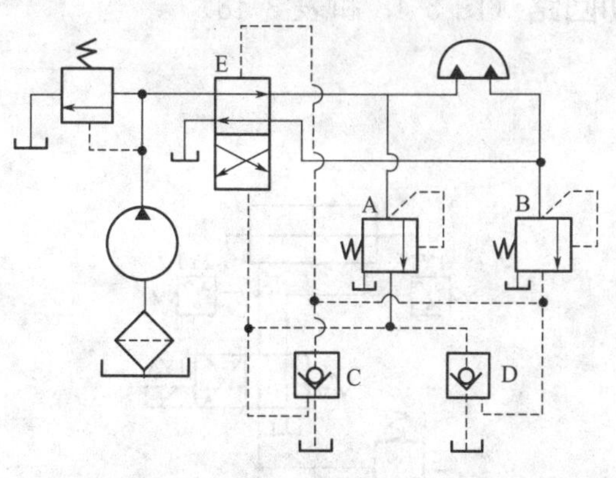

图3-50 用顺序阀控制的连续往复运动回路Ⅱ

表3-50 用顺序阀控制的连续往复运动回路Ⅱ

回路描述	特点及应用
当摆动马达到达行程终点时，进油压力升高，顺序阀A(或B)打开，压力油作用于液动换向阀E的下端(或上端)。同时，液控单向阀C(或D)开启，阀E实现换向，摆动马达反向运动，如此循环完成自动连续往复摆动 若在行程中途因某种原因而使进油压力升高至阀A(或B)的开启压力，则摆动马达能从此位置开始反转，故障排除后，仍能恢复到正常的全行程	本回路为用顺序阀控制的连续往复运动回路。顺序阀相当于液动换向阀的先导阀，A(或B)先动，换向阀E后动 适用于流量较大、功率较大的液压系统，如工程机械等

3.4.5 行程和压力联合控制的连续往复运动回路（图3-51和表3-51）

3.4.6 气动控制的连续往复运动回路（图3-52和表3-52）

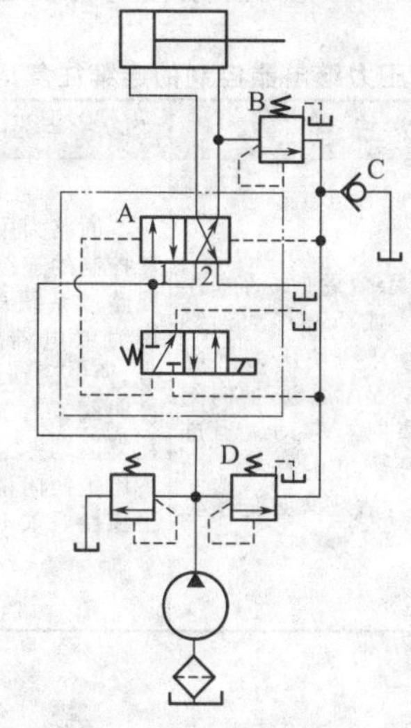

图3-51 行程和压力联合控制的连续往复运动回路

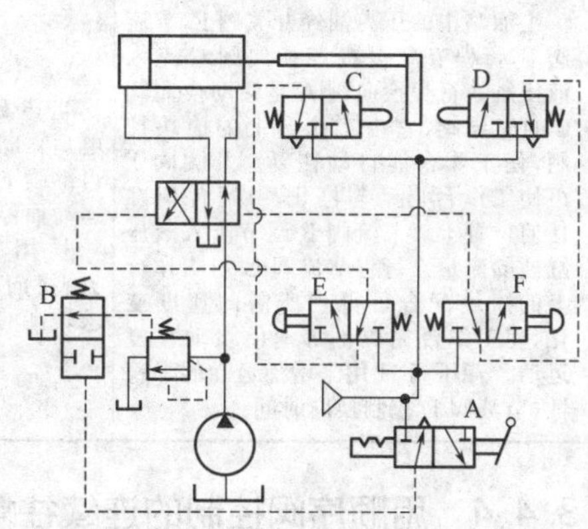

图3-52 气动控制的连续往复运动回路

表3-51 行程和压力联合控制的连续往复运动回路

回路描述	特点及应用
图3-51所示位置时，活塞左移，活塞到达终点后，行程开关发信号使电磁铁通电，阀A切换至左位使活塞右移。当活塞接触工件后，压力升高，当压力升至顺序阀D调定的压力时，顺序阀D开启，泵输出的压力油经顺序阀D、背压阀C流回油箱，由背压阀C产生的油压使阀A切换至右位，活塞向左移动	本回路可使液压缸在向右行程终点用压力控制换向，在向左行程终点用行程开关换向 适用于换向精度和换向平稳性要求高的流量较大的液压系统

表3-52 气动控制的连续往复运动回路

回路描述	特点及应用
当活塞向左移动压下阀C的触头后，压缩空气经阀C和阀E通至换向阀左端，换向阀右端经阀F和阀D通大气，于是换向阀切换至左位，活塞向右移动 当撞块压下阀D的触头后，换向阀回复至右位，活塞向左移动	开停阀A切换至右位时，压缩空气使阀B切换，液压泵转为工作状态 适用于对换向精度和换向平稳性要求较高的系统

3.5 限程回路

3.5.1 用行程换向阀限程的回路（图 3-53 和表 3-53）

3.5.2 用液压缸结构限程的回路（图 3-54 和表 3-54）

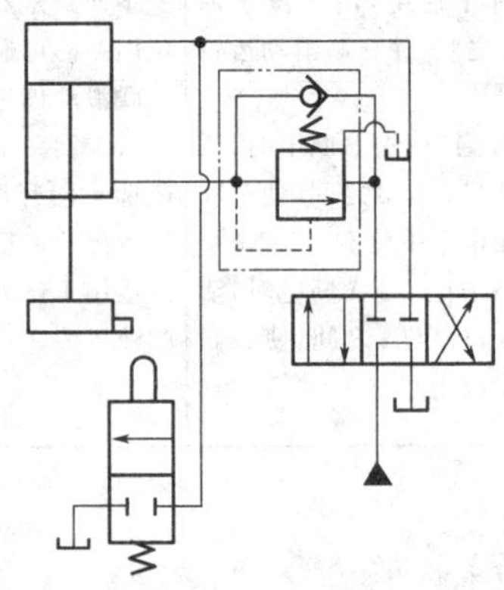

图 3-53 用行程换向阀限程的回路

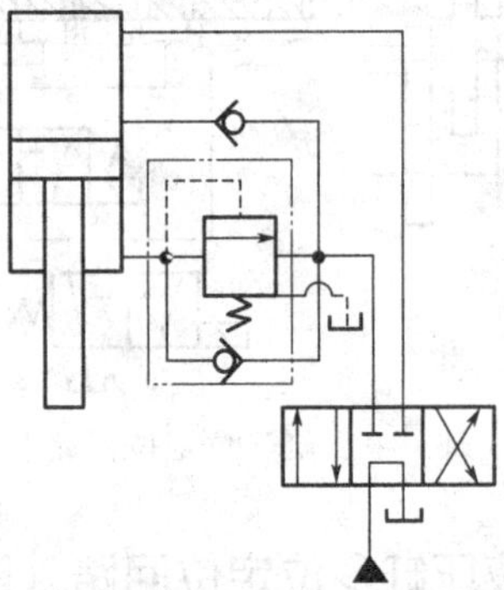

图 3-54 用液压缸结构限程的回路

表 3-53 用行程换向阀限程的回路

回路描述	特点及应用
换向阀左位接通，压力油通过单向顺序阀进入液压缸的下腔，活塞上移；换向阀右位接通，压力油进入液压缸的上腔，活塞下移，当活塞下移到限定位置时，滑块上的撞块使二位二通行程阀切换，液压缸上腔与油箱相通而卸荷，实现限程	本回路由三位四通换向阀、单向顺序阀（平衡阀）和二位二通机动换向阀控制油流的通断和换向，实现限程。通常用于压力机液压系统

表 3-54 用液压缸结构限程的回路

回路描述	特点及应用
换向阀左位接通，压力油通过单向顺序阀进入液压缸的下腔，活塞上移；换向阀右位接通，压力油进入液压缸的上腔，活塞下移，当活塞下行到限定位置时，上腔的压力油经过单向阀流回油箱，液压缸与液压泵均卸荷，活塞由平衡阀支撑，因此限制了活塞的行程	适用于压力机、工程机械等液压系统

3.6 液压缸定位回路

3.6.1 液压缸三位定位回路

3.6.1.1 液压缸三位定位回路Ⅰ（图 3-55 和表 3-55）

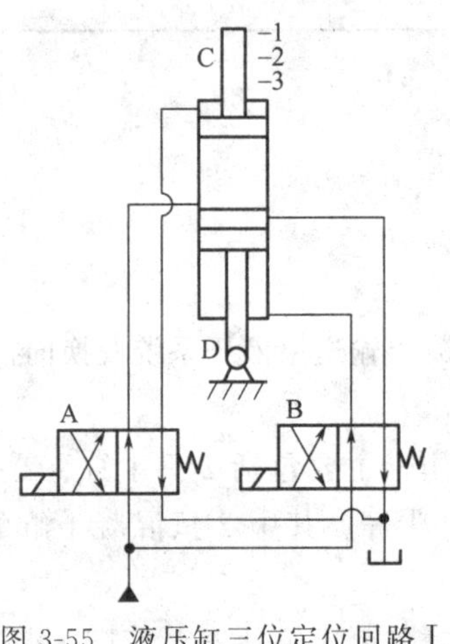

图 3-55 液压缸三位定位回路Ⅰ

表 3-55 液压缸三位定位回路Ⅰ

回路描述	特点及应用
当阀 A、B 均断电时，活塞 C 处于 2 位；阀 A 通电，活塞 C 处于 3 位；阀 B 通电，则活塞 C 处于 1 位	活塞 D 固定不动，通过电磁阀 A、B 控制，使活塞 C 有三个停留位置 本回路用于在 3 个位置停留的液压系统

3.6.1.2 液压缸三位定位回路Ⅱ（图3-56和表3-56）

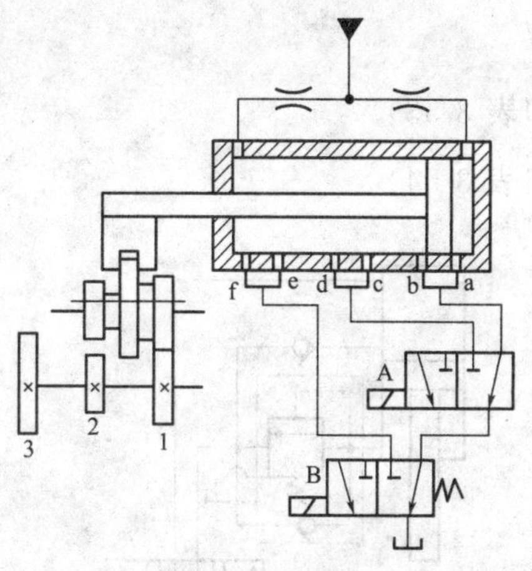

图3-56 液压缸三位定位回路Ⅱ

表3-56 液压缸三位定位回路Ⅱ

回路描述	特点及应用
图3-56所示位置时，电磁阀A与B都不通电，活塞位于油口a与b之间，使三联滑动齿轮位于右位1 当阀A通电，阀B断电时，活塞位于油口c与d之间，使三联滑动齿轮位于中位2 当阀B通电，阀A断电时，活塞位于油口e与f之间，使三联滑动齿轮位于左位3	本回路是液压缸三位定位回路。可通过活塞驱动三联滑动齿轮在三个位置停留。回路中的两节流阀应选不同开度，以和液压缸两腔的流量相匹配 适用于操纵变速箱调速的液压传动系统

3.6.2 液压缸多位定位回路（图3-57和表3-57）

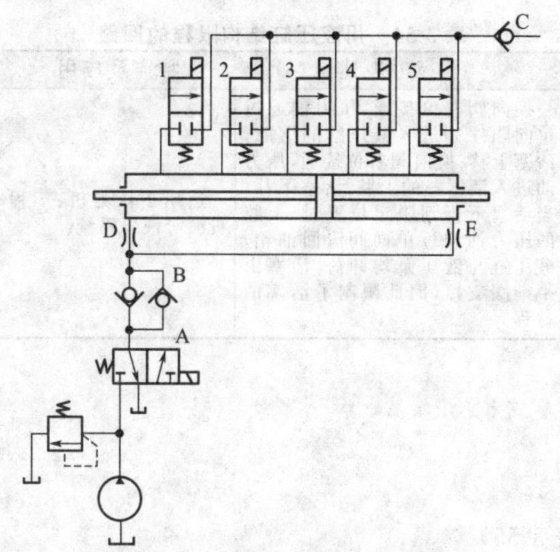

图3-57 液压缸多位定位回路

表3-57 液压缸多位定位回路

回路描述	特点及应用
换向阀A通电后，压力油同时流入液压缸左右腔，活塞不动。当需要使活塞在位置2停留时，使该位置的二通阀通电，于是左腔压力降低至背压阀C的压力，由于节流孔D起保压作用，右腔压力不降低，活塞向左运动，直至活塞将位置2的油口关闭，活塞即停留在位置2上，并使换向阀A断电，液压缸中压力降低至背压阀B的压力	本回路是用双杆式多位液压缸与二通阀的多位定位回路 通常用于在5个位置需要停留的液压系统

3.7 方向控制回路应用实例

3.7.1 混凝土输送泵开式液压系统

在此以HBT60混凝土输送泵液压系统为例，介绍混凝土输送泵液压系统及换向控制过程。

(1) 泵送工作原理

混凝土输送泵采用水平单动双列液压推送活塞式结构，主要包括2只主缸、2只混凝土缸、2只摆动缸、分配阀（又称S摆管）、换向机构、料斗等。其中2只混凝土缸的活塞分别与2只主缸活塞杆连接。

如图3-58(a) 所示，泵送混凝土时，在主缸作用下，混凝土缸活塞1前进，混凝土缸活塞6后退。同时，在摆动缸作用下，S摆管4与混凝土缸2连通，另一只混凝土缸5与料斗3连通。这样混凝土缸活塞6后退便将料斗内的混凝土吸入混凝土缸5，混凝土缸活塞1前进，将混凝土缸2内的混凝土送入S摆管泵出。

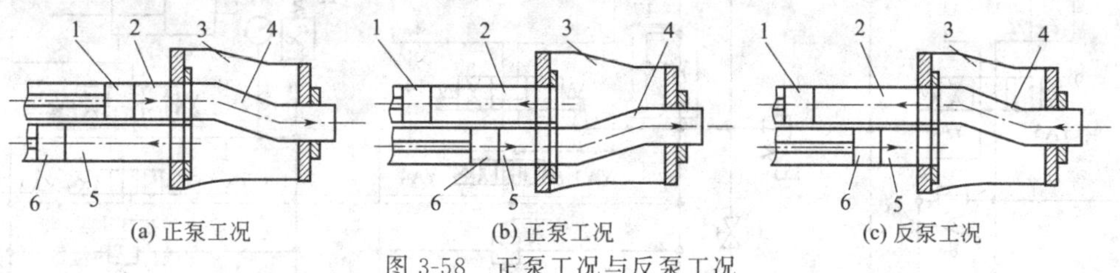

图3-58　正泵工况与反泵工况

1、6—混凝土缸活塞；2、5—混凝土缸；3—料斗；4—S摆管

当混凝土缸活塞6后退至行程终端时，触发换向装置，主缸换向，同时摆动缸换向，使S摆管4与混凝土缸5连通，混凝土缸2与料斗连通，这时活塞1后退，使混凝土缸2吸入混凝土，活塞6前进，将混凝土缸5内的混凝土送入S摆管泵出，如图3-58(b)所示。

如此循环，从而实现混凝土连续泵送。

反泵工况，如图3-58(c)所示，使处在吸入行程的混凝土缸与S摆管连通，处在推送行程的混凝土缸与料斗连通，从而将管路中的混凝土抽回料斗。当正常泵送过程中遇到输送阻力增大，输送管路有堵塞时，用反泵工况来排堵。

(2) 混凝土输送泵液压系统

混凝土输送泵有3大主要功能，一是主泵送功能，吸送混凝土；二是换向功能，使S摆管与主泵送液压缸交替换向；三是搅拌功能，对料斗里的混凝土进行搅拌。其液压原理如图3-59所示，有3个子系统，即主泵送系统、换向系统和搅拌系统。

① 主泵送系统　主泵送系统主要由主泵7、电液换向阀23、溢流阀22、泵送主缸等组成。主泵输出的高压油直接进入电液换向阀23，当电液换向阀23处在中位状态时，压力油通过冷却器21和回油过滤器3流回油箱；当电液换向阀23左（右）位工作时，压力油向主缸供油。二主缸采用串联连接，在主泵压力油作用下，一缸前进另一缸后退。当活塞运行到行程终点时，触发换向装置，电液换向阀23右（左）位工作。由于压力油方向改变，从而使主缸活塞运动方向改变，实现主缸活塞的交替前进、后退。

主泵选用恒功率控制的轴向柱塞斜盘式变量泵，在恒功率区域内，当混凝土管路中压力升高时，主泵斜盘倾角会自动减小，排量减小，而功率保证为恒定值，使电动机不至于过载，功率利用高。该泵还带有附加的液压行程限制器和压力切断装置。主泵的控制压力由恒压泵6输出，通过减压阀16使压力在0.5～3.5MPa范围内变动，则主泵输出排量在最小和最大范围内无级变化；当泵送油压超过系统额定压力32MPa时，压力切断装置使主泵斜盘回到零位，主泵排量为零，泵送作业停止。溢流阀22为安全阀，其压力设定值可比压力切断值高1～2MPa，主泵在任何条件下都不会出现高压溢流，从而消除系统中的最大发热源。单向阀4起保护冷却器的作用。

② 换向系统　换向系统主要由恒压泵6、单向阀12、蓄能器20、溢流阀13、电液换向阀14、截止阀15、摆动缸等组成。当电液换向阀14阀芯处在中位时，恒压泵6泵出的油经单向阀12、单向节流阀17进入蓄能器，当蓄能器内压力达到18MPa时，恒压泵内的压力控制阀作用，使伺服缸通过连杆推动液压泵斜盘，减小油排量，达到节能目的。当电液换向阀14一端电磁铁通电时，阀芯移动，一摆动缸接通，蓄能器20内储存的压力油经单向节流阀17和恒压

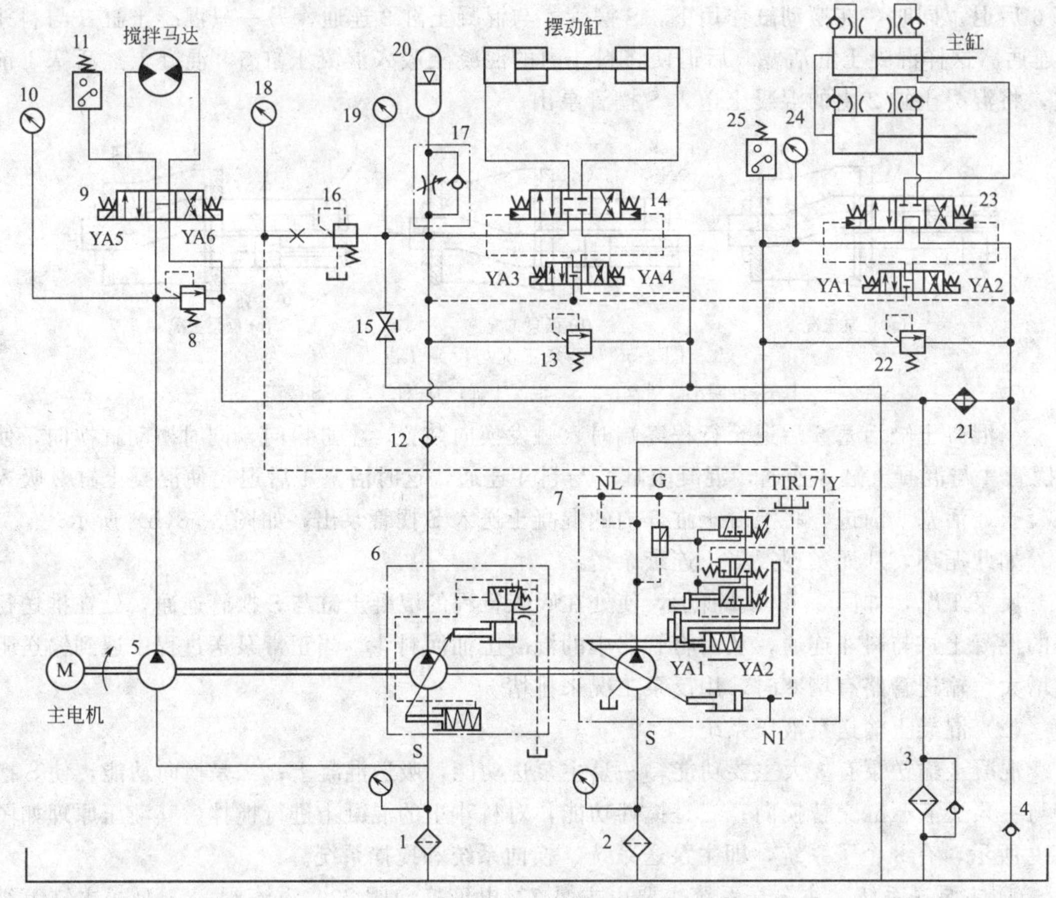

图 3-59 液压原理图

1、2、3—吸油过滤器；4、12—单向阀；5—副泵；6—恒压泵；7—主泵；8、13、22—溢流阀；9—电磁换向阀；10、18、19、24—压力表；11、25—压力继电器；14、23—电液换向阀；15—截止阀；16—减压阀；17—单向节流阀；20—蓄能器；21—冷却器

泵泵出的油一起进入摆动缸，推动S摆管摆动。当电液换向阀另一端电磁铁通电时，另一摆动缸接通，推动S摆管向相反方向摆动。溢流阀13起安全阀作用，其压力设定值为23MPa。蓄能器的作用是使S摆管迅速换位（交替与两个混凝土缸接通与断开），并减小系统压力波动。

正泵工作时，电磁铁YA1、YA3与YA2、YA4交替通电，自动完成混凝土泵送。当泵送过程中遇到输送管道堵塞时，输送阻力增大，液压系统负荷剧增，当压力达到一定值时，压力继电器25发出信号，自动切换到反泵状态，电磁铁YA1、YA4与YA2、YA3交替通电，反泵状态持续设定时间（一般为4～6个工作循环），自动恢复到正泵状态。

③ 搅拌系统　搅拌系统由副泵5、溢流阀8、电磁换向阀9、压力继电器11、搅拌马达等组成。当电磁铁YA5通电，电磁换向阀左位工作时，马达正转带动搅拌轴正转，可将料斗中的骨料搅拌均匀，使其具有良好的可泵性，并将其推向料斗的进料口，从而增加混凝土的吸入能力。

当搅拌轴被石子卡死时，压力继电器11发信号，使电磁铁YA5断电、YA6通电，电磁换向阀右位工作，液压马达带动搅拌轴反转，可将卡死在搅拌轴中的石子等排除。当反转达到电控系统设定时间，YA6断电、YA5通电，电磁换向阀左位工作，搅拌轴恢复正转。

④ 油箱及其他　采用了封闭式液压油箱，能防止杂质混入油中，为了滤清空气、便于观察箱内油位高度、控制油温及过滤油液，在油箱上安装了空气滤清器、液位计、油温表、

冷却器、吸油过滤器和回油过滤器。过滤器上装有真空表，当真空表指针超过规定值时，表示滤芯堵塞，要求用户清洗和更换滤芯。

(3) 液压系统技术要点

① 同一电动机驱动3个液压泵　液压系统中，主泵送系统、换向系统、搅拌系统分别由主泵、恒压泵和副泵驱动，3个液压泵均选德国力士乐公司原装件，分别是A11VO250LRDH2/11R-NZD12K02、A10VO28DR/31R.PSC62K01和1PF2G2-4X/020RR20 MR，三者采用通轴传动由同一电机驱动，结构紧凑，便于控制。

② 恒压泵与蓄能器配合的换向系统　由恒压泵驱动，流量能根据负载需要自动调整。其压力设定为18MPa。当系统压力达到压力设定时，因此时摆缸还没有动作，变量泵斜盘倾角回到零位，几乎没有流量排出，避免液压泵功率损失。当摆缸动作时，系统压力迅速降低，变量机构控制泵斜盘倾角很快变到最大位置，给摆缸提供足够的压力油；同时，当摆缸开始动作时，由蓄能器储存的能量能在瞬间向系统提供大流量的高压油，使摆缸获得快速运动。

③ 主缸装有TR机构　当活塞运动到节流阀和单向阀之间时，高压油通过节流阀、单向阀，进入活塞的另一侧，使高低压油腔沟通。此TR装置有3个目的，一是使活塞换向更加及时，可充分利用液压缸有效行程，防止活塞和缸底碰撞；二是为活塞换向运行作准备，缓解了换向冲击；三是为封闭腔自动补油，保证活塞行程不变短。

④ 低压大排量与高压小排量两种泵送方式　由于主缸采用单杆活塞式液压缸，两腔受压面积不同，当有杆腔进油时，为低压、高速；当无杆腔进油时，为高压、低速。通过调换主缸的软管连接线路可实现高、低压两种泵送方式，一般当泵送油压达25～26MPa时可采用高压泵送。

3.7.2 基于电液比例技术的船舶液压舵机

(1) 人工舵机操作概述

我国内河船舶液压舵机多为人工舵，主要依靠操舵人员的经验，根据舵角指示仪反馈舵角与航向的偏差决定换向阀的动作，进而控制舵角并不断地修正。操舵人员劳动强度大，航行安全存在隐患，操舵频率过高，航向保持精度差，为开式系统。人工舵控制如图3-60所示。

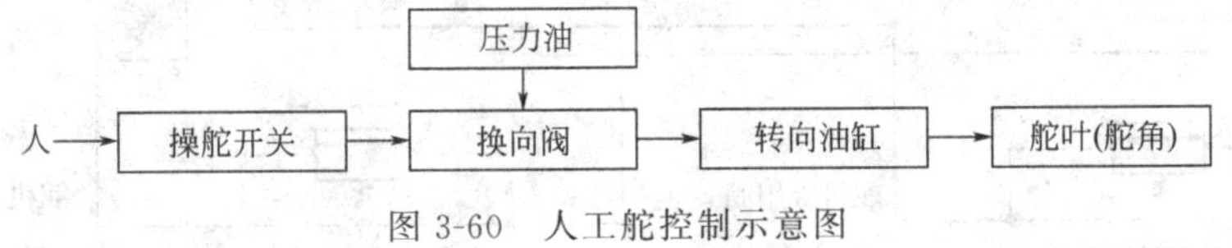

图3-60　人工舵控制示意图

(2) 系统的改进

电液比例技术发展迅速，在液压系统控制中具有操作方便，容易实现遥控，容易实现编程控制，工作平稳，控制精度较高，对污染不敏感等特点，针对内河船舶液压舵机的不足加以改造，大有可为。

① 基于电液比例技术的内河船舶液压舵机

a. 电液比例阀。电液比例阀是电液比例控制技术的核心和功率放大元件，代表了流体控制技术的发展方向。它以传统的工业用液压控制阀为基础，采用电-机转换装置，将电信号转换为位移信号，按输入电信号指令连续、成比例地控制液压系统的压力、流量或方向。电液比例阀可以同时实现流量、压力、方向等多参数的复合控制，主要分成比例放大器、比例电磁铁、液控主阀，通过比例电磁铁推动阀芯，经闭环控制，准确定位阀芯位置，改变动态液阻，既能实现换向功能来改变液流方向，又可以使得液流的流量得到精确控制。电液比例阀控制示意如图3-61所示。

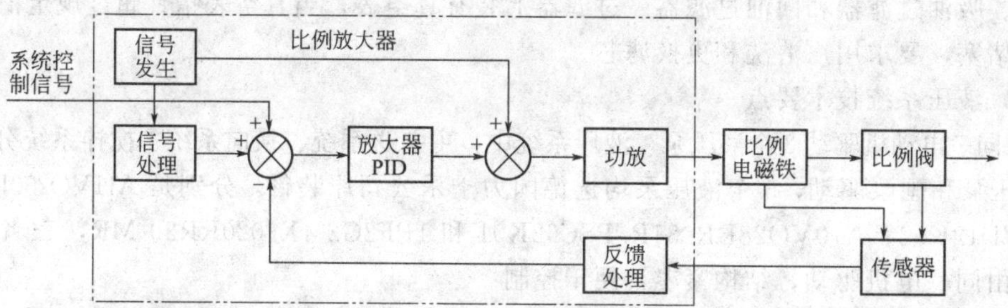

图 3-61 电液比例阀控制示意图

b. 液压系统。液压系统如图 3-62 所示。舵机设置 1 个主操舵装置和 1 个辅助操舵装置。主操舵装置和辅助操舵装置的布置，满足当它们中的 1 个失效时应不致使另 1 个也失灵。主操舵装置采用电液比例换向阀作为线性受控单元，比例放大器首先接受来自 PLC 的模拟量信号，通过前置放大、功率放大、反馈校正、PID 调节等处理，产生与指令要求相适应的精确电信号传给比例电磁铁；比例电磁铁会生成相应的电磁力，推动阀芯产生一定的位移，阀芯形成一定的开度，起到阻尼作用，其流出、到达油量就成为可控、可调的了。随着比例放大器对信号处理的不断修正，液阻随之动态变化，输出的流量、压力和方向也就随之变化，实现动态控制。

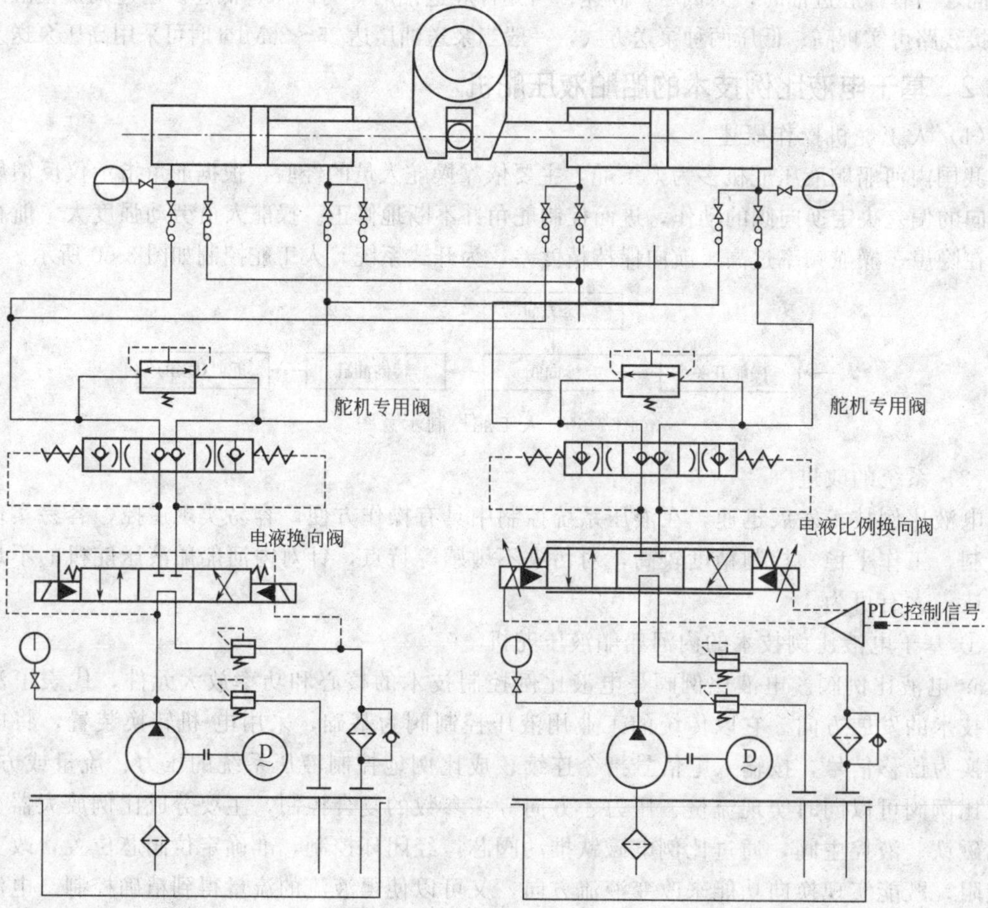

舵机专用阀
舵机专用阀
电液换向阀
电液比例换向阀
PLC控制信号

图 3-62 液压系统图

辅助操舵装置作为主操舵装置不能正常工作下的应急操舵，采用手动操舵，通过按钮操控电液换向阀电磁铁的通电与断电，使油路的方向转换，实现手扳舵转，复位舵停，左舵左扳，右舵右扳的直接控制。

② PLC 控制系统

a. 可编程控制器。可编程序逻辑控制器（PLC）是专为工业环境下应用而设计的工业计算机，可在恶劣的工业现场工作，能够完成顺序控制、位置控制、数据处理、在线监控等功能。特别具有过程控制功能，控制算法（PID）控制模块的提供使 PLC 具有了闭环控制的功能，控制过程中变量出现偏差时，PID 会计算出正确的输出，把变量保持在设定值上。

b. 系统的控制算法。在工程实际中，应用最广泛的是 PID 控制器。PID 舵调节规律是以船舶偏航角 $\Delta\psi$、偏航角速度 $\Delta\dot{\psi}$ 和偏航角角积分给出舵角 β，其表达式为：

$$\beta=K_{\mathrm{p}}\Delta\psi+K_{\mathrm{d}}\Delta\dot{\psi}+K_{\mathrm{i}}\int\Delta\psi\mathrm{d}t$$

式中，K_{p}，K_{i}，K_{d} 为 PID 型自动舵的设计参数。比例系数 K_{p} 决定控制作用的强弱；积分系数 K_{i} 消除系统静差；微分系数 K_{d} 有助于减小系统的超调，克服振荡，使系统趋于稳定，加快响应。

在可编程控制器 PID 控制中，使用的是数字 PID 控制器，采用的是增量式 PID 控制算法，根据采样时刻的偏差计算控制量，通过软件实现增量控制。西门子 S7-200 系列 PLC 提供了用于闭环控制 PID 运算指令，用户只需在 PLC 的内存中填写一张 PID 控制参数表，再执行相应的指令，即可完成 PID 运算，改变国内模拟 PID 舵线路繁杂、稳定性和操控性较差等方面的不足。

c. 控制方框图。PID 自动舵控制方框图如图 3-63 所示。

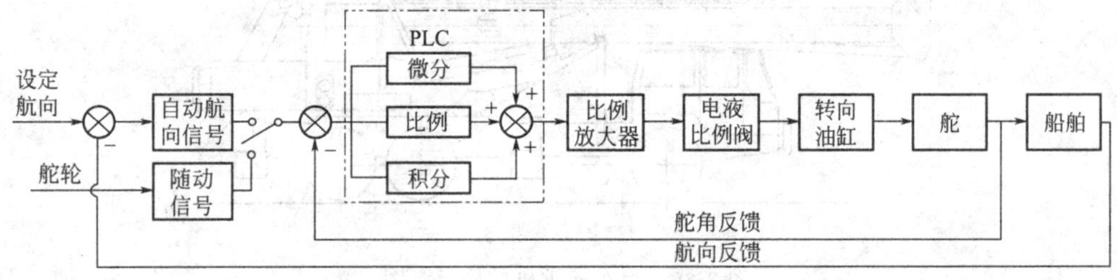

图 3-63　PID 自动舵控制方框图

图 3-63 中，当系统设定航向，首先传送至 PLC，经 D/A 转换变成模拟量指令，作为比例放大器输入信号，比例放大器相应输出模拟量提供给比例电磁铁，产生对应的力或位移，作用在电液比例方向阀，从而得到相应的流量、压力以驱动液压缸，进而形成一定的速度或力来驱动舵叶，改变船舶的航向。运用相应的检测元件将船舶航向反馈信号再传回进行比较，以便动态地调整舵角，使最终的船舶实际航向与设定航向相一致。

d. 系统软件。PID 自动舵控制系统的软件部分主要由手动、随动和自动三部分组成，由控制面板相应的开关进行选择，其系统控制流程如图 3-64 所示。

3.7.3 汽车起重机液压系统

(1) 概况

汽车起重机是将起重机安装在汽车底盘上的一种起重运输设备，由于具有机动灵活、能以较快速度行走的作业特点。汽车起重机主要由行驶部分及作业部分两部分组成，其中作业

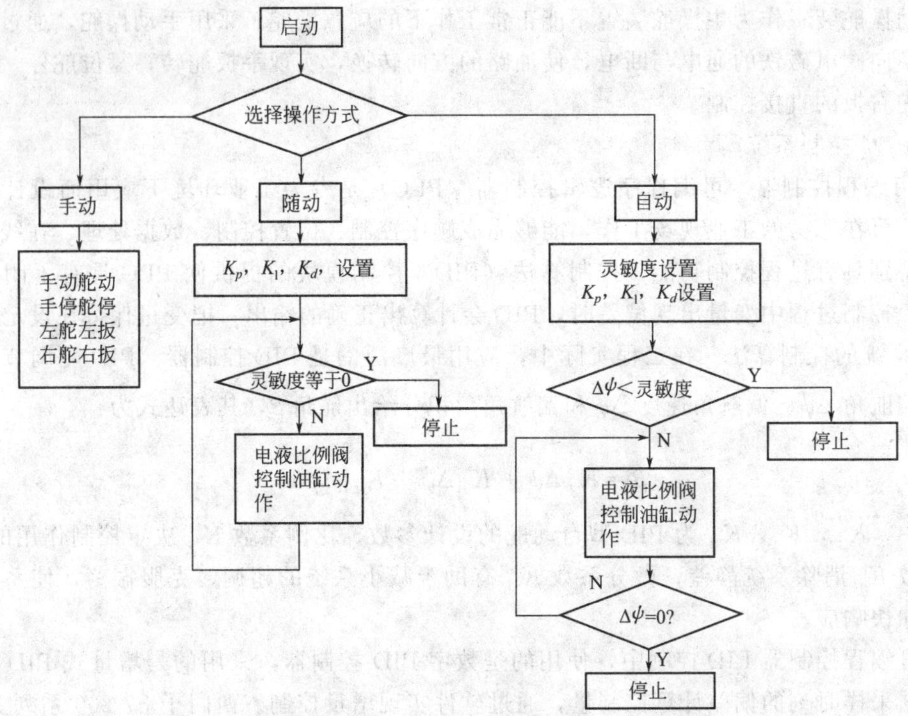

图 3-64 系统控制流程图

部分又包括变幅机构、伸缩机构、起升机构、回转机构和支腿机构。汽车起重机的外形结构示意如图 3-65 所示。

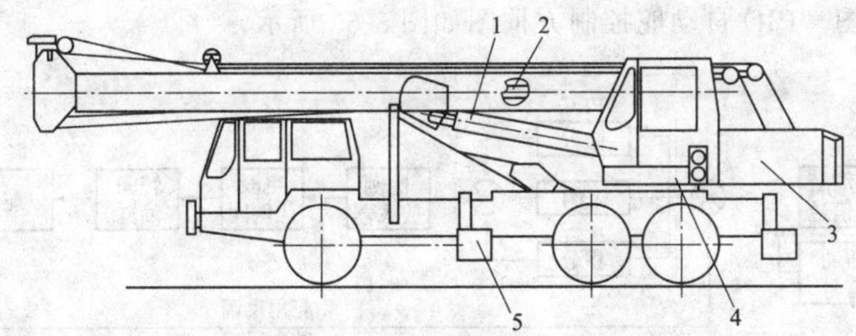

图 3-65 汽车起重机结构示意图

1—变幅机构；2—伸缩机构；3—起升机构；4—回转机构；5—支腿机构

汽车起重机作业机构的所有动作都是在液压驱动下完成，如汽车起重机的吊臂变幅动作、吊臂伸缩动作、起升动作、回转动作以及支腿动作，都是在液压系统的驱动下完成的。在所有机构运行过程中，液压系统起着至关重要的作用。

汽车起重机液压系统的关键件包括主液压泵、主控制阀、支腿操纵阀、主副卷扬和回转减速机等。主液压泵由底盘发动机驱动，主控制阀分别控制回转、伸缩、变幅及卷扬作业动作，支腿操纵阀通过底盘单侧或两侧操纵杆控制支腿同时或单独工作。汽车起重机的作业机构操纵方式通常可以采用手柄操作和电液先导控制两种。在汽车起重机液压系统中包含了多种形式的液压基本回路，如平衡回路、锁紧回路、制动回路、减压回路以及换向回路等。

（2）技术要求

汽车起重机主要的工作任务就是起吊和转运货物，由于汽车起重机执行元件需要完成的动作较为简单，位置精度要求低，因此汽车起重机的大部分作业机构采用手动操纵方式即可。

作为起重机械，除了完成必要的起吊和转运货物的工作任务外，保证起重作业中的安全也是至关重要的问题，因此采取必要的保护措施、保证汽车起重机作业的安全是液压系统设计的重要目标之一。

汽车起重机对作业的安全性要求高。汽车起重机液压系统要能够保证各动作机构的动作安全。保证安全动作的要求如下。

① 起吊重物时不准落臂，必须落臂时应将重物放下重新升起作业，此时，伸缩和变幅机构的液压回路必须采用平衡回路。

② 回转动作要平稳，不准突然停转，当吊重接近额定起重量时，不得在吊离地面0.5m以上的空中回转。

③ 起重机在起吊重载时应尽量避免吊重变幅，起重臂仰角很大时不准将起吊的重物骤然放下，防止后倾，这些都要求汽车起重机液压系统的子系统之间采用适当的连接关系。

④ 汽车起重机不准吊重行驶。

⑤ 防止出现“拖腿”和“软腿”事故。

⑥ 防止出现“溜车”现象。

对于汽车起重机液压设备，要完成的动作主要包括起升、伸缩、变幅、回转动作及支腿伸出和缩回动作，每个工作机构要完成的动作循环简单，但整个液压设备的工作机构较多，工作机构之间的互锁、防干涉等关系复杂。

（3）液压系统

某型号汽车起重机液压系统原理如图3-66所示。

按照能源元件、执行元件、控制调节元件以及辅助元件的浏览顺序确定图3-66汽车起重机液压系统的组成元件，并初步确定各元件的功能。

能源元件：3个同轴连接的定量液压泵，为整个液压系统提供油源。

执行元件：4个水平支腿液压缸，实现水平支撑的作用；4个垂直支腿液压缸，实现垂直支撑的作用；1个伸缩液压缸，使吊臂（手臂）伸缩；1个变幅液压缸，使吊臂变幅；1个回转定量液压马达，使起重设备回转；1个起升定量液压马达，使吊重起升或下落；2个制动液压缸，使起升液压马达制动；2个离合器液压缸，使卷筒与起升液压马达接合。

控制调节元件：2个三位四通弹簧复位式手动换向阀，分别操纵水平和垂直支腿的动作；1个二位三通钢球定位式手动换向阀，使油路在支腿和工作机构之间切换；4个转阀式手动开关阀，控制垂直支腿液压缸的动作；2个三位五通钢球定位式手动换向阀，控制离合器和制动器动作；3个三位六通弹簧复位式手动换向阀，分别操纵回转、伸缩和变幅机构；1个五位六通钢球定位式手动换向阀，操纵起升动作；6个溢流阀（安全阀），调定系统工作压力；1个减压阀，使离合器和制动器回路得到低于主回路的压力；1个顺序阀，实现蓄能器充液和工作机构的顺序动作；3个平衡阀，构成平衡回路；2个梭阀，使控制油始终为压力油；8个液控单向阀，形成双向液压锁；2个固定节流孔，防止冲击；若干个单向阀，防止油液倒流。

辅助元件：1个蓄能器，作辅助油源和应急油源；1个油箱，贮存油液；2个过滤器（精滤和粗滤），过滤油液。

3.7.4 液压钻机起升系统

MC90Y钻机是用于煤层气钻井的全液压专用钻机，整机采用液压驱动，PLC电控操作。其起升系统通过比例变量泵控制主液压缸的伸缩来实现顶部驱动装置的上提和下放操作，液压缸的伸缩变换通过插装阀组实现。在测试过程中，液压缸可以实现伸缩动作，但在伸缩转换过

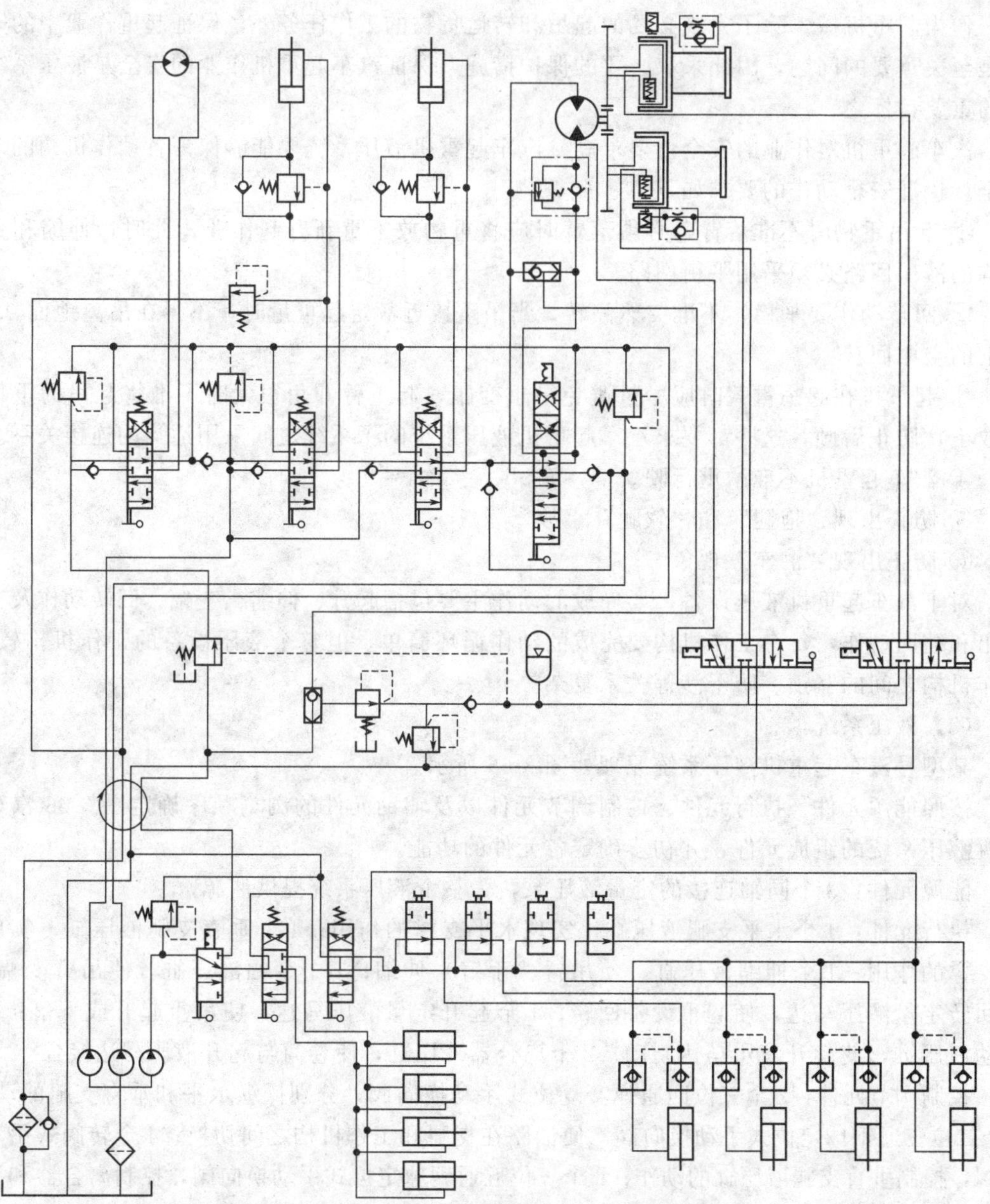

图 3-66 汽车起重机液压系统原理图

程中，存在8s左右的时间延迟，从而影响钻井过程中对钻具的上提和下放的转换操作。

(1) 起升系统工作原理

如图 3-67 所示，起升系统通过垂直状态的液压缸伸缩，经倍程机构带动顶驱上提和下放。从而实现钻具的上提和下放。为了满足钻井要求，MC90Y 钻机的主液压缸最大推力为180t，最大起升速度为 1.4m/s，最大流量为 2500L/min，通过比例变量泵提供流量。为减少控制阀件，换向功能采用了大流量插装阀组。工作时，比例变量泵接收比例手柄的控制信号，输出控制流量，控制主液压缸的运动速度。主液缸换向通过控制插装阀组上 4 个开关插装阀的不同开关组合实现。液压缸伸出时，插装阀 DT2 和 DT4 打开、DT1 和 DT3 关闭；液压缸缩回时，插装阀 DT1 和 DT3 打开、DT2 和 DT4 关闭。此外，插装阀控制采用了内控内排的形式，为了保证工作过程中插装阀 DT2 和 DT3 能够有效锁定关闭，插装阀 DT2

和DT3选用了梭阀机能，当液压缸A腔或B腔回油压力较大时，通过梭阀的选择机能，使插装阀DT2或DT3的关闭功能能始终有效。由于液压缸垂直作业，为使重力负载得到有效的控制，液压缸无杆腔安装了平衡阀，从而使液压缸缩回时比例可控。

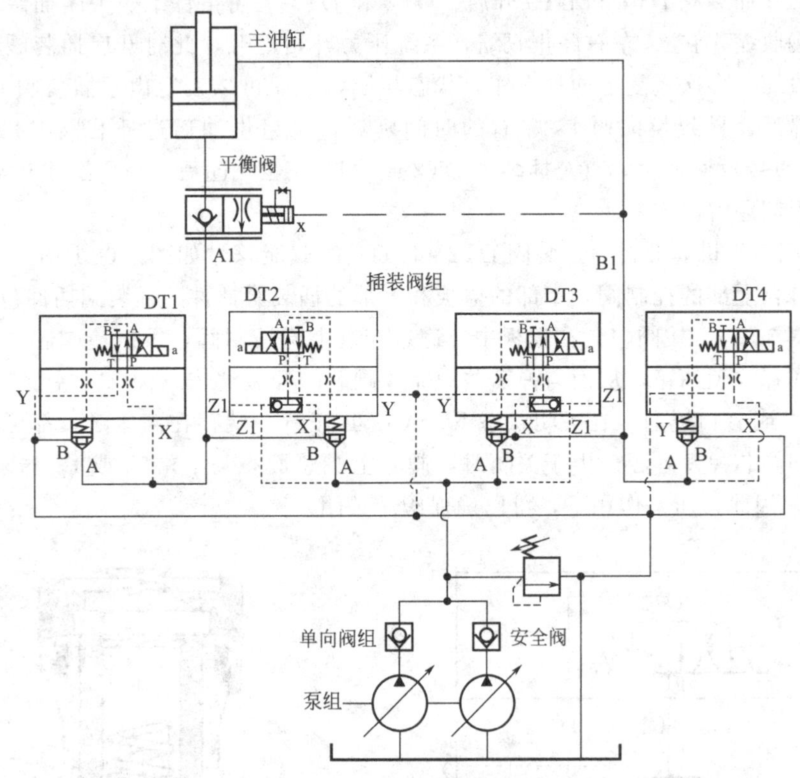

图3-67 起升系统液压原理简图

(2) 延迟问题及分析

钻机起升系统在调试时，当液压缸连续单方向运行时，控制手柄动作，液压缸很快就可以动作，当控制形式为液压缸伸缩之间切换时，液压缸要经过8s左右才会开始反向运动，多次测试后发现问题始终存在，且时间基本在8s左右。针对整个系统的结构形式，问题分析从电气、液压、控制等方面依次展开。

① 测试时为保证安全，发动机转速为800r/min，低于设计速度1800r/min，因此怀疑为供油不足导致延迟，但依次增大发动机转速直至1800r/min，问题依旧，且延迟时间没有变化。

② 通过控制手柄正反向运动，观察其关联的继电器是否有执行动作，关联的变量泵控制板是否有信号动作反应，发现继电器和比例放大板在手柄换向操作时，立即出现信号指示，说明电气硬件安装正常和控制程序编写正确。

③ 在手柄操作过程中，测量比例放大板输出信号和比例变量泵位移传感器反馈信号。测量表明，信号跟随和反馈正常，说明比例变量泵工作正常，不是导致延迟的原因。

④ 在不启动泵组的情况下操作手柄，插装阀组和安全阀可以听到开关声音，用手可以感觉到安全阀和插装阀控制电磁阀动作时的振动，反应正常，不存在明显延迟。

⑤ 通过上述测试基本可以判明，起升系统从控制到电气再到液压系统总体设计不存在问题，导致延迟的原因很可能是插装阀组中插装阀的开启和关闭特性造成的。基于此，通过控制系统手动功能测试。手动控制4个插装阀的开关顺序，同时比例变量泵小流量供油，观

察液压缸动作和系统压力表的变化。

在插装阀 DT1 和 DT3 关闭、DT2 和 DT4 开启条件下，关闭插装阀 DT2，液压缸继续缓慢伸出，在 8s 左右停止伸出，同时系统压力开始上升，此时开启插装阀 DT2，液压缸立刻开始伸出；在插装阀 DT1 和 DT3 开启、DT2 和 DT4 关闭条件下，关闭插装阀 DT3，液压缸继续缓慢收缩，在 8s 左右停止收缩，系统压力开始上升，此时开启插装阀 DT3，液压缸立刻开始收缩。多次重复上两种操作，状态相同，从而可以判定由于插装阀 DT2 和 DT3 的关闭机能滞后，导致换向时 8s 左右的时间延迟，泵组供油通过插装阀 DT2 或 DT3 经 DT1 或 DT4 直接返回油箱，直至插装阀 DT2 或 DT3 完全关闭后，液压缸才开始动作。

（3）延迟问题解决方案

① 插装阀工作机理分析　插装阀 DT2 和 DT3 的职能符号如图 3-68 所示，插装阀主体包含 3 个部分：上部的控制阀，中部的盖板和下部的插装阀插件。插装阀插件包括阀套、弹簧和阀芯（图 3-69），梭阀包含在盖板中。通过控制上部控制阀，可以使阀芯的弹簧容腔内获得高压油或释放到油箱，从而与弹簧共同完成阀芯的开关动作。梭阀的控制口 Z1 和 X 分别与阀芯的 A 或 B 口连通，在关闭状态下，A 或 B 任意一端存在高压时，都可通过梭阀和控制阀连通到阀芯弹簧容腔。由于关闭时，阀芯上端总面积与下端 A 或 B 口连通的阀芯面积比为 2∶1，因此在压差作用下，可以确保阀芯关闭。

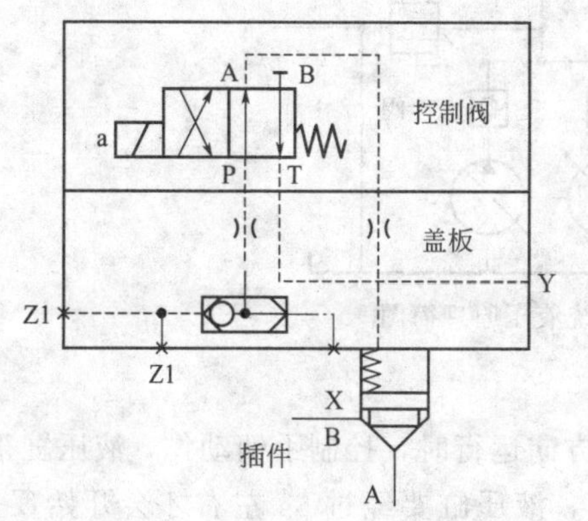

图 3-68　插装阀职能符号图

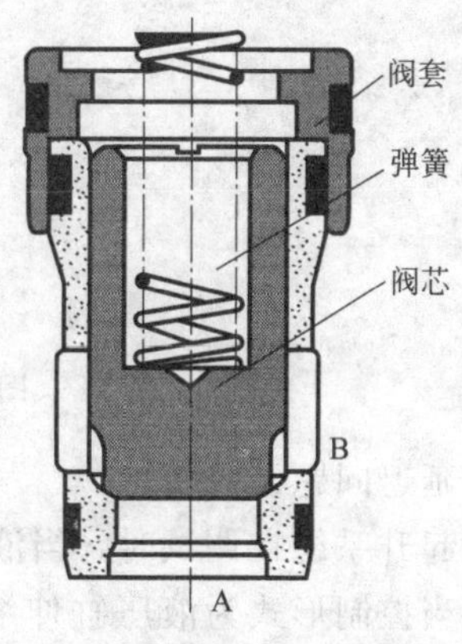

图 3-69　插件结构图

在本系统中，问题出现在阀芯关闭过程中，在主液缸从伸出转换到缩回时，DT2 和 DT4 关闭、DT1 和 DT3 开启。此时 DT1 虽然与油箱连通，但需要一定的压力克服阀芯弹簧力，因此 A1 腔中还有一定的开启压力。DT2 阀芯在没有完全关闭时，阀芯上下端面的面积相等，且所受压力相等，因此，阀芯的关闭完全由复位弹簧来实现。由于阀芯关闭过程中要克服具有开启压力的液压油阻力，而复位弹簧力较小，且 Z1 口和 X 口压力相等，梭阀中的控制球在阀芯关闭过程中很可能在油压和阀芯容腔吸力的作用下停止在控制输出口附近，使阀芯容腔油液补充速度降低，在一定程度上也会影响阀芯的关闭速度。

② 解决措施　由于密闭的 A1 或 B1 腔液压阻力的影响，复位弹簧不能快速关闭阀芯，使系统出现延迟，因此增加复位力就可以解决延迟问题。从插装阀工作机能可以得出，增大弹簧的刚度，增大克服液压阻力的能力可以提高关闭速度。在更换 DT2 和 DT3 弹簧为 2 倍刚度的弹簧后，换向延迟现象消失，钻机在连续钻井作业过程中工作正常，起升系统换向操作满足钻井作业要求。

第4章 调速回路

在液压传动系统中，调速回路主要是用来调节执行元件工作速度。调速回路对系统的工作性能起着决定性的影响。调速方式包括：节流调速回路、容积调速回路、容积节流调速回路。

4.1 节流调速回路

4.1.1 进油节流调速回路

4.1.1.1 进油节流调速回路Ⅰ（图 4-1 和表 4-1）

4.1.1.2 进油节流调速回路Ⅱ（图 4-2 和表 4-2）

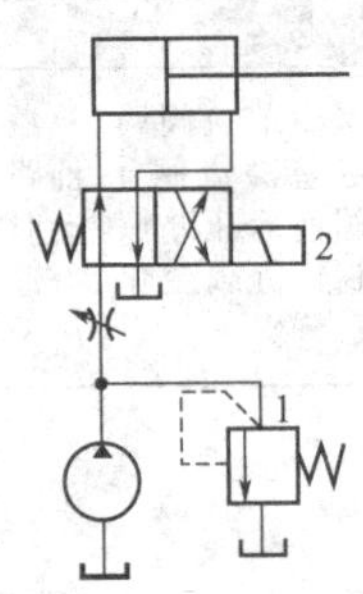

图 4-1 进油节流调速回路Ⅰ

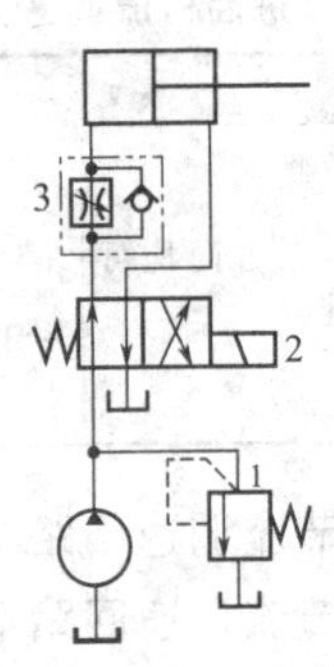

图 4-2 进油节流调速回路Ⅱ

表 4-1 进油节流调速回路Ⅰ

回路描述	特点及应用
回路工作时，液压泵输出的油液（压力 p 由溢流阀调定），经可调节流阀进入液压缸左腔，推动活塞向右运动，多余的油液经溢流阀流回油箱。右腔的油液则直接流回油箱。由于溢流阀处于溢流状态，因此泵的出口压力保持恒定 调节通过节流阀的流量 Q_1，才能调节液压缸的工作速度。因此定量泵多余的油液 ΔQ 必须经溢流阀流回油箱。如果溢流阀不能溢流，定量泵的流量只能全部进入液压缸，而不能实现调速功能	该回路结构简单，成本低，使用维修方便，但它的能量损失大，效率低，发热大。进油节流调速回路适用于轻载、低速、负载变化不大和对速度稳定性要求不高的小功率场合

表 4-2 进油节流调速回路Ⅱ

回路描述	特点及应用
阀 2 处于左位，活塞杆向右运动，流入液压缸的流量由调速阀调节，进而达到调节液压缸的速度的目的；阀 2 处于右位，活塞杆向左快速退回，回油经阀 3 的单向阀流回油箱	液压泵输出的多余油液经溢流阀流回油箱。回路效率低，功率损失大，油容易发热，只能单向调速。对速度要求不高时，调速阀 3 可以换成节流阀，对速度稳定性要求较高时，采用调速阀 一般用在阻力负载（负载作用方向与液压缸运动方向相反），轻载低速的场合

4.1.1.3 进油节流调速回路Ⅲ（图 4-3 和表 4-3）

4.1.1.4 进油节流调速回路Ⅳ（图 4-4 和表 4-4）

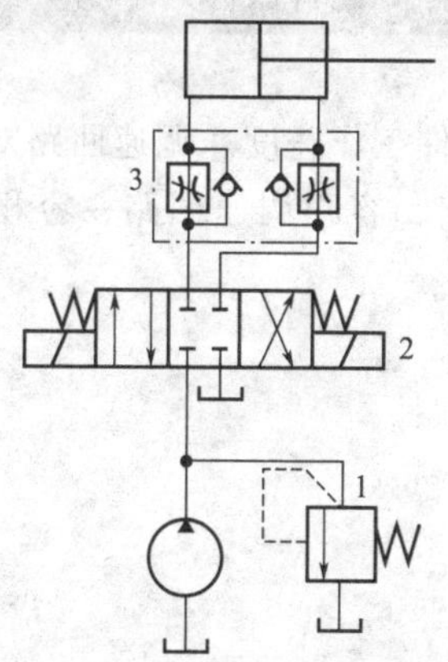

图 4-3 进油节流调速回路Ⅲ

表 4-3 进油节流调速回路Ⅲ

回路描述	特点及应用
采用双调速阀，两个方向均可以实现进油节流调速	回路效率低，功率损失大，油容易发热。适用于轻载、低速的场合

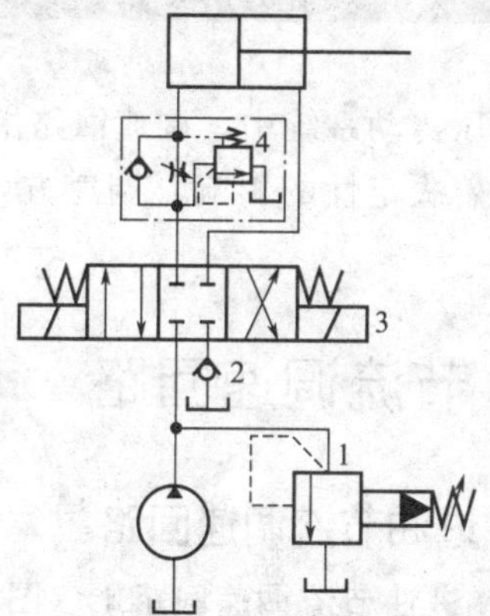

图 4-4 进油节流调速回路Ⅳ

表 4-4 进油节流调速回路Ⅳ

回路描述	特点及应用
流入液压缸的流量由节流阀调节，多余的油液经定差溢流阀 4 流回油箱。因节流阀前后压差恒定，故活塞的速度不受负载变化的影响	溢流节流阀 4 装在进油路上，活塞杆向右运动时单方向调速 适用于功率较大的液压系统

4.1.1.5 进油节流调速回路Ⅴ（图 4-5 和表 4-5）

4.1.1.6 进油节流调速回路Ⅵ（图 4-6 和表 4-6）

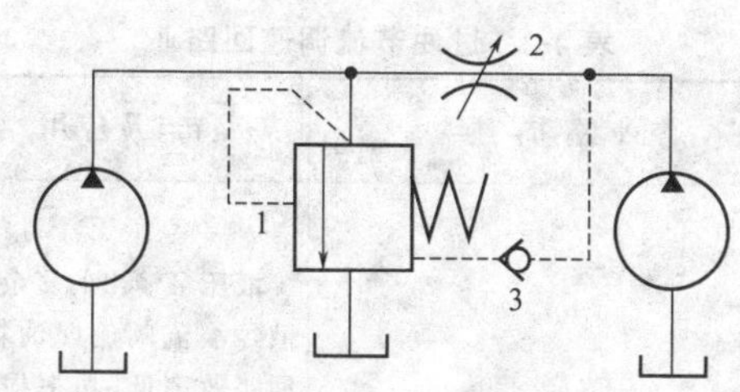

图 4-5 进油节流调速回路Ⅴ

表 4-5 进油节流调速回路Ⅴ

回路描述	特点及应用
溢流阀 1 的遥控口与节流阀 2 的出口相连。溢流阀 1 主阀芯两端的面积相等，因此溢流阀 1 两端的压降与节流阀 2 的压降相等。通过节流阀 2 的流量达到预定值时，压差足以克服溢流阀的调定压力时，溢流阀开启，多余的油液流回油箱。调节节流阀的开口量即可调节液压马达的转速	采用节流阀 2 进行调速，由溢流阀 1 进行压力补偿使转速稳定。用于控制马达的转速，如装载机等设备的行走机构。为了避免主阀芯的开启压降大小，可在控制油路中装一个背压阀 3

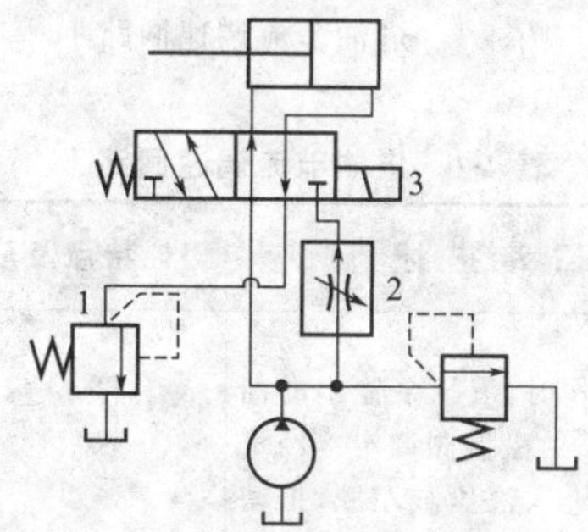

图 4-6 进油节流调速回路Ⅵ

表 4-6 进油节流调速回路Ⅵ

回路描述	特点及应用
电磁阀通电时，油液进入液压缸右腔，活塞杆伸出。调节调速阀 2 的开度，可以实现液压缸单向调速。活塞杆退回（右移）时不调速。背压阀 1 使液压缸的回油腔产生一定的背压，增加活塞运动的平稳性	液压泵输出的多余油液经溢流阀流回油箱。回路效率低，功率损失大，油容易发热。一般用在阻力负载（负载作用方向与活塞运动方向相反），轻载低速的场合

4.1.1.7 进油节流调速回路Ⅶ（图4-7和表4-7）

4.1.1.8 进油节流调速回路Ⅷ（图4-8和表4-8）

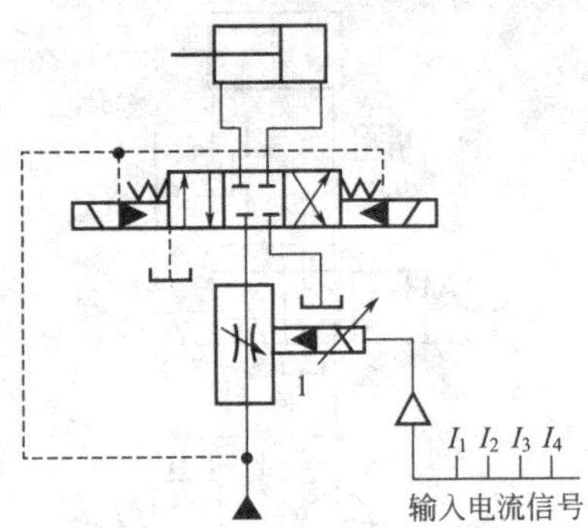

图4-7 进油节流调速回路Ⅶ

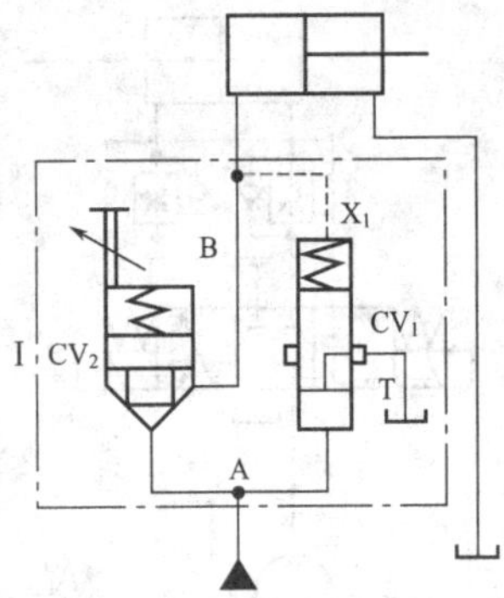

图4-8 进油节流调速回路Ⅷ

表4-7 进油节流调速回路Ⅶ

回路描述	特点及应用
回路采用比例流量阀1进油节流调速，通过调节电流信号的大小，来改变流量大小，以实现调速	适用于复杂的流量连续性自动控制，使回路简化并可避免速度换接时的冲击

表4-8 进油节流调速回路Ⅷ

回路描述	特点及应用
图4-8所示为带压力补偿的插装流量阀及其回路。带压力补偿的插装流量阀Ⅰ由节流插装元件CV_2和滑阀式插装元件CV_1组成。由CV_1维持CV_2节流口压差恒定，进而保证CV_2通过的流量恒定，即液压缸速度的恒定，起到调速的作用	回路性能稳定，通流能力大

4.1.2 回油路节流调速回路

4.1.2.1 回油路节流调速回路Ⅰ（图4-9和表4-9）

4.1.2.2 回油节流调速回路Ⅱ（图4-10和表4-10）

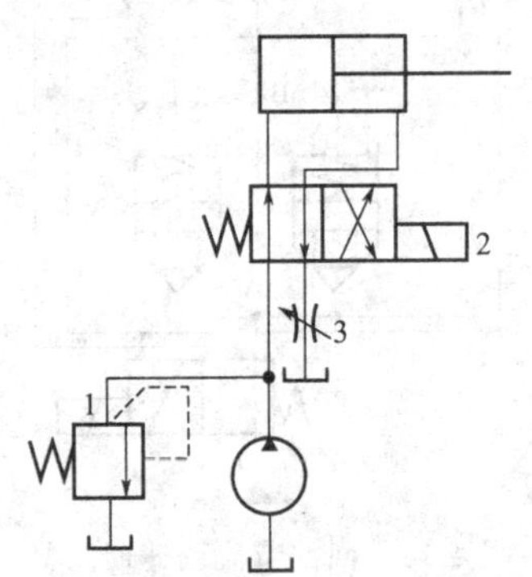

图4-9 回油节流调速回路Ⅰ

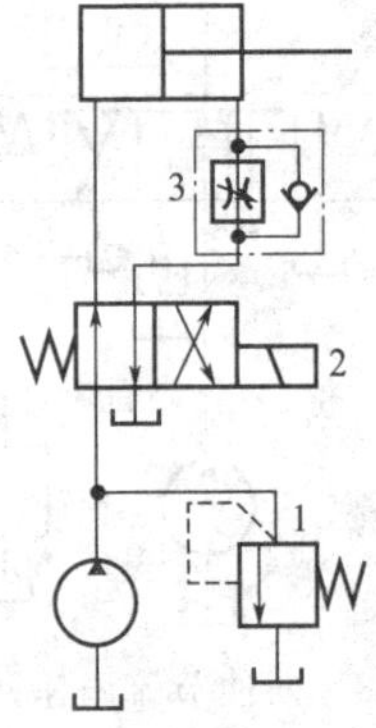

图4-10 回油节流调速回路Ⅱ

表4-9 回油节流调速回路Ⅰ

回路描述	特点及应用
借助节流阀控制液压缸的回油量Q_2，实现速度的调节。用节流阀调节流出液压缸的流量Q_2，也就调节了流入液压缸的流量Q_1，定量泵多余的油液经溢流阀流回油箱。溢流阀始终处于溢流状态，泵的出口压力p保持恒定	节流阀装在回油路上，回油路上有较大的背压，因此在外界负载变化时可起缓冲作用，运动的平稳性比进油节流调速回路要好 回油节流调速回路广泛应用于功率不大、负载变化较大或运动平稳性要求较高的液压系统中

表4-10 回油节流调速回路Ⅱ

回路描述	特点及应用
调速阀3安装在液压缸的回油路上，改变节流口的大小来控制流量，实现调速。在液压缸回油腔有背压，可以承受阻力载荷（负载作用方向与活塞运动方向相反），且动作平稳。液压缸的工作压力由溢流阀的调定压力决定	当液压缸的负载突然减小时，由于节流阀的阻尼作用，可以减小活塞前冲的现象 可用于低速运动的场合，如多功能棒料折弯机的左右折弯液压缸的调速回路，无内胎铝合金车轮气密性检测机构的升降缸、夹紧缸回路

4.1.2.3 回油节流调速回路Ⅲ（图 4-11 和表 4-11）

4.1.2.4 回油节流调速回路Ⅳ（图 4-12 和表 4-12）

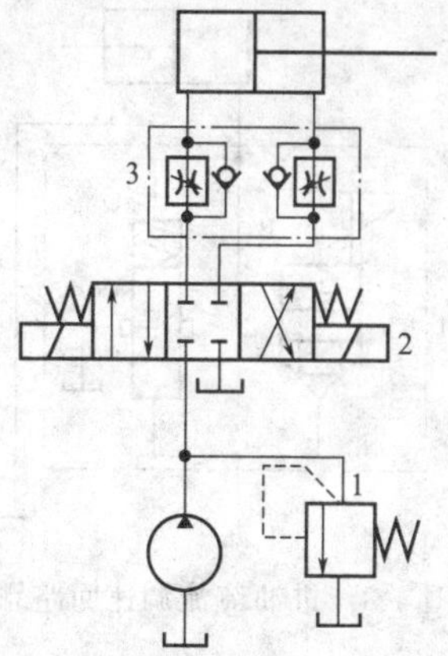

图 4-11 回油节流调速回路Ⅲ

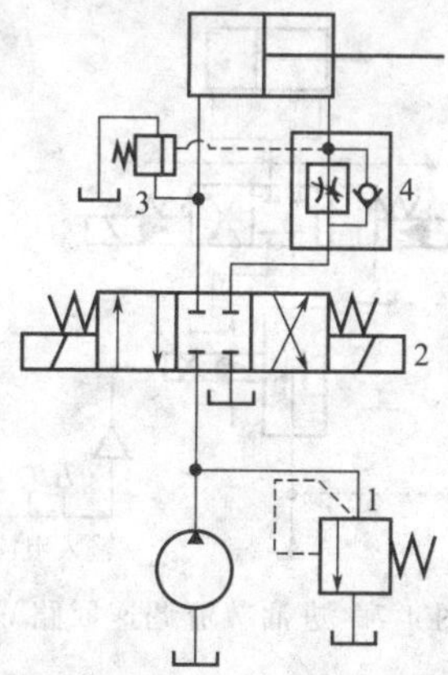

图 4-12 回油节流调速回路Ⅳ

表 4-11 回油节流调速回路Ⅲ

回路描述	特点及应用
采用双调速阀，双方向均可以实现回路节流调速	回路效率低，功率损失大，油容易发热。应用于轻载低速的场合，如压力管离心铸造机中扇形浇包装置液压回路

表 4-12 回油节流调速回路Ⅳ

回路描述	特点及应用
采用单向节流阀 4 和液控溢流阀 3 进行回油路调速。换向阀 2 处于左位，活塞向右运动，当负载较小时，液压缸右腔的压力较大，使阀 3 的开口量增大，液压缸左腔的压力减小，并与负载相适应	泵的供油压力随负载变化而变化，效率较高，负载特性较好

4.1.2.5 回油节流调速回路Ⅴ（图 4-13 和表 4-13）

4.1.2.6 回油节流调速回路Ⅵ（图 4-14 和表 4-14）

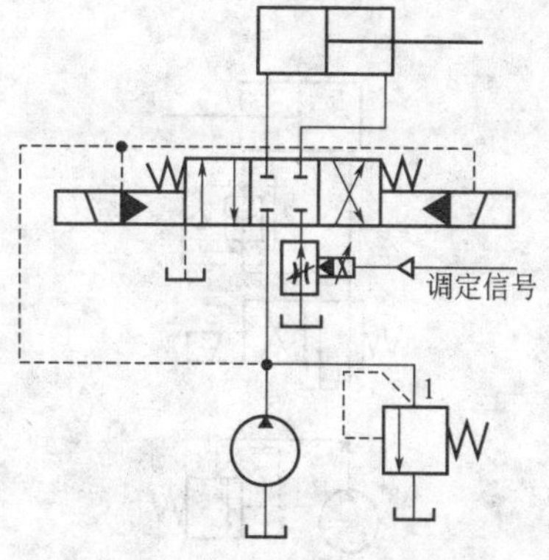

图 4-13 回油节流调速回路Ⅴ

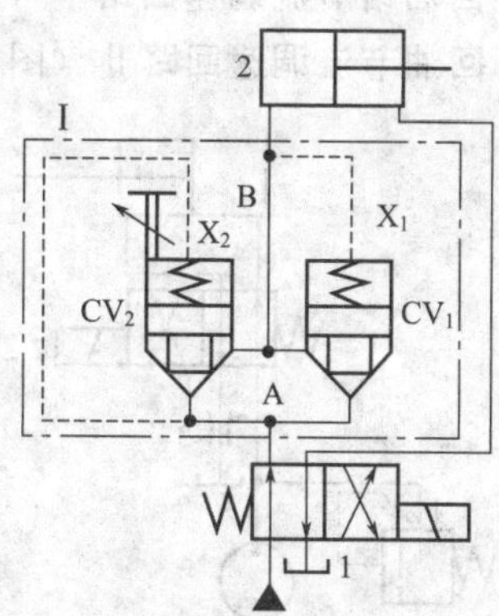

图 4-14 回油节流调速回路Ⅵ

表 4-13 回油节流调速回路Ⅴ

回路描述	特点及应用
电液比例流量阀装在回油路上。比例流量阀是用电流来控制流量的元件 通过调节输入电信号的大小来改变比例流量阀的流量。使回路简化，能避免速度换接时的冲击	适用于复杂的流量控制以及自动调速回路，如平面磨床液压驱动回路、曲轴感应淬火机床液压系统 如果把比例流量阀装在进油回路中，也可以构成进油节流调速回路。采用此回路容易自动化控制

表 4-14 回油节流调速回路Ⅵ

回路描述	特点及应用
单向节流阀I由单向插装元件 CV_1 与带行程调节机构的节流插装元件 CV_2 组合而成。当二位四通电磁换向阀 1 处于左位时，因 A 腔压力 p_A 大于 B 腔压力 p_B，CV_1 开启，CV_2 关闭，压力油经单向阀 CV_1 和 A 口进入液压缸 2 的左腔，右腔经阀 1 向油箱排油，液压缸向右运动。当阀 1 通电切换至右位时，压力油经阀 1 进入液压缸右腔，此时，B 腔压力 p_B 大于 A 腔压力 p_A，故 CV_2 开启，CV_1 关闭，液压缸左腔油液经单向阀 B、CV_2 和 A 口回油箱，液压缸向左运动，其速度通过节流阀 CV_2 的行程调节机构调节	该回路为插装单向节流阀的回油节流调速回路。节流阀 CV_2 的行程调节机构起到调节速度的作用

4.1.3　旁油路节流调速回路（图 4-15 和表 4-15）

4.1.4　进回油同时节流的调速回路（图 4-16 和表 4-16）

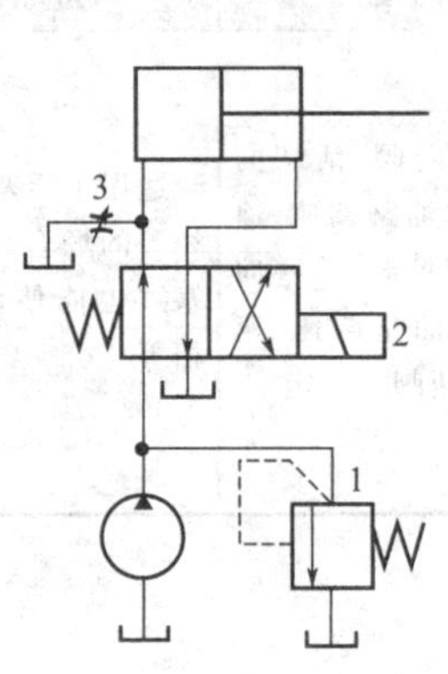

图 4-15　旁油路节流调速回路

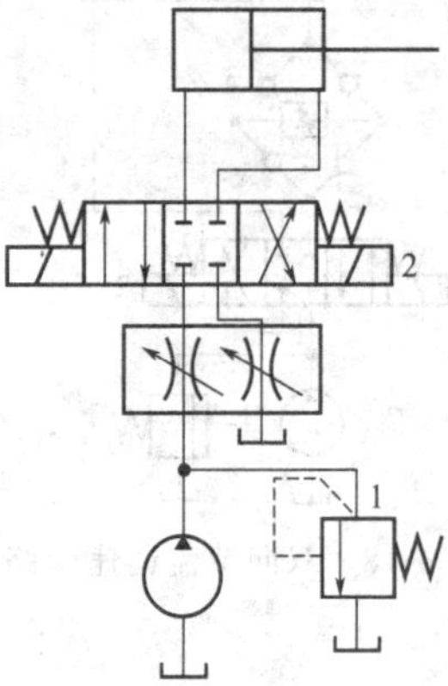

图 4-16　进回油同时节流的调速回路

表 4-15　旁油路节流调速回路

回路描述	特点及应用
这种回路把节流阀接在与执行元件并联的旁油路上。通过调节节流阀的通流面积 A，控制了定量泵流回油箱的流量，即可调节进入液压缸的流量，实现调速。溢流阀作安全阀用，正常工作时关闭，过载时才打开，其调定压力为最大工作压力的 1.1～1.2 倍。在工作过程中，定量泵的压力随负载而变化	这种回路只有节流损失而无溢流损失。泵的压力随负载的变化而变化，节流损失和输入功率也随负载变化而变化。因此，本回路比前两种回路效率高 由于本回路的速度-负载特性很软，低速承载能力差，应用比前两种回路少，只适用于高速、重载、对速度平稳性要求不高的较大功率系统，如牛头刨床主运动系统、输送机械液压系统等

表 4-16　进回油同时节流的调速回路

回路描述	特点及应用
采用进油路和回油路中联动的节流阀进行调速。可使单杆液压缸的往返速度差很小，速度刚性高，且允许负载改变作用方向，往返刚度差小，液压缸可以实现近似往返等刚度传动	双向速度刚性均比回油节流调速系统高，且低速性能也较好。由于多采用一个节流阀，故效率较低 适用于单杆液压缸、往返都工作、负载变化不大、不要求速度绝对稳定的场合。如磨床、镗床的进给系统

4.1.5　双向节流调速回路

4.1.5.1　双向节流调速回路Ⅰ（图 4-17 和表 4-17）

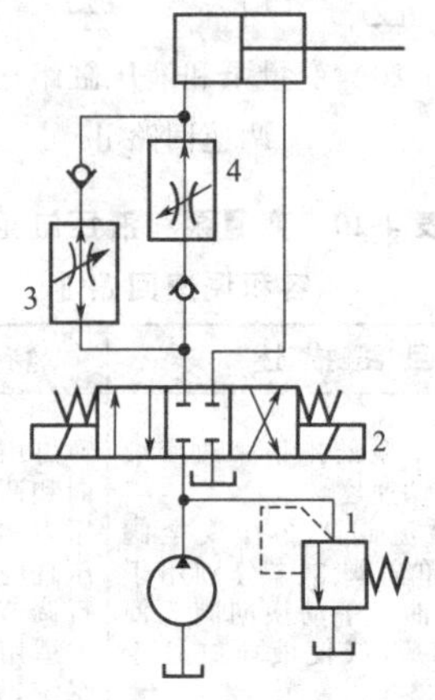

图 4-17　双向节流调速回路Ⅰ

表 4-17　双向节流调速回路Ⅰ

回路描述	特点及应用
活塞向右运动时由进油路调速，速度由阀 3 调定；活塞向左运动时由回油路调速，速度由阀 4 调定 也可以把这些控制阀装在液压缸右腔的油路上，则向右运动为回油路调速，向左运动为进油路调速	应用于液压缸双向需要调速的场合

4.1.5.2 双向节流调速回路Ⅱ（图4-18和表4-18）

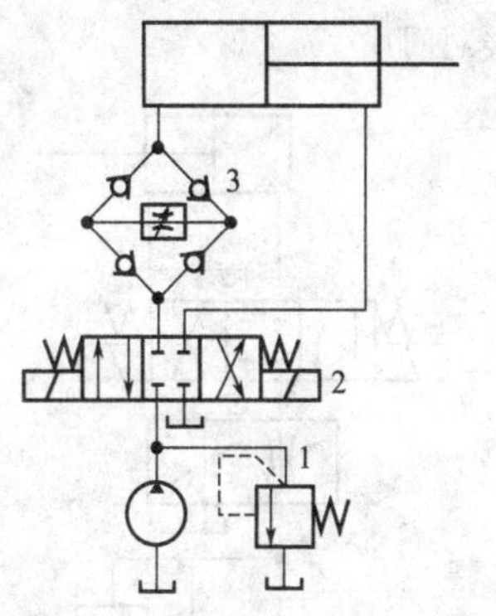

图4-18 双向节流调速回路Ⅱ

表4-18 双向节流调速回路Ⅱ

回路描述	特点及应用
采用四个单向阀，活塞向右运动时，由进油路调速，速度由调速阀3调定；活塞向左运动时由回油路调速，速度由同一个调速阀3调定	适用于活塞往返速度要求相等的场合，即使单杆式活塞缸也能使活塞往返速度相等

4.2 容积调速回路

容积调速回路是通过改变回路中液压泵或液压马达的排量来实现调速的。其主要优点是没有溢流损失和节流损失，所以功率损失小，且其工作压力随负载变化，所以效率高，系统温升小，适用于高速、大功率系统。

4.2.1 变量泵和液压缸组成的容积调速回路

4.2.1.1 变量泵和液压缸组成的容积调速回路（开式）Ⅰ（图4-19和表4-19）

4.2.1.2 变量泵和液压缸组成的容积调速回路Ⅱ（图4-20和表4-20）

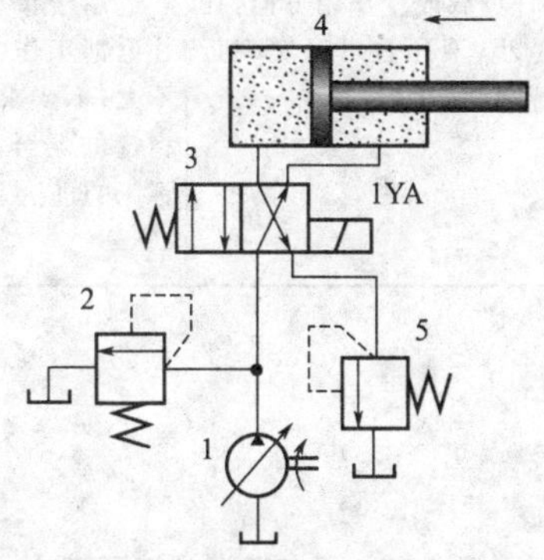

图4-19 变量泵和液压缸组成的容积调速回路（开式）Ⅰ

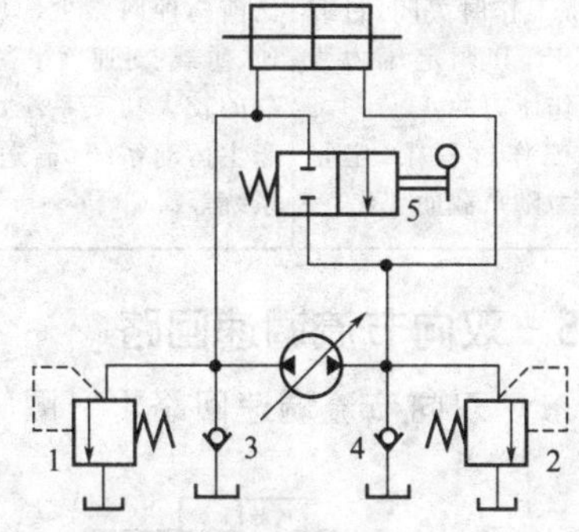

图4-20 变量泵和液压缸组成的容积调速回路Ⅱ

表4-19 变量泵和液压缸组成的容积调速回路（开式）Ⅰ

回路描述	特点及应用
图4-19所示为变量泵和液压缸组成的容积调速回路(开式)。当1YA通电时，换向阀切换至右位，液压缸右腔进油，活塞向左移动。改变变量泵的排量即可调节液压缸的运动速度；溢流阀2起安全阀作用，用于防止系统过载；溢流阀5起背压阀作用	当安全阀2的调定压力不变时，在调速范围内，液压缸4的最大输出推力是不变的。即液压缸的最大推力与泵的排量无关，不会因调速而发生变化。故此回路又称为恒推力调速回路。而最大输出功率是随速度的上升而增加的

表4-20 变量泵和液压缸组成的容积调速回路Ⅱ

回路描述	特点及应用
通过改变泵的排量来改变液压缸的运动速度 两个溢流阀1、2作安全阀用，两个单向阀3、4分别用于吸油和补油。手动换向阀5使液压泵卸荷，或使液压缸处于浮动状态	可用变量泵进行换向和调速。泵输出的压力和流量可根据液压缸的负载和速度进行调节 适用于大功率液压系统，如锻压机械

4.2.2　变量泵和定量马达组成的容积调速回路

4.2.2.1　变量泵和定量马达组成的容积调速回路Ⅰ（图4-21和表4-21）

4.2.2.2　变量泵和定量马达（液压缸）组成的容积调速回路Ⅱ（图4-22和表4-22）

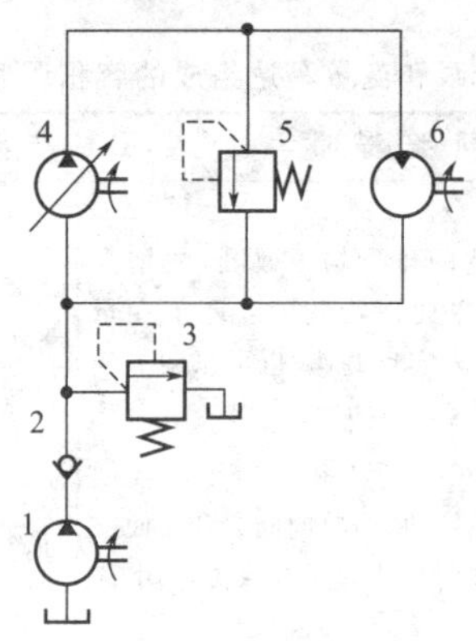

图4-21　变量泵和定量马达组成的容积调速回路（闭式）Ⅰ

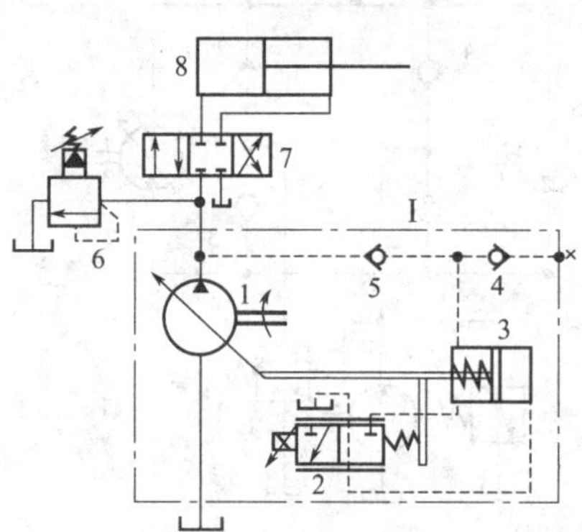

图4-22　变量泵和定量马达（液压缸）组成的容积调速回路Ⅱ

表4-21　变量泵和定量马达组成的容积调速回路（闭式）Ⅰ

回路描述	特点及应用
改变变量泵的排量即可调节液压马达的转速。图中的溢流阀5起安全阀作用，用于防止系统过载；单向阀2用来防止停机时油液倒流入油箱和空气进入系统 为了补偿泵4和马达6的泄漏，增加了补油泵1。补油泵1将冷却后的油液送入回路，而从溢流阀3溢出回路中多余的热油，进入油箱冷却。补油泵的工作压力由溢流阀3来调节	当安全阀5的调定压力不变时，在调速范围内，执行元件（定量马达6）的最大输出转矩是不变的。即马达的最大输出转矩与泵的排量无关，不会因调速而发生变化。故此回路又称为恒转矩调速回路。而最大输出功率是随速度的上升而增加的

表4-22　变量泵和定量马达（液压缸）组成的容积调速回路Ⅱ

回路描述	特点及应用
图4-22所示为比例变量泵-液压缸的容积调速回路，变量泵Ⅰ内附电液比例阀2及其控制的变量缸3，通过变量缸操纵泵的变量机构改变泵1的排量，以改变进入工作缸8的流量，从而达到调速的目的 在某一给定控制电流下，泵1像定量泵一样工作。变量缸3的活塞不会回到零流量位置。回路中应设置通流量足够大的安全阀6。比例变量泵调速时，供油压力与负载压力相适应，即工作压力随负载而变化	此回路由于没有节流损失，故效率较高，适宜大功率和频繁改变速度的场合采用

4.2.3　定量泵和变量马达组成的容积调速回路（图4-23和表4-23）

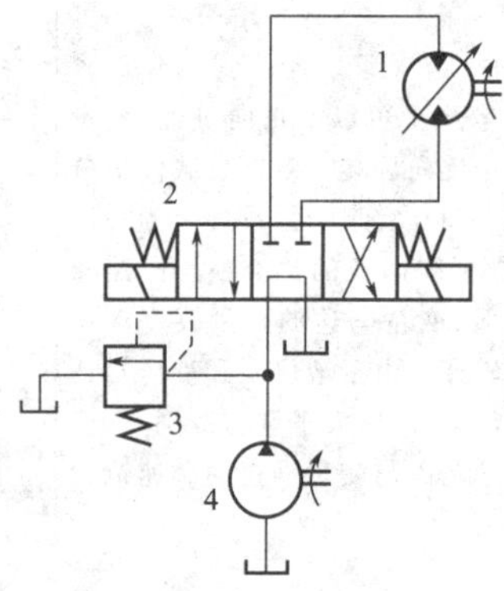

图4-23　定量泵和变量马达组成的容积调速回路

表4-23　定量泵和变量马达组成的容积调速回路

回路描述	特点及应用
此回路为开式回路，由定量泵4、变量马达1、安全阀3、换向阀2组成；此回路是由调节变量马达的排量V_m来改变马达的输出转速，从而实现调速	此回路输出功率不变，故又称“恒功率调速回路”

4.2.4 变量泵和变量马达组成的容积调速回路

4.2.4.1 变量泵和变量马达组成的容积调速回路Ⅰ（图4-24和表4-24）

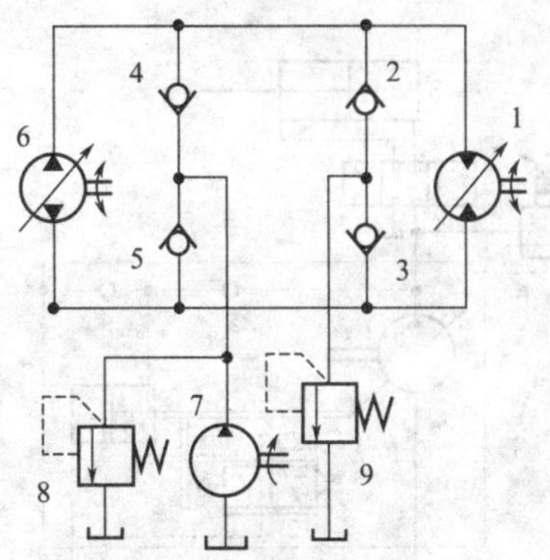

图4-24 变量泵和变量马达组成的容积调速回路Ⅰ

表4-24 变量泵和变量马达组成的容积调速回路Ⅰ

回路描述	特点及应用
由于泵和马达的排量均可改变，故增大了调速范围，所以此回路既可以调节变量马达的排量 V_m 来实现调速，也可以调节变量泵的排量 V_p 来实现调速 在此回路中，单向阀4和5用于使辅助补油泵7能双向补油，而单向阀2和3使安全阀9在两个方向都能起过载保护作用	这种调速回路实际上是上述两种容积调速回路的组合，属于闭式回路

4.2.4.2 变量泵和变量马达组成的容积调速回路Ⅱ（图4-25和表4-25）

4.2.4.3 变量泵和变量马达组成的容积调速回路Ⅲ（图4-26和表4-26）

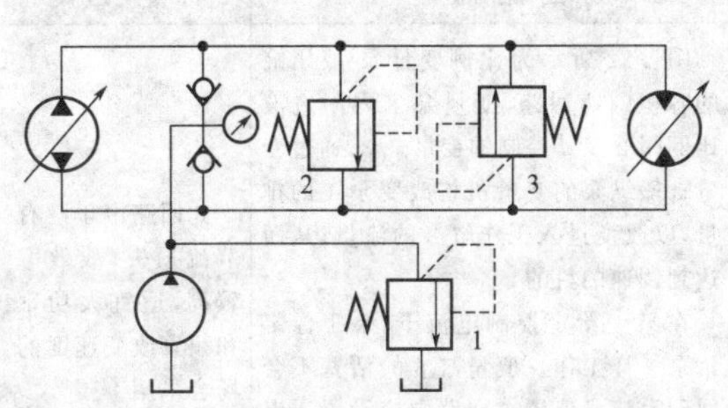

图4-25 变量泵和变量马达组成的容积调速回路Ⅱ

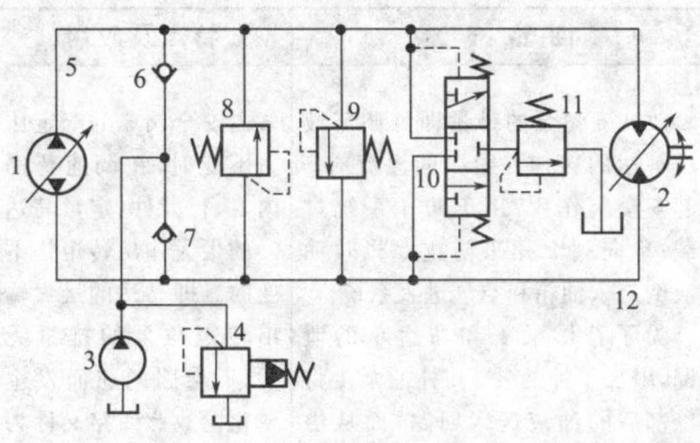

图4-26 变量泵和变量马达组成的容积调速回路Ⅲ

表4-25 变量泵和变量马达组成的容积调速回路Ⅱ

回路描述	特点及应用
调节变量泵和变量液压马达的排量达到调节液压马达输出转速的目的。可用变量泵进行换向和调速。溢流阀2、3为安全阀，用于限定系统的最高压力。溢流阀1用于调节补油压力，图中两个单向阀便于辅助泵双向补油	变量泵-变量马达构成容积调速回路，调速范围大，扩大了液压马达输出转矩和功率的选择余地 多用于大功率系统的闭式回路中

表4-26 变量泵和变量马达组成的容积调速回路Ⅲ

回路描述	特点及应用
此回路变量泵1可以反正向供油，变量马达2可以正反向旋转。双向过载保护分别由溢流阀8和9实现。定量泵3为补油泵。滑阀10系统油液的热交换。回路通过调节变量泵、变量马达的排量改变液压马达的输出转速。由于液压泵和液压马达的排量均可改变，故增大了调速范围（等于变量泵的调速范围与变量马达的调速范围的乘积）	此回路适用于港口起重运输机械及矿山采掘机械等大功率机械设备的液压系统中

4.2.5 变量泵和流量阀组成的容积调速回路（图4-27和表4-27）

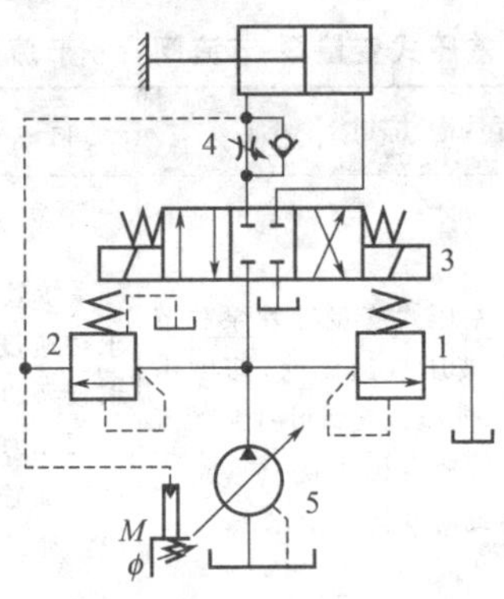

图4-27 变量泵和流量阀组成的容积调速回路

表4-27 变量泵和流量阀组成的容积调速回路

回路描述	特点及应用
采用压力补偿泵与节流阀联合调速。变量泵5的变量机构与节流阀4的油口相连。液压缸向右为工作行程，快进时，油口压力趋于零，泵的流量最大。泵的输出压力随载荷而变化，泵的流量与通过节流阀的流量相适应，基本与载荷无关	系统效率高，发热少，适用于大功率液压系统，如曲轴感应淬火机床液压系统

4.3 容积节流调速回路

4.3.1 限压式变量泵-调速阀容积节流调速回路（图4-28和表4-28）

4.3.2 压力反馈式变量泵-节流阀容积节流调速回路（图4-29和表4-29）

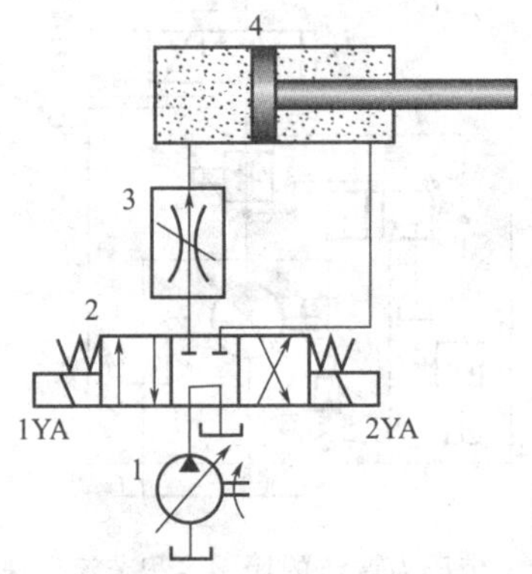

图4-28 限压式变量泵-调速阀容积节流调速回路

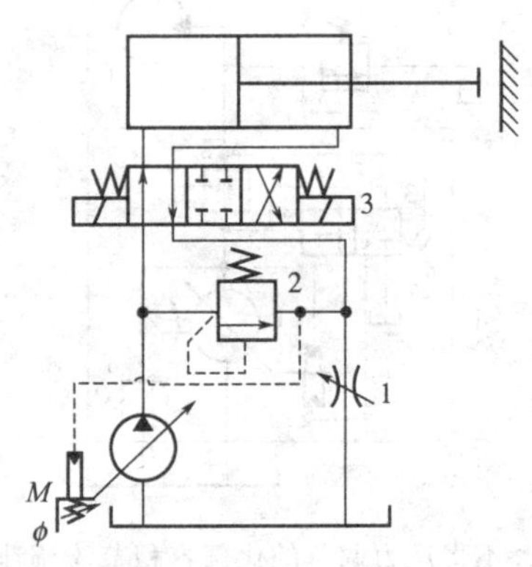

图4-29 压力反馈式变量泵-节流阀容积节流调速回路

表4-28 限压式变量泵-调速阀容积节流调速回路

回路描述	特点及应用
调节调速阀3节流口的开口大小，就改变了进入液压缸的流量，从而改变液压缸活塞的运动速度。如果变量液压泵1的流量大于调速阀调定的流量，由于系统中没有设置溢流阀，多余的油液没有排油通路，势必使液压泵和调速阀之间油路的油液压力升高，但是当限压式变量叶片泵的工作压力增大到预先调定的数值后，泵的流量会随工作压力的升高而自动减小。变量泵的输出流量自动与液压缸所需流量相适应	在这种回路中，泵的输出流量与通过调速阀的流量是相适应的，回路没有溢流损失，因此效率高，发热量小。同时，采用调速阀，液压缸的运动速度基本不受负载变化的影响，即使在较低的运动速度下工作，运动也较稳定 该回路广泛应用于负载变化不大的中、小功率组合机床的液压系统中

表4-29 压力反馈式变量泵-节流阀容积节流调速回路

回路描述	特点及应用
图4-29所示为压力反馈式变量柱塞泵和节流阀构成的容积节流调速回路。当液压缸工作时，其速度由节流阀1调定，压力反馈式变量柱塞泵的流量与液压缸速度相适应 溢流阀2作为安全阀用。液压缸需要快速退回时，可以在节流阀旁并联一二位二通换向阀	系统效率高，系统压力随载荷变化而变化。适用于对速度稳定性要求较高的场合

4.3.3 差压式变量泵-节流阀容积节流调速回路（图4-30和表4-30）

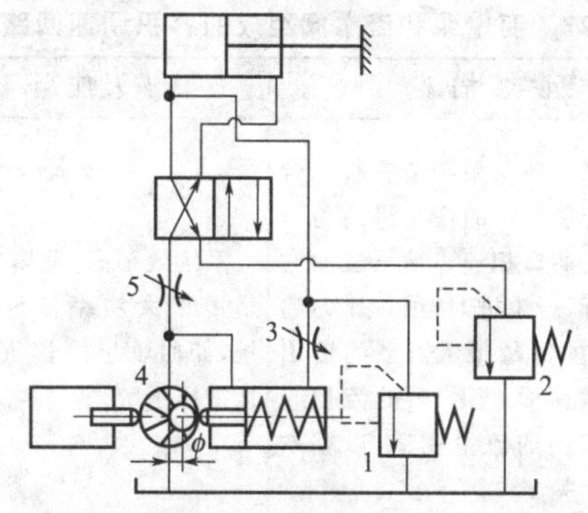

图4-30 差压式变量泵-节流阀容积节流调速回路

表4-30 差压式变量泵-节流阀容积节流调速回路

回路描述	特点及应用
调速回路由差压式变量叶片泵和节流阀组成。当液压缸运动时，速度由节流阀5调定，差压式变量叶片泵的流量自动与液压缸速度相适应 系统压力随载荷变化而变化	系统效率高，适用于对速度稳定性要求较高的场合 阀2为背压阀，用来提高输出速度的稳定性

4.3.4 不带压力调节的比例容积节流调速回路（图4-31和表4-31）

4.3.5 带压力调节的比例容积节流调速回路（图4-32和表4-32）

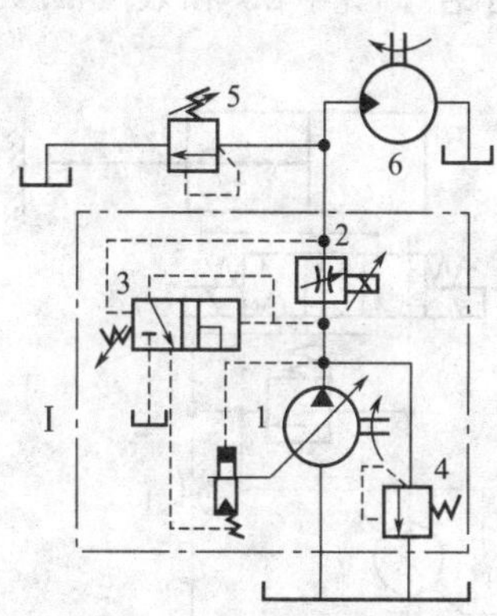

图4-31 不带压力调节的比例容积节流调速回路

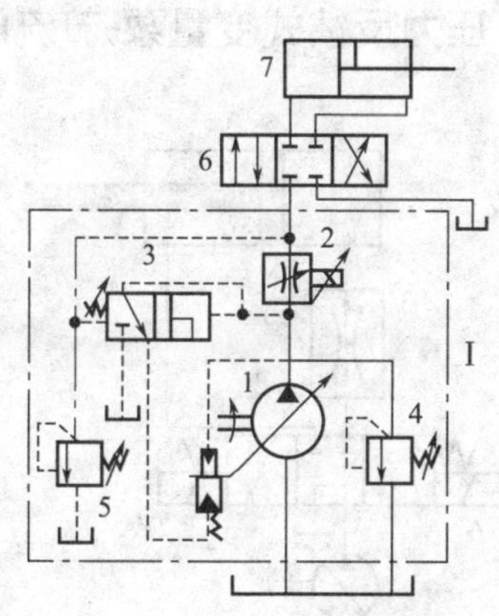

图4-32 带压力调节的比例容积节流调速回路

表4-31 不带压力调节的比例容积节流调速回路

回路描述	特点及应用
变量泵1内附电液比例节流阀2、压力补偿阀3和限压阀4。由于有内部的负载压力补偿，泵的输出流量与负载无关，是一种稳流量泵。泵可用电信号控制系统各工况所需流量	此回路不带压力控制，由于该泵不会回到零流量处，系统必须设置足够大的安全阀5，以便在不需要流量时能排走所有的流量

表4-32 带压力调节的比例容积节流调速回路

回路描述	特点及应用
泵1附有不带压力控制的比例容积节流调速回路中的元件，还附有截流压力调节阀5，通过该阀可以调定泵的截流压力。当压力达到调定值时，泵便自动减小输出流量，维持输出压力近似不变，直至截流	有时为了避免变量缸的活塞频繁移动，设置安全阀仍是必要的

4.3.6 采用变频器控制的调速回路（图 4-33 和表 4-33）

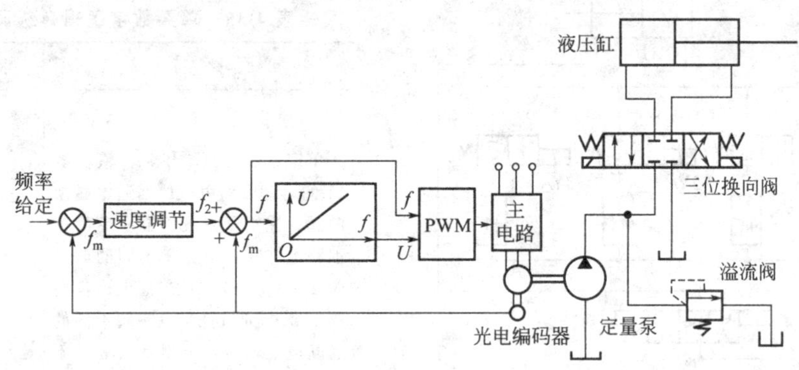

图 4-33 采用变频器控制的调速回路

表 4-33 采用变频器控制的调速回路

回路描述	特点及应用
变频器采用U/f控制方式，预先由U/f曲线发生器决定U和f之间的关系，逆变器的控制脉冲发生器同时受控于频率指令f和电压指令U，这样变频器的输出频率和电压之间的关系就由U/f曲线决定。在改变频率的同时按照此曲线改变变频器的输出电压，以获得所需的电动机转速，从而改变了液压泵的输出流量	该回路为一种采用变频器控制电动机转速，从而改变液压泵流量的调速回路

4.4 有级调速回路

4.4.1 多泵数字逻辑分级调速回路（图 4-34 和表 4-34）

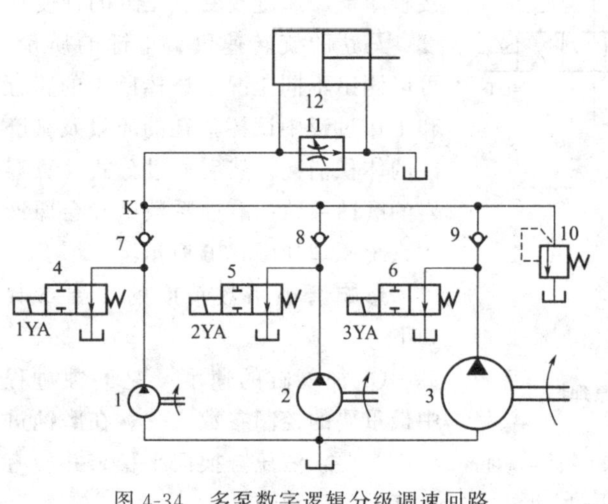

图 4-34 多泵数字逻辑分级调速回路

表 4-34 多泵数字逻辑分级调速回路

回路描述	特点及应用
多泵数字逻辑回路一般由三台以上的定量泵组成，并通过电磁换向阀的通断状态不同的组合，使回路输出不同等级的流量，以满足系统在不同瞬时的流量要求 若在回路中再加入流量控制阀 11，即构成多泵数字逻辑分级节流调速回路	对于大功率和调速范围很大的大流量液压系统，如果采用多泵数字逻辑调速回路，结合使用可编程序控制器(PLC)，既提高控制水平，又可收到很好的节能效果，并可以显著降低系统的噪声。多泵数字逻辑控制回路适用于塑料注射成型机、挤压机等机械的液压系统中

4.4.2 单泵数字逻辑有级调速回路（图 4-35 和表 4-35）

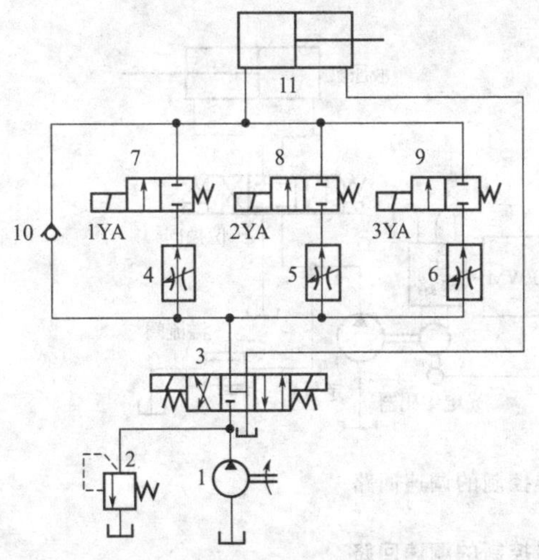

图 4-35 单泵数字逻辑有级调速回路

表 4-35 单泵数字逻辑有级调速回路

回 路 描 述	特点及应用
单定量液压泵 1 供油。液压缸 11 的运动方向由三位四通电磁换向阀 3 控制。在液压缸左腔的进油路上并联三组流量不同的调速阀 4、5、6，以及二位二通电磁换向阀 7、8、9，通过三个电磁阀不同的通断电逻辑组合可得到共 8 种不同的液压缸输入流量，从而得到 8 级不同速度	—

4.5 调速回路应用实例

4.5.1 磨蚀系数试验台液压系统

磨蚀系数是表示煤岩对金属磨蚀性的指标，磨蚀系数试验台是一种用于测量矿石磨蚀系数的专用工程机械，可用于测量各种矿石的磨蚀系数。

使用比例控制技术和 PLC 可以实现对磨蚀系数试验台的自动控制，可有效地提高系统参数的控制精度，从而提高磨蚀系数的测量精度。

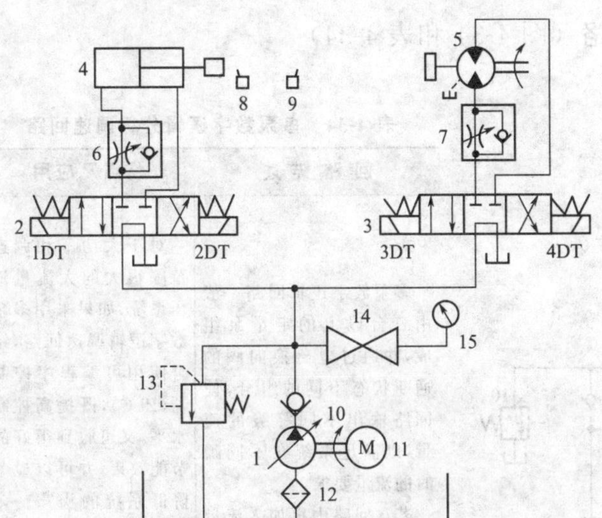

图 4-36 磨蚀系数试验台原液压系统原理图

1—柱塞泵；2、3—三位四通电磁换向阀；4—液压缸；5—叶片马达；6、7—单向节流阀；8、9—行程开关；10—单向阀；11—电机；12—粗过滤器；13—溢流阀；14、15—压力表和压力表开关

(1) 磨蚀系数试验台工作原理

液压缸在液压力的作用下推动滑块往复运动，同时马达带动轮盘旋转，而重锤的重力使试棒始终与矿石接触摩擦，通过改变液压缸的往复速度、马达的旋转速度、重锤的质量，可以测出不同工况下试棒所走的路程和工作过程中试棒消耗的质量及其磨蚀的体积消耗，然后通过公式计算煤岩的磨蚀系数。磨蚀系数试验台原液压系统原理如图4-36 所示。

影响磨蚀系数精度的主要参数如下。

① 往复缸的速度　是磨蚀过程中最重要的控制参数之一。在磨蚀过程中，要求液压缸换向平稳，并应有良好的速度稳定性。

② 马达的旋转速度　马达旋转速度的稳定性，严重影响磨蚀系数的测量精度。在磨蚀过程中，马达的旋转速度容易受到负载变化的影响，从而影响磨蚀系数的测量精度。

③ 正压力　正压力是系统中重要的控制参数。正压力的稳定性直接影响磨蚀系数的测量精度。但是，由于原系统采用继电器-接触器控制系统，接线复杂，故障率高，调试和维护困难。速度受负载影响很大，且不能够自动调节。重锤提供的压力随系统运动的振荡产生振荡，很难保持恒定的力，容易使测量结果产生误差。

（2）电液比例控制系统

结合比例控制技术和 PLC 的优点，进行自动化改造。改造后的液压系统原理如图 4-37 所示。设备由 3 个比例控制回路进行控制，即往复缸速度电液比例控制回路（B）、马达速度电液比例控制回路（C）、恒压电液比例控制回路（A）。

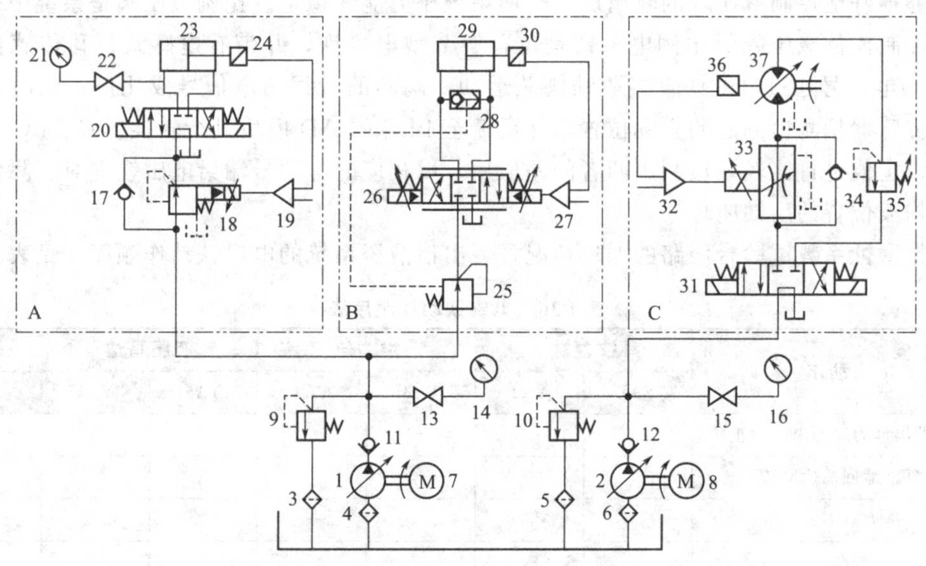

图 4-37　改造后的液压系统原理图

1、2—液压泵；3～6—过滤器；7、8—电机；9、10—溢流阀；11、12、17、34—单向阀；13～16、21、22—压力表及开关；18—先导式比例减压阀；19、27、32—放大器；20、31—三位四通电磁换向阀；23、29—液压缸；24—压力传感器；25—定差减压阀；26—比例方向阀；28—或门型梭阀；30、36—速度传感器；33—电液比例调速阀；35—背压阀；37—液压马达

① 往复缸速度电液比例控制回路　见图 4-37 中 B 回路。该回路由定差减压阀 25、比例方向阀 26、放大器 27、或门型梭阀、液压缸 29、速度传感器 30 组成。应用电液比例方向阀和速度传感器构成的闭环控制系统，可以方便地为液压缸提供很好的速度控制。比例方向阀在控制液压缸运动速度的过程中，供油压力或负载压力的变化会造成阀压降的变化和对阀口流量的影响，使液压缸的运动速度偏离调定值，对磨蚀系数试验台正常工作产生不利影响。为了解决阀口受 Δp（减压阀口正常工作时形成的压差）干扰的问题，尤其是要消除负载效应的影响，本系统选用二通进口压力补偿器，其目的就是保证 Δp 为近似定值，不随负载压力的波动而改变，从而保证通过比例阀的流量与输入的电信号成正比变化，实现了液压缸往复运动速度的精确控制。

② 马达速度电液比例控制回路　见图 4-37 中 C 回路。该回路由三位四通换向阀 31、放大器 32、电液比例调速阀 33、单向阀 34、背压阀 35、速度传感器 36、液压马达 37 组成。

用比例调速阀和速度传感器构成的闭环控制系统，能够很好地控制马达的旋转速度，使系统能够运行平稳。

电液比例调速阀用来调节马达的旋转速度，速度的大小由一个速度传感器测得，把测得的数据反馈到 PLC 中，由 PLC 输出一个控制信号来调节电液比例调速阀的开口度，从而调节马达的进油量，使马达的速度稳定在所要求的数值。在回油路上安装有背压阀，主要作用是产生回油路的背压，改善马达的振动和爬行，防止空气从回油路吸入。加背压后可以使回路液压阻尼比和液压固有频率增大，因此动态刚度得到提高，从而使运动平稳性提高。

③ 恒压电液比例控制回路　见图 4-37 中 A 回路。该回路由单向阀 17、先导式比例减压阀 18、放大器 19、三位四通换向阀 20、压力表及开关 21 与 22、液压缸 23、压力传感器 24 组成。采用比例控制的恒压系统提供恒定的正压力，并采用压力传感器测量系统的输出压力，能够很好地控制液压缸的输出压力，使系统压力能够稳定。比例减压阀是系统中的重要元件，控制比例减压阀的比例电磁铁是位移调节型电磁铁，并带有电感式位移传感器。由 PLC 来的电信号通过电磁铁直接驱动阀芯运动，阀芯的行程与电信号成比例；同时，电感式位移传感器检测出阀芯的实际位置，并反馈至 PLC 的 AD 模块进行转换。在 PLC 中，实际值与设定值进行比较，检测出两者的差值后，以相应的电信号输给电磁铁，对实际值进行修正，构成位置的反馈闭环。

根据磨蚀系数试验台回路的循环情况，写出该液压系统的电磁铁动作顺序，见表 4-36。

表 4-36　电磁铁动作顺序表

相应动作	往复缸		推力缸		液压马达		卸荷
	YA1	YA2	YA3	YA4	YA5	YA6	YA7
往复缸伸出推力缸伸出马达正转	+		+		+		
往复缸缩回马达反转		+				+	
推力缸缩回				+			
卸荷							+

注："+"表示电磁阀线圈通电。

4.5.2　盾构机刀盘驱动液压系统

盾构机是专用于地下隧道工程挖掘的技术密集型重大工程装备。盾构法以其施工安全可靠、机械化程度高、工作环境好、进度快等优点广泛用于隧道施工中，尤其是在地质条件复杂、地下水位高而隧道埋深较大时，只能依赖盾构。

盾构机刀盘驱动系统是盾构设备的关键部件之一，是进行掘进作业的主要工作装置。盾构的刀盘工作转速不高，但由于刀盘直径较大而且施工地质构造复杂，要求刀盘驱动系统具有功率大、输出转矩大、输出转速变化范围宽、抗冲击、刀盘双向旋转和脱困等功能，同时，在满足使用要求的条件下，具有减小装机功率、节能降耗等工作特点。刀盘驱动系统还必须具有高可靠性和良好的操作性。

为了适应复杂多变的地质条件，刀盘驱动系统可采用液压驱动、变频电动机驱动和双速电动机驱动 3 种形式。通常大直径隧道掘进机要求的转速高，宜选择电驱动（变频电动机驱动和双速电动机驱动），以获得良好的特性曲线。中、小直径的软土隧道掘进机通常要求速度较低，扭矩较大，宜选用液压驱动。

刀盘驱动液压系统采用变量泵-变量马达闭式容积调速回路，系统主泵采用两台用于闭式回路的斜盘式双向比例变量柱塞泵，主泵同时集成了补油泵、闭式回路控制回路和主泵变量控制回路。系统的马达采用一台轴向柱塞变量马达，变量液压马达通过变速箱与小齿轮驱动主轴承大齿轮，带动刀盘产生旋转切削运动。驱动装置可以实现双向旋转，转速在0～9.8r/min范围内无级可调，还可实现刀盘脱困功能。

(1) 刀盘转速控制和旋转方向控制

主泵的变量形式为电液比例变量，如图4-38所示，泵的输出流量根据输入比例电磁阀电信号的大小实现无级可调，从而满足刀盘旋转速度的变化要求。电液比例控制的结构比较复杂，但可控性能好，可组成不同形式的反馈。刀盘驱动系统主泵的变量机构采用调节器设定泵的流量从而调节马达的转速，通过马达转速传感器反馈刀盘马达实际转速，如果与给定信号产生偏差，利用偏差信号改变泵的排量使刀盘马达转速与设定值相同。刀盘正向旋转时，比例电磁铁a通电，比例换向阀左位工作，液压泵正向输出油液，伺服缸右腔压力推动伺服缸活塞左移，活塞杆推动变量机构改变柱塞泵的斜盘倾角，改变泵的排量，从而改变液压泵的输出流量。当比例电磁铁a电流增加时，比例换向阀的阀芯与阀体开口增大，通过阀的压力降减小，伺服缸右腔压力增高，活塞继续左移，斜盘倾角增加，主泵输出流量增加。比例电磁铁a、b都不带电时，泵不输出流量，马达停止转动。为了克服盾构机在掘进过程

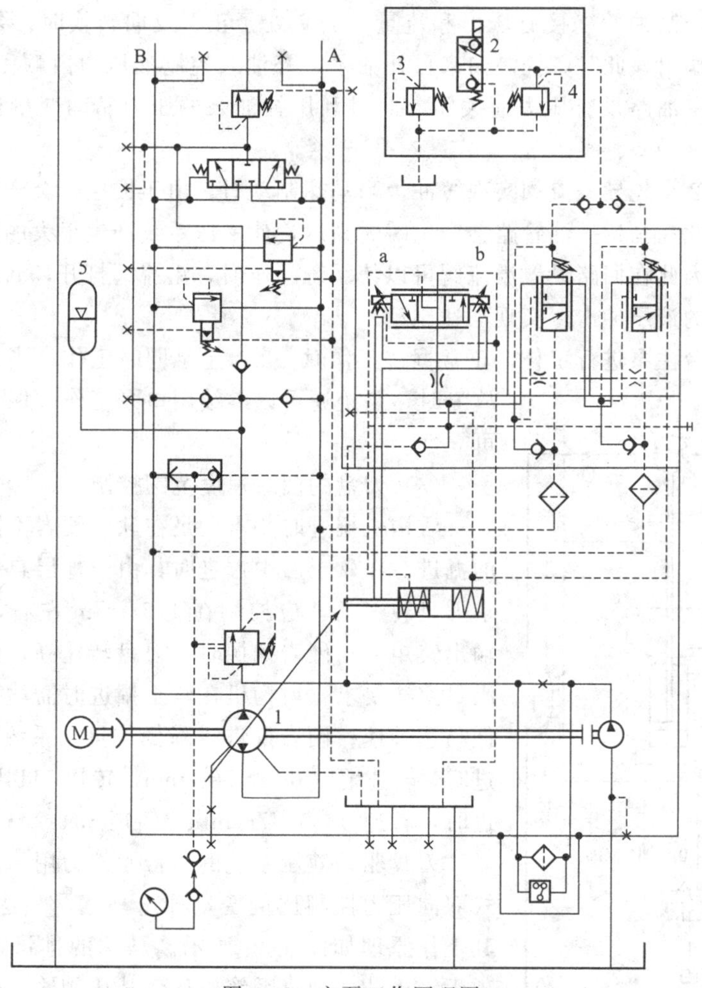

图4-38　主泵工作原理图

1—主泵；2—二位三通换向阀；3、4—溢流阀；5—蓄能器

中的滚转现象，保持盾构机的正确姿态，必须通过刀盘反向旋转来调整，马达反转时，使比例电磁铁b带电，液压泵反方向输出流量，并随着输入电流的增加而流量增大。因此，通过控制比例电磁铁a、b通电状态可以实现刀盘的双向旋转，控制比例电磁铁输入电流的大小，实现刀盘转速的调节。

（2）刀盘的脱困和系统的安全控制

主泵变量机构还加入了二级压力切断装置，当主泵的任何一个出口压力超过设定值时，变量机构使泵的排量接近于零，输出的流量只补充泵的泄漏，实现泵的超压卸载，这种方式不存在溢流能量损失，系统效率高。卸载压力一级为28MPa，为系统正常工作时的安全压力，由溢流阀3设定；另一级为脱困时用，压力为35MPa，由溢流阀4设定。当二位三通换向阀2通电时，刀盘为脱困工况。所选择的主泵还集成有补油泵和闭式回路控制，通过集成使系统结构简单，减少了管路、降低了泄漏，便于维护和使用。补油泵有3个作用，即为闭式回路补油、强制冷却和控制主泵变量机构变量。补油泵首先用来补充液压泵、液压马达及管路等处的泄漏损失，并通过更换部分主油路油液来控制系统中油液的温度。系统中的补油压力为主泵的吸油口压力，补油泵的排量为76L/min。补油泵通过2个单向阀分别向系统中回油管路补油。刀盘驱动液压系统变量控制机构的控制油分别通过单向阀引自泵的2个油口和补油泵，使控制油始终接有压力和流量，当泵处于正、反向转换时，泵处于零排量工况，没有压力油输出，此时，控制油来自补油泵，补油泵控制油压力由顺序阀设定。此时，外控顺序阀由于主油路没有压力而关闭，此时利用补油泵的压力驱动变量机构，保证主泵换向。

系统中采用2个先导溢流阀实现缓冲，当马达制动时，由于惯性，会产生前冲，此时泵已停止供油，因此在马达排油管路会产生瞬时高压，使液压系统产生很大的冲击和振动，严重时造成损坏，因此在回路设置溢流阀可以使系统超压时，溢流阀打开，回油至马达进油管路，减缓管路中的液压冲击，实现马达制动。

系统选用2台主泵进行工作，正常掘进工作时，2台主泵同时工作，当有1台主泵出现故障时，系统还可以继续用单泵工作，保证盾构机工作的可靠性。

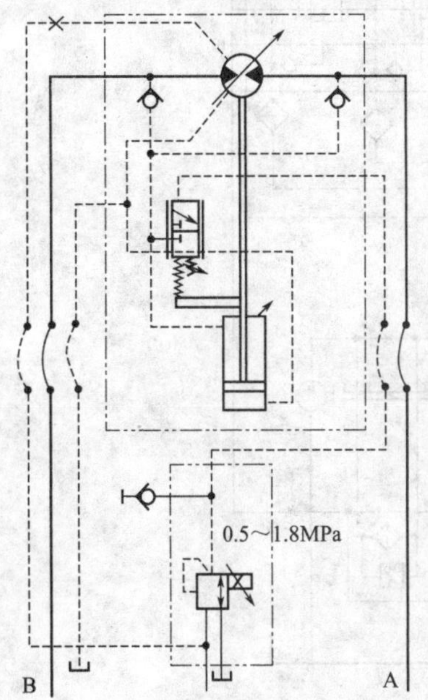

图4-39 马达工作原理图

（3）刀盘的两级速度范围控制

盾构机掘进时要求满足在软、硬岩不同的地质工况下的掘进。在软土层中掘进时，由于地层自稳性能极差，要求刀盘转速低，应控制在1.5r/min左右，此时要求刀盘输出转矩大；硬岩挖掘时，刀盘转速高，而转矩小。为了满足上述要求，盾构机在软土掘进时需增大马达排量，降低马达转速；硬岩掘进时降低排量。系统可以实现软岩掘进时，转速范围0～2.96r/min，转矩1114kN·m；硬岩掘进时，转速0～9.87r/min，转矩334kN·m。

刀盘驱动液压系统的执行元件为用于闭式回路的斜轴式双向压力控制比例变量柱塞马达，马达变量为外控式，其工作原理如图4-39所示。马达的排量通过变量机构实现无级可调，通过系统中比例减压阀输入液控压力信号控制马达排量无级变化，马达的排量随着控制压力的增高而减小。

(4) 刀盘驱动液压系统的节能控制

刀盘驱动液压系统采用变量泵-变量马达容积调速回路，通过改变液压泵和液压马达的排量来调节执行元件的运动速度，系统的调速范围宽。该回路液压泵输出的流量与负载流量相适应，没有溢流损失和节流损失，回路效率高。刀盘驱动控制系统需要马达实现低速大转矩和高速小转矩，因此调节马达的排量极其有利。如果用变量泵和定量马达组成液压调速系统，在高速小转矩时，泵将运行在低压大流量场合；在低速大转矩时，泵将运行在高压小排量场合，因而泵及整个液压系统都需要按高压、大流量参数选择，系统效率不高。若采用变量马达，可以让马达在小排量工况下运行来满足高速小转矩要求；马达在大排量工况下运行来达到低速大转矩要求。这样，泵基本上处于高压下运行，充分发挥了泵的能力。这种系统中泵和系统本身的流量都比较小，系统成本降低，回路效率高。

4.5.3 阀控-变频液压电梯

液压电梯的装机功率一般是曳引电梯的 2～3 倍，节能成为液压电梯技术的热点。

液压电梯能量回收方式主要有回馈电网式、机械式、液压蓄能式、变频调速式和变频-蓄能式五种，其中变频-蓄能式节能效果最好。

阀控调速、变频（variable voltage variable frequency，VVVF）调速、活塞拉缸和蓄能器节能技术有机结合起来的开式油路的阀控-变频节能液压电梯系统，在一定程度上降低了液压电梯的能耗。

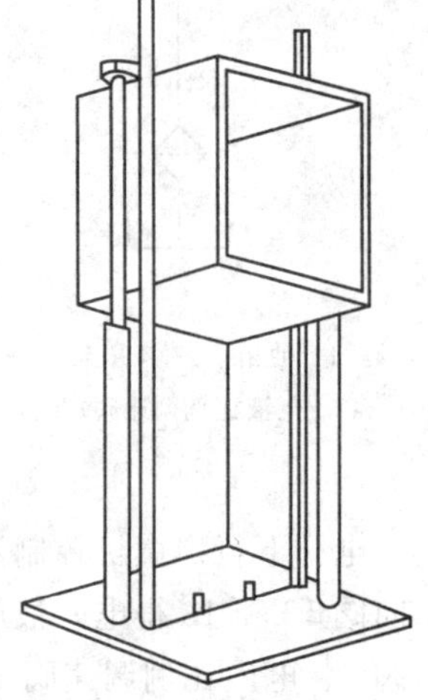

图 4-40　双缸直顶式液压电梯结构示意图

(1) 系统组成及节能原理

图 4-40 是双缸直顶式液压电梯结构示意图，图 4-41 是该系统在双缸直顶式液压电梯中的应用原理图。该系统的能量回收原理是，在电梯下降过程中，一部分势能会转换成液压能，将压力能储存在蓄能器中；另一部分势能经过节流阀产生了节流能量损失，最终转化为热能。在电梯上升过程中。采用容积调速，减少节流能量损失，同时蓄能器中的压力油释放出来，补充给液压泵，使上升过程中液压泵消耗电动机的能量减少，达到节能目的。

(2) 工作过程及特点

① 工作过程　开式阀控-变频液压电梯（见图 4-41）的工作过程如下。

电梯上行。微机控制器接到电梯上行指令后，电磁溢流阀 6 得电，主电动机 3 旋转，泵启动，泵经过滤器和交替单向阀 22 从油箱吸油，再经过过滤器 4、单向阀 5、二位三通换向阀 7、桥式整流板 9 和 10（控制双缸同步）、电磁单向阀 12 和 13 进入到活塞缸 15 和 16，轿厢上升。在电梯上升的过程中，通过检测到的电梯位置信息向微机控制器输入，然后经过微机处理后，把信号反馈给变频器，使液压泵按照给定的速度指令正向转动，电梯轿厢按照预定的速度曲线完成加速-减速-匀速-减速，再到平层运行阶段。当电梯到达选定楼层，微机控制器接到停止信号后电磁溢流阀 6 断电，同时变频器停止向电动机供电，液压泵 2 停转，单向阀 5、12、13 在两端压差作用下关闭，电梯轿厢停留在平层位置。在上行过程中，如果蓄能器内的压力油提供的驱动力矩大于负载阻力矩与系统摩擦力矩之和，主电动机需工作在正向回馈制动状态。反之，则主电动机需工作在正向电磁驱动状态。

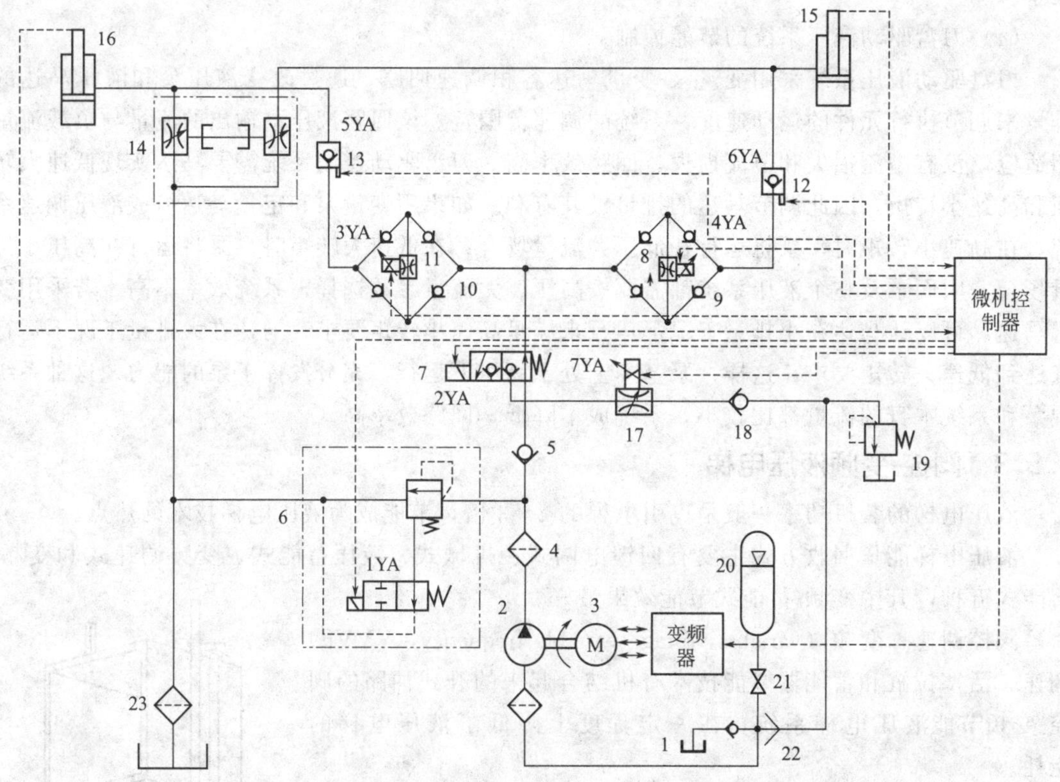

图 4-41 开式阀控-变频液压电梯系统原理图

1—油箱；2—液压泵；3—主电动机；4—过滤器；5、18—单向阀；6—电磁溢流阀；7—二位三通换向阀；8、11、17—电液比例调速阀；9、10—桥式整流板；12、13—电磁单向阀；14—手动下降阀；15、16—活塞缸；19—溢流阀；20—蓄能器；21—截止阀；22—交替单向阀

电梯下行。微机控制器接到电梯下行指令后，电磁溢流阀 6、二位三通换向阀 7、电磁单向阀 12 和 13 得电，液压缸下腔的油液经过电磁单向阀 12 和 13、桥式整流板 9 和 10、换向阀 7、电液比例调速阀 17、单向阀 18、交替单向阀 22，最后到达蓄能器 20，轿厢下降。双缸联动的手动下降阀 14（应急阀）用于突然断电液压系统因故障无法运行时，通过手动操作使液压电梯以较低的速度下降。电梯轿厢在下降时，将检测到的液压电梯位置信号输入到微机处理器，然后将速度调节指令反馈到电液比例调速阀 17，通过调节阀口的开度来控制电梯按照规定的速度曲线运行。当电梯到达指定层后，微机控制器接收到信号，使电磁单向阀 12 和 13 断电，两缸处于自锁状态，电梯停留在平层位置。

各电磁铁的通断情况见表 4-37。

表 4-37 电磁铁动作表

电磁铁 / 动作	1YA	2YA	3YA	4YA	5YA	6YA	7YA
上行	+	−	+	+	−	−	−
上行停止	−	+	−	−	−	−	−
下行	−	+	+	+	+	+	+
下行停止	−	−	−	−	−	−	−

② 特点 开式阀控-变频液压电梯的特点如下。

a. 系统采用了变频调速、阀控调速和蓄能器作液压配重技术来节能。

b. 电梯上行采用变频调速技术实现了系统的变转速容积调速，使之成为“功率传感”系统。

c. 电梯下行采用阀控调速技术减少系统额外功率输入，并将负载部分势能以压力能的形式存储在蓄能器中，降低了系统装机功率。

4.5.4 组合机床液压系统爬行的处理

爬行是液压系统速度失控的一种形式。

(1) 故障现象

130B型组合机床工作原理如图4-42所示，机床进给动力滑台由单活塞缸带动，其工作循环为快进→工进→快退→原位停止，执行元件（单活塞杆液压缸）快速运动时工作正常，转为工进时即开始出现爬行现象。油箱油液状况正常，液压缸工作压力无明显变化，排气后故障未消除。

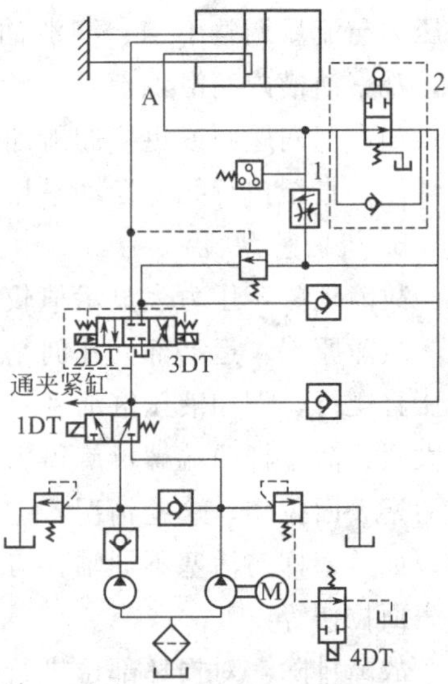

图4-42 130B型组合机床工作原理图

(2) 故障维修过程

① 油液中混有空气导致爬行故障的处理 液压系统混入空气时可从以下两种情况进行考虑。

a. 液压泵连续进气。

故障现象：压力表显示值较低，液压缸工作无力，油面有气泡，甚至出现油液发白和液压泵“尖叫”的现象。

故障原因：液压泵吸油侧油管接头螺母松动而吸气；密封元件损坏或密封不可靠而进气；油箱内油液不足，油面过低，吸油管在吸油时因液面波浪状导致吸油管端间断性露出液面而吸入空气；吸油过滤器堵塞使吸油管局部形成气穴现象等。

故障排除：较大进气部位通过直接观察较易找到；微小渗漏部位须经检查方能查出，可将液压泵吸油侧和吸油管段部分清洗干净后，涂上一层稀润滑脂，重新启动液压泵，涂有润滑脂的各部位没有被吸而成皱褶状或开裂，则表明没有封闭不严的部位，反之则表明形成皱褶状或开裂处为进气部位；找到进气部位时根据具体情况或拧紧管接头或更换密封圈等易损件；若油面过低应及时加油，若噪声过大则应检查并清洗滤油器。

b. 液压系统内存有空气。

故障现象：压力表显示值正常或稍偏低，液压缸两端爬行，并伴有振动及强烈的噪声，油箱内无气泡或气泡较少。

故障原因：这种故障的原因主要有3种，一是液压系统装配过程中存有空气；二是系统个别区域形成局部真空；三是液压系统高压区有密封不可靠或外泄漏处，工作时表现为漏油，不工作时则进入空气。

故障排除：第一种情况往往发生在新设备上，通过排气后可消除爬行；第二种情况新老设备上均可能出现，或为新设备的设计、装配不合理导致某一区域内油液阻力过大，压降过大，或为老设备的杂质堆积，由于流经狭窄缝隙而产生较大的压降，尤其在流量阀中节流孔处易出现这种情况，通过清洗相关元件可消除故障；第三种情况通过直接观察有无漏油情况来判断。

② 滑动副摩擦阻力不均导致爬行故障的处理　这种故障包括以下几种情况。

a. 导轨面润滑条件不良导致爬行故障。

故障现象：压力表显示值正常，用手触摸执行元件有轻微摆振且节奏感较强。

故障原因：执行元件低速运动时润滑油油楔作用减弱，油膜厚度减小，这时润滑油如选择不当或因油温变化导致润滑性能差、润滑油稳定器工作性能差或压力与流量调整不当、润滑系统油路堵塞等均可使油膜破裂程度加剧；导轨面刮点不合要求、过多或过少等都会造成油膜破裂形成局部或大部分的半干摩擦或干摩擦，从而导致爬行，而后一种情况主要发生在新设备上。

故障排除：机床若属润滑条件不良，应为由于温度变化而改变了润滑油的性能、润滑油路压力与流量调整不当、润滑油路的堵塞等因素。主要排除措施：用手搓捻润滑油检查滑感，观察油槽内润滑油流速，检查润滑系统压力、流量情况，检查润滑油稳定器工作情况等；如发现问题则或更换润滑油，或调整其压力或流量，或清洗润滑孔道系统，从而恢复润滑性能，直至执行元件运动平稳。

b. 机械憋劲。

故障现象：压力表显示值较高或稍高，爬行部位及规律性较强，甚至伴有抖动现象。

故障原因：运动部件几何精度发生变化、装配精度低均会导致摩擦阻力不均，容易引起液压缸爬行，例如液压缸活塞杆弯曲、液压缸与导轨不平行、导轨或滑块的压紧块（条）夹得太紧、活塞杆两端螺母旋得太紧、密封件过盈量过大、活塞杆与活塞不同轴、液压缸内壁或活塞表面拉伤，这些情况都是引起这类故障的原因，有的表现为液压缸两端爬行逐渐加剧，如活塞杆与活塞不同轴；有的表现为局部压力升高，爬行部位明显，如液压缸内壁或活塞表面拉伤等。

故障排除：对损坏部位进行修复处理并正确安装调整有关元件。

4.5.5 调速阀使用应注意的问题

（1）启动时的冲击

对于图 4-43(a) 所示的系统，当调速阀的出口堵住时，其节流阀两端压力 $p_2=p_3$，减压阀芯在弹簧力的作用下移至最左端，阀开口最大。因此，当将调速阀出口迅速打开，其出油口与油路接通的瞬时，p_3 压力突然减小，而减压阀口来不及关小，不起控制压差的作用，这样会使通过调速阀的瞬时流量增加，使液压缸产生前冲现象。为此有的调速阀在减压阀上装有能调节减压阀芯行程的限位器，以限制和减小这种启动时的冲击。也可通过改变油路来克服这一现象，如图 4-43(b) 所示。

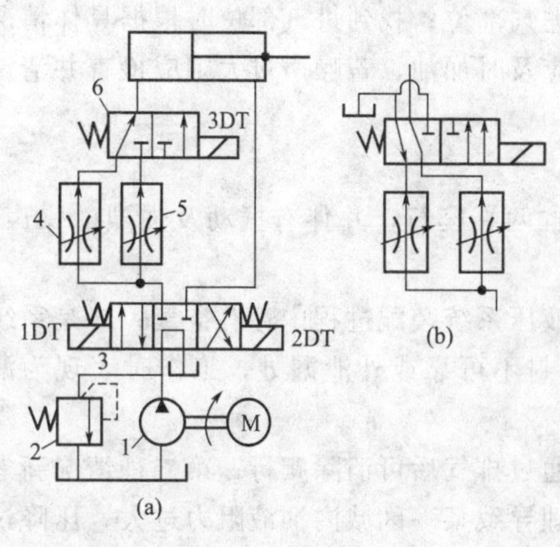

图 4-43　调速系统

图 4-43(a) 所示节流调速回路中，当电磁铁 1DT 通电，调速阀 4 工作时，调速阀 5 出口被二位三通换向阀 6 堵住。若电磁铁 3DT 也通电，改由调速阀 5 工作时，就会使液压缸产生前冲现象。如果将二位三通换向阀换用二位五通换向阀，并

按图 4-43(b) 所示接法连接，使一个调速阀工作时另一个调速阀仍有油液流过，那么它的阀口前后保持了一较大的压差，其内部减压阀开口较小，当换向阀换位使其接入油路工作时，其出口压力也不会突然减小，因而可克服工作部件的前冲现象，使速度换接平稳，但这种油路有一定的能量损失。

(2) 最小稳定压差

节流阀、调速阀的流量特性如图 4-44 所示。由图可见，当调速阀前后压差大于最小值 $\Delta p_{\min}$ 以后，其流量稳定不变（特性曲线为一水平直线）。当其压差小于 $\Delta p_{\min}$ 时，由于减压阀未起作用，故其特性曲线与节流阀特性曲线重合，此时的调速阀相当于节流阀。所以在设计液压系统时，分配给调速阀的压差应略大于 $\Delta p_{\min}$，以使调速阀工作在水平直线段。调速阀的最小压差约为 1MPa（中低压阀为 0.5MPa）。

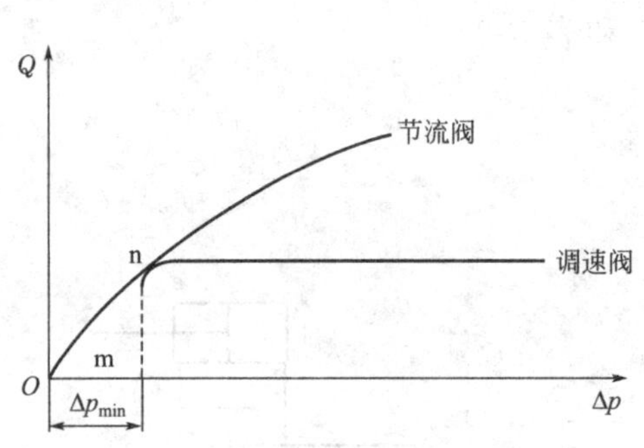

图 4-44　节流阀、调速阀的流量特性

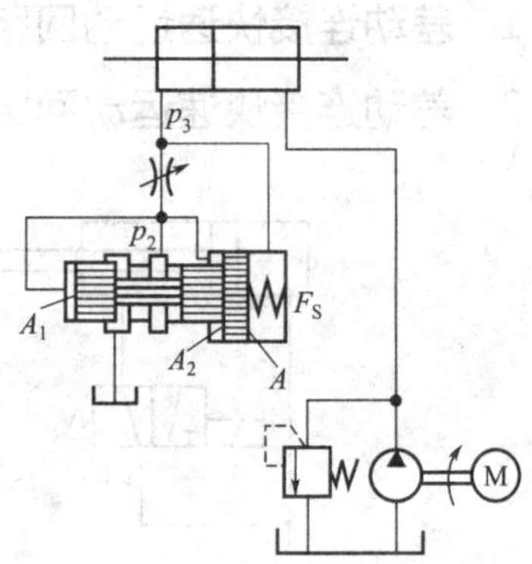

图 4-45　调速阀逆向使用的情形

(3) 方向性

调速阀（不带单向阀）通常不能反向使用，否则，定差减压阀将不起压力补偿器作用。在使用减压阀在前的调速阀时，必须让油液先流经其中的定差减压阀，再通过节流阀。若逆向使用，如图 4-45 所示，则由于节流阀进口油压 p_3 大于出口油压 p_2，那么 $p_2A_1+p_2A_2<p_3A+F_s$，即定差减压阀阀芯所受向右的推力永远小于向左的推力，定差减压阀阀芯始终处于最左端，阀口全开，定差减压阀不工作，此时调速阀也相当于节流阀使用了。

特别提醒：调速阀如果装反便失去稳定压差功能，液压缸运动速度会受负载变化影响，不能平稳。

(4) 流量的稳定性

在接近最小稳定流量下工作时，建议在系统中调速阀的进口侧设置管路过滤器，以免阀阻塞而影响流量的稳定性。流量调整好后，应锁定位置，以免改变调好的流量。

特别提醒：压力阀、流量阀调整好后，都应锁定位置避免漂移。

第5章 快速运动回路

一个工作循环的不同阶段，要求执行元件有不同的运动速度，承受不同的负载。执行元件在工作进给阶段输出的作用力较大，一般速度较低，但在空程阶段负载很小，需要其有较高的运动速度，因此，为了提高生产效率，就需要采用快速回路。

5.1 差动连接快速运动回路

5.1.1 差动连接快速运动回路Ⅰ（图 5-1 和表 5-1）

5.1.2 差动连接快速运动回路Ⅱ（图 5-2 和表 5-2）

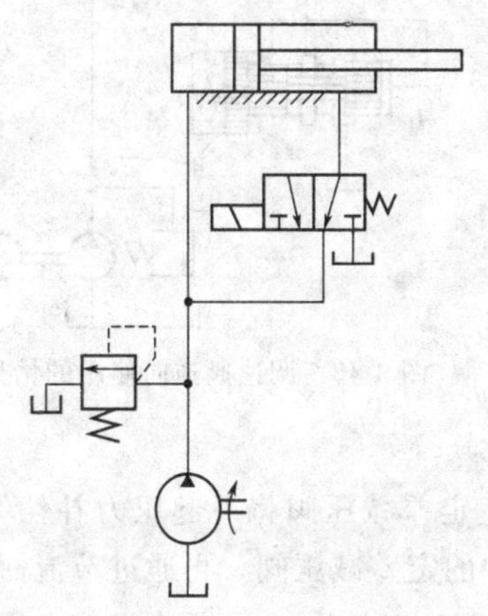

图 5-1 差动连接快速运动回路Ⅰ

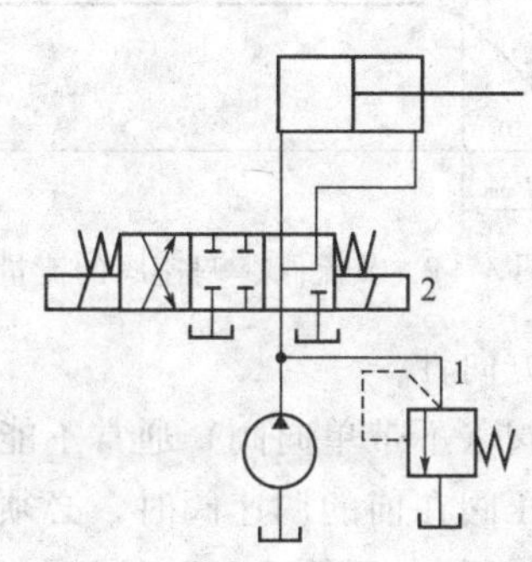

图 5-2 差动连接快速运动回路Ⅱ

表 5-1 差动连接快速运动回路Ⅰ

回路描述	特点及应用
图 5-1 所示快速运动回路是利用液压缸的差动连接来实现的。当电磁铁吸合，二位三通电磁换向阀处于左位时，液压缸回油直接回油箱，此时，执行元件可以承受较大的负载，运动速度较低 当电磁铁断电时，二位三通电磁换向阀处于右位，液压缸形成差动连接，液压缸的有效工作面积实际上等于活塞杆的面积，从而实现了活塞的快速运动	当液压缸无杆腔有效工作面积等于有杆腔有效工作面积的两倍时，差动快进的速度等于非差动快退的速度 这种回路比较简单、经济。可以选择流量规格小一些的泵，效率得到提高，因此应用较多

表 5-2 差动连接快速运动回路Ⅱ

回路描述	特点及应用
当换向阀 2 处于右位时，液压缸为差动连接，活塞快速向右移动；当换向阀 2 处于左位时，活塞向左快速退回	用于组合机床动力滑台液压回路，压力机差动增速回路等 通过换向阀 2 的最大流量为液压泵的输出流量和液压缸右腔回油之和，故换向阀的规格应与之相适应

5.1.3 差动连接快速运动回路Ⅲ（图 5-3 和表 5-3）

5.1.4 差动连接快速运动回路Ⅳ（图 5-4 和表 5-4）

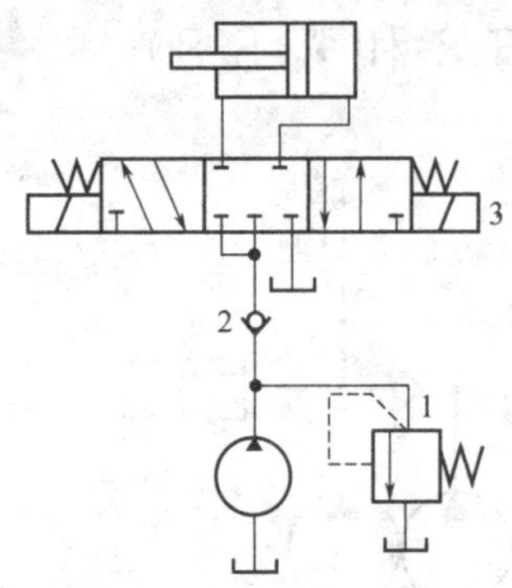

图 5-3 差动连接快速运动回路Ⅲ

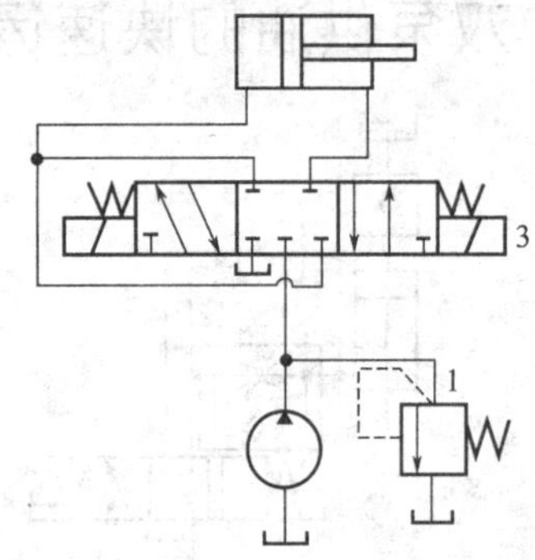

图 5-4 差动连接快速运动回路Ⅳ

表 5-3 差动连接快速运动回路Ⅲ

回路描述	特点及应用
换向阀 3 切换至右位时，活塞差动向左快速移动；换向阀 3 切换至左位时，活塞向右退回；换向阀处于中位，活塞停止运动	本回路采用三位五通电磁换向阀 3 实现液压缸差动增速连接

表 5-4 差动连接快速运动回路Ⅳ

回路描述	特点及应用
换向阀 2 切换至左位时，活塞差动向左快速移动；换向阀 2 处于中位，活塞停止运动；换向阀 2 切换至右位时，活塞向右退回	液压泵到液压缸左腔的油与右腔到左腔的油在换向阀分别通过不同的通道，并不在阀内合流，所以选用元件时，换向阀的流量与泵的流量相适应即可

5.1.5 差动连接快速运动回路Ⅴ（图 5-5 和表 5-5）

5.1.6 差动连接快速运动回路Ⅵ（图 5-6 和表 5-6）

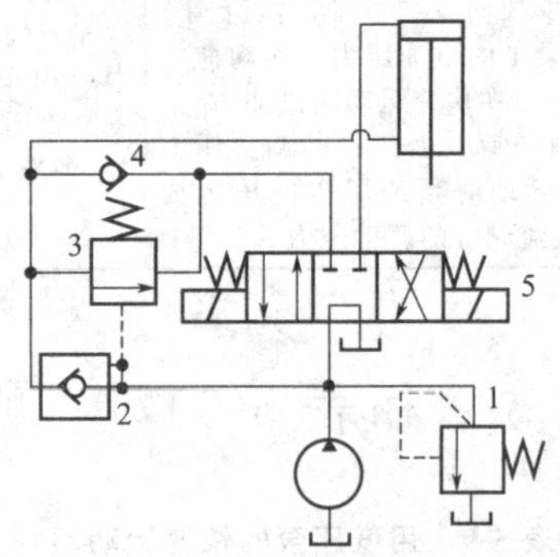

图 5-5 差动连接快速运动回路Ⅴ

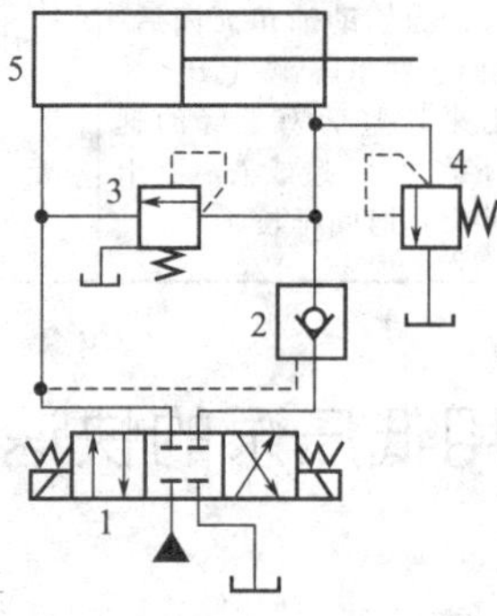

图 5-6 差动连接快速运动回路Ⅵ

表 5-5 差动连接快速运动回路Ⅴ

回路描述	特点及应用
换向阀 5 切换至右位时，压力油流入液压缸上腔，液压缸下腔的油经阀 2 流回上腔，形成差动连接，活塞快速下移。当液压缸负载增加后，上腔油压升高，下腔油压降低，阀 2 关闭，阀 3 打开，下腔的油经阀 3 与换向阀 5 流回油箱，液压缸转入非差动连接，活塞下移速度变慢 换向阀 5 切换至左位时，压力油经阀 4 流入液压缸下腔，活塞向上退回	活塞向下移动时有两个速度，分别为工进和快进

表 5-6 差动连接快速运动回路Ⅵ

回路描述	特点及应用
空载前进时，回油侧的液控单向阀 2 关闭，液压缸 5 有杆腔油液经顺序阀 3 返回无杆腔，形成差动回路，液压缸快速前进 有载前进时，压力升高，液控单向阀 2 打开，有杆腔与油箱连通，使无杆腔的压力有效地加在负载上	该回路为压力控制的差动回路

5.2 自重补油快速运动回路（图 5-7 和表 5-7）

5.3 双泵供油的快速运动回路（图 5-8 和表 5-8）

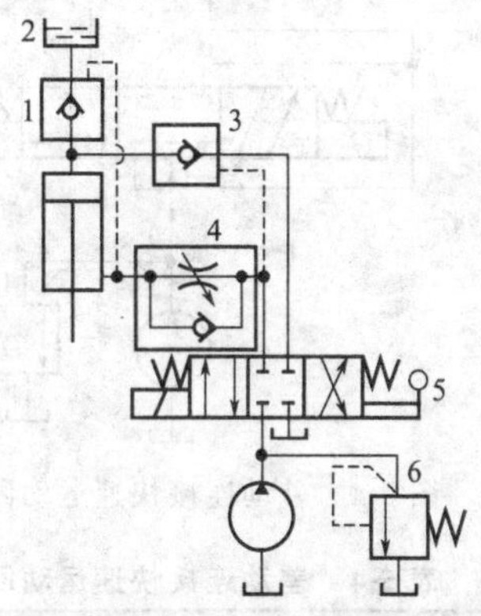

图 5-7 自重补油快速运动回路

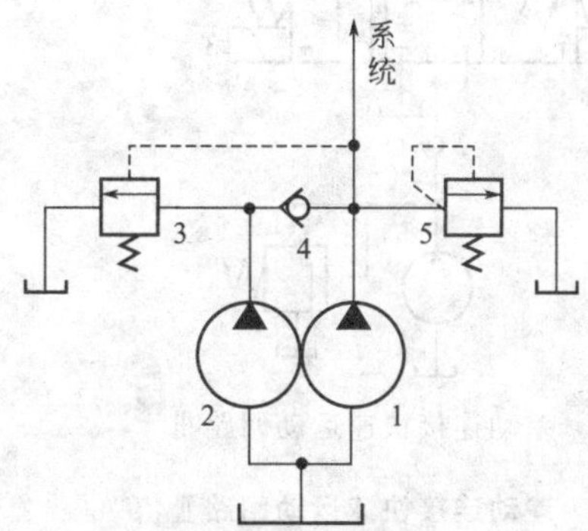

图 5-8 双泵供油的快速运动回路

表 5-7 自重补油快速运动回路

回路描述	特点及应用
当换向阀 5 处于右位时，活塞因自重迅速下降，此时所需的流量大于液压泵的供油量，液压缸上腔呈现出负压，液控单向阀 1 打开，辅助油箱 2 的油液补入液压缸上腔，当活塞接触工件时，阀 1 关闭，开始加压 当换向阀 5 切换到左位时，压力油打开阀 1 和阀 3，液压缸上腔的油经阀 1 流到辅助油箱，当辅助油箱充满后，回油经阀 3 流回主油箱，活塞上升 节流阀 4 用来调整活塞下降的速度，避免活塞下降太快，造成液压缸上腔充油不足，使升压时间延长	适用于垂直安装的液压缸，与活塞相连接的工作部件的质量较大时，可采用自重补油快速运动回路

表 5-8 双泵供油的快速运动回路

回路描述	特点及应用
1 为高压小流量泵，用以实现工作进给运动。2 为低压大流量泵，用以实现快速运动 在快速运动时，液压泵 2 输出的油经单向阀 4 和液压泵 1 输出的油共同向系统供油。在工作进给时，系统压力升高，打开液控顺序阀（卸荷阀）3 使液压泵 2 卸荷，此时单向阀 4 关闭，由液压泵 1 单独向系统供油。溢流阀 5 控制液压泵 1 的供油压力。而卸荷阀 3 使液压泵 2 在快速运动时供油，在工作进给时则卸荷，因此它的调整压力应比快速运动时系统所需的压力要高，但比溢流阀 5 的调整压力低	本回路利用低压大流量泵和高压小流量泵并联为系统供油 双泵供油回路功率利用合理、效率高，并且速度换接较平稳，在快、慢速度相差较大的机床中应用很广泛，缺点是要用一个双联泵，油路系统也稍复杂

5.4 用低压泵的快速运动回路（图 5-9 和表 5-9）

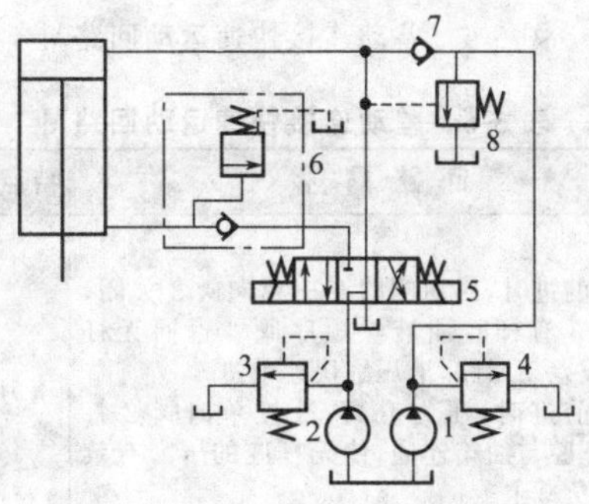

图 5-9 用低压泵的快速运动回路

表 5-9 用低压泵的快速运动回路

回路描述	特点及应用
当换向阀 5 切换到右位后，两泵同时向液压缸上腔供油，活塞快速下降。运动部件接触工件后，缸上腔压力升高，打开卸荷阀 8 使泵 1 卸荷，由泵 2 单独供油，活塞转为慢速加压行程 当换向阀 5 切换到左位时，由泵 2 供油到液压缸的下腔，上腔回油流回油箱，活塞上升。这时泵 1 通过单向阀 7、换向阀 5 卸荷	活塞与运动部件的质量由平衡阀 6 支承 本回路适用于运动部件质量大和快慢速度比值大的压力机

5.5 蓄能器快速运动回路

5.5.1 蓄能器快速运动回路Ⅰ（图 5-10 和表 5-10）

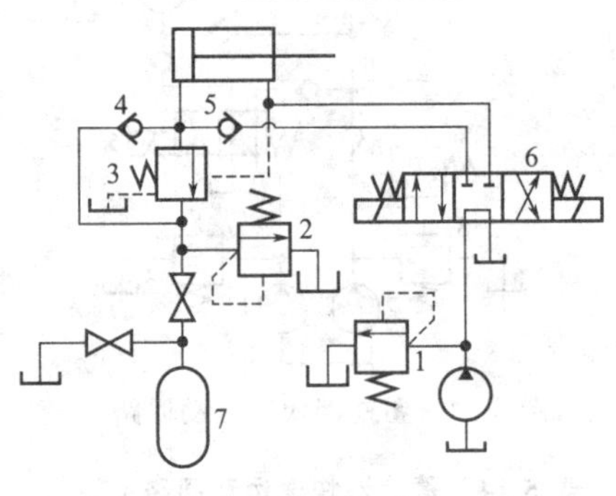

图 5-10　蓄能器快速运动回路Ⅰ

表 5-10　蓄能器快速运动回路Ⅰ

回路描述	特点及应用
换向阀 6 处于左位时，泵与蓄能器 7 分别经阀 5 和阀 4 向液压缸左腔供油，活塞向右快进。此时阀 3 的控油口通过换向阀 6 左位与油箱相通，阀 3 关闭。当活塞受到载荷后，压力升高，阀 4 关闭，蓄能器 7 停止供油，而泵继续供油 换向阀 6 切换至右位，泵输出压力油进入液压缸右腔，右腔和阀 3 的控制油口相通，此时压力足以打开阀 3，液压缸左腔回油流入蓄能器 7，多余的油液经阀 2 流回油箱	采用蓄能器 7 使活塞向右运动时实现快速运动 应用于间歇运动的液压机械，当执行元件间歇或低速运动时，泵向蓄能器充油

5.5.2 蓄能器快速运动回路Ⅱ（图 5-11 和表 5-11）

5.5.3 蓄能器快速运动回路Ⅲ（图 5-12 和表 5-12）

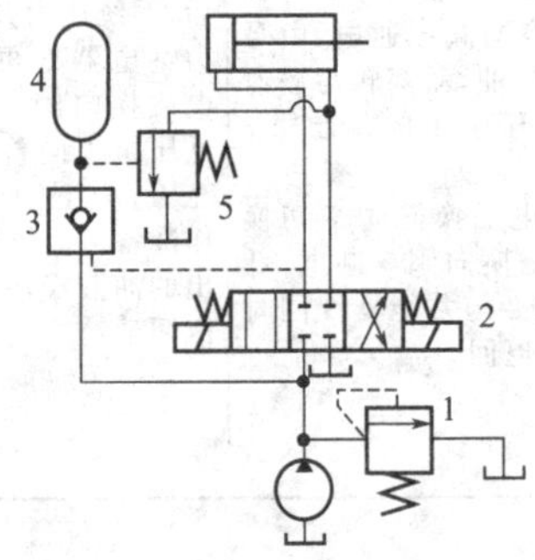

图 5-11　蓄能器快速运动回路Ⅱ

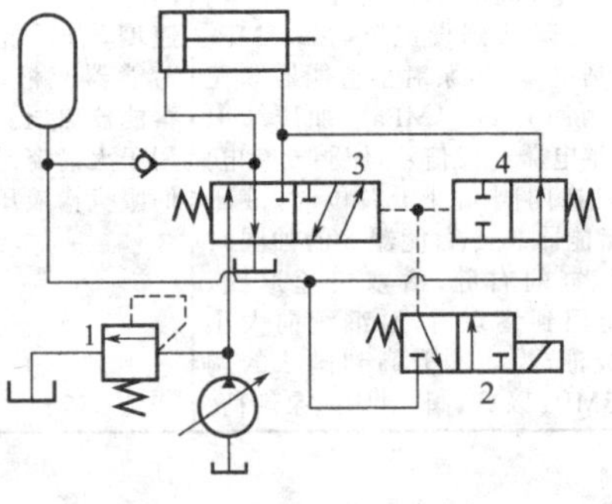

图 5-12　蓄能器快速运动回路Ⅲ

表 5-11　蓄能器快速运动回路Ⅱ

回路描述	特点及应用
换向阀 2 处于左位，液控单向阀 3 打开，泵经过换向阀 2，蓄能器 4 经液控单向阀 3，同时向液压缸左腔供油，活塞快速向右移动 若阀 2 切换到右位，活塞向左退回，并通过阀 3 向蓄能器 4 充液，直到压力达到卸荷阀 5 的调定压力后，泵通过阀 5 卸荷	活塞向右运动单方向快速运动，向左运动时给蓄能器 4 充液 应用于间歇运动的液压机械，当执行元件间歇或低速运动时，泵向蓄能器充油，如液压电梯等

表 5-12　蓄能器快速运动回路Ⅲ

回路描述	特点及应用
当阀 2 通电处于右位时，蓄能器中的压力油经阀 2 使阀 3、4 同时切换，阀 3 处于右位，阀 4 处于左位，蓄能器油路被关闭，由泵单独供油到液压缸左腔，活塞缓慢向右移动，移动速度可以由变量泵调节。当活塞退回到终点后，泵继续对蓄能器充液，充液压力由溢流阀 1 调节 当阀 2 复位处于左位时，阀 3 处于左位，阀 4 处于右位（图示位置），蓄能器通过阀 4 向液压缸右腔供油，活塞快速退回	回路中变量泵可以自动根据液压缸的速度调节泵的输出流量。活塞向左退回时单方向快速运动 应用于间歇运动的液压机械，当执行元件间歇或低速运动时，泵向蓄能器充油

5.5.4 蓄能器快速运动回路Ⅳ（图 5-13 和表 5-13）

5.5.5 蓄能器快速运动回路Ⅴ（图 5-14 和表 5-14）

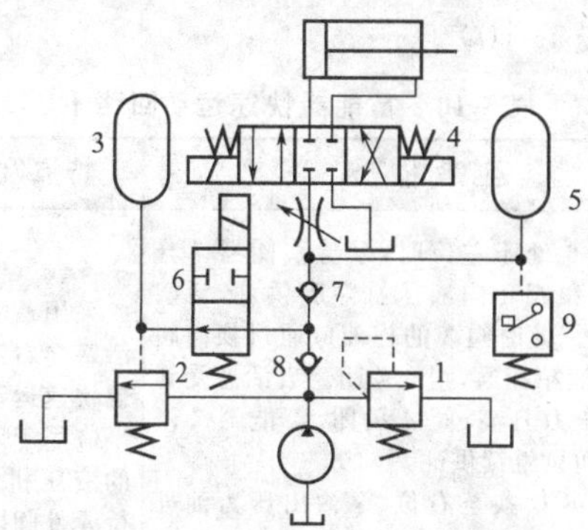

图 5-13 蓄能器快速运动回路Ⅳ

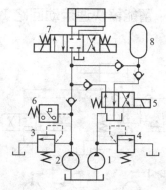

图 5-14 蓄能器快速运动回路Ⅴ

表 5-13 蓄能器快速运动回路Ⅳ

回路描述	特点及应用
当电磁换向阀 4 处于左位时，液压泵与蓄能器 3、5 的油同时流入液压缸的左腔，活塞快速右移。当碰到行程开关后，阀 6 得电，液压缸慢速右移 当压力升高到压力继电器 9 的调定压力 11MPa 时，压力继电器 9 发出信号，阀 6 断电，此时小蓄能器 5 保压。当 5 的压力降低到设定压力 9.5MPa 时，阀 6 通电，液压泵对小蓄能器 5 充液，使压力回升到 11MPa。加压结束后，压力继电器 9 发信号，使阀 6 断电 当电磁换向阀 4 处于右位时，液压泵与大蓄能器 3、小蓄能器 5 的油同时流入液压缸的右腔，活塞快速退回。当活塞退回到终点时，泵继续向大小蓄能器充液，当压力升高到阀 2 的调定压力 8MPa 以后，阀 2 打开，泵卸荷	大小两个蓄能器同时供油增加运动速度，当系统对大蓄能器充液时，小蓄能器保压。例如用于火箭姿态控制伺服机构液压回路

表 5-14 蓄能器快速运动回路Ⅴ

回路描述	特点及应用
电磁换向阀 7 处于左位时，低压泵 1 和高压泵 2 与蓄能器 8 同时向液压缸供油，活塞向右快速运动 当压力升高到压力继电器 6 的调定压力时，电磁换向阀 5 通电，由泵 2 单独向液压缸供油，活塞转为慢速加压行程。而低压泵 1 向蓄能器 8 充液 加压结束后，电磁换向阀 7 切换到右位，同时电磁换向阀 5 断电，低压泵 1 和高压泵 2 与蓄能器 8 同时供油使活塞快速退回	该回路为双向增速回路 活塞退回到终点后，系统压力升高，压力继电器 6 再动作，电磁换向阀 5 得电，低压泵 1 向蓄能器 8 充液，为下一个循环作准备。高压泵 2 输出的油液经溢流阀 3 流回油箱

5.6 蓄能器辅助供油的快速运动回路（图 5-15 和表 5-15）

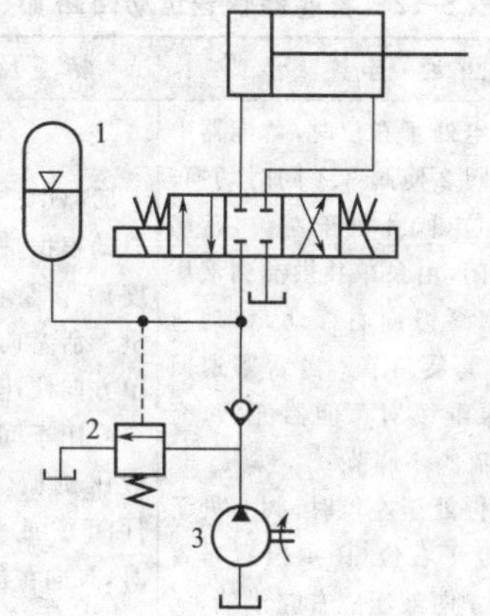

图 5-15 蓄能器辅助供油的快速运动回路

表 5-15 蓄能器辅助供油的快速运动回路

回路描述	特点及应用
图 5-15 所示为用蓄能器辅助供油的快速回路，用蓄能器使液压缸实现快速运动 当换向阀处于中位时，液压缸停止工作，液压泵 3 经单向阀向蓄能器 1 供油，随着蓄能器内油量的增加，压力亦升高，至液控顺序阀 2 的调定压力时，液压泵卸荷 当换向阀处于左位或右位时，液压泵 3 和蓄能器 1 同时向液压缸供油，实现快速运动	这种回路适用于短时间内需要大流量的场合，并可用小流量的液压泵使液压缸获得较大的运动速度，但蓄能器充油时，液压缸必须有足够的停歇时间

5.7 辅助缸的快速运动回路

5.7.1 辅助缸的快速运动回路Ⅰ（图5-16和表5-16）

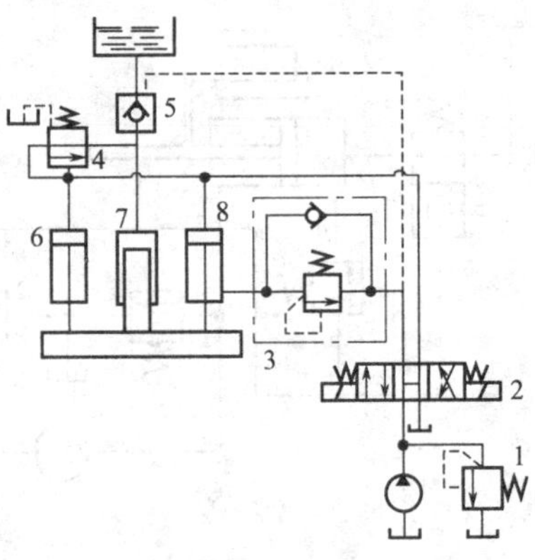

图5-16 辅助缸的快速运动回路Ⅰ

表5-16 辅助缸的快速运动回路Ⅰ

回路描述	特点及应用
当换向阀2处于右位时，压力油流入两个有效面积较小的辅助缸6、8上腔，使主缸7活塞和辅助缸6、8的活塞快速下降。此时主缸7上腔通过阀5自高位油箱自吸补油 当接触到工件后，油压上升到阀4的调定压力时，阀4打开。压力油同时流入缸6、8和缸7的上腔，活塞转为加压行程 当换向阀2处于左位时，压力油经阀3中的单向阀流入缸8下腔，缸6、8上腔油液经换向阀2流回主油箱，活塞上升。此时液控单向阀5在压力油作用下打开，缸7上腔的压力油流回辅助油箱	本回路采用辅助缸增速，活塞向下运动时增速。此回路在大中型液压机系统中普遍使用。阀3为平衡阀，防止滑块因自重下滑

5.7.2 辅助缸的快速运动回路Ⅱ（图5-17和表5-17）

5.7.3 辅助缸的快速运动回路Ⅲ（图5-18和表5-18）

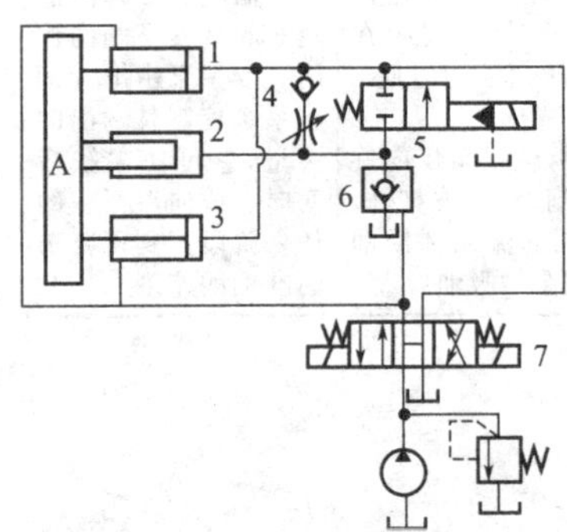

图5-17 辅助缸的快速运动回路Ⅱ

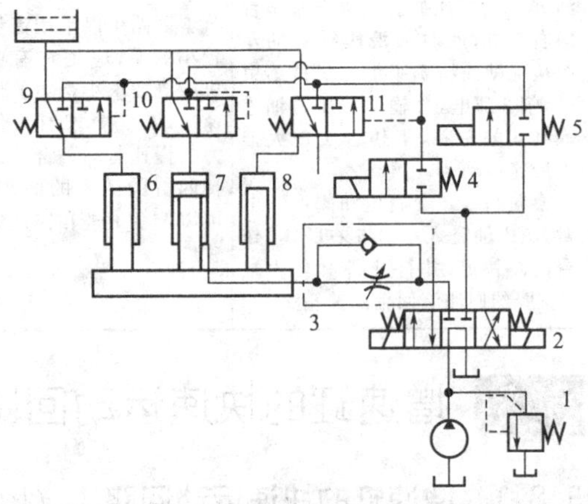

图5-18 辅助缸的快速运动回路Ⅲ

表5-17 辅助缸的快速运动回路Ⅱ

回路描述	特点及应用
当换向阀7处于右位时，压力油同时流入两个有效作用面积较小的辅助缸1、3右腔，辅助缸1、3的活塞使滑块A向左快速运动，主缸2的活塞在滑块A的带动下一起快速运动，此时主缸2内产生真空，通过阀6向右腔充油。当碰到行程开关，阀5通电，压力油同时流入辅助缸1、3和主缸2右腔，滑块转为慢速加压行程 当换向阀7切换到左位，油液流入缸1、3的左腔，滑块向右运动。阀5断电，主缸2液流通过节流阀4、换向阀7流回油箱，直到阀6打开，主缸2液流通过阀6流回油箱，缸1、3油液经阀7左位流回油箱，滑块向右快速退回	适用于大型液压机液压系统

表5-18 辅助缸的快速运动回路Ⅲ

回路描述	特点及应用
换向阀2切换至右位，阀5通电，阀10在压力油作用下处于右位，压力油经阀2、阀5、阀10输入液压缸7的上腔，而柱塞缸6、8通过阀9和11从辅助油箱吸油。此时为快速行程 当阀4和阀5同时通电时，压力油同时流入液压缸7和柱塞缸6、8，转为慢速加压行程	快、慢速的转换可以用行程开关、电接点压力表或压力继电器来进行控制 行程控制方式主要用于闭锁前需减速的场合，如粉末冶金压机

5.7.4 辅助缸的快速运动回路Ⅳ（图 5-19 和表 5-19）

5.7.5 辅助缸的快速运动回路Ⅴ（图 5-20 和表 5-20）

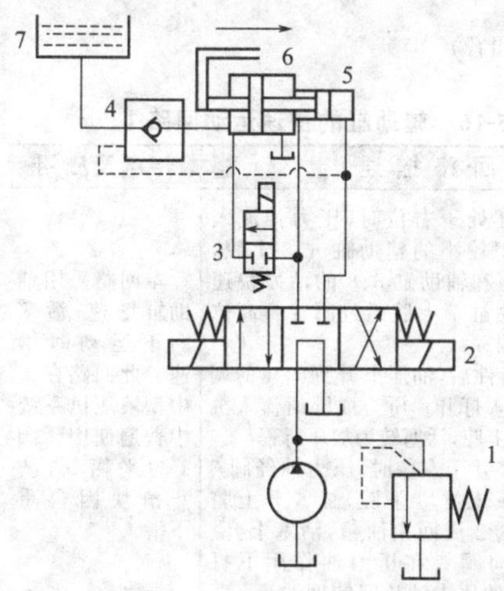

图 5-19 辅助缸的快速运动回路Ⅳ

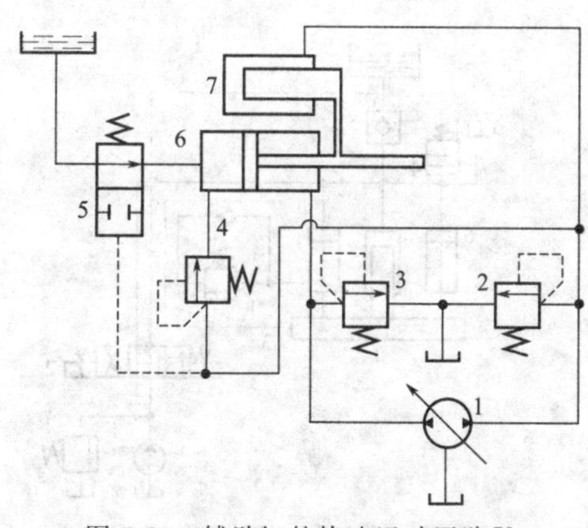

图 5-20 辅助缸的快速运动回路Ⅴ

表 5-19 辅助缸的快速运动回路Ⅳ

回路描述	特点及应用
当换向阀 2 处于左位时，压力油进入小液压缸 5 左腔，工作台向右快进，此时大液压缸 6 的左腔从辅助油箱 7 吸油。快进结束时，阀 3 通电，泵输出的压力油进入缸 6 的左腔，工作台实现大推力慢速运动 换向阀 2 处于右位和阀 3 断电时，压力油流入小缸 5 右腔，工作台向左快退，并打开阀 4，使大缸 6 左腔的回油流回辅助油箱 7	本回路可以采用流量较小的泵，应用在有些机床既要求小推力的快速运动，又要求有大推力的慢速运动。合理选择两缸的活塞的面积，可以改变工进和快进的速度

表 5-20 辅助缸的快速运动回路Ⅴ

回路描述	特点及应用
快进时，泵 1 右端出油，压力油流入辅助缸 7，缸 7 的柱塞带动主缸 6 的活塞向右快速移动，主缸 6 的左腔通过阀 5 从辅助油箱吸油。当活塞碰到工件压力升高后，阀 5 在压力油作用下关闭处于下位，阀 4 在压力油作用下打开，压力油通过阀 4 流入主缸 6 右腔加压 当活塞向左退回时，变量泵反向旋转供油，阀 5 复位处于上位被打开，缸 6 左腔的油液经阀 5 流回辅助油箱。缸 7 的油液流回泵的吸油口	缸 7 柱塞端面积和缸 6 右腔环形面积应该相等，因此本回路的快进和快退速度相等。溢流阀 2 和溢流阀 3 起到安全阀的作用。变量泵由电气伺服系统控制其输出的液量，它可使主缸活塞向右或向左行程的任一阶段得到所要求的准确的速度

5.8 增速缸的快速运动回路

5.8.1 增速缸的快速运动回路Ⅰ（图 5-21 和表 5-21）

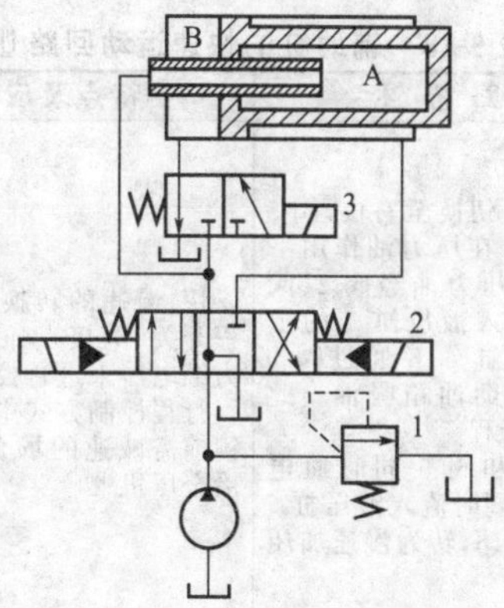

图 5-21 增速缸的快速运动回路Ⅰ

表 5-21 增速缸的快速运动回路Ⅰ

回路描述	特点及应用
当换向阀 2 处于左位时，压力油流入增速缸 A 腔，因 A 腔有效面积小，活塞快速向右运动（此时液压缸 B 腔经换向阀 3 从油箱自吸补油）。当活塞快速运动到设定位置时，压下行程开关，行程开关发信号，使二位三通换向阀 3 通电，液压泵输出的油液同时进入 A 腔和 B 腔，B 腔有效面积较大，实现慢速进给	增速缸结构复杂，增速缸的外壳构成工件缸的活塞部件。通常应用于中小型液压机中

5.8.2　增速缸的快速运动回路Ⅱ（图 5-22 和表 5-22）

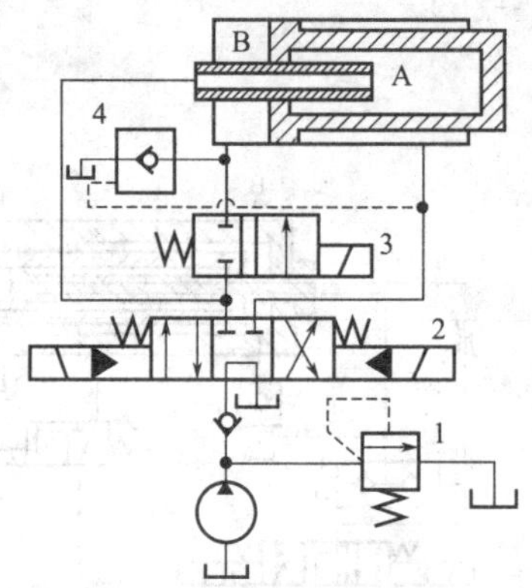

图 5-22　增速缸的快速运动回路Ⅱ

表 5-22　增速缸的快速运动回路Ⅱ

回路描述	特点及应用
当换向阀 2 处于左位，阀 3 处于右位时，压力油只流入增速缸 A 腔，因其有效面积较小，所以活塞快速向右运动。液压缸的 B 腔经阀 4 从油箱补油。当二位二通阀 3 通电时，压力油可同时进入 A 腔和 B 腔有效面积较大，实现慢速进给行程	通常用于空行程要求快速的卧式液压机上

5.8.3　增速缸的快速运动回路Ⅲ（图 5-23 和表 5-23）

5.8.4　增速缸的快速运动回路Ⅳ（图 5-24 和表 5-24）

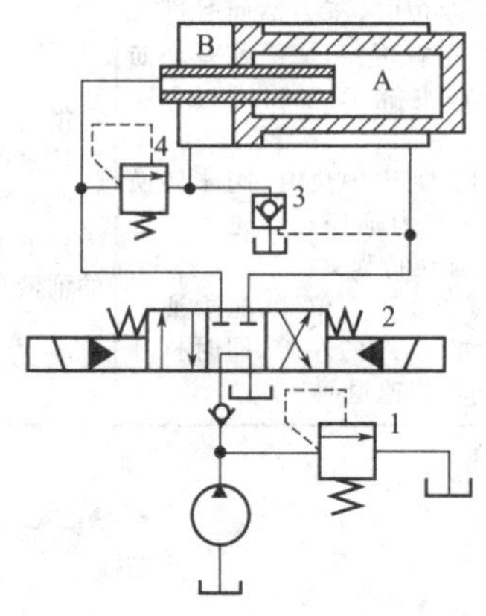

图 5-23　增速缸的快速运动回路Ⅲ

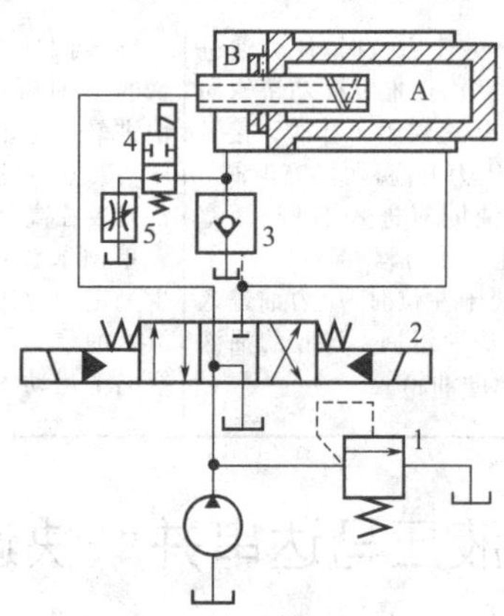

图 5-24　增速缸的快速运动回路Ⅳ

表 5-23　增速缸的快速运动回路Ⅲ

回路描述	特点及应用
当换向阀 2 处于左位时，压力油只流入增速缸 A 腔，因其有效面积较小，活塞快速向右运动。液压缸的 B 腔经阀 3 从油箱补油，当活塞接触到工件时，阀 4 打开，压力油同时进入 A 腔和 B 腔，实现慢速加压	该回路为压力控制的增速缸增速回路。阀 4 的调定压力由快进转工进的压力决定

表 5-24　增速缸的快速运动回路Ⅳ

回路描述	特点及应用
辅助缸 A 上开有螺旋槽，根据缸 A 柱塞相对于主缸 B 主活塞的转动角度来决定压力油流入主缸 B 左腔的位置，也就改变了活塞向右快速行程的长度。换向阀处于右位时，油液进入辅助缸 A。阀 3 为充油阀，阀 4 断电后，缸 B 左腔油液通过节流阀 5 流回油箱	适用于在工作行程中某一阶段需要增速的场合。增速比例取决于增速缸的螺旋槽的长度和结构

5.8.5 增速缸的快速运动回路Ⅴ（图 5-25 和表 5-25）

5.8.6 增速缸的快速运动回路Ⅵ（图 5-26 和表 5-26）

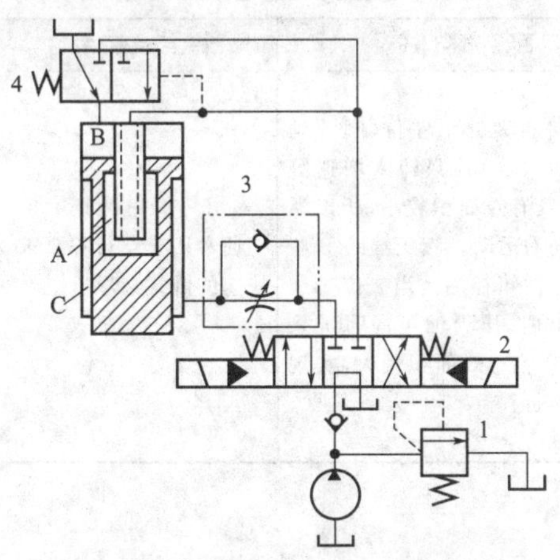

图 5-25 增速缸的快速运动回路Ⅴ

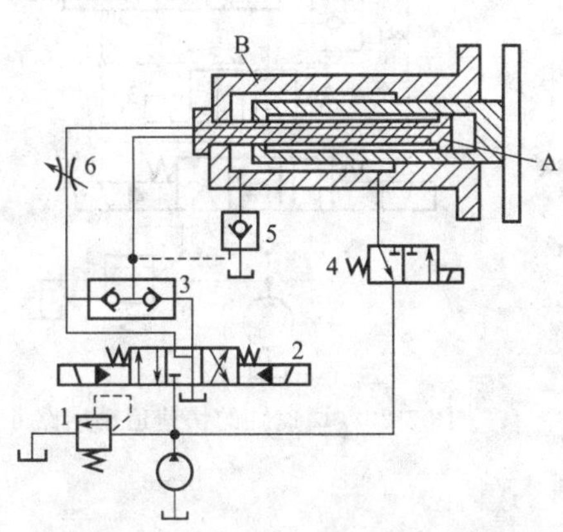

图 5-26 增速缸的快速运动回路Ⅵ

表 5-25 增速缸的快速运动回路Ⅴ

回路描述	特点及应用
当换向阀 2 处于右位时，压力油进入到 A 腔，活塞由助推缸推动快速向下运动。B 腔经充液阀 4 补油。接触工件后，系统压力升高，切换充液阀 4 到右位，压力油同时进入 B 腔，活塞自动转为慢速加压行程 换向阀 2 处于左位时，压力油进入到 C 腔，活塞快速退回。B 腔的油液经阀 4 流回辅助油箱	调节阀 4 左侧弹簧的力即可以改变快进转慢进的转换压力。辅助油箱通常安装在高处 单向节流阀 3 产生一定的背压，平衡活塞的重力，不使活塞向下运动太快

表 5-26 增速缸的快速运动回路Ⅵ

回路描述	特点及应用
换向阀 2 左位时，压力油同时进入助推缸 A 的左右两腔，使活塞差动向右快速移动，主缸 B 右腔通过阀 5 充油 当换向阀 2 处于中位时，阀 4 切换到左位，高压压力油经阀 4 进入主缸 B，实现慢速加压行程 当换向阀 2 处于右位时，压力油经阀 3 进入助推缸 A 的左腔，同时打开阀 5，活塞向左快速退回	增速比例取决于增速缸的结构 阀 6 可以调节进入助推缸 A 右腔的油液量

5.9 液压马达串并联快速运动回路

5.9.1 液压马达串并联快速运动回路Ⅰ（图 5-27 和表 5-27）

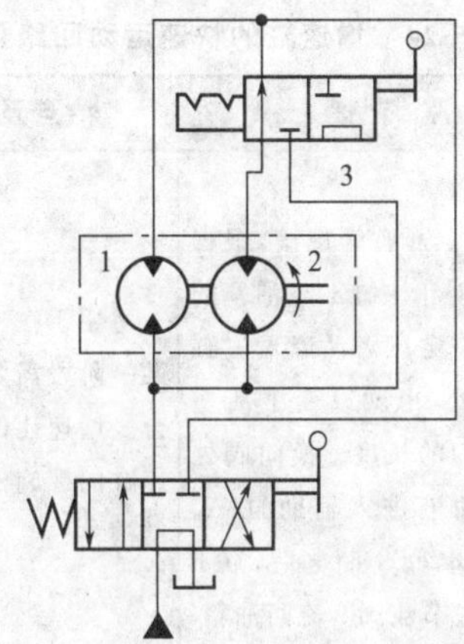

图 5-27 液压马达串并联快速运动回路Ⅰ

表 5-27 液压马达串并联快速运动回路Ⅰ

回路描述	特点及应用
图 5-27 所示为液压马达并联快速运动回路，并联的两个定量液压马达 1 和 2 的输出轴刚性地连接在一起，二位三通换向阀 3 处于左位时，马达 1 与 2 并联，若两马达排量相等，则进入每个马达的流量为总流量的一半，故两马达低速旋转，输出转矩大 当阀 3 切换至右位时，压力油仅驱动马达 1，马达 2 自成回路而空转，因此两马达高速旋转，输出转矩减小为一半	液压驱动的行走机械中，根据行驶条件往往需要快慢两挡转速。在平地行驶为高速，在上坡时为低速大输出转矩 采用两个液压马达，通过改变连接状态，以实现变速目的

5.9.2 液压马达串并联快速运动回路Ⅱ（图 5-28 和表 5-28）

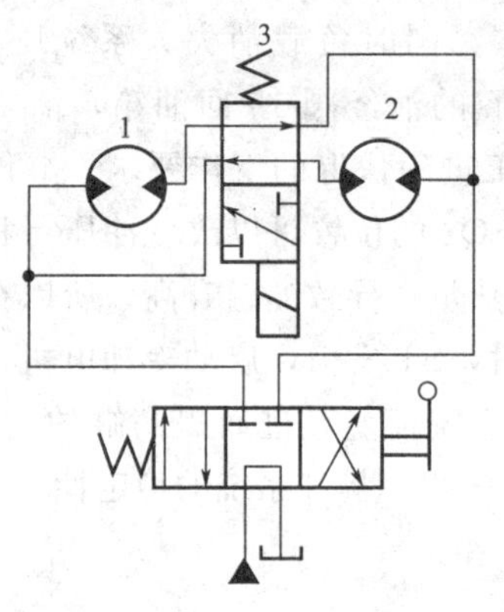

图 5-28 液压马达串并联快速运动回路Ⅱ

表 5-28 液压马达串并联快速运动回路Ⅱ

回路描述	特点及应用
图 5-28 所示为液压马达串并联快速运动回路，二位四通电磁阀 3 处图示上位时，马达 1 与 2 并联，马达低速旋转；当阀 3 通电切换至下位时两马达串联，两马达转速加倍，但输出转矩减半	采用两个液压马达，通过改变串并联连接，以达到上述目的

5.10 快速回路应用实例

5.10.1 高速冲床液压系统

高速冲压技术是目前被广泛应用的金属压力加工方法之一，它具有效率高、能量省、成本低的特点。

该高速冲床既可以对工件进行冲孔加工，又可以进行冲压成形。其工作循环为快速下行→缓慢冲压→快速返回→原位停止。冲压过程中，要求滑块以较快的速度下降，遇到负载（工件）时，冲头速度降低，系统压力升高，确保对钢板的准确冲压成形，冲压完毕，冲头快速上升。

为实现快速冲压，本液压系统采用“差动连接＋蓄能器＋双泵供油”的组合快速回路，极大地提高了冲头上行和下行的速度。控制元件采用比例伺服方向控制阀，利用其响应频率高的特点，实现快速频繁换向。高速冲床液压系统原理如图 5-29 所示。

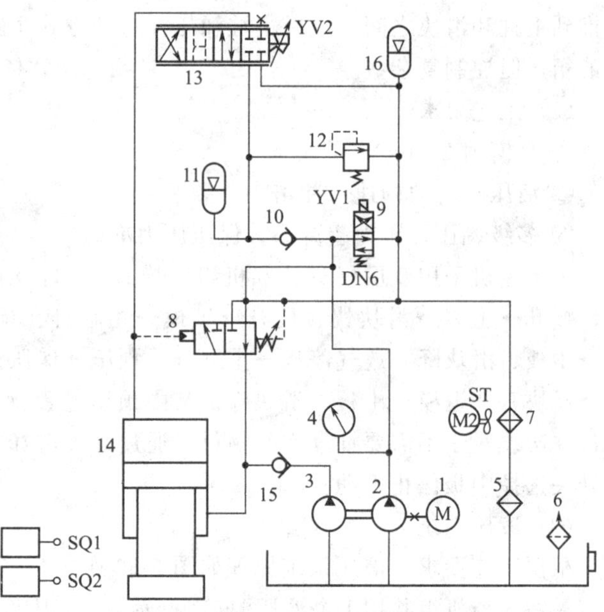

图 5-29 高速冲床液压系统原理图

1—电机；2—高压大流量泵；3—低压小流量泵；4—压力表；5—过滤器；6—空气滤清器；7—冷却器；8—液动换向阀；9—电磁换向阀；10、15—单向阀；11、16—蓄能器；12—溢流阀；13—比例伺服阀；14—液压缸

比例伺服阀 13 右位工作，来自低压泵 3 的液压油经液动换向阀 8 和高压泵 2 排出的液压油一起经比例伺服阀 13 进入液压缸上腔，缸下腔的油经阀 8 和比例阀 13 进入液压缸上腔，组成差动回路，活塞杆带动冲头快速向下运动。当冲头遇到工件受阻时，系统压力升高，达到液动

阀 8 的设定压力时，阀 8 左位接通，大流量泵 2 卸载，差动连接被切断，由低压小流量泵 3 经阀 13 向液压缸的上腔供油，活塞向下运动，冲压工件。冲头到达下位极限，接近开关 SQ2 发信号，使比例阀的输入电压信号为负，左位工作，同时负载消失，系统压力降低，阀 8 右位接通，泵 3 和泵 2 同时向液压缸下腔供油，上腔的油经阀 13 回油箱，活塞快速向上运动，完成了一个工作循环。此循环中实现了快进—工进—快退的工作要求。缸停止动作时，泵 2、泵 3 通过换向阀 9 卸载。调整接近开关 SQ1、SQ2 的位置可以改变冲压行程。因为该系统工作特点是高频、高速、高压，系统易产生大量的热量，导致油温升高，所以在回路上安装了冷却器，ST 为温度发信装置，当温度高于设定值时，ST 发信，启动冷却电机。系统中还加入了蓄能器 11，它作为辅助动力源，可以短时提高系统流量，进而提高缸的运动速度。回油路上增加蓄能器 16，可以吸收液压冲击，消除振动和噪声，提高系统的稳定性。

5.10.2 热压成型机液压系统

（1）概述

热压成型机是通过加压、加热方法使物料成型的压力机。可用于生产瓶塞、密封圈、轮胎等橡胶制品，一次性快餐盒、方便面碗、盘碟等植物纤维物料的环保产品。

热压成型机主体是液压压力机，但具备加热功能。热压成型机主机一般采用三梁四柱结构，上下各 1 个固定横梁，横梁用 4 个立柱支撑，在活动梁（滑块）和一个横梁之间有上下加热板和模具。机器是针对保压时间长的橡胶制品，为增加产量，提高效率，主机有以下特点。

① 双层模具在滑块和固定梁之间再加 1 个辅助动梁（中板），这样 1 个机组可以加 2 套模具。

② 双机组左右两个完全相同的机组共用 1 套液压系统和控制系统，双机交替动作。一台机组停止或保压时，另一台机组动作。

③ 锁模结构滑块的移动和加压由 2 个缸完成，滑块缸带动滑块快速移动，锁模缸将锁块推到主缸和滑块之间，最后主缸加压。这种方式主缸行程非常短，可采用柱塞缸，不用高位油箱，但控制复杂些。

（2）工艺要求

① 合模力 2500kN。

② 液压缸运动调速，冲击小。

③ 多级调压，压力超调小，保压压力准确。

由于主机采用双层模具、双机组锁模式结构，动作比较多，其工艺过程为上料→中板快、慢升→上料→滑块快、慢升→锁模→主缸升、预压、抽真空开始→预压停顿→卸压放气→中板、滑块降→放气停顿→主缸升、预压→保压计时、补压、抽真空结束→滑块、主缸降→滑块升→退模→中板、滑块降。其中预压过程（放气过程）一般进行 3～5 次，最多不超过 9 次。对于不需要抽真空的物料，通过开关选择不抽真空。如果只有一层模具，也可通过开关选择中板停止不动。

（3）液压系统

根据工艺要求，液压系统原理如图 5-30 所示。

左右 2 个机组共用 1 个液压源 1、卸荷阀 2、比例流量压力复合阀 3，右机组的阀和液压缸与左机组完全相同，其液压回路未画出。真空罩分别与上横梁、中板固定，系统没有单独真空罩缸。

液压系统主要参数有压力 21MPa，流量 60L/min，主缸直径 400mm，主缸行程 40mm。液压源采用的是柱销式双联叶片泵，快速时双泵供油，慢速高压到大流量泵通过顺序阀 2 卸

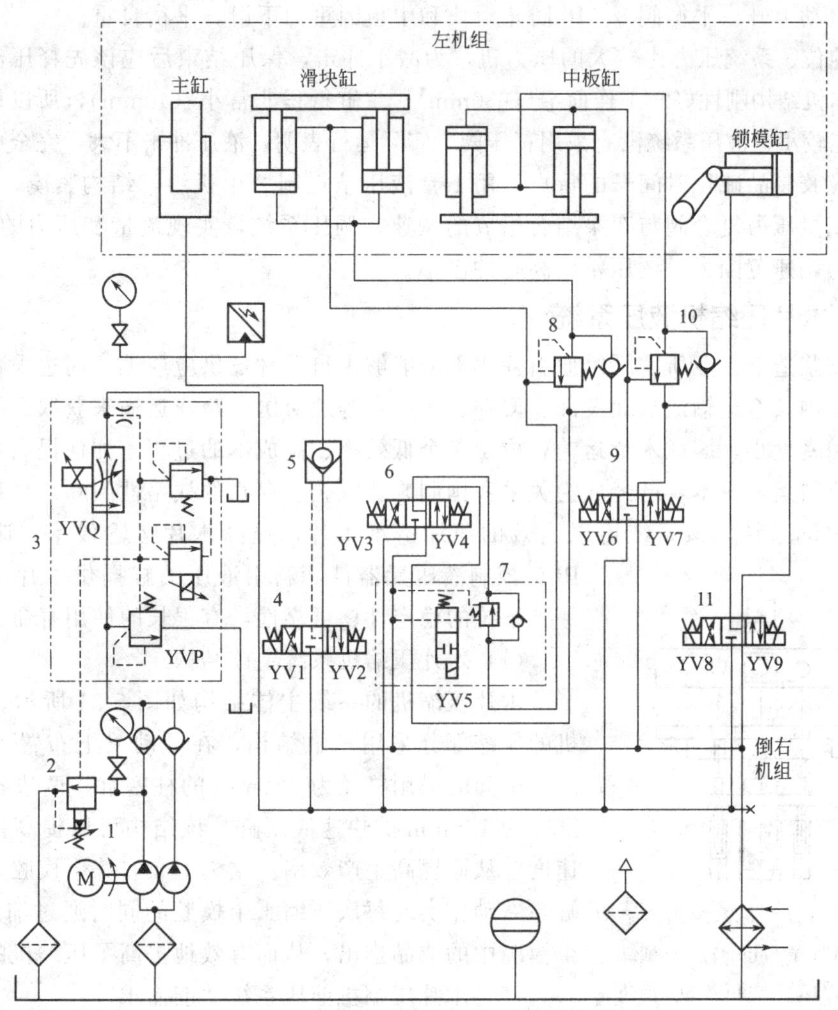

图 5-30 液压系统原理图

1—液压泵；2—卸荷阀；3—比例阀；4、6、9、11—换向阀；5—液控单向阀；7—电磁卸荷阀；8、10—平衡阀

载，小流量泵供油，节约能源。

液压系统的速度压力调节采用比例流量压力复合阀。其中的比例调速阀为具有温度补偿功能的溢流调速阀，流量稳定，没有节流损失。比例调速阀实现所有液压缸全行程调速，比如运动快速，接近终点慢速，且速度转换平稳，冲击小。比例压力阀实现无极调压，保压压力超调非常小。在使用时，对比例阀进行了标定，根据标定结果，通过查表插值的方法，确定压力流量输出，减少了非线性，提高了压力、速度控制精度。

三位四通电磁换向阀 4、6、9、11 中位机能为 Y 型。在反复预压过程中，中板缸和滑块缸处于“浮动”状态，可从油箱中吸油，同时确保本机组停止或保压即换向阀中位时，压力油路封住，另一个机组能进行动作循环，两机组互不干涉。Y 型机能也保证单层模具时，机组正常工作。保压是热压成型机不可缺少的功能。本系统采用液控单向阀 5 保压，保压性能好。压力传感器检测保压压力，如果保压压力低，系统自动补压。阀 7 是单向电磁卸荷阀，作用是平衡由于真空产生的负压，防止电磁换向阀 6、9 在中位时，滑块和中板因模具室真空而自动上升。平衡阀8、10防止滑块和中板因重力下滑，平衡自重。

对于吨位、系统压力比较大的压力机，为减小冲击，保压结束后应该先释压，之后再回程。由于本机结构刚性好、工作面窄（630mm）、主缸行程非常小（40mm），所以机架和液压油的弹性能较小，液压系统没有采用释压阀。实际运行表明，液压冲击不大，完全可以接受。

利用橡胶制品硫化时间长的特点，用1台液压站控制2个机组，结构紧凑，节约成本。采用比例流量压力复合阀与双泵结合组成的调速、调压系统，实现流量和压力的连续调节，操作方便，调速范围大，调压精度高，冲击小。

5.10.3 木片压缩机液压系统

国内制浆造纸企业所需纤维原料除小部分能够由自营林场供应或工厂周边采购外，大部分要经过国内长途运输或从北美洲、澳洲、东南亚等地跨国、跨洋运输来获取。但是由于木片自然堆积密度小，因此木片运输就成了一个低效率、高成本的过程。如何提高木片运输效率、降低原料运输成本，已经成为关乎我国制浆造纸企业存亡的战略性问题。一种木片压缩机的液压驱动系统，该系统可以高效的压缩造纸木片，提高木片运输效率。该系统通过PLC控制液压元器件，利用液压油缸提供木片压缩力，确保了系统的稳定性、可靠性，有很长的使用寿命。

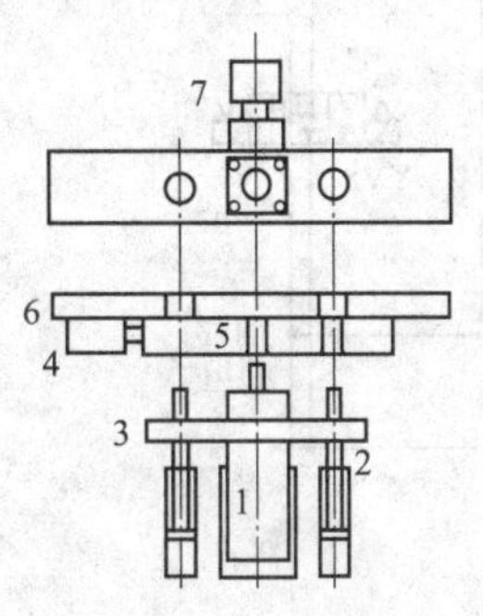

图5-31 木片压缩机系统主体结构

1—主缸（行程400mm）；2—辅缸（左与右，行程400mm）；3—活动梁；4—横移缸（行程500mm）；5—主模；6—机座；7—填料缸（行程600mm）

（1）木片压缩机系统主体结构

木片压缩机的系统主体结构如图5-31所示。木片压缩机的压缩部分采用三缸结构，在活动梁下布置了3个液压缸，中间的采用缸径为522mm的柱塞缸，两边各布置1个缸径为125mm的快速液压缸，该结构可以提高主缸快进的速度，从而提高生产效率。主模上布有2个模腔，通过横移缸左右动作实现每次压缩1个模腔的同时通过辅缸把另外1个模腔中的成品推出，从而有效地提高了压缩机的产能。

（2）木片压缩机液压系统功能需求

木片压缩是造纸木材原料加工生产线的核心部分，压缩设备的推板由液压缸驱动，将木片向主模腔推进并压缩，直到达到设定的压缩比。因此，液压驱动系统应满足以下功能。

① 下料功能 木片通过传动带进入料仓中，通过液压缸下行动作来下料，保证压缩机的推板每次都可以压缩足够的木片量。

② 压缩功能 压缩木片时要确保压力合适，压力太小压缩比无法达到，压力过大容易破坏木片的纤维。为了保证压缩质量、提高压缩效率、节约能耗，液压系统采用比例控制、集成插装和双泵供油技术。

③ 横移功能 主模上布置了2个模腔，通过横移液压缸的往返动作实现模腔的更替压缩。

④ 推出功能 为了提高效率，采用双模腔的手段，每次主缸压缩中间模腔中木片的同时将另外一个模腔中的成品推出。

⑤ 油温冷却控制功能 为了保证木片压缩机的产能，压缩机必须可以长时间稳定的工作。所以液压系统中需要配置高效的油温冷却装置，降低系统运行的故障率。

（3）木片压缩机液压系统设计

木片压缩机液压驱动系统的主要功能是在木片填入、压缩、推出等工作过程中，通过

PLC 控制相应的液压元器件，利用液压缸提供木片压缩力，把木片压缩成一定体积的长方体，其主要由油箱、恒功率泵、电动机、控制阀组、液压管路、液压缸等组成。

木片压缩机运行时，恒功率泵把电动机产生的机械能转换为液压能来推动液压缸实现木片填料、压缩和推出。整个液压系统采用了集成插装阀组、充液阀充液增速、双泵供油和比例控制等手段，既节约了能耗又提高了效率。采用 PLC 系统控制电磁换向阀的通电、断电状态，从而改变液压缸的进、回油路，使得整个系统往复运行。木片压缩机液压驱动系统原理如图 5-32 所示，电磁铁动作时序见表 5-29。

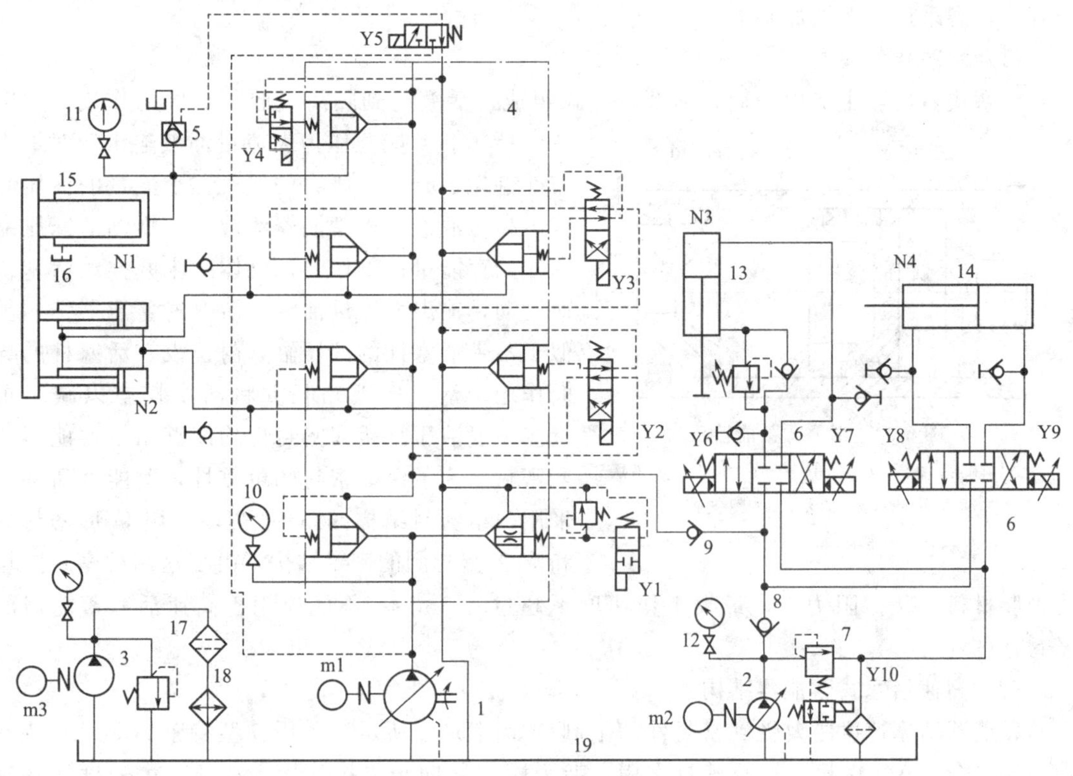

图 5-32　木片压缩机液压原理图

1、2—变量泵；3—叶片泵；4—普通插装组件；5—充液阀；6—三位四通比例换向阀；7—溢流阀；8、9—单向阀；10～12—压力表；13—填料缸（N3 油缸）；14—横移缸（N4 油缸）；15—主缸（N1 油缸）；16—辅缸（两个对称，N2 油缸）；17—过滤器；18—冷却器；19—油箱

表 5-29　电磁铁动作时序

动作	Y1	Y2	Y3	Y4	Y5	Y6	Y7	Y8	Y9	Y10
填料缸下							+			+
辅缸快进	+	+								+
主缸慢进	+			+						+
填料缸上						+				+
主缸退	+		+		+					+
模压缸左								+		+
模压缸右									+	+

注：+表示电磁铁得电。

5.10.4 高速活塞式蓄能器的应用

大功率液压系统中，液压缸活塞运动速度很快。导致需要的流量极大，液压泵输出流量一般很难达到要求。为此，可以采用蓄能器作为补充流量甚至主要流量来源，如液压弹射机构、高速液压上抛系统、液压锤。从节能的角度看，采用蓄能器供油的系统避免了大流量泵在非快进工况的能量损失，提高了能量利用效率。活塞式蓄能器具有输出流量大、结构简单、寿命长等特点。大流量蓄能器宜采用活塞式结构。提高活塞式蓄能器输出流量的方法，一是增大活塞直径，二是提高活塞运动速度，在结构允许的条件下，应采用前者，但在某些条件下，需采用后者增加流量。

（1）活塞式蓄能器

活塞式蓄能器主要由缸筒、活塞、端盖组成，活塞起到隔离气腔与液腔的作用，如图5-33所示。蓄能器作为大流量油液输出源时，工作前首先预充一定压力的氮气，小流量的液压泵输出高压油液进入蓄能器油液腔并推动活塞压缩气体储存能量；工作时，气体膨胀并推动活塞快速运动，输出大流量油液。活塞式蓄能器结构类似于不带活塞杆的液压缸，由于没有活塞杆的导向作用，活塞需要略长并将活塞掏空以减轻重量。一般液压缸活塞密封件均能够用于蓄能器活塞密封，为了保证密封的可靠性，蓄能器活塞可采用两组密封结构（图5-33），采用O形密封圈和Y形密封圈的密封结构，由于这两种密封圈均为橡胶材料，摩擦阻力大，最大工作速度不超过0.5m/s。不能应用于高速活塞蓄能器的密封。

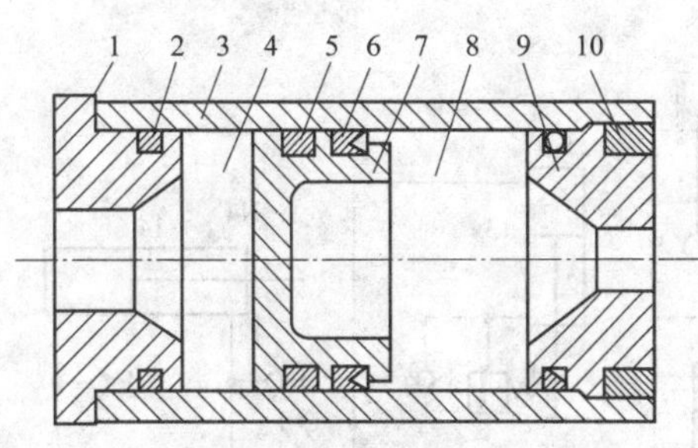

图5-33 活塞式蓄能器

1—液体端盖；2、5—O形圈；3—缸筒；4—油液腔；6—Y形圈；7—活塞；8—氮气腔；9—气体端盖；10—螺母

（2）高速活塞式蓄能器结构

蓄能器活塞速度主要受到密封件的限制，如图5-34所示。采用5型特康AQ封与特开斯来圈组合。AQ封起到气液密封作用，斯来圈起导向与支撑作用。活塞最大速度能达到5m/s。此结构应用于某高速液压系统中，活塞最大运动速度达到了4.5m/s，各项性能状况良好。

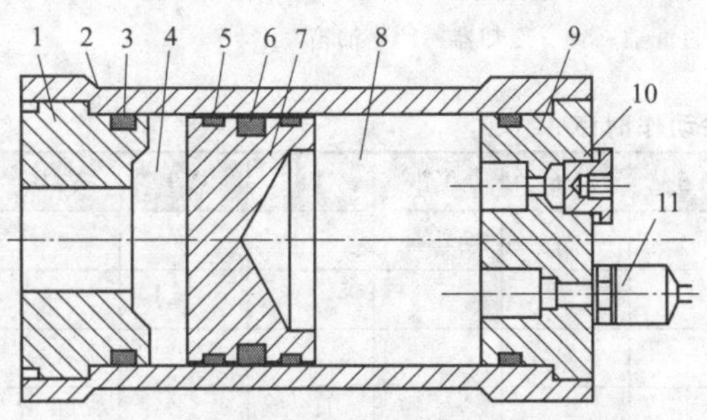

图5-34 高速活塞式蓄能器结构

1—液体端盖；2—缸筒；3—O形圈；4—液腔；5—斯来圈；6—AQ封；7—活塞；8—氮气腔；9—气体端盖；10—螺塞；11—压力变送器

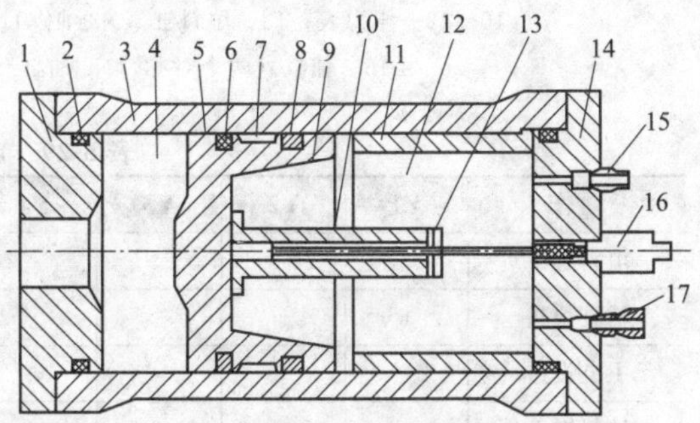

图5-35 大直径高速蓄能器结构

1—液体端盖；2—O形圈；3—缸筒；4—液腔；5—耐磨环；6—斯特封；7—油槽；8—AQ封；9—活塞；10—支架；11—限位套；12—气腔；13—磁环；14—气体端盖；15—压力表接口；16—位移传感器；17—气源接口

为增加可靠性，以及提高活塞式蓄能器使用寿命，可以采用组合密封的方式。图 5-35 为带有活塞位移传感的大直径高速活塞式蓄能器结构原理，主密封为斯特封加 5 型特康 AQ 封配对使用，特点是密封阻力小、沟槽简单，并在两者中间加过渡油槽。采用定容式结构。通过限位套控制充液过程中活塞最大位移，使充液体积恒定，通过改变充气压力即可得到不同的输出能量，蓄能器活塞最大速度达到 3m/s，使用中尚未出现问题。

高速活塞式蓄能器的活塞运动速度快，导致活塞剧烈碰撞端盖。必须进行缓冲，可参照液压缸活塞缓冲结构设计。图 5-36 是一种蓄能器与液压缸同步缓冲的方案，即控制液压缸活塞进入缓冲阶段时，蓄能器活塞也开始进入缓冲阶段，实际应用中获得较好的缓冲效果。

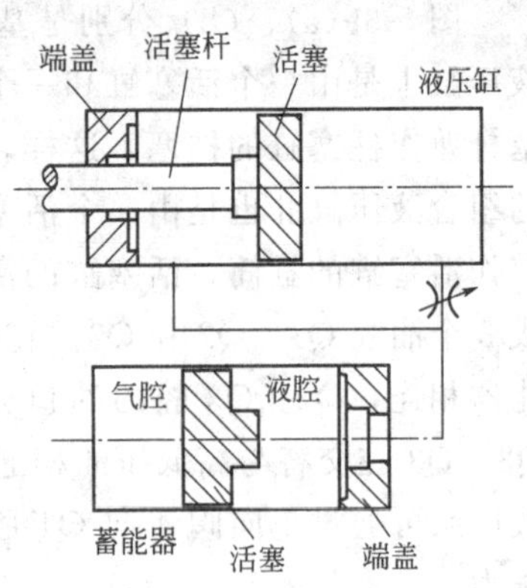

图 5-36　同步缓冲结构方案

（3）高速活塞式蓄能器的应用

高速活塞式蓄能器用于液压泵流量不足的场合，这在大功率液压系统中是比较常见的。如图 5-37 所示为液压冲击测试系统原理，通过高压气源和减压阀控制蓄能器预充气压力。初始状态下，主阀处于关闭状态，油源首先对蓄能器充液；充液完成后，切换伺服阀阀芯位置，使主阀打开，蓄能器储存油液通过主阀进入液压缸，实现活塞高速运动。采用定容式蓄能器，通过改变预充气压力得到不同负载对应的不同冲击速度。

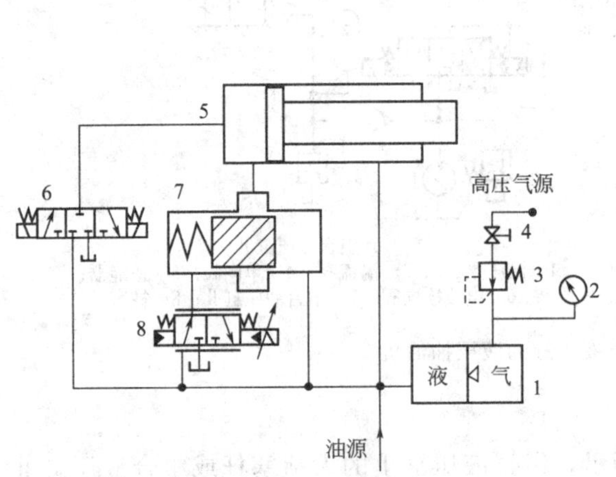

图 5-37　液压冲击测试系统

1—蓄能器；2—压力表；3—减压阀；4—手动截止阀；5—液压缸；6—电磁阀；7—主阀；8—三通伺服阀

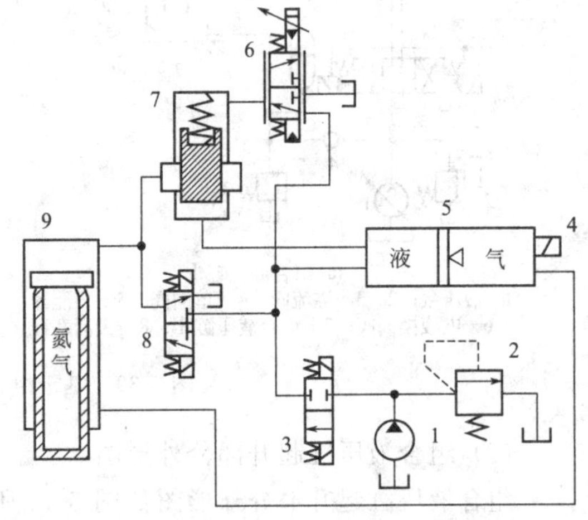

图 5-38　液压弹射机构原理

1—液压泵；2—溢流阀；3—二通电磁阀；4—压力传感器；5—蓄能器；6—伺服阀；7—主阀；8—三通电磁阀；9—液压缸

当蓄能器尺寸受到限制时，可采用附加气瓶或者其他储气装置，由于气体流动过程中能量损失小，可以使用小直径的长管，如图 5-38 所示，为某液压弹射机构原理，是对上述冲击系统原理的改进，将液压缸活塞杆挖空用于存储氮气。结构紧凑且重量轻。

5.10.5　组合液压缸节能液压抽油机

液压抽油机因为具有整机结构紧凑、重量轻、冲程长度和冲程次数调节方便等特点，在油田的采油作业中必将得到较快的发展。组合液压缸与蓄能器相结合的液压抽油机，在下行程时，能够回收抽油杆的重力势能并将其储存在蓄能器中；在上行程时，储存在蓄能器中的能量释放出来帮助液压泵起升抽油杆，因此节能效果显著。

（1）液压抽油机基本结构

图 5-39(a)、(b) 分别是基于两种类型组合液压缸的液压抽油机。图 5-39(a) 中的组合液压缸Ⅰ是由一个活塞缸和一个柱塞缸组合而成，活塞缸的大活塞杆用于起升抽油杆，小活塞杆兼作柱塞缸的柱塞，这样，组合液压缸Ⅰ分成 3 个油腔 Q1、Q2 和 Q3。图 5-39(b) 中的组合液压缸Ⅱ也是由一个活塞缸和一个柱塞缸组合而成，柱塞缸的柱塞用于起升抽油杆并兼作活塞缸的缸筒，活塞缸的活塞杆固定在柱塞缸的底盖上，这样，组合液压缸Ⅱ也可以分成 3 个油腔 Q1、Q2 和 Q3。在这两种类型组合液压缸的液压抽油机中，Q1 腔的油口都与蓄能器相连，Q2、Q3 腔的油口分别与电液换向阀 6 的两个油口相连。通过换向阀的换向，Q2、Q3 腔交替与高低压油相通。溢流阀 2 起安全保护作用，当系统过载时该阀开启溢流。液压泵可通过单向阀 4 向 Q1 腔蓄能器回路补油。溢流阀 3 控制 Q1 腔蓄能器回路的最高压力。

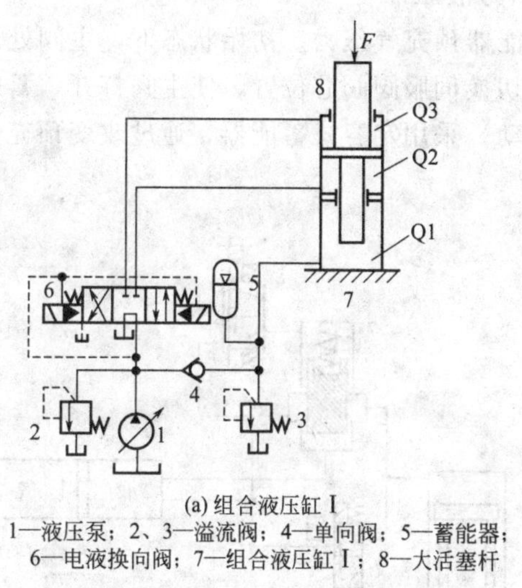

(a) 组合液压缸Ⅰ

1—液压泵；2、3—溢流阀；4—单向阀；5—蓄能器；6—电液换向阀；7—组合液压缸Ⅰ；8—大活塞杆

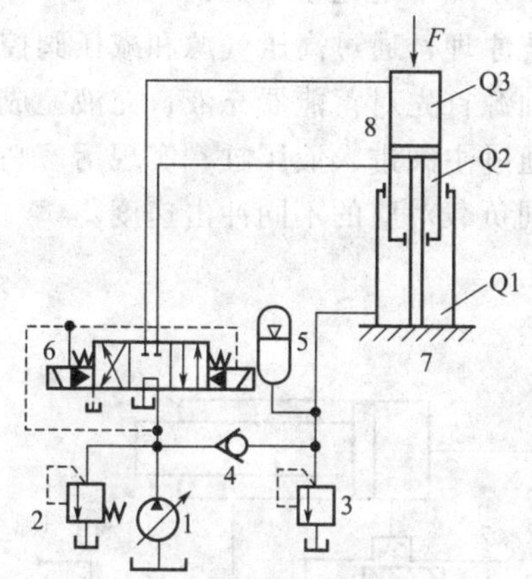

(b) 组合液压缸Ⅱ

1—液压泵；2、3—溢流阀；4—单向阀；5—蓄能器；6—电液换向阀；7—组合液压缸Ⅱ；8—柱塞

图 5-39　基于组合液压缸的液压抽油机

（2）组合液压缸起升部分外形图

组合液压缸起升部分外形图如图 5-40 所示，组合液压缸Ⅰ的大活塞杆或组合液压缸Ⅱ的柱塞上部装有动轮架，其上安装动滑轮，与安装在缸筒上的定滑轮构成增距 3 倍的滑轮系统。当大活塞杆或柱塞在油压作用下向上运动时，与之相连的动轮架和动滑轮也同步上升，通过滑轮系统使大钩带动抽油杆实现上行程作业；当大活塞杆或柱塞向下缩回时，实现抽油杆的下行程作业。

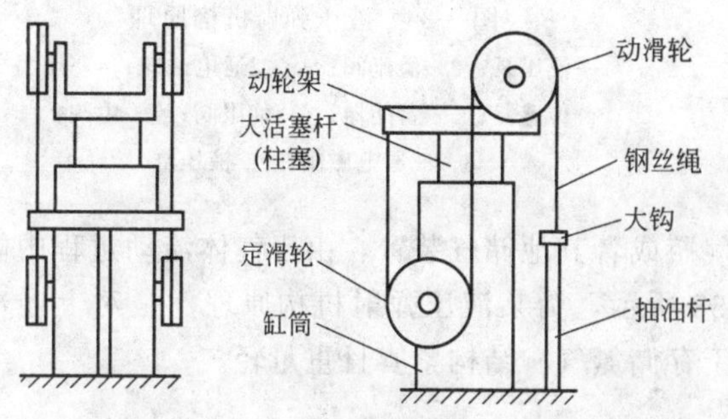

图 5-40　组合液压缸起升部分外形简图

（3）液压抽油机工作原理

因为这两种类型液压抽油机工作原理基本相同，现以基于组合液压缸Ⅰ的液压抽油机为例进行说明。

如图 5-39(a) 所示。首次运行时，电液换向阀 6 切换至右位，液压泵向 Q2 腔供油，Q3 腔回油，此时由于蓄能器中未充入液压油，Q1 腔-蓄能器回路处于低压状态，液压泵也向 Q1 腔供油，使大活塞杆上行带动抽油杆实现上行程作业。

当抽油杆上行至行程终点时，行程开关发出电信号，使电液换向阀 6 右端电磁铁断电，左端电磁铁通电，电液换向阀 6 切换至左位。液压泵向 Q3 腔供油，Q2 腔回油，在抽油杆重力及油压力的作用下大活塞杆向下运动，抽油杆实现下行程作业，同时 Q1 腔中的油液被挤入蓄能器中，蓄能器中的气体被压缩储存了能量。

当抽油杆下行至行程终点时，行程开关发出电信号，使电液换向阀 6 左端电磁铁断电，右端电磁铁通电，电液换向阀 6 切换至右位。液压泵向 Q2 腔供油，Q3 腔回油，同时蓄能器向 Q1 腔释放上次回收的能量，与 Q2 腔中的油压作用力一起使大活塞杆上行，带动抽油杆实现上行程作业。这样就可以实现抽油杆上下行程的不断往复运动，从而可带动抽油泵实现抽吸原油的作业。当电液换向阀 6 左右两端电磁铁都断电时，抽油杆在任意位置停留。

改变行程开关的位置就可调节冲程长度，调节变量液压泵的排量就可调节冲次。

第6章 速度转换回路

6.1 常用速度转换回路

6.1.1 用行程阀的速度转换回路（图 6-1 和表 6-1）

6.1.2 用行程节流阀的速度转换回路（图 6-2 和表 6-2）

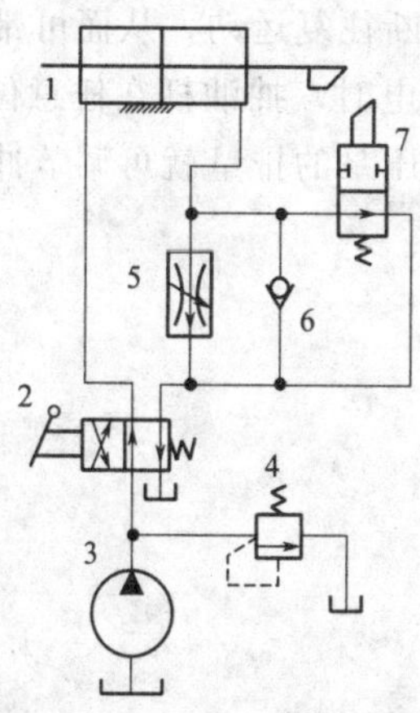

图 6-1 用行程阀的速度转换回路

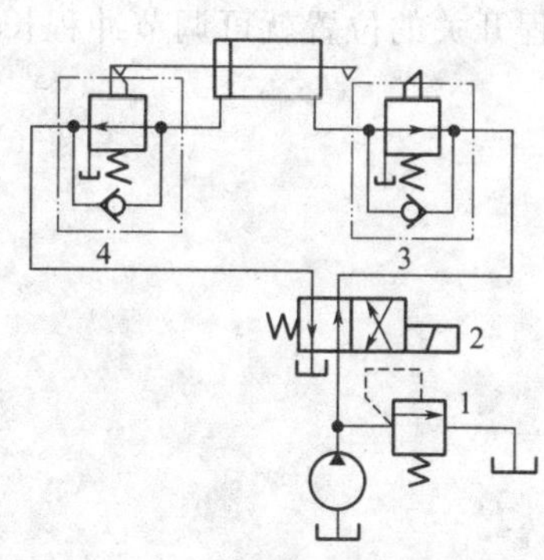

图 6-2 用行程节流阀的速度转换回路

表 6-1 用行程阀的速度转换回路

回路描述	特点及应用
图 6-1 所示位置，手动换向阀 2 处在右位，液压缸 1 快进。此时，溢流阀 4 处于关闭状态。当活塞杆所连接的挡块压下行程阀 7 时，行程阀 7 关闭，液压缸右腔的油液必须通过调速阀 5 才能流回油箱，活塞运动速度转变为慢速工进。此时，溢流阀 4 处于溢流稳压状态。当换向阀 2 处于左位时，压力油经单向阀 6 进入液压缸右腔，液压缸左腔的油液直接流回油箱，活塞快速退回	这一回路可使执行元件完成“快进→工进→快退→停止”这一自动工作循环 这种回路的快速与慢速的转换过程比较平稳，转换点的位置比较准确。缺点是行程阀必须有合理的安装位置，管路连接较复杂 若将行程阀 7 改为行程开关，手动换向阀 2 改为电磁换向阀，由行程开关发出信号控制电磁换向阀的换向，这种安装比较方便，除行程开关需装在机械设备上，其他液压元件可集中安装在液压站中，但速度转换时平稳性以及换向精度较差

表 6-2 用行程节流阀的速度转换回路

回路描述	特点及应用
该回路用两个行程节流阀实现液压缸双向减速的目的。当活塞接近左右行程终点时，活塞杆上的滑块压下行程节流阀的触头，使其节流口逐渐关小，增加了液压缸回油阻力，使活塞逐渐减速	适用于行程终了慢慢减速的回路中，如注塑机、灌装机等回路中

6.1.3　用行程换向阀的速度转换回路（图6-3和表6-3）

6.1.4　用电磁阀和调速阀的速度转换回路（图6-4和表6-4）

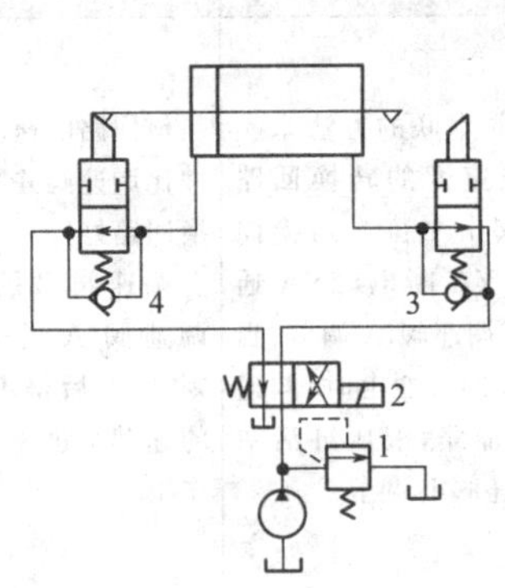

图6-3　用行程换向阀的速度转换回路

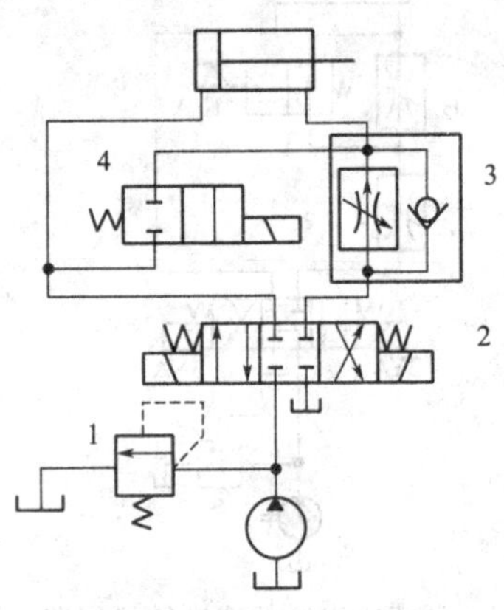

图6-4　用电磁阀和调速阀的速度转换回路

表6-3　用行程换向阀的速度转换回路

回路描述	特点及应用
该回路为用行程换向阀的速度转换回路。当活塞接近左右行程终点时，活塞杆上的滑块压下行程阀的触头，使阀内通流面积逐渐减小，增加了液压缸的回油阻力，使活塞逐渐减速	减速性能取决于挡块的外形设计。用于行程终了慢慢减速的回路中

表6-4　用电磁阀和调速阀的速度转换回路

回路描述	特点及应用
当三位四通换向阀2处于左位时，若二位二通电磁阀4通电，此时液压缸为差动连接，则液压缸活塞快速向右运动 当活塞向右运动到设定位置时，可使二位二通电磁阀4断电，回油经单向调速阀3流回油箱，则活塞减速，变为工进 当三位四通换向阀2处于右位时，油液经单向调速阀3进入右腔，活塞快退向左	向右快进时，液压缸右腔的油会有一部分经调速阀流回油箱，影响快进速度，因此调速阀的节流口需开得小些

6.1.5　调速阀并联的速度转换回路（图6-5和表6-5）

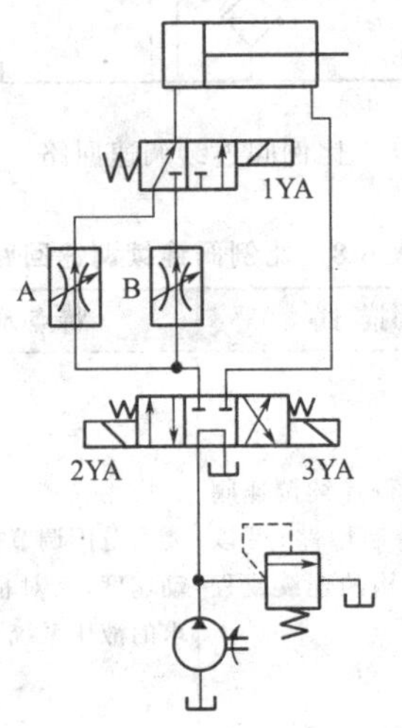

图6-5　调速阀并联的速度转换回路

表6-5　调速阀并联的速度转换回路

回路描述	特点及应用
在两个调速阀并联实现两种进给速度的转换回路中，两调速阀由二位三通换向阀转换，当1YA和2YA通电时，液压缸左腔进油，活塞向右移动，速度由调速阀B调节；当1YA断电，2YA通电时，速度由调速阀A调节	在速度转换过程中，由于原来没工作的调速阀中的减压阀处于最大开口位置，速度转换时大量油液通过该阀，将使执行元件突然前冲

6.1.6 调速阀串联的速度转换回路（图 6-6 和表 6-6）

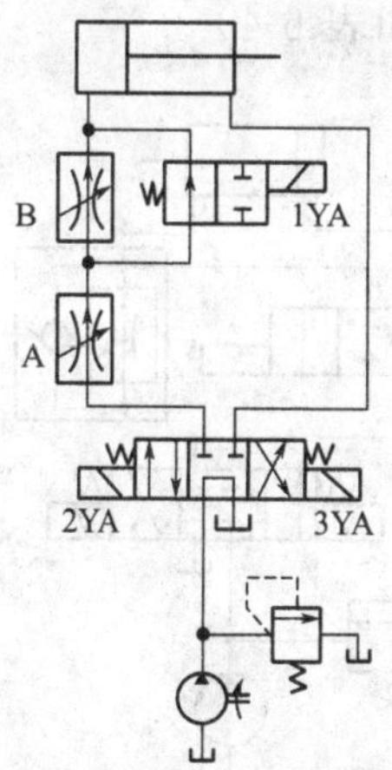

图 6-6 调速阀串联的速度转换回路

表 6-6 调速阀串联的速度转换回路

回路描述	特点及应用
用两调速阀串联的方法来实现两种不同速度的转换回路中，两调速阀由二位二通换向阀转换，当 1YA 断电，2YA 通电时，速度由调速阀 A 调节；当 1YA 和 2YA 同时通电时，调速阀 B 接入进油路，液压缸活塞的速度由调速阀 B 调节	该回路的速度转换平稳性比调速阀并联的速度转换回路好 调速阀 B 的开口要比调速阀 A 的开口小，否则，转换后得不到所需要的速度，起不到调速的作用

6.1.7 用比例调速阀的速度转换回路（图 6-7 和表 6-7）

6.1.8 比例阀连续调速回路（图 6-8 和表 6-8）

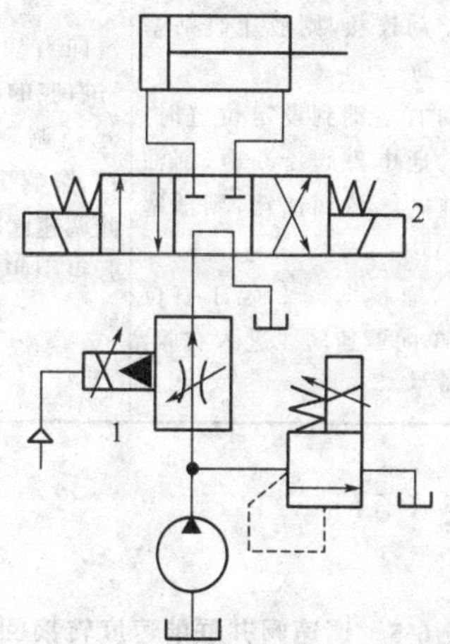

图 6-7 用比例调速阀的速度转换回路

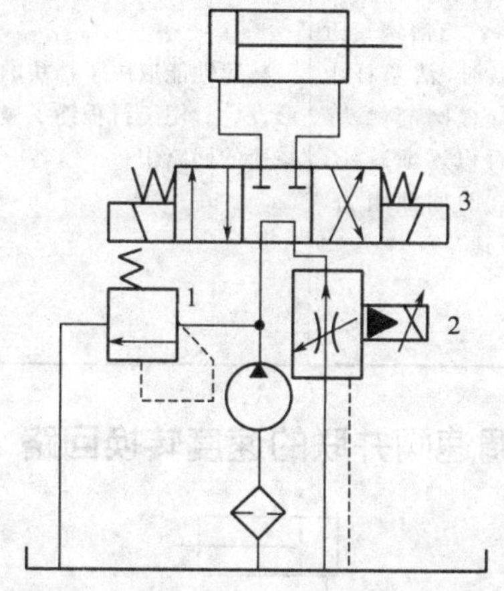

图 6-8 比例阀连续调速回路

表 6-7 用比例调速阀的速度转换回路

回路描述	特点及应用
根据减速行程的要求，通过改变输入的电流信号大小，使输入比例阀的开口量随之变化，从而改变活塞运行的速度	通过比例调速阀控制液压缸活塞减速，可以实现双向节流调速 适合于速度变换平稳和远程控制的场合

表 6-8 比例阀连续调速回路

回路描述	特点及应用
采用电液比例连续调速阀组成的速度控制回路，可以实现对执行机构的连续或程序化速度控制	应用在速度变化频繁，需要大范围调节执行元件的运动速度，又对精度有较高要求的液压系统

6.1.9　用专用阀的速度转换回路（图 6-9 和表 6-9）

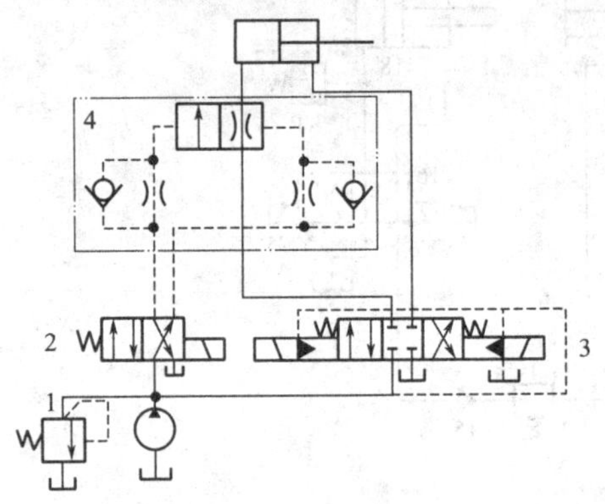

图 6-9　用专用阀的速度转换回路

表 6-9　用专用阀的速度转换

回路描述	特点及应用
换向阀 3 转换到左位，换向阀 2 断电处于左位，压力油流入液压缸左腔，使活塞向右移动。减速时，使换向阀 2 通电处于右位，专用阀 4 逐渐转换到右位，进入液压缸左腔的油液须经过专用阀 4 的节流阀，活塞速度减慢	减速时没有冲击，但减速时间较长，用于全液压升降机的液压回路

6.2　速度转换回路应用实例

6.2.1　组合机床液压调速回路

（1）双面单工位组合机床动力滑台原液压回路

图 6-10 为双面单工位组合机床原只有一工进速度的动力滑台液压系统图，这种液压回路只有一个工进速度，调速范围窄，生产效率低；且液压回路复杂，油路多，集成阀块庞大，液压故障不易查明，安装维修困难。

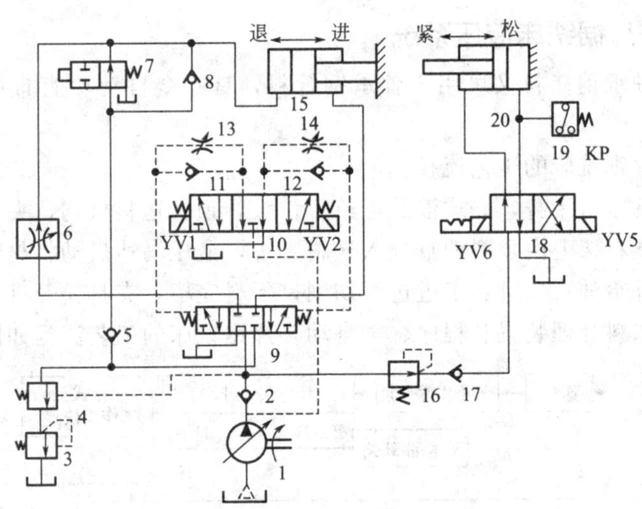

图 6-10　改造前动力滑台液压系统图

1—变量泵；2、5、8、11、12、17—单向阀；3—溢流阀；4—顺序阀；6—调速阀；7—行程阀；9—液控阀；10—三位五通电磁阀；13、14—节流阀；15、20—液压缸；16—减压阀；18—二位四通电磁阀；19—压力继电器

（2）双面单工位组合机床动力滑台两工进速度新回路

图 6-11 为双面单工位组合机床改进后的两工进速度换接的动力滑台液压系统图。

新回路增加了一个由定差减压阀 10，节流阀 11、12 集成的组合阀，一个行程开关把旧

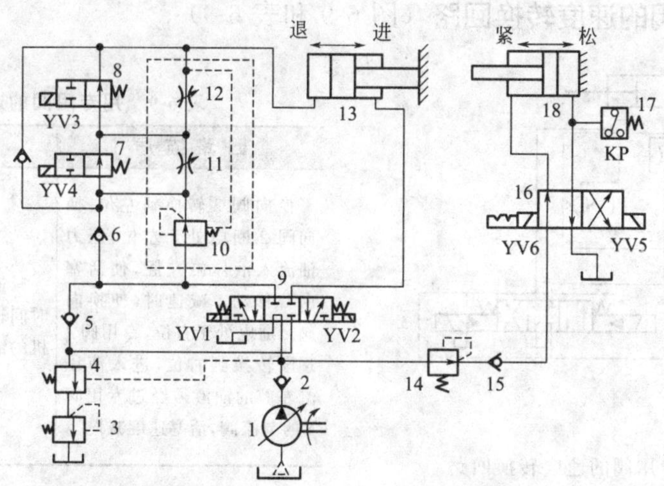

图 6-11 改造后动力滑台液压系统图

1—变量泵；2、5、6、15—单向阀；3—溢流阀；4—顺序阀；7、8—换向阀；9—三位五通电磁换向阀；10、14—减压阀；11、12—节流阀；13、18—液压缸；16—二位四通电磁换向阀；17—压力继电器

回路的一个行程阀 7 和一个液控阀 9 换成 2 个由行程开关控制的换向阀 7、8。

新回路中，采用由减压阀 10、节流阀 11、12 组成的两个调速阀分别控制滑台一工进和二工进速度，两工进速度互不影响，调速范围增大，同时，这两个调速阀可起加载作用，在刀具接触工件之前就使进给速度变慢，不会引起刀具和工件的突然碰撞；采用换向阀 7、8，节流阀 11、12，减压阀 10 实现快进与工进的速度切换，简化了液压回路，动作可靠、切换速度平稳。

6.2.2 全自动多片锯铣床液压系统

一种既能用于轴承钢棒料又可用于轴承钢管料，具有全自动功能的专用轴承液压下料机床。

(1) 全自动多片锯铣床的工艺流程

全自动多片锯铣床由床身，立式液压进给工作头，顶、送料机构，夹具及液压系统等部分组成。材料放入顶料架上由顶料油缸顶入送料装置，液压马达启动将材料送入夹具。夹紧油缸动作夹紧后，进给油缸快进、工进进行切削，下料完毕，夹具松开进入下一个循环，该机床还设计了头、末料处理装置和程序。全自动多片锯铣床的工艺流程如图 6-12 所示。

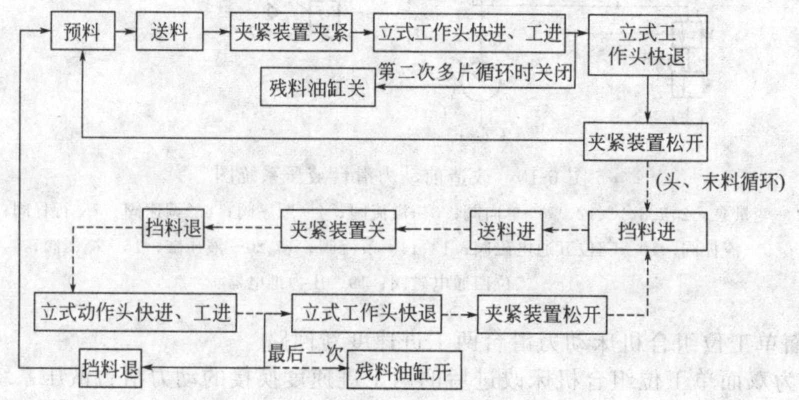

图 6-12 工艺系统

(2) 液压系统设计

为了实现机床的高速进料、切断的基本功能要求，所设计的液压系统属于中、低压系统，其工作压力为3.5～5MPa，两泵流量为33.5L/min。除了上述功能要求外，还须具有较高的控制精度，较快的响应速度，稳定的工作性能和良好的安全性。该机床的主要技术参数如表6-10所示。

表6-10 全自动多片锯铣床的主要技术参数

系统工作压力/MPa	3.5～5	进给缸最大推力/kgf	5000
系统保压力/MPa	3.5	进给缸快进速度/(m/min)	2.04
工作头最大进给流量/(L/min)	25	进给缸慢进速度/(m/min)	0.01
工作头最小进给流量/(L/min)	0.12	产品加工范围/mm	ϕ20～50
夹紧缸最大夹紧力/kgf	4000	加工自动循环周期	35s
夹紧缸快进速度/(m/min)	4.27	加工效率/(件/h)	1000～1200

注：1kgf=9.8N。

由于采用多片刀具同时加工，满足了用户的高效率生产要求。机床还设计有冷却系统，有特殊配方的专用冷却液，用于加工时的高温高热冷却。液压系统的液压油在通常情况下采用YA-N15Y液压导轨油，当环境温度低于5～10℃时采用YA-N15液压油；当环境温度高于30～35℃时采用YA-N46液压油。

液压系统原理如图6-13所示。主要分为两部分，一部分为夹紧回路；另一部分为以立式动力工作头进给为主的回路，分为顶料回路、送料回路、残料回路、进给回路和挡料回路。

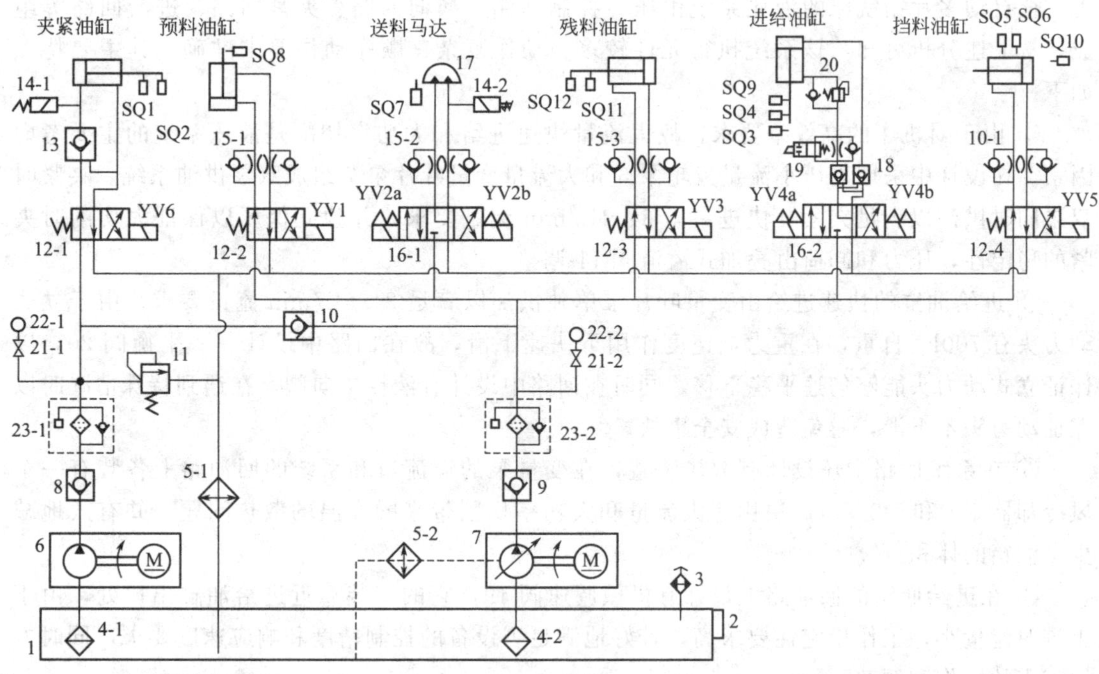

图6-13 液压系统原理图

1—油箱；2—液位计；3—空滤；4、23—过滤器；5—冷却器；6、7—液压泵；8～10—单向阀；11—溢流阀；12、16—换向阀；13、18—液控单向阀；14—压力继电器；15—单向节流阀；17—摆动马达；19—机控阀；20—平衡阀；21—压力表开关；22—压力表

① 夹紧回路　换向阀12-1在图示位置时，高压齿轮泵6压力油经单向阀8、管路过滤器23-1、液控单向阀13进入夹紧缸左腔。同时变量泵7压力油经单向阀10同高压齿轮泵6压力油一起进入夹紧缸左腔，夹紧缸快速夹紧。夹紧缸右腔回油经换向阀12-1，管路过滤器23-1回油箱。当换向阀12-1右腔接入回路，高压齿轮泵6压力油经单向阀8、管路过滤器23-1、换向阀12-1回油箱。另一变量泵7压力油经单向阀9、管路过滤器23-2、单向阀10也一起进入夹紧缸右腔，夹紧缸快速松开。

② 进给回路　换向阀12-2在图示位置时，变量泵7压力油经单向阀9、管路过滤器23-2、换向阀12-2、单向节流阀15-1进入顶料油缸下腔，迅速把材料顶入送料机。此时，送料马达接SQ8电信号，换向阀16-1右腔接入回路，变量泵7压力油经单向阀9、管路过滤器23-2、换向阀启动快速送料。送料完毕，夹具夹紧后，变量泵7压力油，经换向阀16-2右腔、液控单向阀18进入油缸上腔，立式工作头快速下行进给，进给缸下腔油经平衡阀20、机控调速阀19右腔回油箱，当撞块碰到机控阀时，接入机控阀19左腔，压力油经机控阀19节流口回油箱。立式动力头进给完毕，压力油经机控阀19右腔、液控单元阀18、换向阀16-2左腔、风冷却器5-1回油箱，立式工作头快速上行。

当材料加工到逐渐缩短时，即全自动循环进入短料加工程序，压力油经换向阀12-4右腔、单向阀10-1进入挡料油缸后腔，挡料油缸快进。此时，夹紧油缸夹紧、送料马达送料、立式动力头进给油缸进给等动作程序与上述相同。另一回路压力油经换向阀12-3右腔、单向节流阀15-3进入残料油缸后腔，残料被卸掉落入废料处。回油经节流阀15-3、换向阀12-3、风冷却器5-1回油箱。

(3) 液压系统的主要特点

全自动多片锯铣床的液压系统由压力控制回路、换向回路、夹紧回路、进给回路等组成，从上述分析可知，该系统执行元件较多、动作复杂、顺序动作要求准确，其主要特点如下。

① 由于对机床的高效率要求，故大流量快速进给和大功率切削是液压系统的主要考虑因素。在设计中采用高压小流量齿轮泵6和大流量变量叶片泵7组成双泵供油系统。夹紧时双泵同时供油以满足夹紧缸快进夹紧31.4L/min流量要求，并独立保压以保证大切削时夹紧的稳定性，压力和卸荷由叠加式溢流阀11调整。

② 进给油缸的快速进给由变量叶片泵单独供油以满足24.5L/min流量要求。由于立式动力头有700kg自重，在重力加速度作用下快速下滑，故在回路中设计有一平衡阀20，以保证立式动力头能够匀速平稳下移。同时在回路中设计有液控单向阀，在遇到特殊情况时以保证动力头不下滑，避免造成安全事故。

③ 在系统回路中还设计有散热装置，在变量泵的溢流口和系统的回油路上各装有一个风冷却器5-1和5-2，以解决由于大流量和大功率切削带来的高温的散热问题，并有效地减少了油箱的体积。

④ 在进给回路的回油路上设计有机械调速阀19，它的安装靠近进给油缸出口处，由于工进时流量小，工作稳定性要求高，较好地满足了设备的控制精度和响应速度要求，同时方便工人的操作和调整。

第7章 顺序动作回路

在多缸液压系统中，往往需要按照一定的要求顺序动作。例如，自动车床中刀架的纵横向运动，夹紧机构的定位和夹紧等。顺序动作回路的功用是使多个执行元件按预计顺序依次动作。按控制方式可分为行程控制、压力控制和时间控制三种。

7.1 行程控制的顺序动作回路

7.1.1 用行程换向阀控制的顺序动作回路（图 7-1 和表 7-1）

7.1.2 用行程换向阀控制的多缸顺序动作回路

7.1.2.1 用行程换向阀控制的多缸顺序动作回路Ⅰ（图 7-2 和表 7-2）

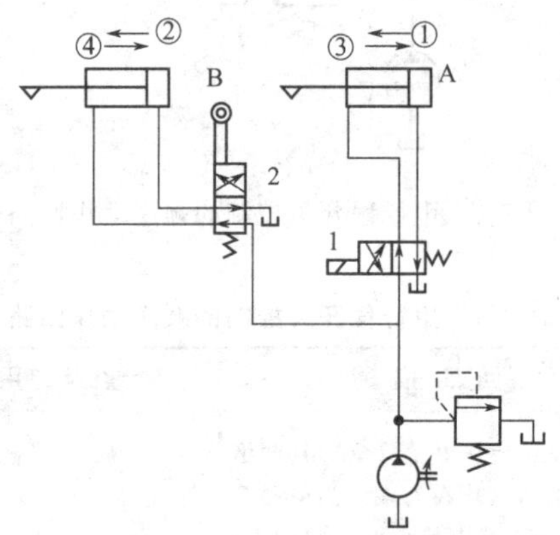

图 7-1 用行程换向阀控制的顺序动作回路

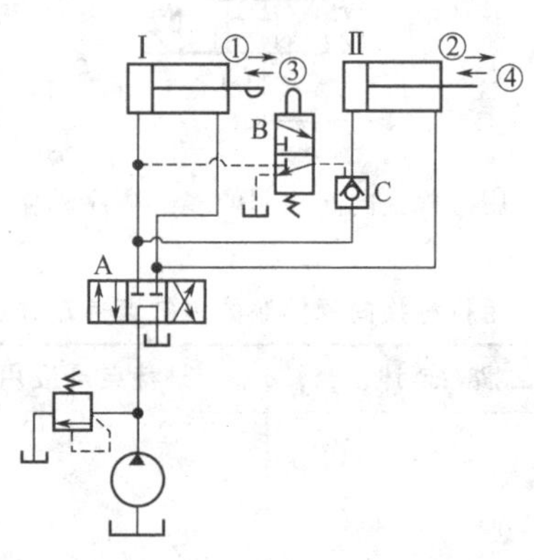

图 7-2 用行程换向阀控制的多缸顺序动作回路Ⅰ

表 7-1 用行程换向阀控制的顺序动作回路

回路描述	特点及应用
图 7-1 所示状态下，A、B 两液压缸的活塞均在右端。当电磁铁通电时，换向阀 1 切换至左位，液压缸 A 右腔进油，活塞向左移动，完成动作①；当挡块压下行程阀 2 后，行程阀 2 切换至上位，液压缸 B 活塞也向左移动，完成动作②；当电磁换向阀 1 复位后，液压缸 A 先复位，完成动作③；随着挡块后移，行程阀 2 复位后，液压缸 B 退回实现动作④，完成一个工作循环	这种回路工作可靠，但动作顺序一经确定再改变就比较困难

表 7-2 用行程换向阀控制的多缸顺序动作回路Ⅰ

回路描述	特点及应用
当换向阀 A 切换至左位后，缸Ⅰ活塞向右移动。当活塞上的滑块压下行程换向阀 B 的触头时，液控单向阀 C 打开，缸Ⅱ活塞向右移动。换向阀 A 切换至右位后，缸Ⅰ与缸Ⅱ活塞向左退回	本回路采用行程换向阀和液控单向阀来实现多缸顺序动作，回路可靠性比采用顺序阀高，不易产生误动作，但改变动作顺序困难

7.1.2.2 用行程换向阀控制的多缸顺序动作回路Ⅱ（图7-3和表7-3）

7.1.3 用行程开关控制的顺序动作回路（图7-4和表7-4）

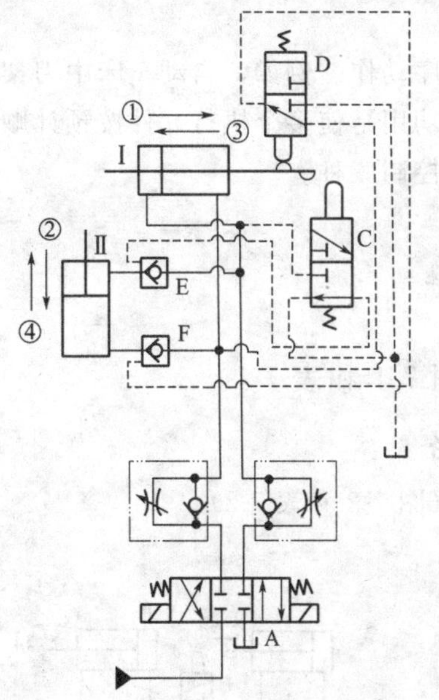

图7-3 用行程换向阀控制的多缸顺序动作回路Ⅱ

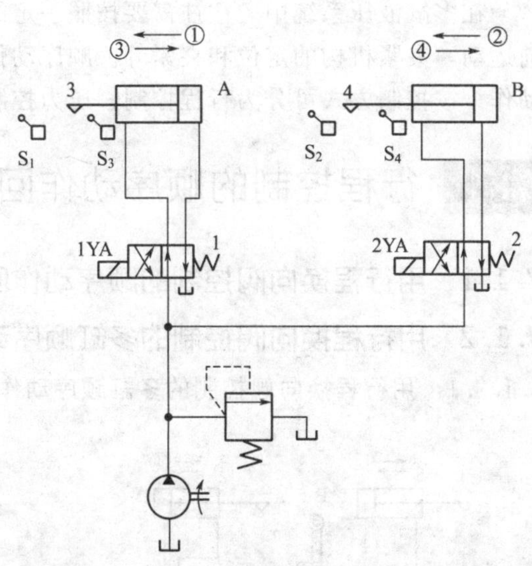

图7-4 用行程开关控制的顺序动作回路

表7-3 用行程换向阀控制的多缸顺序动作回路Ⅱ

回路描述	特点及应用
电磁换向阀A切换至左位后，缸Ⅰ活塞右移。当活塞上的滑块压下行程换向阀C的触头时，液控单向阀E被打开，缸Ⅱ活塞下移 电磁换向阀A切换至右位后，缸Ⅰ活塞左移，当滑块压下行程换向阀D时，液控单向阀F被打开，缸Ⅱ活塞向上返回	本回路适用于机床的分度定位机构，回路顺序动作的可靠性高，不易发生误动作。改变动作的先后顺序，不如行程开关方便

表7-4 用行程开关控制的顺序动作回路

回路描述	特点及应用
图7-4所示状态下，A、B两液压缸的活塞均在右端。当电磁换向阀1YA通电换向时，液压缸A左行完成动作①；到达预定位置时，液压缸A的挡块触动行程开关S_1，使2YA通电换向，液压缸B左行完成动作②；当液压缸B左行到达预定位置时，触动行程开关S_2，使1YA断电，液压缸A返回，实现动作③；当液压缸A右行到达预定位置时，液压缸A触动行程开关S_3，使2YA断电换向，液压缸B完成动作④；液压缸B右行触动行程开关S_4时，行程开关S_4发出信号，使泵卸荷或引起其他动作，完成一个工作循环	采用电气行程开关控制的顺序回路，调整行程大小和改变动作顺序均甚方便，且可利用电气互锁使动作顺序可靠

7.2 压力控制的顺序动作回路

压力控制就是利用管道本身压力的变化来控制阀口的启闭，使执行元件实现顺序动作。其主要控制元件是顺序阀和压力继电器。

7.2.1　负载压力决定的顺序动作回路（图7-5和表7-5）

7.2.2　用顺序阀控制的顺序动作回路

7.2.2.1　用顺序阀控制的顺序动作回路Ⅰ（图7-6和表7-6）

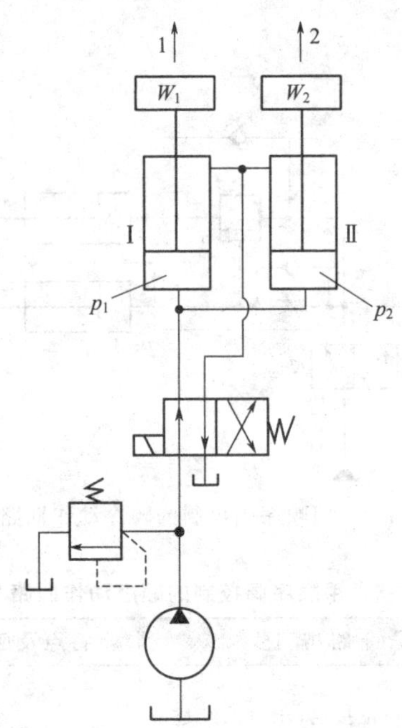

图7-5　负载压力决定的顺序动作回路

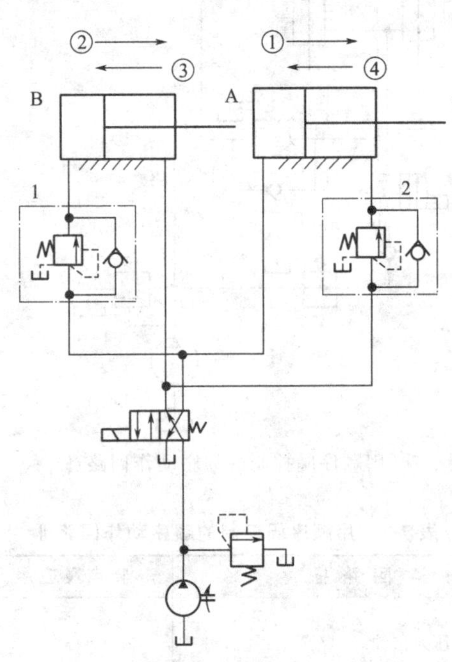

图7-6　用顺序阀控制的顺序动作回路Ⅰ

表7-5　负载压力决定的顺序动作回路

回路描述	特点及应用
W_1 和 W_2 分别为液压缸Ⅰ和Ⅱ的负载，p_1 和 p_2 分别为它们负载压力。若 $p_1<p_2$，则在图示情况下，必然是缸Ⅰ的活塞首先上升，其行程结束时，系统压力升高，上升到 p_2 时，液压缸Ⅱ的活塞才开始上升	这种顺序动作回路突出的优点是结构简单，但受负载变化的影响大 适用于两负载差别较大的场合，当两缸负载压力差较小时，不能实现可靠的顺序动作

表7-6　用顺序阀控制的顺序动作回路Ⅰ

回路描述	特点及应用
二位四通电磁阀通电，阀切换到左位，压力油进入A缸左腔，由于系统压力低于单向顺序阀1的调定压力，顺序阀未开启，A缸活塞向右运动实现夹紧，完成动作①，回油经阀2的单向阀流回油箱 当缸A的活塞右移到达终点，工件被夹紧，系统压力升高。此时，顺序阀1开启，压力油进入加工液压缸B左腔，活塞向右运动进行加工，回油经换向阀回油箱，完成动作② 加工完毕后，二位四通电磁阀断电，右位接入系统，压力油液进入B缸右腔，回油经阀1的单向阀流回油箱，活塞向左快速运动实现快退，完成动作③ 动作③到达终点后，油压升高，使阀2的顺序阀开启，压力油液进入A缸右腔，回油经换向阀回油箱，活塞向左运动松开工件，完成动作④	这种顺序动作回路适用于液压缸数量不多、负载阻力变化不大的液压系统 系统中有两个执行元件：夹紧液压缸A和加工液压缸B，阀1和阀2是单向顺序阀。两液压缸按夹紧→工作进给→快退→松开的顺序动作 这种顺序动作回路的可靠性，在很大程度上取决于顺序阀的性能及其压力调整值。顺序阀的调整压力应比先动作的液压缸的工作压力高0.8～1.0MPa，以免在系统压力波动时，发生误动作

7.2.2.2 用顺序阀控制的顺序动作回路Ⅱ（图 7-7 和表 7-7）

7.2.2.3 用顺序阀控制的顺序动作回路Ⅲ（图 7-8 和表 7-8）

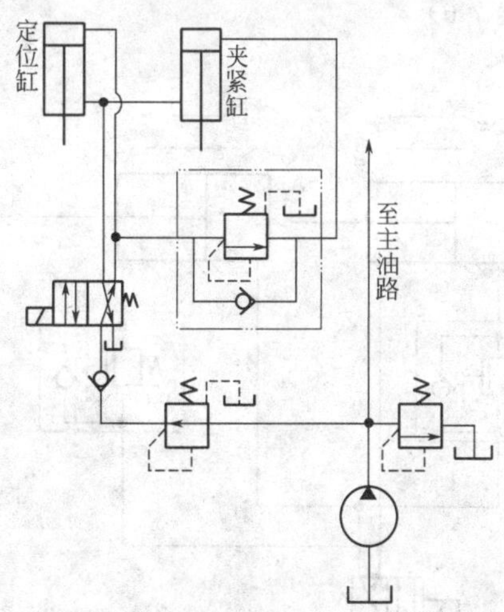

图 7-7 用顺序阀控制的顺序动作回路Ⅱ

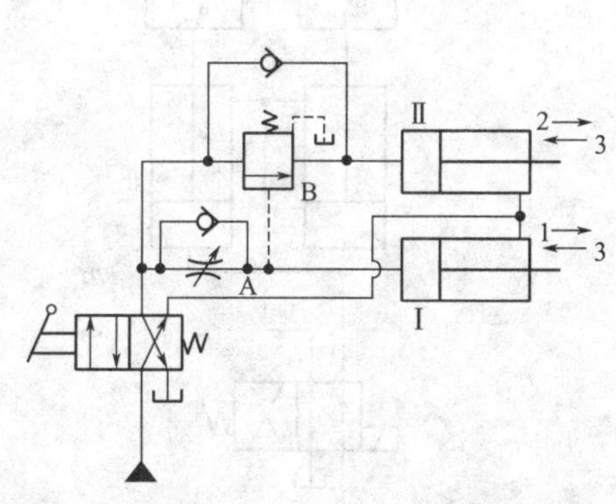

图 7-8 用顺序阀控制的顺序动作回路Ⅲ

表 7-7 用顺序阀控制的顺序动作回路Ⅱ

回路描述	特点及应用
液压泵供油，一路至主系统，另一路经减压阀、单向阀、换向阀至定位缸的上腔，推动活塞下行进行定位。定位后，定位缸的活塞停止运动，顺序阀打开，压力油进入夹紧液压缸的上腔，推动活塞下行，进行夹紧	本回路可实现先定位后夹紧，主要用于机床夹具液压系统

表 7-8 用顺序阀控制的顺序动作回路Ⅲ

回路描述	特点及应用
换向阀左位接通，压力油经过节流阀 A 流入液压缸Ⅰ左腔，缸Ⅰ活塞的速度由节流阀 A 调节。当活塞达到行程终点后，节流阀 A 出口的压力上升，打开液控顺序阀 B，使缸Ⅱ动作	可用于顺序动作的定位夹紧装置，液控顺序阀 B 的调压值要比缸Ⅰ的工作压力高 0.5～0.8MPa

7.2.2.4 用顺序阀控制的顺序动作回路Ⅳ（图 7-9 和表 7-9）

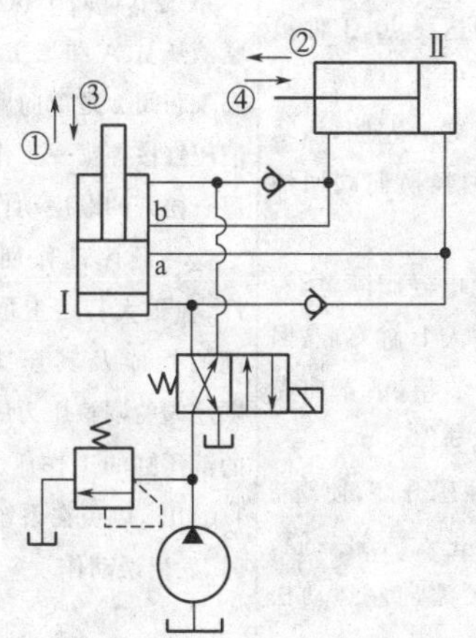

图 7-9 用顺序阀控制的顺序动作回路Ⅳ

表 7-9 用顺序阀控制的顺序动作回路Ⅳ

回路描述	特点及应用
电磁换向阀右位时，顺序缸Ⅰ活塞向上移动。当活塞移动至油口 a 被打开时，缸Ⅱ活塞向左移动 电磁换向阀左位时，缸Ⅰ活塞向下移动，当活塞移动至油口 b 被打开时，缸Ⅱ活塞向右返回	动作可靠性较高，但动作顺序不能变更，顺序动作的起始位置亦不能调整 因活塞不易密封，所以不能用于高压系统。一般用于动作顺序固定的场合

7.3 用压力继电器控制的顺序动作回路

7.3.1 用压力继电器控制的顺序动作回路 Ⅰ（图 7-10 和表 7-10）

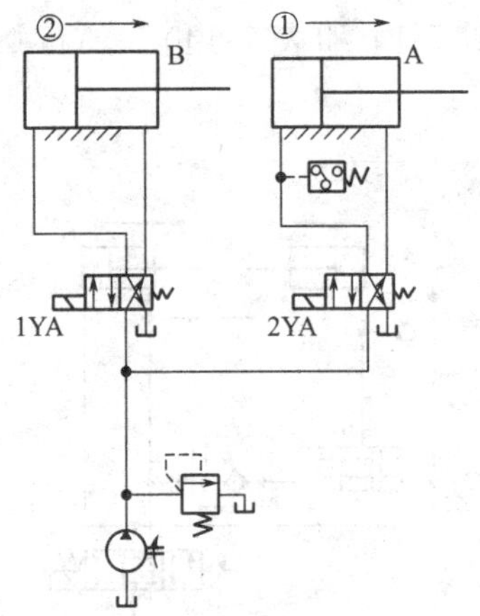

图 7-10 用压力继电器控制的顺序动作回路 Ⅰ

表 7-10 用压力继电器控制的顺序动作回路 Ⅰ

回路描述	特点及应用
当 2YA 通电时，换向阀切换至左位，液压缸 A 左腔进油，活塞向向右运动，回油经换向阀流回油箱，完成动作①；当活塞碰上定位挡铁时，系统压力升高，使安装在液压缸 A 进油路上的压力继电器动作，发出电信号，使 2YA 通电，压力油液进入液压缸 B 左腔，推动活塞向右运动，完成动作②；实现液压缸 A、B 的先后顺序动作	采用压力继电器控制的顺序动作回路，简单易行，应用广泛

7.3.2 用压力继电器控制的顺序动作回路 Ⅱ（图 7-11 和表 7-11）

7.3.3 用压力继电器控制的顺序动作回路 Ⅲ（图 7-12 和表 7-12）

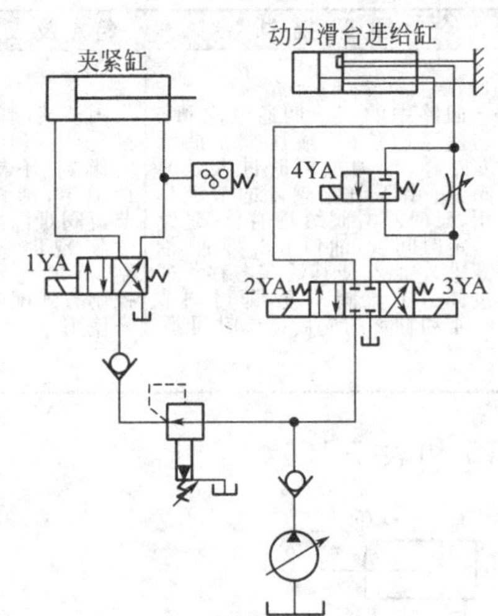

图 7-11 用压力继电器控制的顺序动作回路 Ⅱ

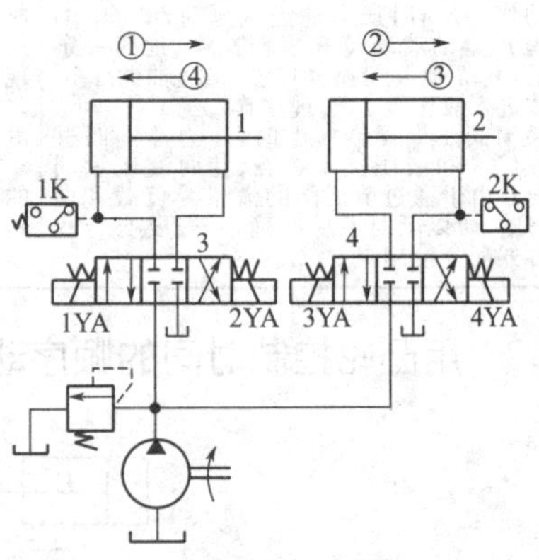

图 7-12 用压力继电器控制的顺序动作回路 Ⅲ

表 7-11 用压力继电器控制的顺序动作回路 Ⅱ

回路描述	特点及应用
二位四通电磁阀处于图 7-11 所示位置时，液压泵输出的压力油进入夹紧缸的右腔，左腔回油，活塞向左移动，将工件夹紧。夹紧后，液压缸右腔的压力升高，当油压超过压力继电器的调定值时，压力继电器发出信号，电磁铁 2YA、4YA 通电，进给液压缸动作	这种回路只适用于系统中执行元件数目不多、负载变化不大的场合，常用于机床的夹紧、进给液压系统 油路中要求先夹紧后进给，顺序是由压力继电器保证的。压力继电器的调整压力应比减压阀的调整压力低 0.3～0.5MPa

表 7-12 用压力继电器控制的顺序动作回路 Ⅲ

回路描述	特点及应用
电磁铁 1YA 通电，电磁换向阀 3 的左位接入回路，缸 1 活塞前进到右端点后，回路压力升高，压力继电器 1K 动作，使电磁铁 3YA 得电，电磁换向阀 4 的左位接入回路，缸 2 活塞向右运动 按返回按钮，1YA、3YA 同时失电，且 4YA 得电，阀 4 右位接入回路，缸 2 活塞向左运动。当缸 2 活塞退回原位后，回路压力升高，压力继电器 2K 动作，使 2YA 得电，阀 3 右位接入回路，缸 1 活塞后退直至到起点	为了确保动作顺序的可靠性，压力继电器的调定压力应比前一动作液压缸所需最大工作压力高出 0.5MPa 以上。否则在管路中的压力冲击或波动下会造成误动作

7.4 时间控制的顺序动作回路

7.4.1 用延时阀控制时间的顺序动作回路Ⅰ（图 7-13 和表 7-13）

7.4.2 用延时阀控制时间的顺序动作回路Ⅱ（图 7-14 和表 7-14）

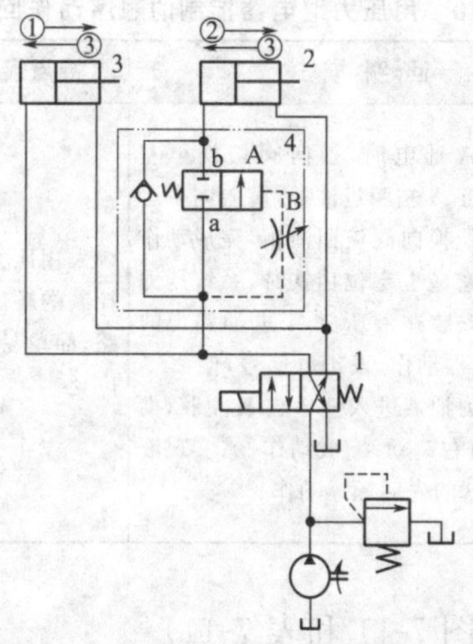

图 7-13 用延时阀控制时间的顺序动作回路Ⅰ

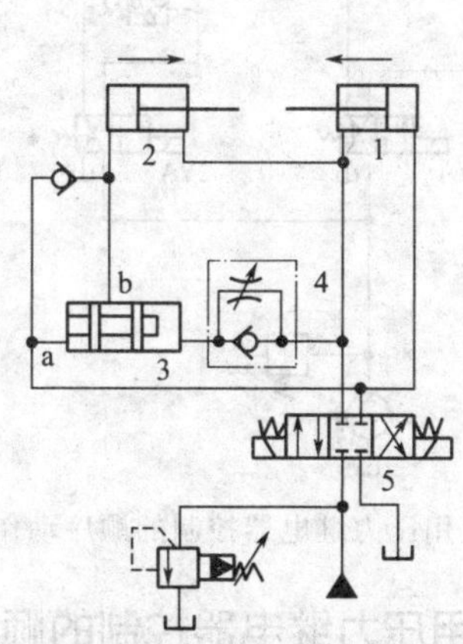

图 7-14 用延时阀控制时间的顺序动作回路Ⅱ

表 7-13 用延时阀控制时间的顺序动作回路Ⅰ

回路描述	特点及应用
图 7-13 所示为使用延时阀 4 来实现液压缸 2 和液压缸 3 工作行程的顺序动作回路。当阀 1 电磁铁通电，左位接入回路后，液压缸 3 实现动作①；同时压力油进入延时阀 4 中的节流阀 B，推动液动阀 A 缓慢左移，延续一定时间后，液动阀 A 切换至右位，接通油路 a、b，油液才进入液压缸 2，实现动作② 当换向阀 1 电磁铁断电时，压力油同时进入液压缸 3 和液压缸 4 右腔，使两液压缸同时反向。由于通过节流阀的流量受负载和温度的影响，所以延时不易准确，一般要与行程控制方式配合使用	时间控制顺序动作回路是使多个液压缸按时间先后完成顺序动作的回路。这种回路功能的实现是依靠延时元件（如延时阀、时间继电器等） 通过调节节流阀 B 的开度，可以调节液压缸 3 和液压缸 2 动作先后延续的时间

表 7-14 用延时阀控制时间的顺序动作回路Ⅱ

回路描述	特点及应用
回路中的三位四通电磁阀 5 切换至右位时，液压缸 1 的活塞左移，压力油同时进入延时阀 3。由于节流阀 4 的节流作用，延时阀滑阀缓慢右移，延续一定时间后，油口 a、b 接通，油液进入缸 2，使其活塞右移。通过调节节流阀开度，即可调节缸 1 和缸 2 的先后动作时间差	因节流阀的流量受载荷和温度的影响，不能保持恒定，所以用节流阀难以准确地实现时间控制，一般与行程控制方式配合起来使用

7.4.3 用凸轮控制时间的顺序动作回路（图 7-15 和表 7-15）

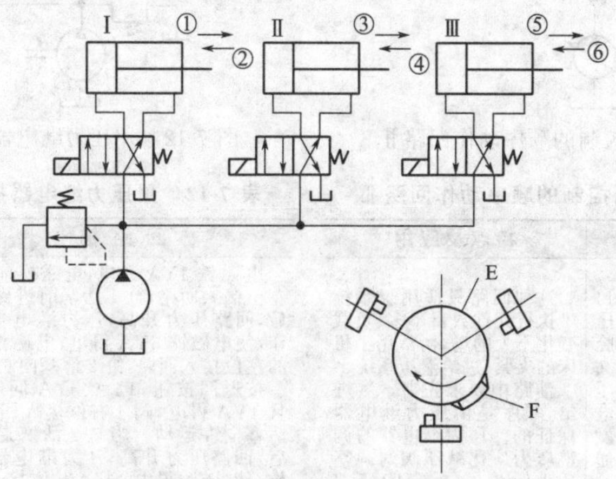

图 7-15 用凸轮控制时间的顺序动作回路

表 7-15　用凸轮控制时间的顺序动作回路

回路描述	特点及应用
凸轮盘E由电动机经减速箱带动旋转。其上面的撞块F按照顺序触动微动开关，控制电磁换向阀按照顺序通电或断电，实现顺序动作	本回路用电动机驱动的凸轮盘(或凸轮轴)按照顺序触动微动开关，使各液压缸按一定的顺序动作 控制方便，布置灵活，可用于控制多执行装置的顺序动作。凸轮盘转动一转的时间即为一个循环的时间

7.4.4　用专用阀控制时间的顺序动作回路（图 7-16 和表 7-16）

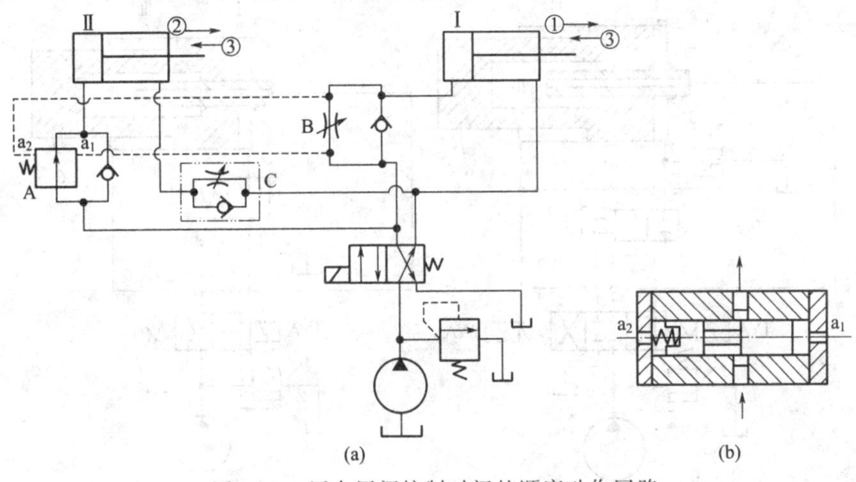

图 7-16　用专用阀控制时间的顺序动作回路

表 7-16　用专用阀控制时间的顺序动作回路

回路描述	特点及应用
当电磁换向阀通电后，缸Ⅰ活塞开始右移，节流阀B进出口的油压被引至差压阀A的两端 a_1 与 a_2，此压力差使阀A的阀芯克服弹簧力左移[见图 7-15(b)]，将缸Ⅱ的进油路关闭。缸Ⅰ活塞行程结束后，节流阀B进出口压力相等，阀A的弹簧将阀芯推至右边，打开缸Ⅱ的进油路，使缸Ⅱ活塞右移。当换向阀断电后，两液压缸同时退回原位	本回路利用节流阀两端压差来实现两个液压缸先后动作。缸Ⅰ用进油路节流调速，缸Ⅱ用回油路节流调速 本回路适用于大流量、中高压系统

7.5　用插装阀控制时间的顺序动作回路（图 7-17 和表 7-17）

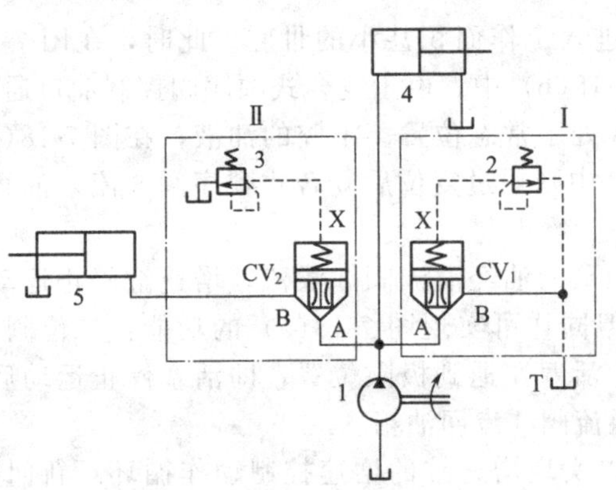

图 7-17　用插装阀控制时间的顺序动作回路

表 7-17　用插装阀控制时间的顺序动作回路

回路描述	特点及应用
插装顺序阀Ⅱ用于控制双缸动作顺序，开启压力由先导调节阀3设定。液压缸4先于缸5动作，当缸4向右运动到端点时，系统压力升高，当压力升高到插装顺序阀Ⅱ的开启压力时，插装元件 CV_2 开启，液压泵1的压力油经A、B进入缸5的无杆腔，缸5左移	系统最大压力由插装溢流阀Ⅰ设定

7.6 顺序动作回路应用实例

7.6.1 新型顺序阀在液压机增速缸增速回路中的应用

图 7-18(a) 为传统中小型卧式液压机增速缸增速控制回路原理图，图 7-18(b) 为用一个常闭出口内控复合式顺序阀代替原图 (a) 中二位二通电磁阀 4 和液控单向阀 7 后的增速缸的新控制回路。

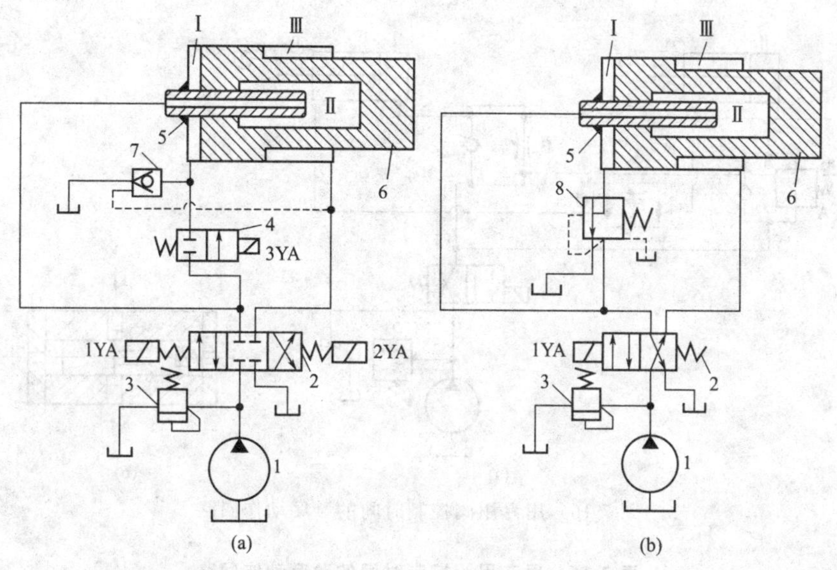

图 7-18 增速缸增速回路

1—泵；2—换向阀；3—溢流阀；4—二通阀；5—缸体；6—活塞；7—液控单向阀；8—复合式顺序阀

增速缸是一种复合缸（图 7-18)，其活塞内含有柱塞缸，中空的柱塞又和增速缸缸体固连。当换向阀 2 的左位接入系统工作时，泵输出的压力油先进入工作面积小的柱塞缸内，使活塞快进；增速缸Ⅰ腔内出现真空，在图 7-18(a) 中便通过单向阀 7、而图 7-18(b) 中则通过复合式顺序阀 8 向Ⅰ腔补油，实现快进。

活塞快进结束转为工进时，系统油压上升，在图 7-18(b) 中，复合式顺序阀 8 控制口压力也上升，使阀芯动作，阀口切换；在图 7-18(a) 中，是使电磁铁 3YA 通电，二位二通阀 4 的右位接入系统工作；这时压力油同时进入增速缸Ⅰ腔和Ⅱ腔，因工作面积增大，便获得了大推力和低速度，实现了工进。

换向阀 2 的右位接入系统工作时，压力油进入工作面积甚小的Ⅲ腔。此时，在图 7-18(a) 中，同时打开液控单向阀 7 回油，而在图 7-18(b) 中，由于复合式顺序阀控制油口通油箱，控制压力降为零而阀芯复位，复合顺序阀 8 处于常态位置。Ⅰ腔的油液，在图 7-18(a) 中可通过打开液控单向阀 7 回油，在图 7-18(b) 中则通过复位后复合式顺序阀 8 流入油箱。由于Ⅲ腔有效工作面积小，从而实现了快退。

在图 7-18(a) 中，三位阀切换到中位后，油泵的油经溢流阀 3 溢流，增速缸停止运动。在图 7-18(b) 中，换向阀虽采用的是二位阀，但同样可实现图 7-18(a) 的功能：二位阀右位（常态位）切入系统工作后，活塞向左快退，活塞左退到极限位置，即活塞停止运动后，系统油压上升，溢流阀 3 打开，油泵的油也经溢流阀 3 流回油箱。

采用复合式顺序阀的新控制回路，完全可以实现增速缸的增速控制动作循环。新回路中，一个复合式顺序阀，完全取代了传统回路中的一个二位二通换向阀和一个液控单向阀，回路元件减少。新回路采用二位四通电磁换向阀替代传统回路中的三位四通电磁阀，元件简化，造价降低。新回路中控制元件动作的电磁铁数目减少（新回路只用了一个，传统回路中却有三个），回路（包括电路和油路）连接简单，可靠性得到提高。

7.6.2　PLC 在多缸顺序控制中的应用

在液压系统中，经常会遇到要求多个缸按一定的动作顺序动作的多缸顺序动作回路，如定位缸-夹紧缸-切削缸组成的三缸顺序动作回路，这种回路的控制可以采用顺序阀控制、电气控制、PLC 控制等。在诸多控制方法中，顺序阀控制难以实现自动循环，电气控制硬件接线复杂，而 PLC 控制则显得简单、方便，特别是对于缸比较多，动作顺序比较复杂的多缸循环顺序动作回路。PLC 是一种专为工业控制而设计的工业控制计算机，它可靠性高、抗干扰能力强，而且编程方便、易于使用，变更动作顺序只需在程序上稍作修改便可实现。在此，应用 OMRON 公司的 CPM1A-20CDR 型 PLC，对定位缸-夹紧缸-切削缸组成的三缸顺序动作回路进行控制。

（1）液压多缸顺序动作回路工作原理

定位缸-夹紧缸-切削缸组成的三缸顺序动作液压系统回路如图 7-19 所示。

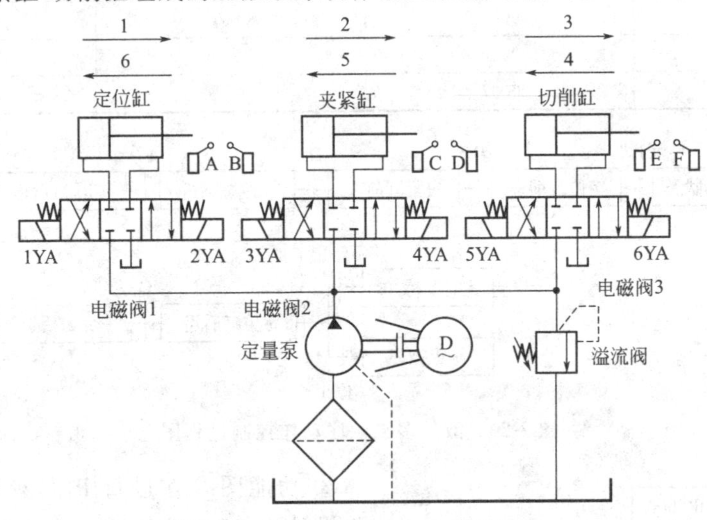

图 7-19　多缸顺序动作回路原理图

图 7-19 中 A、B、C、D、E、F 是电器行程开关，各缸活塞上的撞块只要运行到行程开关的上方（距离＜5mm），行程开关便能感应到信号，从而控制电磁阀的通断。液压多缸顺序动作回路工作原理如下。

1YA 得电则电磁阀 1 左位接入工作，定位缸活塞伸出，实现动作 1。当活塞移到预定位置使缸上撞块处于行程开关 B 的上方时，电磁阀 1 左位断电，同时电磁阀 2 左位得电，夹紧缸活塞伸出，实现动作 2。当夹紧缸活塞伸出达到预定位置使缸上撞块处于行程开关 D 的上方时，电磁阀 2 左位断电，同时电磁阀 3 左位得电，切削缸活塞伸出，实现动作 3。当切削缸活塞伸出达到预定位置使缸上撞块处于行程开关 F 的上方时，电磁阀 3 左位断电，同时电磁阀 3 右位得电，切削缸 3 活塞退回，实现动作 4。当切削缸活塞退回到预定位置使缸上撞块处于行程开关 E 的上方时，电磁阀 3 右位断电，同时电磁阀 2 右位得电，夹紧缸活塞退回，实现动作 5。当夹紧缸活塞退回到预定位置使缸上撞块处于行程开关 C 的上方时，电磁阀 2 右位断电，同时电磁阀 1 右位得电，定位缸 1 活塞退回，实现动作 6。当动作 6 完成，行程开关 A 得信号时，定时等待 30s（装卸工件），此时若已经按下停止按钮则循环结束，若没有按下停止按钮则转入新一轮的循环。

（2）PLC 程序

液压回路中的电磁阀何时通电、何时断电是在 PLC 程序控制下执行的，因此设计正确合理的 PLC 程序是关键的一步。

① 输入/输出地址分配（I/O 点分配） 在编制 PLC 的梯形图和功能图之前，应先进行 I/O 地址分配，在图 7-19 中，电气行程开关 A、B、C、D、E、F 和启动、停止按钮都是输入元件，而各电磁阀的电磁铁是输出元件。现根据控制要求，分配 I/O 地址如表 7-18 所示。

表 7-18 输入/输出地址分配表

输入继电器		输出继电器	
输入元件名称	继电器号	输出元件名称	继电器号
启动按钮	0000	电磁铁 1YA	1000
停止按钮	0003	电磁铁 2YA	1001
行程开关 A	0001	电磁铁 3YA	1002
行程开关 B	0002	电磁铁 4YA	1003
行程开关 C	0004	电磁铁 5YA	1004
行程开关 D	0005	电磁铁 6YA	1005
行程开关 E	0006		
行程开关 F	0007		

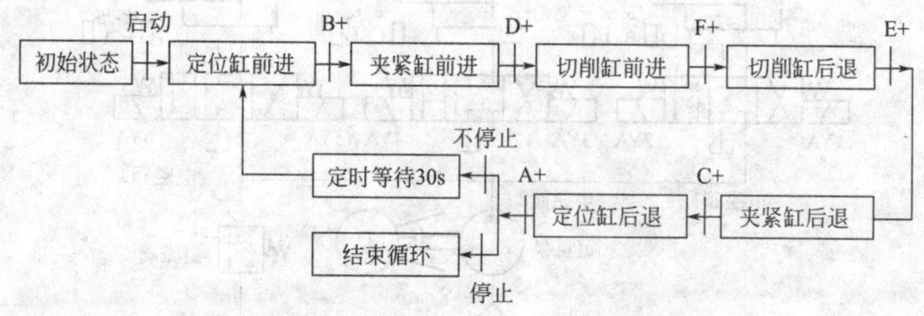

图 7-20 液压多缸顺序动作控制过程图

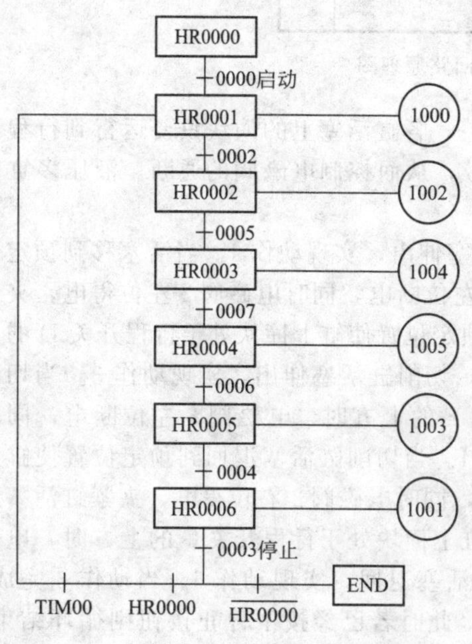

图 7-21 液压顺序动作控制 PLC 功能图

② 功能图 在进行 PLC 梯形图设计之前，应先设计出 PLC 功能图，功能图有助于检查和调试程序。根据图 7-20 的系统回路的控制过程图和表 7-18 所示分配好的输入/输出地址分配表，设计出 PLC 功能图如图 7-21 所示。

图 7-21 中用 HR0000 进行循环状态锁存，启动钮 0000 可使它置位，停止钮 0003 使它复位；用 HR0001～HR0006 分别表示按顺序动作的 6 个步（动作 1～动作 6），当动作 6 完成以后（定位缸活塞退回到预定位置），此时行程开关 A（分配的输入继电器是 0001）有信号，当前循环结束，此时若 HR0000 已复位（按下了停止按钮），则不再进行新的循环，系统处于初始状态；若 HR0000 没有复位，当 TIM00 定时到（定时 30s，用于装卸工件）时，则转入新的循环。

③ PLC 梯形图　设计好了功能图，便可根据功能图设计出 PLC 梯形图如图 7-22 所示。

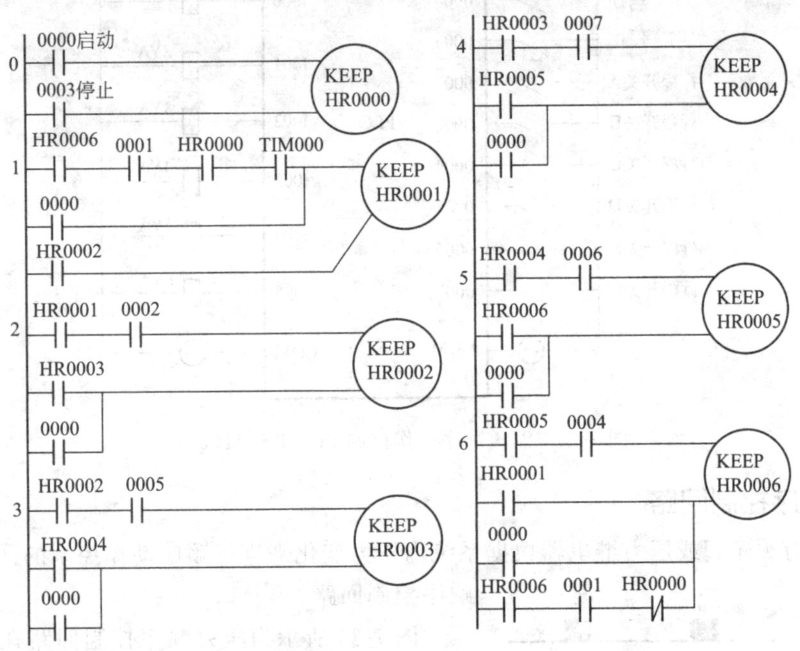

图 7-22　液压多缸顺序控制 PLC 梯形图

图 7-22 中用 HR0000 进行循环状态锁存，启动钮 0000 可使它置位，停止钮 0003 使它复位，一个循环结束以后，若不想让它继续新的循环则可按 0003 按钮，0003 按下后系统会自动走完当前循环，而不再继续新的循环。

TIM00 是定时器，在这里设置值是＃0300，所以是定时 30s（时值 0.1s），用于装卸工件用。因装卸工件的时间随着工件的不同而改变，若工件改变，装卸时间不适合 30s，可以重新设定 TIM00 的参数。从图 7-22 中可以看到，从 KEEP HR0002～KEEP HR0006 的复位端都加了一个启动钮 0000 的常开触点，这样设置的目的是加强此程序的抗干扰性和防止误操作，若不加此触点，则程序只能在完全正确操作的情况下才能正确地自动循环，若在循环的过程中，有人不小心误操作则程序无法进行下去，而且无法复位，而在 KEEP HR0002～KEEP HR0006 的复位端加了启动钮 0000 的常开触点以后，若有人在循环的过程中不小心误操作则可按下 0000 按钮使程序复位，并手动按下行程开关所对应的输入点，使程序转到所需步段。

从图 7-19 中可以看到，1YA 和 2YA 是电磁阀 1 的左右两个电磁铁，因此 1YA 和 2YA 不能同时得电，而 1YA 和 2YA 所对应的输出继电器是 1000 和 1001（表 7-18），所以在图 7-21 中 1000 和 1001 要设置互锁。同理，其他两个电磁阀的左右两个电磁铁所对应的输出继电器也要设置互锁，即 1002 和 1003 互锁、1004 和 1005 互锁。

PLC 程序设计好后，就可以通过计算机把 PLC 程序上传到 PLC，上传完成后便可进行调试，确认程序的正确性。

（3）I/O 连线

PLC 程序调试无误后便可按图 7-23 进行 I/O 连线。在进行 I/O 连线时应注意不能把输入和输出端接混，不然易烧坏 PLC 装置。

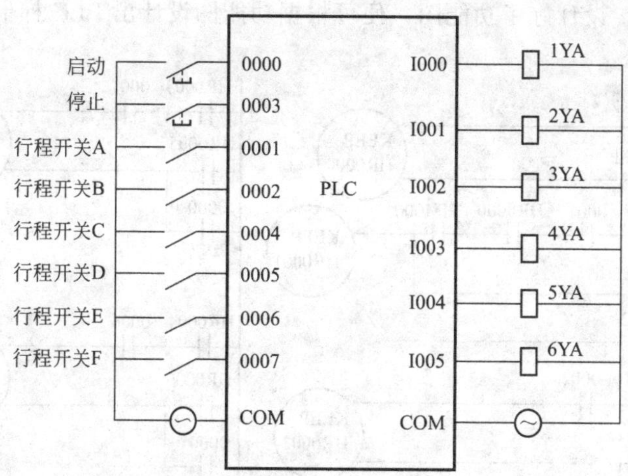

图 7-23 液压顺序动作控制 PLC I/O 接线图

7.6.3 顺序控制回路

利用压力顺序阀或压力继电器根据系统内压力变化来进行顺序动作控制的回路称为压力顺序控制回路。

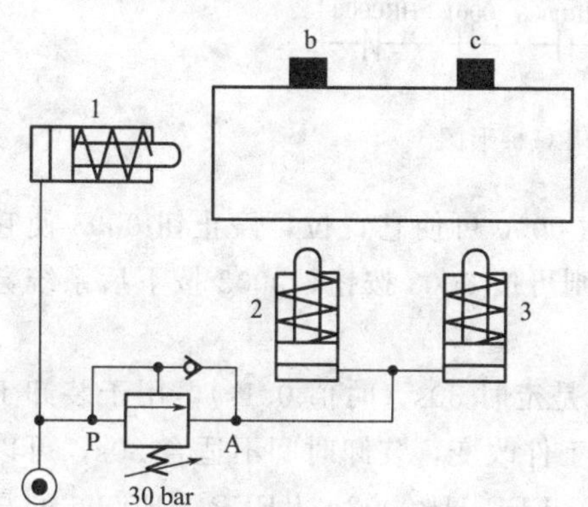

图 7-24 压力顺序控制回路应用实例

图 7-24 所示为压力顺序控制回路在液压夹具中的实际应用。图中液压缸 1 首先动作，从左向右将工件向右侧的挡块推动；当油压上升至 30bar 时顺序阀打开，液压缸 2 和液压缸 3 从下向上将工件向上方的挡块推动；当顺序阀完全打开时，三个液压缸达到系统设置最大压力，工件夹紧完成。

在压力顺序控制回路设计和进行调节时如没有很好了解压力顺序控制元件的特性和工作原理就可能造成回路工作不稳定，液压缸动作发生混乱，甚至导致安全事故。

（1）故障现象及原因分析

① 故障现象　为方便调节液压缸活塞的伸出速度，在设计时如图 7-25 所示通过在液压缸无杆腔安装了单向节流阀。按此方案进行回路连接，在实际使用中却出现液压缸 2A1 无法动作或双缸同步伸出等现象。

② 故障原因分析　通过对回路中各元件工作情况的检查和分析，发现回路失效主要是由于采用了内控式顺序阀造成的。直动式内控顺序阀的结构如图 7-26 所示。这种结构的顺序阀和直动式溢流阀相类似，都是利用进油口压力来控制阀芯的启闭的。当进口油液压力较低时，阀芯 4 在调压弹簧 2 作用下处于下端位置，进油口和出油口互不相通；当作用在阀芯下方

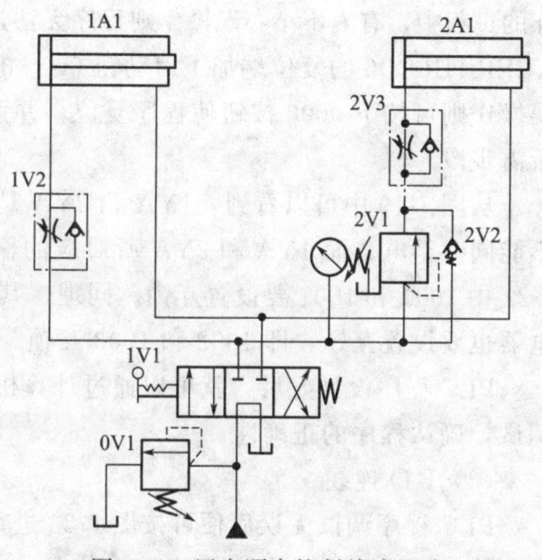

图 7-25 压力顺序控制故障回路

的油液压力（进油口压力）大于弹簧预紧力时，阀芯上移，进、出油口导通，压力油进入二次油路，去驱动另一执行元件动作。

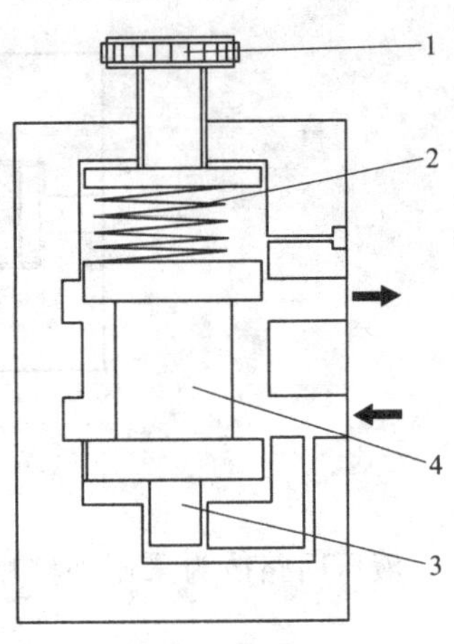

图 7-26 直动式内控顺序阀结构图

顺序阀弹簧预紧力可以通过调节手轮 1 来控制。调压弹簧侧泄油口由于二次油路通向另一压力油路，不能和溢流阀一样接回油箱，所以必须单独接回油箱。通过设置控制柱塞 3 则可以有效减少调压弹簧的刚度。

内控顺序阀是利用阀芯上端的弹簧力直接与下端面的液压力相平衡来控制溢流压力的。当阀芯处于某一位置时，阀芯的受力平衡方程为：

$$pA=K(X_0+x) \tag{7-1}$$

式中 A——液压油作用在控制柱塞上的面积；

X_0——滑阀开口量等于零时的弹簧预压缩量；

x——滑阀开口量。

从式(7-1) 中可以看到，当通过顺序阀的流量变化时，阀口开度也相应地变化，其溢流压力也有所变化，这就是内控顺序阀的压力-流量特性。

由于顺序阀的开启压力 $p_K=KX_0/A=4KX_0/\pi d^2$，d 为控制柱塞直径；K 为弹簧刚度；X_0 为弹簧顶压缩量。当油压增加到 p 时，阀口开度为 x，阀芯的受力平衡方程则为：

$$p\pi d^2/4=K(X_0+x) \tag{7-2}$$

由此通过阀口的流量可按薄壁小孔流量公式计算，可得：

$$Q=C_q a(2/\rho)^{1/2}p=C_q\pi dx(2/\rho)^{1/2}p=(C_q\pi^2 d^3/\Delta K)(2/\rho)^{1/2}(p^{3/2}-p_k p^{1/2}) \tag{7-3}$$

该式即为内控式顺序阀的压力-流量特性方程，相应的特性曲线如图 7-27 所示。

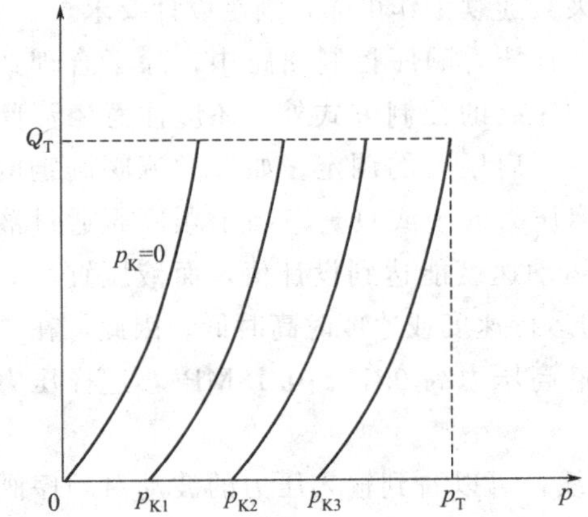

图 7-27 顺序阀的压力-流量曲线

根据内控式顺序阀结构特点，我们可以看到由于需要通过节流阀调节液压缸的活塞运动速度，溢流阀 0V1 必须处于导通状态，对液压泵输出的油液进行分流，减少进入液压缸的油量。因此该系统最高压力也就被溢流阀所限定。顺序阀开启压力如果设置得高于这个压力，顺序阀就不会导通，液压缸 2A1 无法动作；如果低于这个压力，在液压缸 1A1 活塞开始伸出时，由于顺序阀进油口压力和溢流阀进油口压力相等，所以顺序阀阀口过早打开，使液压缸 2A1 同时伸出，使得压力顺序控制失效。如图 7-25 所示。

(2) 故障解决办法

针对这种情况改用外控式顺序阀来代替内控式顺序阀。如图 7-28 所示的直动式外控压力顺序阀，它是通过外部的控制油压来控制阀芯的启闭的。其阀芯在外控口 K 油液压力较低时处于左侧，进油口和出油口互不相通；当外控口压力升高大于弹簧预紧力时，阀芯右移，进、出油口导通，压力油进入二次油路。外控顺序阀弹簧预紧力也可以通过手轮来调节。

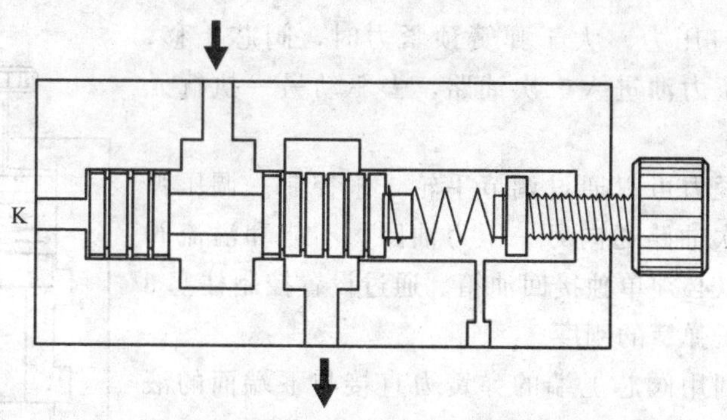

图 7-28 直动式外控压力顺序阀

液压回路改为采用外控顺序阀后的回路如图 7-29 所示。

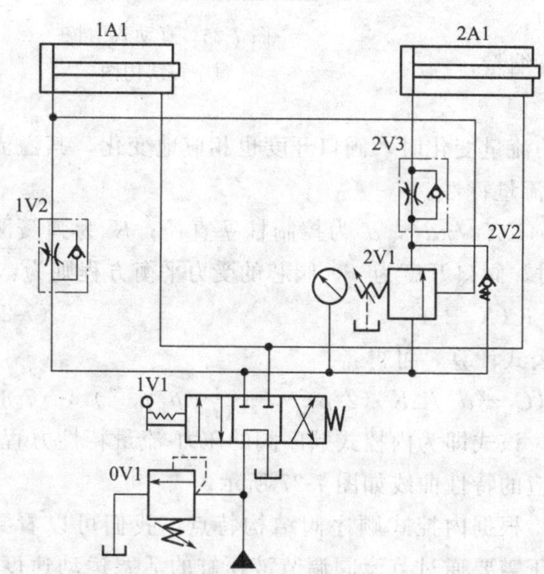

图 7-29 采用外控式顺序阀的压力顺序控制回路

如图 7-29 所示。改用外控顺序阀后，顺序阀的控制油口与液压缸 1A1 无杆腔直接相通，其压力不再是溢流阀 0V1 进油口的压力。溢流阀即使导通分流，也不会对顺序阀阀口的启闭产生影响。这样只有当液压缸 1A1 活塞杆行至终点或遇到负载，其无杆腔压力上升至顺序阀的开启压力时，顺序阀进、出油口才会导通。此时压力油才能进入液压缸 2A1 无杆腔，使活塞杆伸出，保证了在压力控制下的顺序动作。回路改造，液压缸动作不正常现象消失，液压夹具连续工作可靠，满足设计要求。

在压力顺序控制回路中，除了合理选择顺序阀的控制方式外，还应注意溢流阀 0V1 开启压力的调定。如果溢流阀调定的开启压力低于或只是略高于顺序阀通过液压泵全部流量时的最高压力，就会造成液压缸 1A1 运动速度能达到设计值，而液压缸 2A1 由于顺序阀工作时溢流阀出现溢流而无法达到设计的运行速度或速度时高时低。因此，在调定时要将溢流阀 0V1 的压力调到比顺序阀开启后的最高压力高 0.15～0.18MPa，这样压力顺序控制回路才不会出现上述问题。

此外根据图 7-27 所示顺序阀的压力-流量特性曲线，可以看到输入压力的波动对顺序阀流量有着很大的影响，所以这种回路不能用于压力波动大或对速度稳定性要求较高的场合。对于这种情况就应该通过压力继电器和调速阀来构成电控压力顺序控制回路。

第8章　同步回路

在两个或两个以上液压缸同时动作的液压系统中，有时会需要它们在运动过程中，能够克服负载、泄漏、摩擦、制造误差以及结构变形上的差异，保持相同的速度或相同的位移，实现同步运动，这就需要采用同步回路。同步回路分为速度同步和位置同步，速度同步是指运动部件的运动速度相同，而位置同步是指运动部件在运动过程中时刻保持相同的位置和位移。

8.1　机械连接的同步回路

8.1.1　活塞杆连接的同步回路（图 8-1 和表 8-1）

8.1.2　齿轮齿条式同步回路

8.1.2.1　齿轮齿条式同步回路Ⅰ（图 8-2 和表 8-2）

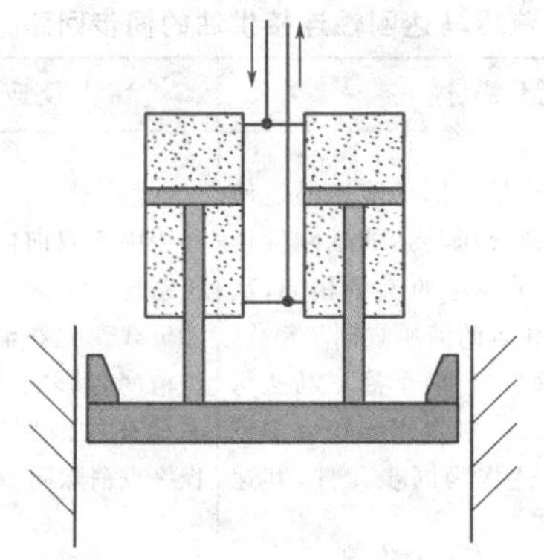

图 8-1　活塞杆连接的同步回路

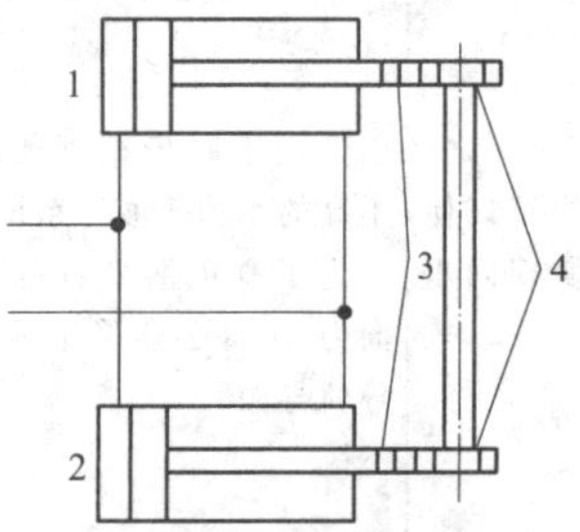

图 8-2　齿轮齿条式同步回路Ⅰ

表 8-1　活塞杆连接的同步回路

回路描述	特点及应用
图 8-1 所示为液压缸活塞杆机械连接的同步回路。由于机械构件在安装、制造上的误差，同步精度不高；同时，两个液压缸之间的距离不宜过大，负载差异也不宜过大，否则会造成卡死现象	回路结构简单，工作可靠，但只适用于两缸载荷相差不大的场合，机械连接件应具有良好的导向结构和刚性。例如水闸等 液压缸垂直放置时，由于刚性结构件的自重作用，下腔油液压力可能很高，这就需要在回油路上增加平衡阀

表 8-2　齿轮齿条式同步回路Ⅰ

回路描述	特点及应用
液压缸 1 与 2 采用齿轮与活塞杆上作出的齿条 3 连接在一起实现同步	这种回路不必在液压系统中采取任何措施而达到同步，具有简单、方便、可靠的特点 用于同步精度要求不高、载荷小的系统。受回路结构的制约，不能使用在两缸距离过大或两缸负载差别过大的场合

8.1.2.2　齿轮齿条式同步回路Ⅱ（图 8-3 和表 8-3）

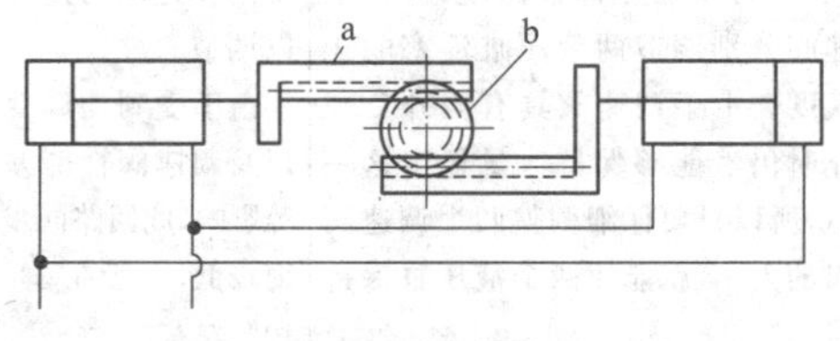

图 8-3　齿轮齿条式同步回路Ⅱ

表 8-3　齿轮齿条式同步回路Ⅱ

回路描述	特点及应用
图 8-3 所示为采用齿条与固定齿轮的方法，使两个液压缸反向同步。两个齿条 a 分别安装于两拖板的下面，齿轮 b 的轴可以水平或垂直安装	应用于要求反向同步的液压系统。同步精度取决于齿轮齿条的制造精度和安装精度

8.1.3 用连杆机构的同步回路（图8-4和表8-4）

8.1.4 液压马达刚性连接供油的同步回路（图8-5和表8-5）

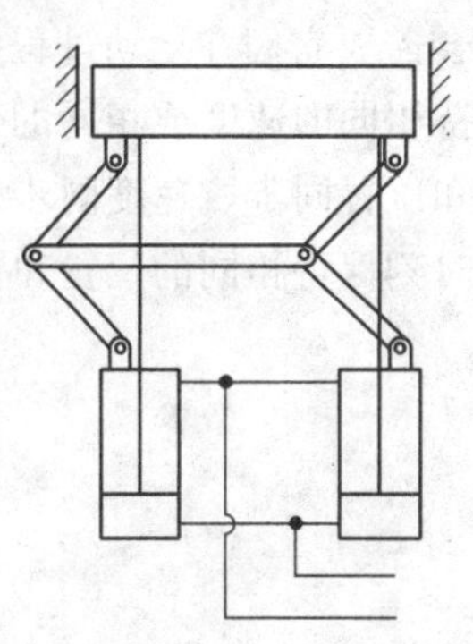

图8-4 用连杆机构的同步回路

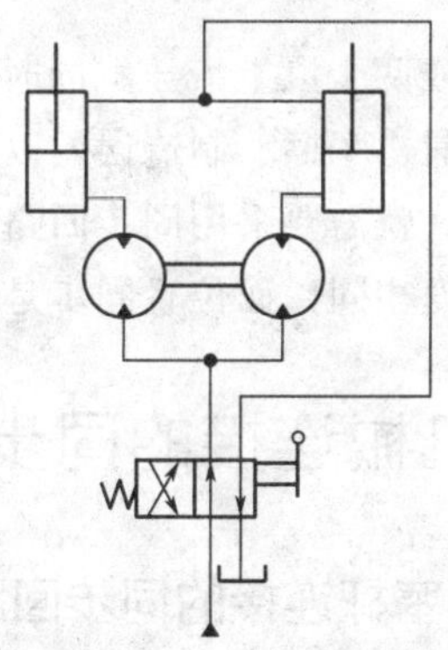

图8-5 液压马达刚性连接供油的同步回路

表8-4 用连杆机构的同步回路

回路描述	特点及应用
用连杆机构可以使两个液压缸实现同步上升或下降	适用于同步精度要求不高的小功率液压系统 为了避免活塞杆受侧向力，平台必须采用垂直导轨导向

表8-5 液压马达刚性连接供油的同步回路

回路描述	特点及应用
本回路采用两个排量相同的液压马达使液压缸实现同步。两液压马达的轴刚性连接以保证通过两液压马达的流量相同，从而使两个有效面积相等的液压缸同步动作 其同步精度主要取决于两个液压马达每转排量和容积效率。一般选用容积效率较高的柱塞式液压马达作为同步元件，其速度同步误差在2%～5%	适用于双向同步的液压系统 负载变化和油温对同步精度有影响。通常须另设补放油回路，在行程终点消除同步误差

8.2 采用调速阀的同步回路

8.2.1 采用调速阀的同步回路Ⅰ（图8-6和表8-6）

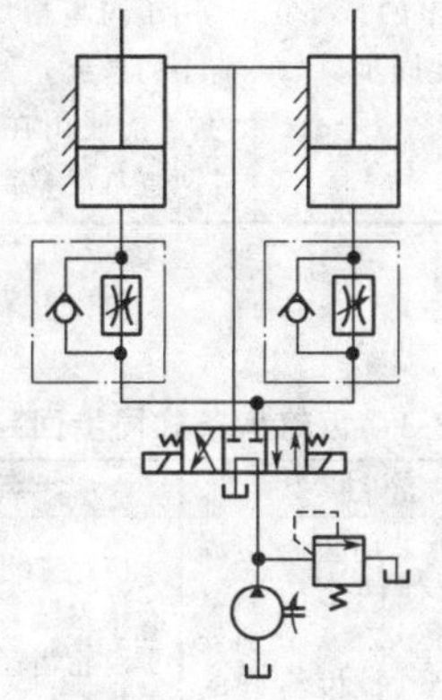

图8-6 采用调速阀的同步回路Ⅰ

表8-6 采用调速阀的同步回路Ⅰ

回路描述	特点及应用
图8-6中的两个液压缸并联，两个调速阀分别串联在两液压缸的进油路上（也可安装在回油路上）。两个调速阀分别调节两液压缸活塞的运动速度。由于调速阀具有当外负载变化时仍然能够保持流量稳定这一特点，所以只要仔细调整两个调速阀开口的大小，就能使两个液压缸保持同步	用调速阀控制的同步回路，结构简单，并且同步运动的速度可以调节 由于受到油温变化以及调速阀性能差异等影响，此回路同步精度较低，一般在5%～10%左右

8.2.2 采用调速阀的同步回路Ⅱ（图8-7和表8-7）

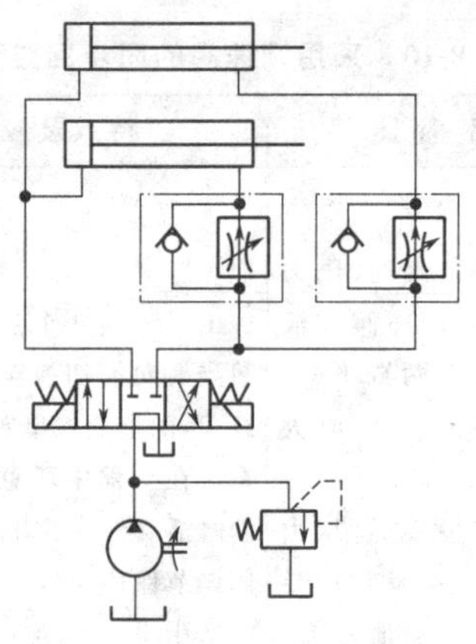

图8-7 采用调速阀的同步回路Ⅱ

表8-7 采用调速阀的同步回路Ⅱ

回路描述	特点及应用
两个液压缸是并联的，在它们的进（回）油路上，分别串接一个调速阀，仔细调节两个调速阀的开口大小，便可控制或调节进入或自两个液压缸流出的流量，使两个液压缸在一个运动方向上实现同步	回路是用调速阀的单向同步回路，回路结构简单，但是两个调速阀的调节比较麻烦，而且还受油温、泄漏等的影响，故同步精度不高，一般在5%～7%

8.2.3 采用调速阀的同步回路Ⅲ（图8-8和表8-8）

8.2.4 采用调速阀的同步回路Ⅳ（图8-9和表8-9）

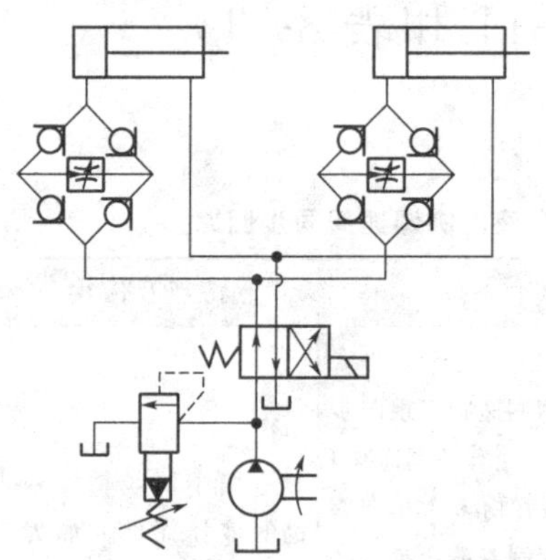

图8-8 采用调速阀的同步回路Ⅲ

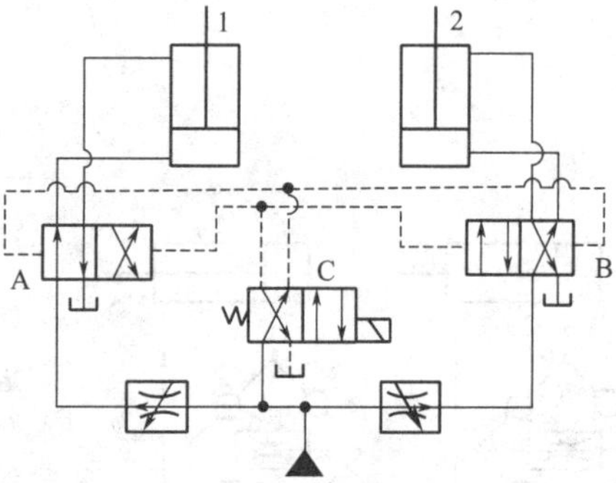

图8-9 采用调速阀的同步回路Ⅳ

表8-8 采用调速阀的同步回路Ⅲ

回路描述	特点及应用
回路通过调速阀使两个液压缸实现双向同步，活塞下移时为回油路调速，活塞上移时为进油路调速，且活塞上下移动速度相等。调节调速阀的开度，可使两液压缸保持同步，同步精度一般可达5%～10%	采用了四个单向阀，保证液流始终单方向流经调速阀，同步精度受油温变化影响较大，精度较差。适用于要求液压缸实现双向同步，且活塞往返速度相同的场合

表8-9 采用调速阀的同步回路Ⅳ

回路描述	特点及应用
图8-9所示位置，电磁换向阀C左位接通，控制油路压力油分别作用在液控换向阀A左端和B右端，使阀A左位接通，阀B右位接通，主油路压力油通过两调速阀使缸1和2的活塞同步上移 阀C电磁铁通电时，可使两缸活塞同步下移	适用于双向同步的大流量液压系统，由于泄漏、阻尼和负载的变化会影响其同步性，因此同步精度较差

8.2.5 采用调速阀的同步回路Ⅴ（图8-10和表8-10）

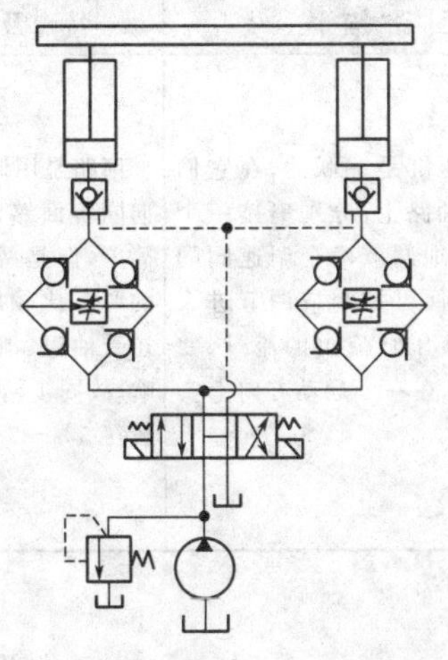

图8-10 采用调速阀的同步回路Ⅴ

表8-10 采用调速阀的同步回路Ⅴ

回路描述	特点及应用
换向阀左位接通，压力油经单向阀、调速阀和液控单向阀进入两缸下腔，使活塞同步上移，此时为进口节流调速 换向阀右位接通，压力油使两液控单向阀反向导通，在重力（或其他外力）作用下活塞同步下移，此时为出口节流调速	由于采用两个液控单向阀，故当换向阀切换至中位后，泵卸荷，两个液控单向阀关闭，活塞可在行程中任意位置停留。两缸活塞往返的速度通过调速阀调节保持同步 适用于工程机械、港口接卸等的同步提升场合

8.3 电液比例调速阀同步回路（图8-11和表8-11）

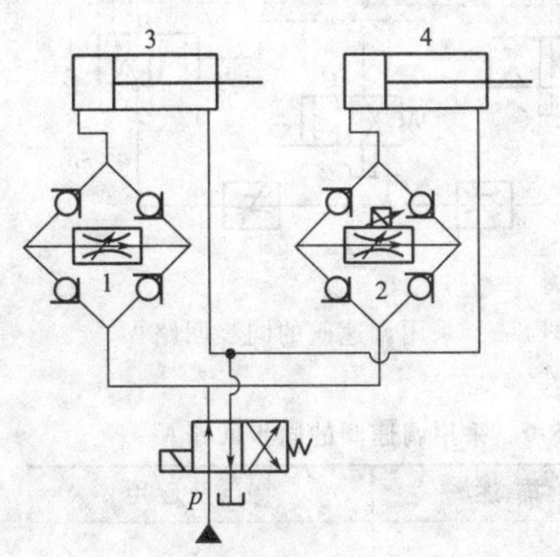

图8-11 电液比例调速阀同步回路

表8-11 电液比例调速阀同步回路

回路描述	特点及应用
图8-11所示为用电液比例调速阀实现同步运动的回路。回路中使用了一个普通调速阀1和一个比例调速阀2，它们装在由多个单向阀组成的桥式回路中，并分别控制着液压缸3和4的运动。当两个活塞出现位置误差时，检测装置发出信号，调节比例调速阀的开度，使缸4与缸3的运动实现同步 这种回路的同步精度较高，位置精度可达0.5mm，已能满足大多数工作部件所要求的同步精度	适用于同步精度要求高的液压系统。如大型闸门的同步升降等 比例阀对环境适应性强，因此，用它来实现同步控制被认为是一个新的发展方向

8.4 采用分流阀控制的同步回路

8.4.1 采用分流阀控制的同步回路Ⅰ（图8-12和表8-12）

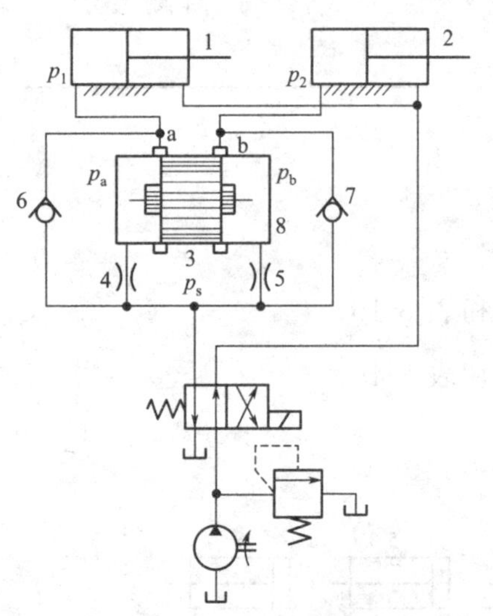

图8-12　采用分流阀控制的同步回路Ⅰ

表8-12　采用分流阀控制的同步回路Ⅰ

回路描述	特点及应用
液压缸1和2的有效工作面积相同，其中，阀8为分流阀，分流阀阀口的入口处有两个尺寸相同的固定节流器4和5，分流阀的出口a和b分别接在两个液压缸的入口处，固定节流器与泵出口连接，分流阀阀体内并联了单向阀6和7。阀口a和b是两个可变节流口。当二位四通电磁阀断电时，液压缸1和2活塞处于最左端 当二位四通电磁阀通电时，阀处于右位，压力为p_s的压力油经过固定节流器，再经过分流阀上的a和b两个可变节流口，进入液压缸1和2的无杆腔，两液压缸的活塞向右运动。当作用在两液压缸的负载相等时，分流阀8的平衡阀芯3处于某一平衡位置不动，阀芯两端压力相等，即$p_a=p_b$，固定节流器上的压力降保持相等，进入液压缸1和2的流量相等，所以液压缸1和2以相同的速度向右运动。如果液压缸1上的负载增大，分流阀左端的压力p_a上升，阀芯3右移，a口加大，b口减小，使压力p_a下降，p_b上升，直到达到一个新的平衡位置时，再次达到$p_a=p_b$，阀芯不再运动，此时固定节流器4、5上的压力降保持相等，液压缸1和2仍然以相同的速度运动，保持速度同步 若某液压缸先到达行程终点，则可经阀内节流孔窜油，使各液压缸都能到达终点，从而消除积累误差	分流集流阀只能实现速度同步。通过分流阀阀芯的移动，可以保持固定节流器4和5上下游的压力差相等，即进入液压缸1和2的流量相等，从而保证速度的同步 分流集流阀的同步回路简单、经济，纠偏能力大，同步精度可达2%～5%。这种同步回路较好地解决了同步效果不能调整或不易调整的问题。但分流集流阀的压力损失大，效率低，不适用于低压系统，而且其流量范围较窄。当流量低于阀的公称流量过多时，分流精度显著降低

8.4.2 采用分流阀控制的同步回路Ⅱ（图8-13和表8-13）

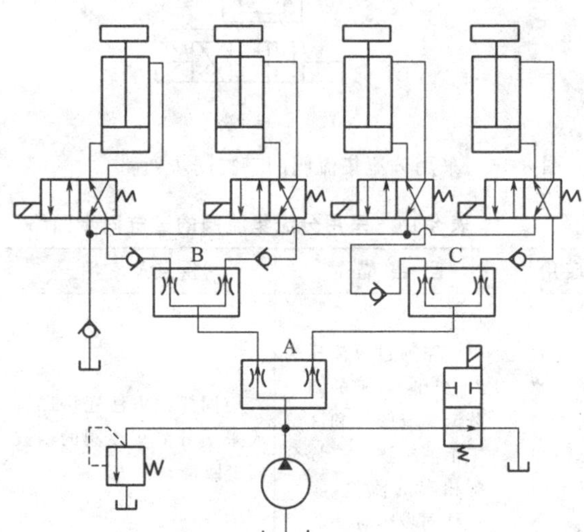

图8-13　采用分流阀控制的同步回路Ⅱ

表8-13　采用分流阀控制的同步回路Ⅱ

回路描述	特点及应用
分流阀A、B、C呈Y型布置，四个二位四通电磁换向阀同时通电或断电，能使四个液压缸活塞同步上升或下降 当所有的电磁换向阀均断电后，泵卸荷，液压缸活塞可以停止在需要的位置上，单向阀起锁紧作用	适用于同步精度较高的四缸同步回路。因换向阀装在分流阀之后，如果四个换向阀不同时切换会影响各缸的位置同步精度

8.4.3 采用分流阀控制的同步回路Ⅲ（图 8-14 和表 8-14）

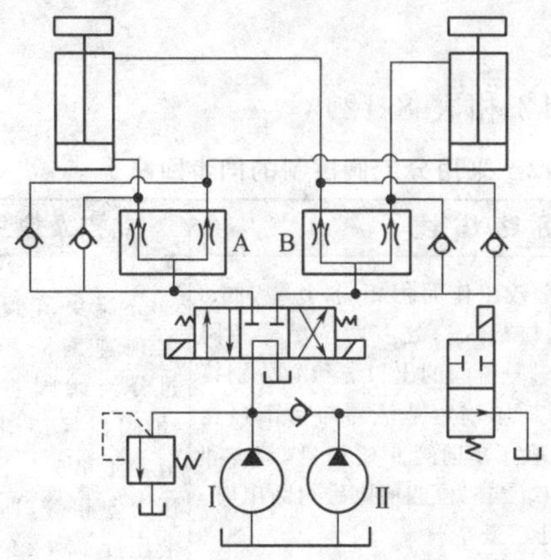

图 8-14 采用分流阀控制的同步回路Ⅲ

表 8-14 采用分流阀控制的同步回路Ⅲ

回路描述	特点及应用
压力油经分流阀A向两个液压缸下腔供油，使活塞同步上升。压力油经分流阀B向两个液压缸的上腔供油，使活塞同步下降。液压缸的回油经过单向阀 快速移动时，泵Ⅰ与Ⅱ同时供油。慢速移动时，二通换向阀断电，泵Ⅱ卸荷，由泵Ⅰ单独供油。三位换向阀处于中位时，泵Ⅰ卸荷	适用于有快慢速度要求的两缸双向同步回路。系统必须认真冲洗同时保持清洁，否则容易卡阀

8.5 采用分流集流阀的双缸同步回路

8.5.1 采用分流集流阀的双缸同步回路（图 8-15 和表 8-15）

8.5.2 采用分流集流阀的三缸同步回路（图 8-16 和表 8-16）

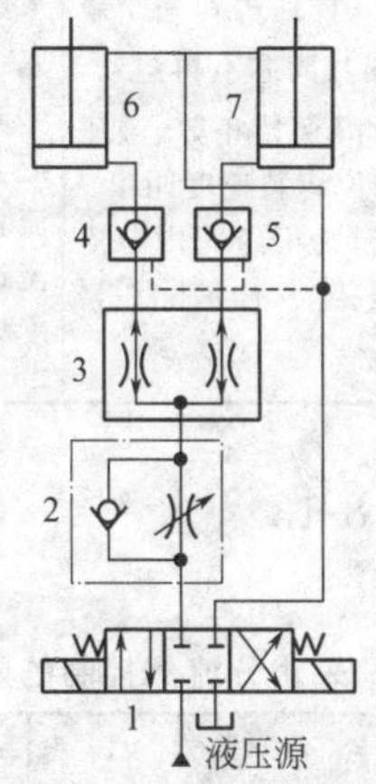

图 8-15 采用分流集流阀的双缸同步回路

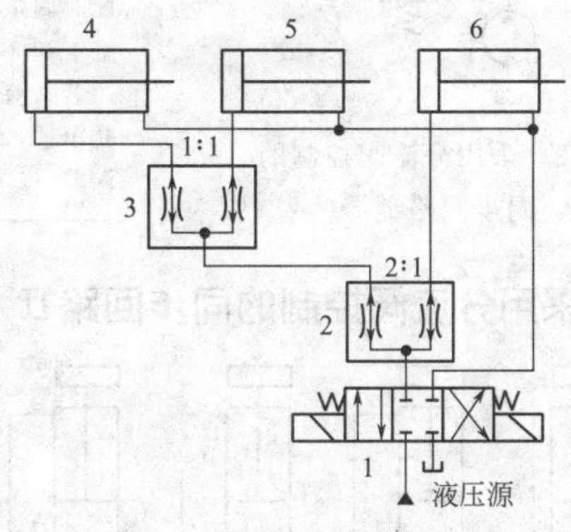

图 8-16 采用分流集流阀的三缸同步回路

表 8-15 采用分流集流阀的双缸同步回路

回路描述	特点及应用
当三位四通电磁阀1切换至左位时，压力油经阀1、单向节流阀2中的单向阀、分流集流阀3(此时作分流阀用)、液控单向阀4和5分别进入液压缸6和7的无杆腔，实现双液压缸伸出同步运动 当阀1切换至右位时，压力油经阀1进入两缸的有杆腔，同时反向导通阀4和5，双缸无杆腔经阀4和5、分流集流阀3(此时作集流阀用)、阀1回油，实现双缸退回同步运动	回路通过输出流量等分的分流集流阀3实现液压缸6和7的双向同步运动

表 8-16 采用分流集流阀的三缸同步回路

回路描述	特点及应用
回路通过分流比为2∶1和1∶1的两个分流集流阀2和3给三个液压缸4、5、6分配相等的流量，实现三缸同步运动	用同样的方法还可以构成采用分流集流阀的四缸同步回路

8.6 多缸同步回路

8.6.1 三缸同步回路（图 8-17 和表 8-17）

8.6.2 四缸同步回路（图 8-18 和表 8-18）

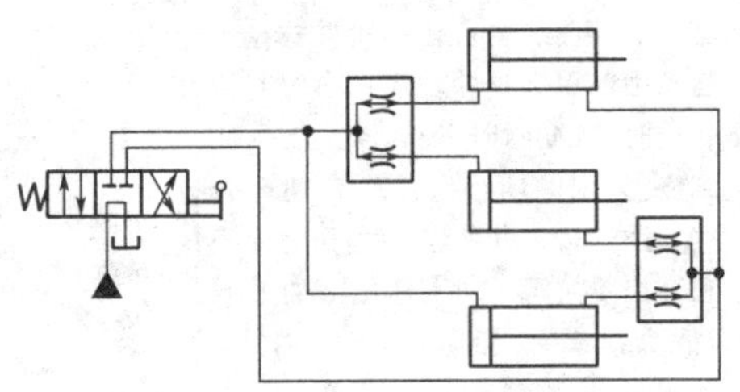

图 8-17　三缸同步回路

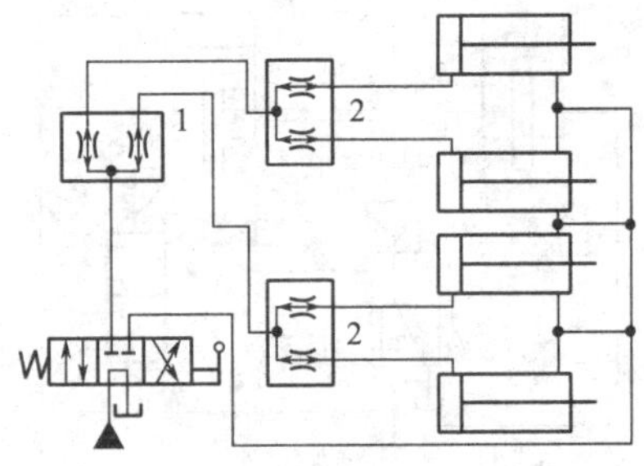

图 8-18　四缸同步回路

表 8-17　三缸同步回路

回路描述	特点及应用
两个规格适宜的分流集流阀按图 8-17 所示连接，利用分流集流阀分流和集流流量一致的特性，可以保持三个液压缸的速度同步	回路结构简单，同步精度仅为 5%～10%，功率损耗较大。用于同步精度要求不高的三缸同步回路

表 8-18　四缸同步回路

回路描述	特点及应用
三个分流集流阀按图 8-18 所示连接，阀 1 通过的流量是阀 2 流量的两倍，在阀 1 分流基础上再经过阀 2 分流并分别控制四只液压缸的同步	该回路压力损失大，只适用于中高压系统，同步精度仅为 6%～12%

8.7 带补偿装置的串联液压缸同步回路

8.7.1 带补偿装置的串联液压缸同步回路Ⅰ（图 8-19 和表 8-19）

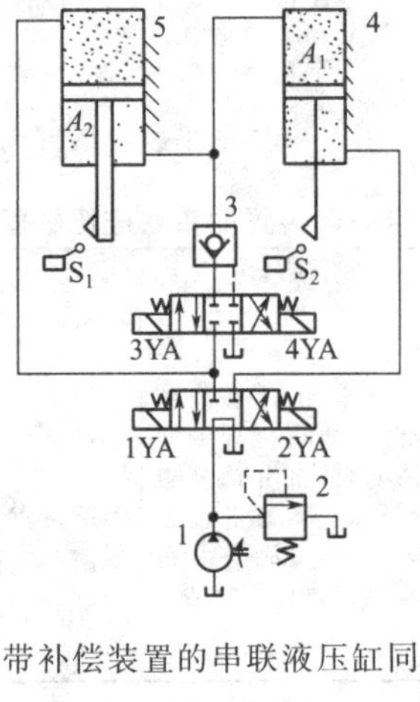

表 8-19　带补偿装置的串联液压缸同步回路Ⅰ

回路描述	特点及应用
图 8-19 所示为带有补偿装置的两个液压缸串联的同步回路。液压缸 5 回油腔排出的油液，又被送入液压缸 4 的进油腔。如果串联油腔活塞的有效面积相等（即 $A_1=A_2$），便可实现同步运动 由于泄漏和制造误差，影响了串联液压缸的同步精度，当活塞往复多次后，会产生严重的失调现象，为此要采取补偿措施 当两缸同时下行时，若缸 5 活塞先到达行程终点，则挡块压下行程开关 S_1，电磁铁 3YA 通电，换向阀 2 左位工作，压力油经换向阀 2 和液控单向阀 3 进入缸 4 上腔，进行补油，使其活塞继续下行到达行程端点。如果缸 4 活塞先到达终点，行程开关 S_2 使电磁铁 4YA 通电，换向阀 2 右位工作，压力油进入液控单向阀控制腔，打开阀 3，缸 5 下腔与油箱接通，使其活塞继续下行到达行程终点，从而消除累积误差	两个串联液压缸的活塞的有效面积相等（即 $A_1=A_2$），是实现同步运动的保证 两液压缸能承受不同的负载，但泵的供油压力要大于两缸工作压力之和 这种回路允许较大偏载，偏载所造成的压差不影响流量的改变，只会导致微小的压缩和泄漏，因此同步精度较高，回路效率也较高

图 8-19　带补偿装置的串联液压缸同步回路Ⅰ

8.7.2 带补偿装置的串联液压缸同步回路Ⅱ（图8-20和表8-20）

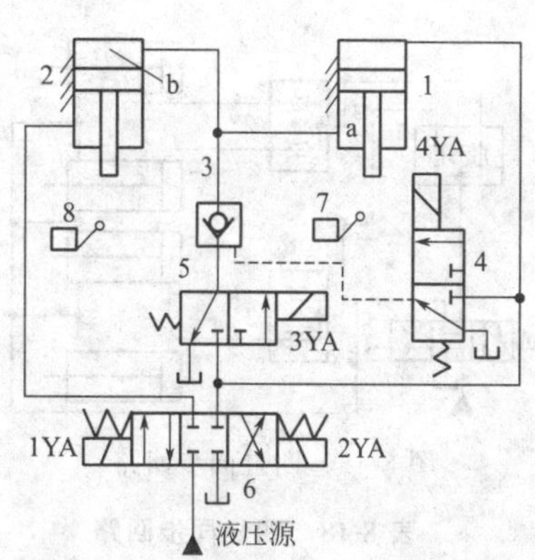

图8-20 带补偿装置的串联液压缸同步回路Ⅱ

表8-20 带补偿装置的串联液压缸同步回路Ⅱ

回路描述	特点及应用
回路中液压缸1有杆腔a的有效面积与液压缸2无杆腔b的有效面积设计为相等，故从a腔排出的油液进入b腔后，两缸实现同步下降 回路中的补偿装置可使同步误差在每一次运动中都得到消除。当换向阀6切换至右位时，两缸同时下行，若缸1的活塞先到终点，则触动行程开关7，使电磁铁3YA通电，阀5切换至右位，压力油经阀5和液控单向阀3向液压缸2的b腔补油，推动活塞继续运动到终点。若缸2先运动到终点，则触动行程开关8使电磁铁4YA通电，阀4切换至上位，控制压力油反向导通液控单向阀3，使缸1的a腔通过阀3回油，其活塞即可继续运动到终点	此回路只适用于负载较小的液压系统

8.7.3 带补偿装置的串联液压缸同步回路Ⅲ（图8-21和表8-21）

8.7.4 带补偿装置的串联液压缸同步回路Ⅳ（图8-22和表8-22）

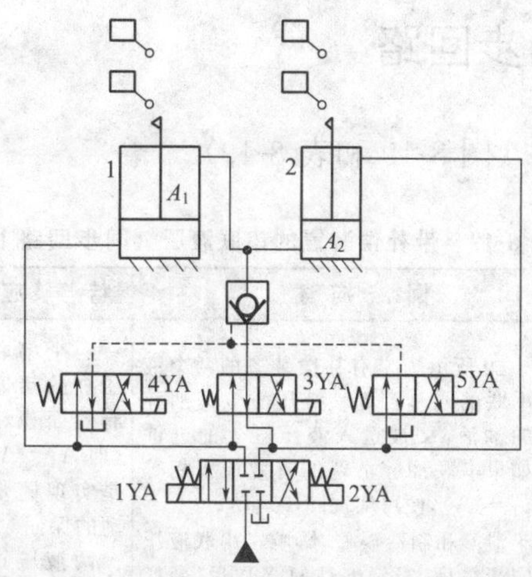

图8-21 带补偿装置的串联液压缸同步回路Ⅲ

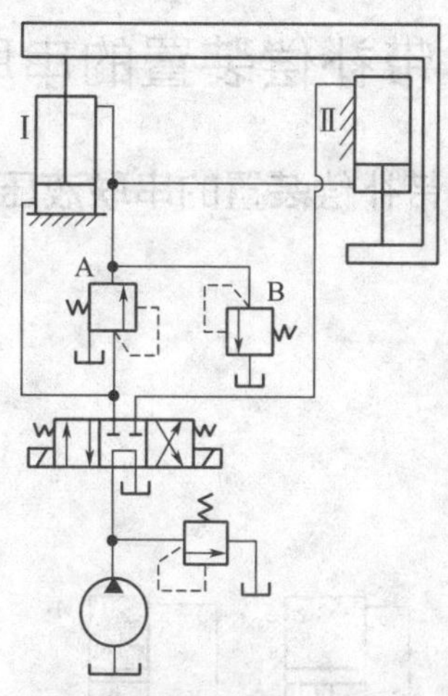

图8-22 带补偿装置的串联液压缸同步回路Ⅳ

表8-21 带补偿装置的串联液压缸同步回路Ⅲ

回路描述	特点及应用
两只行程相同的液压缸，缸1的有杆腔有效面积A_1等于缸2无杆腔有效面积A_2时，串联相接时，可组成容积控制同步回路 当1YA得电，缸1上腔排出的油液进入缸2的下腔，两液压缸同步上行。当2YA得电，两液压缸同步下行。当两缸同步产生误差时，依靠二位四通电磁阀，可以消除累积误差	适用于轻载小功率场合。本回路两缸规格不同，有别于其他同步回路。另因液压缸串联，故推力减小

表8-22 带补偿装置的串联液压缸同步回路Ⅳ

回路描述	特点及应用
上升行程时，若缸Ⅰ活塞先到达行程终点，油压升高打开顺序阀A向缸Ⅱ补油，使缸Ⅱ活塞也相继到达行程终点。若缸Ⅱ活塞先到达行程终点，则溢流阀B打开，使缸Ⅰ活塞也到达行程终点	适用于中小功率系统，应使两液压缸有杆腔结构参数相同，有效工作面积相等

8.8 容积控制同步回路

8.8.1 同步缸同步回路

8.8.1.1 同步缸同步回路Ⅰ（图 8-23 和表 8-23）

8.8.1.2 同步缸同步回路Ⅱ（图 8-24 和表 8-24）

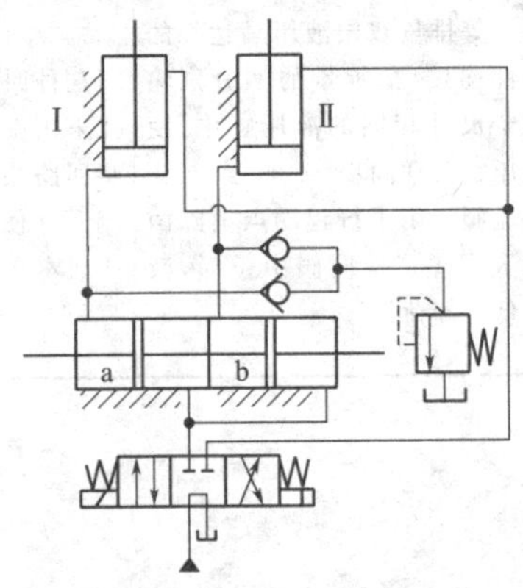

图 8-23 同步缸同步回路Ⅰ

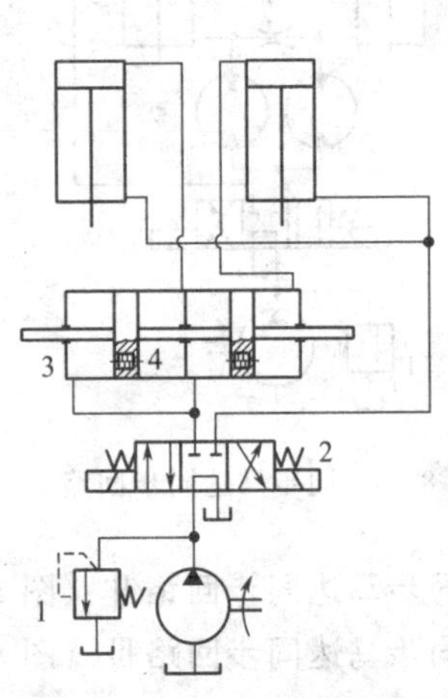

图 8-24 同步缸同步回路Ⅱ

表 8-23 同步缸同步回路Ⅰ

回路描述	特点及应用
同步缸的出入流量是相等的，可同时向两个液压缸供油，实现位移同步。如果缸Ⅰ的活塞已到达行程终点，而缸Ⅱ的活塞尚未到达终点，则油腔 a 的余油可通过溢流阀排回油箱。油腔 b 的油可继续流入缸Ⅱ的下腔，使之移动到终点。同理，如果缸Ⅱ的活塞先到达行程终点，亦可使缸Ⅰ的活塞相继到达终点	同步缸缸径及两个活塞的尺寸完全相同并共用一个活塞杆。同步缸容积大于液压缸容积，两个单向阀和背压阀是为了提高同步精度的放油装置，其同步精度可达 2%～5% 可用于负载变化较大的场合

表 8-24 同步缸同步回路Ⅱ

回路描述	特点及应用
同步缸 3 是两个尺寸相同的缸体和两个活塞共用一个活塞杆的液压缸，活塞向左或向右运动时输出或输入的油液容积相等。在回路中起着配流的作用，使有效面积相等的两个液压缸实现双向同步运动 同步缸的两个活塞上装有双作用单向阀 4，可以在行程端点消除误差	这种回路的同步精度比采用流量控制阀的同步回路高，能适应较大的偏载。但专用的配流元件使系统复杂、制作成本高

8.8.1.3 同步缸同步回路Ⅲ（图 8-25 和表 8-25）

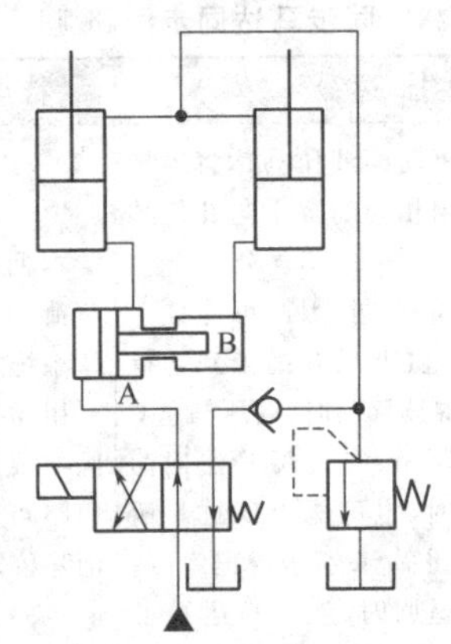

图 8-25 同步缸同步回路Ⅲ

表 8-25 同步缸同步回路Ⅲ

回路描述	特点及应用
本回路为采用同步缸的同步回路，同步缸 A、B 两腔的有效面积相等，且两工作缸面积也相同，则能实现同步	由于同步缸一般不宜做得过大，所以这种回路仅适用于小容量的场合 用同步缸同步时，泵供油压力为两工作缸工作压力的平均值。由于存在泄漏，一般应另配有补油系统 这种同步回路的同步精度取决于液压缸的加工精度和密封性，精度可达到 98%～99%

8.8.2 同步马达同步回路

8.8.2.1 同步马达同步回路Ⅰ（图8-26和表8-26）

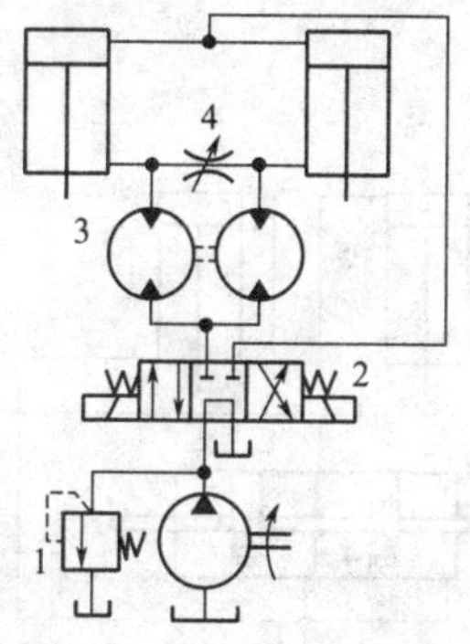

图8-26 同步马达同步回路Ⅰ

表8-26 同步马达同步回路Ⅰ

回路描述	特点及应用
两个等排量双向液压马达3的轴刚性连接，把等量的油分别输入两个尺寸相同的液压缸中，使两液压缸实现同步 节流阀4用于行程端点消除两缸位置误差。换向阀中位时，液压泵低压卸荷	这种回路的同步精度比采用流量控制阀的同步回路高，但专用的配流元件使系统复杂、制作成本高

8.8.2.2 同步马达同步回路Ⅱ（图8-27和表8-27）

8.8.2.3 同步马达同步回路Ⅲ（图8-28和表8-28）

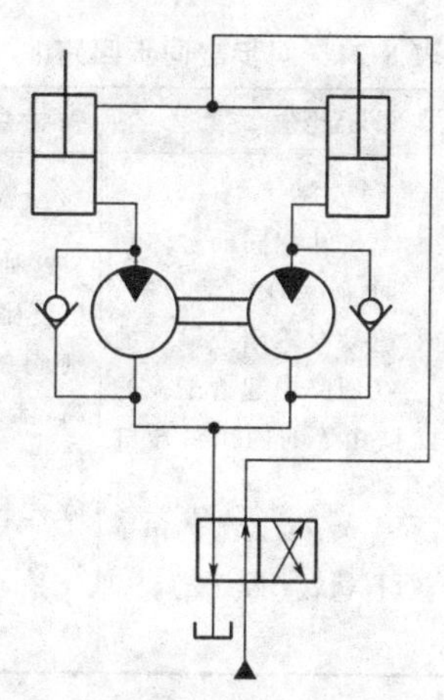

图8-27 同步马达同步回路Ⅱ

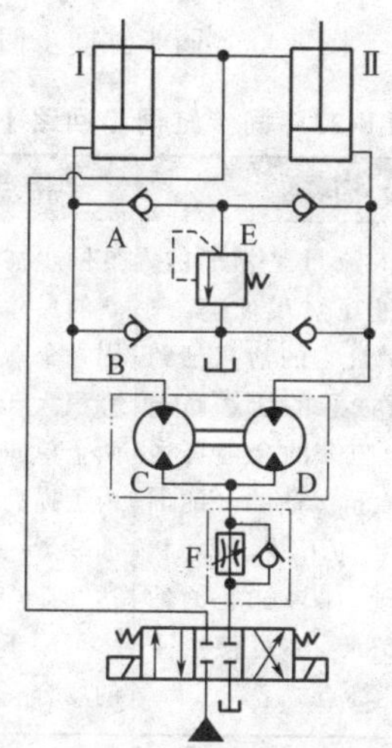

图8-28 同步马达同步回路Ⅲ

表8-27 同步马达同步回路Ⅱ

回路描述	特点及应用
本回路采用两个排量相同的液压马达使液压缸实现单向同步。两液压马达的轴刚性连接以保证通过两液压马达的流量相同，从而使两个有效面积相等的液压缸同步动作	其同步精度主要取决于两个液压马达每转排量和容积效率。其速度同步误差在2%～5% 一般选用容积效率较高的柱塞式液压马达作为同步元件，负载变化和油温对同步精度有影响。通常须另设补放油回路，在行程终点消除同步误差

表8-28 同步马达同步回路Ⅲ

回路描述	特点及应用
本回路用两个同轴驱动的液压马达将等量的油输入有效作用面积相同的缸Ⅰ与Ⅱ使其实现双向同步 由于液压马达泄漏量不同，因此可能缸Ⅰ活塞到达行程终点时，缸Ⅱ活塞尚未到达行程终点。当缸Ⅱ活塞继续移动时，液压马达C排出的油可通过单向阀A，安全阀E流回油箱。当两缸活塞退回时，也可能出现缸Ⅰ活塞到达行程终点而缸Ⅱ尚未到达行程终点。当缸Ⅱ活塞继续向下退回时，液压马达C可通过单向阀B从油箱吸油	本回路可用于重负荷、大容量等大功率系统 用单向阀和溢流阀组成的安全补油回路可在行程终点消除位置误差

8.8.2.4 同步马达同步回路Ⅳ（图 8-29 和表 8-29）

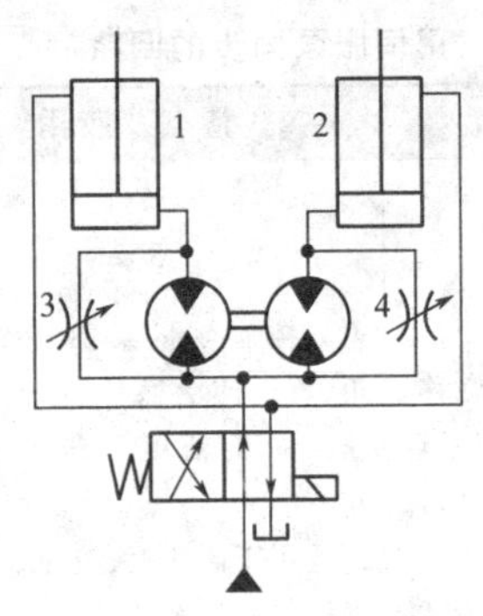

图 8-29 同步马达同步回路Ⅳ

表 8-29 同步马达同步回路Ⅳ

回路描述	特点及应用
本回路为采用相同机构、相同流量的液压马达作为流量分流装置的同步回路。两个液压马达的轴刚性连接，把等量的油液分别输入两个尺寸相同的液压缸中，使两个液压缸实现同步 两个节流阀用以消除两个液压缸在行程终点的位置误差。两缸活塞上升时，若缸 1 的活塞先到达终点，则两个马达都将停止运动，液压泵输出的压力油可经节流阀 4 继续供给液压缸 2，使其到达终点	适用于高压、大流量有双向同步要求的场合 这种同步回路的同步精度比节流控制的要高，由于所用同步马达一般为容积效率较高的柱塞式马达，所以费用较高

8.9 泵同步回路

8.9.1 用等流量单向定量泵同步的回路（图 8-30 和表 8-30）

8.9.2 用等流量双向定量泵同步的回路（图 8-31 和表 8-31）

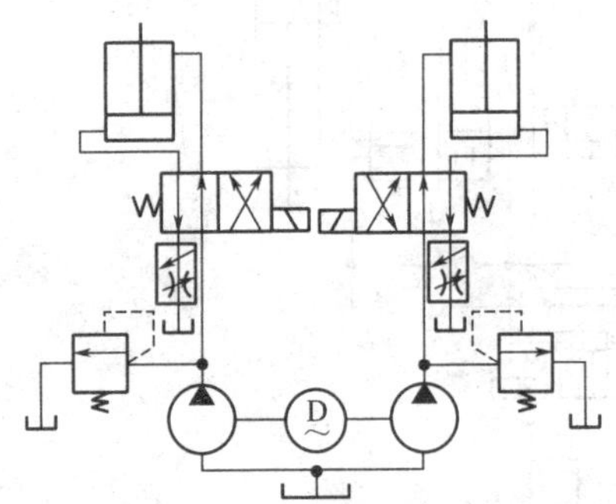

图 8-30 用等流量单向定量泵同步的回路

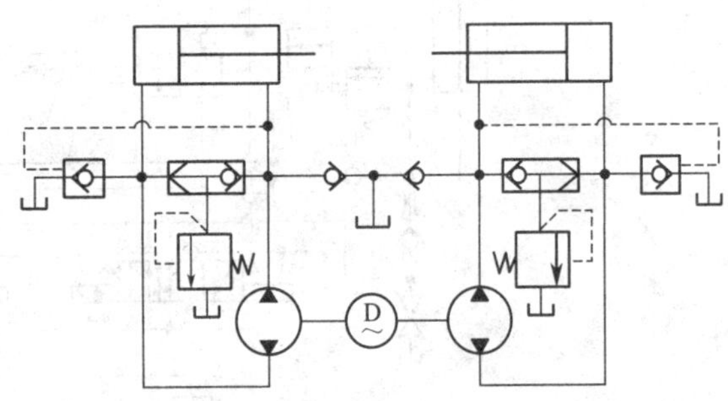

图 8-31 用等流量双向定量泵同步的回路

表 8-30 用等流量单向定量泵同步的回路

回路描述	特点及应用
用一个电动机驱动两个等流量的定量泵，使两个液压缸同步动作 当两个等流量泵的流量不完全相等时，可用两个调速阀来修正速度同步误差	正常工作时，两个换向阀应同时切换。同步精度为 2%～5%，液压系统简单，系统效率较高，相互不干扰。液压缸泄漏和泵容积效率是影响同步精度的主要因素，宜采用容积效率较稳定的柱塞泵 适用于高压、大流量、同步精度高的场合

表 8-31 用等流量双向定量泵同步的回路

回路描述	特点及应用
两个相同排量的双向定量泵用一个电动机驱动，可使两个液压缸双向同步 液压缸有杆腔进油时，无杆腔多余的回油经液控单向阀流回油箱。液压缸无杆腔进油时，有杆腔不足的油量经单向阀从油箱吸入。活塞到达行程终点时，压力油经安全阀流回油箱，并从单向阀或液控单向阀吸油	可用于两缸负载相差较大的场合，回路宜采用容积效率较高的柱塞泵

8.9.3 用伺服泵同步的回路（图 8-32 和表 8-32）

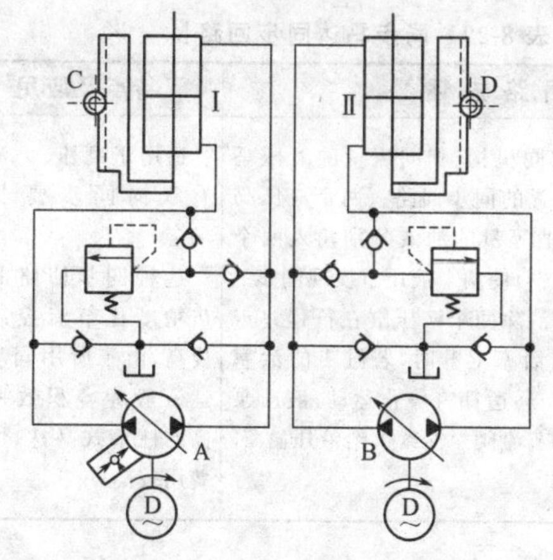

图 8-32 用伺服泵同步的回路

表 8-32 用伺服泵同步的回路

回路描述	特点及应用
回路以主动缸Ⅱ为基准，由位移传感器C与D检测出两缸活塞的位移，经比较而得的偏差信号经放大后，输入伺服泵A，操纵泵斜盘倾角来改变流量，使随动缸Ⅰ活塞跟随缸Ⅱ活塞同步动作	如控制变量泵B的斜盘倾角，可以使活塞任意增速或减速。同步精度一般在0.5%左右 适用于高压、大流量、同步精度高的液压系统

8.10 其他同步回路

8.10.1 机械反馈的同步回路（图 8-33 和表 8-33）

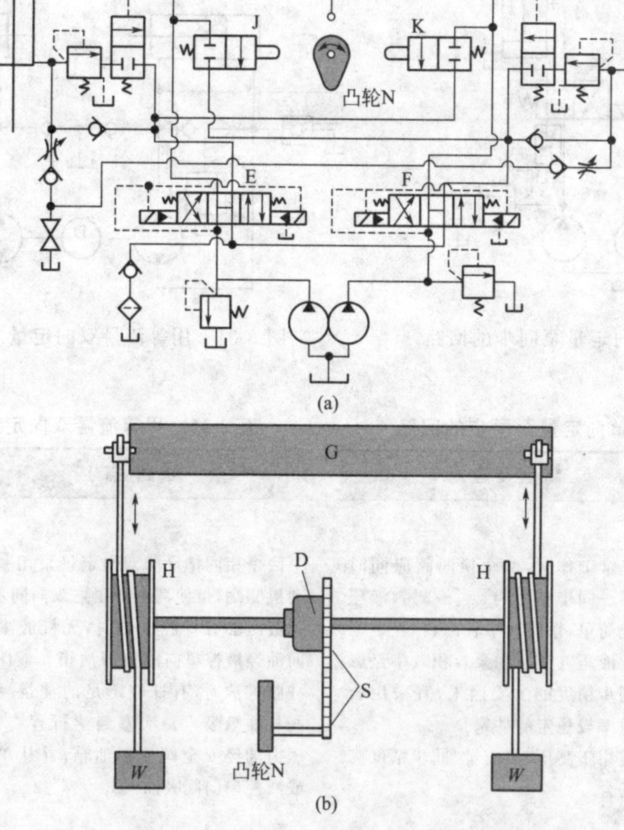

图 8-33 机械反馈的同步回路

表 8-33 机械反馈的同步回路

回 路 描 述	特点及应用
由机械反馈转动一个凸轮N[图8-33(b)],随时校正液压缸的同步误差。N由差速器D通过一对链轮S传动。D通过两根扭杆与两个鼓轮H相连。平衡重W使H上的钢丝绳拉紧 当闸门G下降时,阀E与F同时切换至右位,两个流量相等的泵分别供油至缸Ⅰ与缸Ⅱ的上腔。如果G水平下降不倾斜,则两根扭杆以反向同速旋转,而N不转动。如果G倾斜,则以反向异速旋转,因而差速器D使凸轮N转动,打开相应的放油阀J或K,使超前的液压缸的进油路经阀J或K放出一些油,通过滞后的液压缸的回油管流回油箱,使G恢复水平。G上升时,阀J与K起相同的作用,只是油液反向流动。当缸Ⅰ与缸Ⅱ不同步严重时,N使行程开关1XK动作,整个系统停止工作,通过按点动按钮可以调平两个活塞	本回路可使两个相距25m的升降液压缸同步动作 回路同步精度高,结构较复杂,调整维护要求高

8.10.2 电气反馈的同步回路(图8-34和表8-34)

8.10.3 用蓄能器与调速阀的同步回路(图8-35和表8-35)

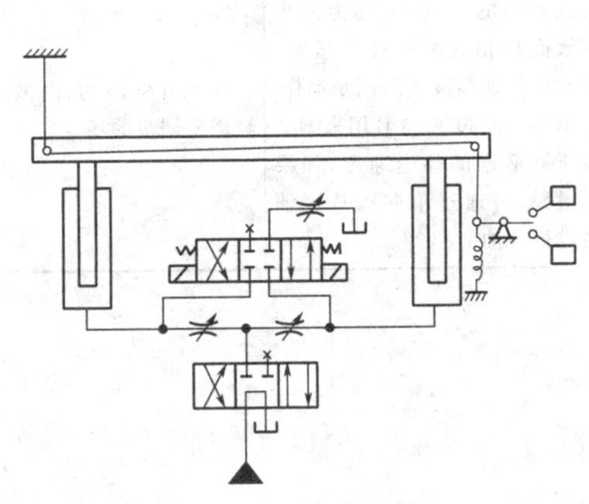

图 8-34 电气反馈的同步回路

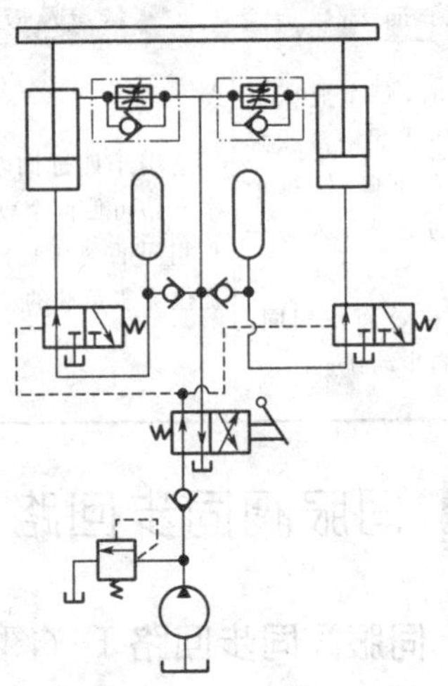

图 8-35 用蓄能器与调速阀的同步回路

表 8-34 电气反馈的同步回路

回 路 描 述	特点及应用
利用张紧在滑轮组上的钢带检测同步误差,当误差达到一定值时,接通一个微动开关,相应的电磁铁通电,使超前的液压缸的进油路旁路放油,以提高同步精度	适用于同步精度较高的液压系统。由于采用电磁阀进行开关控制,因此费用比采用伺服阀的低

表 8-35 用蓄能器与调速阀的同步回路

回 路 描 述	特点及应用
图8-35所示位置时,控制油使两个液动换向阀同时切换至左位,由同规格的两个蓄能器分别向两缸下腔供油,靠上腔回油路的两个调速阀保证同步,活塞同步上升 手动换向阀切换至右位后,两活塞下降。下降至终点后液压泵向蓄能器充油	适用于低压、小功率液压系统。蓄能器排出的压力油量应能保证活塞的行程

8.10.4 无源的同步回路（图 8-36 和表 8-36）

8.10.5 用气液缸的同步回路（图 8-37 和表 8-37）

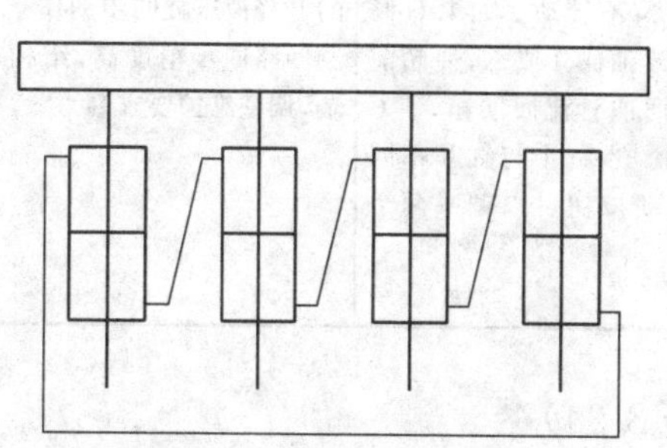

图 8-36 无源的同步回路

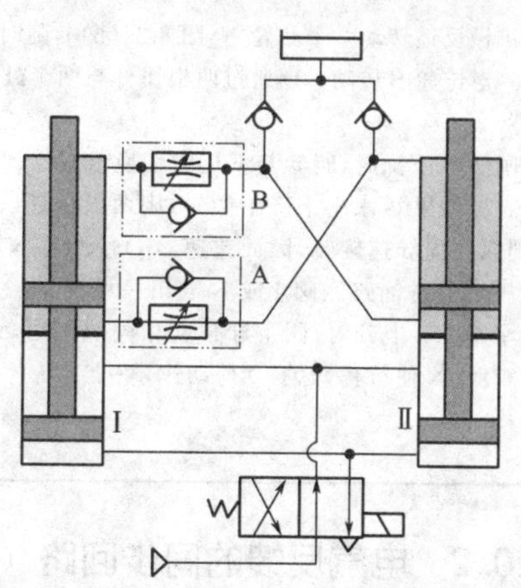

图 8-37 用气液缸的同步回路

表 8-36 无源的同步回路

回路描述	特点及应用
平台上升时，每个液压缸上腔的油被压入另一液压缸的下腔。平台下降时，每个液压缸下腔的油被压入另一液压缸上腔 由于各缸有效面积相同，因此可实现同步动作	适用于四缸同步的系统。本回路可使两个以上有效面积相同的液压缸同步，但不提供克服负载的动力

表 8-37 用气液缸的同步回路

回路描述	特点及应用
气液缸Ⅰ与Ⅱ的下部为推动负载上升的气缸，上部为两个有效面积相同的双杆液压缸，串联后保证两液压缸同步动作 单向节流阀 A 与 B 用来调节液压缸活塞的往返速度，如果有泄漏，可通过单向阀从副油箱进行补油	用于有气源的、两液压缸需要同步的场合

8.11 伺服阀同步回路

8.11.1 伺服阀同步回路Ⅰ（图 8-38 和表 8-38）

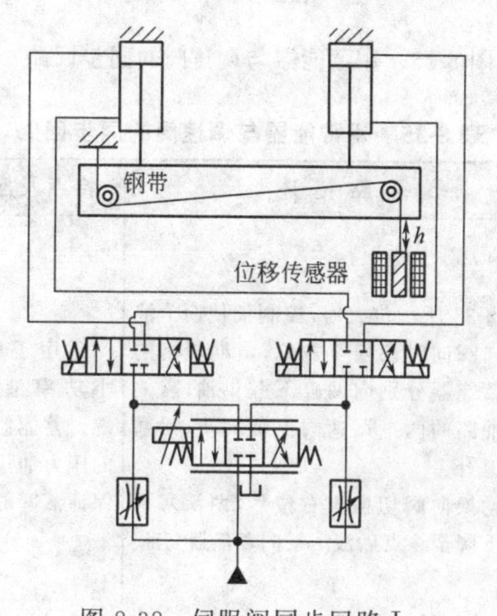

图 8-38 伺服阀同步回路Ⅰ

表 8-38 伺服阀同步回路Ⅰ

回路描述	特点及应用
该回路为带反馈的闭环同步控制回路，液压缸的位置误差会形成活动部件倾斜，用位移传感器检测钢带活动端位置，h 值的变化，经过放大器比较后再反馈到伺服阀，实现缸的位置同步	用位移传感器来检测两个缸的位置误差，用伺服阀控制纠正误差所需的流量。这种带反馈的闭环同步控制回路可以得到很高的同步精度

8.11.2 伺服阀同步回路Ⅱ（图 8-39 和表 8-39）

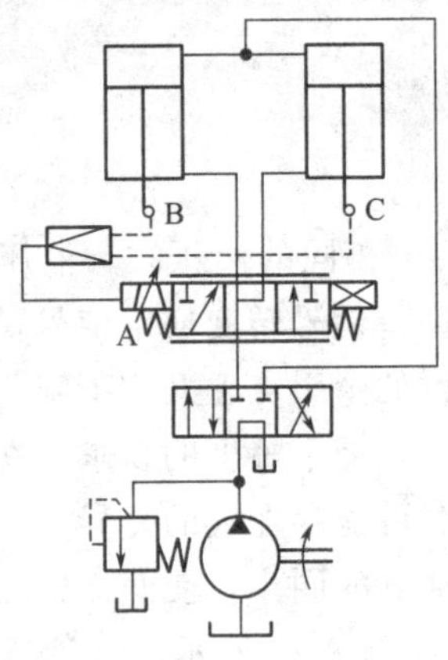

图 8-39 伺服阀同步回路Ⅱ

表 8-39 伺服阀同步回路Ⅱ

回路描述	特点及应用
伺服阀 A 根据两个位移传感器 B、C 的反馈信号，持续不断地调整阀口开度，控制两个液压缸的输入或输出流量，使它们获得双向同步运动	用于同步精度要求高的液压系统

8.11.3 伺服阀同步回路Ⅲ（图 8-40 和表 8-40）

8.11.4 伺服阀同步回路Ⅳ（图 8-41 和表 8-41）

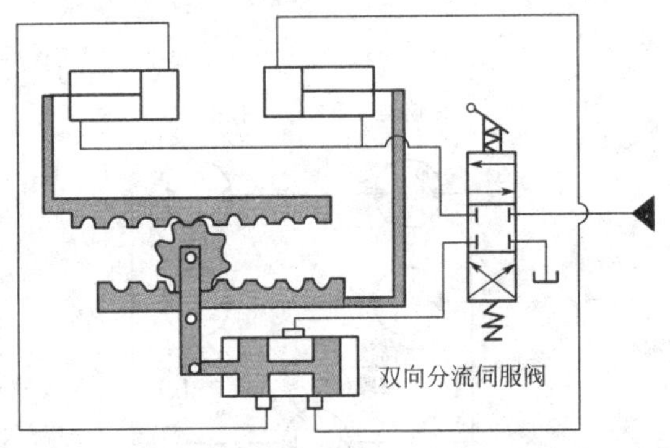

图 8-40 伺服阀同步回路Ⅲ

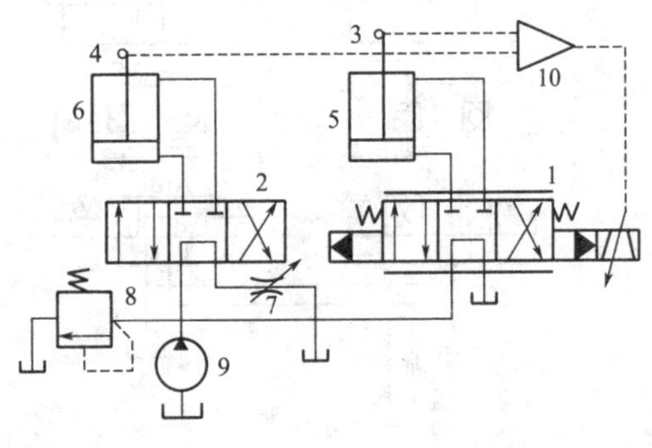

图 8-41 伺服阀同步回路Ⅳ

表 8-40 伺服阀同步回路Ⅲ

回路描述	特点及应用
两个液压缸的活塞杆与两个齿条相连，通过小齿轮和连杆带动双向分流伺服阀的阀芯。当伺服阀的阀芯处于中间位置时，分配相等的流量流入两个液压缸使之同步运动 两个液压缸速度产生偏差时，小齿轮轴心产生位移，通过连杆使阀芯做相应位移，减小了超前液压缸的流量，同时增加滞后液压缸的流量，直至两个液压缸同步为止	本回路为采用齿轮齿条机械装置反馈同步误差的伺服阀同步回路。用伺服阀同步的精度较高，一般位置同步误差在 0.25mm 左右

表 8-41 伺服阀同步回路Ⅳ

回路描述	特点及应用
电液伺服阀 1 根据位移传感器 3 和 4 的反馈信号持续地控制阀口开度，输出一个与三位四通换向阀 2 相同的流量，使两液压缸 5 和 6 获得双向同步运动	适于两液压缸相隔较远，又要求同步精度很高的场合

8.12 同步回路应用实例

8.12.1 同步控制在摊铺机液压系统中的应用

沥青摊铺机液压控制系统采用了多个同步控制回路。

① 摊铺机找平控制系统 在摊铺机两侧分别布置有两个相同的液压缸，液压缸分别与左右两侧的熨平板牵引臂相连接，系统将传感器检测到的偏差信号转变成电信号，并经驱动电路控制液压电磁换向阀的开闭，通过两液压缸带动牵引臂的牵引点上升或下降，从而调节熨平板的仰角，使偏差趋于减小，达到调平目的，保证路面摊铺平整度的要求。在该控制系统中，要求两找平油缸有一定的同步精度，且两油缸的负载可能存在大的差异。

综合考虑实际使用工况，采用分流集流阀实现两找平油缸的同步，使两油缸在承受不同负载时仍能获得相等流量而实现同步。液压系统控制原理如图 8-42 所示。此液压同步控制回路包含有分流集流阀、电磁换向控制阀、液压锁以及两找平油缸，系统中的压力油经过分流集流阀后按照相等流量一分为二，经过电磁换向阀和液压锁进入油缸，通过油缸控制熨平板牵引臂的上升下降动作。采用分流集流阀的同步回路适合用于实现两油缸在负载相差较大的同步，同步精度可达 2%～5%，该同步回路的同步精度完全取决于分流集流阀。

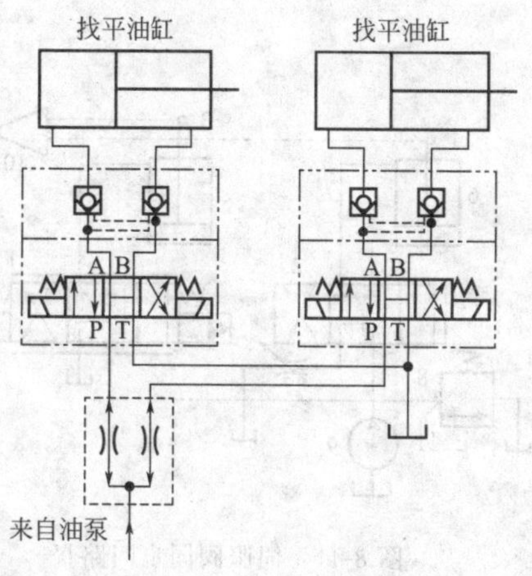

图 8-42 摊铺机找平控制液压原理图

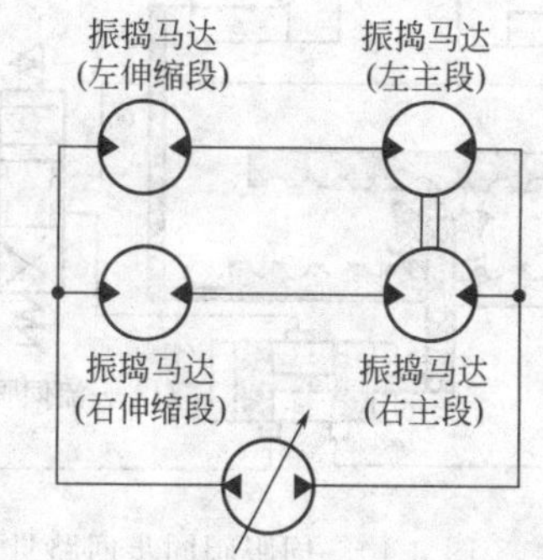

图 8-43 摊铺机振捣控制液压原理图

② 摊铺机振捣控制系统 振捣系统是熨平板主要组成部分，其主要作用是通过马达驱动偏心轴，通过偏心作用使得刀片产生一定幅度的上下运动，从而实现对摊铺机材料的预压实。对于伸缩式熨平板，其结构主要由主段和左右伸缩段三部分组成，每段熨平板的振捣机构均采用液压马达驱动，而且振捣频率可无级调节，为了保证伸缩熨平板各段摊铺的路面密实度基本一致，需实现三部分振捣机构的振捣频率同步。

液压伸缩式摊铺机振捣控制系统，采用 1 个柱塞变量泵和 4 个柱塞马达组成的闭式液压系统，其原理如图 8-43 所示。4 个振捣马达完全相同，有 2 个马达安装在左右主熨平板振捣轴上，左右主振捣器通过万向联轴器进行刚性连接，故左右主振捣频率完全同步；另 2 个振捣马达分别安装在左、右伸缩段熨平板的振捣轴上，采取左主振捣马达与左伸缩振捣马达串联，右主振捣马达与右伸缩振捣马达串联，实现左主段与左伸缩段、右主段与右伸缩段分别同步。因此，能够满足整套熨平装置各段振捣频率同步。振捣系统采用该同步回路，影响其同步精度的主要因素为马达的泄漏。

③ 摊铺机振动控制系统 摊铺机振动系统同振捣系统一样，是熨平板的主要组成部分，其主要作用是通过马达驱动振动偏心轴，从而产生离心激振力，使熨平板产生振动，实现对摊铺材料的压实。对于伸缩式熨平板，其结构主要由主段和左右伸缩段三部分组成，每段熨平板的振动均采用液压马达驱动，而且振动频率可无级调节，为了保证伸缩熨平板各段摊铺的路面密实度基本一致，需实现三部分振动频率同步。

伸缩式熨平板的振动控制系统主要有两种。其中一种控制方式同振捣控制系统，其同步实现方式同上所述。另一种控制系统采用了节流阀同步回路，其液压控制原理如图 8-44 所示。系统采用一泵三马达的驱动方式，熨平板主段、左右伸缩段的振动轴上各安装 1 个齿轮马达直接驱动，在 3 个支路上分别设置节流调速阀，实现通过 3 个马达的流量基本相同，从而使振动同步。

④ 摊铺机熨平板升降控制系统 在摊铺机后墙板两侧分别设置有一个液压缸，用于实现对熨平板的提升、下降动作的控制。在该系统中，两油缸同时控制熨平板提升、下降，需尽量使两油缸动作一致，保证熨平板的提升与下降较为平稳，由于其不影响摊铺机作业性能，对于两油缸的同步要求精度较低。综合考虑，采用节流控制回路，考虑成本及控制方便，系统中采用增加节流孔的形式实现两油缸的尽量同步，其液压原理如图 8-45 所示。

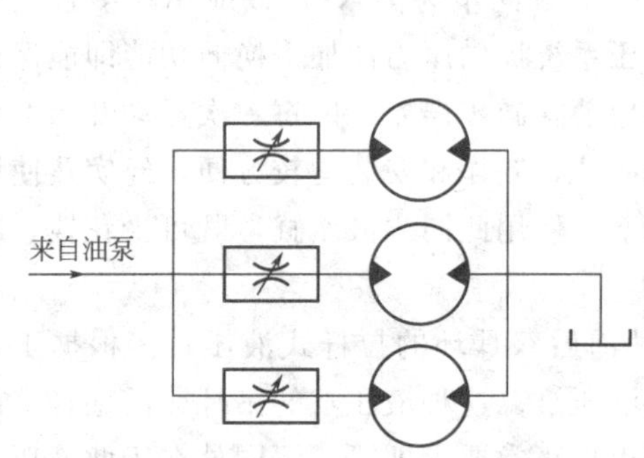

图 8-44 摊铺机振动控制液压原理图

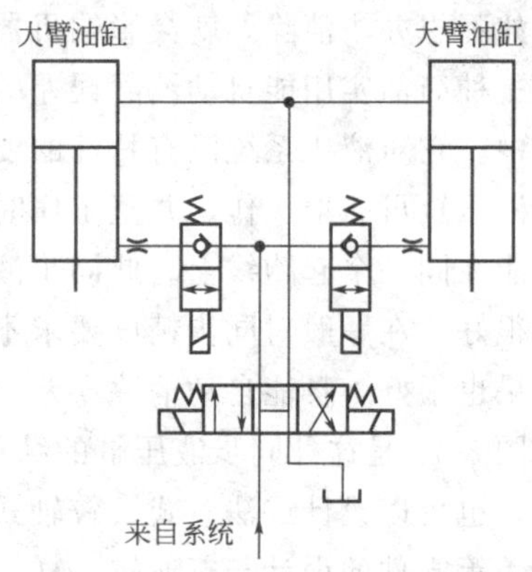

图 8-45 摊铺机熨平板升降控制液压原理图

两大臂油缸有杆腔均增加相同通径的节流接头，通过采用该方案，能够很好地削减两边负载差异引起的不同步现象，使两油缸能尽量同步。另外，在有杆腔增加了防降阀，能有效实现熨平板的下降液压锁死。采用该同步方案，既能很好地削减两边负载小的差异引起的不同步，又能提高系统稳定性，使用较为广泛，适用于系统对同步没有严格要求，且成本低的情况。

⑤ 摊铺机料斗开合控制系统 摊铺机料斗开合控制系统主要实现摊铺机左右料斗的单边单独开合、双边同时开合等动作，该系统需实现左右料斗打开的同步性，但是同步要求低，故该系统采用节流阀控制的同步回路，其液压控制原理如图 8-46 所示。系统中在左右料斗控制油缸

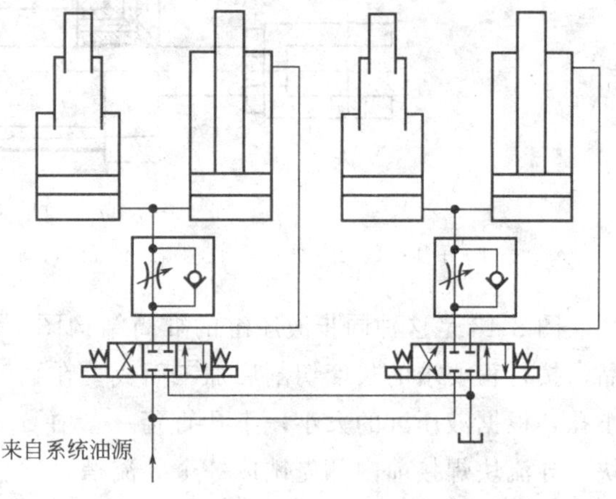

图 8-46 摊铺机料斗开合控制液压原理图

无杆腔油路中分别增加了节流阀，对应于左右料斗控制油缸所受的负载差异来调节节流阀的开度，使左右两个支路的总阻力相同，从而使经过左右两边控制油缸的流量相等，实现左右料斗的同步。该系统中，采用油缸出油节流控制的同步回路，当料斗打开时，流量控制阀起作用，当料斗合拢时，压力油顶开单向阀进入油缸无杆腔，而不经流量控制阀。

另一系列摊铺机料斗开合控制系统采用左右料斗分别用一个油缸控制，而且料斗只能实现同时开合动作。在该控制系统中，采用增加节流孔的形式实现同步控制，其控制形式同熨平板升降控制系统。

8.12.2 能自动消除误差的同步液压缸

在许多工作场合，需要液压缸工作时能够双缸或多缸同步运动。例如双吊点平面钢闸门的升降运动、双缸液压打包机的同步运动、多缸液压升降平台的同步升降、播种机播种机构的同步升降等。根据具体的工作内容，对液压缸的同步精度有不同的要求。一般来说，精度要求越高，相应付出的成本也越高。例如使用比例伺服技术控制的闭环同步液压系统，同步精度可以达到1‰，但付出的成本也相当高昂。而使用同步阀的液压系统，虽然成本不算高，方法简便，但同步误差能达到3%，而且随着液压缸不断地来回运动，误差会越积越多，如不想办法消除，就会影响机器的正常运行。

一种简洁实用能自动消除误差的同步液压缸（以双缸同步为例），可以应用在多缸同步系统中。它对液压系统没有特殊的要求，普通的液压系统提供压力油加上换向功能即能保证同步液压缸可靠地工作，并且工作时能够双向自动地消除同步误差，即每一次运动开始，双缸都能在同一个起跑线上。此同步液压缸结构新颖简洁，制作和安装均较方便，经实践使用效果很好。在一般对同步精度要求不是很高的情况下，使用此同步液压缸，既可少花钱，同步效果也很好，且能自动消除误差。

图8-47是这种同步液压缸的结构图，这是一种前后双耳环的拉杆式液压缸。根据工作需要，也可以设计成法兰式、铰轴式等多种形式的液压缸。这种液压缸的吊耳、活塞杆、前后端盖等零件的设计与普通缸一样，密封件的选用也按正常要求即可，不同处在于此液压缸的缸筒和活塞与普通液压缸不一样。

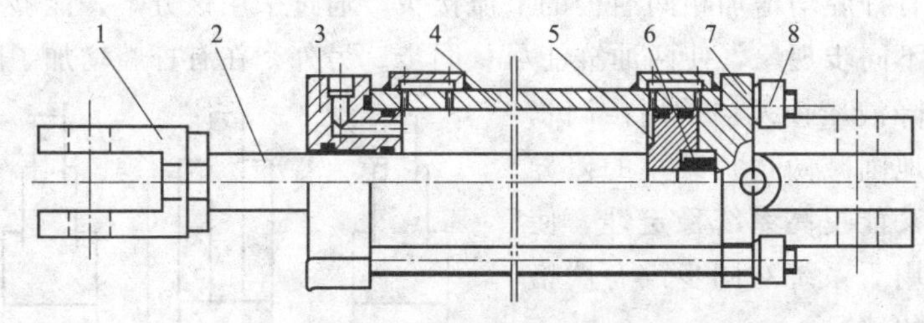

图8-47 同步液压缸结构图

1—吊耳；2—活塞杆；3—前端盖；4—缸筒；5—活塞；6—大螺母；7—后端盖；8—螺母拉杆

图8-48是这种同步液压缸的缸筒结构图。缸筒是用内径经过珩磨的无缝钢管作为半成品，按行程要求的长度切割后加工而成。在缸筒靠近两端的地方，按一定的距离各钻有两个小孔，根据液压缸的大小，小孔直径一般在1.6～2.0mm之间。缸筒外部各焊有一个导流块，导流块焊接前内部先铣成一个导流槽，槽长比两孔间距略长，导流块四周与缸筒焊接严密，不得有泄漏。

图 8-49 是导流块的零件图。应当说明的是，导流块的长度应与活塞的厚度相适应，导流块的材料应与缸筒材料一致或相近，以保证焊接质量，防止因材料不同导致焊缝开裂。

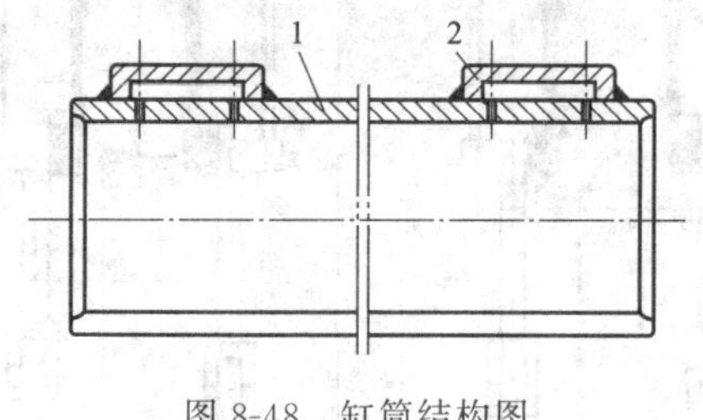

图 8-48　缸筒结构图

1—缸筒；2—导流块

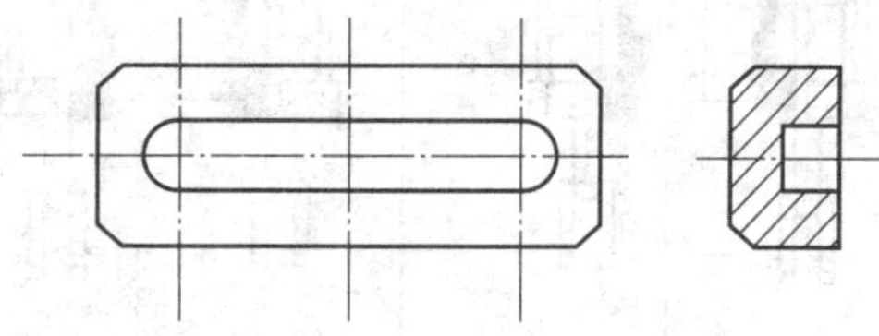

图 8-49　导流块结构图

图 8-50 是这种同步液压缸的活塞结构图。活塞的厚度要与导流孔的孔距相适应，且在两个端面上铣有导流槽。这样，在活塞运行到上下两个死点时，有杆腔和无杆腔的液压油可以通过导流槽进入导流孔，并经过导流块内部相通起来。

图 8-51 是两个同步缸串联起来的原理图。为了达到两缸动作同步的要求，A 缸有杆腔的环形面积必须和 B 缸无杆腔的圆面积相等或相近。由于两缸行程相同，换句话说，也就是 A 缸有杆腔的容积必须和 B 缸无杆腔的容积相等或相近，才能保证两缸运动起来同步动作。

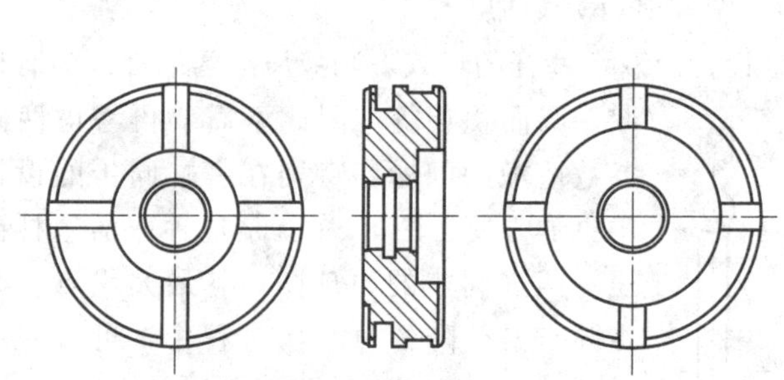

图 8-50　活塞结构图

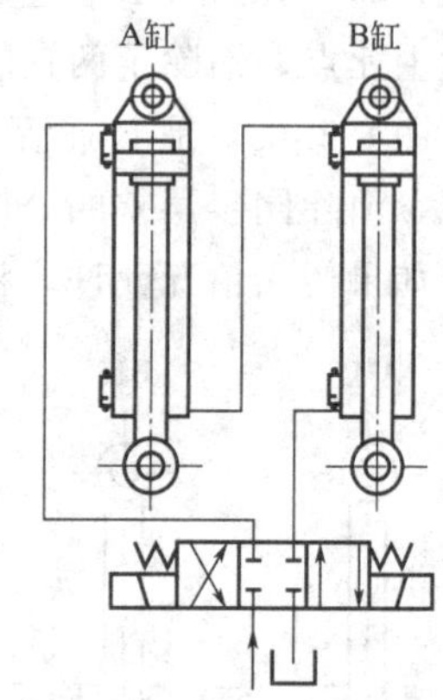

图 8-51　同步液压缸串联原理图

由于密封件、缸筒内径和活塞杆径都有标准规格，在此情况下，要做到两缸参数完全适配是比较困难的，一般参数接近即可。例如，A 缸缸径选 110mm，活塞杆径选 45mm，则 A 缸有杆腔的环形面积为 79.1cm^2。B 缸缸径选 100mm，活塞杆径选 35mm，则 B 缸无杆腔的圆面积为 78.5cm^2。两者相差 0.6cm^2，差距不大。由于此缸可以双向消除同步误差，对于要求一般同步精度的使用场合，完全可以满足同步动作的需要。

此种结构的两个液压缸在工作中是如何双向自动消除同步误差的呢？通过图 8-52 来分析一下。

在图 8-52(a) 中，换向阀在左位，压力油从 B 缸有杆腔进去，B 缸无杆腔和 A 缸有杆腔相通，A 缸无杆腔油通过换向阀回油箱。在图示位置，B 缸活塞已经运行到上死点，A 缸活塞还没有到达上死点。此时，B 缸有杆腔的压力油经导流块中导流槽连通到 B 缸无杆腔，继续向 A 缸有杆腔供油，推动 A 缸活塞上移，直到 A 缸活塞也到达上死点，从而消除了两缸的同步误差，两缸活塞同时处于上死点位置。

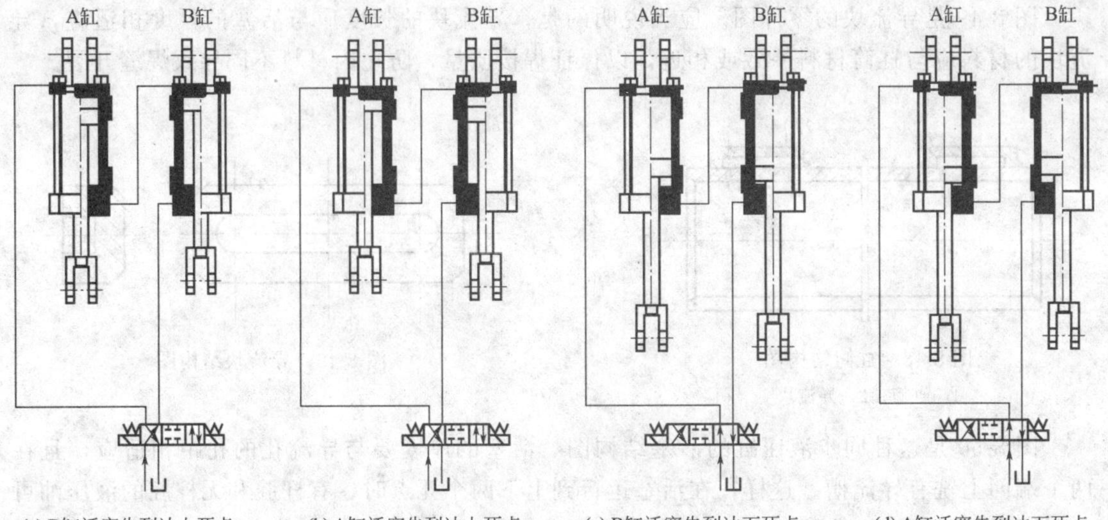

(a) B缸活塞先到达上死点 (b) A缸活塞先到达上死点 (c) B缸活塞先到达下死点 (d) A缸活塞先到达下死点

图 8-52 同步液压缸双向消除同步误差情况分析

在图 8-52(b) 中，情况相反，是 A 缸活塞先运行到上死点，而 B 缸活塞还没有到达上死点。此时，B 缸有杆腔的压力油继续推动 B 缸活塞上移，B 缸无杆腔的压力油与 A 缸有杆腔相通，并通过 A 缸上部导流块中导流槽引出，经换向阀后回到油箱，直到 B 缸活塞也到达上死点，消除了两缸的同步误差，两缸活塞又同时处于上死点位置。

图 8-52(c) 是 B 缸活塞先到达下死点的情况，图 8-52(d) 是 A 缸活塞先到达下死点的情况，消除同步误差的分析与图 8-52(a)、图 8-52(b) 相似。

如果使用情况允许，将此同步液压缸设计成双活塞杆的形式，则液压缸两端都成为有杆腔，圆面积相等，因此不需要再考虑两缸参数适配的问题，特别在多缸同步的设计中更加方便。图 8-53 就是这种双活塞杆液压缸四缸同步的原理图，其最大优点就是在同步升、降的每一次过程中，可以双向自动消除同步误差，保证四缸同步运动。

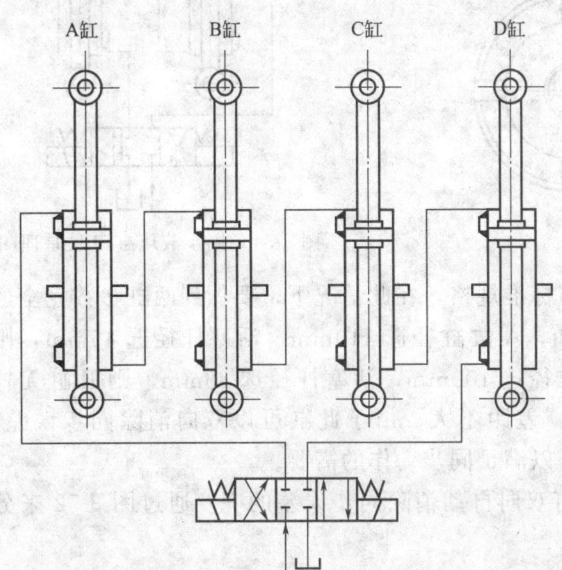

图 8-53 四缸双出杆液压缸同步串联原理图

此同步液压缸双向自动消除误差功能都是在液压缸到达上死点或下死点的位置时才起作用。如果液压缸在升降过程中始终只用中间一段行程工作，并且始终不回到上死点或下死点位置，积累的同步误差则不能够消除。

8.12.3 箱梁架桥机支腿液压系统

DYJ900/32 型流动式箱梁架桥机是用于高速铁路、客运专线双线整孔箱梁的运架一体式架桥机，主要由主金属结构（主梁、辅助支腿、主支腿、前车架、后车架）、起升系统（前、后起重小车，卷扬机，吊具）、整机走行系统（前、后车悬挂总成）、液压系统和电气控制系统等部分组成。

(1) 液压系统技术指标

顶升液压系统主要技术指标有，液压系统工作压力25MPa，峰值压力31.5MPa；工作介质为Mobil46号抗磨液压油，过滤等级10μm；升降装置，油缸缸径φ280mm，行程600mm，推力280t，偏载能力3°，最大顶升速度300mm/min；控制方式，压力闭环控制，控制精度≤3%，顶升油缸同步精度要求±5mm。

目前普遍采用实现同步工作的方法有，在每个液压马达或油缸的回路都装有流量控制阀；比例阀反馈控制；采用分流集流阀；齿轮同步分流器；柱塞式同步分流器。柱塞式同步分流器由加工精度较高、尺寸相同的若干个液压马达组成。相同的尺寸和较高的加工精度使得通过每一个液压马达的流量（排量）近似相同；再者，由于液压执行器的截面积（或排量）相同，从而实现速度同步。

在满足总体技术参数要求的基础上，综合考虑成本及精度要求，在顶升液压系统中使用意大利Ronzio（罗茨）公司生产的HG系列分流器来实现左右支腿的同步运动，HG分流器由径向柱塞马达组成，其低泄漏的特性保证在负载不均匀的情况下也能维持较高同步性，精度和同步性误差在±0.5%范围内。

(2) 液压系统工作原理

因主、辅助支腿之间间距较长，位置比较分散，故其液压系统采用独立动力单元设计使系统简化和模块化，并能最大程度减少沿程油路压力和功率损失，且方便维修；整个系统采用电控操作，最大工作功率为15kW。图8-54是支腿顶升液压系统的原理图，系统中还包括性能卓越的液压元件，如空气滤清器、回油过滤器等。

由柱塞泵、单向阀、电磁溢流阀组成可控的电子卸荷节能油路。根据支腿负载及顶升速度要求计算，泵站选用REXROTH A10V0系列排量10mL/r的变量高压柱塞泵（PC控制），其最高工作压力为35MPa，具有工作容积效率高、使用寿命长、自吸能力强的特点。电磁溢流阀是为限定系统最高工作压力而设置的，当1DT得电时一旦系统工作压力超过溢流阀的调定压力，溢流阀开启系统便卸载；而1DT失电时，油液便经溢流阀直接回油箱达到节能环保的作用。

工作原理：按下启动按钮，液压泵从油箱吸油，油液被传送到换向阀和电磁溢流阀处，此时换向阀处于中位，系统为待机卸载状态。

按下顶升按钮，1DT、2DT同时得电，电磁溢流阀进入工作状态，溢流压力设定为25MPa，换向阀在电磁线圈作用下被切换至左位，高压油稳定输出，经双向节流阀6、柱塞马达分流器7、双向平衡阀5进入顶升液压缸无杆腔，活塞杆伸出推动支腿顶升。由于柱塞马达分流器7的作用，进入顶升液压缸4的无杆腔液压油容积相同，即活塞杆伸出速度相同，从而实现顶升同步的目的。反之同步缩回。

双向平衡阀5有两个作用，一是出现意外断电时，防止立式顶升液压缸的自动下落，平衡支腿负载向下的重量，保证顶升油缸不下降，并能保持零泄漏量；二是当需要顶升液压缸停止在某一高度时，换向阀切换至中位，双向平衡阀关闭，液压缸被锁定在指定的位置，与此同时还可以将双向节流阀闭紧，起双重保险。

旋动双向节流阀6的调节旋钮，可以改变节流阀节流口开启的大小，用以调整顶升液压缸的顶升速度；而且在下降时能在回油一侧建立起背压。

由图8-54可看到柱塞马达分流器7的内部两条油道上均有溢流阀8和单向阀9，这是为消除顶升油缸位置不同步误差而设置的。溢流阀8可以看作安全阀，目的是防止在液压缸出

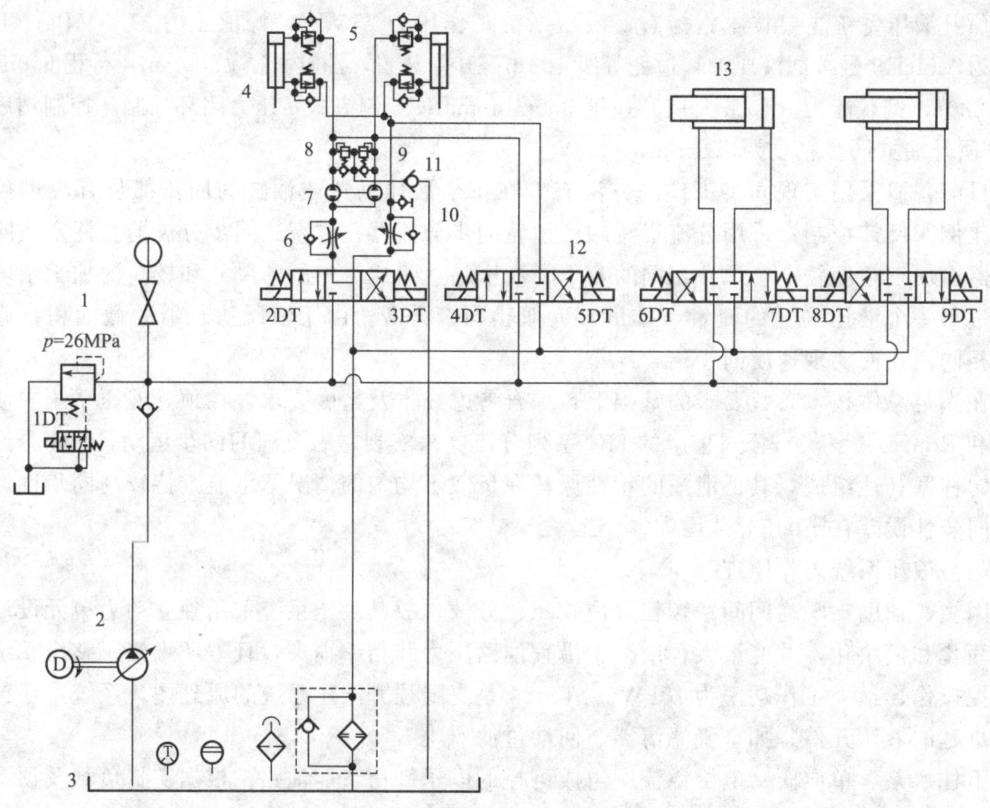

图 8-54 支腿顶升液压系统原理图

1、8—溢流阀；2—电机及液压泵；3—液压油箱；4—顶升液压缸；5—平衡阀；6—节流阀；7—HG 分流阀；9—单向阀；10—放气阀；11—回油单向阀；12—电磁换向阀；13—折转液压缸

口由于压力放大现象而产生过高压力，从而确保当工作油路中 1 只液压缸已经完成行程时，另外 1 只液压缸仍然可以正常完成其工作行程。单向阀 9 的开启压力约为 1bar，用作同步补油，油多则溢流，油少则由单向阀补油。回油单向阀 11 用以保证系统的最小工作压力，这样相连通管路中速度最快的液压缸就不会出现吸空现象，其开启压力设定值约 5bar。系统最小工作压力作用是保证柱塞马达分流器的每 1 个柱塞腔能维持 1 个 4bar 的压力，这样当其中 1 只液压缸已经完成工作行程时，分流器仍然为另 1 只速度较慢的液压缸继续供油直至行程结束。

放气阀 10 用于排除新装管道及液压缸中的空气，因为空气具备可压缩性，若排气不充分，在液压油和空气混合介质中可能会出现 1 只油缸已经动作，另 1 只油缸还在压缩空气，最终影响同步精度。

电磁换向阀 12 用以协调左、右顶升液压缸，使左右两只油缸在动作时总能保持相同的伸出或缩回相同的长度。并且增加 PLC 延时控制，消除每一位置的同步误差及累积误差。当 2DT、4DT 得电时，左侧顶升油缸伸出，而 3DT、5DT 得电左侧顶升油缸缩回。

8.12.4 带恒压模块的比例同步控制系统

比例控制系统对于液压系统本身的设计要求较高，同时对执行元件承受负载的情况也有要求，理想的同步条件是外部负载处于不变化或者变化很小并且尽量避免出现负载偏差，为了保证液压缸的运动不受到外负载的影响，可以采用入口恒压模块保证比例阀的工作环境。同时比例阀的选型也很重要，要求系统运动的流量信号线性区间位于比例阀 40%～60%最好，若工作在 10%以下或 90%以上，则很难控制油缸的同步运行。

图 8-55 是一种典型的带恒压模块的高精度的比例控制同步回路，在该液压系统中，两油缸的负载会根据生产不同品种的产品而存在很大的差异，因此该系统中设置了入口恒压模块，该系统中要求油缸运动的任何过程中不能存在较大的冲击，因此增加了安全阀，以便于在油缸意外冲击的情况下进行缓冲。

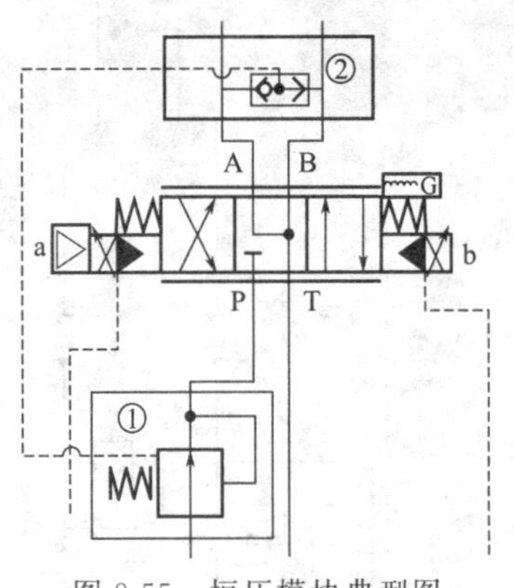

图 8-55　恒压模块典型图

在比例同步系统中，要求的同步精度越高，就越要对比例阀的工作特性进行详细分析，常用的比例阀都是在试验台下对流量-信号进行测试的，在实际使用的过程中，要求比例阀的控制精度越高，就更加需要满足比例阀的工作状况，在试验室的情况下，保证了比例阀进出口的压差为 1MPa 进行试验，也就是说比例阀在恒压差的情况下工作状态最稳定，增加恒压模块的目的就是要保证比例阀的进出口压差恒定。

图 8-56 是一个典型的恒压模块原理图，图中先导式减压阀 1 和梭阀 2 共同组合形成了一套入口恒压模块，实际工作中，梭阀向先导式减压阀提供先导控制油，若先导控制油的压力为 x，比例阀出口压力为 p_A/p_B，比例阀的入口压力为 p，而恒压模块中先导式减压阀的弹簧压力调整为 1MPa，实际减压阀的输出压力为 x＋1MPa，即比例阀入口的压力 $p=x+$1MPa，那么比例阀进出口的压差$=p-p_A/p_B=x+$1MPa$-p_A/p_B$，而 x 实际就是引用比例阀的出口压力，即 $x=p_A/p_B$；比例阀的进出口压差：x＋1MPa－x＝1MPa，不管外负载如何变化，比例阀进出口压差的值保持恒定，也就是比例阀工作环境很理想，有利于控制油缸的同步性能。

8.12.5　液压升降小车

（1）系统概况

某液压升降小车升降液压缸液压系统原理如图 8-57 所示。小车正常工作，操作方式为“自动”时，液压油经压力油口 P 进入电磁换向阀 1（电磁换向阀 1 的右位电磁铁得电），然后通过液控单向阀 3，并经过节流阀 4 进入升降液压缸 6 的无杆腔，液压缸开始伸出，从而使液压升降小车开始上升；当上升到一定的高度后，电磁换向阀 1 的右位电磁铁失电，换向阀处于中位，由于液控单向阀 3 的存在，升降液压缸 6 保压，使小车保持此高度不变；当小车需要下降时，电磁换向阀 1 的左位电磁铁得电，压力油经过电磁换向阀 1 的左位，通过液控单向阀 3，进入升降液压缸 6 的有杆腔，液压缸缩回，使小车下降，回到原位。

当采用“手动”方式时，由于电磁换向阀 1 的中位机能是 M 型，压力油经过换向阀 1 的中位后进入手动换向阀 2。当手动阀 2 置于右位时，升降液压缸 6 伸出，小车上升；当手动阀 2 置于左位时，升降液压缸 6 缩回，小车下降。在本系统中，电磁换向阀 1 和手动换向阀 2 都采用中位机能是 M 型的换向阀，因而具有中位卸荷功能。另外，安全阀 5 对系统起保护作用，防止小车由于意外冲击而超载。

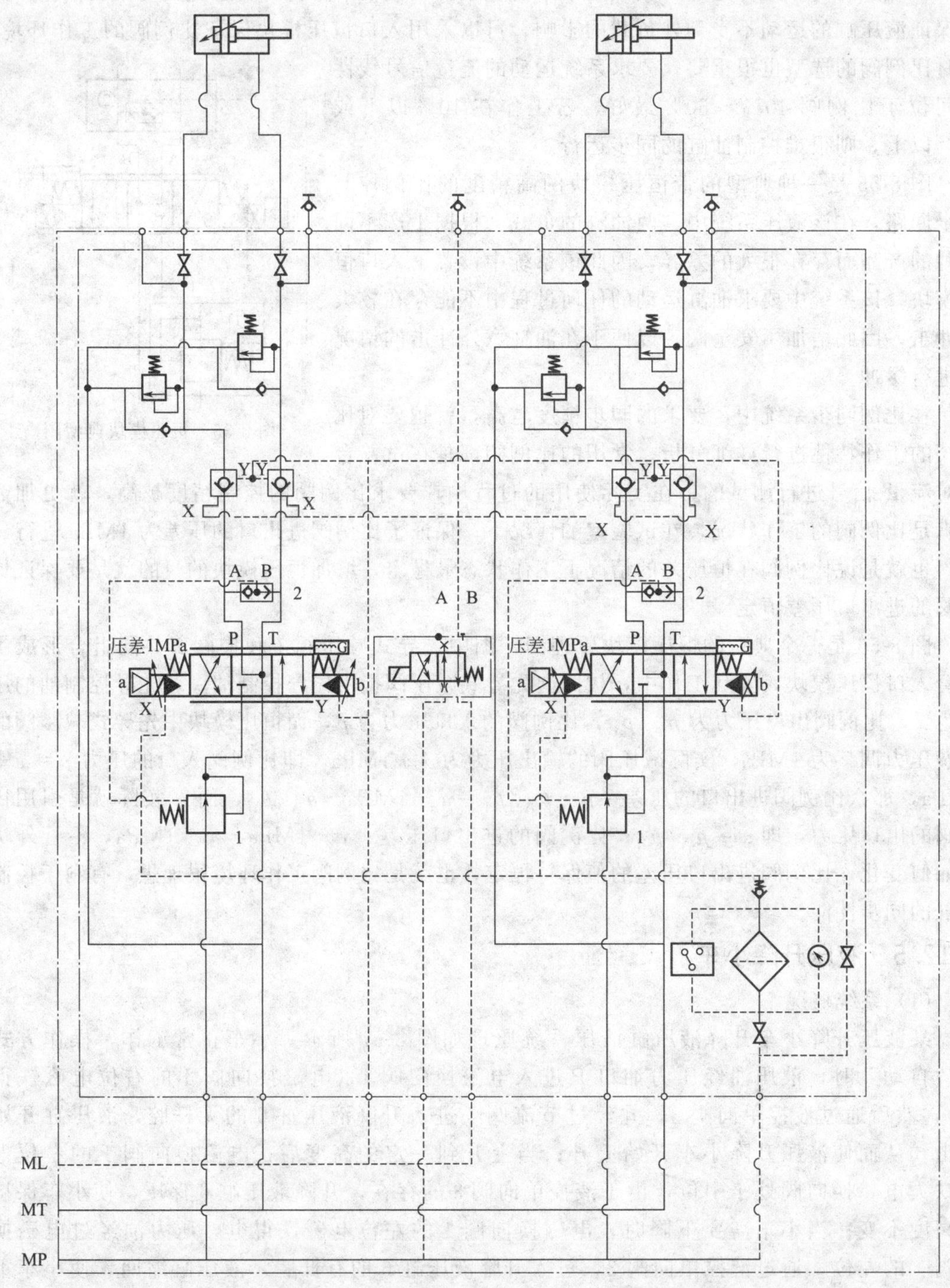

图 8-56 带恒压模块比例同步液压原理图

(2) 液压系统存在的问题

在液压升降小车的使用过程中，当操作方式置于“手动”位置时，操作手动阀 2，小车升降一切正常；而当置于“自动”位置时，操作控制面板的按钮，升降液压缸 6.3 不动作，并且液压缸 6.1、6.2、6.4 出现不同步现象，小车无法正常升降。

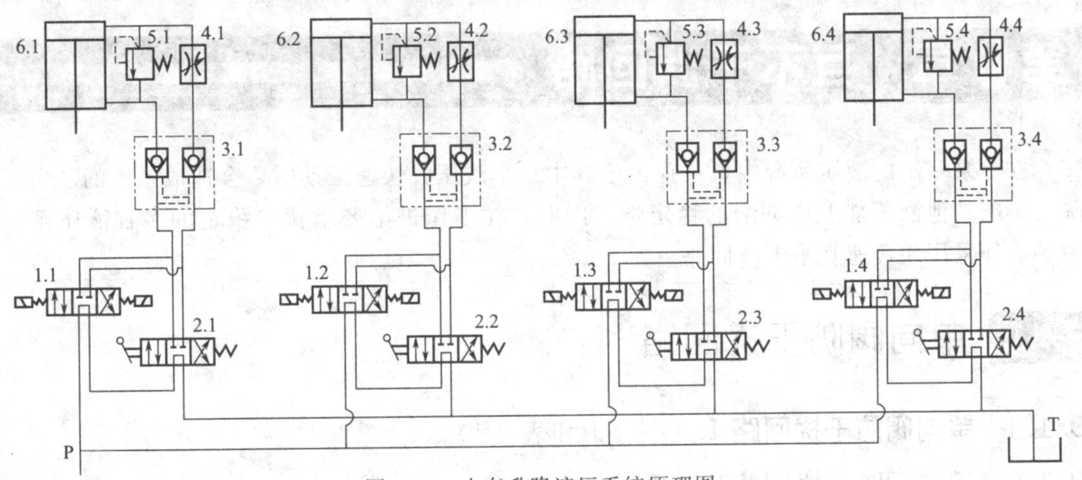

图 8-57 小车升降液压系统原理图

1（1.1、1.2、1.3、1.4）—电磁换向阀（M 型）；2（2.1、2.2、2.3、2.4）—手动换向阀（M 型）；
3（3.1、3.2、3.3、3.4）—双液控单向阀；4（4.1、4.2、4.3、4.4）—节流阀；
5（5.1、5.2、5.3、5.4）—安全阀；6（6.1、6.2、6.3、6.4）—升降液压缸；
P—压力油口；T—回油口

（3）液压系统故障分析

按设计图纸应为 M 型的手动阀 2.3（图 8-57），实际安装的却是 O 型的手动阀 7（图 8-58）。由于手动换向阀 7 的中位机能为 O 型，使经过电磁换向阀 1.3 的液压油不能回到油箱，导致液压缸 6.3 不动作。液压缸 6.3 的不动作又导致了与之相连的分流集流阀（图中未画出）的工作异常，进而引起流量分配的误差，导致了其他 3 个升降液压缸动作的不同步。

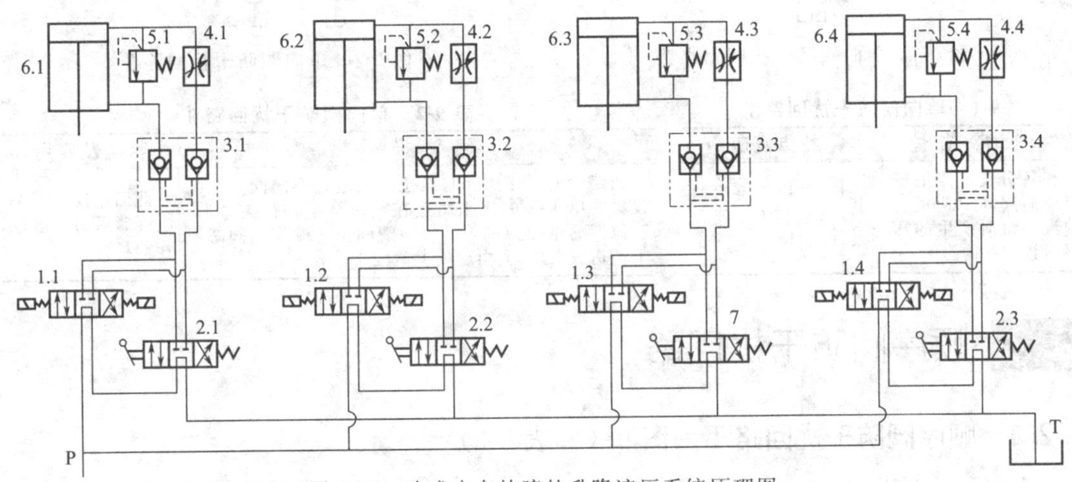

图 8-58 造成小车故障的升降液压系统原理图

1（1.1、1.2、1.3、1.4）—电磁换向阀（M 型）；2（2.1、2.2、2.3）—手动换向阀（M 型）；
3（3.1、3.2、3.3、3.4）—双液控单向阀；4（4.1、4.2、4.3、4.4）—节流阀；
5（5.1、5.2、5.3、5.4）—安全阀；6（6.1，6.2，6.3，6.4）—升降液压缸；
7—手动换向阀（O 型）；P—压力油口；T—回油口

（4）液压故障的解决

把手动换向阀 7（中位机能为 O 型，见图 8-58）更换为手动换向阀 2.3（中位机能为 M 型，见图 8-57）即可。

第9章 互不干涉回路

在一泵多缸的液压系统中，往往由于其中一个液压缸快速运动时，会造成系统的压力下降，影响其他液压缸工作进给的稳定性。因此，在工作进给要求比较稳定的多缸液压系统中，必须采用快慢速互不干涉回路。

9.1 单向阀防干扰回路

9.1.1 单向阀防干扰回路Ⅰ（图 9-1 和表 9-1）

9.1.2 单向阀防干扰回路Ⅱ（图 9-2 和表 9-2）

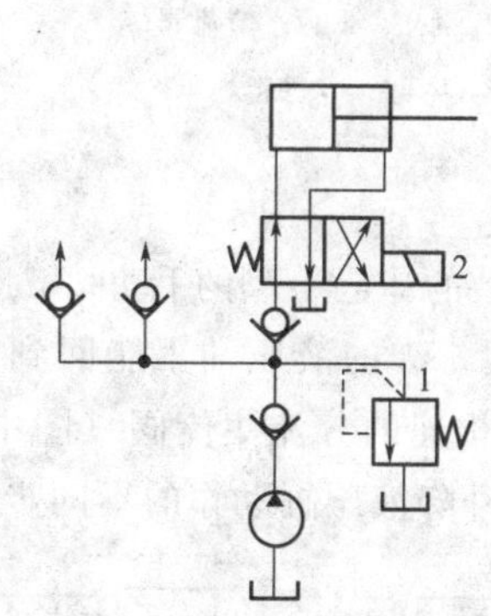

图 9-1 单向阀防干扰回路Ⅰ

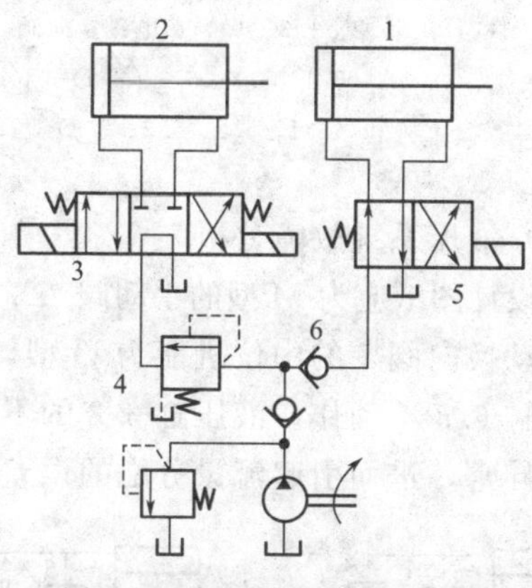

图 9-2 单向阀防干扰回路Ⅱ

表 9-1 单向阀防干扰回路Ⅰ

回路描述	特点及应用
在各分支油路上安装一只单向阀，可以防止操作其他液压缸时产生的压力下降对该支路的影响	常用于夹紧缸等的保压，保压时间短

表 9-2 单向阀防干扰回路Ⅱ

回路描述	特点及应用
回路中的顺序阀 4 与二位四通电磁换向阀 5 之间设置的单向阀 6，用来防止在液压缸 1 右行夹紧后，三位四通电磁换向阀 3 换向瞬间由于顺序阀阀芯不平衡造成失压，而引起的夹紧缸 1 松开	此回路仅适于一缸夹紧后另一缸动作的场合

9.2 顺序阀防干扰回路

9.2.1 顺序阀防干扰回路Ⅰ（图 9-3 和表 9-3）

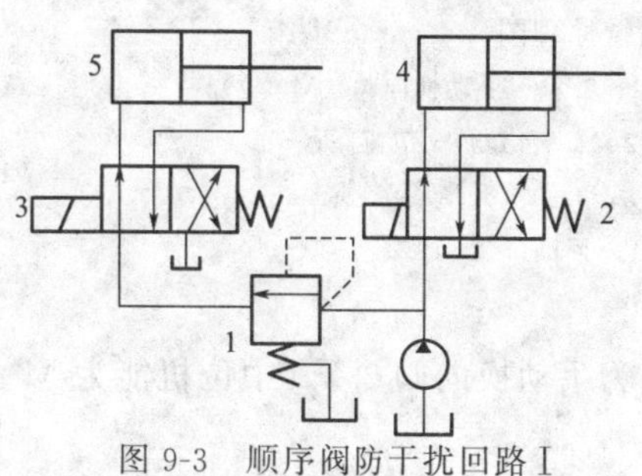

图 9-3 顺序阀防干扰回路Ⅰ

表 9-3 顺序阀防干扰回路Ⅰ

回路描述	特点及应用
在分支油路上安装一只顺序阀 1，阀 2 通电处于左位时，压力油先流入缸 4，将工件夹紧。当压力上升到顺序阀 1 调定压力时，顺序阀打开，同时阀 3 通电处于左位，压力油流入缸 5，缸 5 可以用来驱动刀具运动等 夹紧缸 4 的最低油压为顺序阀调定的压力，可以防止工件松开	本回路适用于工件夹紧

9.2.2　顺序阀防干扰回路Ⅱ（图9-4和表9-4）

9.2.3　顺序阀防干扰回路Ⅲ（图9-5和表9-5）

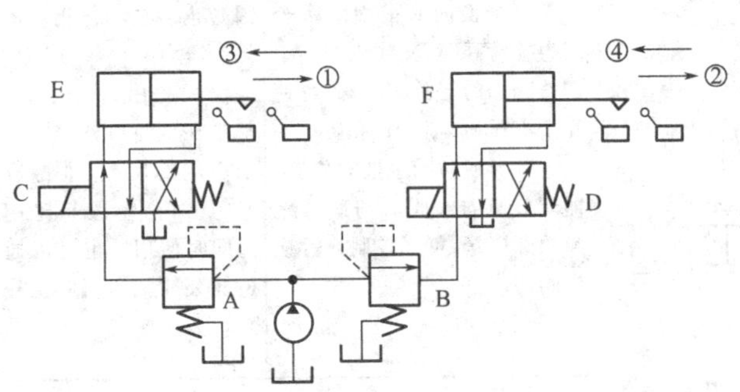

图9-4　顺序阀防干扰回路Ⅱ

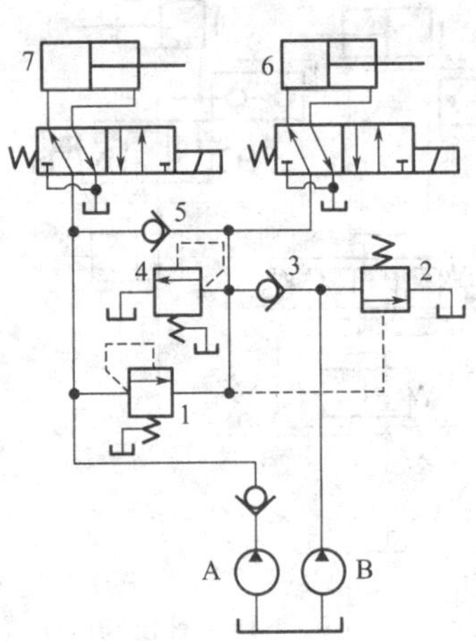

图9-5　顺序阀防干扰回路Ⅲ

表9-4　顺序阀防干扰回路Ⅱ

回路描述	特点及应用
电磁换向阀C得电，压力油先经顺序阀A和电磁换向阀C，进入缸E的左腔，缸E的活塞杆伸出，碰到行程开关后，压力上升，达到阀B的调定压力后，打开顺序阀B，电磁换向阀D得电处于左位，缸F的活塞杆伸出，碰到行程开关，发出信号使电磁换向阀C断电，压力油进入缸E的右腔，缸E的活塞杆缩回，碰到行程开关，发出信号使电磁换向阀D断电，压力油进入缸F的右腔，缸F的活塞杆缩回，碰到行程开关，开始下一个工作循环	广泛应用在液压系统中两个液压缸顺序动作的场合。如机床夹紧和进给等顺序动作位置精度要求较高的液压系统

表9-5　顺序阀防干扰回路Ⅲ

回路描述	特点及应用
当缸7动作时，小流量高压泵A输出的油液直接流入缸7，大流量低压泵B输出油经阀3流入缸6，并经阀5流入缸7，推动缸7活塞右移。当缸7的活塞移动到行程终点时，压力升高打开顺序阀1。两泵同时向缸6供油。缸6活塞动作的过程中，由于顺序阀1的作用，不会影响到缸7的压力	在两个以上液压缸用一套泵驱动时，缸6的动作不影响缸7所要求的最低压力

9.3　节流阀防干扰回路（图9-6和表9-6）

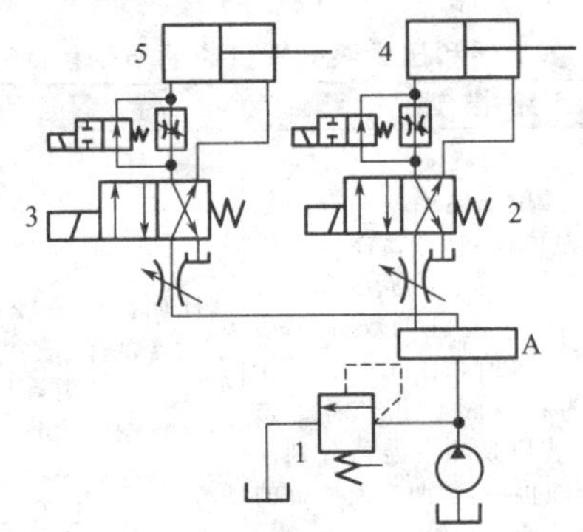

图9-6　节流阀防干扰回路

表9-6　节流阀防干扰回路

回路描述	特点及应用
本回路采用一个分配器A，并在分配器出油管上安装节流阀，起到定量分配的作用 在整个工作循环中，溢流阀1始终是开启的，以使节流阀进口压力保持常压，防止各缸动作时相互干扰	泵的供油量应大于快进液压缸所需要的流量与慢进液压缸所需要的流量之和

9.4 压力补偿阀防干扰回路（图 9-7 和表 9-7）

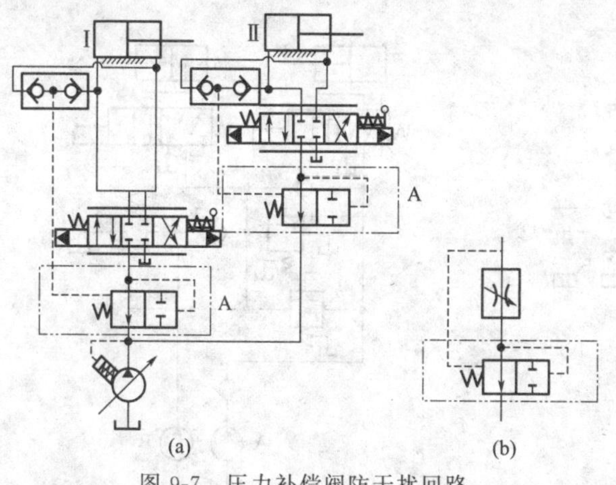

图 9-7 压力补偿阀防干扰回路

表 9-7 压力补偿阀防干扰回路

回路描述	特点及应用
在每个换向阀前面加一个压力补偿阀 A，其作用相当于调速阀中的定差减压阀，可使几个液压缸同时作用互不干扰。调节换向阀手柄的位置，即调节换向阀阀芯与阀体之间的开口量，可以控制通过换向阀的流量	本回路采用压力补偿阀防止多缸动作相互干扰。压力补偿阀分进口补偿阀和出口补偿阀，都是在截流口处给定一个稳定的压差，维持流量的恒定，一般与比例阀同时使用。也可以通过插装式减压阀实现补偿功能

9.5 采用顺序节流阀的叠加阀式防干扰回路（图 9-8 和表 9-8）

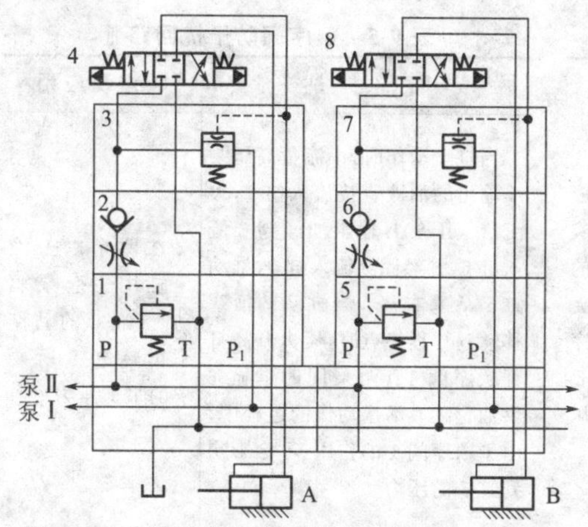

图 9-8 采用顺序节流阀的叠加阀式防干扰回路

表 9-8 采用顺序节流阀的叠加阀式防干扰回路

回路描述	特点及应用
当换向阀 4 和 8 的左位接入系统时，液压缸 A 和 B 快速向左运动，此时远程顺序节流阀 3 和 7 由于控制压力较低而关闭。如缸 A 先完成快进动作时，则液压缸 A 的无杆缸压力升高，顺序节流阀 3 的阀口被打开，高压小流量泵Ⅰ的压力由经阀 3 中的节流口进入液压缸 A。此时缸 B 仍由泵Ⅱ供油进行快进，阀 4 的右位接入系统，由泵Ⅱ的油压使缸 A 退回	该回路采用双联泵供油，其中泵Ⅱ为双联泵中的低压大流量泵，泵Ⅰ为双联泵中的高压小流量泵，泵Ⅰ和泵Ⅱ分别接叠加阀的 P_1 口和 P 口 动作可靠性较高，这种回路被广泛应用于组合机床的液压系统中

9.6 蓄能器和压力泵分别供油的防干扰回路（图 9-9 和表 9-9）

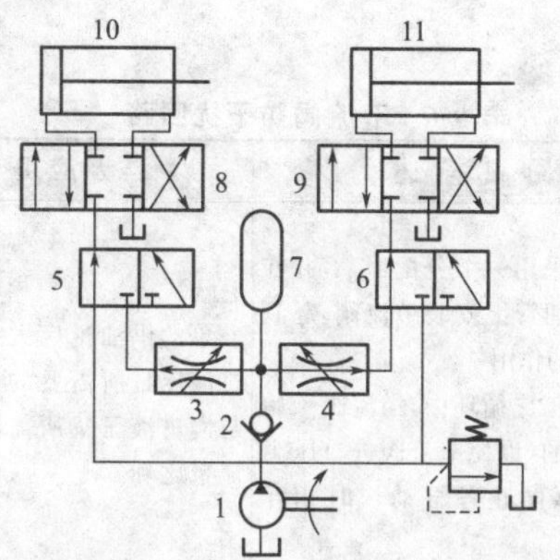

图 9-9 蓄能器和压力泵分别供油的防干扰回路

表 9-9 蓄能器和压力泵分别供油的防干扰回路

回路描述	特点及应用
当回路中的二位三通换向阀 5 右位接入，而阀 6 左位接入时，蓄能器 7 供油，通过操纵三位四通换向阀 8 和 9 可分别实现液压缸 10 和 11 的双向工进；如当阀 6 右位接入时，缸 11 改为液压泵 1 供油，通过操纵阀 9 可实现缸 11 的快速进退。液压泵和蓄能器分别向不同的动作阶段供油，使两个液压缸的循环动作相互不受干扰	此回路效率较高，但蓄能器要有足够容量且保证在循环内有足够时间进行充压

9.7 双泵供油防干扰回路

9.7.1 双泵供油防干扰回路Ⅰ（图 9-10 和表 9-10）

9.7.2 双泵供油防干扰回路Ⅱ（图 9-11 和表 9-11）

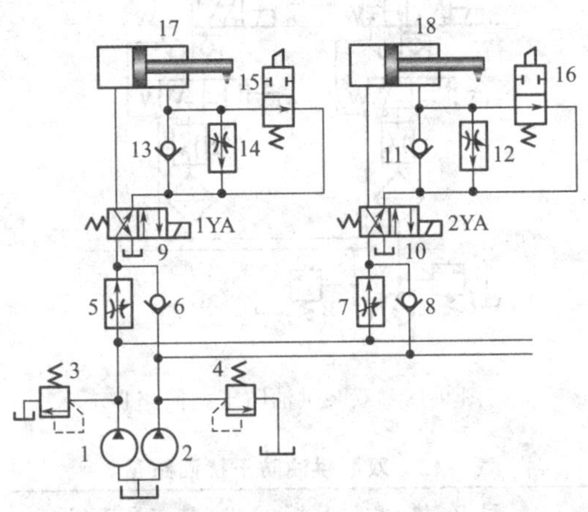

图 9-10　双泵供油防干扰回路Ⅰ

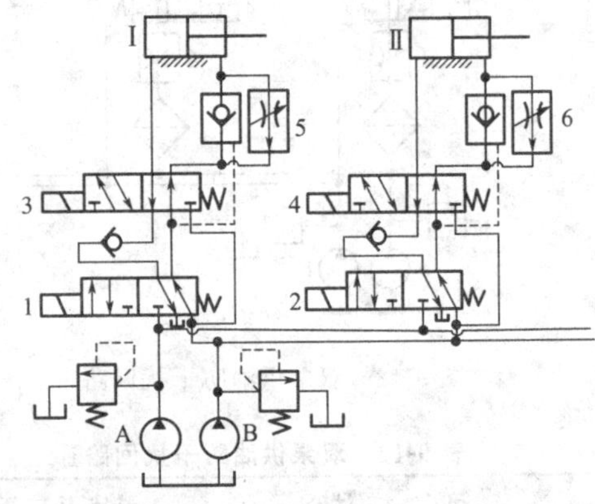

图 9-11　双泵供油防干扰回路Ⅱ

表 9-10　双泵供油防干扰回路Ⅰ

回路描述	特点及应用
当开始工作时，电磁阀 1YA、2YA 同时通电，液压泵 2 输出的压力油经单向阀 6 和 8 进入液压缸的左腔，此时两泵同时供油使各活塞快速前进。当压下行程阀 15 和 16 后，由快进转换成工作进给，单向阀 6 和 8 关闭，工进所需压力油由液压泵 1 供给。如果其中某一液压缸（例如缸 17）先转换成快速退回，即换向阀 9 失电换向，泵 2 输出的油液经单向阀 6、换向阀 9 和单向阀 13 的元件进入液压缸 17 的右腔，左腔经换向阀回油，使活塞快速退回 而液压缸 18 仍由泵 1 供油，继续进行工作进给。这时，调速阀 5（或 7）使泵 1 仍然保持溢流阀 3 的调整压力，不受快退的影响，防止了相互干扰。在回路中调速阀 5 和 7 的调整流量应适当大于单向调速阀 14 和 12 的调整流量，这样，工作进给的速度由阀 14 和 12 来决定，换向阀 10 用来控制液压缸 18 的换向	图 9-10 所示回路中，两个液压缸分别要完成快进、工作进给和快速退回的自动工作循环。回路采用双泵的供油系统，泵 1 为高压小流量泵，供给两缸工作进给所需的高压油；泵 2 为低压大流量泵，为两缸快进或快退时输送低压油，它们的压力分别由溢流阀 3 和 4 调定 这种回路多用在具有多个工作部件各自分别运动的机床液压系统中

表 9-11　双泵供油防干扰回路Ⅱ

回路描述	特点及应用
快进时，换向阀 3 与换向阀 4 通电处于左位，换向阀 1 与换向阀 2 断电处于右位，液压缸差动连接，泵 A 被隔离，由低压大流量泵 B 单独供油 工进时，换向阀 3 与换向阀 4 断电处于右位，换向阀 1 与换向阀 2 得电处于左位，泵 B 被隔离，由高压小流量泵 A 单独供油	各液压缸快进时由低压大流量泵 B 供油，工进时由高压小流量泵 A 供油，可以防止发生干扰

9.7.3 双泵供油防干扰回路Ⅲ（图 9-12 和表 9-12）

9.7.4 双泵供油防干扰回路Ⅳ（图 9-13 和表 9-13）

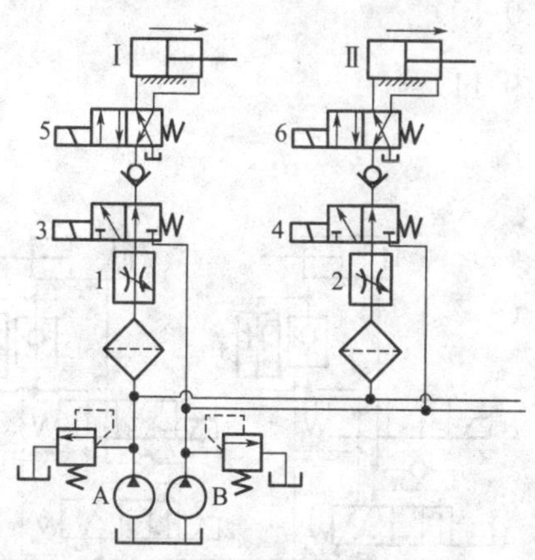

图 9-12 双泵供油防干扰回路Ⅲ

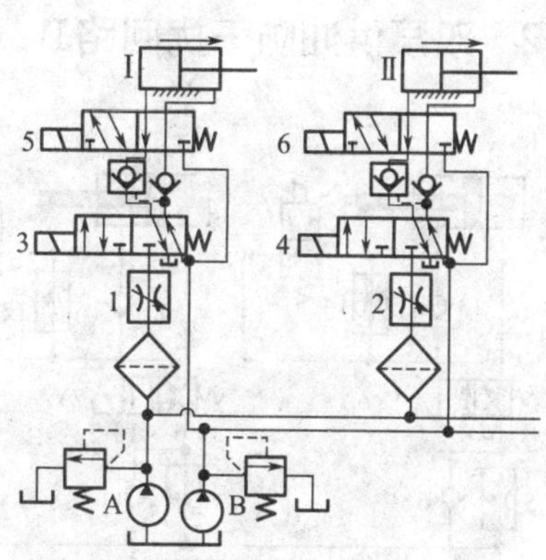

图 9-13 双泵供油防干扰回路Ⅳ

表 9-12 双泵供油防干扰回路Ⅲ

回路描述	特点及应用
换向阀 3、4 切换到左位后，液压缸快速行程，由低压大流量泵 B 供油，泵 A 被隔离，切换换向阀 5、6 即可以使液压缸快进或快退 换向阀 3、4 切换到右位后，液压缸慢速行程，泵 B 被隔离，由高压小流量泵 A 供油	本回路液压缸快进和慢进分别由低压大流量泵 B 和高压小流量泵 A 同时供油，不会发生干扰 可用于多工位组合机床动力滑台的进给

表 9-13 双泵供油防干扰回路Ⅳ

回路描述	特点及应用
换向阀 3、4 切换到右位后，液压缸快速行程，泵 A 被隔离，由低压大流量泵 B 供油，切换换向阀 5、6 即可以使液压缸快进或快退 换向阀 3、4 切换到左位后，液压缸慢速行程，泵 B 被隔离，由高压小流量泵 A 供油	可用于垂直安装的动力滑台的液压系统

9.8 用机械液压传动防干扰回路

9.8.1 用机械液压传动防干扰回路Ⅰ（图 9-14 和表 9-14）

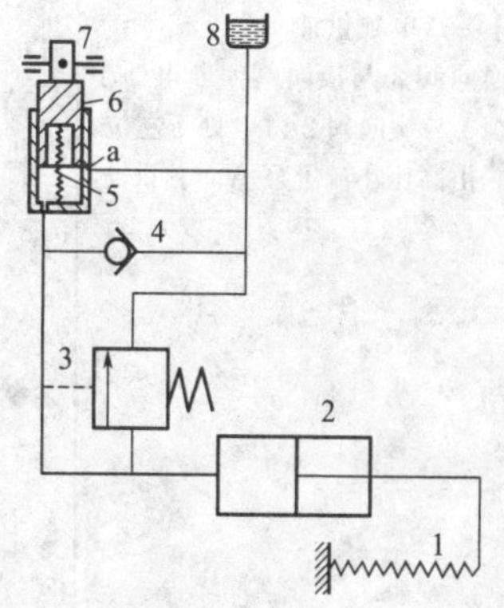

图 9-14 用机械液压传动防干扰回路Ⅰ

表 9-14 用机械液压传动防干扰回路Ⅰ

回路描述	特点及应用
机械传动的凸轮 7 将柱塞 6 压下，当油口 a 被关闭时，油液即被压入液压缸 2 左腔中，推动活塞右移，其速度由凸轮曲线决定。当活塞行程达到终点时，压力油自安全阀 3 排回油箱 8。退回时，弹簧 1 将活塞拉回，弹簧 5 将柱塞 6 推出，油液从油箱 8 经单向阀补入液压缸中，当油口 a 开启时，油可直接从油箱补入	液压缸 2 的运动曲线完全由轮 7 外部轮廓控制，不受任何外界因素干扰

9.8.2 用机械液压传动防干扰回路Ⅱ（图 9-15 和表 9-15）

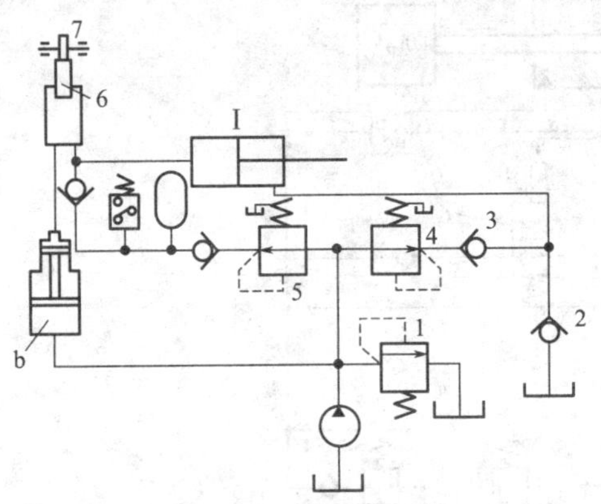

图 9-15 用机械液压传动防干扰回路Ⅱ

表 9-15 用机械液压传动防干扰回路Ⅱ

回路描述	特点及应用
凸轮 7 将柱塞 6 压下，将油压入缸Ⅰ左腔，缸Ⅰ右腔的压力油经背压阀 2 流回油箱，活塞伸出，其速度由凸轮曲线决定 活塞退回依靠油压。溢流阀Ⅰ调定泵的压力，以保证安全装置油腔 b 油压一定。减压阀 4 和单向阀 3 起着给缸Ⅰ右腔提供流量和保证压力的作用。减压阀 5 主要是保证补油系统的压力恒定	液压缸Ⅰ的运动曲线完全由凸轮 6 外部轮廓控制，不受任何外界因素干扰

9.9 互不干涉回路应用实例

一种新型流量控制阀，该阀先导级为 PWM 控制的数字阀，主级为基于流量放大原理的 Valvistor 阀。Valvistor 阀通过阀芯上的反馈节流槽连通进油口与主阀上腔，稳态时节流槽流量与先导流量相同，构成内部位移反馈，先导阀流量反馈至主阀出口。该新型数字流量阀采用了两级流量放大的原理解决了数字阀通流能力小的问题，且具有两位两通的特点，适合在负载口独立控制系统中应用。数字控制具有负载口独立控制抗干扰能力，能实现独立负载口智能化控制。

（1）工作原理

① 系统组成 基于数字流量阀的负载口独立控制系统如图 9-16 所示，因该数字流量阀主阀采用 Valvistor 阀，该主阀仅能实现一个方向的流量控制，另一个方向流通时流量阀仅相当于节流阀，难以实现控制，所以为避免流量反向通过数字流量阀，在数字流量阀前边加了单向阀。在负载口独立控制系统中，为实现系统所有机能，采用 6 个数字流量阀控制的负载口独立控制系统。该系统由 6 个数字流量阀、4 个单向阀、液压源、控制器等组成。3 个压力传感器检测液压缸两腔及液压泵出口压力，速度传感器检测活塞杆速度。根据输入控制器速度信号，控制器输出信号控制 6 个数字流量阀的占空比、液压泵出口压力，实现对液压缸的速度控制。

② 数字流量阀组成 数字流量阀如图 9-17 所示，该阀由主阀、数字先导阀组成。主阀采用基于流量-位移反馈的 Valvistor 阀，先导阀为两位两通数字阀。当先导阀不通时，控制腔压力 p_C 等于入口处压力 p_A，由于弹簧力及上下腔面积差作用，主阀关闭。当先导阀有流量通过时，控制腔压力降低，主阀芯向上移动，直至流过反馈节流槽的流量与先导阀的流量相同时，达到稳态，主阀芯移动 x_M。该阀出口流量 Q_O 等于流过主阀流量 Q_M 与先导阀流量 Q_P 之和。

（2）数学模型

假设阀芯运动过程中入口压力 p_A、出口压力 p_B 不变，控制腔压力为 p_C，建立通过数字流量阀先导阀及主阀静态流量平衡方程。

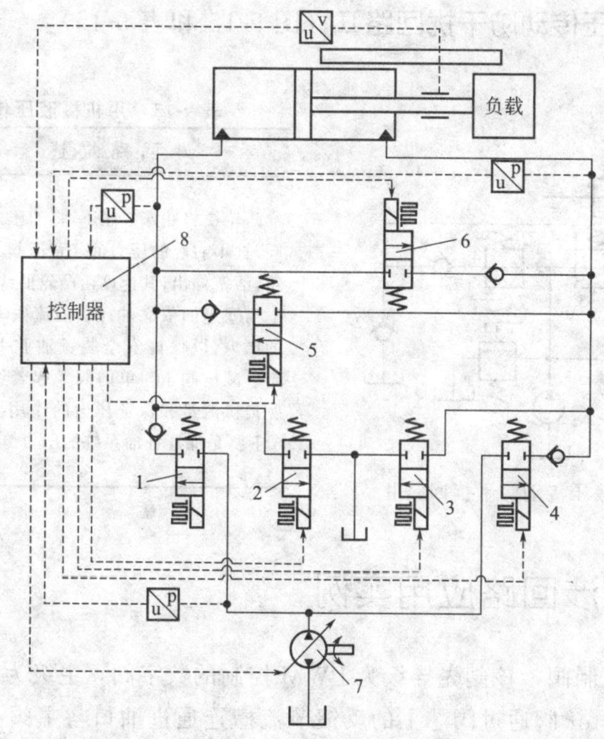

图 9-16　负载口独立控制系统原理图

1～6—数字流量阀；7—液压源；8—控制器

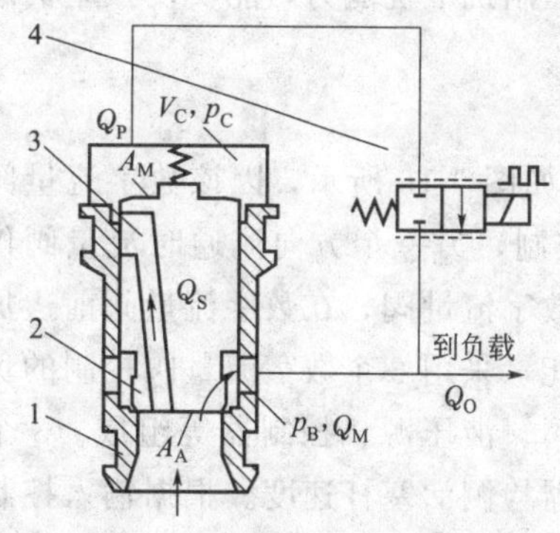

图 9-17　数字流量阀组成

1—主阀阀套；2—反馈槽；
3—主阀阀芯；4—先导阀

通过先导阀平均流量为：

$$\overline{Q_{\mathrm{P}}}=\frac{DT}{T}Q_{\mathrm{P}}=DK_{\mathrm{P}}\sqrt{p_{\mathrm{C}}-p_{\mathrm{B}}} \tag{9-1}$$

其中，Q_{P} 是开关阀压差为 $p_{\mathrm{C}}-p_{\mathrm{B}}$ 时的流量；K_{P} 为先导阀液导；D 为 PWM 控制信号占空比，$D\in[0,1]$；p_{C} 为控制腔压力；p_{B} 为主阀出口压力。

流过主阀芯反馈槽可变节流口的流量为：

$$Q_{\mathrm{S}}=K_{\mathrm{S}}\sqrt{p_{\mathrm{A}}-p_{\mathrm{C}}} \tag{9-2}$$

其中，K_{S} 为通过反馈槽的液导，$K_{\mathrm{S}}=c_{\mathrm{dS}}w_{\mathrm{S}}(x_0+x_{\mathrm{M}})\sqrt{\frac{2}{\rho}}$；$c_{\mathrm{dS}}$ 为反馈槽流量系数；w_{S} 为反馈槽面积梯度；x_{M} 为主阀芯位移；x_0 为主阀芯预开口量。

流过主阀流量方程：

$$Q_{\mathrm{M}}=K_{\mathrm{M}}\sqrt{(p_{\mathrm{A}}-p_{\mathrm{B}})} \tag{9-3}$$

其中，K_{M} 为通过主阀芯的液导，$K_{\mathrm{M}}=c_{\mathrm{dM}}w_{\mathrm{M}}x_{\mathrm{M}}\sqrt{\frac{2}{\rho}}$；$c_{\mathrm{dM}}$ 为主阀芯流量系数；w_{M} 为主阀芯面积梯度。

稳态时，主阀对先导阀流量放大倍数 g：

$$g=\frac{Q_{\mathrm{M}}}{Q_{\mathrm{P}}}=\sqrt{2}\,\frac{K_{\mathrm{M}}}{DK_{\mathrm{p}}} \tag{9-4}$$

总阀出口流量为：

$$Q_0 = Q_P + Q_M \tag{9-5}$$

液压缸无杆腔、有杆腔、泵出口压力腔的容腔流量连续性方程分别为：

$$\frac{V_1}{\beta_e}\frac{dp_1}{dt} = Q_3 - A_1\dot{x} \tag{9-6}$$

$$\frac{V_2}{\beta_e}\frac{dp_2}{dt} = A_2\dot{x} - Q_4 \tag{9-7}$$

$$Q_S - Q_3 + Q_4 = \frac{V_3}{\beta_e}\frac{dp_s}{dt} \tag{9-8}$$

式中，V_1、V_2、V_3 分别为液压缸无杆腔、有杆腔和系统泵出口压力腔的容腔体积；β_e 为液压弹性模量；p_1、p_2 为液压缸无杆腔和有杆腔压力；A_1、A_2 为液压缸无杆腔和有杆腔作用面积；$\dot{x}$ 为活塞杆速度。

活塞杆力平衡方程为：

$$A_1 p_1 - A_2 p_2 = m\ddot{x} + b\dot{x} + k_h x + F_1 \tag{9-9}$$

式中，m 为活塞及负载质量；F_1 为外负载；b 为阻尼系数；k_h 为弹性负载刚度。

(3) 控制策略

负载口独立控制系统针对液压缸不同工作模式（图 9-18）选择不同控制策略，其中 F_1 为外负载，v 为液压缸运行速度。对液压缸的不同工作模式分别选用两个阀对液压缸的速度和流量进行控制（表 9-16）。

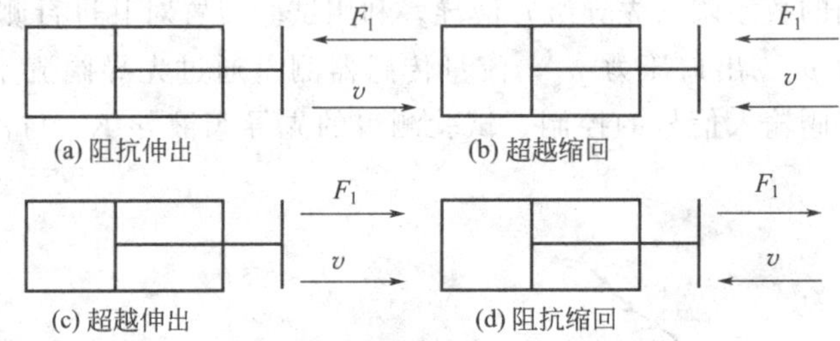

图 9-18 液压缸工作模式

以图 9-18(a) 中 F_1、v 为负载力、速度正方向，对液压缸不同工作模式分别选择两个流量阀对液压缸两腔流量、压力进行控制。不同工作模式时选择控制阀如表 9-16 所示。

表 9-16 负载口独立控制系统工作模式表

工作模式		阀 1	阀 2	阀 3	阀 4	阀 5	阀 6
$F_1>0, v>0$		开	关	开	关	关	关
$F_1>0$	$p_1>p_2$	关	开	关	关	关	开
$v<0$	$p_1<p_2$	关	开	关	开	关	关
$F_1<0$	$p_1>p_2$	开	关	开	关	关	关
$v>0$	$p_1<p_2$	开	关	关	关	开	关
$F_1<0, v<0$		关	开	关	开	关	关

负载口独立控制系统中，供油压力响应可测但无法准确控制，且负载力可测不可控，数字流量阀的压差对通过数字流量阀的流量影响显著，因此在控制策略上采用了前馈控制系统来避免系统扰动对控制性能的影响。又因为在液压系统中通过数字流量阀的液导、油液体积

弹性模量等受油液温度、油液含气量等因素影响，所以采取前馈控制的开环控制策略时难以获得对系统准确控制性能，因此采用了前馈反馈复合控制的控制策略。

系统控制原理如图 9-19 所示。操作手柄发出的唯一操作信号 v 为系统的输入信号。控制器首先根据液压缸的工况选择控制阀（表 9-16），然后根据图 9-19(a) 所示流量控制策略和图 9-19(b) 所示压力控制策略实现对液压缸流量和压力的复合控制。通过对系统流量、压力进行复合控制提高系统操纵性，使液压缸速度仅与 v（输入信号）有关，而与负载变化无关，同时在液压缸变速时响应快，稳态时速度平稳。

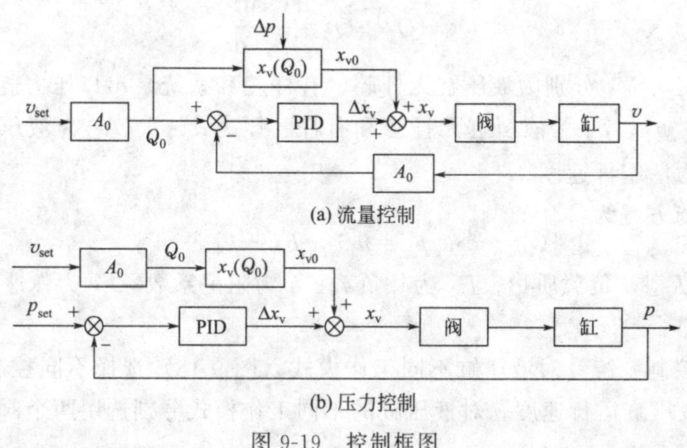

图 9-19 控制框图

为了获得较精确的数字阀（先导级）液导，利用试验装置对其进行测试，两个压力传感器分别测量入口压力 p_c、出口压力 p_s，流量传感器测量通过先导阀流量 Q_p，计算机和驱动控制器实现对数字阀输入信号的控制。试验测得的先导阀液导 K_p 与占空比 D 关系如图 9-20 所示。

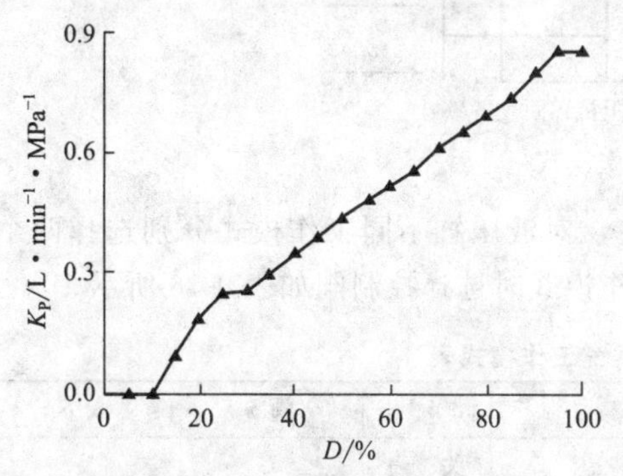

图 9-20 先导阀液导与占空比关系

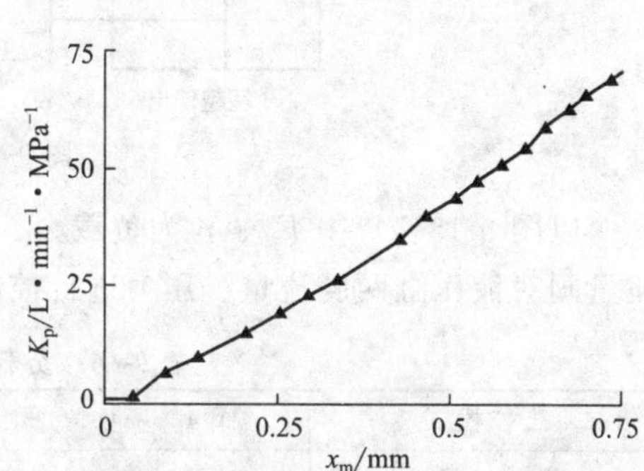

图 9-21 主阀液导与主阀芯位移关系

为了获得较精确的 Valvistor 阀（主级）液导，利用试验装置对其进行测试，压力传感器分别测量入口压力 p_A、出口压力 p_B，流量传感器测量主阀流量 Q_M、位移传感器测定主阀芯位移 x_M，通过 dSPACE 完成控制信号的施加和数据采集。试验测得的主阀液导 K_p 与主阀芯位移 x_m 关系如图 9-21 所示。

基于数字流量阀负载口独立控制系统，既能实现对液压缸速度的平稳控制，又能在负载和速度信号阶跃变化时，实现活塞杆速度的快速响应。

对数字流量阀输入信号的载波频率在 40Hz 以上时，系统速度粗糙度明显减低。

第10章 液压马达回路

10.1 马达制动回路

当执行机构停止工作时，为防止液压马达因惯性而继续转动，常设置制动装置使其迅速停止转动。

10.1.1 远程调压阀制动回路（图10-1和表10-1）

10.1.2 用三位换向阀中位机能制动的液压马达回路（图10-2和表10-2）

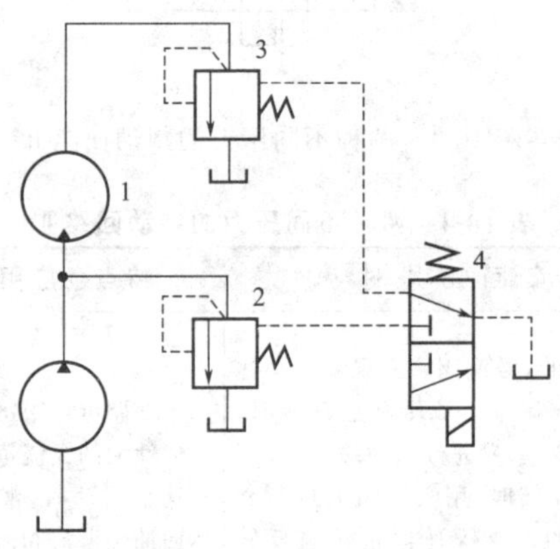

图10-1 远程调压阀制动回路

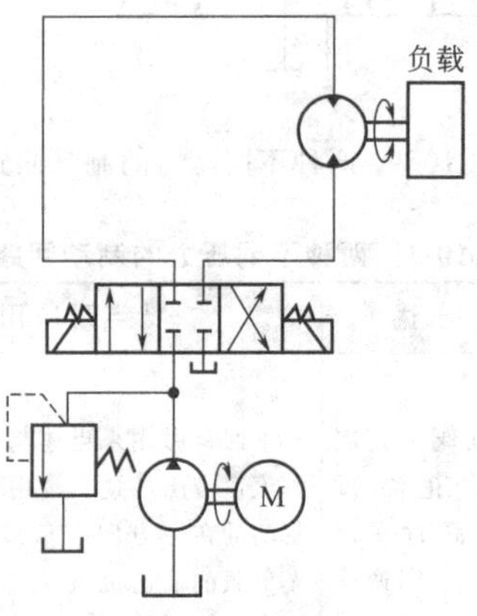

图10-2 用三位换向阀中位机能制动的液压马达回路

表10-1 远程调压阀制动回路

回路描述	特点及应用
在液压马达的回路上设置背压阀，通过远程调压阀控制，使液压马达制动 当二位三通电磁阀4在常态位时，液压马达1回油压力为阀3的卸荷压力。当二位三通电磁阀4吸合时，一方面液压泵经溢流阀2卸荷，另一方面背压阀3起作用，对液压马达起制动作用，使马达很快停下	布置灵活，制动方便，适用于冶金、矿产、港口等需远程控制的液压系统 溢流阀2使泵卸荷，能量利用合理

表10-2 用三位换向阀中位机能制动的液压马达回路

回路描述	特点及应用
利用一中位O型的换向阀来控制液压马达的正转、反转、停止。只要将换向阀移到中间位置，马达制动并停止运转	回路简单，制动冲击大，适用于低压、小流量系统惯性小的液压马达的双向制动

10.1.3 两种不同压力的制动回路

10.1.3.1 两种不同压力的制动回路Ⅰ（图10-3和表10-3）

10.1.3.2 两种不同压力的制动回路Ⅱ（图10-4和表10-4）

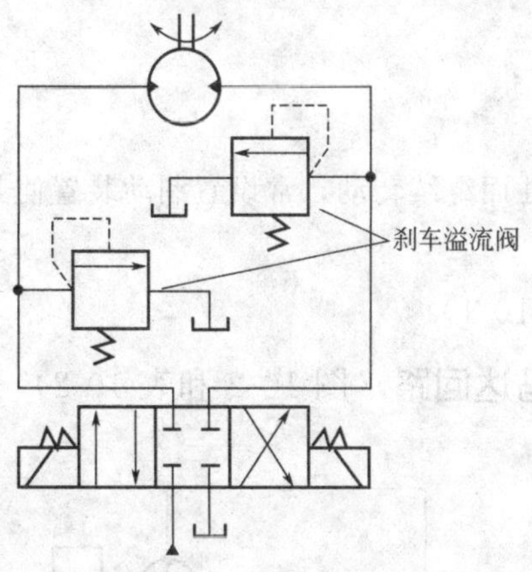

图10-3 两种不同压力的制动回路Ⅰ

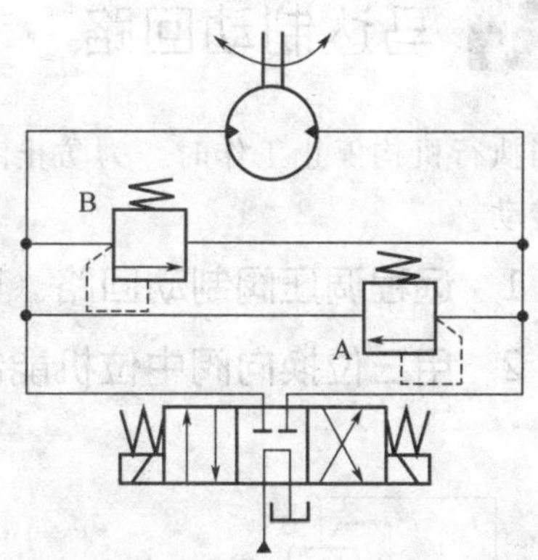

图10-4 两种不同压力的制动回路Ⅱ

表10-3 两种不同压力的制动回路Ⅰ

回路描述	特点及应用
利用换向阀来控制液压马达的正转、反转、停止。同时在回路上装两个不同调压值的刹车溢流阀，起制动作用	本回路可用来迅速制动惯性大的大流量液压马达。常用于液压马达驱动的在一方向有负载，另一方向无负载的输送机械 换向阀的中位机能可以为O型或M型

表10-4 两种不同压力的制动回路Ⅱ

回路描述	特点及应用
采用双溢流阀来实现双向马达的双向制动。液压马达正转时，用溢流阀A进行制动缓冲；液压马达反转时，用溢流阀B进行制动缓冲。液压马达正转与反转时，制动力可分别由阀A与阀B调节	本回路可用来迅速制动惯性大的大流量液压马达。制动时，液压马达回油经溢流阀流入进油口，无另外补油

10.1.3.3 两种不同压力的制动回路Ⅲ（图10-5和表10-5）

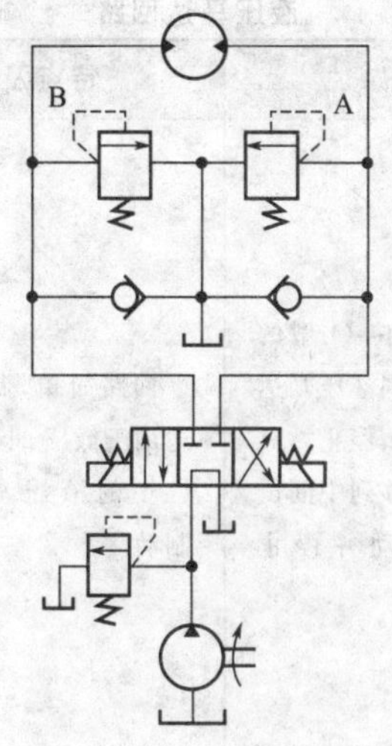

图10-5 两种不同压力的制动回路Ⅲ

表10-5 两种不同压力的制动回路Ⅲ

回路描述	特点及应用
图10-5所示为用单向阀补油的溢流阀双向制动回路，利用一中位机能为M型（或O型）的换向阀来控制液压马达的正转、反转、停止。同时在回路上各装两个溢流阀和单向阀。溢流阀起制动作用，单向阀起补油作用	本回路适用于中高压系统，可用来迅速制动惯性大的大流量液压马达

10.1.4　溢流阀制动回路

10.1.4.1　溢流阀制动回路Ⅰ（图 10-6 和表 10-6）

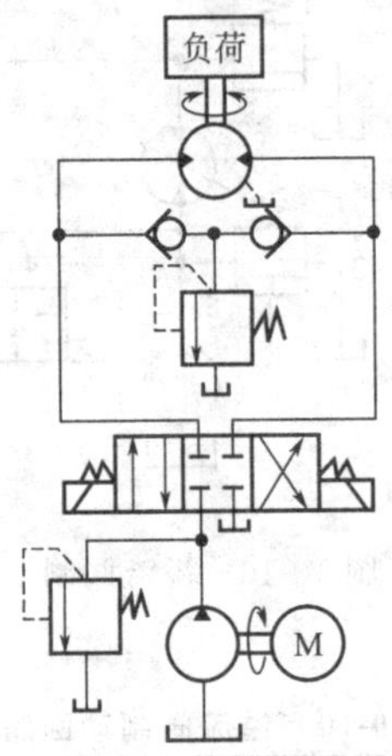

图 10-6　溢流阀制动回路Ⅰ

表 10-6　溢流阀制动回路Ⅰ

回 路 描 述	特点及应用
将换向阀移到中间位置，由于惯性的原因，马达出口到换向阀之间的背压增大，当出口处的压力增加到刹车溢流阀所调定的压力时，阀被打开，液压马达刹车。两个单向阀可分开油路，实现双向制动	适用于中、高压系统惯性大的大流量液压马达的双向制动

10.1.4.2　溢流阀制动回路Ⅱ（图 10-7 和表 10-7）

10.1.4.3　溢流阀制动回路Ⅲ（图 10-8 和表 10-8）

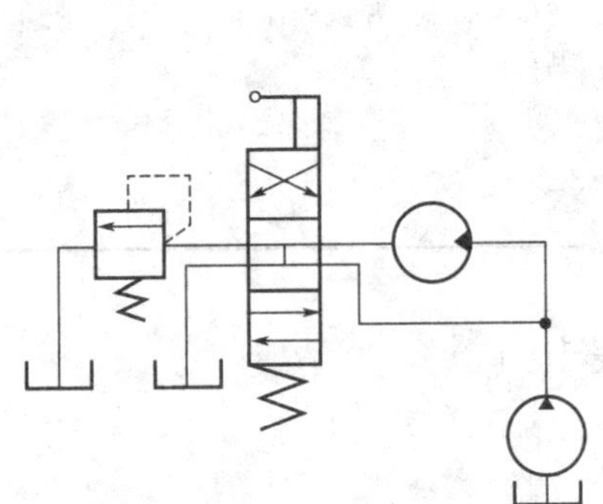

图 10-7　溢流阀制动回路Ⅱ

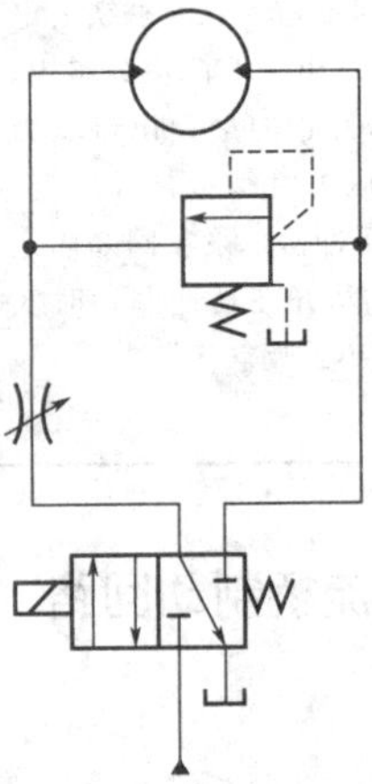

图 10-8　溢流阀制动回路Ⅲ

表 10-7　溢流阀制动回路Ⅱ

回 路 描 述	特点及应用
手动换向阀在中位时液压泵卸压，液压马达滑行停止，处于浮动状态；手动换向阀在上位时，液压马达工作；手动换向阀在下位时，溢流阀产生的背压使马达迅速制动	中位浮动，泵卸荷，能量利用合理。适用于工程机械、起重运输设备

表 10-8　溢流阀制动回路Ⅲ

回 路 描 述	特点及应用
电磁换向阀通电后，压力油经节流阀流入液压马达，使之单向转动，当电磁换向阀断电后，溢流阀起停止时的缓冲制动作用。由于泄漏而引起的吸油不足可经节流阀从油箱补充	回路为采用溢流阀的液压马达制动回路，适用于单向制动的场合

10.1.4.4 溢流阀制动回路Ⅳ（图 10-9 和表 10-9）

10.1.4.5 溢流阀制动回路Ⅴ（图 10-10 和表 10-10）

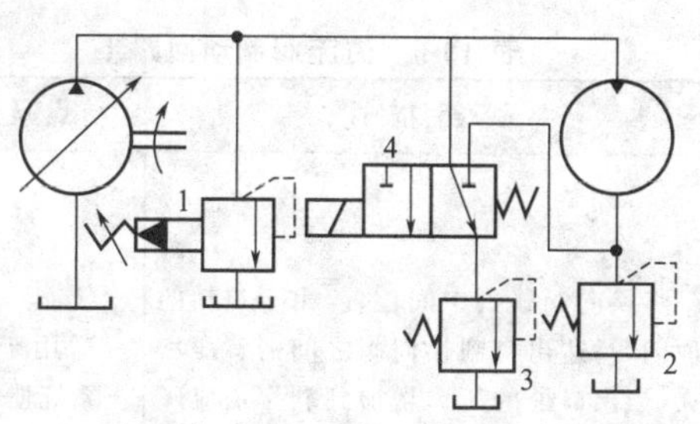

图 10-9 溢流阀制动回路Ⅳ

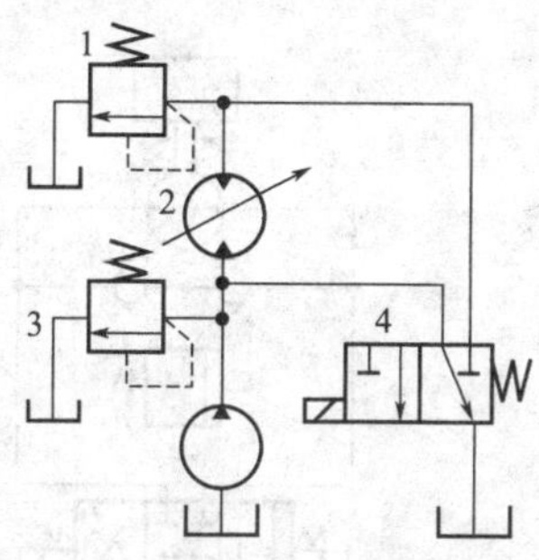

图 10-10 溢流阀制动回路Ⅴ

表 10-9 溢流阀制动回路Ⅳ

回 路 描 述	特点及应用
液压马达的回油路上串接一溢流阀 2，溢流阀 1 为系统的安全阀 换向阀 4 电磁铁得电时，马达旋转，排油通过背压阀 3 回油箱。当电磁铁失电时，切断马达回油。由于惯性负载作用，马达将继续旋转，马达的最大出口压力超过阀 2 的调定压力时阀 2 打开溢流，缓和管路中的液压冲击。泵在阀 3 调定的压力下低压卸载，并在马达制动时实现有压补油，使其不致吸空	适用于需单向制动的中小功率系统 背压阀 3 调定压力一般为 0.3～0.7MPa，溢流阀 2 的调定压力不宜调得过高，一般等于系统的额定工作压力

表 10-10 溢流阀制动回路Ⅴ

回 路 描 述	特点及应用
电磁换向阀 4 通电时，液压马达 2 出口经换向阀左位接油箱，液压马达工作。换向阀 4 左位接通，液压泵卸荷，背压阀 1 起制动作用	溢流阀 3 起安全阀作用，限制系统的最大压力，故其调压值应略高于系统的工作压力 适用于液压马达回路的单向制动

10.1.5 溢流桥制动回路（图 10-11 和表 10-11）

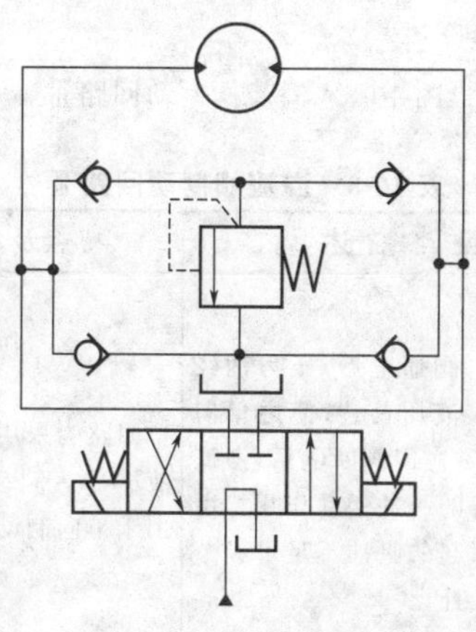
图 10-11 溢流桥制动回路

表 10-11 溢流桥制动回路

回 路 描 述	特点及应用
当换向阀回中位时，液压马达在惯性作用下有继续转动的趋势，它此时所排出的高压油经单向阀由溢流阀限压，另一侧靠单向阀从油箱吸油	溢流桥出入口的四个单向阀，除构成制动油路外，还起到对马达自吸补油的作用 常用于对平稳性要求较高的液压系统的制动

10.1.6 采用制动缸的液压马达制动回路

10.1.6.1 采用制动缸的液压马达制动回路Ⅰ（图 10-12 和表 10-12）

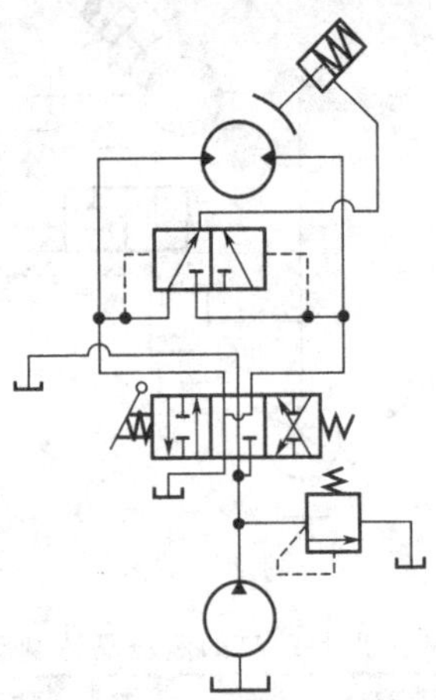

图 10-12　采用制动缸的液压马达制动回路Ⅰ

表 10-12　采用制动缸的液压马达制动回路Ⅰ

回路描述	特点及应用
三位手动换向阀切换至左位，压力油使二位三通液动换向阀左位接通，并流入制动缸将制动器松开，液压马达回转。换向阀切换至右位时，液压马达反转 制动时，换向阀切换至中位，制动缸通过换向阀回油，弹簧力使液压马达制动	三位换向阀中位时，可通过制动缸实现马达的双向制动，适用于工程机械液压系统

10.1.6.2 采用制动缸的液压马达制动回路Ⅱ（图 10-13 和表 10-13）

10.1.6.3 采用制动缸的液压马达制动回路Ⅲ（图 10-14 和表 10-14）

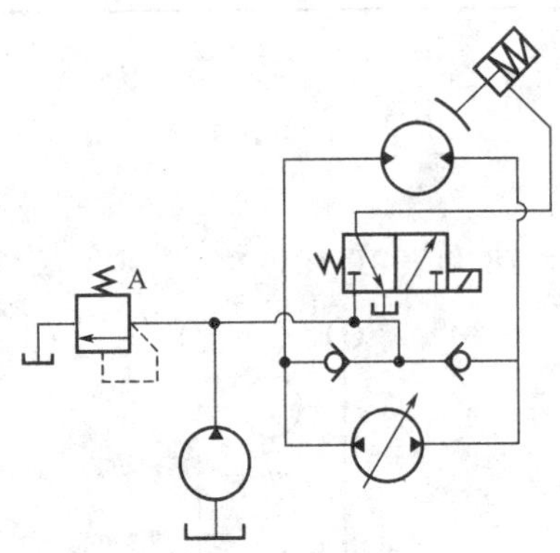

图 10-13　采用制动缸的液压马达制动回路Ⅱ

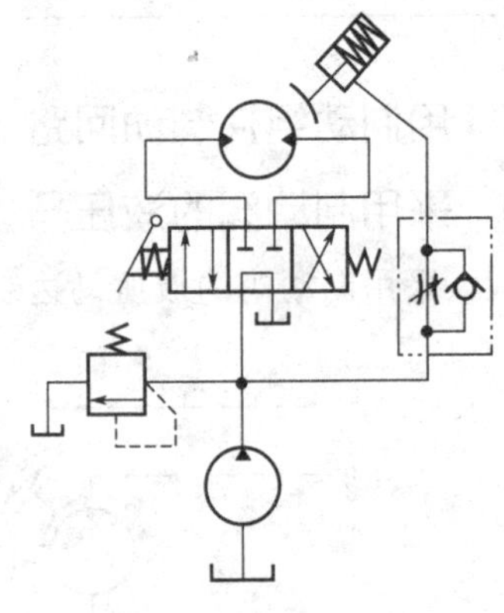

图 10-14　采用制动缸的液压马达制动回路Ⅲ

表 10-13　采用制动缸的液压马达制动回路Ⅱ

回路描述	特点及应用
由双向变量泵和双向液压马达组成的闭式回路，通过单作用制动液压缸实现制动。液压马达工作时，换向阀通电，定量泵供油使制动液压缸松开，并补偿回路的泄漏。当液压马达不工作时，电磁换向阀断电，制动器靠弹簧力使液压马达制动	定量泵为补油泵，供油压力由溢流阀 A 调节。适用于停车制动的场合

表 10-14　采用制动缸的液压马达制动回路Ⅲ

回路描述	特点及应用
换向阀切换至左位或右位后，压力油先使制动缸松开，然后液压马达开始回转。为了保证液压马达有足够的启动力矩，压力油经节流阀再流入制动缸。制动时，换向阀切换至中位，制动缸靠弹簧力通过单向阀与换向阀回油，制动器使液压马达制动	本回路制动力稳定，而且制动能力不受油路泄漏的影响，安全可靠。适用于矿山机械、起重设备等的液压系统

10.1.6.4 采用制动缸的液压马达制动回路Ⅳ（图10-15和表10-15）

10.1.6.5 采用制动缸的液压马达制动回路Ⅴ（图10-16和表10-16）

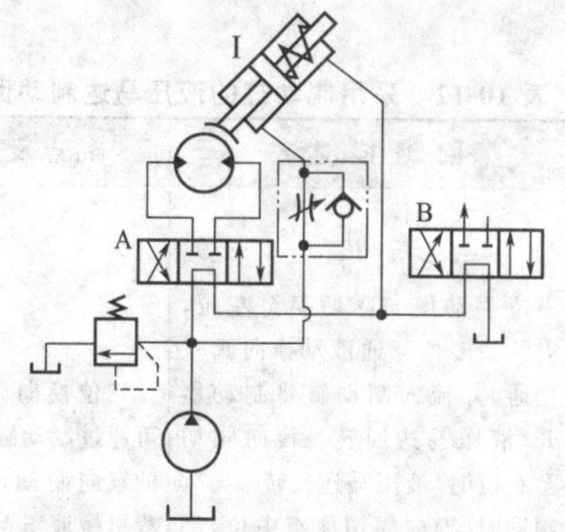

图10-15 采用制动缸的液压马达制动回路Ⅳ

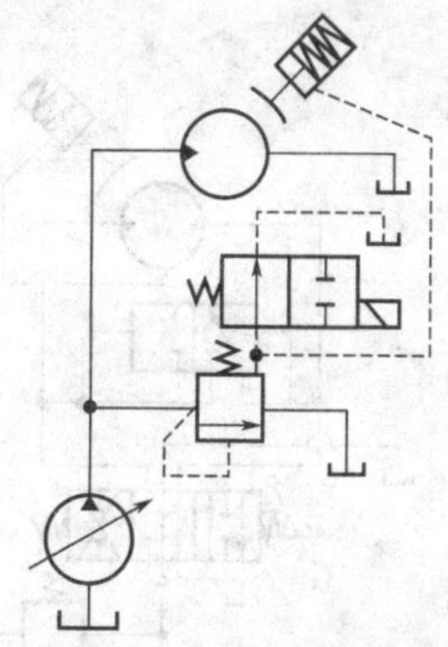

图10-16 采用制动缸的液压马达制动回路Ⅴ

表10-15 采用制动缸的液压马达制动回路Ⅳ

回路描述	特点及应用
当换向阀A切换后，压力油流入制动缸松闸，使液压马达回转。当换向阀B切换后，压力油同时流入制动缸两腔，使制动器Ⅰ不能松闸。液压马达不工作时，液压泵卸荷，制动器靠弹簧力将回转部件制动	本回路可用于液压吊车，由液压马达提升重物，可起安全作用

表10-16 采用制动缸的液压马达制动回路Ⅴ

回路描述	特点及应用
变量泵供油驱动液压马达工作，远程控制油路的压力油控制单作用制动缸实现松闸和制动。图10-16所示位置，液压马达已被制动。当二通电磁换向阀通电后，来自溢流阀遥控口的油将制动器打开，液压马达即回转	本回路结构简单，制动可靠，适用于中小功率系统

10.1.7 用制动组件制动回路（图10-17和表10-17）

10.1.8 采用制动阀的液压马达制动回路

10.1.8.1 采用制动阀的液压马达制动回路Ⅰ（图10-18和表10-18）

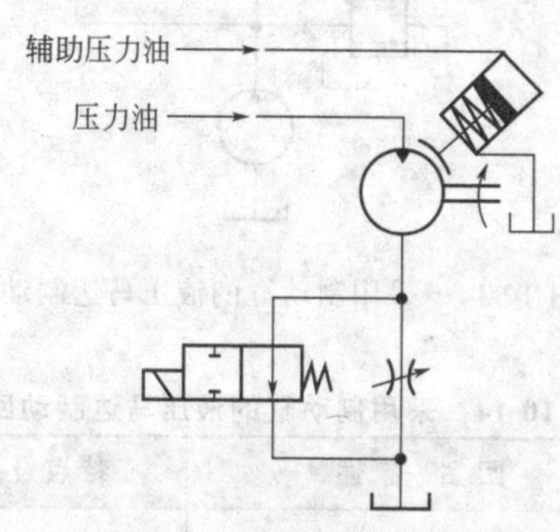

图10-17 用制动组件制动回路

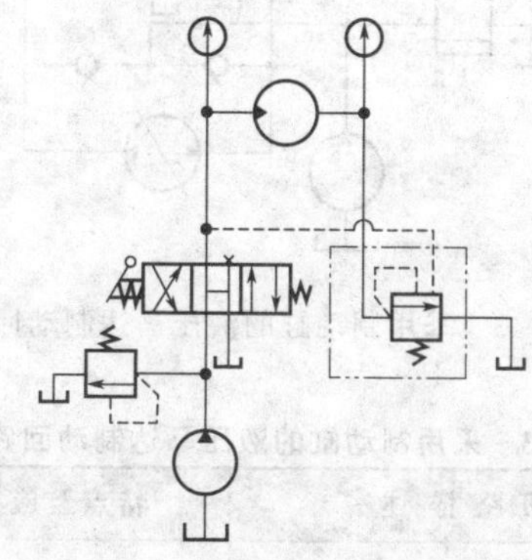

图10-18 采用制动阀的液压马达制动回路Ⅰ

表10-17 用制动组件制动回路

回路描述	特点及应用
马达工作时弹簧力使制动器松闸。制动时辅助压力油接入制动缸，克服弹簧力使马达制动	回路制动效果可调节，液压冲击小，但制动时需辅助压力油。适用于负载转动惯量大、转速高的场合

表10-18 采用制动阀的液压马达制动回路Ⅰ

回路描述	特点及应用
换向阀切换至右位时，压力油使制动阀打开，液压马达驱动负载旋转 换向阀切换至中位时，泵卸荷，制动阀液控口通油箱，制动阀开口关小，液压马达迅速制动。换向阀切换至左位时，则泵不卸荷，液压马达制动	用于制动平稳，冲击小的场合。要选用H型中位机能的换向阀

10.1.8.2　采用制动阀的液压马达制动回路Ⅱ（图 10-19 和表 10-19）

10.1.8.3　采用制动阀的液压马达制动回路Ⅲ（图 10-20 和表 10-20）

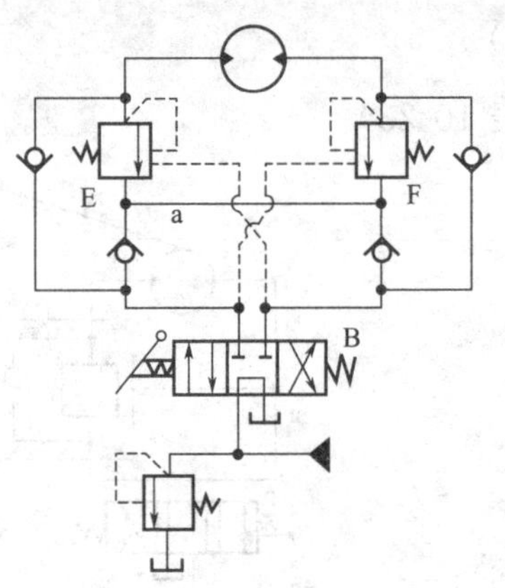

图 10-19　采用制动阀的液压马达制动回路Ⅱ

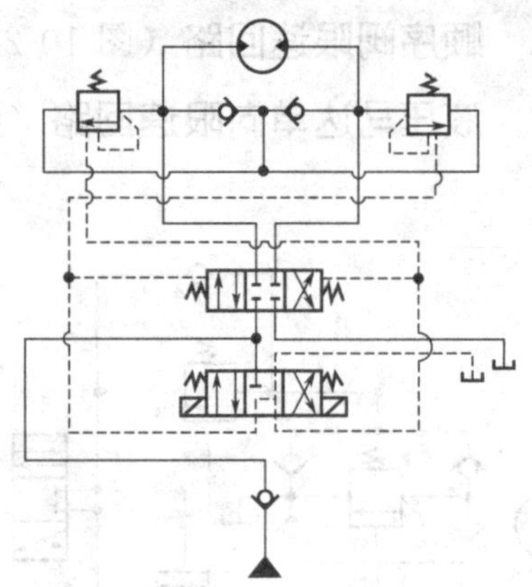

图 10-20　采用制动阀的液压马达制动回路Ⅲ

表 10-19　采用制动阀的液压马达制动回路Ⅱ

回路描述	特点及应用
液压马达正转或反转时，由外控油路将制动阀 F 或 E 打开 制动时，换向阀中位，液压马达由于惯性继续旋转，回油背压上升打开制动阀 F，实现制动。同时回油经管道 a 与单向阀流入液压马达的进油口，防止液压马达吸空	适用于使马达双向制动的场合。选 M 型机能的换向阀，可在制动时使泵卸荷

表 10-20　采用制动阀的液压马达制动回路Ⅲ

回路描述	特点及应用
电磁换向阀切换至左位后，液动换向阀切换左位，控制油也同时流入右制动阀的液控口，使该阀打开，左制动阀因液控口通油箱而关闭，压力油经液动换向阀使液压马达回转。 制动时，电磁换向阀回至中位，液压马达由于惯性继续转动，回油经右制动阀及左单向阀流入其进油口，使液压马达制动	本回路是采用制动阀的液压马达制动回路，可对液压马达实现双向制动，并能起到缓冲作用 适用于大流量、转动惯量大的场合

10.1.9　采用蓄能器的液压马达制动回路（图 10-21 和表 10-21）

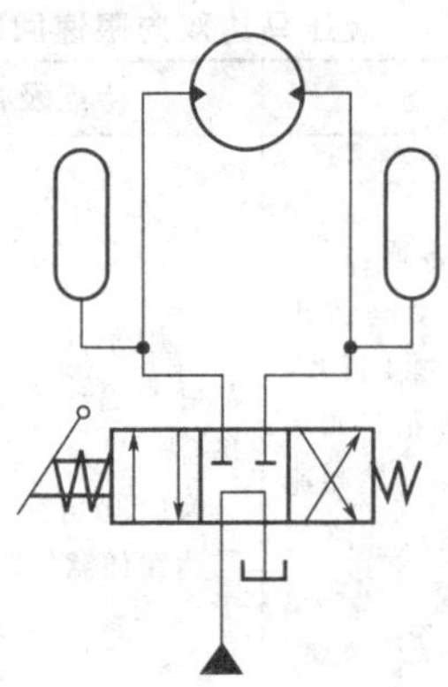

图 10-21　采用蓄能器的液压马达制动回路

表 10-21　采用蓄能器的液压马达制动回路

回路描述	特点及应用
本回路在靠近液压马达进出油口处装有蓄能器，可对液压马达实现双向制动。制动时，由蓄能器吸收部分高压油，当油路压力突降时，又可以从蓄能器获得补油，避免产生负压。蓄能器还可用来吸收泵的脉动，使执行元件工作更为平稳	用于马达双向制动的场合

10.2 液压马达限速回路

10.2.1 顺序阀限速回路（图 10-22 和表 10-22）

10.2.2 液压马达单向限速回路（图 10-23 和表 10-23）

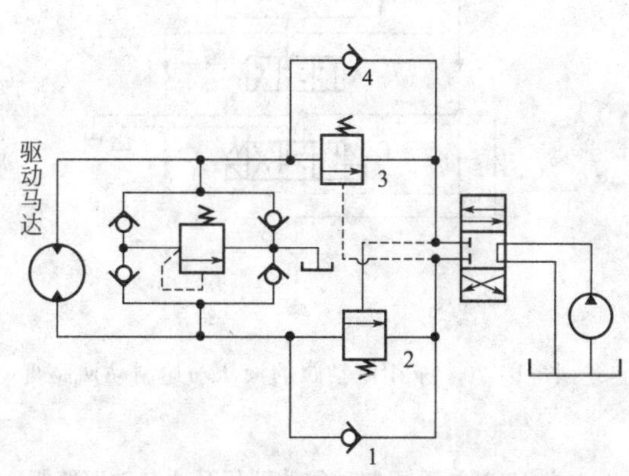

图 10-22 顺序阀限速回路

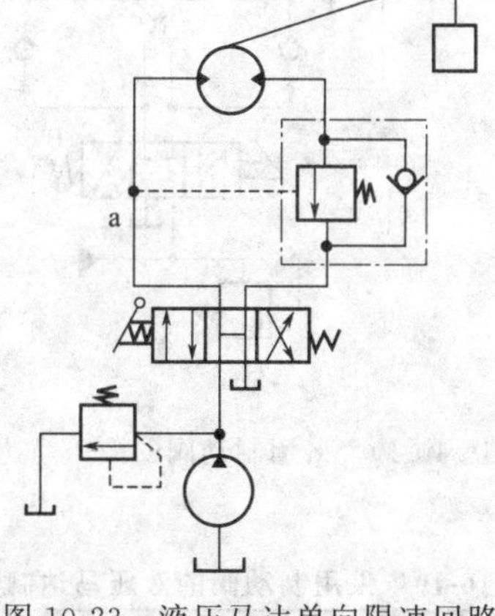

图 10-23 液压马达单向限速回路

表 10-22 顺序阀限速回路

回路描述	特点及应用
换向阀上位时，压力油经单向阀 4 进入驱动马达，顺序阀 2 同时打开，马达的回油回到油箱，此时汽车前进。当换向阀下位工作时，压力油经单向阀 1 进入驱动马达，顺序阀 3 打开，马达的回油经顺序阀 3 回油箱，此时可倒车 当汽车下坡行驶，产生高于供油速度的超速现象，马达进油腔压力降低，此时阀 2 关小，给马达一个制动力矩，使马达减速	本回路常用于汽车等行走机械的液压系统 溢流阀为系统的安全阀，限制系统的最大压力

表 10-23 液压马达单向限速回路

回路描述	特点及应用
换向阀切换至左位时，压力油打开液控顺序阀，液压马达回转。如果由于外负载使液压马达超速回转，则液压马达进油路的压力降低，使液控顺序阀关小，限制了液压马达转速	适用于起重设备的液压系统。换向阀应选 H 型中位机能，使泵在停车时卸荷

10.2.3 液压马达双向限速回路（图 10-24 和表 10-24）

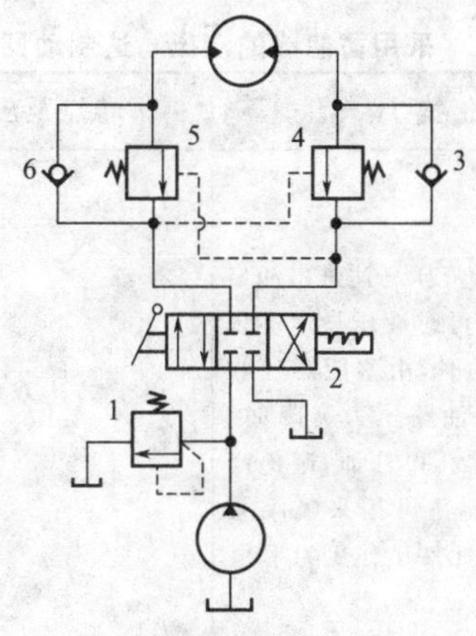

图 10-24 液压马达双向限速回路

表 10-24 液压马达双向限速回路

回路描述	特点及应用
换向阀 2 左位接通，压力油过单向阀 6 驱动马达正转，此时外控顺序阀 4 打开，回油通过阀 4 回油箱。如果由于外负载使液压马达超速回转，则液压马达进油路的压力降低，使液控顺序阀 4 关小，限制了液压马达转速	适用于液压马达正反向都可能超速而需要限速的场合 换向阀切换至中位可使马达在任意位置停止

10.2.4 用背压阀的液压马达限速回路（图10-25和表10-25）

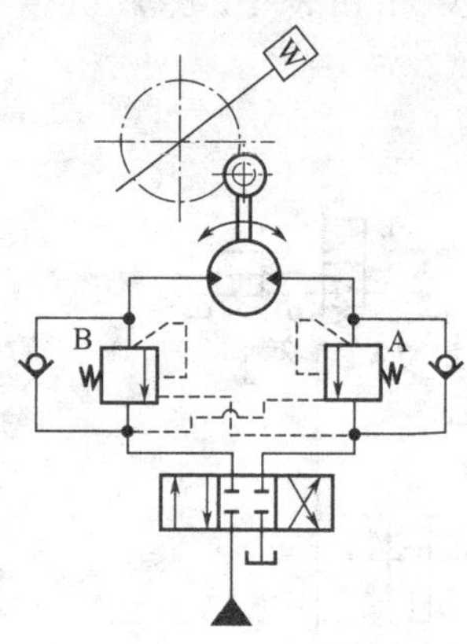

图10-25 用背压阀的液压马达限速回路

表10-25 用背压阀的液压马达限速回路

回路描述	特点及应用
液压马达正转或反转过程中，负载从正值逐渐变至负值。为了避免液压马达被负值负载增速回转，制动阀A或B对马达加背压，起限速作用 液压马达顺时针旋转时，压力油将制动阀A打开，液压马达背压为零，驱动负载回转。随着马达的回转，正值负载逐渐减小，液压马达进口压力逐渐降低，当负载变为负值负载时，随着负值负载逐渐增大，液压马达背压进一步增加，当背压增至能从自控口打开阀A时，液压马达进口压力降至零值，阀A提供的背压防止了液压马达因增速而引起运动部件的冲击	可用于承受双向负值负载的场合。换向阀中位时，可实现马达双向锁紧

10.3 液压马达浮动回路

10.3.1 中位机能浮动回路（图10-26和表10-26）

10.3.2 采用二位二通换向阀的液压马达浮动回路（图10-27和表10-27）

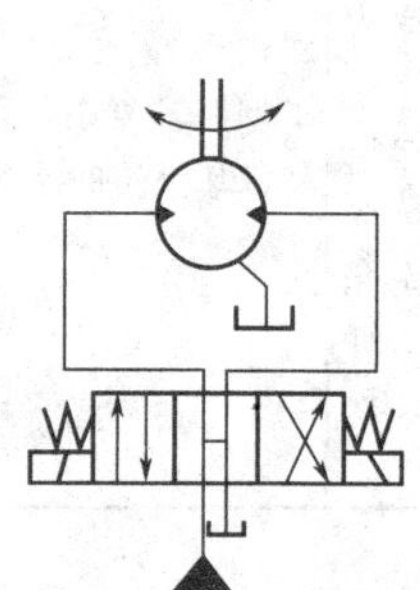

图10-26 中位机能浮动回路

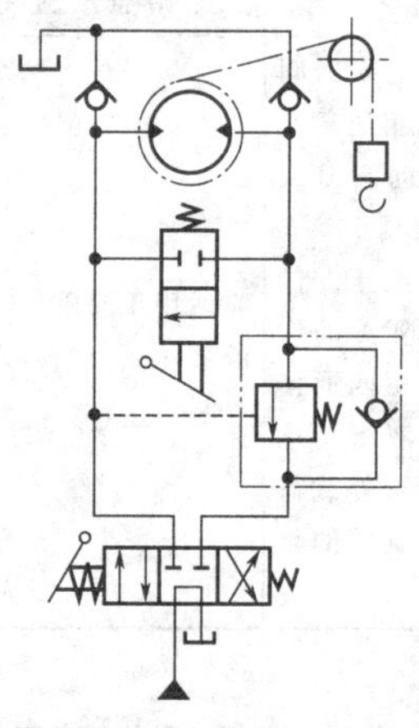

图10-27 采用二位二通换向阀的液压马达浮动回路

表10-26 中位机能浮动回路

回路描述	特点及应用
浮动是把液压马达两腔短接起来，两腔没有压差，在外负载的作用下，只需克服马达内部零件之间的摩擦阻力即可使马达转动。本回路液压马达浮动是利用H型中位机能的换向阀实现的 本回路在马达浮动的同时使液压泵卸荷	利用H型或Y型换向阀，可以把执行元件的进出口连通或同时接通油箱，使之处于无约束的浮动状态 适用于工程机械、起重运输机械

表10-27 采用二位二通换向阀的液压马达浮动回路

回路描述	特点及应用
液压马达正常工作时，二位换向阀处于断开位置 当液压马达需要浮动时，可将二位换向阀接通，使液压马达进出油口接通，液压吊车吊钩即在自重作用下快速下降	本回路用于液压吊车。这种回路结构简单，操纵方便。单向阀用于补偿泄漏 如果吊钩自重太轻而液压马达内阻力相对较大时，则有可能达不到快速下降的效果

10.3.3 采用二位四通换向阀的液压马达浮动回路（图 10-28 和表 10-28）

10.3.4 内曲线液压马达自身实现浮动的回路（图 10-29 和表 10-29）

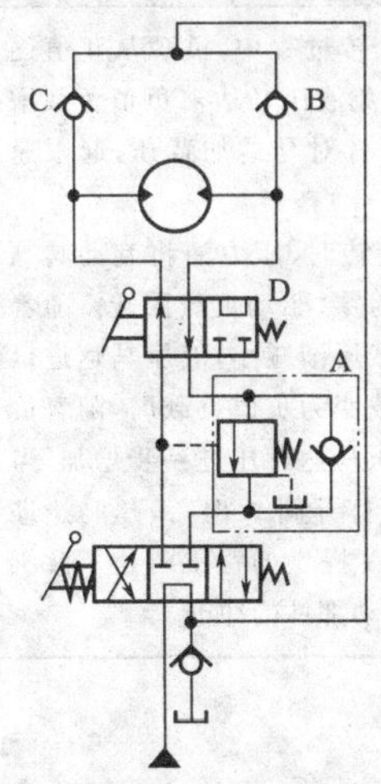

图 10-28 采用二位四通换向阀的液压马达浮动回路

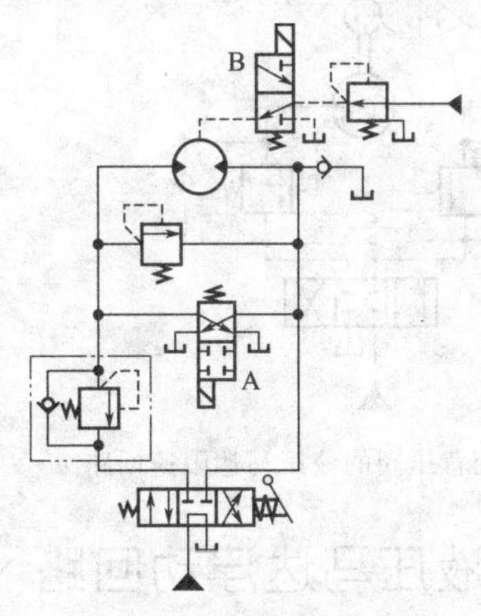

图 10-29 内曲线液压马达自身实现浮动的回路

表 10-28 采用二位四通换向阀的液压马达浮动回路

回路描述	特点及应用
回路可以通过二位四通换向阀使液压马达的进回油口相通。液压马达如有泄漏可从单向阀 B 或 C 补油，避免管路中产生真空 当二位四通换向阀 D 处于左位时，液压马达由于限速阀 A 的作用不会过快下降。当二位四通换向阀 D 切换到右位时，液压马达进出油口相通，自成循环，外载荷只需克服液压马达空载旋转的阻力即可使其快速回转	适用于起重运输机械的液压系统

表 10-29 内曲线液压马达自身实现浮动的回路

回路描述	特点及应用
内曲线低速马达的壳体内如充入压力油，可将所有柱塞压入缸体内，使滚轮脱离轨道，外壳就不受约束成为自由轮 浮动时，先通过阀 A 使主油路卸荷，再通过阀 B 从泄漏油路向液压马达壳体充入低压油，迫使柱塞缩入缸体内，液压马达自身实现浮动	回路较复杂，适用于内曲线液压马达的浮动

10.3.5 用液压离合器使工作部件浮动的回路（图 10-30 和表 10-30）

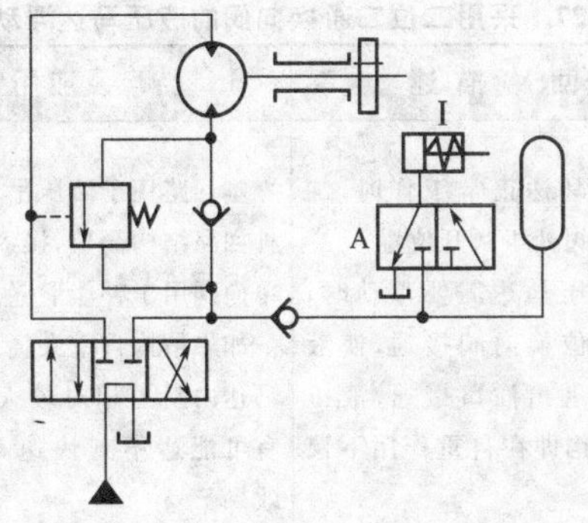

图 10-30 用液压离合器使工作部件浮动的回路

表 10-30 用液压离合器使工作部件浮动的回路

回路描述	特点及应用
当起重机升降重物时，离合器液压缸 Ⅰ 的弹簧力使离合器啮合。当需要使空吊钩快速下降时，可把阀 A 切换至右位，蓄能器中的压力油使离合器脱开，于是吊钩等在重力作用下只需克服卷筒等的摩擦力即可自由下落	本回路在液压马达输出轴和卷筒（工作部件）之间装一个液压离合器，通过离合器的啮合与脱开实现工作部件浮动，液压马达本身不浮动 适用于工程机械、矿山机械的液压系统

10.4 液压马达串联回路

10.4.1 液压马达串联回路Ⅰ（图 10-31 和表 10-31）

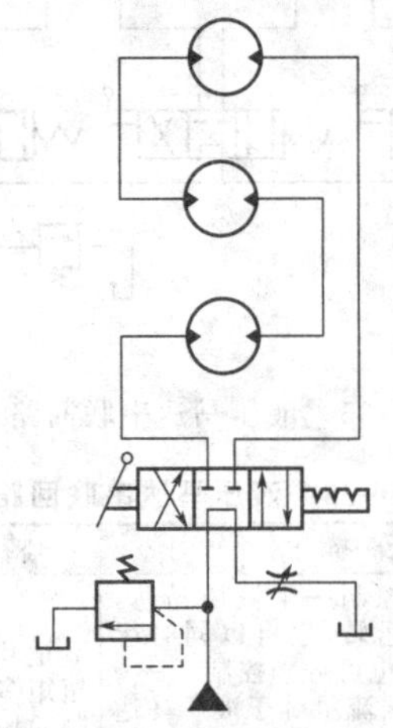

图 10-31　液压马达串联回路Ⅰ

表 10-31　液压马达串联回路Ⅰ

回路描述	特点及应用
采用三个液压马达直接串联，如果液压马达的密封性好，排量相同，则可使三个液压马达的转速相等	结构简单，安装测试方便。一般用于轻载高速的场合

10.4.2 液压马达串联回路Ⅱ（图 10-32 和表 10-32）

10.4.3 液压马达串联回路Ⅲ（图 10-33 和表 10-33）

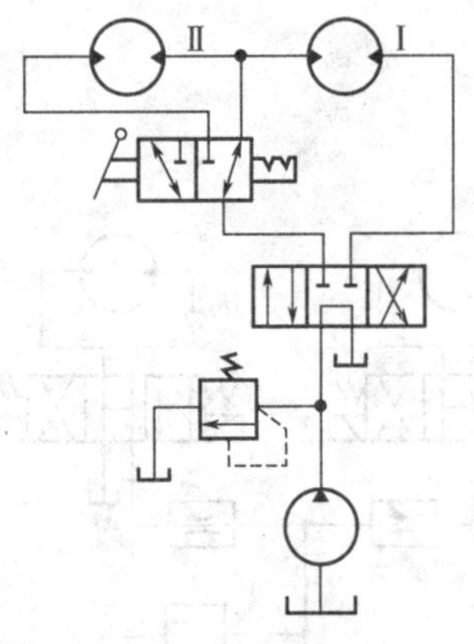

图 10-32　液压马达串联回路Ⅱ

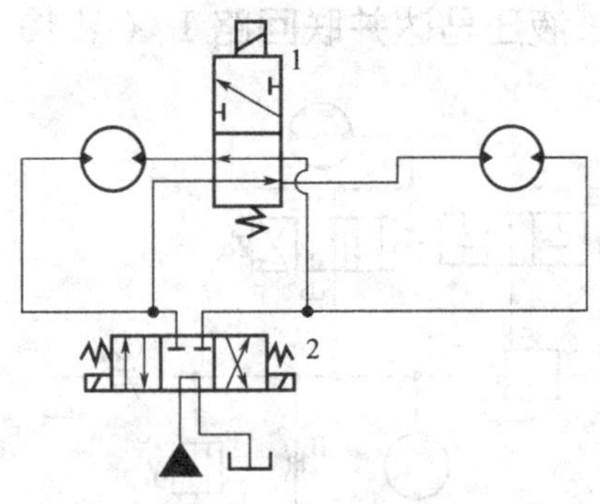

图 10-33　液压马达串联回路Ⅲ

表 10-32　液压马达串联回路Ⅱ

回路描述	特点及应用
三位四通换向阀切换至左位或右位，液压马达Ⅰ工作。如果二位换向阀切换至左位，则液压马达Ⅰ与Ⅱ串联工作	回路可实现液压马达单动与串联的切换，可用于农用机械与轻工机械等的液压系统

表 10-33　液压马达串联回路Ⅲ

回路描述	特点及应用
本回路为用于行走机械中的液压马达串联回路。电磁阀 1 处于常位时，两液压马达并联，这时行走机械有较大的牵引力，即液压马达的输出扭矩较大，但速度较低 当电磁阀 1 通电时，两液压马达串联。这时行走机械速度较高，但牵引力较小	行走机械在平地行驶时为高速，上坡时需要有大扭矩输出，转速降低，因此采用两个液压马达以串联或并联方式达到上述目的

10.4.4 液压马达串联回路Ⅳ（图 10-34 和表 10-34）

10.4.5 液压马达串联回路Ⅴ（图 10-35 和表 10-35）

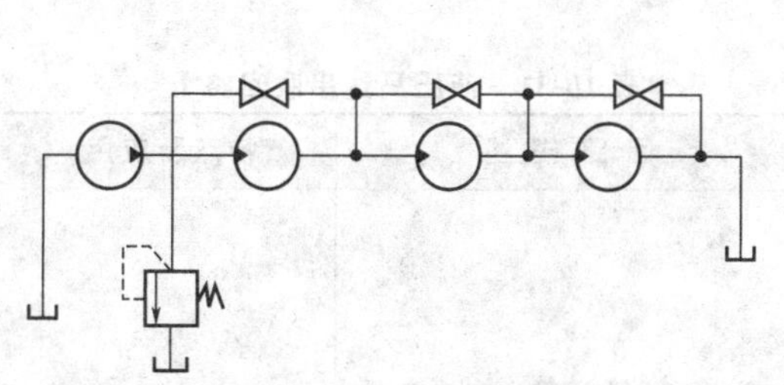

图 10-34 液压马达串联回路Ⅳ

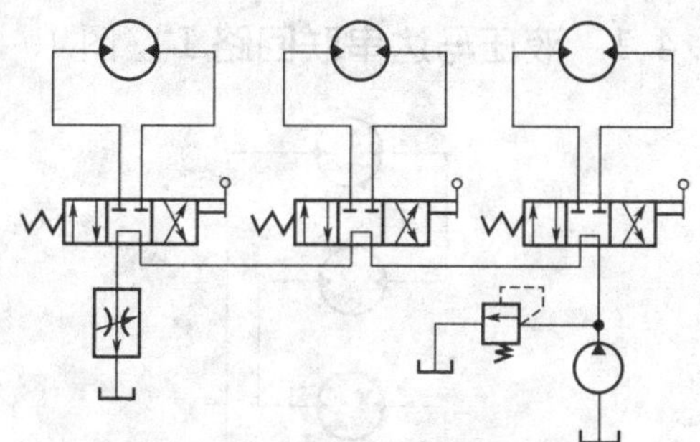

图 10-35 液压马达串联回路Ⅴ

表 10-34 液压马达串联回路Ⅳ

回路描述	特点及应用
用截止阀短路使几个串联的液压马达中任一个液压马达停止转动，而其余的液压马达仍可继续转动 某个截止阀短路后，液压马达的转速不变，而扭矩可相应增加	用于控制多执行器的不同工况。可用二通换向阀代替截止阀

表 10-35 液压马达串联回路Ⅴ

回路描述	特点及应用
每个换向阀控制一个液压马达，各马达可单独运转，也可以同时运转，各自的转向也可分别控制 液压泵的供油流量等于液压马达最高转速所需的流量，而供油压力等于各液压马达工作压力之和	适用于高转速、小扭矩多轴输出单独控制的场合

10.4.6 液压马达串联回路Ⅵ（图 10-36 和表 10-36）

10.5 液压马达并联回路

10.5.1 液压马达并联回路Ⅰ（图 10-37 和表 10-37）

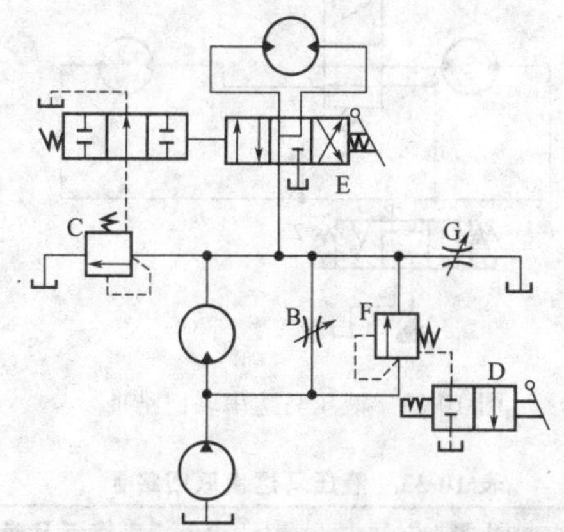

图 10-36 液压马达串联回路Ⅵ

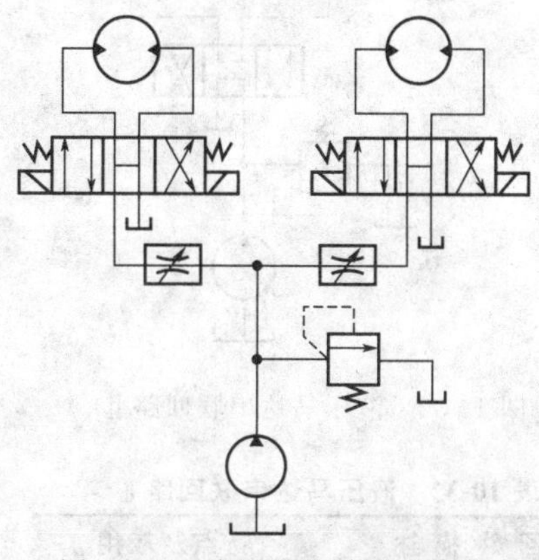

图 10-37 液压马达并联回路Ⅰ

表 10-36 液压马达串联回路Ⅵ

回路描述	特点及应用
当换向阀 E 处于中位时，双向液压马达不工作，单向液压马达排出的油经安全阀 C 流回油箱。换向阀 E 切换至左位或右位后，两个液压马达串联工作，双向液压马达的转速由节流阀 G 调节 两个液压马达的最大扭矩可分别由各自的安全阀 F 与 C 调节，单向液压马达的转速由与其并联的节流阀 B 调节	该回路适用于工程机械的液压系统

表 10-37 液压马达并联回路Ⅰ

回路描述	特点及应用
由于在进油路(或回油路)中装有调速阀，因此两马达同时运转与单独运转时的转速不变	适用于不同负载的场合

10.5.2　液压马达并联回路Ⅱ（图 10-38 和表 10-38）

10.5.3　液压马达并联回路Ⅲ（图 10-39 和表 10-39）

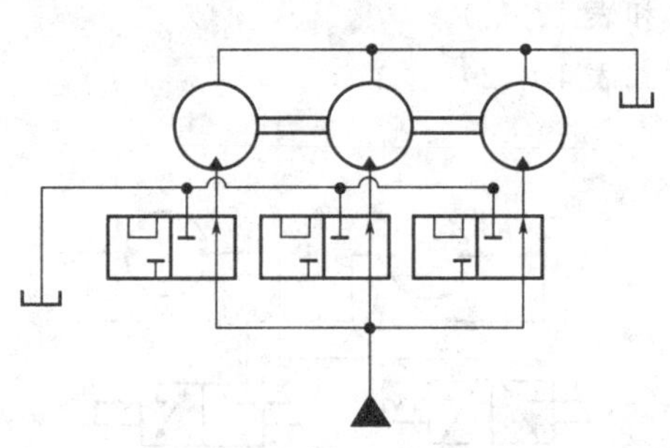

图 10-38　液压马达并联回路Ⅱ

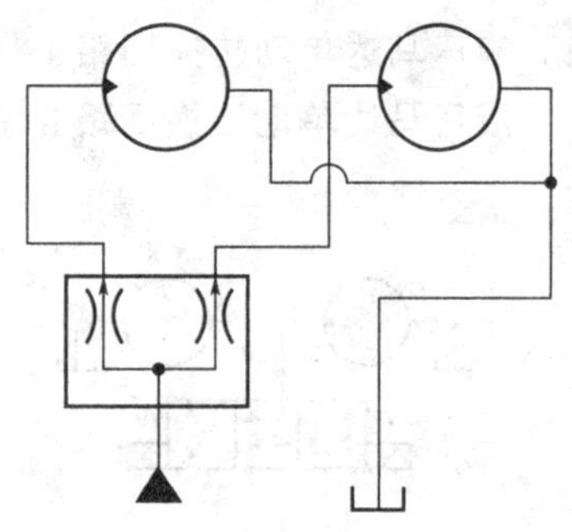

图 10-39　液压马达并联回路Ⅲ

表 10-38　液压马达并联回路Ⅱ

回 路 描 述	特点及应用
三个液压马达的轴刚性连接并由一个液压泵驱动，三个液压马达同步运转，当有一个换向阀切换后，相应的液压马达即停止工作，输入的流量全部流入其余的液压马达，使之转速增高，但输出总的扭矩减小 通过换向阀切换，可得到三级速度	在原理上相当于用一个变量马达按三级速度进行变量。可用于提升机、带运输机

表 10-39　液压马达并联回路Ⅲ

回 路 描 述	特点及应用
用分流阀使两个液压马达并联同步运行，同步误差取决于分流阀的误差及液压马达排量的差异	分流阀结构简单、体积小、质量轻、使用维修方便，负载变化对同步精度影响小，但压力损失较大，系统效率低 适用于高压、大功率场合

10.5.4　液压马达并联回路Ⅳ（图 10-40 和表 10-40）

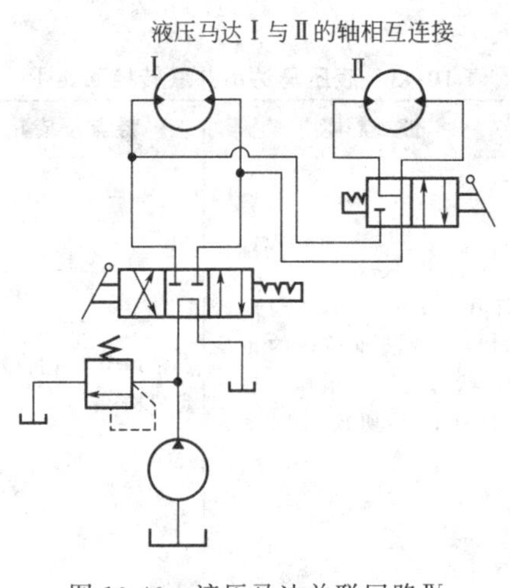

图 10-40　液压马达并联回路Ⅳ

表 10-40　液压马达并联回路Ⅳ

回 路 描 述	特点及应用
三位换向阀切换后，压力油驱动液压马达Ⅰ回转，液压马达Ⅱ被带动空转。如果扭矩不足，则可使二位换向阀切换，使液压马达Ⅰ与Ⅱ并联驱动	可用于负载变化大的场合，按负载大小选择单动或并联驱动

10.6 液压马达转换回路

10.6.1 液压马达单动转换回路

10.6.1.1 液压马达单动转换回路Ⅰ（图10-41和表10-41）

10.6.1.2 液压马达单动转换回路Ⅱ（图10-42和表10-42）

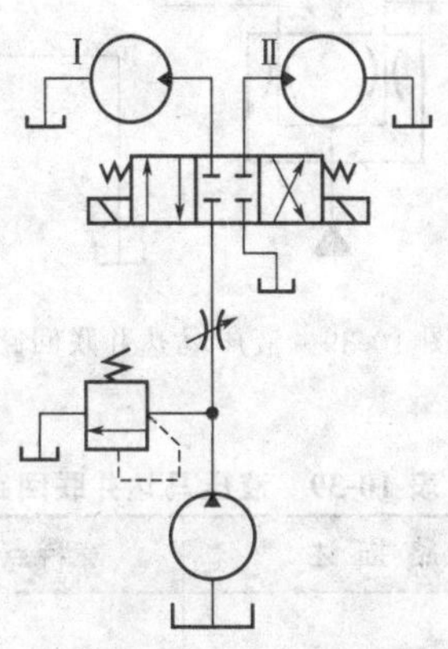

图10-41 液压马达单动转换回路Ⅰ

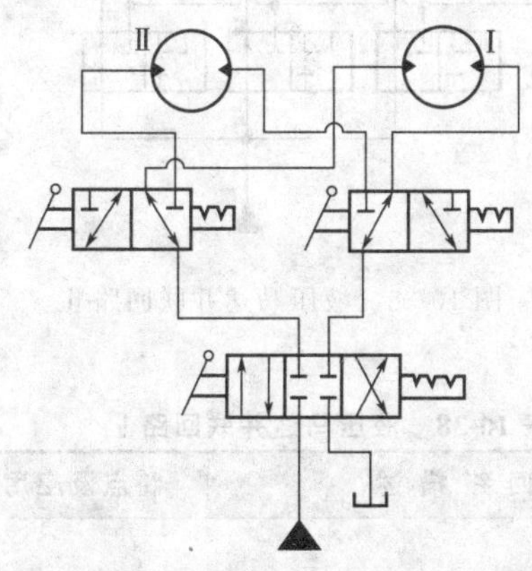

图10-42 液压马达单动转换回路Ⅱ

表10-41 液压马达单动转换回路Ⅰ

回路描述	特点及应用
回路由定量泵供油，溢流阀定压，节流阀调速，换向阀切换至左位，液压马达Ⅰ回转；换向阀切换至右位，液压马达Ⅱ回转	用于两负载单动互锁的场合

表10-42 液压马达单动转换回路Ⅱ

回路描述	特点及应用
图10-42所示状态是液压马达Ⅰ处于工作。当两个三通换向阀都切换后，液压马达Ⅱ工作 三位换向阀使液压马达双向转动或停止	两个三通换向阀必须同时切换，用于两负载单动互锁的场合

10.6.2 液压马达串并联转换回路

10.6.2.1 液压马达串并联转换回路Ⅰ（图10-43和表10-43）

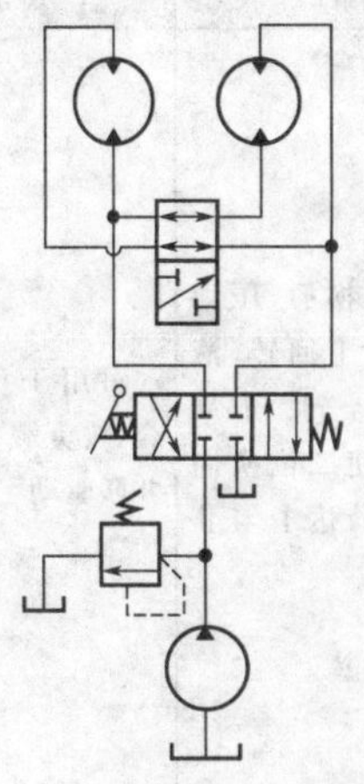

图10-43 液压马达串并联转换回路Ⅰ

表10-43 液压马达串并联转换回路Ⅰ

回路描述	特点及应用
回路由定量泵供油，三位四通换向阀控制两液压马达的正反转，图示状态为两个液压马达并联，二位换向阀切换后则变为串联	常用于工程机械等行走机构

10.6.2.2 液压马达串并联转换回路Ⅱ（图 10-44 和表 10-44）

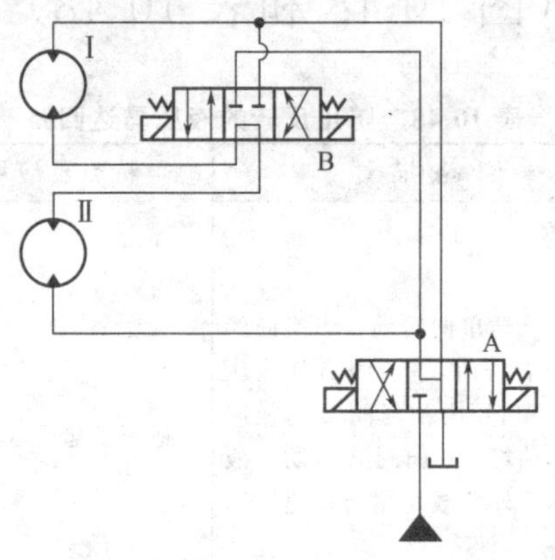

图 10-44 液压马达串并联转换回路Ⅱ

表 10-44 液压马达串并联转换回路Ⅱ

回路描述	特点及应用
回路由阀 A 控制两个液压马达的正反转，阀 B 控制马达的串并联转换。图示状态为两个液压马达串联。换向阀 B 切换至左位后，两个液压马达转换为并联	广泛应用于工程机械的液压系统。电磁阀控制灵活、操纵方便，对于大流量、换向平稳性要求高的系统可用电液动换向阀

10.6.2.3 液压马达串并联转换回路Ⅲ（图 10-45 和表 10-45）

10.6.2.4 液压马达串并联转换回路Ⅳ（图 10-46 和表 10-46）

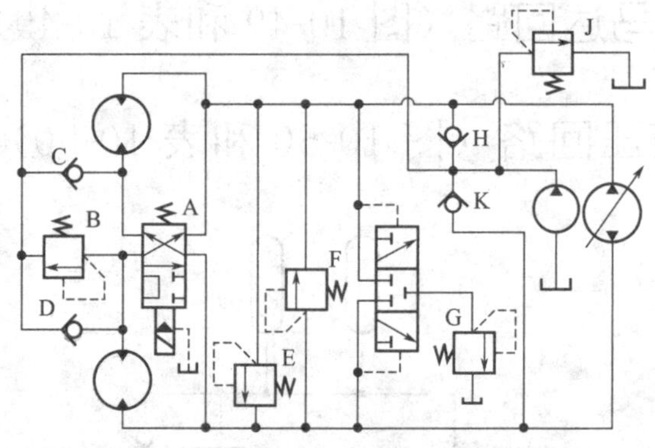

图 10-45 液压马达串并联转换回路Ⅲ

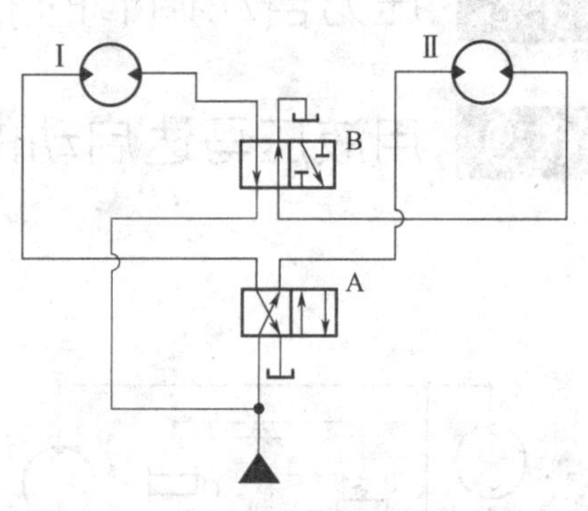

图 10-46 液压马达串并联转换回路Ⅳ

表 10-45 液压马达串并联转换回路Ⅲ

回路描述	特点及应用
低速重载时，两个液压马达并联。高速轻载时，使阀 A 通电，两个液压马达串联 两个液压马达的连接管路上有补油阀 C、D 与放油阀 B。阀 E 与 F 为制动阀。阀 H 与 K 为低压管充油阀，阀 G 为低压放油阀	适用于液压驱动车辆回路

表 10-46 液压马达串并联转换回路Ⅳ

回路描述	特点及应用
图 10-46 所示状态为液压马达Ⅰ与Ⅱ并联回转。阀 B 切换后，转换为串联回转。阀 A 与 B 同时切换，则液压马达Ⅰ与Ⅱ串联反向回转。当阀 A 切换后，液压马达Ⅰ与Ⅱ都停止回转	适用于高速小扭矩的场合 串联时两马达通过相同的流量，转速比并联时高，而并联时两马达工作压差相同，但转速较低

10.6.2.5 液压马达串并联转换回路Ⅴ（图 10-47 和表 10-47）

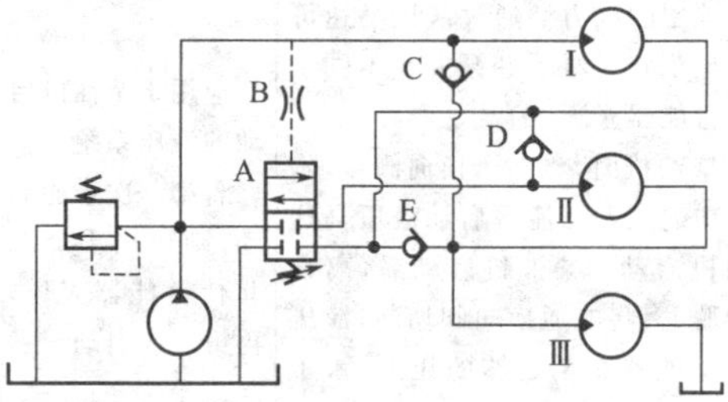

图 10-47 液压马达串并联转换回路Ⅴ

表 10-47 液压马达串并联转换回路Ⅴ

回路描述	特点及应用
图 10-47 所示状态为三个液压马达串联，进行喷洒作业。当由于进料过多等原因使系统压力升高至换向阀 A 切换压力后，阀 A 切换，液压马达Ⅰ与Ⅱ自动转换为并联，使输出扭矩增加，转速降低，这时液压马达Ⅲ不工作 换向阀 A 的切换压力可用弹簧调节。阀 B 用来防止阀 A 的阀芯由于压力波动而引起的高频振动 停机时，主油路压力降低，液压马达Ⅰ与Ⅱ由于惯性而继续转动，单向阀 C 用来防止主油路吸空	本回路是施肥车上喷洒肥料至田间装置内的液压回路 液压马达Ⅲ将肥料逐渐推移至喷洒器后部。同时，液压马达驱动一对搅动器，将肥料撕碎并抛至田间

10.7 防止反转的液压马达回路（图 10-48 和表 10-48）

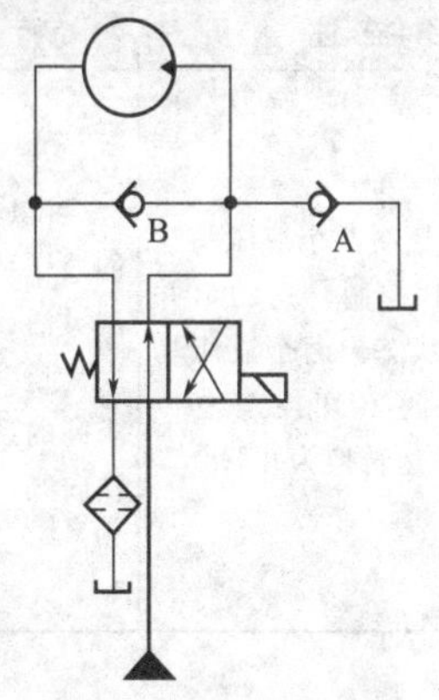

图 10-48 防止反转的液压马达回路

表 10-48 防止反转的液压马达回路

回路描述	特点及应用
液压马达单向转动。当换向阀切换至右位时，单向阀 B 使液压马达短路，压力油经阀 B 与换向阀流回油箱。单向阀 A 可防止液压马达受外负载作用而增速转动时吸空	适用于起重运输机械

10.8 压力自动调节的液压马达回路（图 10-49 和表 10-49）

10.9 用液压马达启动的液压回路（图 10-50 和表 10-50）

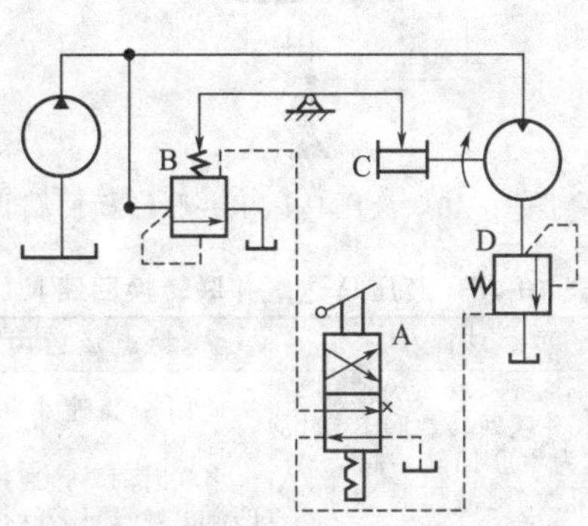

图 10-49 压力自动调节的液压马达回路

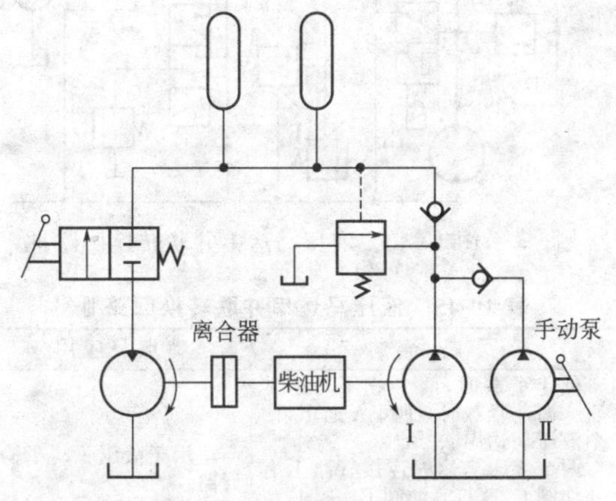

图 10-50 用液压马达启动的液压回路

表 10-49 压力自动调节的液压马达回路

回路描述	特点及应用
液压马达驱动布卷 C 旋转，随着布卷 C 直径的增大，通过杠杆机构使溢流阀 B 调压弹簧的弹力也相应增大，从而使供给液压马达的油液压力升高，液压马达输出的扭矩增大，从而保持布的张力不变 停止时，换向阀 A 切换，于是阀 B 使系统卸荷，阀 D 使液压马达制动	回路用于布料卷取机构 回路可以随着负载的变化而自动调节供给液压马达的油液压力

表 10-50 用液压马达启动的液压回路

回路描述	特点及应用
蓄能器中的压力油通过液压马达可以启动柴油机。泵Ⅰ和泵Ⅱ在不同工况时为蓄能器充压 启动柴油机时，将二通换向阀接通，蓄能器中的压力油流入启动液压马达使柴油机启动。柴油机启动后，离合器自动脱开，将二通换向阀切断，液压泵Ⅰ使蓄能器充至足够的压力后，于是卸荷阀打开，使泵Ⅰ卸荷	应用于柴油机启动的液压系统 若第一次未能启动，则可用手动泵Ⅱ使蓄能器充压，再第二次启动

10.10 液压马达速度换接回路（图 10-51 和表 10-51）

10.11 液压马达功率回收回路（图 10-52 和表 10-52）

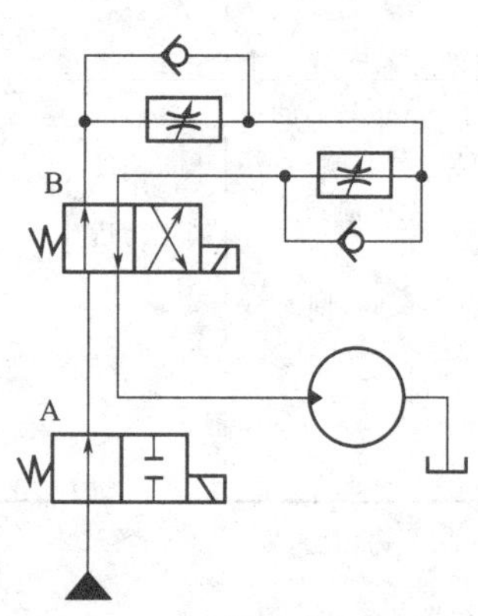

图 10-51 液压马达速度换接回路

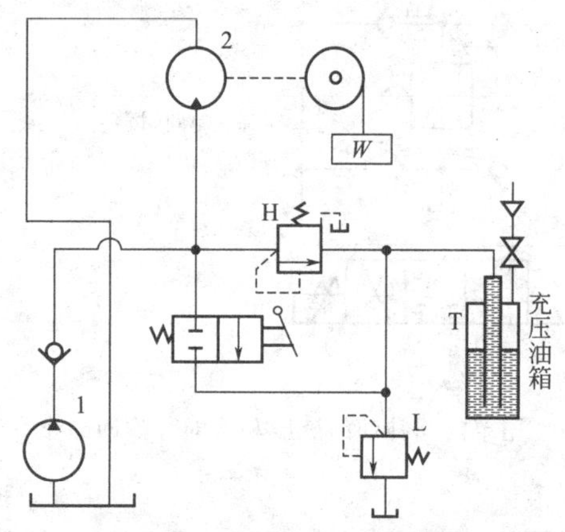

图 10-52 液压马达功率回收回路

表 10-51 液压马达速度换接回路

回路描述	特点及应用
电磁换向阀 A 使液压马达启动或停止，电磁换向阀 B 使液压马达有快、慢两种速度	适用于机床液压系统，如粗、精加工的速度换接。回路中两调速阀的开度依据粗、精加工的速度要求调定

表 10-52 液压马达功率回收回路

回路描述	特点及应用
重物 W 落下时的能量可以储存在充压油箱 T 中，并用来使起重机（液压马达 2）空载向上返回。泵 1 可将负载慢速提升 二位二通换向阀接通后，重物 W 下落使液压马达变为泵，从油箱吸油输入充压油箱 T，随着 T 中的液面升高，压力上升而产生连续制动效果。最后的制动由关闭二通换向阀来完成。由高压安全阀 H 来限制冲击压力。阀 L 是充压油箱 T 的安全阀。当重物 W 卸去后，再接通二通换向阀，充压油箱 T 中储存的能量使起重机空载向上返回。若需要将重物 W 提升，启动泵 1 即可	适用于起重机的液压系统 充压油箱 T 在功率回收的同时还有制动作用

10.12 液压马达补油回路

10.12.1 液压马达补油回路（图 10-53 和表 10-53）

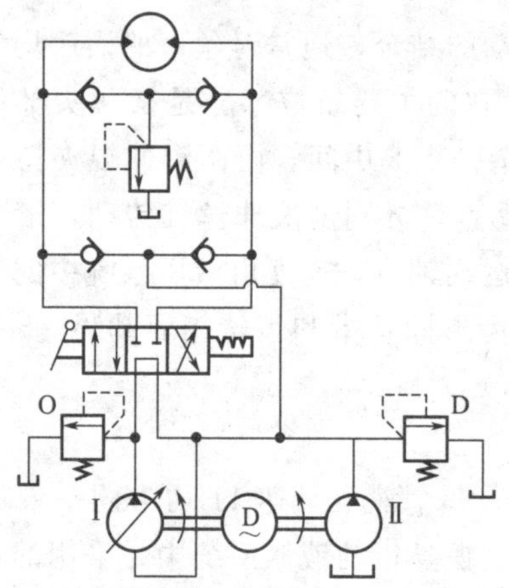

图 10-53 液压马达补油回路

表 10-53 液压马达补油回路

回路描述	特点及应用
回路为闭式回路，用单向变量泵Ⅰ供油，液压马达可以双向转动 当液压马达工作时，补油泵Ⅱ直接对变量泵Ⅰ的进油管进行补油。当换向阀恢复至中位进行制动时，补油泵Ⅱ通过单向阀对液压马达的进油管补油，以避免管路吸空	回路工作前，各段管路均应充满油，其压力由补油溢流阀 D 确定，以确保闭式系统启动和运转的可靠性。阀 D 是泵Ⅱ的溢流阀。阀 O 是泵Ⅰ的安全阀

10.12.2 用单向阀补油的液压马达的补油回路（图 10-54 和表 10-54）

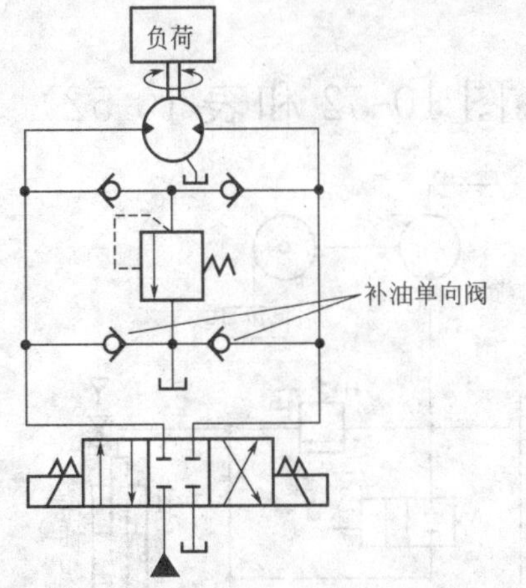

图 10-54 用单向阀补油的液压马达的补油回路

表 10-54 用单向阀补油的液压马达的补油回路

回路描述	特点及应用
在马达进、回油路上各安装一个开启压力较低（小于 0.05MPa）的单向阀。转向阀中位时，马达制动，其入口压力油由油箱经此单向阀送到马达入口补充缺油 溢流阀是系统的安全阀，同时起制动作用	适用于开式回路的液压马达补油

10.13 液压马达回路应用实例

10.13.1 摆丝机电液比例控制系统

在化纤生产行业中，摆丝机是一种重要的设备。它主要用于将长丝束均匀摆入盛丝箱，以达到中间储存的目的。作为摆丝机的核心部件，液压系统为摆丝机提供动力，其稳定性是摆丝机正常工作的必要条件。但在实际应用中，传统的液压系统仍存在一些问题影响摆丝机的正常运转。因此，需要进一步改进设计以提高摆丝机液压系统的稳定性，确保摆丝机的高效运行。

在一般的液压系统中，控制执行器（液压缸或马达）的速度是由输入执行器流量的大小来决定的，而流量的控制只能通过手动调整或预先设定。如果要控制执行器的速度，需要在液压回路中配置节流阀或调速阀，手动调整其阀芯的开度，控制进入执行器的流量，从而控制执行器的速度。但是，如果机器要求执行器的速度是变化的，并且需要无冲击平稳换向，这样的问题用一般的液压系统是难以解决的。

（1）摆丝机组成及其工作原理

摆丝机的基本动作是往复摆动和水平面内进给运动的结合，通常对丝束的摆放均匀性没有特殊的要求，只要能够实现丝束的有序堆放即可。它的主要组成部分是摆丝头部件（图 10-55）。其工作原理是丝束由导丝轮 1 导入，进入两牵伸辊 2 中间，由两牵伸辊夹持并牵引进入盛丝箱 4。导丝架 3 与摆丝架 5 的运动方向相互垂直，分别由滚珠丝杠传动，滚珠丝杠分别由各自的液压马达驱动，导向部分采用滚动直线运动轴承，速度由液压系统中的调速阀控制。牵伸辊有两个，其一由液压马达驱动，并通过齿形同步带和齿轮箱驱动另一牵伸辊，两牵伸辊速度一致，转向相反。

（2）液压系统存在的问题

摆丝机的液压原理如图 10-56 所示，摆丝头部件的 3 个液压马达 11 均由同一液压站提供压力油，每个液压马达的速度通过调速阀 9 控制。在摆丝机的液压系统中，采用的是普通的调速阀，这是一种基于电磁换向阀的开关式液压系统。这个系统中所有的控制都是通过逻辑控制信号来实现；该系统中每个需要速度控制的液压马达都是通过手动调速阀进行速度设定。但是在实际使用中，却发现这种液压系统存在下面的问题。

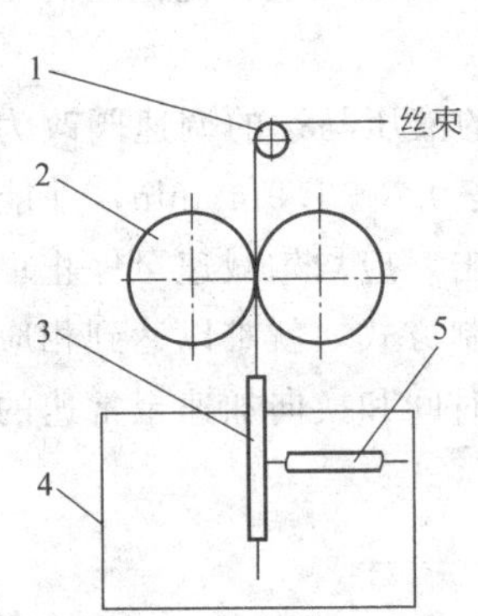

图 10-55 摆丝头部件结构示意图

1—导丝轮；2—牵伸辊；3—导丝架；4—盛丝箱；5—摆丝架

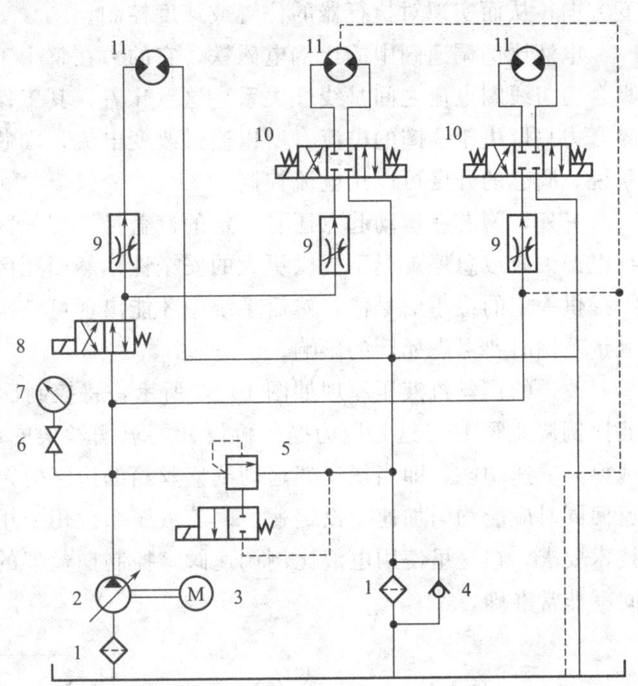

图 10-56 摆丝机液压原理图

1—过滤器；2—液压泵；3—电动机；4—单向阀；5—溢流阀；6—截止阀；7—压力表；8—换向阀；9—调速阀；10—电磁换向阀；11—液压马达

① 调试和维修不方便 所有需要控制速度的液压马达都需要采用调速阀，在速度设定方面均是采用手动调节，这对于摆丝机的调试和维修造成极大的不方便。

② 换向冲击很大，对设备和系统造成很大损害 由于摆丝机的摆丝架需要经常换向，系统存在着较大的冲击振动。这种冲击振动会对液压系统造成极大的损害，并且经常性的冲击对摆丝架的刚性也有很大损伤，影响其使用寿命。

③ 系统的速度慢，生产效率低 为了减少摆丝机摆丝架换向存在的冲击振动，摆丝架的运动速度要慢。如果摆丝架的运动速度较快，则摆丝架的惯性很大，难以控制，容易发生事故。为了安全，将摆丝架运行的速度调得比较慢，但这样降低了生产效率。

(3) 电液比例控制液压系统的设计

针对摆丝机液压系统存在的问题，特别是换向冲击对系统的影响，设计了基于比例控制阀的电液比例控制系统。

电液比例控制阀能连续地、按比例地控制液压系统的压力、流量和方向，从而实现对执行部件的位置、速度和流量等参数的连续控制，并可防止或减少压力、速度变换时的冲击。电液比例控制阀的引入意味着流量的控制可以用电气信号来调整，也就是说，不是用液压开关装置实现几种不同的设定值，而是用电气控制实现执行器的速度由一种工作状态均匀地过渡到另一种工作状态。

电液比例阀是介于开关型的液压阀和电液伺服阀之间的一种液压元件，它的控制过程是，输入一个给定的电压信号，经过比例放大器进行功率放大，并按比例输出电流给比例阀的比例电磁铁，比例电磁铁输出力按比例推动阀芯移动，即可按比例控制液压油的流量或改变方向，从而实现对执行器的位置或速度控制。

电液比例调速阀中的比例电磁铁，它的力在整个工作行程内基本上保持恒定，电磁铁的吸合力与线圈电流之间是线性关系，这意味着在其工作行程内衔铁的任何位置上，电磁铁的吸合力只取决于线圈的电流。所以通过改变电流，阀芯可以沿其行程定位于任何位置，也就是说，阀芯的开度可以用电流控制。

另外，阀芯在运动起点还有一定的遮盖量，即死区。死区的存在可减小零位阀芯泄漏并在电源失效或急停工况下提供更大的安全性，然而死区的存在也意味着必须向阀的电磁铁线圈提供一定的最小信号值，然后系统中才能出现可觉察到的作用，所以在选择比例阀的工作流量范围时要考虑死区的影响。

改进的摆丝机液压原理如图 10-57 所示，将控制摆丝架运动的液压马达的调速阀改为电液比例调速阀 10，这是因为摆丝机设计要求摆丝架的调速范围是 0.6～1.9m/min，并能实现换向减速功能，即当摆丝架运动到盛丝箱的边缘时，为减少冲击，应均匀减速至停止；在返回同时应能均匀加速至设定速度。若液压系统仍采用原有的控制方式，就难以达到相应的技术要求，在这里使用电液比例调速阀来控制摆丝架的减速停止时间和换向加速至常速的时间就非常准确。

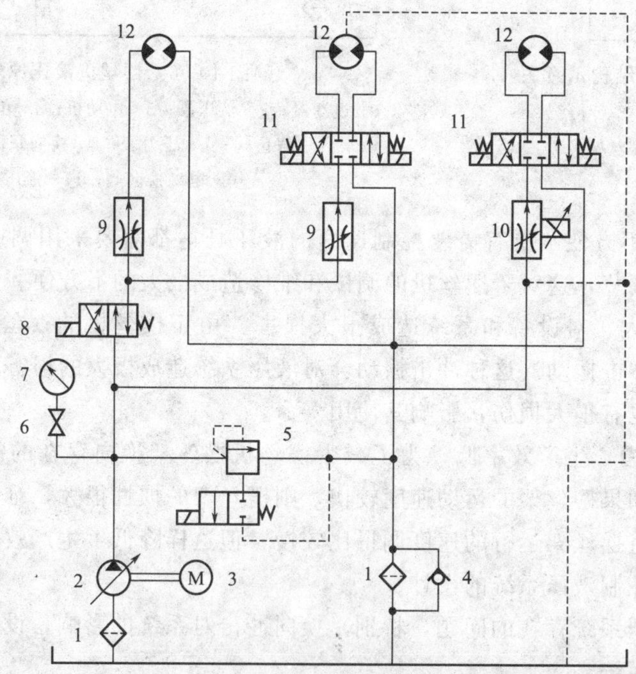

图 10-57 改进后的摆丝机液压原理图

1—过滤器；2—液压泵；3—电动机；4—单向阀；5—溢流阀；6—截止阀；7—压力表；8—换向阀；9—调速阀；10—比例调速阀；11—电磁换向阀；12—液压马达

10.13.2 挖掘机回转马达回路

（1）先导控制油路

某型挖掘机先导控制油路如图 10-58 所示，先导泵从液压油箱吸油，从先导泵排放的油经管路过滤器过滤流到安全电磁阀。先导泵里的先导溢流阀限制先导油路压力。

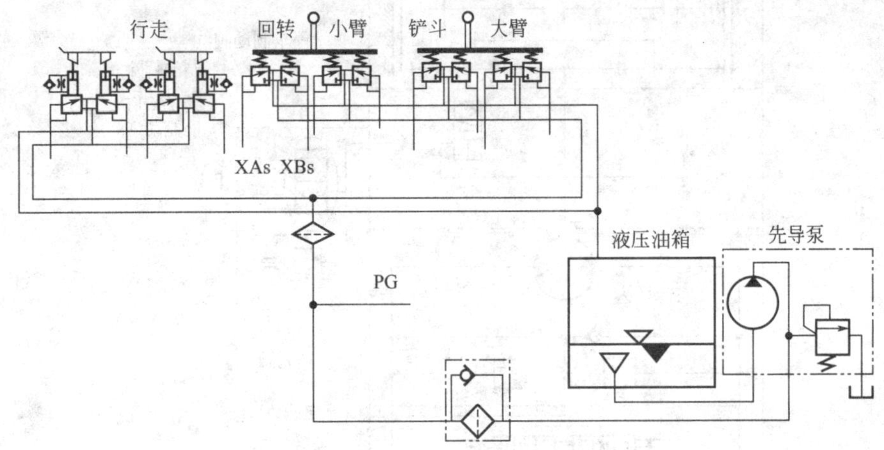

图 10-58　先导吸油、输送和回油油路

经管路过滤器过滤的油到遥控先导阀，其中回转阀输出 XAs 或 XBs 先导油控制回转液压马达向左或向右动作，回油流到液压油箱。

(2) 回转停车制动器解除

当回转操纵杆工作时，XAs 或 XBs 控制信号输出，先导油流进梭阀的 SH 油口，压力移动阀芯，操纵阀排放的制动控制油流进 PG 油口。压力被施加到回转马达盘，因此制动器解除，如图 10-59 所示。

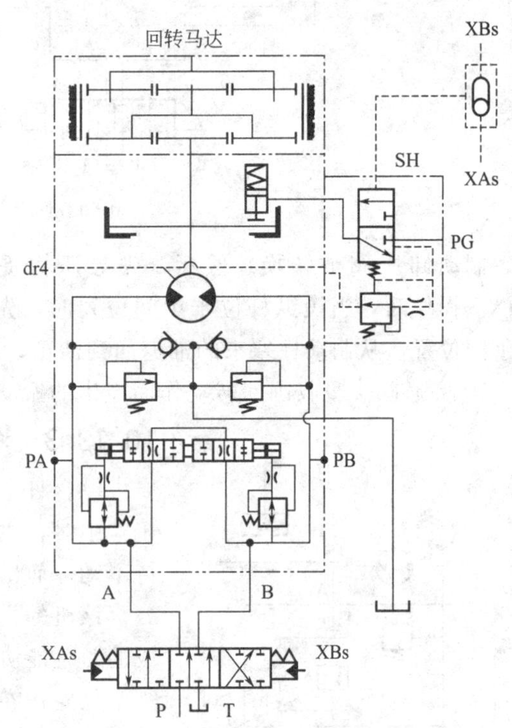

图 10-59　回转制动解除先导油路

当回转操纵杆被设定在中间位置，回转马达制动油缸中的油回油箱，因此制动器起作用。

(3) 回转操作

当左操纵杆推向左或右时，遥控阀的先导油压推动主控制阀里的回转阀芯向左或向右。

主泵的油流进主控制阀，然后再流进回转马达。同时，回转马达的回油通过主控制阀里的回转阀芯返回到液压油箱。当操作完成，机器上部可向左或向右进行回转。回转马达中装配有回转停车制动器、补充阀和过载溢流阀。补充阀用于补油，可以防止回转马达中气穴现象的发生。系统如图 10-60 所示。

① 马达制动阀　限制缓冲器启动和停止回转压力。

② 补充阀　通过提供回油到马达的真空端来防止气穴现象。

③ 停车制动　如果机器需要在行驶中停车，由于机器自身的重量可能导致无意识滑动，连接制动器可以防止机器无意识滑动。停车制动“OFF”操作时，先导泵的先导压力油可解除停车制动器命令，当左操纵杆安装在回转位置时，梭阀的先导压力被转移到制动卸压

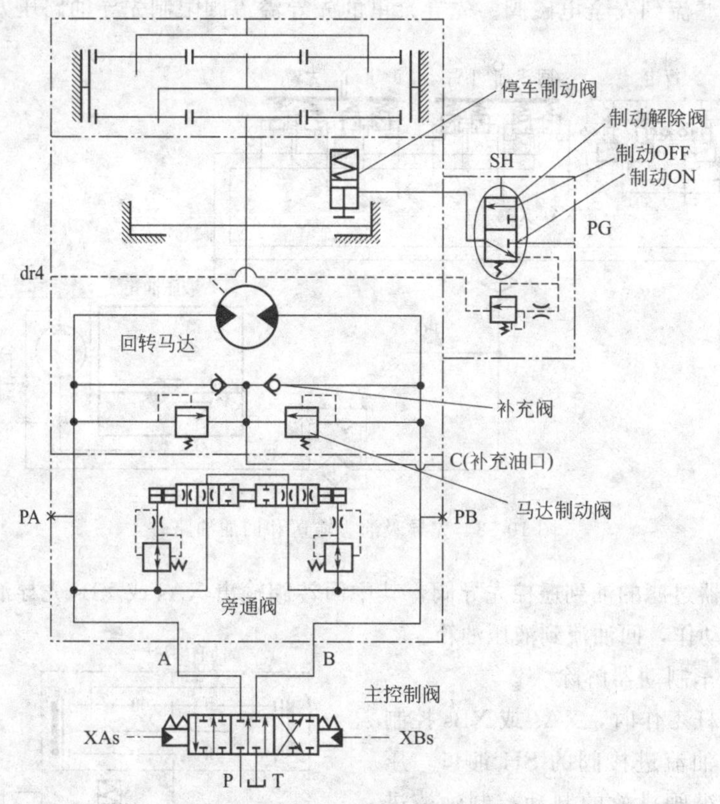

图 10-60 回转平衡和制动油路

阀，制动卸压阀被转换。然后，先导压力提起制动柱塞使停车制动器卸压。停车制动"ON"操作时，当操纵杆位于中间位置时，先导油通道压力下降，然后，制动卸压阀返回到中间位置，从制动柱塞来的油返回到油箱，制动器设定在"ON"的位置。

④ 旁通阀 吸收因回转动作而产生的振动并减少因回转所带来的机器摆动。

10.13.3 汽车起重机液压故障的分析

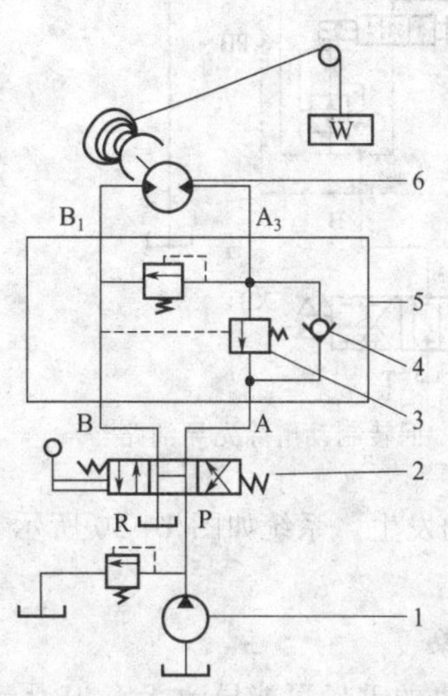

图 10-61 液压系统主回路系统

1—液压泵；2—换向阀；3—液控阀；4—单向阀；5—平衡阀；6—马达

一台日本加藤 40t 汽车起重机，当起重机吊起重物悬于空中时，主吊钩有溜钩现象，即所吊重物无法在空中保持不动，而出现瞬间下降的情况。这种现象时断时续。

该机的主吊钩起升系统是由两个不同的工作子系统构成的，且能协调同时保证完成主吊钩的上升或下降。其中，一个是卷扬卷筒离合器和外抱制动器的控制回路系统，即当起重机主吊钩上升或下降时，内胀离合器接合，外抱制动器松开，液压马达实现带动卷筒完成主吊钩的起落动作；当停止主吊钩的起落动作时，则外抱制动器实现制动，而内胀离合器松开，主吊钩实现停止起落。另一个是马达转动的主回路系统，如图 10-61 所示，当三位四通换向阀 2 位于左位时，被吊重物处于上升状态；位于右位时，其为下降状态；位于中位时，为被吊重物悬于空中的状态。分析换向阀在中位时的工作原理可知，油口 A 和 B 与油箱相通，当系统油压降至接近 0 时，平衡阀 5 中的液控阀 3、单向阀 4 在弹簧的推力下保持关闭状态。

从 A 至 R 口的油路被切断，油液不能流回油箱，于是被吊重物悬于空中。由此可见，主吊钩起升系统中的平衡阀是使重物悬于空中的主要部件。对平衡阀组进行拆检发现，液控阀 3 阀芯上有密封胶圈的一面有损伤，更换此密封胶圈后试机，故障症状则完全消失。这说明平衡阀内密封不严会造成压力损失，且当其损失累积到一定量时，被吊重物将相应地下降一段距离。如此循环，就造成当被吊重物悬于空中时，有时断时续的溜钩现象发生。

10.13.4　铲运机铲装无力故障分析与处理

CY-1 型柴油铲运机是某矿业公司井下铲装、运输矿岩的设备，其传动形式为静液压传动。静液压传动系统由 PV22（右旋）可逆变量柱塞泵和 MV23 变量柱塞马达组成，其最大行驶压力 11MPa，额定补油压力 2MPa，伺服控制压力 7MPa。

（1）铲运机静液压系统原理

该型号铲运机由柴油发动机、静液压传动系统、传动轴、前后驱动桥相互配合工作，共同完成了铲运机的前进、后退动作。静液压系统原理如图 10-62 所示。

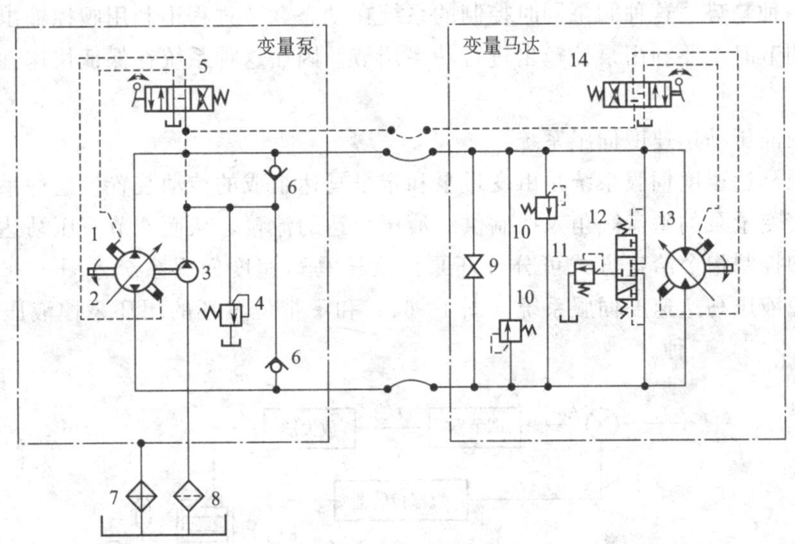

图 10-62　静液压系统原理

1—变量机构；2—变量泵；3—补油泵；4—补油溢流阀；5、14—控制阀；6—单向阀；7—冷却器；8—过滤器；9—快排阀；10—高压溢流阀；11—背压阀；12—梭阀；13—变量马达

（2）故障分析与处理

① 故障现象　铲运机空载行驶时行驶压力正常，但铲装矿岩的时候表现为铲装无力。行驶压力偶尔会突然下降到 2～3MPa，持续一段时间后又恢复正常。

② 故障原因分析　液压油滤芯或者吸油管堵塞、吸空；排量控制阀的阀芯发卡或者节流孔堵塞；补油泵压力阀没有关闭或者补油泵的补油压力不足；变量马达部分由高压溢流阀、梭阀、快速排放阀所组成的阀块有问题。

③ 故障处理　首先检查液压油箱内的吸油滤芯，发现并无堵塞现象；其次检查吸油管是否吸空、中间油路是否堵塞、管接头处是否漏气，结果无异常。拆开变量泵和变量马达上的排量控制阀，将其中的阀芯用手轻轻来回移动几次，阀芯能比较轻快的移动，无发卡情况；

观察节流孔没有堵塞。用测压表检测补油泵的补油压力，同时调节补油泵的压力阀；补油压力为1.8MPa，在正常范围内，并且没有变化，证明了补油泵压力阀没有关闭，排除了因补油压力不足所导致故障的可能性。由于变量马达上的阀块中的阀种类较多、排列紧密、油路烦琐，难于检查，将阀块整件替换后，发现系统工作没有变化，排除了存在故障的可能性。根据铲运机铲装无力这一故障现象，结合对上述可能故障点的排除情况，断定是变量马达内部零件磨损，泄漏严重，拆开马达后盖，发现内部配油盘磨损严重，造成了液压油的内泄，致使铲运机在重负荷工作时表现铲矿无力、行驶压力下降。更换马达配油盘，并且对装好后的马达进行压力测试、调整，保证最大行驶压力为11MPa。

10.13.5 液压马达速度伺服系统

液压马达速度伺服系统的基本类型有泵控（容积控制）和阀控（节流控制）系统两种。前者效率高，但由于斜盘变量机构的结构尺寸及惯量大，因此动态响应慢，适用于大功率和对快速性要求不高的场合；后者由于采用伺服阀或比例阀控制，动态响应快，但效率低，适用于对快速性要求高的中小功率场合。为了解决快速性和系统效率之间的矛盾，将阀控（调节时间短和超调小）和泵控（较高的系统效率）结合起来联合控制是现今液压马达速度伺服系统发展的一种趋势。这种阀泵同时控制的系统在动态调节过程中利用阀控输出保证动态性能，在稳态调节时主要利用泵控输出进行功率调节，因而这种系统在保证快速性的同时具有较高的效率。

（1）泵控液压马达速度伺服系统

泵控液压马达速度伺服系统是由变量泵和定量马达组成的传动装置。这种系统的工作原理是通过改变变量泵的斜盘倾角来控制供给液压马达的流量，从而调节液压马达的转速。按其结构形式和控制指令给定方式可分开环泵控液压马达速度伺服系统（图10-63）、带位置环的闭环泵控液压马达速度伺服系统（图10-64）和不带位置环的闭环泵控液压马达速度伺服系统（图10-65）三种。

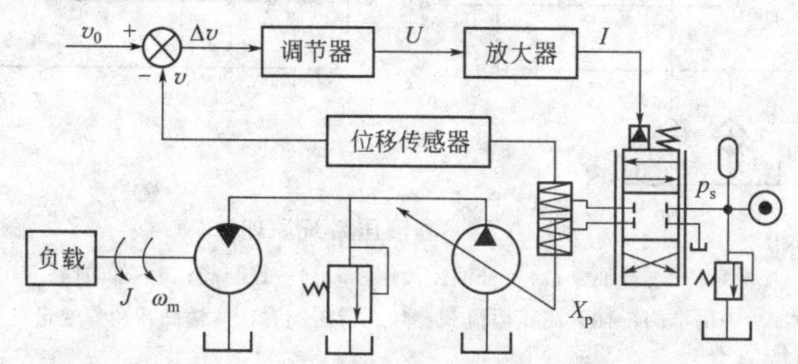

图10-63 开环泵控液压马达速度伺服系统

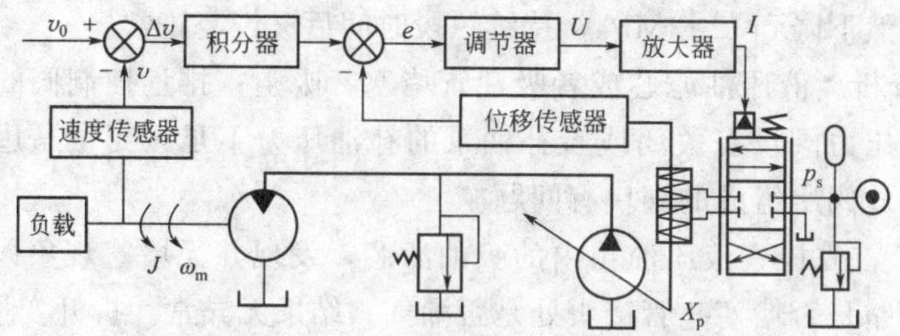

图10-64 带位置环的闭环泵控液压马达速度伺服系统

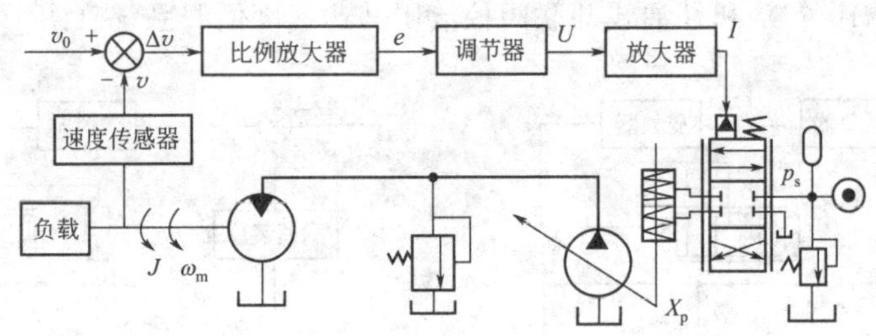

图 10-65 不带位置环的闭环泵控液压马达速度伺服系统

① 开环泵控液压马达速度伺服系统 这是一个用位置闭环系统间接地控制马达转速的速度开环控制系统。由于是开环控制，没有速度负反馈，系统受负载和温度的影响大，如当压力从无负载变化到额定负载时，系统流量变化 8%～12%，故精度很低。只适用于要求不高的场合。

为了改善精度，可以采用压力反馈补偿，用压力传感器检测负载压力，作为第二指令输入变量泵伺服机构，使变量泵的流量随负载压力的升高而增加，以此来补偿变量泵驱动电机转差和泄漏所造成的流量减少。由于这个压力反馈是正反馈，因此有可能造成稳定性问题，在应用时必须注意。

② 带位置环的闭环泵控液压马达速度伺服系统 这类系统是在开环控制的基础上，增加速度传感器，将液压马达的速度进行反馈，从而构成速度闭环系统。速度反馈信号与指令信号的差值经调节器加到变量机构的输入端，使泵的流量向减小速度误差的方向变化。与开环速度控制系统相比，它增加了一个主反馈通道和一个积分放大器，构成了Ⅰ型系统，因此其精度远比开环系统为高。缺点是系统构成较复杂，成本高，设计难度大。这里斜盘变量机构在系统中可看成积分环节，因此系统的动态特性主要由泵控液压马达决定。此种系统最有使用价值，因此应用较为广泛。

③ 不带位置环的闭环泵控液压马达速度伺服系统 从图 10-64 看出，斜盘位置系统的反馈回路仅是速度系统中的一个小闭环，从控制理论的角度看，此小闭环可以“打开”，即去掉位置反馈，此时就构成了如图 10-65 所示的系统。因为变量液压缸本身含有积分环节，为了保证系统的稳定性，积分放大器改用比例放大器，系统仍是Ⅰ型系统。但伺服阀零漂和负载力变化引起的速度误差仍然存在。由于省去了位移传感器和积分放大器，此类系统的结构比带位置环的泵控系统简单。但对斜盘干扰力来说系统是 0 型系统，因此为了满足同一精度要求，需要很高的开环增益，这不但增加了实现难度，而且引入了噪声干扰。

(2) 阀控液压马达速度伺服系统

这类系统实质上是节流式伺服系统，通过调节电液伺服阀的开口大小来调节进入液压马达的流量，进而调节液压马达转速，使其与设定值保持一致。此类系统由于伺服阀的频响很高，因此系统的响应很快，精度高，结构也较简单，但效率较低，一般用于中小功率和高精度场合。该类系统按其结构形式分为三种类型，即串联阀控液压马达速度伺服系统（图 10-66）、节流式并联阀控液压马达

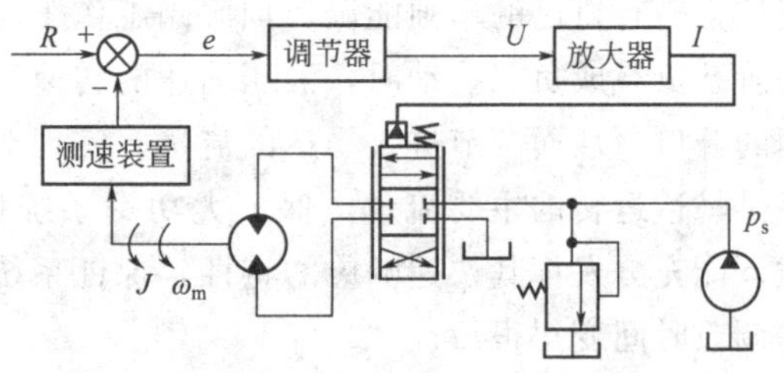

图 10-66 串联阀控液压马达速度伺服系统

速度伺服系统（图 10-67）和补油式并联阀控液压马达速度伺服系统（图 10-68）。

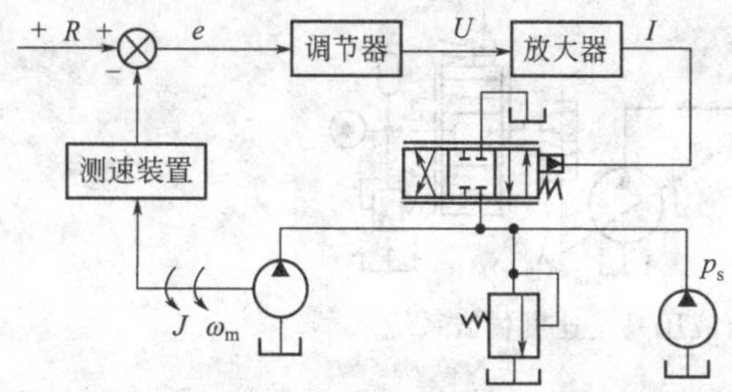

图 10-67　节流式并联阀控液压马达速度伺服系统

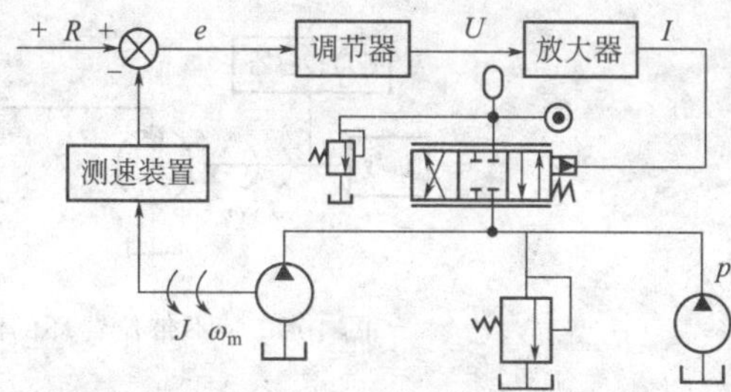

图 10-68　补油式并联阀控液压马达速度伺服系统

① 串联阀控液压马达速度伺服系统　系统的构成是伺服阀串联于泵、马达之间，液压马达的转速由测速装置检测，经反馈构成速度闭环。系统的工作原理是，当液压马达的转速发生变化时，测速装置将实际速度信号反馈，与参考信号 R 进行比较并产生偏差 e，控制器按 e 的大小，通过一定的控制律控制输入伺服阀的电流，改变伺服阀的开口大小，从而改变伺服阀的输出流量也即改变进入液压马达的流量，使马达的转速达到期望值。这种系统的特点是，由于伺服阀直接控制进入液压马达的流量，因此系统的频响较快；但由于系统中节流损失的存在，系统的效率很低，理论上最大效率只有 30%；而且由于节流损失都转化为热量，系统的温升很快。这种系统只适用于中、小功率场合。

② 节流式并联阀控液压马达速度伺服系统　在此系统中，伺服阀并联在系统中。系统的工作原理是，先给伺服阀一个预开口，预开口的大小视液压马达的转速范围和系统的泄漏而定，具体数据可根据实验确定。液压马达的转速确定后，使旁路部分泄漏的流量达到需要调节的最大值。

如负载从零变化到满负荷时转速下降了 15%，则使旁路泄漏部分的流量为系统总流量的 15%。当外负载增大或温度升高时，液压马达转速下降，此时将伺服阀的开口减小，以补偿变量泵驱动电机转差和泄漏所造成的流量减少，使马达转速恢复到设定值。反之，当外负载减小时，液压马达的转速上升，此时将伺服阀的开口加大，增加系统的外泄漏以保持液压马达的转速恒定。这种系统的特点是，由于伺服阀本身不带负载，所以频响很高，可使系统的调节时间大大缩短；系统从旁路流回油箱的流量不大，旁路功耗较小，效率比串联阀控系统高，一般可达 80%左右；旁路的泄漏增加了系统的阻尼，从而提高了系统的稳定性；但该系统的刚度较差。如果采用合适的调节手段，来弥补节流式并联阀控液压马达调速系统刚度差的弱点，那么该系统就可获得较快的调节时间和较高的效率。可用于高精度、大功率场合。

③ 补油式并联阀控液压马达速度伺服系统　与节流式并联阀控系统相比，补油式并联阀控支路有自己的单独能源，伺服阀工作于向系统补油状态。系统的工作原理是，当系统受到阶跃负载或负载扰动时，液压马达的转速发生变化，系统通过闭环控制方式调节旁路伺服阀的开口，从而调节进入马达的流量，实现对系统调速或稳速的目的。从系统原理来看，泵提供马达运转的主要流量，保证大功率系统稳态高效，伺服阀由于在旁路上未直接带动负载，能充分发挥其快速响应的特性，保证系统快速调节。当采用适当的控制率时，可使系统的调节时间变得很短。

该系统与节流式并联阀控系统相比有两个突出的优点，一是旁路伺服阀有自己独立的供油系统，总是工作于向系统补油状态，从而使系统能获得较好的刚度；二是伺服阀阀口压差不仅决定于系统压力，还受补油压力的影响。提高补油压力，可以提高系统的响应速度。该系统适于解决大功率系统高效与快速调节的问题，特别对有些系统重点要求在阶跃负载作用的动态调节性能时，可采用此系统。

(3) 阀泵联合控制液压马达速度伺服系统

对于大功率速度伺服系统，传统的阀控形式无法解决溢流损失造成的系统温升高、散热难的问题，因此必须采用效率较高的容积控制系统以解决发热量大的问题，但容积控制系统虽然效率较高，可动态性能较差，不适于高精度的场合。因此研究一种动态性能好、精度高、适于大功率场合的液压马达速度伺服系统成为必要。该类系统按其结构形式和控制方式的不同分为两种类型，即阀泵串联控制液压马达速度调节系统，阀泵并联控制液压马达速度调节系统。

① 阀泵串联控制液压马达速度调节系统　这种系统在伺服变量泵和液压马达之间再用一个电液伺服阀来控制泵的输出流量。图 10-69 为用同一指令同时控制伺服阀和油泵的系统形式。系统用同一误差信号来控制伺服阀的开度和变量泵的斜盘倾角，因斜盘倾角的变化速度低于伺服阀开口的变化速度，故用一个给定信号 γ 来保证液压泵时刻都有一个固定输出 Q_0。这个 Q_0 应足以满足执行机构瞬时加速度和速度的要求，即 Q_0 要足够大；当负载需求量较小时，Q_0 的大部分将以溢流阀调定的压力流回油箱，造成能量的无用损耗，并引起系统温度的升高，故要求 Q_0 尽量小。因此 γ 的选择是本系统设计的关键之一。γ 的选择要视具体指标而定，如执行机构初始速度的要求、系统长期工作温升的要求等。

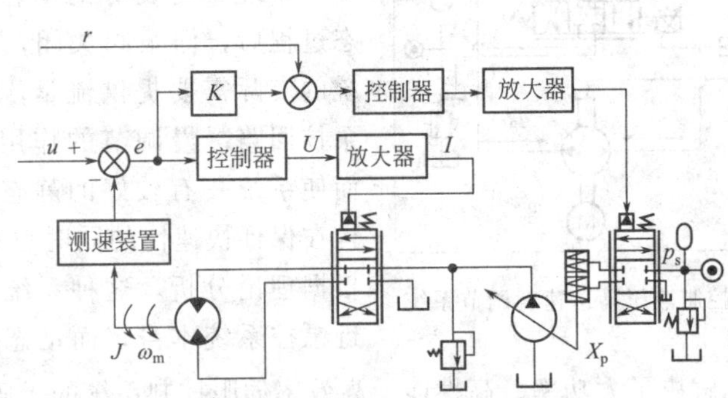

图 10-69　阀泵串联控制液压马达速度调节系统之一

阀泵串联控制的另一种形式如图 10-70 所示。系统的工作原理是，变量泵斜盘变量机构的控制信号取自能源压力和负载压力之差，使能源压力跟随负载压力的变化，这样可以消除恒压油源的溢流损失，并减少压力油通过伺服阀的节流损失以及系统和液压泵的泄漏损失。液压泵也必须有一个高于负载压力的设计信号 Δ，当泵出口压力高于负载压力时，经比较后得到的差值再与 Δ 比较。比 Δ 小时，泵控调节子系统将使液压泵斜盘倾角加大；差值比△大时，使液压泵斜盘倾角减小；差值与 Δ 相等时，斜盘倾角不变，保证定压差下的流量输出。在系统有一控制指令时，直接控制电液伺服阀的输出流量，来保证液压马达的瞬态性能。

这两种结构的阀泵串联控制的特点是，变量液压泵和串联伺服阀的输出流量在控制过程中可同时调节；工作过程中，伺服阀前必须有保持其额定工作压力的值。图 10-69 中通过 γ

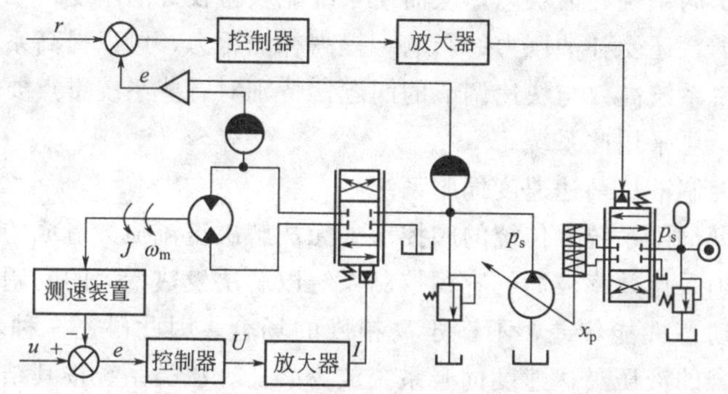

图 10-70 阀泵串联控制液压马达速度调节系统之二

值设定，图 10-70 中通过 Δ 值设定。这种系统在节能方面比普通阀控伺服系统好，尤其是图 10-70 的系统节能效果更加显著，其他性能方面与普通阀控系统基本一致。

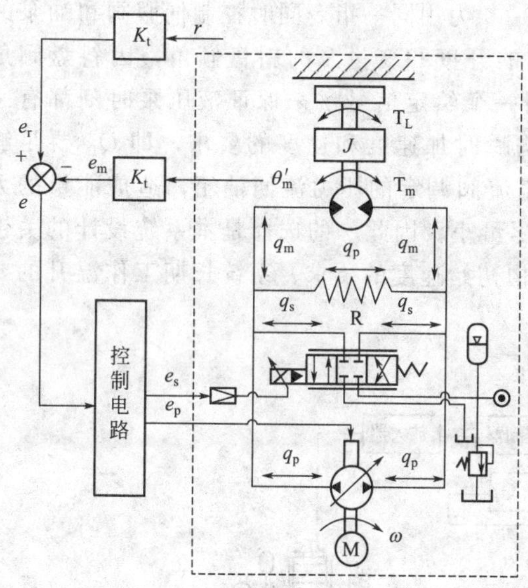

图 10-71 阀泵并联控制液压马达速度调节系统

② 阀泵并联控制液压马达速度调节系统

该系统（图 10-71）将电液伺服阀的输出流量与可控变量泵的输出流量合起来控制液压马达转速。在动态调节过程中，主要由电液伺服阀瞬时控制输出流量，阀控系统的快速响应特性使系统输出尽快恢复到期望值，保证了系统具有良好的动态调节性能。达到稳态过程后，伺服阀关闭，变量伺服泵根据系统的实际需要提供流量，这时又充分发挥了泵控回路缓慢调节的作用，消除了偏差，从而使系统具有较好的静态性能。因而这种结构在保证快速性的同时也有较高的传动效率。根据理论分析，这种系统的传动效率几乎接近泵控系统本身，而动态过程基本接近阀控系统，因此，部分地解决了大功率、高性能、高效率伺服控制系统的矛盾——快速响应和节能之间的矛盾，是未来液压马达速度伺服系统的发展方向。

(4) 小结

液压马达速度伺服系统的基本形式有容积调速和节流调速两类。容积调速系统的典型结构是泵控液压马达系统，它通过改变变量泵的排量来对马达输出进行控制。这种控制方法，具有功率损失小、效率高的优点，因此在很多场合得到了应用，尤其是大功率系统中，但它具有低速不稳定、动态特性较差的缺陷。节流调速系统是通过调节伺服阀的开度来调节进入液压马达的流量，从而控制马达的速度，这种系统的特点是响应快、效率低，适于动态特性要求高的场合。而阀泵联合调节系统的出现则部分地解决了快速性和系统效率之间的矛盾，具有响应快和效率高的特点，可适用于大功率、高精度、快响应的场合。综上所述，液压马达速度伺服系统的主要结构形式、特点和使用场合归纳为表 10-55。

表 10-55　液压马达速度伺服系统结构与性能比较表

结构形式 \ 性能指标		动态特性	系统效率	应用场合
泵控	开环	差	高	大功率
	带位置环	一般	高	大功率
	无位置环	一般	高	大功率
阀控	串联	好	低	中、小功率
	节流并联	好	较高	中、大功率
	补油并联	好	较高	中、大功率
阀泵联合	串联①	好	较高	中、大功率
	串联②	好	较高	中、大功率
	并联	好	高	大功率

10.13.6　起货机液压马达

(1) 故障现象

某船液压起货机不能正常吊货，空钩起升时，吊钩尚可上升，但停止时，吊钩不能停住，缓慢下滑。经试车发现：吊重起升时，吊钩不动，系统油压很低。

(2) 故障原因分析

该起货机的液压系统原理图如图 10-72 所示。根据起货机的液压系统原理图分析，这是一个典型的内部泄漏问题，可能发生泄漏的液压元件有 3 个：换向阀；阀组（包含一个平衡阀、两个安全阀、一个追降阀）；油马达。

检查换向阀和阀组比检查油马达容易，故先检查换向阀和阀组。

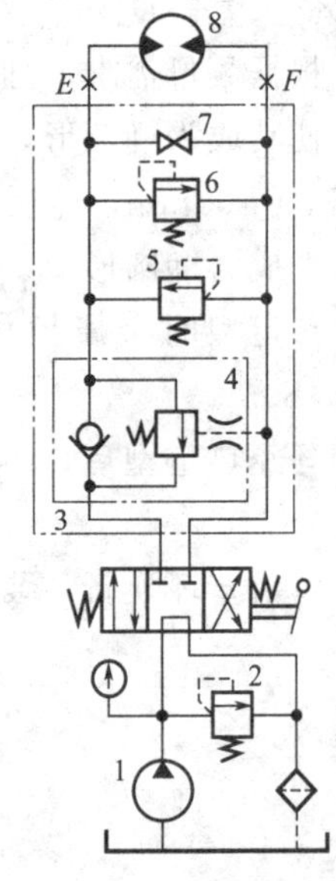

图 10-72　起升系统液压原理图

1—油泵；2—溢流阀；3—换向阀；4—平衡阀；5、6—安全阀；7—追降阀；8—油马达

(3) 换向阀和阀组的检查

制作两块盲板，将油马达进、出口的管路（图 10-72 中 E、F 两点）盲死，启动起货机，操作换向阀，无论起升或下降，系统油压均能达到要求，这就证实了换向阀和阀组无内漏，同时也证实了油泵机组无问题。故障是由油马达内漏引起的。

小技巧：封堵部分油路，可将故障排查范围缩小，这有利于找到故障点。

(4) 液压马达的检查及修理

该油马达为活塞连杆式径向马达，解体液压马达，打开配油壳体，取出配油轴，发现配油轴的活塞环断裂一个，且配油壳体内孔磨损严重，被断裂的活塞环划伤，故需修复配油壳体。方法如下。

① 马达配油壳体的修复

a. 按照配油壳体的内孔尺寸，制作一个研磨轴。用研磨砂轮将配油壳体内孔的磨损痕迹和划痕研磨掉，配油壳体内孔的圆度不大于 0.04mm，圆柱度不大于 0.04mm。

b. 因配油壳体的内孔研磨后尺寸增大，使得其与配油轴的间隙增大。需补偿该间隙。将配油轴用外圆磨床磨圆后，表面镀一层硬铬，再用外圆磨床将其磨圆，配油壳体与配油轴的间隙为0.08～0.10mm。

② 活塞环的制作　船上没有活塞环备件。市场也买不到，只好自己制作，方法如下。

a. 活塞环材料的选择：活塞环常用材料为高强度灰铸铁（HT25-47及HT30-54）、合金铸铁、球墨铸铁（QT50-1.5及QT60-2）、钢材（合金钢或65Mn钢）。因油马达的活塞环不承受高温且润滑良好，因而可根据材料的易得程度选择，采用65Mn钢。

b. 活塞环尺寸的确定。

根据配油壳体内孔直径确定所加工圆环的外径D：用内径百分表测量出气缸的准确尺寸为$\phi102.13$mm，将圆环的外径D定为$\phi102.13$mm。

根据活塞上的活塞环槽深度确定活塞环的径向厚度t：对低压缸，活塞环的径向厚度应比活塞环槽深度小1.0mm；对高压缸，活塞环的径向厚度应比活塞环槽深度小0.5mm。

根据活塞上的活塞环槽高度确定活塞环的轴向高度：对$\phi100$mm的缸体，其活塞环的天地间隙安装值为0.02～0.06mm。

根据活塞环的搭口间隙为0.3～0.5mm，将圆环切开。

确定活塞环自由状态的开口间隙S：活塞环自由开口宽度$S=0.1937(D-t)$，或$S=(10\%\sim20\%)D$。

根据数量需求，加工若干个圆环，按搭口间隙将圆环切开，在开口处用金属填块将其撑开，使其成为椭圆形，然后用夹具将其轴向夹紧，放入盐浴炉或电炉中加热至550～620℃，保温30～60min，然后在空气中冷却。由于被加热后活塞环产生了塑性变形，撤掉金属填块后，即成为椭圆形。

热定型时金属填块的宽度B与活塞环自由开口宽度S的关系为：$B=S+(0.2\sim0.25)S$。

环经热定型后，拆下金属填块，其开口将有所回弹，此回弹的工艺补偿量为（0.2～0.25)S。

将活塞环换新，装复油马达，起货机工作正常。

第11章 伺服控制回路

11.1 位置控制的伺服回路

11.1.1 用电磁换向阀继电器式的位置控制伺服回路（图 11-1 和表 11-1）

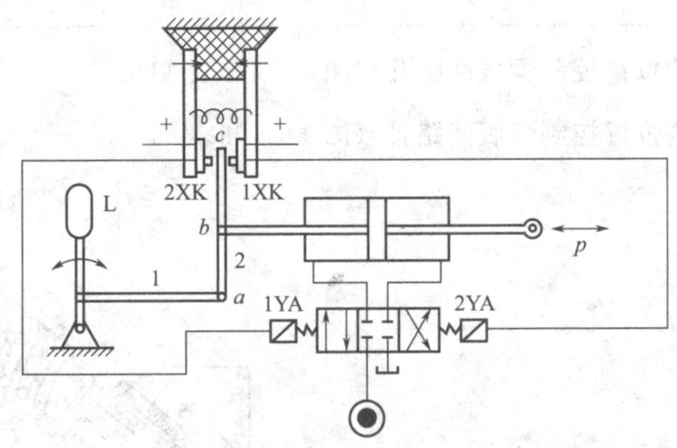

图 11-1 用电磁换向阀继电器式的位置控制伺服回路

表 11-1 用电磁换向阀继电器式的位置控制伺服回路

回路描述	特点及应用
摆动手柄 L，通过杠杆可以使两个常开开关中的一个闭合，使换向阀相应的一个电磁铁通电，液压缸活塞移动，并通过机械杠杆实现反馈。当手柄 L 向左摆动某一角度，通过连杆 1 使杠杆 2 绕 b 点顺时针转动，杠杆 2 上的 c 点压住右边微动开关 1XK 后，使电磁铁 2YA 通电，压力油经电磁换向阀进入液压缸右腔，使活塞左移，并使杠杆 2 绕 a 点逆时针摆动，实现反馈。当活塞到达所需的位置时，开关断开，活塞移动停止	活塞移动速度与偏差信号的大小无关，当开关接通后，活塞即以全速移动 由于运动部件的惯性有时会冲出使另一开关接通，导致活塞全速反向移动，引起震荡。因此活塞速度应较慢，或在开关的中位有一个足够宽的死区，使系统在零偏差信号条件下保持停止状态

11.1.2 用伺服阀的位置控制伺服回路

11.1.2.1 用伺服阀的位置控制伺服回路Ⅰ（图 11-2 和表 11-2）

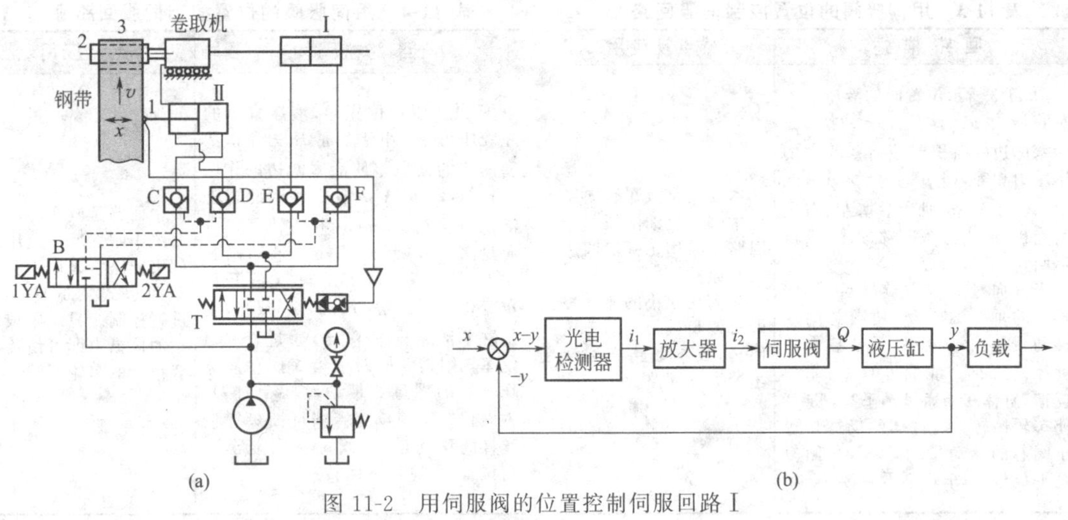

图 11-2 用伺服阀的位置控制伺服回路Ⅰ

表 11-2 用伺服阀的位置控制伺服回路Ⅰ

回路描述	特点及应用
2YA 通电，液控单向阀 E、F 打开。当带钢没有跑偏时，其边缘遮住光电检测器 1 镜头的一半，光电检测器 1 中光电管的电阻刚好使电桥平衡，电液伺服阀的阀芯处于中位，驱动卷取机的液压缸Ⅰ不动作 若带钢边缘向左（或右）跑偏 x 值时，光电管的光照即增加（或减少），光电检测器给出一个信号，使电桥失去平衡，电桥的输出电流经放大器放大后输入电液伺服阀 T，阀 T 的阀芯向右（或左）移动一个开口量，液压缸Ⅰ的活塞即向左（或右）移动，使卷曲机与缸体Ⅱ和光电检测器 1 一起向左（或右）移动，以消除偏差。当移动至带钢边缘又遮住镜头一半时，反馈量 y 值等于跑偏量 x 值，电桥又平衡，阀 T 因无信号输入而回复至中位，液压缸Ⅰ的活塞不再移动，使带钢保持在准确的位置上，实现连续自动控制	回路应用于带钢卷取机电液伺服跑偏控制 为了开始时穿带和结束时防止带钢尾部把光电检测器 1 打坏，必须把光电检测器 1 退回到卷取机的一边去，这时可将控制系统转向卷取机本身中心定位的光电检测器（图中未画出），然后使换向阀 B 的电磁铁 1YA 通电，压力油将液控单向阀 C、D 打开，这时压力油通过伺服阀 T 使缸Ⅱ活塞向右移，光电检测器 1 向右退至卷取机一边

11.1.2.2 用伺服阀的位置控制伺服回路Ⅱ（图 11-3 和表 11-3）

11.1.2.3 用伺服阀的位置控制伺服回路Ⅲ（图 11-4 和表 11-4）

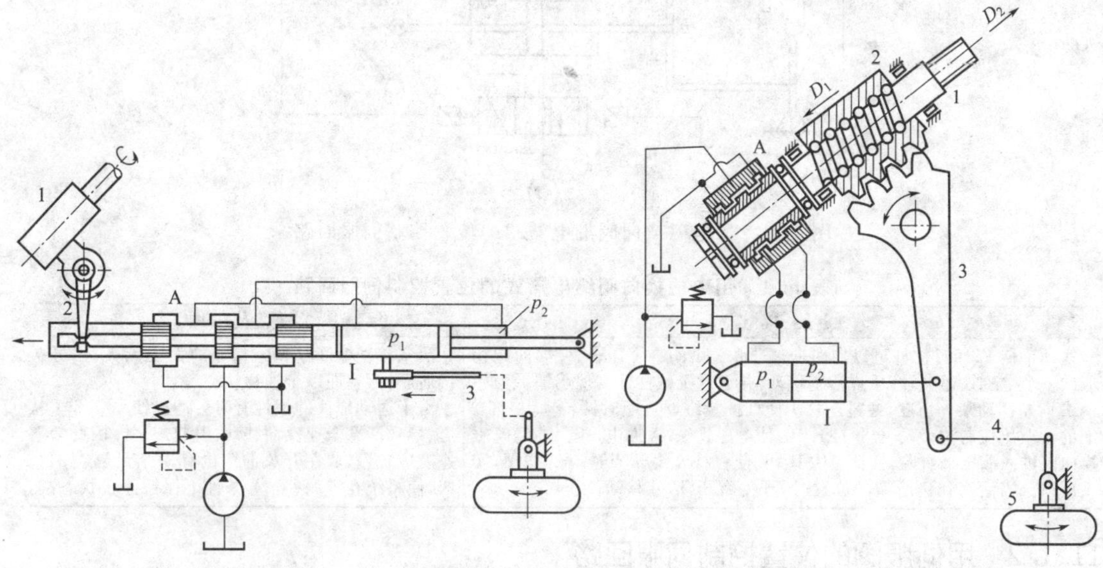

图 11-3 用伺服阀的位置控制伺服回路Ⅱ

图 11-4 用伺服阀的位置控制伺服回路Ⅲ

表 11-3 用伺服阀的位置控制伺服回路Ⅱ

回路描述	特点及应用
图 11-3 所示位置时的液压缸Ⅰ左腔压力 p_1 小于右腔压力 p_2，活塞两边的面积差使活塞两边的作用力相等，即 $p_1A_1=p_2A_2$，式中 A_1 与 A_2 分别为活塞左、右端的面积，因此缸体不移动，车轮也不回转 当方向盘向一方旋转后，转向器 1 的垂臂 2 转动，使阀芯向左移动，压力 p_2 减小，于是缸Ⅰ的缸体（即阀体）亦向左移动，实现反馈，缸体移动通过销子与杆系 3 使车轮回转。当缸体的反馈量等于阀芯的移动量时，阀芯又回复至平稳位置，车轮不再回转	本回路是汽车转向系统中刚性反馈液压伺服回路。采用正开口四边式伺服阀 只需用很小的操纵力即可使负载很大的车轮回转，故本回路亦称液压助力器回路

表 11-4 用伺服阀的位置控制伺服回路Ⅲ

回路描述	特点及应用
图 11-4 所示位置时，液压缸Ⅰ的左腔压力 p_1 小于右腔压力 p_2，活塞两边的面积差使活塞两边的作用力相等，即 $p_1A_1=p_2A_2$，因此缸Ⅰ活塞不移动，车轮也不回转。当方向盘向一方旋转，丝杠 1 带动阀芯向 D_2 方向移动，由于阀 A 的开口量变化使压力 p_1 增加，p_2 减小，于是缸Ⅰ活塞向右移动，通过杆系 4 使车轮回转。同时扇齿 3 摆动使滚珠丝杠的螺母 2 带动丝杠 1 向 D_1 方向移动实现反馈。当反馈量等于丝杠的移动量时，阀芯又回复至平衡位置，车轮不再回转	本回路是汽车转向系统中刚性反馈液压伺服回路。采用正开口四边式伺服阀 A 进行控制。只需用很小的操纵力即可使负载很大的车轮回转

11.1.2.4　用伺服阀的位置控制伺服回路Ⅳ（图 11-5 和表 11-5）

11.1.3　用电液步进缸的位置控制伺服回路（图 11-6 和表 11-6）

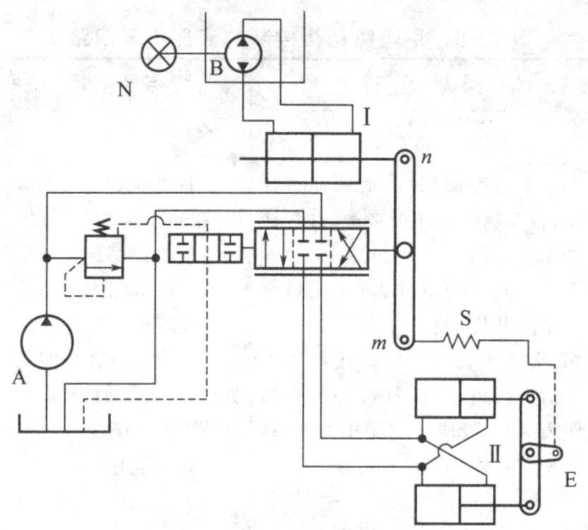

图 11-5　用伺服阀的位置控制伺服回路Ⅳ

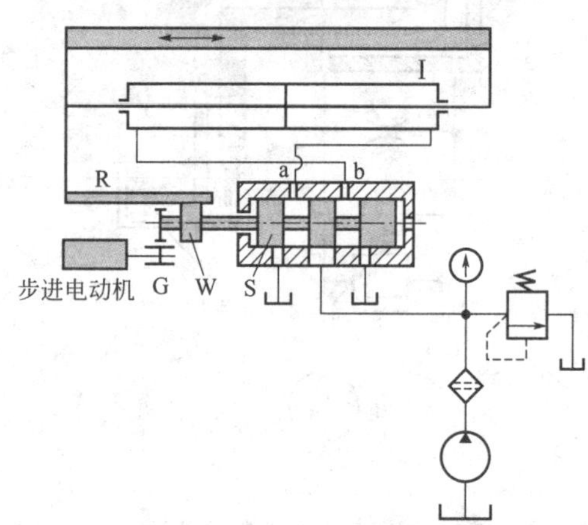

图 11-6　用电液步进缸的位置控制伺服回路

表 11-5　用伺服阀的位置控制伺服回路Ⅳ

回路描述	特点及应用
图 11-5 所示位置时，溢流阀遥控口通油箱，定量泵 A 卸荷，与换向阀联动的伺服阀处于零位。当舵轮 N 向左或向右转动所需角度时，操纵泵 B 即输出油至液压缸Ⅰ，于是杠杆绕 m 点转动，使换向阀切换，泵 A 不卸荷，压力油经伺服阀流入双液压缸Ⅱ，使舵柄 E 回转进行转舵。当舵按所需方向转到所定的角度时，由于机械反馈装置的作用，杠杆绕 n 点转动。当换向阀回复到中位时，泵卸荷，完成转舵	该回路为轮船的转舵回路。S 是缓冲弹簧

表 11-6　用电液步进缸的位置控制伺服回路

回路描述	特点及应用
步进电动机转角大小由脉冲数决定，旋转速度取决于脉冲频率。步进电动机通过齿轮副 G 带动蜗杆 W 旋转。由于蜗杆 W 与反馈机构 R 相啮合，因此蜗杆在旋转的同时产生轴向位移，推动阀芯 S，打开四边滑阀的阀口，压力油经通道 b（或 a）流入缸Ⅰ的一腔，而另一腔回油，活塞便向右（或左）带动反馈机构 R 一起移动，迫使蜗杆 W 复位，将滑阀开口关闭。这样形成了液压缸按指令脉冲跟随移动，液压缸的移动量取决于指令脉冲数。液压缸定位的次数取决于指令脉冲的发出次数	该回路利用电液步进缸数控伺服元件来获得多位定位，定位精度可达 0.01mm

11.2　液压仿形回路

11.2.1　用三通伺服阀控制的液压仿形回路（图 11-7 和表 11-7）

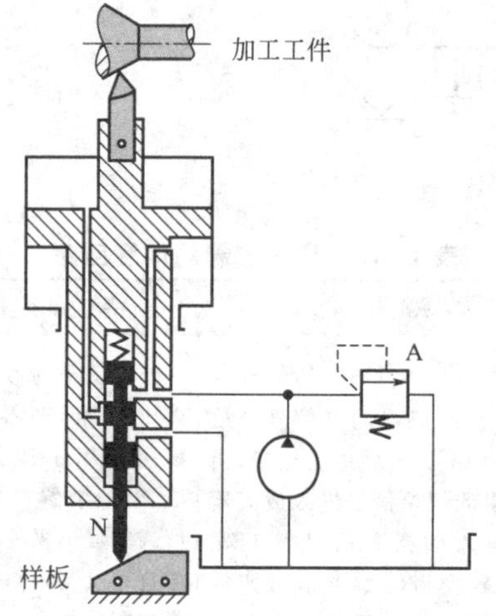

图 11-7　用三通伺服阀控制的液压仿形回路

表 11-7　用三通伺服阀控制的液压仿形回路

回路描述	特点及应用
在弹簧力的作用下，触头 N 紧靠在样板上，当触头 N 下移时，压力油通至液压缸上腔，由于活塞两边面积不等，活塞差动下移，工件加工尺寸增大 触头 N 移至样板的水平段时，阀芯不动，这时液压缸上腔被封闭，加工直径不变 触头 N 上移时，液压缸上腔通油箱，活塞上移，加工直径减小	该回路用于仿形加工的场合，如仿形车床 液压缸上腔面积大于下腔面积，液压泵直接与液压缸下腔相通，压力由溢流阀 A 调节，而液压缸上腔的油压由伺服阀控制

11.2.2 用喷嘴挡板控制的液压仿形回路（图 11-8 和表 11-8）

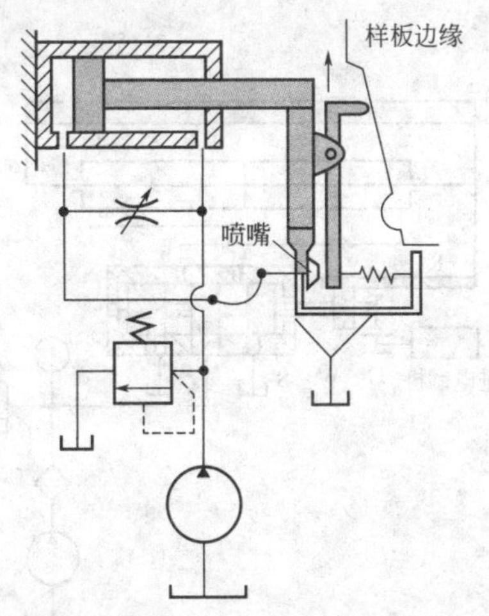

图 11-8 用喷嘴挡板控制的液压仿形回路

表 11-8 用喷嘴挡板控制的液压仿形回路

回路描述	特点及应用
由于左腔面积大，活塞向右移动，直至触头与样板接触，杠杆转动使喷嘴与杠杆距离略为增大，于是左腔压力下降，直至喷口有一定的开度，使活塞两边的力平衡，活塞不动。当触头按箭头方向沿样板滑动时，杠杆与喷口的距离减小，液压缸左腔压力升高，活塞向右移动	本装置很灵敏，可获得0.012mm的位移。液压缸右腔供以恒压。一根油管通过节流阀连至液压缸左腔和喷嘴，它使油喷在一个支点在中间的杠杆上，弹簧使杠杆靠紧在喷嘴上，因此液压缸左腔有背压作用

11.3 速度控制的伺服回路（图 11-9 和表 11-9）

11.4 压力控制的伺服回路（图 11-10 和表 11-10）

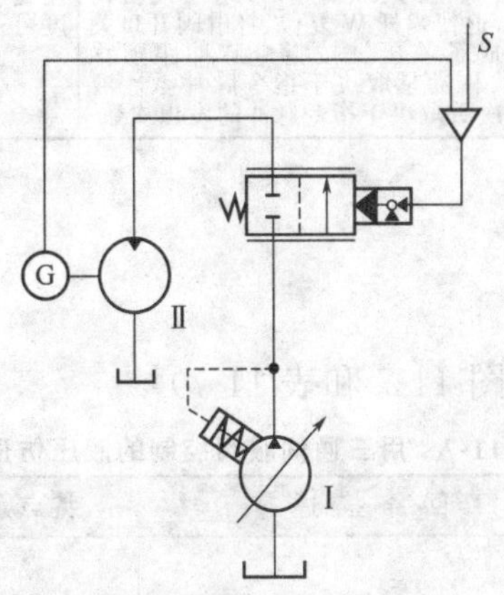

图 11-9 速度控制的伺服回路

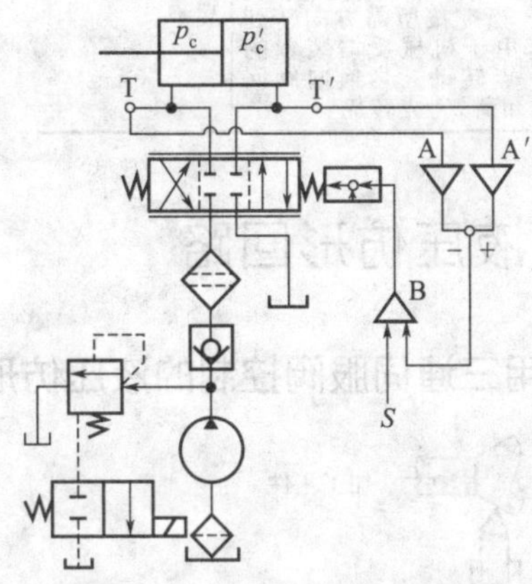

图 11-10 压力控制的伺服回路

表 11-9 速度控制的伺服回路

回路描述	特点及应用
液压马达Ⅱ的转速用测速发电机G检测，并反馈至放大器中的比较环节与指令信号 S 进行比较，由比较而得的偏差信号经放大后控制伺服阀动作，使滑阀保持一定开度，因而使液压马达保持所要求的转速	该回路用一个二位二通伺服阀来控制液压马达的转速。滑阀的精度决定转速恒定的精度。要求滑阀泄漏非常小。测速发电机G是此伺服回路中的检测元件

表 11-10 压力控制的伺服回路

回路描述	特点及应用
压力 p_c 和 p'_c 由压力传感器T和T′检测，检测出的电信号经放大器A和A′放大后进行比较，由比较而得的偏差信号进入放大器B再与输入的指令信号S相比较，由比较而得的偏差信号使伺服阀动作	外界负载的大小决定液压缸两腔的压力差。该回路用于疲劳试验机、模拟装置等用各种形式的波形来控制力的场合以及实现高精度压力控制的场合

11.5 扭矩控制的伺服回路（图 11-11 和表 11-11）

11.6 姿态控制的伺服回路

11.6.1 姿态控制的伺服回路Ⅰ（图 11-12 和表 11-12）

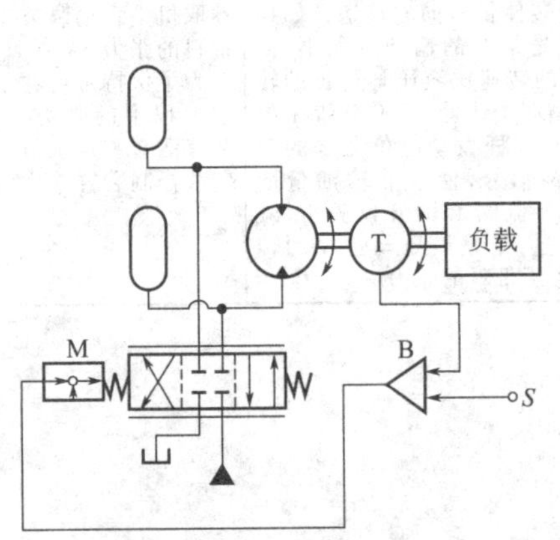

图 11-11　扭矩控制的伺服回路

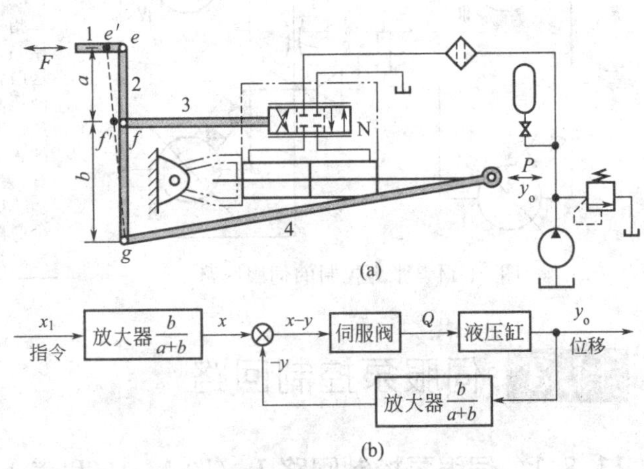

图 11-12　姿态控制的伺服回路Ⅰ

表 11-11　扭矩控制的伺服回路

回路描述	特点及应用
液压马达带动负载旋转，扭矩传感器 T 产生的反馈信号输入放大器 B，并与指令信号 S 比较，得出的偏差信号经放大后控制伺服阀的力矩马达 M，使伺服阀动作	扭矩控制常用于模拟装置和疲劳试验机上 蓄能器的作用是吸收高频的压力波动，使液压缸左、右腔压力稳定。但采用蓄能器后使压力调节迟缓，系统灵敏度降低

表 11-12　姿态控制的伺服回路Ⅰ

回路描述	特点及应用
机械指令信号 F 通过拉杆 1 作用在杠杆 2 的 e 点上，使杠杆 2 绕 g 点转动，e 点移动至 e' 点时，杠杆 2 上的 f 点亦移至 f' 点，通过连杆 3 使伺服阀 N 阀芯左移，液压泵输出的压力油经伺服阀 N 进入液压缸的左腔，推动活塞向右移动，并通过连杆 4 使杠杆 2 绕 e' 点转动，使 f' 点向 f 点回复，实现反馈。当 f' 点回复至 f 点时，阀 A 阀芯回复至中位，活塞停止移动	该回路是飞机驾驶系统中的液压伺服回路。机械输入的行程长度及方向与液压缸的行程长度及方向不同，能以很小的操作力 F 控制很大的负载 P 图 11-12(b) 是本回路的方框原理图

11.6.2 姿态控制的伺服回路Ⅱ（图 11-13 和表 11-13）

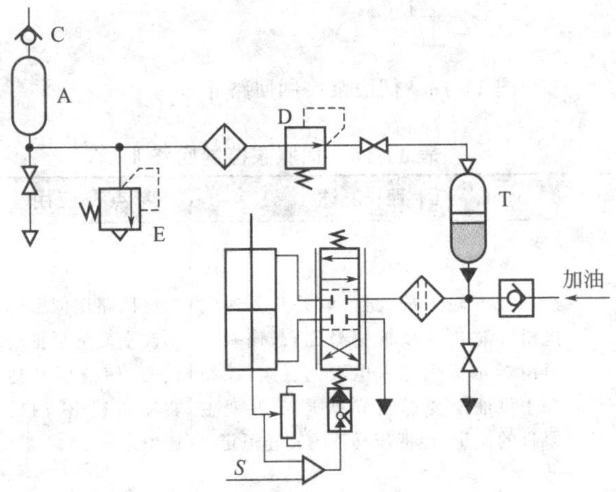

图 11-13　姿态控制的伺服回路Ⅱ

表 11-13　姿态控制的伺服回路Ⅱ

回路描述	特点及应用
氮气经阀 C 充入容积为 6.6L 的储气筒 A，其压力由阀 E 调定为 35MPa。系统工作时，压力经减压阀 D 减至 21MPa，并输入至气液转换器 T，油液从下部输出，经过滤后进入一个由两级电液伺服阀控制的双杆式伺服缸。采用一个直线电位器作为位置反馈元件，与计算机发出的遥控指令信号 S 进行比较，当偏差信号为零时，伺服阀回复至中位，液压缸使控制面保持在导弹按预定的弹道飞行的位置上	该回路是采用储气筒与气液转换器作为动力源控制导弹的伺服回路 应用在固体燃料推进的导弹尾翼控制系统中，飞行高度由四个尾翼上的空气动力表面控制，每一个控制面由单独的液压系统控制

11.7 张力控制的伺服回路（图 11-14 和表 11-14）

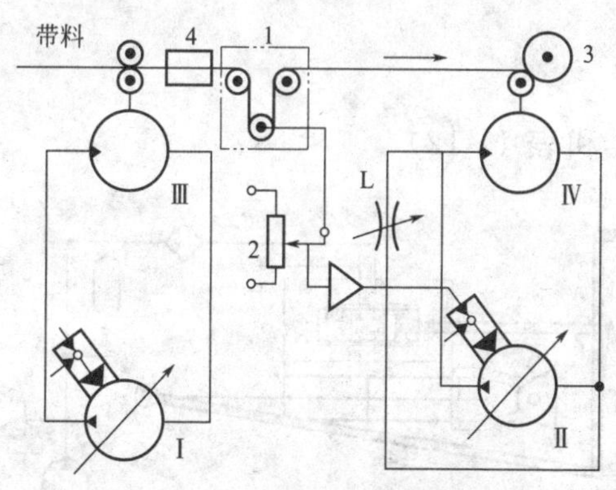

图 11-14 张力控制的伺服回路

表 11-14 张力控制的伺服回路

回路描述	特点及应用
带料由液压马达Ⅲ驱动的辅道输入炉子4后，再由液压马达Ⅳ驱动的辊筒3卷绕起来 指令信号输入伺服变量泵Ⅰ后，液压马达Ⅲ旋转使带料向右输送。如果这时伺服变量泵Ⅱ的输油量太小，使液压马达Ⅳ的转速比液压马达Ⅲ的转速低时，带料张力太小，活套装置1中的带料增加，杠杆拨动电位器2的动臂，发出反馈信号，使泵Ⅱ输油量增加。同时将节流阀L的开口关小，减少旁路回油量，于是液压马达Ⅳ的转速增加，加大了带料的张力	该回路用于带料卷取机中自动调节带料的张力 为了保持带料卷取过程中的张力，装有活套装置1与伺服控制装置

11.8 伺服泵控制回路

11.8.1 伺服泵控制回路Ⅰ（图 11-15 和表 11-15）

11.8.2 伺服泵控制回路Ⅱ（图 11-16 和表 11-16）

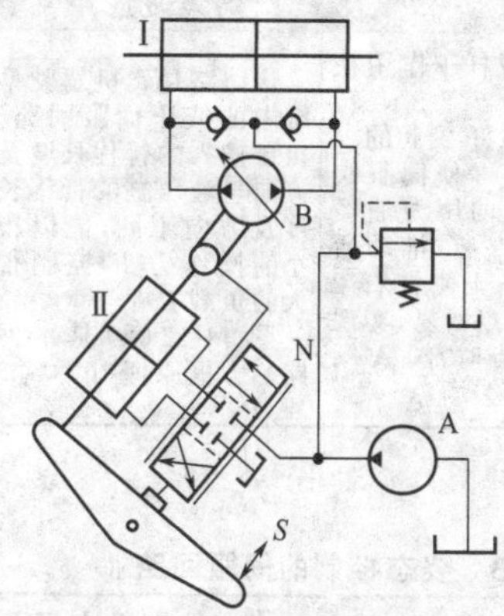

图 11-15 伺服泵控制回路Ⅰ

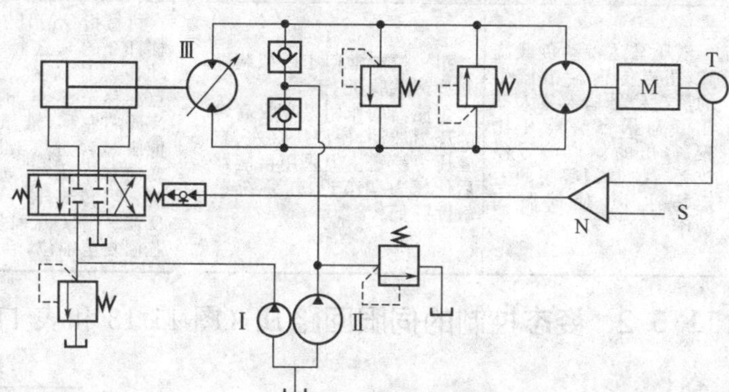

图 11-16 伺服泵控制回路Ⅱ

表 11-15 伺服泵控制回路Ⅰ

回路描述	特点及应用
输入信号S作用于一个活动杆，推动伺服阀N的阀芯，使压力油进入液压缸Ⅱ，使活塞移动以改变泵B的偏心，从而改变泵B的流量。同时，活塞又带动伺服阀阀体一起与阀芯同向移动，实现反馈。当泵B达到所需的流量时，伺服阀回复至中位	该回路用改变变量泵B的偏心的方法来控制液压缸Ⅰ的速度。应用在需要控制马达或液压缸速度的场合

表 11-16 伺服泵控制回路Ⅱ

回路描述	特点及应用
信号S输入放大器N，并与测速发电机T输出的反馈信号比较，偏差信号由N放大后输入电液伺服阀，控制泵Ⅰ供油至变量调节液压缸，改变主泵Ⅲ的流量，使液压马达的转速恒定	该回路用伺服阀来改变变量泵Ⅲ的偏心，使液压马达驱动负载M的转速恒定

11.9 伺服控制回路应用实例

11.9.1 热轧 CVC 液压控制系统及应用

（1）CVC 控制

某热轧厂的精轧机组是热轧板带钢生产的核心部分，轧制成品的产品质量水平主要取决于精轧机组的技术装备水平和控制水平。因此，某些厂的精轧机组采用 CVC（Continuously Variable Control）凸度连续可调技术，来控制带材的板形和表面凸度，以保证产品质量。精轧机组的四辊轧机上下工作辊（或中间辊）被磨成 S 形的辊廓曲线，形状完全一样，只是按照 180°控制，使得辊缝成对称形。CVC 轧辊的作用与一般凸度轧辊作用相同，其凸度可以通过轧辊轴向移动（窜辊），而在最大与最小凸值之间进行无级调节。当前，CVC 轧辊轴向横移大多采用的是，由电液伺服阀、液压缸和位置传感器组成的液压位置伺服控制系统。优点是控制板形和表面凸度的精度高、响应速度快，满足了热轧带钢生产的大型化、连续化、高精度等多方面的要求，因此在热轧或冷轧板带精轧设备上得到广泛应用，成为其装备系统的重要组成部分。由于热轧机是在恶劣的环境条件下工作，引发 CVC 工作轧辊轴向横移液压控制系统的故障因素较多。与一般的机械或电气故障相比，液压系统的故障点隐蔽、原因复杂、部位不定，故障症状与原因之间存在着交错性，加上运行过程中随机因素的影响，故障诊断与排除就更为困难。

（2）CVC 液压系统工作原理

图 11-17 是 CVC 工作辊横移机构的局部液压控制系统原理图。它由四套独立而且完全相同的系统组成，分别控制上下工作辊相对轴向左右移动（窜动）。

根据轧钢工艺要求，板带钢断面形状的二次板形缺陷，首先是由精整轧机的弯辊来消除，由于这时工作辊的凸度有限，因此仅通过弯辊控制常常不能够完全或很快消除钢板的板形缺陷，这时需要轴向移动工作辊（窜辊），改变工作辊的凸度。计算机根据数学模型计算出实际需要的工作辊凸度值，与板形设定值相比较后，得出调节偏差。当辊缝需要调整时，通过基础自动化计算机（BA）发出指令，控制图 11-17 中的电磁铁 4YA 得电，则阀 3-2 在右位工作，锁紧缸 11-1 和缸 11-2 的有杆腔进油，活塞杆缩回，松开工作辊的定位销，使横移缸 9-1 与缸 9-2 解锁；同时，使电磁铁 2YA 得电，阀 3-1 在右位工作，压力油通过切断阀 1-1 和液控单向阀 4 的控制油路，将它们全部反向开启。液压泵站的液压油经阀 1-1 向液压控制系统供油。通过（BA）发出指令分别向伺服阀 2-1 和伺服阀 2-2 输入控制电流±I。伺服阀 2-1 和伺服阀 2-2 分别控制缸 9-1 和缸 9-2，去驱动上、下工作辊相对轴向左右横移（窜辊），其横移值为±Y；位移传感器 10-1 和 10-2 分别将上、下工作辊的实际位移值反馈到（BA）进行处理。当辊缝间距的调整符合要求后，（BA）发出指令使电磁铁 1YA 和 3YA 同时得电，阀 1-1 和阀 4 的控制油路被切断压力油。阀 1-1 关闭，泵站的压力油就不能向液压控制系统供油。同时泵站供油至锁紧缸 11-1 和 11-2 的无杆腔，两锁紧缸活塞杆伸出，锁紧了定位销，使上、下横移缸固定，即固定了上、下工作辊，轧机就可以轧制带钢了。

（3）CVC 液压控制系统中常见的液压故障现象与排除

根据钢铁企业搜集的资料及实际工作经验，对 CVC 液压控制系统分析后，归纳出常见故障如下。

① 常见故障现象与排除方法　精轧 F1 的 CVC 阀箱高压进油管漏油，经分析检查是阀

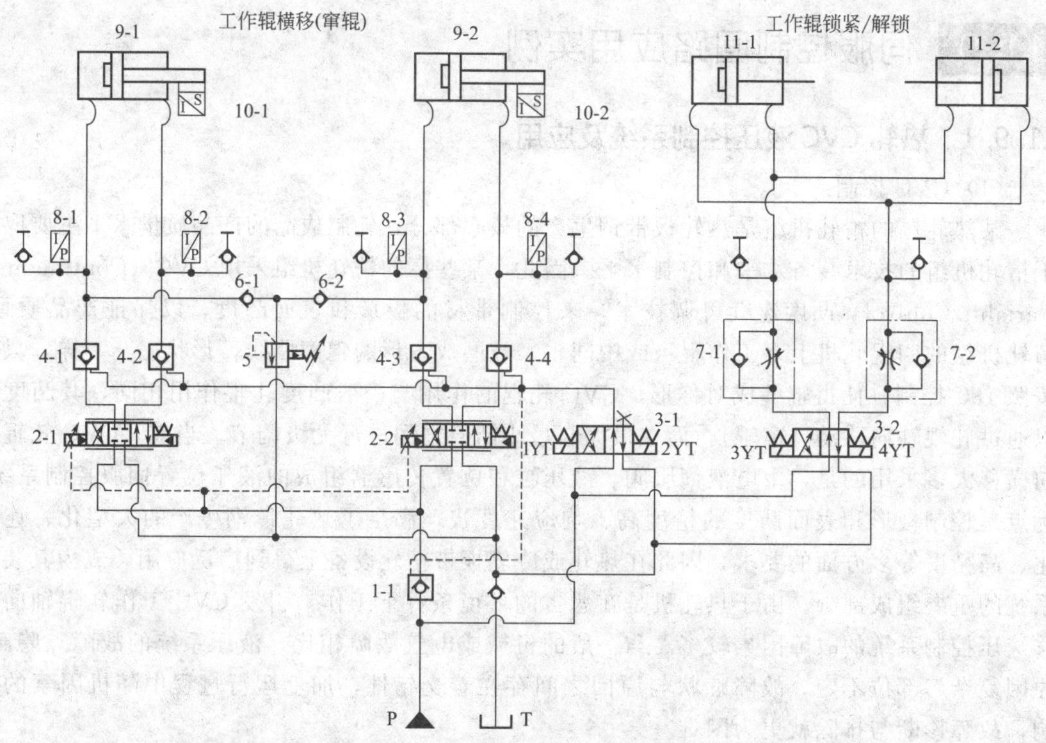

图 11-17 CVC 局部液压控制系统原理图

1—切断阀（液控单向阀）；2—伺服阀；3—换向阀；4—液控单向阀；5—安全阀；6—单向阀；7—单向节流阀；8—压力传感器；9-1—横移上轧辊的伺服液压缸；9-2—横移下轧辊的伺服液压缸；10—位移传感器；11—锁紧液压缸

箱出口油管法兰密封坏了；排除方法是更换法兰密封件。

精轧 F2 操作侧压下液压缸压力传感器接头块螺钉断（疲劳断裂 2 只），经分析检查是连接件故障；排除方法是更换连接件。

精轧 F1 液压平衡系统漏油故障（油管连接法兰 O 形圈坏），密封坏了。

精轧 F4 液压压下故障，经分析检查是控制阀故障；排除方法是修理控制阀。

精轧 F2 传动侧压下油缸卸压故障（系统卸荷阀突然泄漏），经分析检查是液压缸故障。

有资料统计，液压系统按故障点分类，液压缸占 33.36%；密封件占 27.36%；控制阀类占 12.46%；连接件占 10.31%；液压管道（包括软管）占 9.27%。

② CVC 液压控制系统故障引起最终特征量　CVC 系统的位置控制精度达不到要求，如某一位置传感器测量值大于极限位，一轧辊两个位置值超差，或同侧上下辊位置值超差，电液伺服阀驱动零偏电流大于正常范围，某液压缸位置无法控制，某液压缸控制压力建立不起来等。

11.9.2 600 MW 机组 DEH 液压故障分析及处理

某火电厂装机容量为 2×600MW，其数字式电液控制系统（DEH 系统）为西屋公司 Moog-II 型，它把电子电路与液压的优点结合起来，用于控制进入汽轮机的蒸气流量，由电调节器将汽轮机的反馈信号与给定量比较，再控制蒸气阀门的开度；阀门的开度经变送器放大发出模拟信号，并反馈给调节器实现闭环控制。

(1) 系统概况

控制系统主要包括电调节器箱，蒸气阀伺服油动机，EH 供油系统，危急跳闸系统部件，操纵台、显示器（CRT）、打印机 5 个部分。EH 供油系统的作用是提供高压油，从而给油动机提供动力，它包括油泵、滤芯、溢流阀、安全阀、过滤器、油动机、跳闸脱扣阀、跳闸电磁阀 AST 和 OPC、蓄能器及压力开关、连接管道等，正常运行时一台泵提供所需油量。

油泵为叶片泵，分两个通道向系统供油（正常一台泵一个通道使用），正常运行时两通道可单独隔离。油泵输出的压力油经过 EH 控制组件、过滤器、溢流阀、逆止阀及安全阀进入高压母管及蓄能器，经过油动机伺服阀控制油动机的开关，每个油动机前均装有一个 10μm 滤芯。供油装置每通道一组两个油滤芯，精度也为 10μm，前后压差大于 0.7MPa 报警，表示脏污。溢流阀控制系统油压在 12.67～14.78MPa 范围，高限时溢流阀开启泄压，EH 油泵卸载；低限时溢流阀回座，EH 油泵加载。泵加卸典型的循环时间是 15s“开”（系统充油）和 60s“关”（空负荷）。当循环时间降到 3∶7 时应分析异常原因。系统油压增至 16.2～16.54MPa 时安全阀事故动作，向油箱排油，防止系统超压。系统排油至油箱时，经过两组由三通阀控制的回油滤网（精度为 3μm，正常时一组运行，也可同时投用）。单个漂白土过滤器与波纹纤维过滤器串联安装在高压油母管节流的油路中，漂白土过滤器保证 EH 油的中和数符合要求，纤维过滤器是防止漂白土损坏的杂质进入油箱。

控制系统所用油必须用三重芳基磷酸酯类合成化合物，其特性要满足，含氯量小于 0.15，含水量小于 0.10%（按容积），中和数小于 0.25mg KOH/g，杂质颗粒度满足美国 SAE-ARP598A 标准 2 级（取样口在回油管，试样 100mL），相应的颗粒数小于，5～10μm，9700 个，10～25μm，2680 个，25～50μm，380 个，50～100μm，56 个，大于 100μm，5 个。

(2) 存在的问题

随着机组运行时间的增加，DEH 系统的故障暴露得越来越突出，主要现象有系统油压低，两台泵同时运行仍维持不了油压；系统泄漏量大，泵加卸载时间比异常；蒸气门打不开，油动机伺服阀内漏，最严重的一次同时有 7 台蒸气门打不开；油动机动作迟缓；高压调节气门运行波动频繁，阀杆和油动机杆连接销折断、阀杆脱落，阀头脱落；EH 油泵振动大，油压波动，泵出口管断裂，EH 油压低跳机。

上述故障的原因有 EH 油泵出力不够；EH 油泵故障损坏；泵出口滤网脏污；溢流阀卡或调整弹簧特性失效、活塞间隙大；逆止阀卡或密封不严；安全阀卡或调整弹簧特性失效、活塞间隙大；油动机前滤网脏污；伺服阀卡或内漏；伺服阀信号有误或控制元件故障；油动机过度泄漏；跳闸脱扣阀内漏或一次安全油压低；跳闸电磁阀 AST、OPC 卡或不严；EH 油温度高（大于 60℃），等等。

故障次数最多的是溢流阀、安全阀、伺服阀的卡涩及引起的管道、油泵振动，回油滤网脏污和冷油器断水造成的 EH 油温高导致泵出口油压低。

(3) 原因分析

经处理更换下来的各阀解体检查大多未发现异常，根据多年维护经验和油质化验数据，分析其最主要的原因是运行中的油质颗粒度超标，达不到美国 SAE-2 标准。

① EH 油系统随机用滤芯（泵出口滤芯、回油滤芯、在线精滤芯、油动机进口滤芯）均为西屋进口滤芯，国产化后，油质颗粒度常达不到要求；油动机、溢流阀、安全阀、伺服

阀等大都是频繁动作的部件，其国产化的材质性能难以达到要求。

② EH 油系统新增在线过滤装置油质处理精度达不到要求。针对 EH 油颗粒度超标，增加了 EH 油在线过滤装置，装置处理精度为 3μm，情况有所改善，实际上仍达不到要求。

③ 运行中油质的酸值超标。油质酸性造成部件的加速腐蚀和磨损，产生更为严重的循环污染。酸值由磨损中来，并产生磨损。两台机组 EH 油系统中和 EH 油酸度的漂白土滤芯投运后对 EH 油酸值控制收效甚微，且出现过滤芯破损，严重污染油质。

④ 油中含水是造成油质酸化的另一个重要因素。

⑤ 系统设计不完善。根据厂家说明书要求，EH 油泵出口和油动机前滤网精度均为 10μm，而伺服阀前滤网精度为 3μm，造成伺服阀负担大，易卡涩。

⑥ 伺服阀滑阀配合间隙过大，是造成调节气门晃动的直接原因。国产伺服阀滑阀配合间隙比进口件大 1～2 倍，内漏加大。

⑦ 另一个污染源是检修过程中外界杂质的侵入得不到更为有效的控制。系统检修时防污染措施做得不够，更换部件过程中不能保持原部件的清洁等。

⑧ 系统运行时加油污染。加油工具及加油口不洁。

⑨ 管道固定支架松脱、管道焊口金属晶格改变、管壁冲刷变薄也是系统发生事故的重要方面。油质脏污，使系统油压不稳，油泵和管道振动，管子断裂，发生 EH 油压低跳机恶性事故。

除了油质的原因外，EH 系统故障的另一个重要因素是油箱温度高。EH 油温高泵容积损失增大，出力降低；油温高黏度降低，油动机等部件内漏增加，影响泵的出力；EH 油温升高，部件内部温度与外部温度差增大，因许多配合件大多材质不同，各自的膨胀系数不一样，易造成精密配合件的卡涩（EH 油系统精密件的配合间隙大多在 5 丝之内），如伺服阀、溢流阀、安全阀等。油温高的主要原因有以下两方面。

① 回油滤网堵塞，造成回油安全阀动作，使回油不经过冷却器。

② 回油冷却器冷却水断水，主要原因是冷却水温控阀、冷却水回水调节阀故障；另外，运行操作时也出现过冷却水源断的现象。

（4）处理措施

综合上述分析，可以看出保证 EH 系统用油质合格和油温运行正常是汽轮机控制系统安全稳定运行的关键。针对油质颗粒度和运行油温从以下几个方面着手进行处理。

① 泵出口滤芯、油动机进口滤芯、回油滤芯、原在线精滤芯均进行重新选型。

② 漂白土滤芯恢复使用原西屋产品，使其运行安全有效。

③ EH 油新增在线过滤装置进行改进，并连续运行。将系统原漂白土滤芯与新增在线过滤装置组合，构成双通道（可分别根据颗粒度和酸值情况切换运行），在线过滤装置改进后如图 11-18 所示。

④ 订购波尔公司产加油用泵车（泵出口带有滤网），保证加油时不被污染。

⑤ 系统滤芯精度的原设计可做改动，但要保证机组的连续运行。油泵出口滤芯精度可用 3μm。

⑥ EH 油温增设 CRT 故障变色显示，以及时查找原因。

⑦ 检查 EH 油回油管道是否有高温源，可用保温方法处理。

⑧ 检修中不能使用汽油及含氯量高的清洗剂，尽可能减少外部污染。

⑨ 检修后系统首次投用前进行冲洗。冲洗时尽可能增大冲洗流量，可调低系统油压、

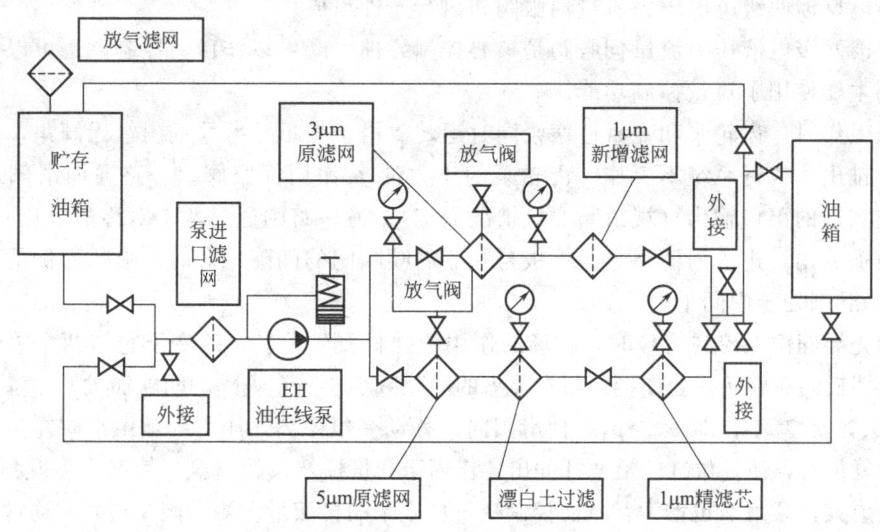

图 11-18　600MW 机组 EH 油在线过滤装置改进后示意图

两台泵同时运行；同时将系统油温调至合适值，要求 54.4～60℃；此外用专用冲洗块代替伺服阀、电磁阀。大修中，增加 10 只冲洗块，效果非常明显。

⑩ 运行和维修人员强化监视，提高判断和处理问题的能力。

通过对 EH 油系统的强化管理，成果非常显著。两台机组未发生过因 EH 油系统原因造成控制油油压低停机或减负荷，对油质的管理上了一个新台阶。两次检修启动分别出现一台次伺服阀卡涩，台次数均大大小于往年，保证了机组检修后的及时启动。

11.9.3　火炮电液伺服控制系统

图 11-19 所示为某型装备液压伺服系统，由数字控制器、液压泵组、位移传感器、功率

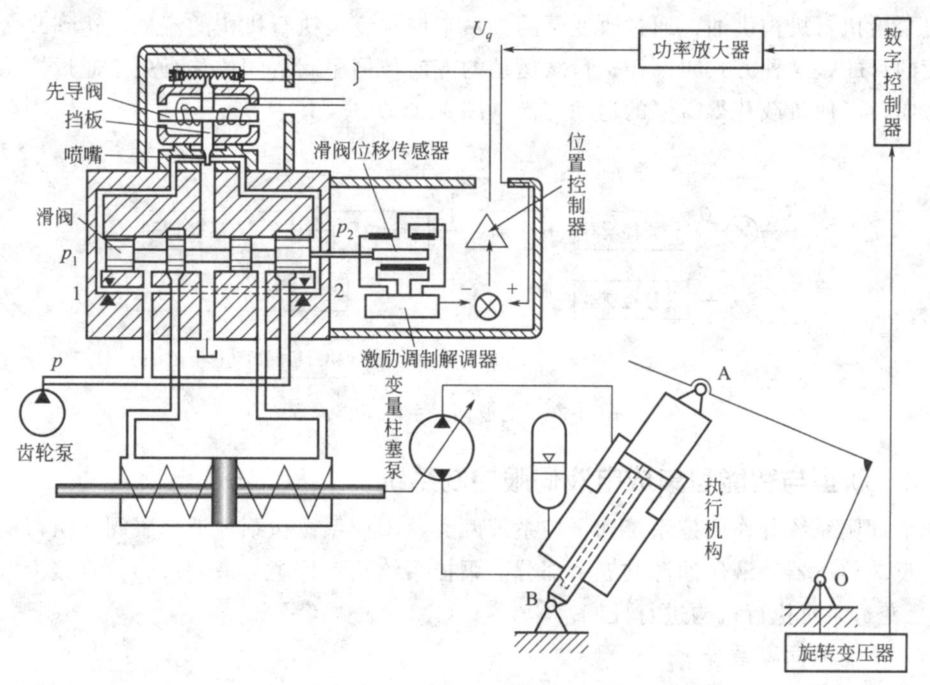

图 11-19　某型火炮电液伺服控制系统

放大器、电反馈两级电液压力流量伺服阀和执行元件组成。

电反馈两级电液压力流量伺服阀是核心控制元件，既可以作压力控制，也可以作流量控制。本例主要使用了流量控制功能。

系统工作时，齿轮泵和变量柱塞泵同时运转。由于变量柱塞泵的斜盘无倾角，变量柱塞泵无液量排出，执行系统不工作。齿轮泵的压力油 p 作用伺服阀，一路通向滑阀，并从它的左边或右边的出口输出（视滑阀开口情况而定）；另一路则通过两个对称的节流孔 1、2 和左、右喷嘴流出，进入回油路。当挡板与左、右喷嘴间的间隙相等时，喷嘴后侧的压力 p_1、p_2 相等，滑阀处于中间平衡位置。

当给先导阀输入控制信号时，磁场的作用使挡板发生偏转，改变了它与两个喷嘴间的间隙，假设挡板向右偏转，会使挡板与右喷嘴的间隙减小，与左喷嘴的间隙加大。喷嘴后侧的压力 p_2 增大，p_1 减小，即 $p_2 > p_1$，使滑阀向左移动一段距离，压力油就由滑阀左边的出口输出，流向复位缸，使复位缸的活塞杆伸出，作用于变量柱塞泵的斜盘，使其产生倾角 γ，活塞杆伸出量愈大，倾角 γ 也增大，从而控制变量柱塞泵的排液量。当滑阀左移时，通过位移传感器、激励调制解调器及位置控制放大器对流量进行闭环控制，使复位缸的活塞杆保持一定的伸出长度，控制变量柱塞泵的斜盘保持恒定的倾角 γ，使执行机构的运动速度保持恒定。

输入先导阀的控制电流越大，挡板的偏转角度越大，滑阀流量增加，使复位缸的活塞杆的伸长量增加，变量柱塞泵斜盘倾角 γ 增加，变量柱塞泵排液量增加，使执行机构的运动速度增加。滑阀的位移、喷嘴-挡板的间隙、衔铁的转角都依次和输入电流成正比。输入电流反向时，输出流量也反向，即当控制电流使挡板顺时针方向偏转时，压力油由阀右边的出口输出，使复位缸的活塞杆反向伸出，变量柱塞泵的斜盘产生反向倾角-γ，液压油反向输入执行机构，使其向相反的方向运动。

在此系统中，先导阀与挡板构成前置放大（一级放大），滑阀和复位缸构成二级放大。负载动态特性与液压泵的功率和液压缸的结构尺寸有关，当液压缸的结构尺寸一定时，用伺服变量泵给执行机构供油，通过改变泵的排量来控制流入执行机构的流量，达到改变负载运动速度的目的，这种方式叫泵控；负载运动的方向与伺服阀滑阀位移有关，通过控制滑阀的移动方向，可使负载获得需要的运动方向（图 11-20）。

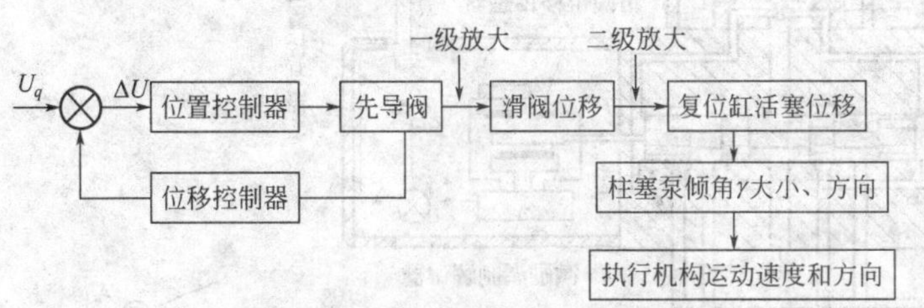

图 11-20 电液伺服系统工作流程

11.9.4 新型与智能型集成电液伺服控制系统

电液伺服系统分作阀控系统和泵控系统两类，阀控系统包括电液伺服阀、执行机构、控制器、反馈传感器和液压油源共五个部分。泵控系统则省掉了电液伺服阀，直接由电液伺服（比例）变量泵对执行机构进行控制。

（1）节能型伺服系统

① 伺服直驱泵控系统 伺服直驱泵控系统是利用伺服电机带动泵直接驱动执行机构的

电液伺服系统。图 11-21 是一种伺服直驱泵控系统，主要由伺服电机驱动定量泵组成，通过反馈与给定进行比较来控制伺服电机转速，从而控制执行机构带动负载运动。

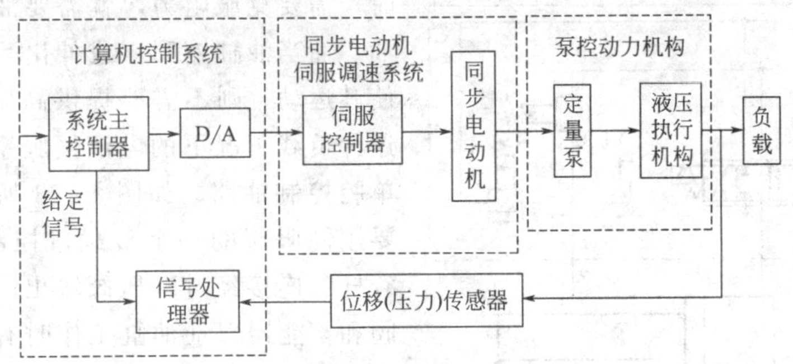

图 11-21　伺服直驱泵控系统

为减少能耗，完全一体化设计的电机泵动力组合是目前电液伺服技术研究的热点。作为机电一体化的一种具体表现形式，它不是一般电机加泵的简单整体结构连接，而是一种全新技术，这也反映出电液伺服技术的发展动向。对这种设计来说，如果电机转子、定子能借助泵的过油来冷却，不仅可取消电机风扇，降低能耗，而且冷却效果也比空气高数倍，可以在保证电机转子、定子不过热的前提下，提高输入电流（功率），获得两倍于原绕组产生的额定输出功率，从而提高原动机效率。应用这种伺服直驱泵控系统的效率比阀控系统能提高40%以上，大大减少了系统发热，这将成为实现液压控制技术绿色化的理想途径之一。直驱泵控系统在注塑机中已得到了广泛应用。

② 泵阀协控双伺服系统　伺服阀控系统的特点是高精度、高频响，但效率低，而伺服直驱泵控系统的特点是高效节能，但控制精度低。因此，将伺服阀控系统和伺服直驱泵控系统结合在一起，形成泵阀协控双伺服系统。同时实现高精度、高频响和高效节能的控制成为一个研究热点，对于这种复合系统的建模分析、解耦优化控制等问题也是一个重要的研究课题。

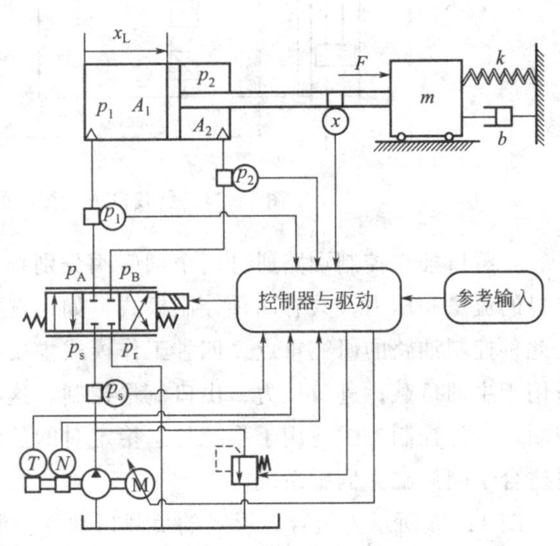

图 11-22　泵阀协控双伺服系统原理

以伺服恒压泵站和伺服阀控缸系统组成的双伺服系统为例，如图 11-22 所示。由伺服阀负载节流口的动态流量方程可知，液压能源对伺服阀控缸位置闭环系统的影响主要通过油源压力来体现，因此，必须保证控制过程中泵站能够提供恒定的压力油。然而，阀控缸系统所需的流量是实时变化的，要想保证节能，油源泵站提供的流量就要跟随其变化，而流量的变化又可能导致供油压力的波动，进而影响控制精度。也就是说，阀控缸位置闭环系统通过流量约束对伺服电机驱动的定量恒压泵站系统产生影响。这样，伺服阀控缸系统和伺服电机驱动泵系统彼此间相互依赖，又相互影响，形成了一个耦合的大系统，对其进行解耦与系统优化控制也需要进一步研究。

(2) 主被动负载工况下的电液伺服系统

① 单腔控制 对于单向负载（如弹性负载、举升运动）系统，当油缸伸出（或缩回）时，需要克服阻力，就需要液压源提供高压油。而当油缸缩回（或伸出）时，外力作用使其运动，则不需要提供高压油。因此，对这种负载工况下的电液伺服系统，可以采用单腔控制油路，如图 11-23 所示原理，只需要用伺服阀的一个负载口控制油缸无杆腔，有杆腔连接经过减压阀输出的低压油，溢流阀和蓄能器保证油缸工作时有杆腔的低压压力保持恒定。

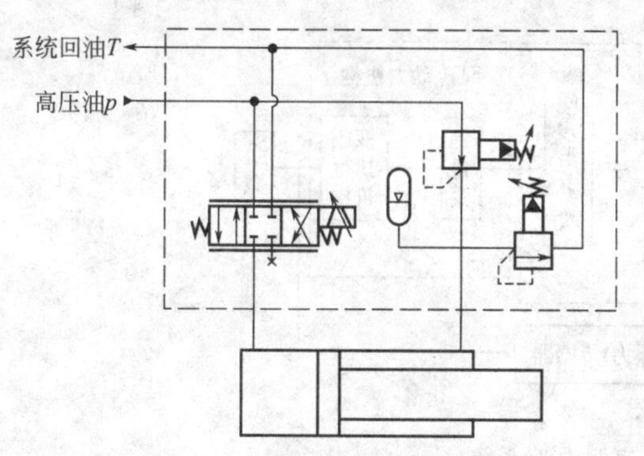

图 11-23 单腔控制液压原理

② 负载口独立控制系统 对于同时存在主、被动负载的电液伺服系统，采用如图 11-24 所示的负载口独立控制的双伺服阀控缸位置闭环控制系统。由于对称阀控制非对称缸，或者存在被动负载的电液伺服系统的控制效果较差，而负载口独立控制的双伺服阀系统的出现，打破了传统电液伺服阀控系统的进出油口节流面积关联调节的约束，增加了伺服阀的控制自由度，提高了系统的性能和节能效果。

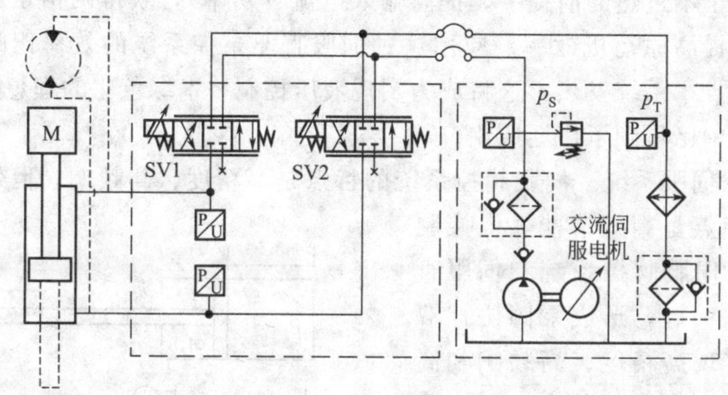

图 11-24 负载口独立控制的双伺服阀控系统原理

负载口独立控制油路通过两个伺服阀分别控制油缸两腔，每个伺服阀都可以控制其进、出口的流量和压力，共有四种控制模式，如何选择一种高效节能的控制方式并相互平滑切换是此种控制油路的研究重点。四种工作模式主要是进口流量、出口压力控制，这种控制方式适用于主动负载；进口压力、出口流量控制，这种控制方式适合于被动负载；进、出口流量控制，这种控制方式适用于系统静态稳定时的位置调节；进、出口压力控制，这种控制方式更适合于阀控缸力伺服系统。

图 11-25 所示为组合阀形式的负载口独立控制系统，集成了多个二位二通比例阀。通过对各个阀工作状态进行组合，可实现负载口独立控制。美国普渡大学的 Bin Yao 教授等在这方面进行了大量的研究工作，目前已有公司进行了专利申请和产品试应用。

(3) 多阀并联式电液伺服系统

在一些电液伺服系统中，要求执行机构能以大速度跟踪给定信号，这就要求系统必须使用大流量伺服阀，但大流量伺服阀频带和分辨率又比较低，为解决大流量和低频响、低分辨率之间的矛盾，提出了双伺服阀并联控制方式。在系统快速跟踪阶段采用双伺服阀同时工作的大流量特性，精确定位时采用单阀的高精度和高频响特性。其中多伺服阀控制的好坏，将直接影响整个系统的动态性能，并且还影响切换过程是否能平滑过渡。因为关闭其中一个伺服阀，系统的增益会突然下降，产生流量的不连续和对被控对象的冲击。

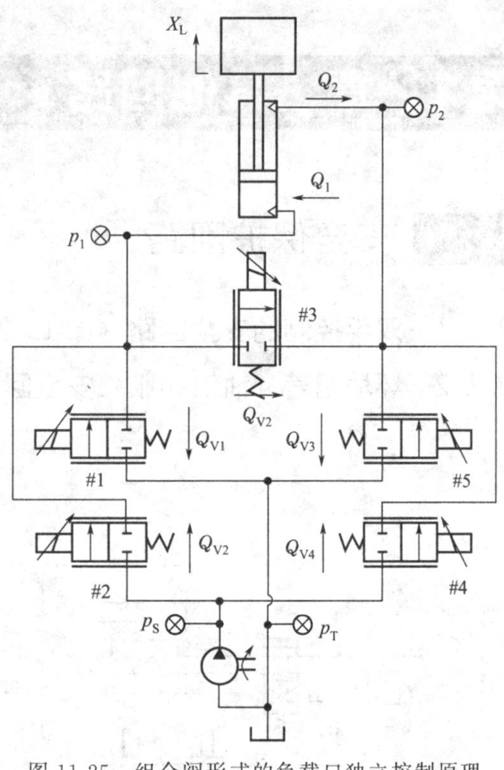

图 11-25　组合阀形式的负载口独立控制原理

（4）高度集成的一体化智能电液伺服系统

为了便于系统的使用、安装及维护维修，高度集成的一体化设计已成为电液伺服系统的发展趋势。这种设计理念可实现电液伺服系统的柔性化、智能化和高可靠性。比较理想的设计是将油箱、电机、泵、伺服阀、执行机构、传感器等高度集成在一起。其优点是：无需管路连接，结构更加紧凑，减小了泄漏和二次污染等。同时由于各部件都是直接相连，可减小容腔体积，更有利于提高系统固有频率。但也存在一定缺陷，如散热面积过小会导致快速发热，加注油液时难以排出密闭容腔内的空气等。

（5）高性能电液伺服系统

随着工业应用的发展，对电液伺服系统的性能也提出了越来越高的要求。主要体现在以下几个方面。

① 超高压　通过提高液压能源和伺服阀、执行机构的工作压力等级，可大大减小系统的流量和系统的体积、重量。目前电液伺服系统的工作压力正在朝着 35MPa 或者以上的超高压级别发展。

② 高频响　某些电液伺服系统往往要求很高的频响。而系统的频带主要受执行机构固有频率、电液伺服阀频带制约。因此，要提高系统频响，需要综合考虑二者之间的匹配。

③ 高精度执行机构的控制　精度主要体现在定位精度和跟踪精度。要实现高精度控制的前提是传感器的精度要足够高，而执行机构的摩擦也会影响其低速运行时的平稳性。另外，伺服阀分辨率也会影响控制精度。

第12章 其他回路

12.1 安全保护回路

12.1.1 双手控制的安全回路（图 12-1 和表 12-1）

12.1.2 环境温差（油液膨胀）安全回路（图 12-2 和表 12-2）

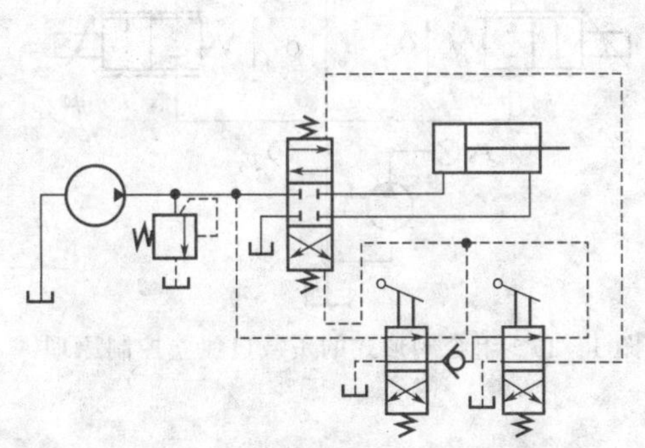

图 12-1 双手控制的安全回路

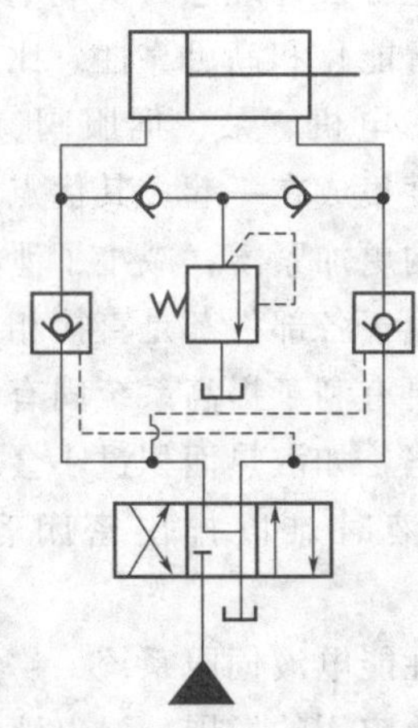

图 12-2 环境温差（油液膨胀）安全回路

表 12-1 双手控制的安全回路

回路描述	特点及应用
回路用两个手动换向阀作为液动主换向阀的先导阀，必须同时压下两个手动换向阀的手柄才能使活塞向左移动。如果有一个手柄松开，活塞即停止运动。活塞向右退回时，必须两个手柄都松开	本回路用来避免工人的双手受伤

表 12-2 环境温差（油液膨胀）安全回路

回路描述	特点及应用
两个液控单向阀使液压缸双向锁紧后，由于温度升高使油液膨胀时，油液可通过单向阀和安全阀流回油箱	有些地区白昼与夜间的温差极大，这时应考虑温度升高使油膨胀而将油管胀裂。本回路采用单向阀与安全阀来避免这种情况发生 适用于工作在环境温差较大的液压系统中

12.1.3 保护液压泵的安全回路（图 12-3 和表 12-3）

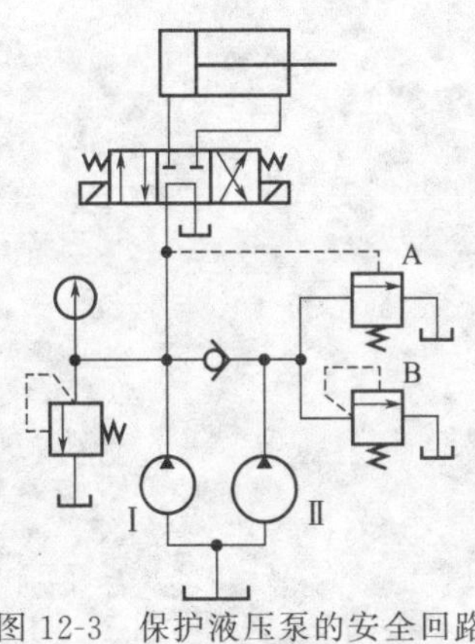

图 12-3 保护液压泵的安全回路

表 12-3 保护液压泵的安全回路

回路描述	特点及应用
液压缸空载快速行程时，高压小流量泵Ⅰ与低压大流量泵Ⅱ同时供油。加压行程时，回路压力升高使卸荷阀 A 打开，泵Ⅱ卸荷 若阀 A 的灵敏度不合要求，则泵Ⅱ会过载，所以设置灵敏度高的安全阀 B 以保护液压泵	本回路是在双泵快速运动回路的基础上增加了保护低压大流量泵的安全装置 适用于双泵供油的有快慢速要求的液压系统

12.1.4　防止液压缸过载的安全回路

12.1.4.1　防止液压缸过载的安全回路Ⅰ（图 12-4 和表 12-4）

12.1.4.2　防止液压缸过载的安全回路Ⅱ（图 12-5 和表 12-5）

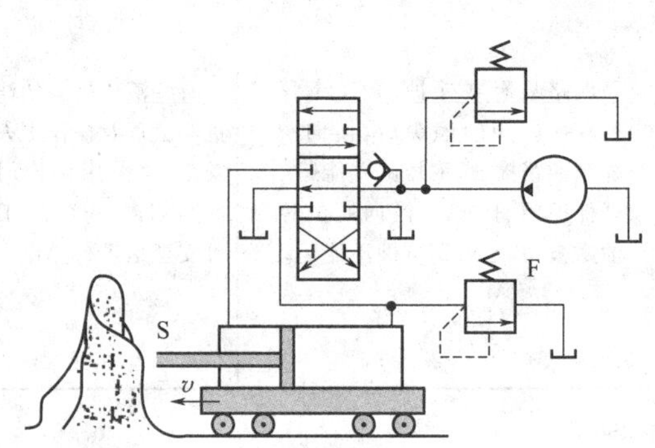

图 12-4　防止液压缸过载的安全回路Ⅰ

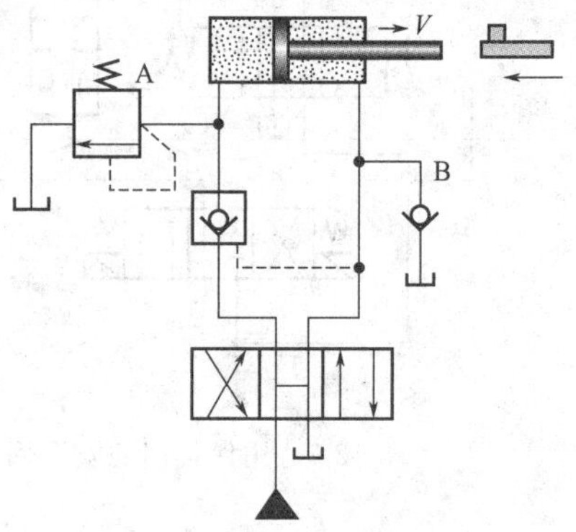

图 12-5　防止液压缸过载的安全回路Ⅱ

表 12-4　防止液压缸过载的安全回路Ⅰ

回路描述	特点及应用
工作时，操纵换向阀使推土机铲板 S 伸出和缩回。板 S 伸出，推土机以速度 v 前进，利用车体的惯性冲击力来破碎岩石，由于冲击而在液压缸右腔产生很高的压力，安全阀 F 起限压作用，以保护机器的安全 换向阀中位时，锁紧液压缸，液压泵处于卸荷状态	适用于推土机、凿岩机等工程机械

表 12-5　防止液压缸过载的安全回路Ⅱ

回路描述	特点及应用
换向阀右位接通，压力油过液控单向阀进入液压缸左腔，活塞右移驱动负载工作。当遇超载或其他冲撞时，溢流阀 A（起安全阀作用）开启溢流，保护液压系统 液压缸右腔可通过单向阀 B 从油箱补油	有些液压设备的液压缸活塞会受到其他物体的冲撞，使液压缸左腔的压力急剧升高，导致油管的破裂。同时液压缸的右腔又会出现负压，空气容易浸入缸内 该回路适用于工程机械的液压系统

12.1.5　应急停止回路（图 12-6 和表 12-6）

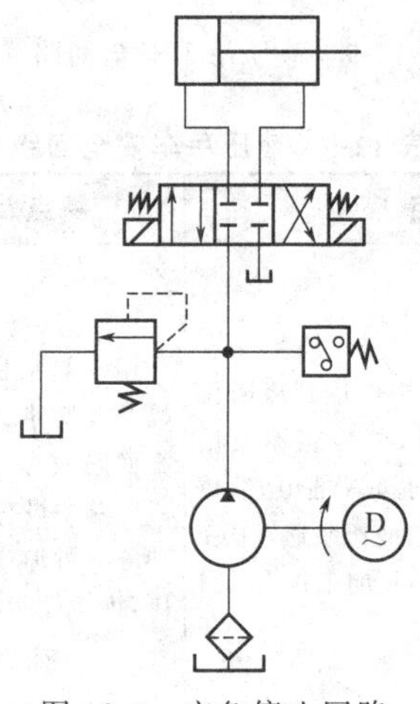

图 12-6　应急停止回路

表 12-6　应急停止回路

回路描述	特点及应用
系统正常工作时，压力由溢流阀调定。当系统压力由于溢流阀失灵而升高时，预调的压力继电器动作，使电动机断电停转，防止其他事故发生	本回路可以防止系统压力过载，压力继电器的调定值要高于系统的工作压力

12.1.6 用保护门的安全回路（图 12-7 和表 12-7）

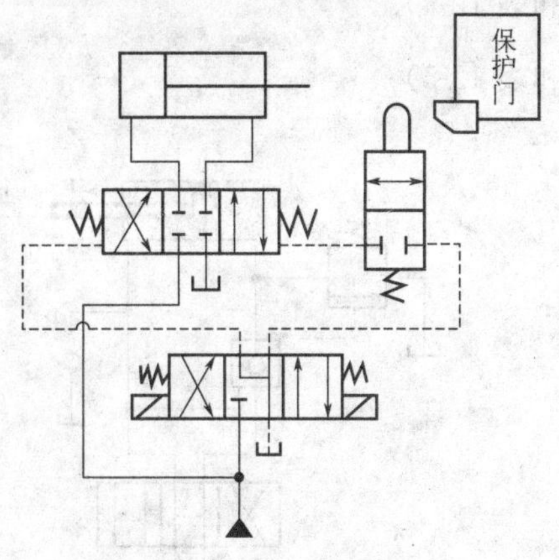

图 12-7 用保护门的安全回路

表 12-7 用保护门的安全回路

回路描述	特点及应用
回路只有在保护门合上，压下行程换向阀的触头后，换向阀的控制油路接通，液压缸才能运动 保护门打开后，换向阀的控制油路被切断，液压缸即不能运动	有些液压机械如注塑机等会危及操作工人的安全，可采用保护门把油路切断。这样，工人可安全地进行操作

12.1.7 保护机器部件的安全回路

12.1.7.1 保护液压机模具的安全回路（图 12-8 和表 12-8）

12.1.7.2 液压吊车安全回路（图 12-9 和表 12-9）

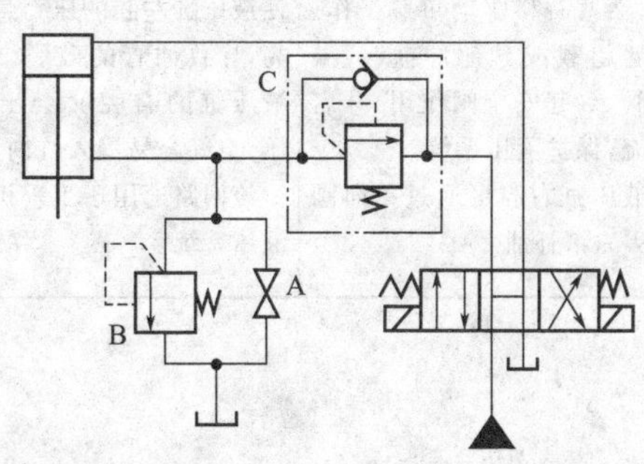

图 12-8 保护液压机模具的安全回路

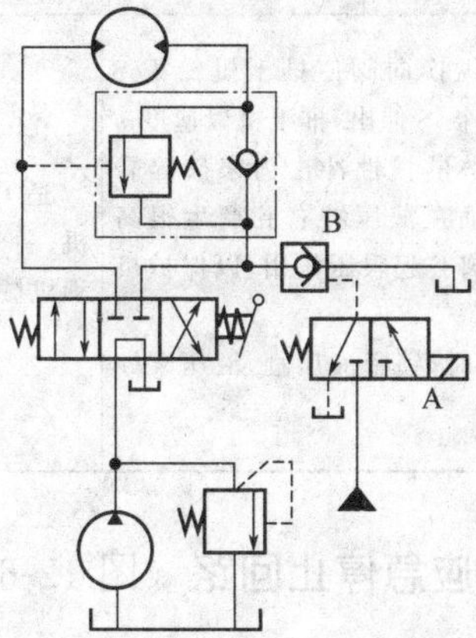

图 12-9 液压吊车安全回路

表 12-8 保护液压机模具的安全回路

回路描述	特点及应用
立式压机合模时，要求模子合拢速度慢，这样不会损坏模子。若打开支油路上的截止阀 A，滑块可因自重而下落。调节阀 A 的开口量就能控制滑块自然落下的速度，可进行慢速合模，当阀 A 未打开时，由顺序阀 C 产生背压支撑住滑块，以保护压力机模具 换向阀左位接通，活塞上行。换向阀右位接通，活塞下行。换向阀中位时，通过截止阀 A 可调节合模速度	适用于冲压设备的液压系统 阀 B 是安全阀，它用来防止液压缸因阀 C 的灵敏度不高而引起过载

表 12-9 液压吊车安全回路

回路描述	特点及应用
当起重机的构件达到极限位置或超负荷时，由传感器发出信号，电磁换向阀 A 通电，液控单向阀 B 打开，液压泵通过阀 B 卸荷，使重物停止向上提升	用于起重机的起升，变幅及臂架伸缩回路中的安全回路 回路中设有单独的控制油源。可加背压阀使泵保压，维持控制油路压力

12.1.8 双液压缸并联互锁回路（图12-10和表12-10）

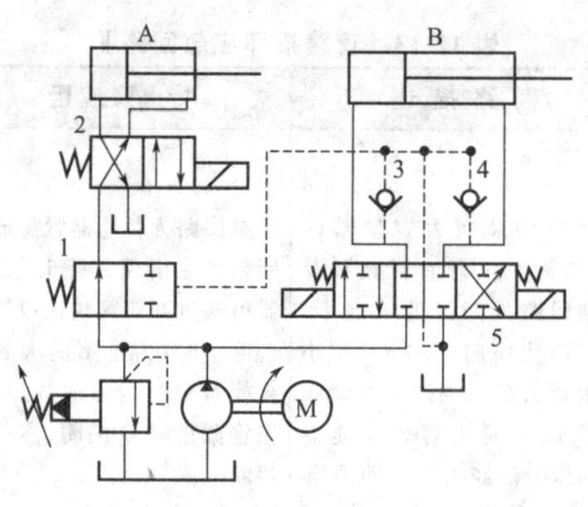

图12-10 双液压缸并联互锁回路

表12-10 双液压缸并联互锁回路

回路描述	特点及应用
换向阀5中位时，液压缸B停止工作，二位二通液动换向阀1左位接入系统，压力油可经阀1和2进入液压缸A使其工作 阀5处于左位或右位时，压力油进入B缸使其工作。同时压力油还通过单向阀3或4进入了阀1的右端使其右位接入系统，切断了液压缸A的进油路，此时液压缸A不能工作，从而实现了两缸运动的互锁	在多缸工作的液压系统中，一个液压缸运动时，有时不允许另一个液压缸有任何运动，此时可采用液压缸互锁回路

12.1.9 应急控制回路（图12-11和表12-11）

12.1.10 管路损坏应急回路

12.1.10.1 管路损坏应急回路Ⅰ（图12-12和表12-12）

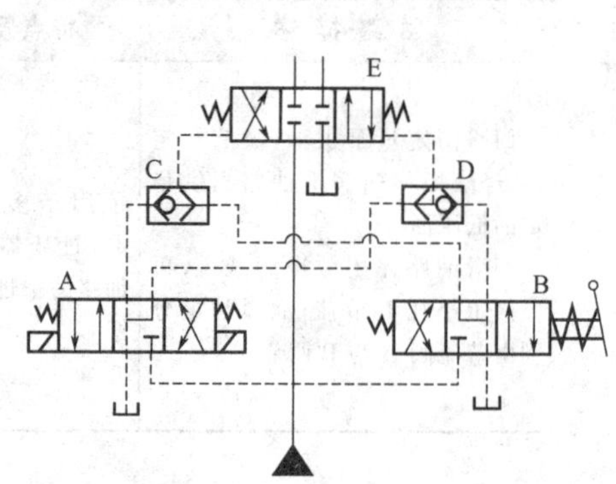

图12-11 应急控制回路

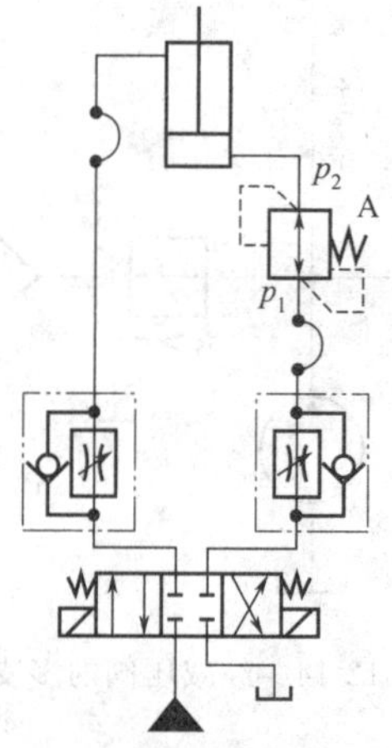

图12-12 管路损坏应急回路Ⅰ

表12-11 应急控制回路

回路描述	特点及应用
液动换向阀E可以用两个先导阀进行控制。正常工作时，用电磁阀A进行控制。当停电或阀A损坏时，可用手动换向阀B进行控制	可用于工程机械、起重设备等，防止因元件故障导致其他事故的发生 为了使阀E能回复到中位，阀A与B必须用Y型滑阀机能

表12-12 管路损坏应急回路Ⅰ

回路描述	特点及应用
正常情况下油路是接通的，p_1近似等于液压缸下腔的压力p_2 当管接头漏油或软管破裂时，p_1侧降为大气压力，阀A靠p_2侧的压力把油路切断，从而自动防止液压缸的活塞下落	本回路为用于升降装置的急停回路。紧急切断阀A通常装于液压缸上或装在尽量靠近液压缸的地方 可用于港口、矿山、建筑等起重运输设备的液压系统 阀A的压力调节到1MPa以下

12.1.10.2 管路损坏应急回路Ⅱ（图 12-13 和表 12-13）

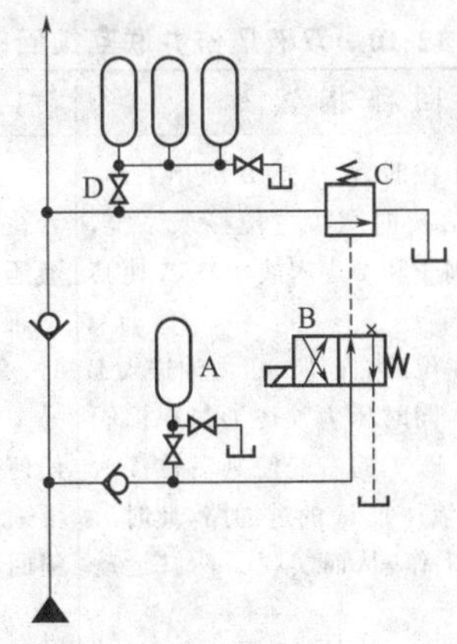

图 12-13 管路损坏应急回路Ⅱ

表 12-13 管路损坏应急回路Ⅱ

回路描述	特点及应用
回路中装有大容量蓄能器，在发生压力油管破裂及控制回路故障等的情况下，可立即使换向阀 B 断电，小蓄能器 A 的压力油使卸荷阀 C 打开，于是大容量蓄能器中的压力油经阀 C 放回油箱	本回路为蓄能器紧急放油回路。在出现故障时，蓄能器可通过卸荷阀快速放油 停车时，为了不使大容量蓄能器中的压力油放出，可先将截止阀 D 关闭，然后再切断电源

12.2 润滑回路

12.2.1 经减压阀的多支路润滑回路（图 12-14 和表 12-14）

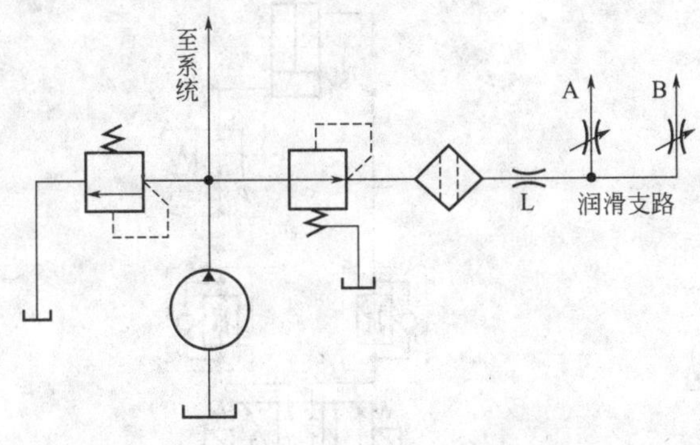

图 12-14 经减压阀的多支路润滑回路

表 12-14 经减压阀的多支路润滑回路

回路描述	特点及应用
回路由定量泵供油，溢流阀定压，经减压阀向润滑油路提供稳定的低压油 润滑油路先用减压阀减压，再经固定小孔 L 节流，润滑油量分别由节流阀 A 与 B 调节	用于多支路的润滑，过滤器用于润滑油路的精过滤

12.2.2 用回油润滑的润滑回路（图 12-15 和表 12-15）

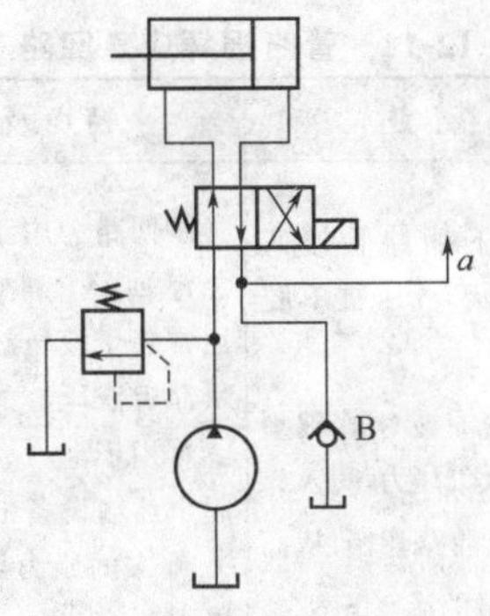

图 12-15 用回油润滑的润滑回路

表 12-15 用回油润滑的润滑回路

回路描述	特点及应用
回路由定量泵供油，溢流阀定压。电磁换向阀换向，驱动活塞往复运动 在回油路上过 a 点接入润滑系统，压力不足时，可在回油管中装一个背压阀 B	回路结构简单，使用方便，适用于机床、工程机械等的液压系统

12.2.3　独立的润滑回路（图 12-16 和表 12-16）

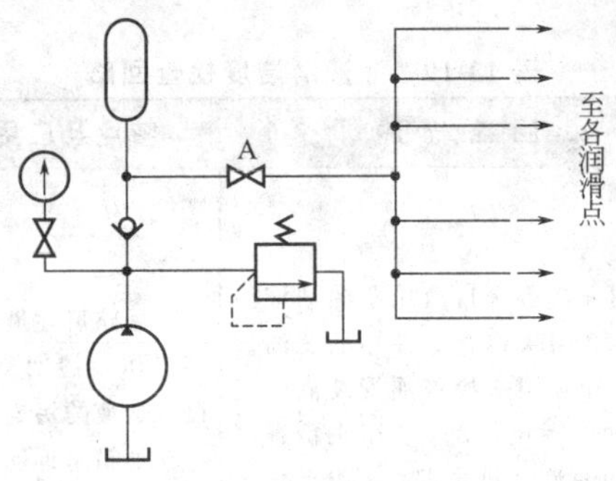

图 12-16　独立的润滑回路

表 12-16　独立的润滑回路

回路描述	特点及应用
液压泵将润滑油输入蓄能器时，可将截止阀 A 关闭，蓄能器充至所需压力后，使泵停转。阀 A 亦可作为一个节流装置，限制进入系统的润滑油量	适用于复杂设备的多部件润滑。蓄能器将润滑油分配到一台复杂机器中的各个润滑点，如轴承、齿轮等处

12.3　维护管理回路

12.3.1　液压元件检查与更换回路（图 12-17 和表 12-17）

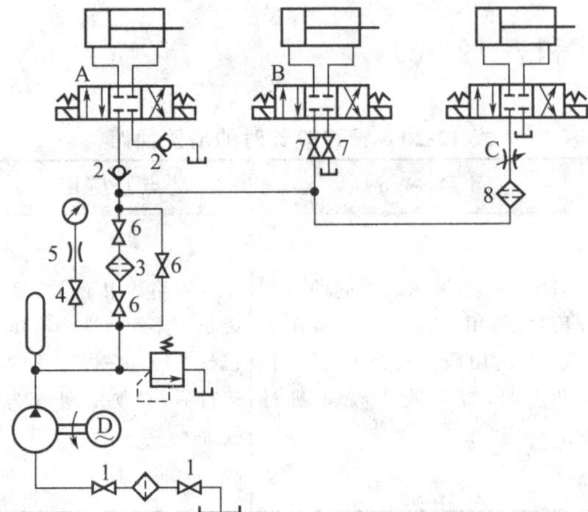

图 12-17　液压元件检查与更换回路

表 12-17　液压元件检查与更换回路

回路描述	特点及应用
阀 1 用于检查更换液压泵吸油管滤油器。机器停止工作时拆下换向阀 B，将两个截止阀 7 关闭，机器的其余部分仍可继续工作 阀 4 用于停止压力表工作，延长压力表寿命。阀 6 用于检查更换滤油器 3，将两个串联的截止阀关闭，打开并联截止阀，机器仍可运转	用于液压设备在工作过程中或停止时，将元件拆下进行检查或更换 压油管滤油器用于保护精滤油器 8，精滤油器 8 是用来防止微量节流阀 C 堵塞的。阻尼器 5 用于缓冲压力冲击

12.3.2　压力检查回路（图 12-18 和表 12-18）

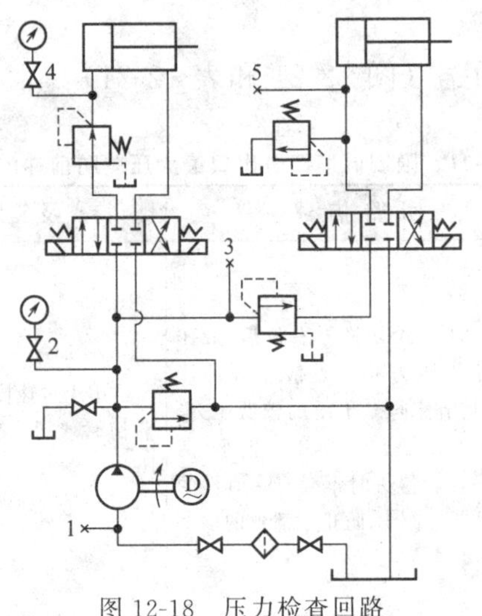

图 12-18　压力检查回路

表 12-18　压力检查回路

回路描述	特点及应用
1 处可装真空计，测定泵吸入口真空度。2 处用于调节主油路压力。3 处可安装压力表，调节顺序阀的开启压力。4 处用于调节减压阀出口压力。5 处可安装压力表，以调节安全阀压力	液压机械在安装或检修后必须经过调试才能正常工作。调试时，必须测出回路中各点的压力，以便调整到设计值 该回路用于液压系统安装调试以及检修时各部位的压力检查

12.3.3 油液清洁度检查回路（图 12-19 和表 12-19）

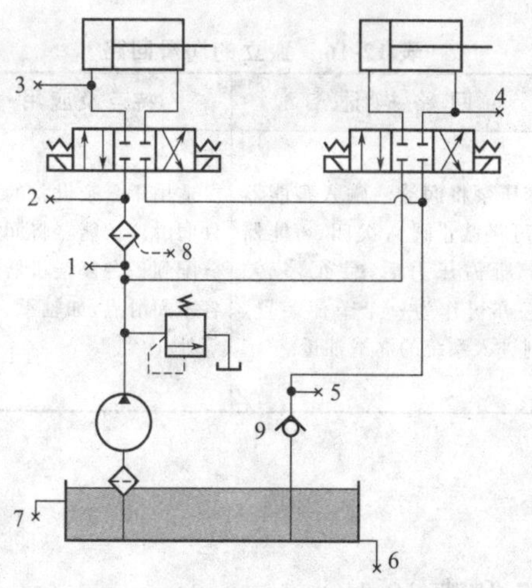

图 12-19 油液清洁度检查回路

表 12-19 油液清洁度检查回路

回路描述	特点及应用
1用来检查来自液压泵的油液清洁度。2用来检查滤油器的滤油效果。3和4用来检查油管及液压缸内的油液污染情况。5用来检查回油路的油液污染情况。6用来检查沉淀在油箱底部的污染物质。7用来检查油箱内油液情况。8用来检查由滤油器出来的水分和杂质	本回路可在液压设备工作一段时间后，检查油液的污染程度 在油箱附近回油管装背压阀9，使整个回路内经常充满油，以防管道生锈

12.3.4 管路较长时的清洗回路（图 12-20 和表 12-20）

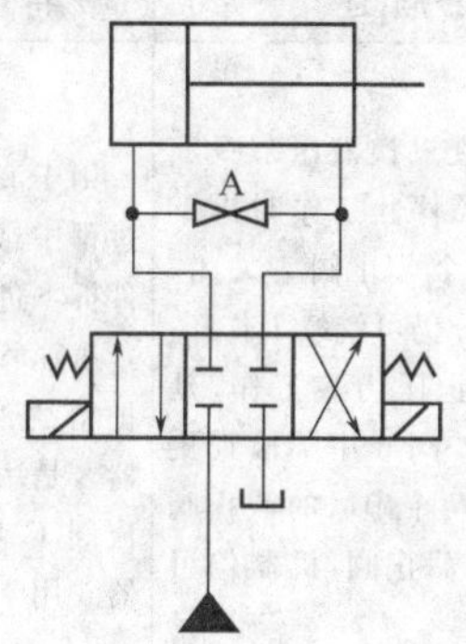

图 12-20 管路较长时的清洗回路

表 12-20 管路较长时的清洗回路

回路描述	特点及应用
当换向阀与液压缸之间的配管较长时，可用一根油管与液压缸并联，平时用截止阀关闭，需作管内冲洗时，打开截止阀A进行冲洗	该回路适用于液压系统长管路的清洗。液压机械在经过一段时间的运行后，必须定期清洗换油

12.4 防止活塞前冲的回路

12.4.1 限制调速阀进口最大压差防前冲的回路（图 12-21 和表 12-21）

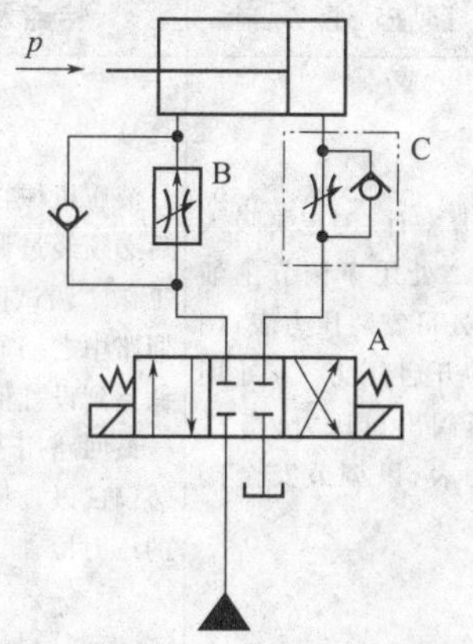

图 12-21 限制调速阀进出口最大压差防前冲的回路

表 12-21 限制调速阀进出口最大压差防前冲的回路

回路描述	特点及应用
当换向阀A切换至右位后，液压缸右腔的压力并不是液压源的压力，而是节流阀C下游的较低压力，因此阀B的进出油口压差很小，活塞由停止转慢进时不会有一时性的大流量通过阀B，防止了活塞的前冲	适用于对速度换接平稳性要求较高的场合

12.4.2 使调速阀预先处于工作状态防前冲的回路（图12-22和表12-22）

12.4.3 用专用阀防前冲的回路（图12-23和表12-23）

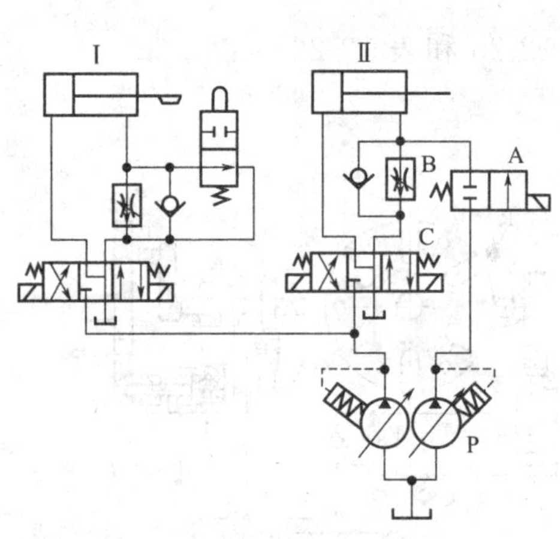

图12-22 使调速阀预先处于工作状态防前冲的回路

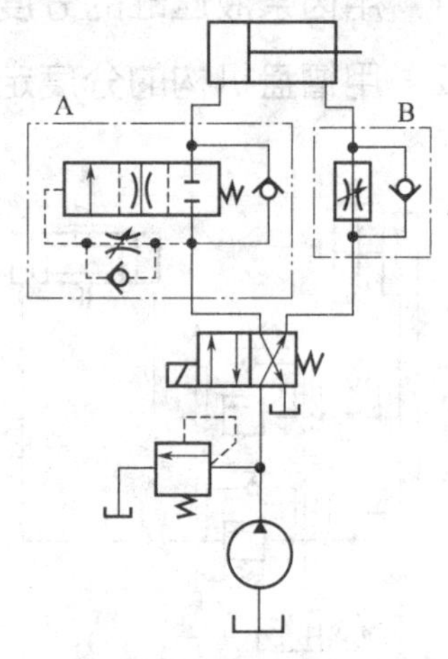

图12-23 用专用阀防前冲的回路

表12-22 使调速阀预先处于工作状态防前冲的回路

回路描述	特点及应用
当换向阀C在中位时，使阀A通电，用单独的液压泵P预先使少量的油流过阀B，使阀B处于工作状态。当阀C通电切换至右位时，阀A断电，缸Ⅱ慢进，因阀B已处于工作状态，故缸Ⅱ启动不会前冲	该回路可使多执行装置交替动作时平稳启动 回路结构复杂，用于平稳性要求高的重要场合

表12-23 用专用阀防前冲的回路

回路描述	特点及应用
当电磁换向阀通电后，压力油流入专用阀A，使专用阀A阀芯逐渐移动，油路即逐渐开大，液压缸活塞也逐渐移动，防止了活塞启动时因调速阀B处于非工作状态而引起活塞的前冲	本回路在进油路上安装专用的单向液动换向阀，调节节流阀可改变切换时间，使活塞平稳右移，适用于大流量系统

12.4.4 防止活塞由快进转慢进时前冲的回路（图12-24和表12-24）

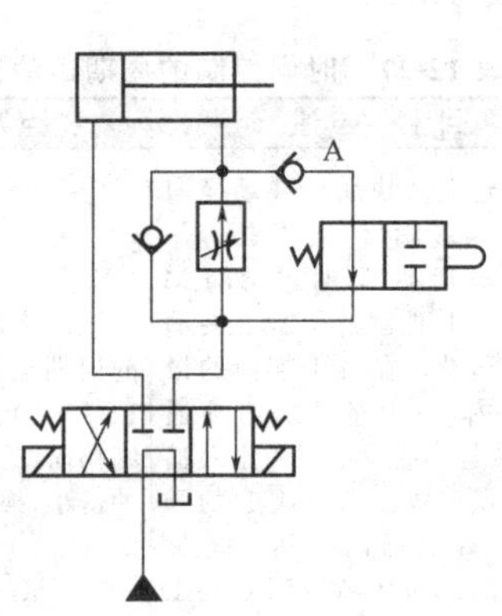

图12-24 防止活塞由快进转慢进时前冲的回路

表12-24 防止活塞由快进转慢进时前冲的回路

回路描述	特点及应用
液压缸活塞向右快进时，由于背压阀A使液压缸回油腔产生一定的背压，因此使调速阀的压力补偿阀芯处于工作状态，因而减小活塞由快进转慢进时的前冲	本回路是用背压阀使调速阀预先处于工作状态防止前冲的回路，阀A调压值一般在0.2～0.3MPa。适用于机床液压系统

12.5 分度定位回路

12.5.1 用齿条液压缸的分度定位回路（图 12-25 和表 12-25）

12.5.2 用槽盘机构的分度定位回路（图 12-26 和表 12-26）

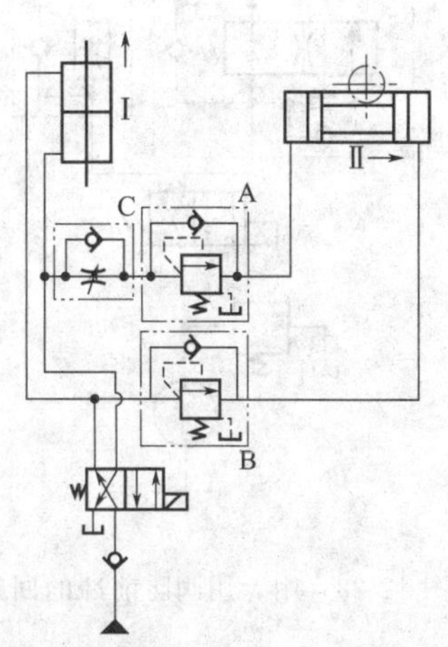

图 12-25 用齿条液压缸的分度定位回路

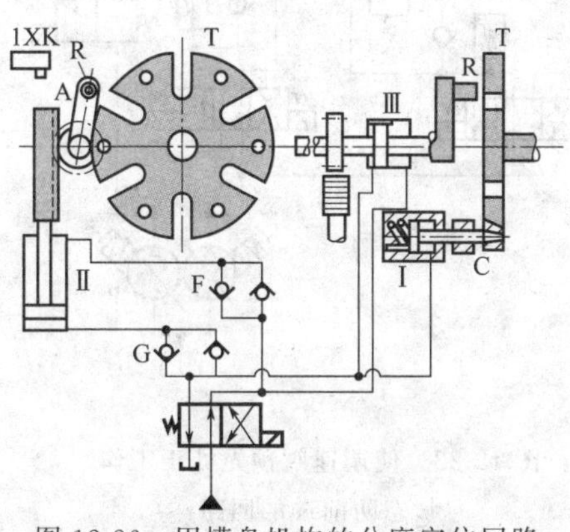

图 12-26 用槽盘机构的分度定位回路

表 12-25 用齿条液压缸的分度定位回路

回路描述	特点及应用
分度时换向阀通电，缸Ⅰ将工作台(上齿盘)抬起使之与下齿盘脱开啮合，同时使传动齿轮与齿条液压缸Ⅱ的齿条啮合。油压升高后，打开顺序阀 A，压力油流入缸Ⅱ使工作台回转。当齿条撞到缸Ⅱ内的可调挡块后，回转结束，换向阀断电，缸Ⅰ使工作台落下由齿盘定位，齿条液压缸Ⅱ脱开啮合。缸Ⅰ使工作台夹紧后，油压升高，打开顺序阀 B，使缸Ⅱ的齿条活塞向左退回	该回路通过垂直液压缸和齿轮齿条液压缸的协调动作来实现工作机构的分度定位 阀 B 和阀 A 的调压值应分别比缸Ⅰ上腔和下腔的工作压力高 0.5～0.8MPa

表 12-26 用槽盘机构的分度定位回路

回路描述	特点及应用
分度时换向阀通电，压力油流入缸Ⅲ与Ⅰ，分别把滚子 R 推至槽盘 T 平面和把定位销 C 拔出。压力升高后，压力油经背压阀 G 使缸Ⅱ活塞与齿条上移，通过齿轮使滚子臂 A 转动 180°，滚子 R 进入槽内，使槽盘 T 旋转分度。分度后，齿条使微动开关 1XK 动作，电磁换向阀断电，定位销 C 由弹簧力插入定位孔，缸Ⅲ使滚子 R 退出槽盘 T 平面。压力升高后，压力油背压阀 F 使缸Ⅱ活塞下移，滚子臂 A 反向转动 180°至原位	该回路通过液压驱动的槽盘机构实现分度定位 背压阀 G 的调压值应足以使单作用缸Ⅰ动作

12.6 周期运动回路

12.6.1 时间控制的周期运动回路（图 12-27 和表 12-27）

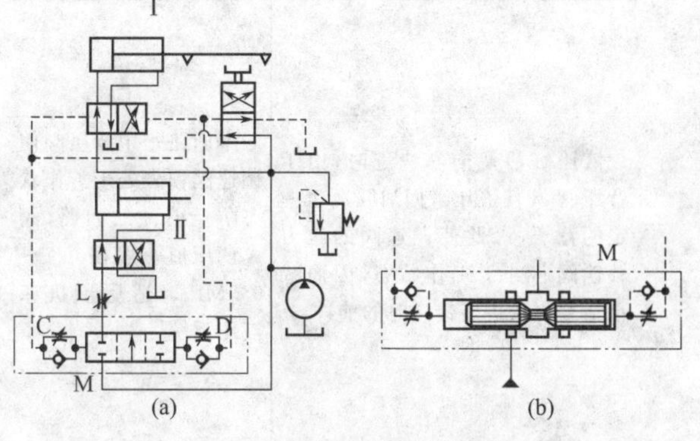

图 12-27 时间控制的周期运动回路

表 12-27 时间控制的周期运动回路

回路描述	特点及应用
工作台上滑块切换液动换向阀的先导转阀，使液压缸Ⅰ作连续往返运动，同时进给阀 M 与节流阀 L 控制进给缸Ⅱ的周期进给运动。在缸Ⅰ换向的极短时间内，使少量的压力油通过阀 M 与 L 流入缸Ⅱ，流入缸Ⅱ的油量取决于节流阀 L 的开度与阀 M 的通油时间。阀 M 的通油时间可用节流阀 C 与 D 进行调节	该回路是时间控制的周期运动回路，图 12-27(b)是阀 M 的结构简图。回路换向冲击小，换向精度高

12.6.2　行程控制的周期运动回路（图 12-28 和表 12-28）

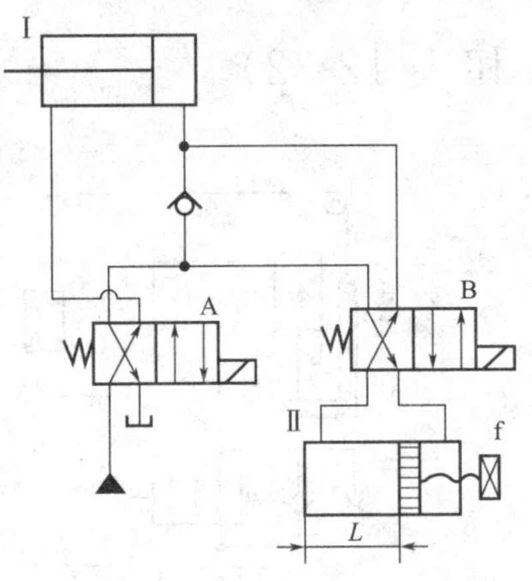

图 12-28　行程控制的周期运动回路

表 12-28　行程控制的周期运动回路

回路描述	特点及应用
换向阀 A 通电，压力油流入定容液压缸Ⅱ右腔，其左腔一定量的油压入缸Ⅰ右腔，于是缸Ⅰ活塞向左进给一次，进给量的大小取决于缸Ⅱ活塞的行程 *L*，并可由调节螺钉 f 进行调节。活塞进给时，单向阀自动关闭 再次进给时，B 通电，缸Ⅱ活塞将一定量的油压入缸Ⅰ右腔，缸Ⅰ活塞又向左进给一次。阀 B 周期通断可使缸Ⅰ活塞周期向左进给。阀 A 断电后，活塞立即向右快退	该回路可使液压缸Ⅰ活塞周期性多次进给，并能快速退回。用于驱动步进装置的液压系统。进给精度取决于阀 B 与缸Ⅱ的泄漏量

12.7　摆动回路（图 12-29 和表 12-29）

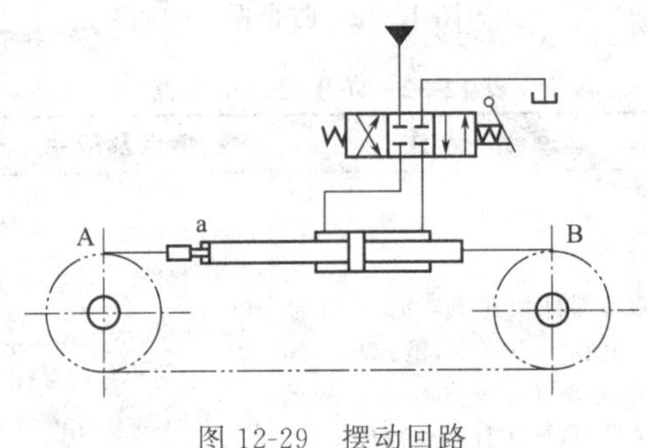

图 12-29　摆动回路

表 12-29　摆动回路

回路描述	特点及应用
A 为驱动链轮，B 为从动链轮。用一个双杆液压缸与两个链轮使弯管机等工作部件摆动	为了消除链条间隙，设有链条张力调节装置 a。适用于弯管机液压系统

12.8　断续运动回路

12.8.1　用行程换向阀控制的断续运动回路（图 12-30 和表 12-30）

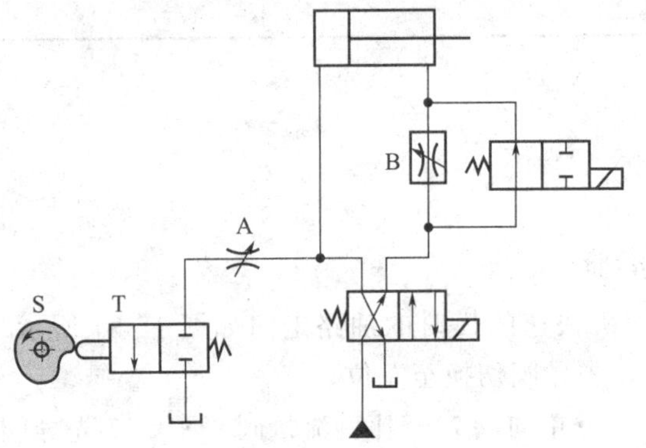

图 12-30　用行程换向阀控制的断续运动回路

表 12-30　用行程换向阀控制的断续运动回路

回路描述	特点及应用
用一个凸轮 S 使行程换向阀 T 时而打开，时而关闭，使液压缸进给速度时快时慢，从而实现断续运动 当凸轮 S 使阀 T 关闭时，液压缸速度取决于调速阀 B。当凸轮 S 使阀 T 打开时，液压缸速度取决于调速阀 B 与节流阀 A	该回路为用行程换向阀控制的断续运动回路

12.8.2 用专用阀控制的断续运动回路（图 12-31 和表 12-31）

12.9 防止振荡的回路（图 12-32 和表 12-32）

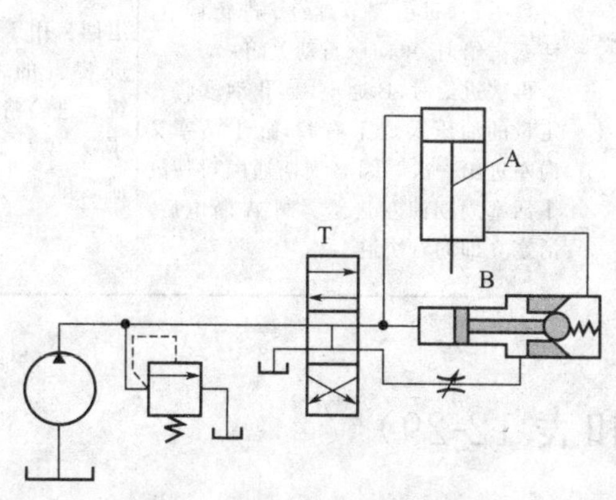

图 12-31 用专用阀控制的断续运动回路

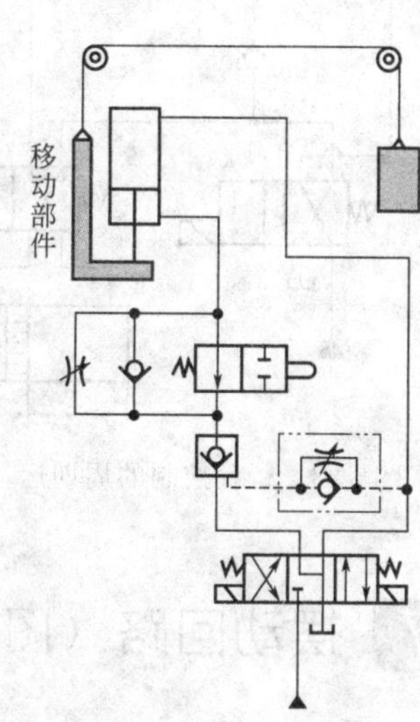

图 12-32 防止振荡的回路

表 12-31 用专用阀控制的断续运动回路

回路描述	特点及应用
换向阀 T 上位时，油液进入液压缸上腔，由于下腔回油路被单向阀关闭，油压升高推动活塞 B 右移，打开单向阀，液压缸下腔通过单向阀与节流阀回油，活塞下行。由于节流阀引起的背压使活塞 A 下腔的油因上下端面积差而增压，活塞 B 左端的压力比右端小，活塞 B 左移使单向阀关闭，活塞 A 停止。但这时活塞 B 右端的油继续从节流阀流出，油压随之降低，当活塞 B 右端的压力低于左端的压力时，活塞 B 又右移打开单向阀，活塞 A 又下行，形成断续运动	该回路可用于机床液压系统，活塞 A 为工作活塞，由专用阀控制可使其断续下行 为了保证活塞 B 能顶开单向阀，活塞 B 左侧面积与单向阀钢球的有效承压面积之比应大于活塞 A 上端面积与活塞 A 下端面积之比

表 12-32 防止振荡的回路

回路描述	特点及应用
移动部件快速下降时，由于液压缸上腔压力降低，液控单向阀关闭，移动部件停止运动，上腔压力又升高，再次打开液控单向阀，移动部件又下降，产生振荡动作。本回路在液控单向阀的控制油路上装单向节流阀，使液控单向阀不因控制油压降低而立即关闭，消除了振荡现象	为了防止移动部件下滑，本回路装有液控单向阀，与单向节流阀共同作用可消除振荡 该回路适用于立式机床液压系统

12.10 其他回路应用实例

12.10.1 注塑机模运动液压油路的安全措施

模运动液压部分油路如图 12-33 所示。注塑机快速闭模时的油路走向如图 12-34 所示。此时，模运动换向阀 17 先导阀左侧电磁铁得电，先导阀切换至左位。

先导控制进油路：（小泵 1→单向阀 6＋大泵 2→单向阀 7）→比例流量阀 8→阀 17 先导阀 x→行程阀 18→阀 17 主阀左端 a 处。

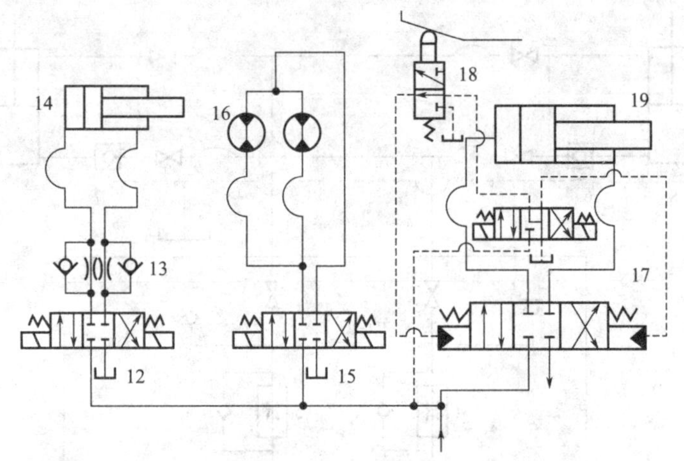

图 12-33　注塑机模运动液压回路

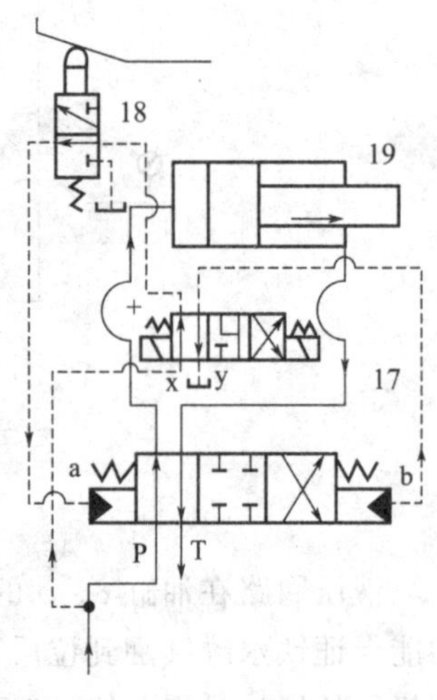

图 12-34　闭模时的油路走向

先导控制回油路：阀 17 主阀右端 b 处→阀 17 先导阀 y→油箱。

此时，主阀切换至左位。

主进油路：（小泵 1→单向阀 6＋大泵 2→单向阀 7）→比例流量阀 8→阀 17 主阀 P→液压缸 19 无杆腔。

主回油路：液压缸 19 有杆腔→阀 17 主阀 T→油箱。

此时，主缸右行，快速闭模。

动作起始信号：闭模启动按钮被按，模运动换向阀 17 先导阀左侧电磁铁得电。动作结束信号：闭模缸到位行程开关被按，模运动换向阀 17 先导阀左侧电磁铁断电。

在油路中，阀 18 起安全保护作用。只有安全门关了，压下阀 18 的阀杆，才能接通电液阀 17 的控制油路，阀 17 才能换向，闭模运动才能进行。

12.10.2　铁水倾翻车液压系统

KR 铁水倾翻车是炼钢厂铁水预处理工艺环节中的关键设备之一。铁水罐在倾翻车上先完成对铁水的搅拌然后进行扒渣处理，在进行扒渣前需要由两个液压油缸来实现铁水罐的倾翻。由于负载较大，所以该液压系统回路采用了液控单向阀与节流阀串联来控制油缸速度，并利用液控单向阀锁紧性能，实现铁水包倾翻停止准确、安全定位的目的。

图 12-35 是 KR 铁水罐倾翻车液压系统原理图。由泵 1 输出压力油进入单向阀再由三位四通电液换向阀 3 控制执行油缸 8、9。

倾翻缸上升时电液换向阀 3 的 DT1 得电，压力油经过调速阀 4、液控单向阀 6、7 进入液压缸 8、9 的无杆腔，同时有杆腔回油，上升过程中满足平稳运行的要求。当液压缸运行到停止位时 DT1 失电，电液换向阀 3 回到中位，由于中位机能为 Y 型，即使由于内泄产生的压力油也能够泄回油箱而不会受重力挤压产生振动，因此上升转停止时不会产生振动。

倾翻缸下降时电液换向阀 3 的 2DT 得电，压力油通过调速阀 5 进入液压缸 8、9 的有杆腔，同时液控单向阀的控制油路也有压力使回油路液控单向阀 6、7 打开，使液压缸 8、9 回油从而实现下降。

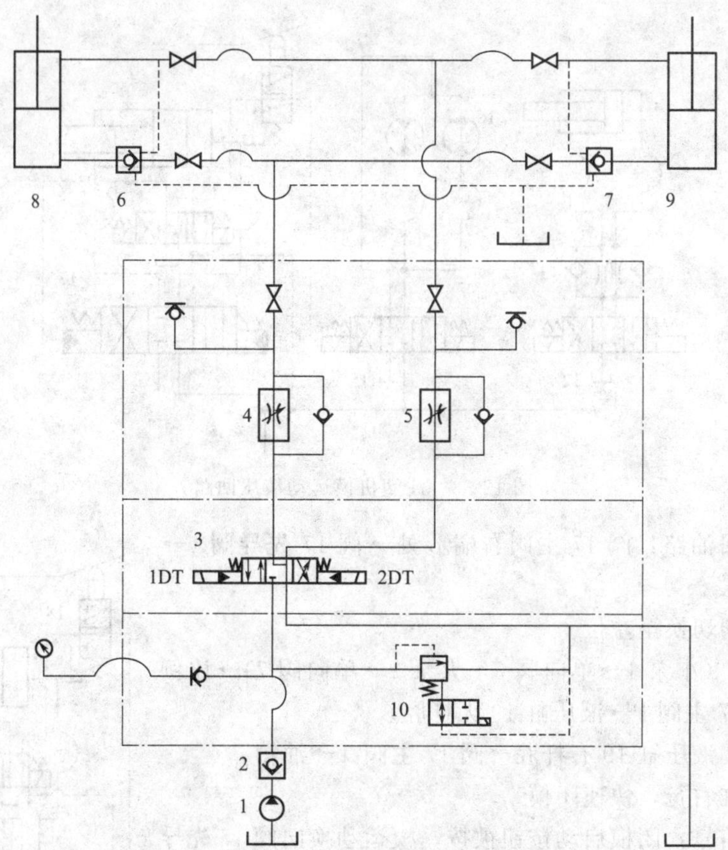

图 12-35 KR 铁水罐倾翻车液压系统原理

液压回路在油缸 8、9 的无杆腔分别安装了液控单向阀，是利用液控单向阀的反向锁紧功能保证铁水罐倾翻到位后不下滑，同时需要反向打开时能够打开。电液换向阀阀 3 选用 Y 型机能的好处是需要停止时压力油不被立即封闭，也使电液换向阀产生的内泄油能够回油箱，避免停止时产生冲击和振动，并使换向阀处于中位时液控单向阀控制端无压力，保证液控单向阀封牢。单向调速阀 4、5 构成回油调速回路，作用是使回油有一定背压，使速度可控，实现运动过程的平稳可调。电磁溢流阀 10 用于设定系统压力、卸荷控制、扒渣处理过程中液压缸不动作时压力油排回油箱。

此回路管路较长，为方便清洗及故障检查，回路在多处设置了截止阀。

12.10.3 机床液压回路换向前冲的处理

液压系统中经常有多个换向阀控制同一个液压缸的情况，对二位或三位换向阀来说，存在因换向时间不等而带来的故障。在组合机床和自动线液压系统中，一般要求液压缸完成快进、加工和快退的工作循环，动作转换平稳无冲击，转换时停位准确。某液压系统原理如图 12-36(a) 所示，在实际工作中液压缸由加工转为快退时，停位不准确，有瞬时前冲，然后才快退，影响了加工精度，严重时还可能损坏工件与刀具。

该系统之所以会出现上述故障，是因为液压缸进行慢速加工时，三位四通阀处于左位，二位二通阀处于右位。当转为快退时，要求三位和二位阀的电磁铁必须同时得电及时换向。由于三位阀换向时间滞后于二位阀，在二位二通阀左位接通的一瞬间，三位四通阀尚未动

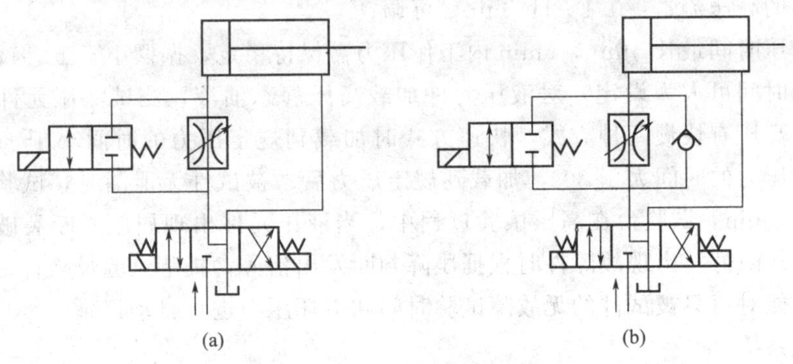

图 12-36　换向回路

作，仍处在左位，于是大量压力油进入液压缸工作腔，使液压缸出现瞬时前冲。当三位四通阀换向终了后，压力油才全部进入液压缸的有杆腔，无杆腔的油液才经二位二通阀回油箱。

增加一个单向阀和调速阀并联，改进后的油路如图 12-36(b) 所示。当工进转快退时，只让三位四通换向阀通电换位即可完成，避免了液压缸前冲的故障，保证了系统安全可靠地工作。

12.10.4　液压阀疲劳及耐高压试验系统

液压阀抗疲劳及耐高压性能是其可靠性重要技术指标。液压阀疲劳及耐高压试验台主要用于液压阀体的疲劳试验及液压阀耐高压试验，通过长时间对阀加载交变高压油液，测试各类液压元件的耐高压程度和疲劳破坏的加载应力，可进一步分析元件失效的因素与机理，并为元件的可靠性改进提供依据。测试技术与液压元件可靠性密切相关。液压阀疲劳及耐高压测试的难点是压力高、要提供高频液压脉冲，对节能与可靠性也有较高要求。

(1) 主要技术参数和技术要求

根据用户工程机械多路阀疲劳试验及耐高压试验需求，确定了主要技术参数和技术要求。

① 交变应力加载疲劳试验对试验台的技术要求

泵工作流量：普通电机配变频器调速，最大流量 80L/min；

系统输出最高压力：60MPa；

系统输出交变压力频率：1～3Hz，实际试验频率与被试件高压腔容积有关，高压腔容积增大，实际试验频率减小；

系统输出交变压力振幅：最大压力振幅 40MPa，可调。

输出交变压力的波形可以调节为三角波、正弦波和方波，其中，方波的占空比可调。

连续工作时间：大于 200h；

试验油温：50～80℃可控。

长时间对阀体加载交变高压静态油液，测试阀体疲劳破坏的加载应力。应能对无故障试验时间和每只被试件的循环加载次数进行自动记录。当出现外泄漏或疲劳破坏，即视为故障件。出现故障件时应发出信号，提醒试验员换件。外泄漏采用人工监测。

② 耐高压试验对试验台的技术要求

系统输出工作压力：50～90MPa，可调；

试验油温：50～80℃可控；

系统输出的高压流量：0.1～1L/min，可调；

单次耐高压时间最长5min，5min内工作压力需保持稳定，振摆小于±2%；

长时间（时间可人为设定）对液压元件加载高压静态油液，测试液压元件的耐高压程度。油液加载高压有快慢两种方式，快速方式时加载到规定压力的时间小于1s，慢速方式时加载到规定压力的时间大于30s，加载到规定压力后，被试件无泄漏时，试验台要求能够保持压力稳定5min。试验台在高压试验过程中，当液压元件出现屈服或断裂破坏、出现外泄漏，即视为故障件。出现故障件时根据压降判断发出信号，提醒试验员换件。外泄漏采用人工监测。应能对每只被试件的无故障试验时间和破坏压力进行自动记录。

（2）液压系统

① 主液压系统　采用二级增压系统，主液压源采用变频器，控制柱塞泵，实现流量的无级稳定调控，以主泵为动力源，配置ATOS比例溢流阀和安全溢流阀，实现压力精确控制，以2个增压比为4∶1的增压缸，同时配置2个美国进口MOOG伺服阀，分别实现高频与低频压力检测；以增压比为4.5∶1的大增压缸实现高压耐压检测。系统如图12-37所示。

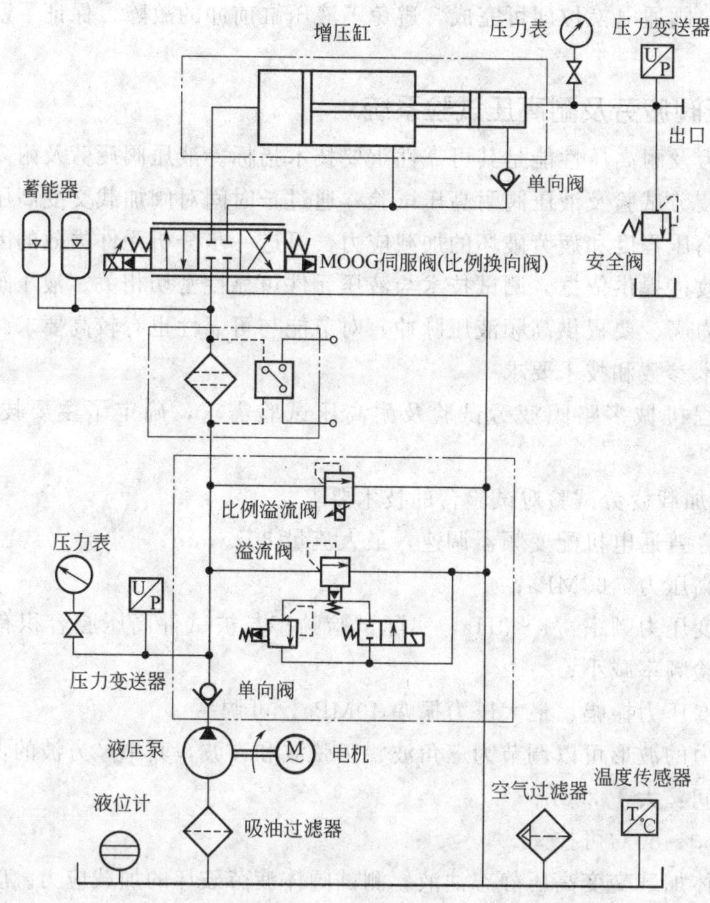

图12-37　液压阀疲劳及耐高压试验台主液压系统

② 增压缸及主控制阀　增压缸及主控制阀是系统的关键元件，根据不同技术要求作了选择。

增压比为4∶1的高频增压缸1由德国HANSHEN制造，大活塞直径是80mm，小活塞直径是40mm，给大面积活塞腔25MPa压力，小面积腔可产生100MPa的压力，设计压力

100MPa。活塞最大行程是 70mm，活塞往复运动频率 2～4Hz。

增压比为 4∶1 的低频增压缸 2 由国内制造，大活塞直径是 100mm，小活塞直径是 50mm，给大面积活塞腔 20MPa 压力，小面积腔可产生 80MPa 的压力，设计压力 80MPa。活塞最大行程是 200mm，活塞往复运动频率 1～2Hz。图 12-38 所示为增压缸结构。

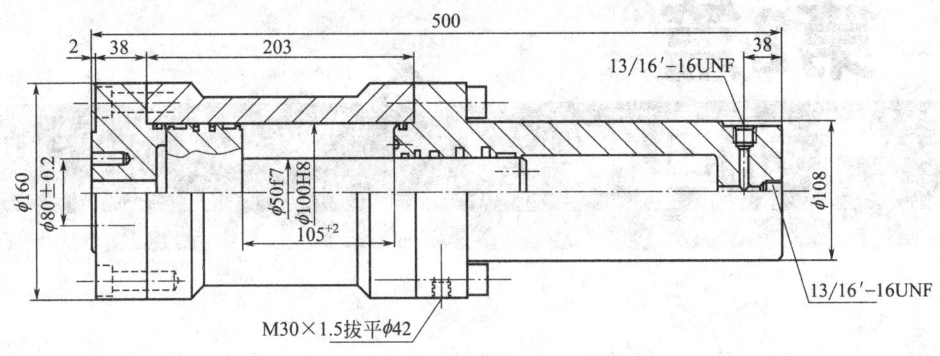

图 12-38　增压缸结构

增压缸 1、增压缸 2 的控制阀选用美国 MOOG 公司生产的伺服阀，额定压力 28MPa 以上，阀压降为 3MPa 时的通过流量大于 100L/min，带压力反馈。

增压比为 4.5∶1 的高压增压缸 3 由国内制造，大活塞直径是 150mm，小活塞直径是 70mm，给大面积活塞腔 25MPa 压力，小面积腔可产生 115MPa 的压力，设计压力 115MPa。活塞最大行程是 500mm。增压缸 3 的控制阀选用 ATOS 的三位四通比例换向阀。

高频增压缸 1、低频增压缸 2、高压增压缸 3（耐压缸）出口都设有安全溢流阀，设定压力为 100MPA。

③ 液压泵站　主泵选用力源柱塞泵，压力由 ATOS 比例溢流阀电气调节，流量由变频器控制电机转速调节；电机为三相异步电机，变频调速；设有精密过滤器，保证油液系统的清洁度在 NAS1638 规定中的 5 级以上，确保 MOOG 伺服阀的正常工作；粗过滤器用于保证油液的初步清洁要求，保护油泵及控制阀的正常运行；ATOS 电磁比例溢流阀用于实现电器系统自动控制。软件参数设置调压功能，其中比例电磁铁起先导溢流控制作用，比例电磁铁不得电，系统相当于全开，压力为零。当给电磁铁一定的电流，系统对应一定的压力。

ATOS 电磁安全溢流阀用于实现电器系统自动控制。软件参数设置安全卸压功能，设定一个比系统压力稍高的定值，当系统压力突然超过此定值，则安全阀起卸压作用，卸除部分压力，系统压力下降到设定值以下，安全阀弹簧自动复位。其中电磁阀起旁通开关作用，当电磁阀不给电，则系统流体经旁通流回油箱，系统不憋压。当电磁阀给电后，系统才憋压，安全阀才起作用。ATOS 安全溢流阀设定压力为 30MPa；温度传感器用于监测油液系统的温度；液位传感器用于监测油箱油液位置，当液位低于设定位置，则关闭电源，停止泵工作；另设有冷却系统齿轮泵系统，实现油液的循环、冷却、加油、充油、清洁、过滤作用。

第2篇 气动回路

气动（pneumatic）是“气压传动与控制”的简称。气动技术是以空气压缩机为动力源，以压缩空气为工作介质，进行能量传递或信号传递的工程技术，是实现各种生产控制、自动控制的重要手段之一。

人们利用压缩空气完成各种工作的历史可以追溯到远古，但作为气动技术的应用，大约开始于1776年John Wikinson发明能产生1个大气压左右的空气压缩机。20世纪30年代初，气动技术成功地应用于自动门的开闭及各种机械的辅助动作上。20世纪60年代尤其是70年代初，随着工业机械化和自动化的发展，气动技术才广泛应用在生产自动化的各个领域，形成了现代气动技术。

气动自动化控制技术是利用压缩空气作为传递动力或信号的工作介质，通过各类气动元件，与机械、液压、电气、PLC控制器和微机等综合构成气动系统，使气动执行元件自动按设定的程序运行。用气动自动化控制技术实现生产过程自动化，是现代工业自动化的一种重要技术手段。

第13章 气源装置及压力控制回路

13.1 气源装置的组成

气动系统对压缩空气品质有较高的要求，需要设置气源装置。一般气源装置的组成和布置如图13-1所示。

空气压缩机产生一定压力和流量的压缩空气，其吸气口装有空气过滤器。冷却器用以将压缩空气的温度从140～170℃降至40～50℃，使高温气化的油分、水分凝结出来。油水分离器使降温冷凝出的油滴、水滴等从压缩空气中分离出来，从排污口排出。储气罐用来储存压缩空气并稳定气压，同时还可以除去压缩空气中的部分水分和油分。干燥器进一步吸收、排除压缩空气中的水分、油分等，使之变成干燥空气。过滤器进一步过滤压缩空气中的灰尘颗粒杂质。

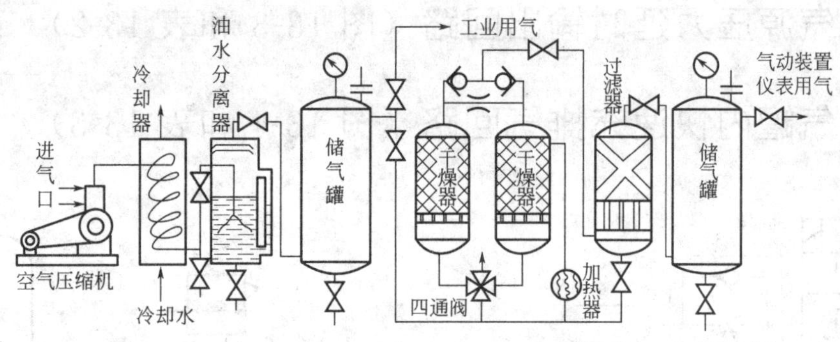

图 13-1　压缩空气站净化流程示意图

压力控制包含两方面的内容：一是控制气源压力，避免出现过高压力，以致使配管或元件损坏，以确保气动系统的安全；二是控制工作压力，给气动元件提供必要的工作条件，维持气动元件的性能和气动回路的功能，控制气缸所要求的输出力及运动速度。

13.2 气源压力控制回路（图 13-2 和表 13-1）

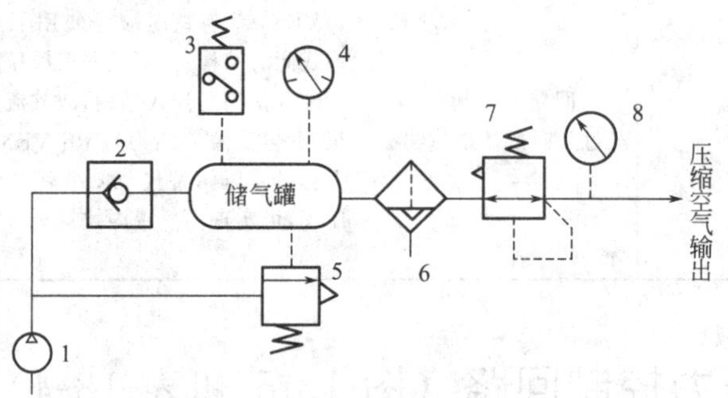

图 13-2　气源压力控制回路

1—空压机；2—单向阀；3—压力继电器；4—电触点压力表；5—安全阀；6—空气过滤器；7—减压阀；8—压力表

表 13-1　气源压力控制回路

回路描述	特点及应用
电动机带动空压机 1 运转，空压机 1 排出的压缩气体经单向阀 2 储存在储气罐中，储气罐内气压上升。当压力升至调定的最高压力时，电触点压力表 4 内的指针碰到上触点，即控制其中间继电器断电，则电动机停转，空压机停止运动，压力不再上升 当压力下降至调定的最低压力时，电触点压力表 4 内的指针碰到下触点，中间继电器动作，则电动机启动，空压机运转，向储气罐再充气，使压力上升。电触点压力表的上下触点是可调的（可用压力继电器替代电触点压力表，二者选一即可） 阀 5 为安全阀。当电触点压力表、压力继电器或电路发生故障时，空压机若不能停止运转，则储气罐内压力会不断上升，当压力升至安全阀 5 的调定压力时，则安全阀会自动开启，以保护储气罐的安全	气源压力控制回路用于控制气源系统中储气罐的压力，使其处在一定压力范围内。从安全考虑，不得超过调定的最高压力；从保证气动系统正常工作考虑，也不低于调定的最低压力 也可采用溢流阀来控制储气罐内压力，结构简单，工作可靠，但气量损失较大，采用电触点压力表控制时，对电动机控制要求较高，故常用于小型压缩机

13.3 气源压力延时输出回路（图 13-3 和表 13-2）

13.4 气罐内快速充排气回路（图 13-4 和表 13-3）

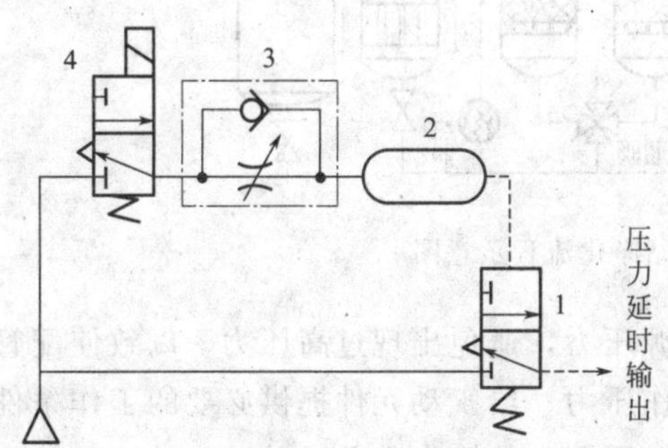

图 13-3 气源压力延时输出回路

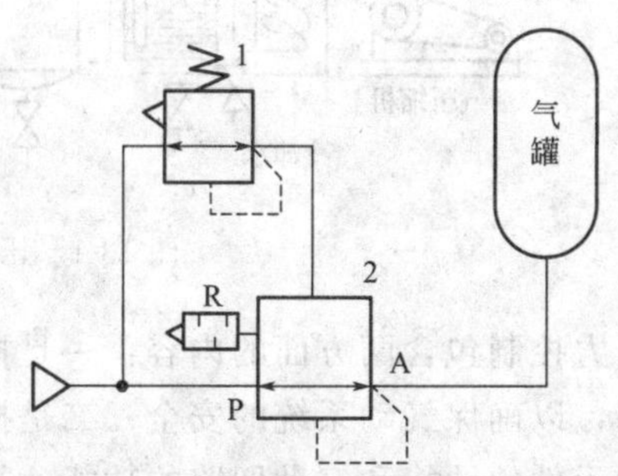

图 13-4 气罐内快速充排气回路

表 13-2 气源压力延时输出回路

回路描述	特点及应用
电磁阀 4 通电时，阀 4 切换至上位，压缩空气经单向节流阀 3 向气容 2 充气。当气容的充气压力经延时升高至使阀 1 换向时，阀 1 才有压缩空气输出	该回路为气源压力经过延时后才能输出

表 13-3 气罐内快速充排气回路

回路描述	特点及应用
VEX1 系列减压阀是使用了平衡座阀式阀芯结构，而不是一般减压阀的受压部分使用膜片式结构，故其流通能力很大(包括溢流能力)。用 VEX1 系列大功率减压阀替代 AR 系列溢流型减压阀，可实现向气罐内快速充排气	回路流通能力大，快速高效

13.5 工作压力控制回路（图 13-5 和表 13-4）

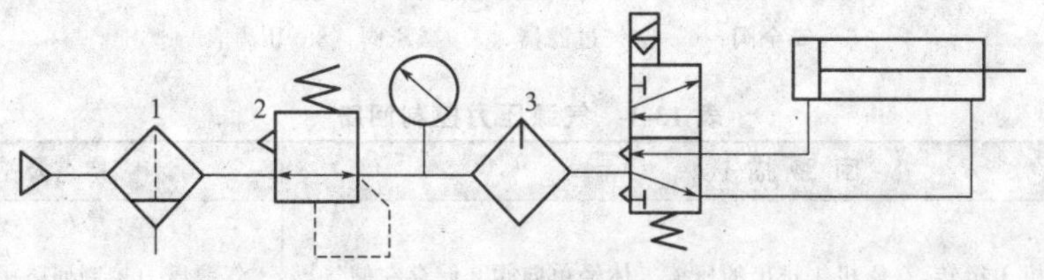

图 13-5 工作压力控制回路

表 13-4 工作压力控制回路

回路描述	特点及应用
为了使气动系统得到稳定的工作压力，调节减压阀以保证气阀、执行元件得到所需要的稳定的工作压力。输出的是气动元件所需压力稳定的、带润滑油雾的气体。若下游使用的是无给油润滑气动元件，则可不设置油雾器	工作压力控制回路通常串联在气源压力控制回路的出口 回路中的空气过滤器 1、减压阀 2 和油雾器 3 构成了气动三联件(带压力表)

13.6 高-低压转换回路

13.6.1 利用减压阀控制的高-低压转换回路（图 13-6 和表 13-5）

13.6.2 利用二位二通换向阀控制的高-低压转换回路（图 13-7 和表 13-6）

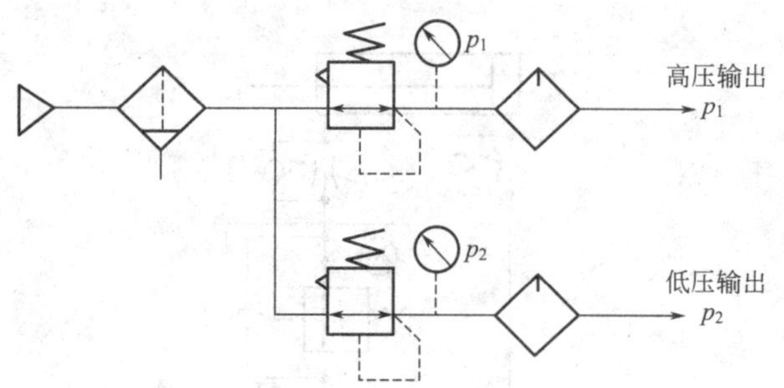

图 13-6　利用减压阀控制的高-低压转换回路

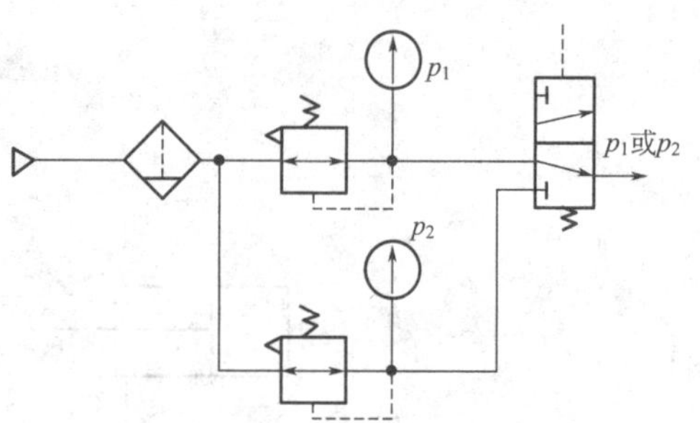

图 13-7　利用二位二通换向阀控制的高-低压转换回路

表 13-5　利用减压阀控制的高-低压转换回路

回路描述	特点及应用
在实际应用中，有些气动控制系统需要有高、低压力的选择。该回路由两个减压阀分别调出 p_1 和 p_2 两种不同的压力，气动系统就能得到所需要的高压和低压输出	该回路适用于负载差别较大的场合

表 13-6　利用二位二通换向阀控制的高-低压转换回路

回路描述	特点及应用
气源输出某一压力值，经过两个减压阀分别调制到要求的压力，当一个执行器在工作循环中需要高、低两种不同压力时，可通过二位二通换向阀进行切换	利用两个减压阀和一个二位二通换向阀构成的高、低压力 p_1 和 p_2 的切换回路，可输出高压和低压

13.6.3 利用三位三通换向阀控制的高-低压转换回路（图 13-8 和表 13-7）

13.6.4 利用外部先导电磁型大功率减压阀的高-低压转换回路（图 13-9 和表 13-8）

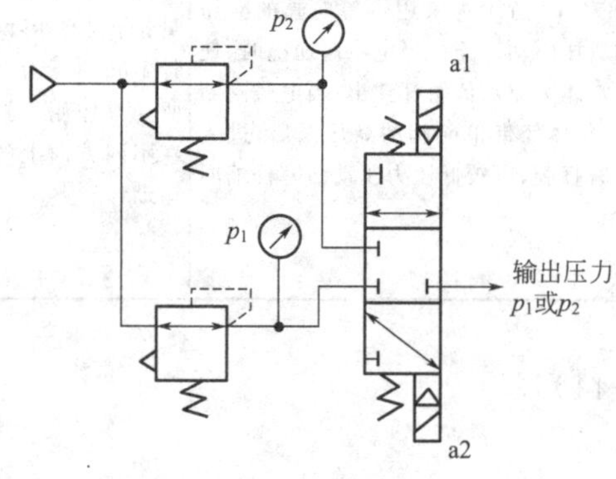

图 13-8　利用三位三通换向阀控制的高-低压转换回路

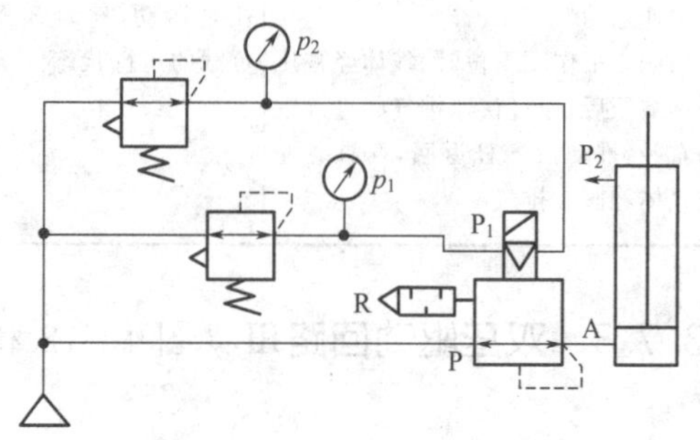

图 13-9　利用外部先导电磁型大功率减压阀的高-低压转换回路

表 13-7　利用三位三通换向阀控制的高-低压转换回路

回路描述	特点及应用
电磁阀 a1 通电，输出压力 p_1；电磁阀 a2 通电，输出压力 p_2	利用三位三通换向阀构成的高、低压力 p_1 和 p_2 的切换回路，可输出高压和低压

表 13-8　利用外部先导电磁型大功率减压阀的高-低压转换回路

回路描述	特点及应用
图 13-11 所示为使用 VEX1 系列外部先导电磁型大功率减压阀进行高-低压转换。将大功率减压阀的先导口改为压力输入口。应当注意的是，两个小型减压阀应选用溢流型减压阀，且低压侧的小型减压阀宜使用灵敏度良好的 ARP3000 系列减压阀	大功率减压阀流通能力大，效率高

13.7 双压驱动回路

13.7.1 双压驱动回路Ⅰ（图13-10和表13-9）

13.7.2 双压驱动回路Ⅱ（图13-11和表13-10）

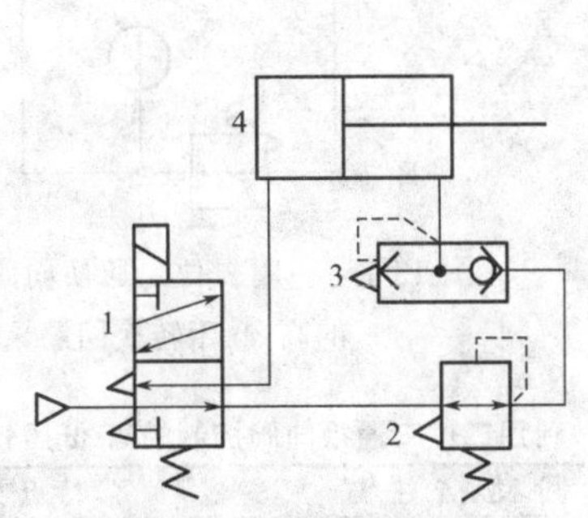

图13-10 双压驱动回路Ⅰ

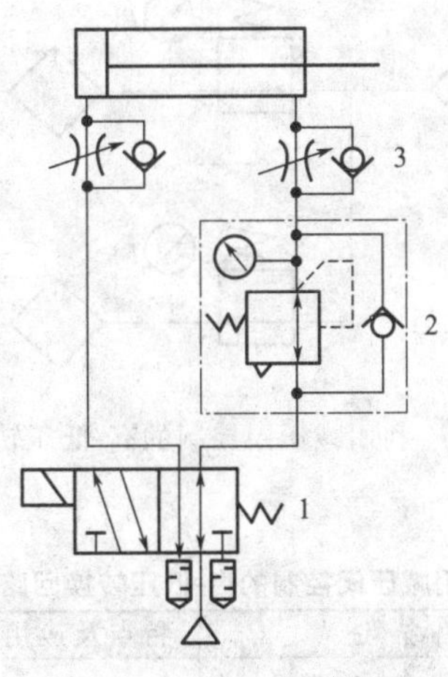

图13-11 双压驱动回路Ⅱ

表13-9 双压驱动回路Ⅰ

回路描述	特点及应用
当二位五通电磁换向阀1切换至上位时，压缩气体经阀1进入气缸4的左腔，推动活塞杆伸出，气缸的右腔经快速排气阀3快速排气，缸4实现快速运动 当阀1工作在下位时，气体经减压阀2减压后，通过快速排气阀进入缸的右腔，推动活塞杆返回，气缸4左腔气体经阀1排气	气缸在高低压力下往复运动，符合实际负载的运行状态

表13-10 双压驱动回路Ⅱ

回路描述	特点及应用
图13-13所示为采用带单向阀的减压阀的双压驱动回路。当电磁阀通电时，使用正常压力驱动活塞杆伸出；当电磁阀断电时，气体经带单向阀的减压阀后，进入气缸有杆腔，以较低压力驱动活塞杆缩回	为了节省耗气量，有时使用两种不同的压力来驱动双作用气缸在不同方向上的运动

13.7.3 双压驱动回路Ⅲ（图13-12和表13-11）

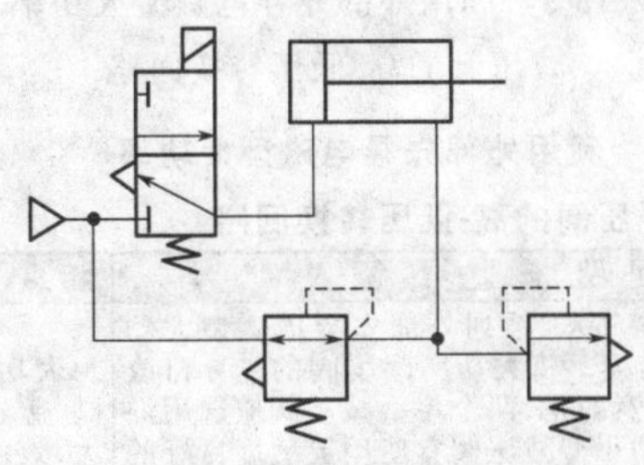

图13-12 双压驱动回路Ⅲ

表13-11 双压驱动回路Ⅲ

回路描述	特点及应用
二位三通阀安装在气缸的无杆腔侧，供给高压空气。在有杆腔侧，通过减压阀，供给低压空气，实现气缸的往复运动	通过溢流阀调整排气压力并保持气缸推力稳定的回路 低压侧的减压阀必须使用溢流式减压阀。注意，溢流阀的设定压力应略高于减压阀的设定压力

13.7.4　双压驱动回路Ⅳ（图 13-13 和表 13-12）

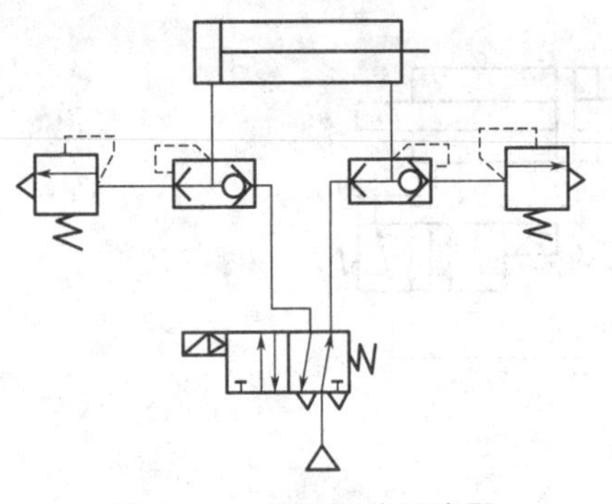

图 13-13　双压驱动回路Ⅳ

表 13-12　双压驱动回路Ⅳ

回 路 描 述	特点及应用
由两个快速排气阀和两个溢流阀组合起来双向调节排气压力，实现双压驱动	气缸的动作能适应负载变动，有过载保护的作用

13.8　多级压力驱动回路（图 13-14 和表 13-13）

13.9　压力无级调控回路（图 13-15 和表 13-14）

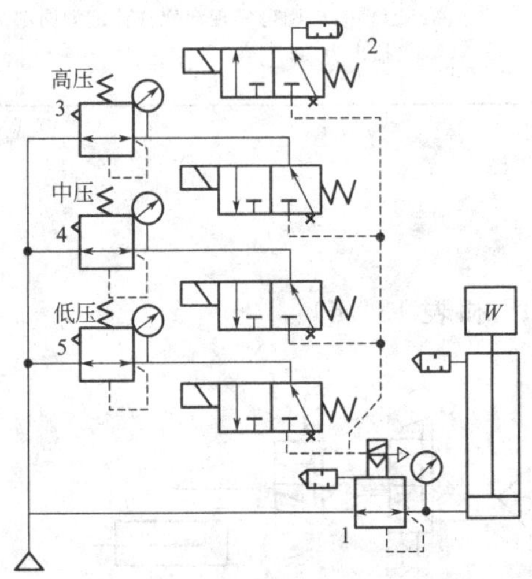

图 13-14　多级压力驱动回路

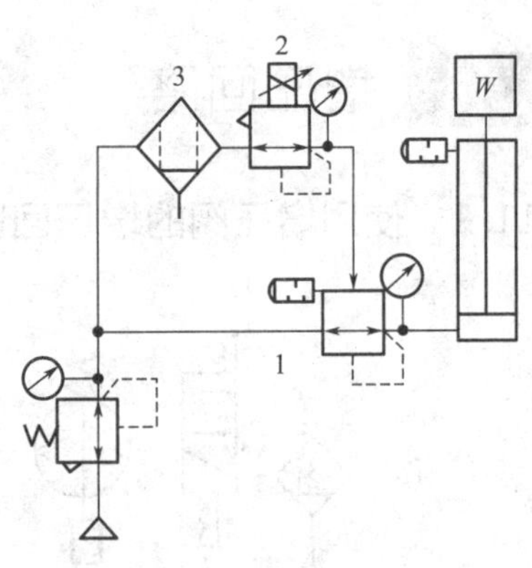

图 13-15　压力无级调控回路

表 13-13　多级压力驱动回路

回 路 描 述	特点及应用
回路中的大流量排气型减压阀 1 的先导压力是通过减压阀 3、4、5 来控制的，可根据需要设定低、中、高三种先导压力。压力切换时，电磁阀 2 须通电将先导压力卸去，然后再选择新的先导压力	该回路为使用大流量排气型减压阀进行多级压力控制的回路 通常用于平衡系统中，需要根据工作重量的不同，提供多种不同的平衡压力

表 13-14　压力无级调控回路

回 路 描 述	特点及应用
使用电气比例压力阀 2 来实现输出压力的无级调控，电气比例压力阀 2 的进口应设置微雾分离器 3，防止油雾及杂质进入电气比例阀，影响阀的性能及使用寿命。回路中的阀 1 为大流量排气型减压阀	适用于多压力等级的场合，可以避免使用太多的减压阀和电磁阀

13.10 多级力输出回路（图 13-16 和表 13-15）

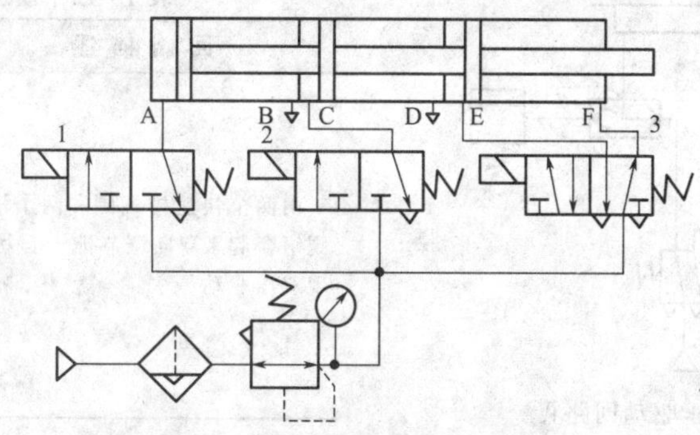

图 13-16 多级力输出回路

表 13-15 多级力输出回路

回路描述	特点及应用
气动系统中，力的控制除可以通过改变输入气缸的工作压力来实现外，还可以通过改变活塞的压力作用面积来实现。该回路是利用串联气缸实现 3 倍力控制的回路，当电磁阀 1、2 和 3 同时通电时，活塞杆上获得 3 倍的输出力 当三个阀都不通电时，压缩空气通过阀 3 使活塞杆返回	回路可以通过一个电磁阀 3 来控制串联气缸，该阀的一个输出口连接气缸 A 口、C 口和 E 口，另一输出口连接气缸的 B 口、D 口和 F 口，则可实现活塞杆伸缩方向都是三倍输出力

13.11 增压回路

13.11.1 使用增压阀的增压回路（图 13-17 和表 13-16）

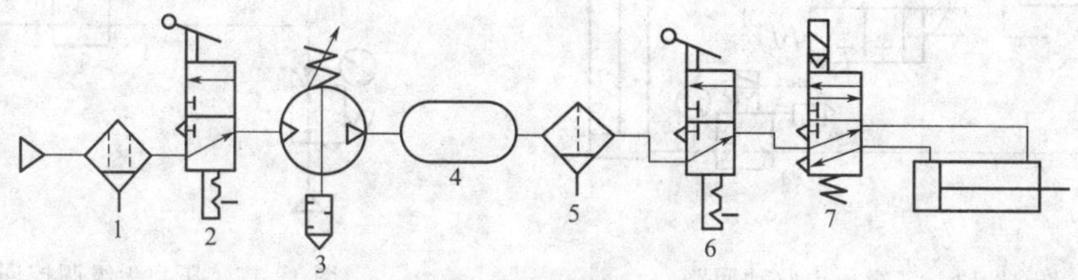

图 13-17 使用增压阀的增压回路

表 13-16 使用增压阀的增压回路

回路描述	特点及应用
增压阀 3 的一次侧，必须设置油雾分离器 1，以保护增压阀。作业完成后，一次侧压力应通过残压释放阀 2 排放掉，让增压阀停止工作。在气缸耗气量较大的情况下，增压阀 3 和主换向阀 7 之间应使用一定容积的小气罐。在二次侧，有必要安装空气过滤器 5 及油雾分离器 1 等净化元件。维修时，二次侧的残压也要迅速排放掉，故在增压阀的出口，也要设置残压释放阀 6	一般气动系统的工作压力在 0.7MPa 以下，但在有些场合，由于气缸尺寸受限制得不到应有的输出力，或局部需要使用高压时，可使用增压阀构成增压回路

13.11.2　气缸单侧增压的回路（图 13-18 和表 13-17）

13.11.3　使用气液增压器的增压回路（图 13-19 和表 13-18）

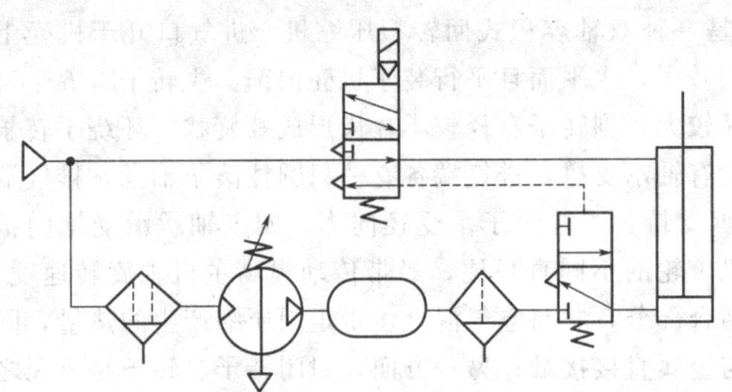

图 13-18　气缸单侧增压的回路

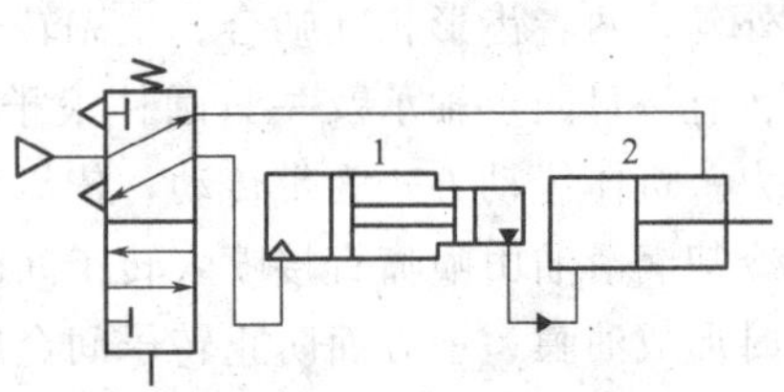

图 13-19　使用气液增压器的增压回路

表 13-17　气缸单侧增压的回路

回路描述	特点及应用
当五通电磁阀通电时，利用气控信号使气控换向阀切换，进行增压驱动；当电磁阀断电时，气缸在正常压力作用下返回	适用于只需要气缸单侧增压的场合

表 13-18　使用气液增压器的增压回路

回路描述	特点及应用
借助气液增压器 1 将较低气压力变为较高的液压力，以提高气液缸 2 输出力	气动控制的压力较低，若在狭窄空间要获得很大的作用力时，可使用气液增压器，把低压空气转换成高压油压，去推动气液工作缸动作

13.12　冲击力（冲击气缸）的控制回路（图 13-20 和表 13-19）

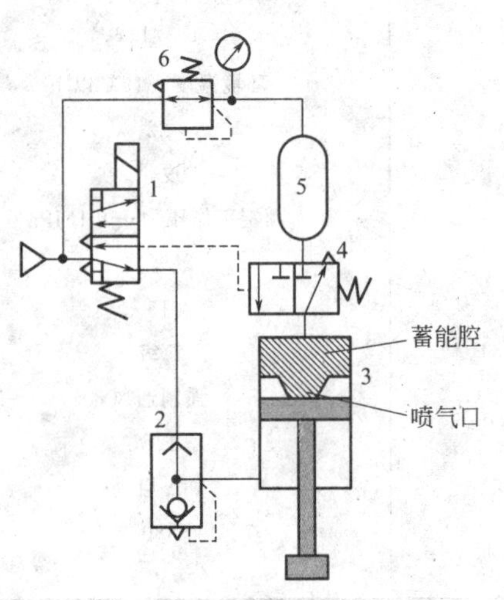

图 13-20　冲击力（冲击气缸）的控制回路

表 13-19　冲击力（冲击气缸）的控制回路

回路描述	特点及应用
阀 1 通电时，冲击气缸 3 的下腔气体经快排阀 2 迅速排气。同时使二位三通气控阀切换，小气罐 5 内的压缩空气直接进入冲击气缸的蓄能腔。蓄能腔喷口处的作用力超过活塞下腔的作用力，活塞便开启，一旦活塞开启，工作压力便迅速扩展至整个活塞上表面，活塞上下两侧产生很大的压差力，使活塞以极快的速度向下冲击。减压阀可用于调节小气罐内的压力，改变冲击的动能	冲击气缸是把压缩空气的压力能转换成运动部件的动能，利用此动能对外做功，完成打印、铆接、拆件、压套、下料、冲孔、锻压、去毛刺等多种作业

13.13　气源装置及压力控制回路应用实例

13.13.1　钢铁卷取区域喷油螺杆式空压机及应用

某钢铁公司卷取区域，有 3 台重要的设备——喷油螺杆式空压机。它为卷取机助卷辊的回抱气动系统、冷水幕辊道阀架翻转气动系统等供气。这两套气动系统直接影响着带钢生产的最后卷取成品。喷油螺杆式空压机是当今世界上空压机发展的新主流，具有振动小、噪声低、效率高、无易损件等优点。

（1）喷油螺杆式空压机

① 基本结构 喷油螺杆式空压机是一种双轴容积式回转型压缩机。进气口开于机壳上端，排气口开于下部，两只高精度主副转子，水平而且平行装于机壳内部。主转子有五个型齿，而副转子有六个型齿；主转子直径较大，副转子直径较小，齿形成螺旋状，环绕于转子外延，两者齿形相互啮合。主副转子均有轴承支撑，进气端各有一只圆柱滚子轴承，排气端各有一只四点轴承及一只圆柱滚子轴承支持。圆柱滚子承受径向力，四点轴承承受轴向推力。机体传动方式为带传动，依靠主机带轮的不同直径比，经带传动提高主机轴旋转速度。冷却润滑油由喷嘴直接喷入转子间的啮合部分，并与空气混合，带走因压缩产生的热量，同时形成油膜，一方面防止转子间金属与金属直接接触；另一方面，封闭转子、转子与机壳之间的缝隙。喷入的润滑油亦可减少高速压缩造成的噪声。

② 喷油螺杆式空压机产品规范（表 13-20）

表 13-20 喷油螺杆式空压机产品规范

	型号	SA-220A
	机体型式	SA-2
吸气	温度/℃	32～40
	压力/MPa	0.1
	相对湿度/%	80
状态	排气量/操作压力/(m^3/min/MPa)(G)	2.4/0.7 2.2/0.8 2/1.0 1.7/1.2
	排气温度/℃	环境温度＋15℃以下
	润滑油量/L	22
	传动方式	皮带
	安全阀设定压力/MPa	额定工作压力＋0.1MPa
	电动机型式	鼠笼式
	电动机功率/kW	15
	电动机绝缘等级	F级
	电动机通风方式	强制通风
	电动机转速	148
	电动机启动方式	Y-Δ启动
	电动机电压/V	380
	电动机频率/Hz	50

③ 喷油螺杆式空压机系统流程及各零部件名称（图 13-21）

（2）安全保护系统及报警装置

① 电动机过载保护 空压机系统内有两个主要电动机，即主电动机、冷却风扇电动机。若电动机电流持续超过保护装置所设定的上限，保护装置会在短时间内自动切断主电源，使空压机停止工作（液晶显示主电机过载停机/风扇电机过载停机）。此时应追查电流过载原因，及时排除故障。排除后必须按下热保护继电器复位按钮，空压机才能重新启动。

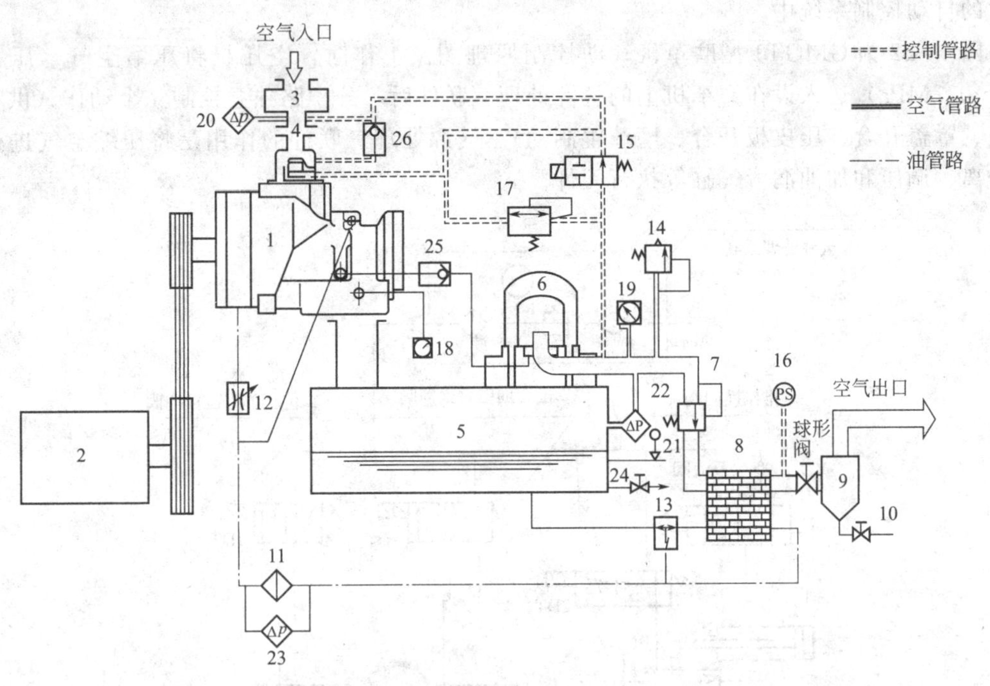

图 13-21　系统流程图

1—空压机机体；2—电动机；3—空气滤清器；4—进气阀；5—油气桶；6—油气分离器；7—压力维持阀；8—冷却器；9—油水分离器；10—排污阀；11—油过滤器；12—油流量调节阀；13—热控阀；14—安全阀；15—泄放电磁阀；16—压力开关；17—容量调节阀；18—温度开关；19—压力表；20—空气滤清器 Δp 开关；21—观油镜；22—油细分离 Δp 开关；23—油过滤器 Δp 开关；24—泄油阀；25—回油止回阀；26—单向阀

造成主电动机过载的原因有，调整排气压力高于空压机额定压力，油气分离器堵塞等；电动机内部短路或电动机缺相运行；供电电源电压过低等。

若发现空压机组在运转过程中有过载现象，应立即停车检查。

② 排气温度过高保护　空压机系统设定最高排气温度为 105℃，若超过 105℃则系统自行切断电源。造成排气温度过高的常见原因有，冷却器管道阻塞；冷却器散热片被污物阻塞；冷却风扇停止运转；环境温度过高；油量少。

③ 超压保护　当系统压力超过电脑控制系统设定保护压力时，控制系统会自动停机。一旦压力传感器失灵或控制系统出现故障，压力超过系统正常允许压力 0.1MPa 以上时，油气桶上的安全阀会自动打开泄放，起到二次安全保护作用。

④ 报警装置　系统共有三种报警装置，即空气滤清器阻塞、油过滤器阻塞和油水分离器阻塞，其指示灯均显示在仪表板上。当指示灯亮时，即表示过滤器已阻塞，但不停机，此过滤器必须在最短时间内更换。

13.13.2　磨革机气动系统

皮革机械也同其他行业的机械设备一样，自动化程度不断提高。部分皮革机械产品采用了先进的液压传动和气动控制技术，使操作更方便省力，运行更可靠，效率更高。

气动控制的工作介质为压缩空气，对环境没有任何污染，所以气动控制在机械设备的自动控制中应用十分广泛，压缩空气的工作压力多在 0.7MPa 以下，所以自动控制多用于受力不大的自动控制系统中。

图 13-22 为 GMGT1 型磨革机气动控制原理图。工作时，空压机将压缩空气（压力为 0.6～0.7MPa）送入设在磨革机上的气源处理三联件后，分 4 路独立控制 4 个动作（供料辊进退、罩盖开合、压皮板开合、磨革辊制动）。气源处理三联件的作用是将压缩空气进行水气分离、调压和加油润滑气缸等执行元件。

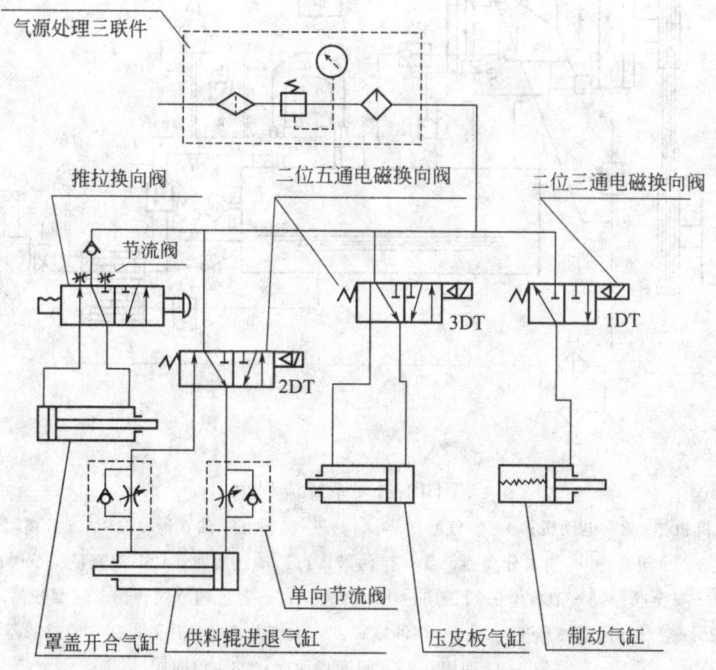

图 13-22 GMGT1 型磨革机气动控制原理图

双作用气缸采用二位五通电磁换向阀，单作用气缸采用二位三通电磁换向阀，控制罩盖开合的气缸动作需平稳无冲击，所以其出气口处设有调节平缓程度的节流阀；供料辊进退气缸要求皮革送进时动作较慢，退出时动作较快，所以设两只单向节流调速阀，分别控制供料辊进和退的速度。

该气动系统应用优质耐压塑料管和优质插入式接头，拆装快速可靠，不易漏气。主要故障是气缸在长时间使用后出现漏气现象，应注意更换气缸密封圈。此外，气源防油泥、防污染、保持干燥也不可忽略。

13.13.3 卷纸机气动系统

某公司 2 台 ZW7 型卷纸机经常发生叉臂气缸夹不紧卷纸辊和推纸器气缸推不出纸卷等故障。

（1）改造前的气动系统

改造前，控制卷纸机推纸器和叉臂气缸运动的气动系统原理如图 13-23 所示。压缩空气经过空气过滤器 1 过滤后，经减压阀 2、10、11、13 减压后通过三位九通阀 5、15 分别控制叉臂和推纸器气缸的往复运动，并且可以通过减压阀来调节叉臂气缸的夹紧力度和推纸器气缸的推出力度。气动回路中的三位九通阀 5、15 阀芯上的回路开孔较多，开孔彼此相邻紧密，结构复杂，所以要求的工作密封精度较高。因此，在实际日常生产中，随着控制阀使用次数的增加，控制阀的阀芯经常会因为被磨损而发生串气或漏气，从而导致控制推纸器和叉臂气缸的运动紊乱，影响生产。

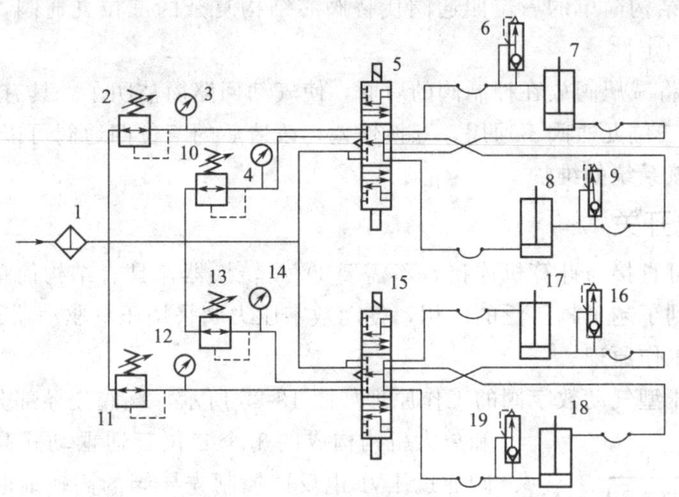

图 13-23　改造前的气动原理图

1—空气过滤器；2、10、11、13—减压阀；3、4、12、14—压力表；5、15—三位九通阀；6、9、16、19—快速排气阀；7、8—叉臂气缸；17、18—推纸气缸

另外，该气动回路过于复杂，减压阀 2、10、11、13 放置在控制阀 5、15 前，使气动回路不合乎实际生产需要。

(2) 改造后的气动系统

改造后的气动系统原理如图 13-24 所示。压缩空气经空气过滤器 1 过滤后，经过控制叉臂和推纸器气缸运动的三位四通阀 2、7 后，通过调节减压阀调节压缩空气的压力就可以直接控制和调节叉臂气缸 3、4 和推纸器气缸 5、6 的运动。系统中加入 2 个油雾器润滑叉臂和推纸器的气缸。

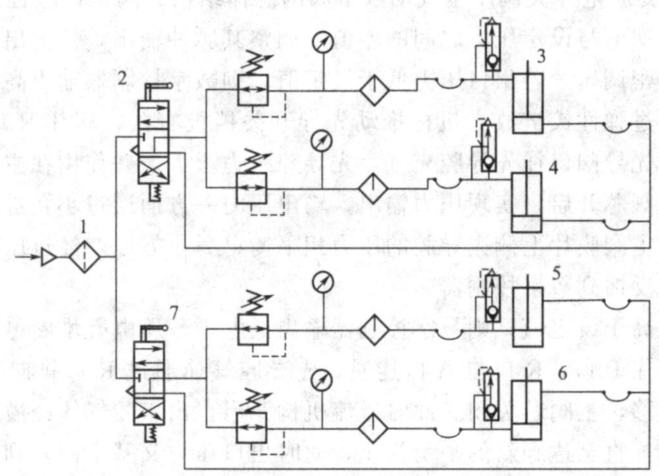

图 13-24　改造后的气动原理图

1—空气过滤器；2、7—三位四通阀；3、4—叉臂气缸；5、6—推纸器气缸

三位四通阀阀芯回路开孔较少，各开孔之间的间距较大，要求的工作密封精度不高，各开孔之间不容易产生串气。

改造后气动系统具有如下优点。

① 采用阀芯结构简单的三位四通阀代替阀芯结构复杂的三位九通阀，大大提高了气动系统的可靠性和稳定性。

② 改造后，将减压阀放在控制阀的后面，使气动回路简洁明了，具有很好的可理解性。

③ 改造前的三位九通阀不通用，互换性差，改造后的三位四通阀可以通用，互换性好，便于维修人员对该系统的维护。

13.13.4 压电开关

气动数字阀可直接与计算机连接，不需要 D/A 转换器，具有结构简单、成本低、可靠性高等优点，得到了越来越广泛的应用，气动数字压力阀采用压电驱动器有独特的优点。

（1）数字阀工作原理

压电开关调压型气动数字阀的工作原理如图 13-25 所示，该阀先导部分是由压电驱动器和放大机构构成的 1 个二位三通摆动式高速开关阀，数字阀通过压力-电反馈控制先导阀的高速通断来调节膜片式主阀的上腔压力，从而控制主阀输出压力。由于先导阀工作在不断“开”与“关”的状态，因此阀输出压力的波动是无法避免的；负载变化也会引起阀输出压力的变化。为了提高数字阀输出压力的控制精度，将输出压力实际值反馈到控制器中，并与设定值进行快速比较，控制器根据实际值与设定值的差值控制脉冲输出信号的高低电平：当实际值大于设定值时，数字控制器发出低电平信号，输出压力下降；当实际值小于设定值时，数字控制器发出高电平信号，输出压力上升。通过阀输出压力的反馈，数字控制器相应地改变脉冲宽度，最终使得输出压力稳定在期望值附近，以提高阀的控制精度。

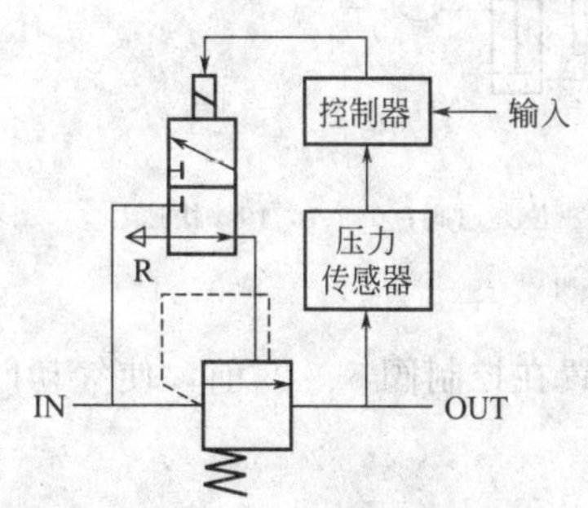

图 13-25 数字阀工作原理简图

图 13-26 所示为压电开关调压型气动数字阀的总体结构。阀工作过程为：数字控制器实时根据出口压力反馈值与设定压力之间的差值，调整其脉冲输出，使输出压力稳定在设定值附近，从而实现精密调压。若出口压力低于设定值，则数字控制器输出高电平，压电叠堆通电，向右伸长，通过弹性铰链放大机构推动先导开关挡板右摆，堵住 R 口，P 口与 A 口连通，输入气体通过先导阀口往先导腔充气，先导腔压力增大，并作用在主阀膜片上侧，推动主阀膜片下移，主阀芯开启，实现压力输出。输出压力一方面通过小孔进到反馈腔，作用在主阀膜片下侧，与主阀膜片上侧先导腔的压力相平衡；另一方面，经过压力传感器，转换为相对应的电信号，反馈到数字控制器。

若阀出口压力高于设定值，则数字控制器输出低电平，压电叠堆断电，向左缩回，先导开关挡板左摆，堵住 P 口，R 口与 A 口连通，先导腔气体通过 R 口排向大气，先导腔压力降低，主阀膜片上移，主阀芯关闭。此时溢流机构开启，出口腔气体经溢流机构向外瞬时溢流，出口压力下降，直至达到新的平衡为止，此时出口压力又基本回复到设定值。

（2）数字阀控制方法

数字阀先导部分是 1 个二位三通的压电型高速开关阀，选用数字控制方式。开关型数字阀通常采用 Bang-Bang 脉冲开关控制和脉宽调制（PWM）控制。

① 数字阀 Bang-Bang 开关控制　压电开关调压型气动数字阀的先导级开关阀只有两种工作状态：开启（on）和关闭（off）。对于这种“开”“关”的工作方式，采用典型的数字

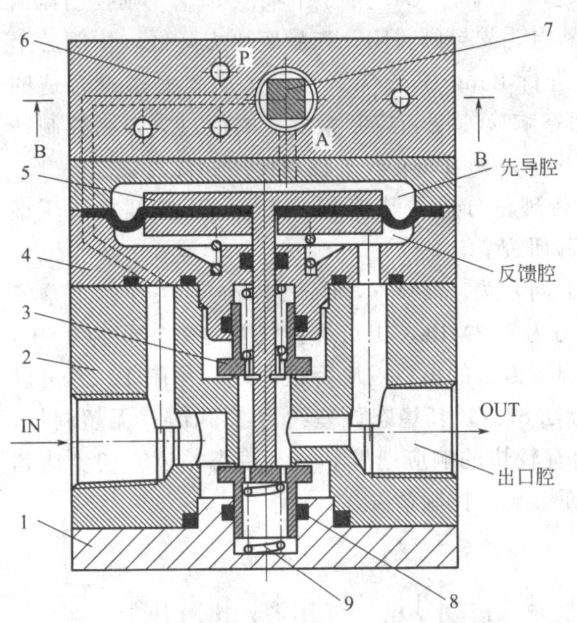

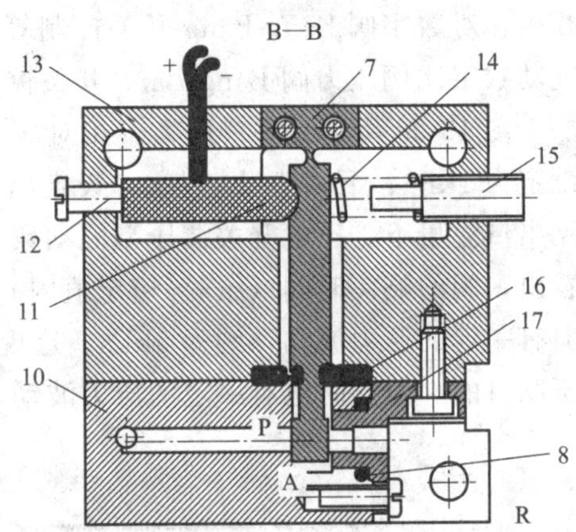

图 13-26　压电开关调压型气动数字阀的总体结构示意图

1—主阀下阀盖；2、6—主阀上阀体；3—溢流机构；4—主阀中阀体；5—主阀芯膜片组件；
7—先导开关挡板放大机构；8—O 形密封圈；9—复位弹簧；10—先导左阀体；11—压电叠堆；
12—定位螺钉；13—先导上阀体；14—预紧弹簧；15—预紧螺钉；
16—波形密封圈；17—先导右阀体

控制算法——Bang-Bang 开关控制算法。设定允许误差范围的上下两个极限值之间的区域为控制区域，则被控制量在设定的两个极限控制值之间进行切换，使输出值以一定的精度稳定在设定值范围内。使用 Bang-Bang 开关控制算法可避免数字阀的频繁开关，减少其开关次数，延长其使用寿命，特别是压电叠堆驱动器的使用寿命。压电开关调压型气动数字比例压力阀的 Bang-Bang 开关控制框图如图 13-27 所示。

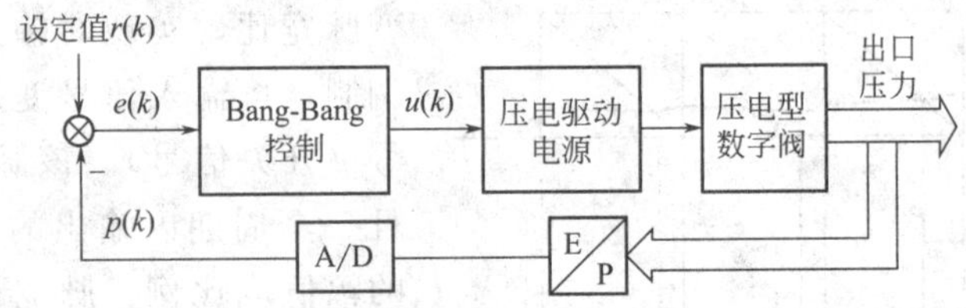

图 13-27　数字阀 Bang-Bang 控制框图

设定两个极限控制值的 Bang-Bang 控制算法如下：

$$u(k)=\begin{cases}0 & e(k)<E_{\min}\\ 1 & e(k)>E_{\max}\end{cases}$$

式中，$u(k)$ 为第 k 次采样后控制器输出值；$e(k)$ 为第 k 次采样的误差；$E_{\min}$ 为设定的误差下极限；$E_{\max}$ 为设定的误差上极限。

当设定值：$r(k)$ 与阀出口压力 $p(k)$ 的偏差 $e(k)$ 大于上极限 $E_{\max}$ 时，控制器输出 $u(k)=1$，表示为开启状态，即压电叠堆通电，先导阀开启，先导腔压力升高，推动主阀芯开启，阀出口压力增加并回复到设定值；反之，若偏差 $e(k)$ 小于下极限 $E_{\min}$，则控制器输出 $u(k)=0$，表示为关闭状态，即压电叠堆断电，先导阀关闭，先导腔压力降低，主阀芯上移关闭，阀出口压力下降并回复到设定值。进行 Bang-Bang 开关控制的关键是选择合适的上下极限（控制阈值）。阈值的选取要兼顾动态响应速度和控制精度，阈值过大，则控制精度较差，反之，则开关动作过于频繁，体现不出 Bang-Bang 开关控制作用和优点。

在对数字阀 Bang-Bang 开关控制算法进行理论分析的基础上，进行了压电开关调压型气动数字比例压力阀 Bang-Bang 开关控制试验研究。

图 13-28 所示为进口压力（相对压力，下同）为 0.4MPa，Bang-Bang 开关控制上阈值设定为 1kPa、下阈值设定为 0，设定出口压力为 0.2MPa，出口外接气管等效容积为 4mL，无出口流量下，压电开关调压型气动数字比例压力阀的出口响应特性曲线。从图 13-28 可以看出，阀的响应时间（±5%稳定值内）约为 0.073s，其稳态误差约为 2.5kPa；无超调量，但有一定的压力波动，约为 5kPa。这说明阀有较快的响应速度和一定稳态精度，初步达到研制目的，但同时也有一定的压力波动，从而影响其控制精度。

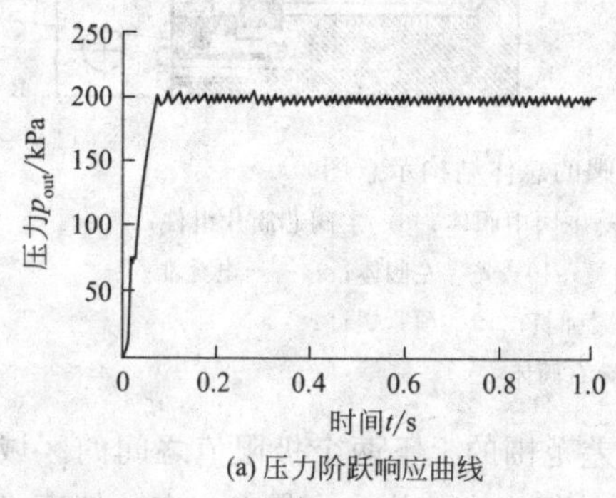

(a) 压力阶跃响应曲线

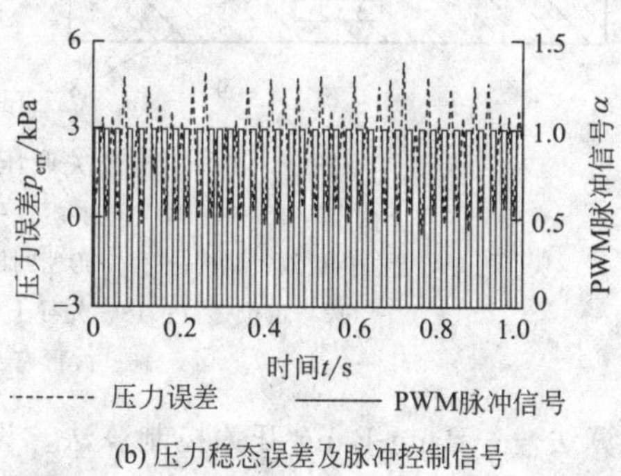

(b) 压力稳态误差及脉冲控制信号

图 13-28 数字阀 Bang-Bang 控制压力阶跃响应特性

② 数字阀 PWM 控制 为了进一步减小数字阀稳态误差和压力波动，需要进一步研究其他控制算法。脉宽调制就是在固定不变的脉冲周期内通过改变导通时间以改变脉宽比，实现对输入的连续信号进行调制，将输入信号变成一系列的脉冲信号（开关信号）。该脉冲信号幅值恒定，且一个周期内输出的平均值与输入信号的幅值成比例。脉宽调制的控制原理如图 13-29 所示，其中，$e(t)$、$c(t)$ 分别为 t 时刻的稳态误差和载波信号值，T、c_p 分别为载波信号的周期和幅值，$e_{c(j-1)}$ 为第 $j-1$ 个脉冲周期的稳态误差，$T_{p(j)}$ 为第 j 个脉冲周期的脉冲宽度。脉宽调制控制算法可写成

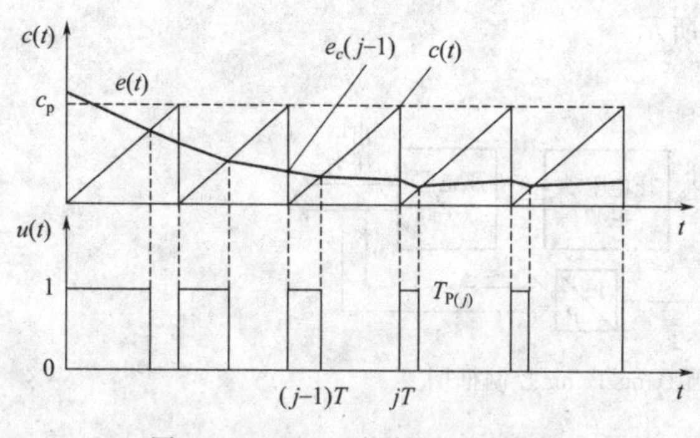

图 13-29 PWM 控制原理示意图

$$u(t)=\begin{cases}1 & (j-1)T\leqslant t<(j-1+D_{p(j)})T \\ 0 & (j-1+D_{p(j)})T\leqslant t<jT\end{cases}$$

$$D_{p(j)}=T_{p(j)}/T$$

式中，$u(t)$ 为 t 时刻的控制器输出值；$T_{p(j)}$ 为第 j 个脉冲周期的脉冲宽度。

为了改善 PWM 的控制效果，考虑在 PWM 控制算法前添加其他控制算法。PID 控制算法简单，易于实现，是应用最为广泛的经典控制算法。因此，将 PID 控制算法作为 PWM 控制的前置算法，以改善 PWM 控制算法的控制效果，从而提高数字阀的控制精度。为了避免数字阀工作过于频繁，延长其使用寿命，特别是延长压电叠堆驱动器的使用寿命，采用带死区的 PID 控制算法。

数字阀的“带死区 PID＋PWM”复合控制方法原理如图 13-30 所示，其主要思路为：将压力设定值与阀出口压力反馈值作比较，两者的差值。(t) 为 PID 控制器的输入，经 PID 调节后，输出给 PWM 控制器，PWM 控制器根据差值的不同发出 1 或 0 的脉冲信号，该脉冲信号经压电驱动电源放大后，控制压电叠堆驱动器的通电或断电，从而控制数字阀的输出压力。

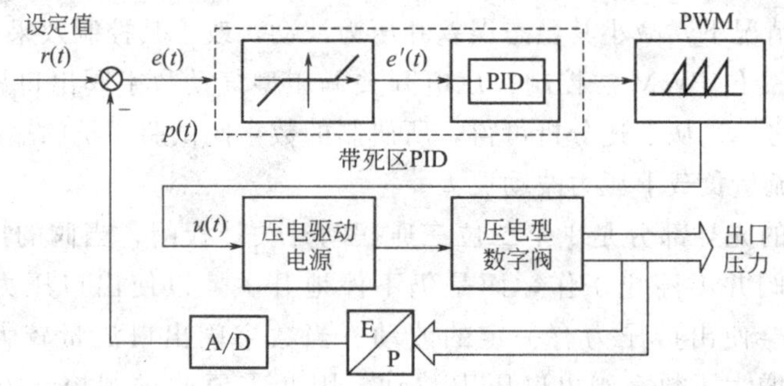

图 13-30　带死区 PID＋PWM 复合控制框图

在后续的试验发现，添加“积分”“微分”控制会降低阀的响应速度，且不能有效提高阀的稳态精度。因此根据“比例”“积分”“微分”控制的优缺点和阀压力阶跃响应特性，采用“带死区 PID＋PWM”复合控制方法。图 13-31、图 13-32 所示分别为在上述试验条件下，PWM 载波频率为 200Hz、设定误差为 1kPa、出口流量为 0 和 100L/min 时，压电开关调压型气动数字比例压力阀的出口压力响应特性曲线。

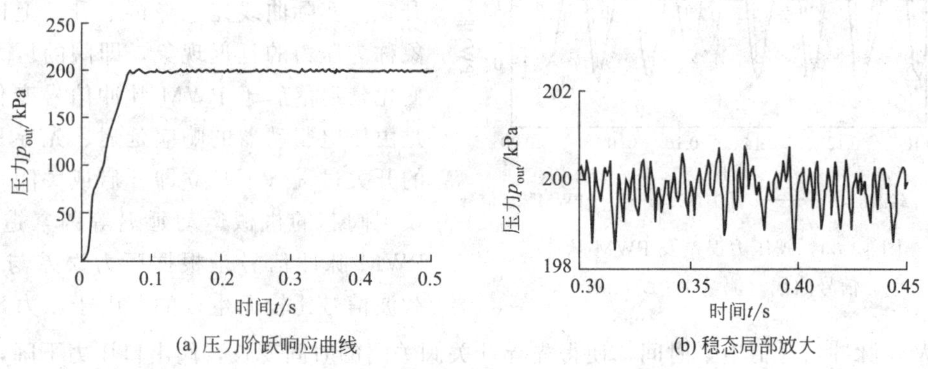

图 13-31　阀压力阶跃响应曲线（出口流量为 0）

从图 13-31、图 13-32 可以看出：在零流量负载时，阀的响应时间约为 0.071s，稳态误差为 0.5kPa，压力波动约为 1kPa，稳态性能较好；在流量负载为 100L/min 时，其响应时间约为 0.079s，稳态误差为 5kPa，压力波动约为 15kPa。

试验表明：采用“带死区 PID＋PWM”复合控制基本上能实现数字阀的数字比例控制，响应速度较快，且总体控制效果优于 Bang-Bang 控制方法。但在有流量负载时，其响应时

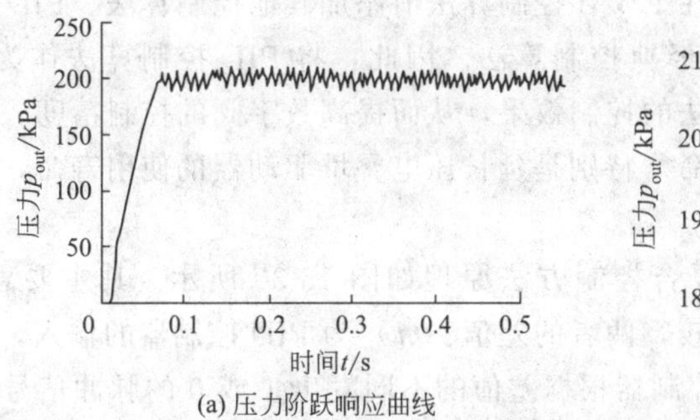

(a) 压力阶跃响应曲线

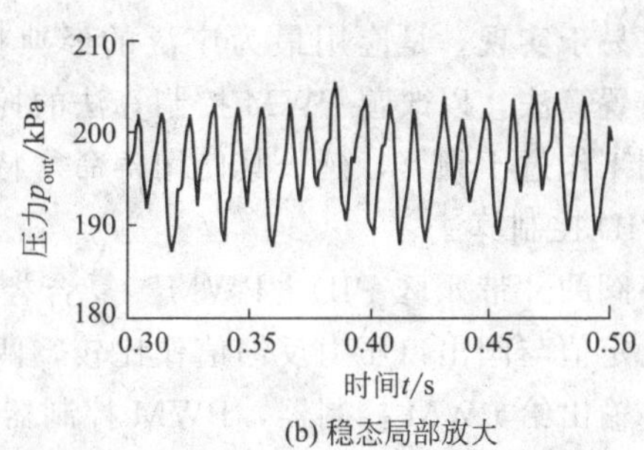

(b) 稳态局部放大

图 13-32 阀压力阶跃响应曲线（出口流量为 100L/min）

间有所变长，且稳态误差和压力波动都有较大的增加。因此需要进一步研究其控制算法，特别是在有流量负载情况下，减小其稳态误差和压力波动，改善其控制效果。

③ 数字阀调整变位 PWM 法控制 压电开关调压型气动数字阀出口压力的波动值也是阀的主要性能指标之一。从上述分析可得，所研制的数字阀试验样机的输出压力存在着较大的压力波动，在大流量负载下压力波动更大。

这是由于该阀的先导部分是1个二位三通摆动开关挡板阀，当阀的出口压力达到设定值时，该先导开关阀并不停止工作，而是仍不停地开关，以使出口压力达到一个动态的平衡值，这本身就会使出口压力有一定的波动。当数字阀出口流量较大时，出口腔的压力变化也较大，这增大了数字阀出口压力波动。因此需要改进阀控制方法以减小其压力波动。

图 13-33 所示为数字阀的压力误差和 PWM 脉冲信号的曲线（试验条件同图 13-32）。当 PWM 脉冲信号为高电平时，按理说，压力误差曲线应立即下降，但实际曲线先上升再下降；反之，当 PWM 脉冲信号为低电平时，按理说，压力误差曲线应立即上升，但实际曲线先下降再上升。上述的现象称为压力的延迟现象，即阀的压力误差变化延迟落后于 PWM 脉冲信号变化。这是由压电驱动器的响应延迟、先导开关阀的开关过程（不是立即开启或关闭）延迟及主阀芯的机械运动延迟等因素造成的。PWM 脉冲信号是根据压力误差与 PWM 载波信号比较而生成的。由于压力延迟会延长 PWM 脉冲信号低电平时间，使得先导开关阀关闭的时间变长，阀出口压力下降，使理论值与实际值的误差增加，从而增大阀的压力波动值。因此，PWM 控制器输出脉冲信号时需要考虑压力响应延迟的影响。

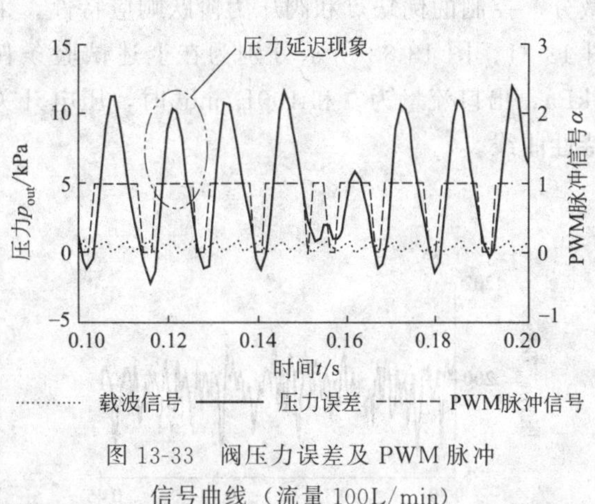

图 13-33 阀压力误差及 PWM 脉冲信号曲线（流量 100L/min）

根据上述分析，采用的方法为：当阀出口压力进入稳态区域后，k 时刻的压力误差低于载波值时，PWM 脉冲为低电平，即 $u(k)=0$；在 $k+1$ 时刻，压力误差仍低于载波值时，$u(k+1)=0$；但 $e(k+1)>\Delta e_1$（Δe_1 为人为设定下限值）时，$u(k+1)=1$，否则 $u(k+1)=0$。同样，k 时刻的压力误差大于载波值时，PWM 脉冲为高电平，即 $U(k)=1$；在 $k+1$ 时刻，压力误差仍大于载波值时，$u(k+1)=1$；但 $e(k+1)<\Delta e_2$（Δe_2 为人为设定上限值）时，$u(k+1)=0$，否则 $u(k+1)=1$。

此方法简称为调整变位法，改进后的 PWM 法称为调整变位 PWM 法，即原本应为低电平时，根据前一时刻压力误差值，调整为高电平；原本应为高电平，根据前一时刻压力误差值，调制为低电平。此方法调制的结果将使数字阀在稳态工作过程中避免出现连续多个高或低电平，对阀进行更精细的压力调节，从而有效减小压力波动。调整变位 PWM 法是在原 PWM 控制算法的基础上，增加一些控制规则，具体如下：

```
if  e(k)≥c_p
    if  e(k)>Δe_1 and u(k−1)=0   then u(k)=1
    else                         u(k)=0
else
    if  e(k)<Δe_2 and u(k−1)=1   then u(k)=0
    else                         u(k)=1
```

结合 Bang-Bang 控制算法的特点，提出了“Bang-Bang＋带死区 PID＋调整变位 PWM”复合控制算法对数字阀进行控制，其控制原理如图 13-34 所示。在压电开关调压型气动数字比例压力阀响应过程采用 Bang-Bang 控制，使其快速达到稳态区域；当进入稳态区域后，采用“带死区 PID＋调整变位 PWM”复合控制算法，提高其稳态精度，减小压力波动。

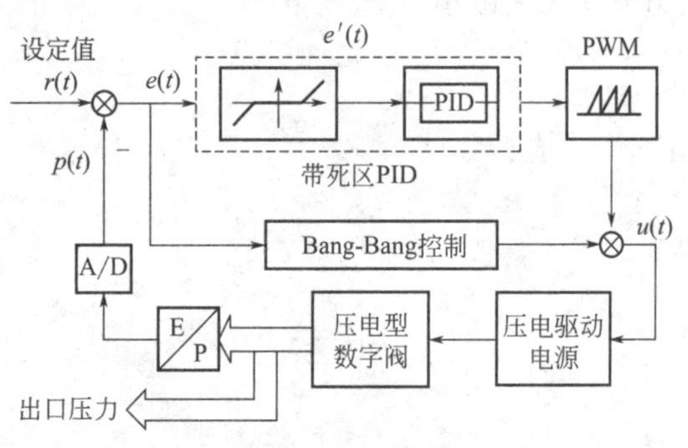

图 13-34　“Bang-Bang＋死区 PID＋调整变位 PWM”复合控制框图

采用上述改进后的控制算法，在相同试验条件下，不同流量负载时，压电开关调压型气动数字比例压力阀的压力阶跃响应曲线如图 13-35、图 13-36 所示。

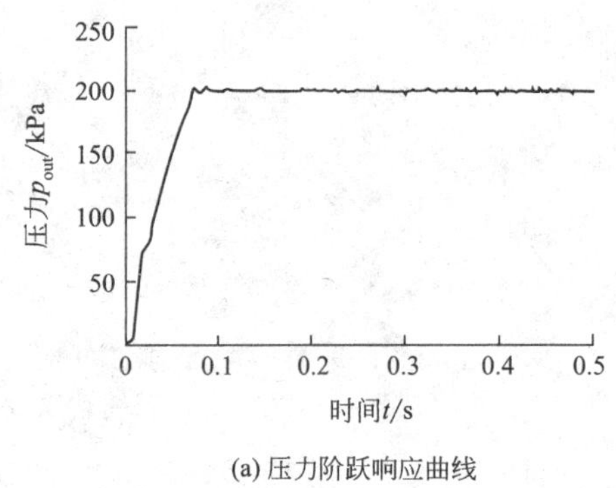

(a) 压力阶跃响应曲线

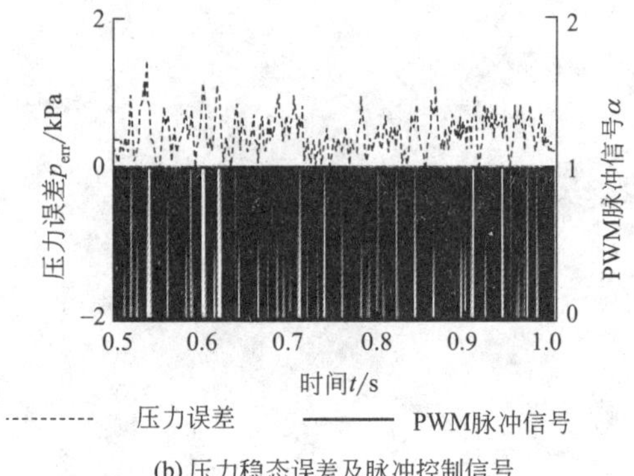

(b) 压力稳态误差及脉冲控制信号

图 13-35　阀出口压力阶跃响应曲线（流量为 0）

从图 13-35、图 13-36 可以看出，在流量负载为零时，数字阀响应时间约为 0.072s，稳态误差约为 0.5kPa，压力波动约为 1kPa；在流量负载为 100L/min 时，数字阀响应时间约为 0.080s，稳态误差约为 1kPa，压力波动约为 5kPa；流量负载下，数字阀压力波动已大大减小，由先前的 15kPa 降为 5kPa。

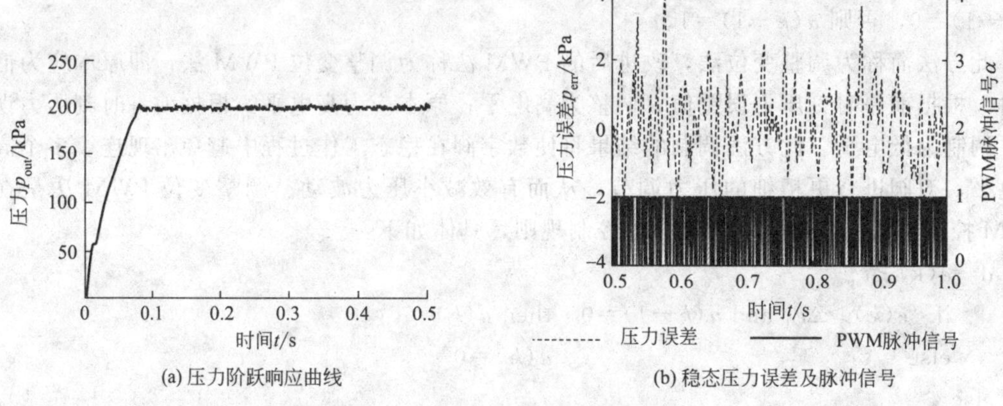

(a) 压力阶跃响应曲线

(b) 稳态压力误差及脉冲信号

图 13-36 阀出口压力阶跃响应曲线（流量为 100L/min）

图 13-31、图 13-32、图 13-35、图 13-36 表明：在“Bang-Bang＋带死区 PID＋调整变位 PWM”复合控制下，数字阀的稳态控制效果良好，具有良好的动态响应特性，流量负载下压力波动大大减小。

第14章 气动换向回路

气动换向回路（方向控制回路）的功用是利用各种方向控制阀，通过改变压缩气体流动方向，以实现对气动执行元件进行换向的控制，以改变气动执行元件（气缸、气马达、摆动气马达）的运动方向。

14.1 常用气动换向回路

14.1.1 单作用气缸换向回路（图 14-1 和表 14-1）

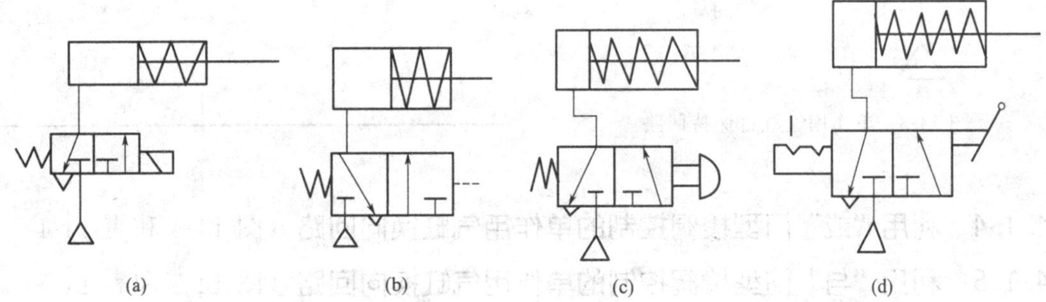

图 14-1 单作用气缸换向回路

表 14-1 单作用气缸换向回路

回路描述	特点及应用
图 14-1(a)回路为采用二位三通电磁阀控制单作用气缸实现换向。电磁铁通电切换至右位后，气缸的左腔进气。活塞克服弹簧力和负载力右行。当电磁铁断电后，气缸又退回 图 14-1(b)回路为采用二位三通气控阀控制单作用气缸实现换向。有气控信号时，活塞杆伸出；信号消失，活塞杆靠弹簧复位 图 14-1(c)回路为采用手动按钮阀控制单作用气缸实现换向。按下按钮，活塞杆伸出；放开按钮，活塞杆缩回 图 14-1(d)回路为采用二位三通手动阀控制单作用气缸实现换向。该阀带定位功能，阀左位时，活塞杆伸出	单作用气缸通常使用二位三通阀来实现方向控制

14.1.2 气控阀控制单作用气缸上升的回路（图 14-2 和表 14-2）

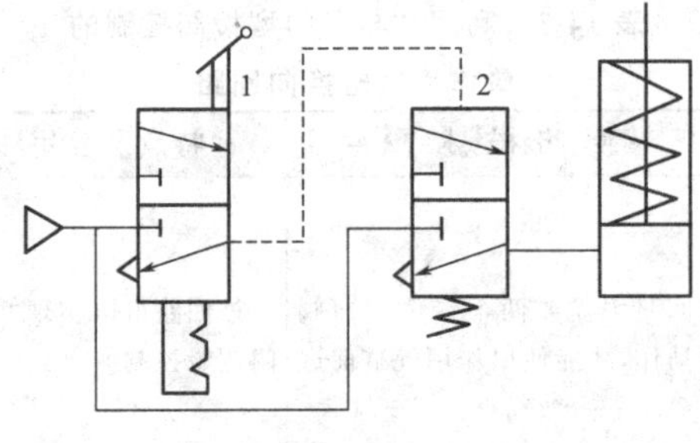

图 14-2 气控阀控制单作用气缸上升的回路

表 14-2 气控阀控制单作用气缸上升的回路

回路描述	特点及应用
气控阀的先导压力由手动阀 1 来提供。按下阀 1，气控阀 2 换至上位，压缩空气驱动气缸上升	缸径较大时，手动阀的流通能力小，不能使气缸达到需要的速度，此时可用通径较大的气控阀来驱动气缸

14.1.3 单作用气缸自保持回路（图 14-3 和表 14-3）

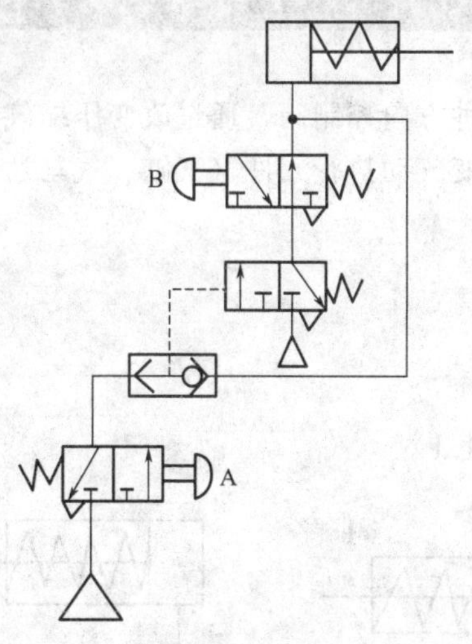

图 14-3 单作用气缸自保持回路

表 14-3 单作用气缸自保持回路

回路描述	特点及应用
按下手动按钮阀 A，单作用气缸便伸出。随后放开按钮 A，气缸仍保持伸出状态，直至按下按钮阀 B，气缸才返回	利用梭阀及单气控阀组成自保持回路

14.1.4 利用“或”门型梭阀控制的单作用气缸换向回路（图 14-4 和表 14-4）

14.1.5 利用“与”门型梭阀控制的单作用气缸换向回路（图 14-5 和表 14-5）

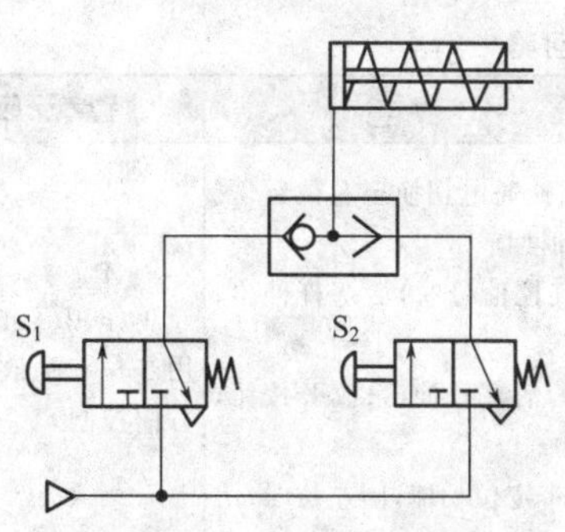

图 14-4 利用“或”门型梭阀控制的单作用气缸换向回路

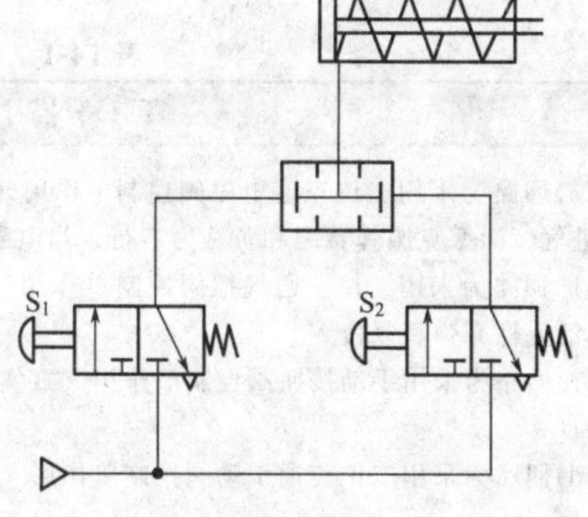

图 14-5 利用“与”门型梭阀控制的单作用气缸换向回路

表 14-4 利用“或”门型梭阀控制的单作用气缸换向回路

回路描述	特点及应用
按下 S_1 或 S_2，气缸活塞杆都可以伸出	回路中的梭阀为实现“或”门逻辑功能的阀 在气动控制系统中，有时需要在不同地点操作单作用缸

表 14-5 利用“与”门型梭阀控制的单作用气缸换向回路

回路描述	特点及应用
该回路中需要两个二位三通阀同时动作，才能使单作用气缸前进	该回路可以实现“与”门逻辑控制

14.1.6　双作用气缸换向回路

14.1.6.1　双作用气缸换向回路Ⅰ（图 14-6 和表 14-6）

14.1.6.2　双作用气缸换向回路Ⅱ（图 14-7 和表 14-7）

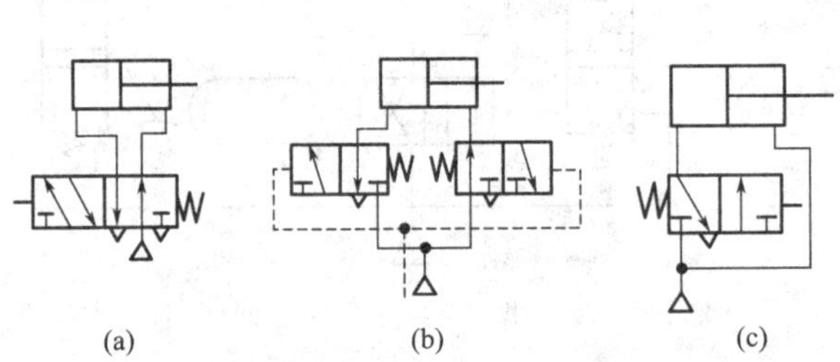

图 14-6　双作用气缸换向回路Ⅰ

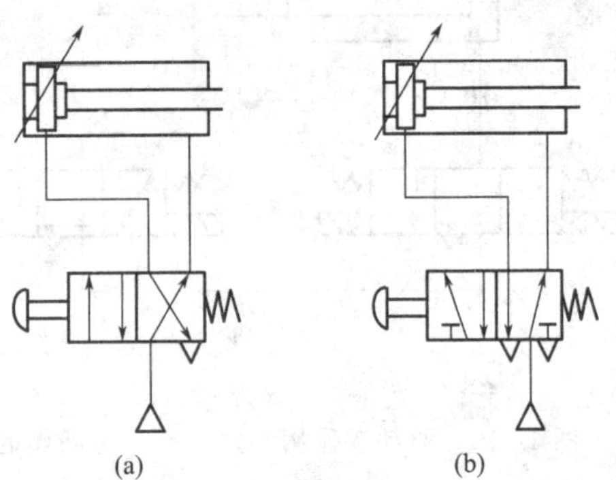

图 14-7　双作用气缸换向回路Ⅱ

表 14-6　双作用气缸换向回路Ⅰ

回路描述	特点及应用
图 14-6(a)回路采用二位五通阀来控制活塞杆的往返 图 14-6(b)回路用两个二位三通阀代替图 14-6(a)中的二位五通阀 图 14-6(c)回路利用差压来控制活塞杆的往返，能减少运动冲击，节省压缩空气消耗量。回路采用了差动缸，利用活塞两侧有效受压面积不等来实现气缸活塞的运动	回路结构简单，工作可靠

表 14-7　双作用气缸换向回路Ⅱ

回路描述	特点及应用
控制双作用气缸的前进、后退可以采用二位四通阀[图 14-7(a)]，或采用二位五通阀[图 14-7(b)] 按下按钮，活塞杆伸出；放开按钮，阀内弹簧复位，气缸活塞杆缩回	该回路中的气缸为可调双向缓冲气缸

14.1.7　使用气控换向阀的间接控制换向回路

14.1.7.1　使用气控换向阀的间接控制换向回路Ⅰ（图 14-8 和表 14-8）

14.1.7.2　使用气控换向阀的间接控制换向回路Ⅱ（图 14-9 和表 14-9）

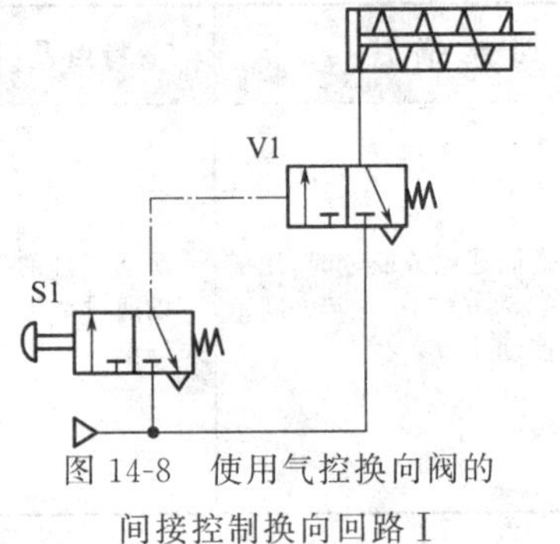

图 14-8　使用气控换向阀的间接控制换向回路Ⅰ

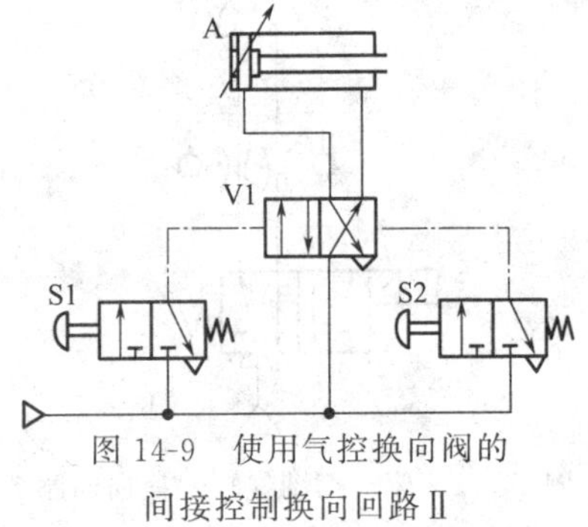

图 14-9　使用气控换向阀的间接控制换向回路Ⅱ

表 14-8　使用气控换向阀的间接控制换向回路Ⅰ

回路描述	特点及应用
按下按钮时，气缸活塞杆将伸出；一旦松开按钮，气缸活塞杆将回缩	对于控制大缸径、大行程的气缸运动，应使用大流量控制阀作为主控阀。按钮阀 S1 仅为信号元件，用来控制主阀 V1 切换，因此是小流量阀。按钮阀可以安装在距气缸较远的位置上

表 14-9　使用气控换向阀的间接控制换向回路Ⅱ

回路描述	特点及应用
信号元件 S1 和 S2 只要发出信号，可使主控阀 V1 切换。按下 S1，发出信号，使主控阀换至左位，活塞前进。S2 未按下之前，活塞停在伸出位置，按下阀 S2 可使活塞后退	图 14-9 所示为双作用气缸间接控制的回路。主控阀 V1 有记忆功能，成为记忆元件

14.1.8 驱动双作用气缸进行多种动作的回路（图 14-10 和表 14-10）

14.1.9 延时退回回路（图 14-11 和表 14-11）

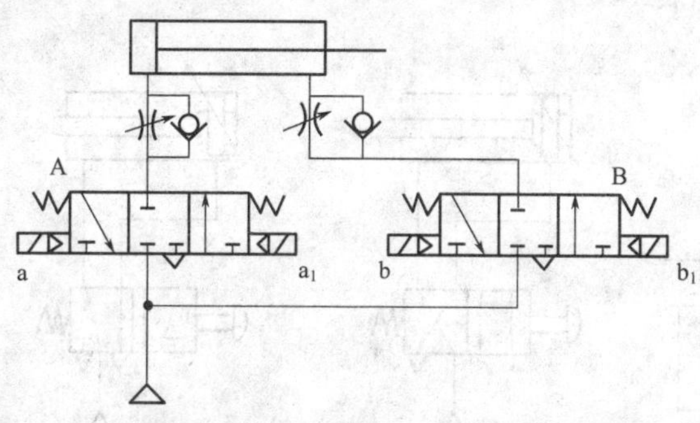

图 14-10 驱动双作用气缸进行多种动作的回路

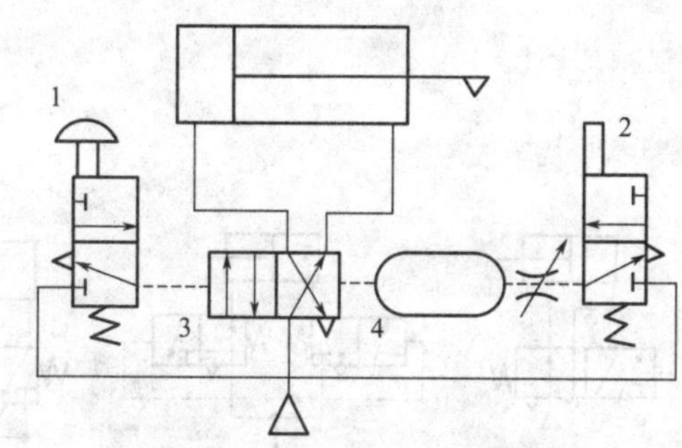

图 14-11 延时退回回路

表 14-10 驱动双作用气缸进行多种动作的回路

回路描述	特点及应用
当 a_1 和 b_1 通电时，则为中压式；当四个电磁先导阀都不通电时，则为中封式；当 a 和 b 通电时，则为中泄式 a_1 及 b_1 通电时，气缸活塞杆伸出；b_1 及 a 通电时，活塞杆缩回；在活塞杆伸出过程中（a_1 和 b 通电），让 b 断电，则活塞杆减速并停止；若活塞杆伸出快至端部时，让 b 断电，则起缓冲作用；活塞杆缩回过程中（b_1 和 a 通电），让 a 断电，活塞杆同样减速并停止	使用两个三位三通阀可驱动双作用气缸进行多种动作 因该阀不是无泄漏阀，故不能用于长时间的中停和急停

表 14-11 延时退回回路

回路描述	特点及应用
按下按钮 1，气源压缩气体经换向阀 3 左位向气缸左腔进气，使气缸活塞伸出。当气缸在伸出行程中压下阀 2 后，压缩空气又经节流阀进入气容 4，经延时后才使阀 3 换向，气缸活塞退回	气容起到延时的功能，经延时后气缸活塞退回

14.1.10 驱动摆动气缸的换向回路（图 14-12 和表 14-12）

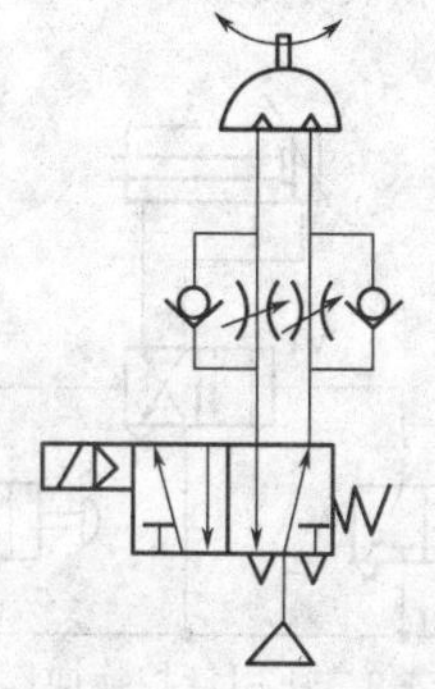

图 14-12 驱动摆动气缸的换向回路

表 14-12 驱动摆动气缸的换向回路

回路描述	特点及应用
二位五通阀通电或断电时，压缩空气驱动摆动气缸在一定角度范围内往复摆动	摆动气缸的摆动速度可以通过节流阀的开度来调整

14.2 气动换向回路应用实例

14.2.1 汽车变速滑叉支架装配机气压系统

（1）变速滑叉支架结构

变速滑叉支架是汽车变速箱的重要零件，其形状复杂。如图 14-13 所示，除一挡板 1 右边有凸台、四挡板 4 左边有下弯结构，二挡板 2 右边为矩形端和三挡板 3 右边为圆弧端外，其余的结构均相同；每两个挡位板之间需装有垫圈，但垫圈比较薄（0.8mm），不易看出是否漏装。

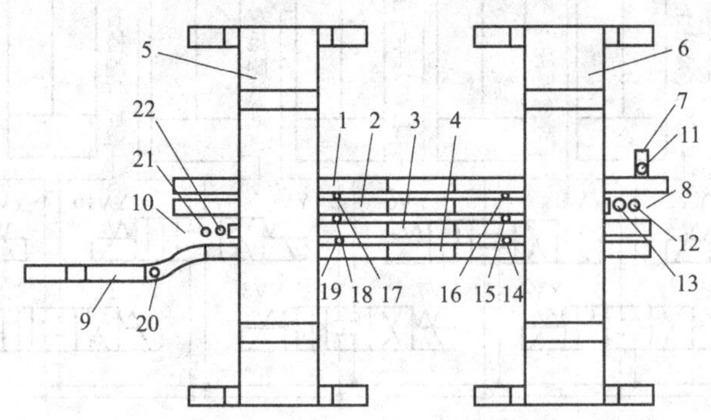

图 14-13　变速滑叉支架零件图

1—一挡板；2—二挡板；3—三挡板；4—四挡板；5—1/2 挡板；6—3/4 挡板；7—凸台；8—二挡板左边空隙；9—四挡板下弯凹板；10—三挡板右边空隙；11、12、20、22—测物传感器；13～19、21—测隙传感器

当变速滑叉支架安装正确时，在一挡板 1 的右边存在凸台 7，在一挡板 1 和三挡板 3 之间存在空隙 8，在二挡板 2 和四挡板 4 之间存在空隙 10，在四挡板 4 左边存在下弯凹出部分 9；当 4 个挡板之间按有垫圈时，其之间存在 0.8mm 的间隙。所以就必须用传感器对这些部分进行逐一检测，将检测的结果传至 PLC 系统。根据系统的处理，可判断是否安装正确，若不正确，可知何处安装错误。只有当上述所有部位检测无误时，变速滑叉支架才安装正确。

（2）传感检测单元

根据上述分析，如图 14-13 所示，必须在一挡板 1 右边位置处设有测物传感器 11 对凸台 7 进行检测；在二挡板 2 右边位置处设有测物传感器 12 和测隙传感器 13 检测矩形端及空隙 8；在三挡板 3 左边位置处设有测物传感器 22 和测隙传感器 21 检测圆形端及空隙 10；在四挡板 4 左边位置处设有测物传感器 20 检测下弯凹出部分 9。在 4 个挡板之间设有 14～19 这 6 个测隙传感器，以检测挡板之间是否装有垫圈。

（3）气动系统

在变速滑叉支架检测过程中，是利用传感器的触头进行探测，触头必定会碰击该部件，所以必须固定变速滑叉支架；且为了检测挡板之间的空隙，必须压紧挡板。同时为了方便变速滑叉支架在工作台上安装、检测，则传感器必须能够伸缩。故采用气动系统对变速滑叉支架进行固定以及给传感器提供动力。变速滑叉支架的 1/2 挡板 5、3/4 挡板 6 均采用气动缸卡住在装配机上，在一挡板 1 上采用气动缸压紧四个挡板，所有的传感器均安装在气动缸上。

变速滑叉支架装配机的气压原理如图 14-14 所示，其气缸的运动循环流程如图 14-15 所示。

① 左右压紧气缸压紧及活动定位销伸出　开启电源后，把变速滑叉支架的 1/2 挡板 5、3/4 挡板 6 安装到装配机上。按下“启动”按钮，YV2、YV4、YV6 通电，左右压紧气缸开始压紧变速滑叉支架的 1/2 挡板 5、3/4 挡板 6，活动定位销开始伸出。当压紧气缸和活动定位销达到极限位置时，接近开关 SQ2、SQ4 给出信号，YV2、YV4、YV6 不通电，左右

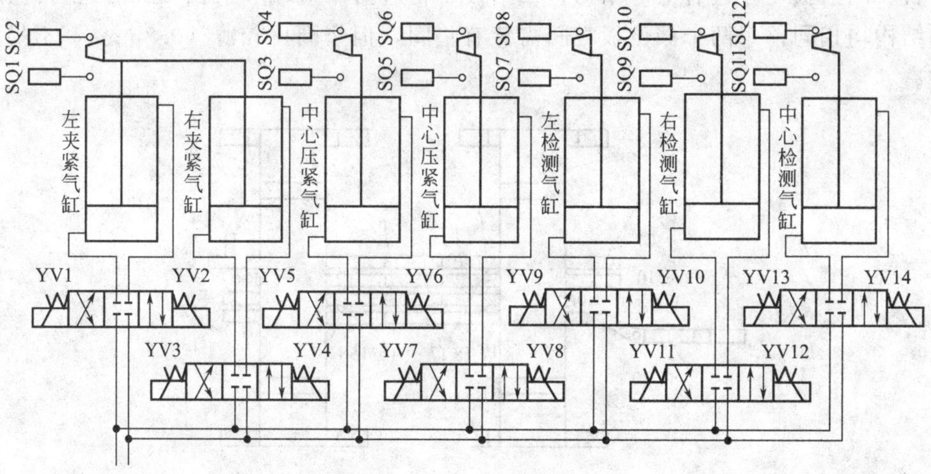

图 14-14 气压原理图

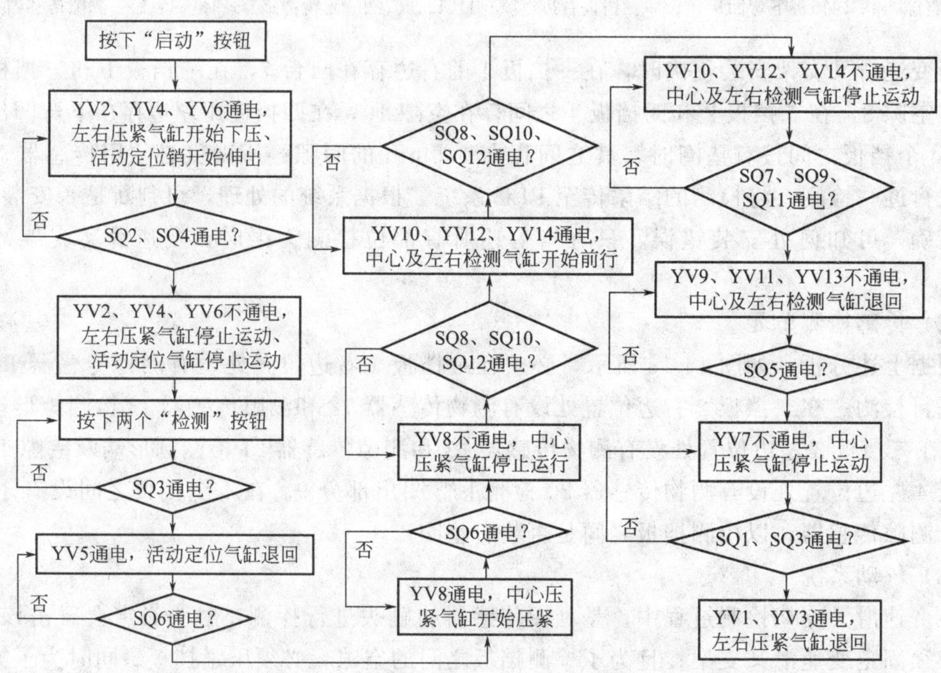

图 14-15 气压缸运动循环流程图

压紧气缸和活动定位气缸停止运动。

② 活动定位销退回 安装好了四个挡板及垫圈后，双手按下两个“检测”按钮。接近开关 SQ3 给出信号，YV5 通电，活动定位气缸连带定位销退回。

③ 中心压紧气缸压紧 当接近开关 SQ3 给出信号后，接近开关 SQ15 给出信号，YV8 通电，中心压紧气缸向下伸出，在活塞杆上设有压板，以此压紧四个挡板及其垫圈。当压紧气缸达到极限位置时，接近开关 SQ6 给出信号，YV8 不通电，中心压紧气缸停止运动。

④ 左右及中心检测气缸前进 当接近开关 SQ6 给出信号后，接近开关 SQ8、SQ10、SQ12 给出信号，YV10、YV12、YV14 通电，中心及左右检测气缸开始前行。当检测气缸

达到极限位置时，接近开关 SQ8、SQ10、SQ12 给出信号，YV10、YV12、YV14 不通电，中心及左右检测气缸停止运动。当检测完，且传出信号后，接近开关 SQ7、SQ9、SQ10 给出信号，YV9、YV11、YV13 通电，中心及左右检测气缸退回。

⑤ 中心压紧气缸退回　当接近开关 SQ7、SQ9、SQ11 给出信号后，接近开关 SQ5 给出信号，YV7 通电，中心压紧气缸退回。

⑥ 左右压紧气缸退回　当接近开关 SQ5 给出信号后，接近开关 SQ1、SQ3 给出信号，YV1、YV3 通电，左右压紧气缸退回。取下变速滑叉支架，此时一个变速滑叉支架安装检测完毕。

14.2.2　阀岛在卷烟机组中的应用

(1) 高速卷烟机组概述

在高速卷烟机组上需要使用许多气动控制装置，原机组中将气控单元按常规方式实现。气动系统由安装于机身不同位置的电磁阀控制，工作电压为 110VAC。原控制系统存在以下不足。

① 系统中将包含大量的分立元件及连接所需的大量管件和接插件，其中一个元件发生故障往往会引起整个设备的运行不正常。连接执行元件、传感器与电磁阀的电缆直接接到 PLC 的 I/O 模块上，接线烦琐。

② 气路部分易出现管路堵塞、泄漏等故障，影响气路系统的运行效率。

③ 电气部分易出现虚焊、短路、接触不良等现象，调试及维护困难。

④ 对设备制造厂而言，对所有分立元件进行选型、验收、组装、调试及整机安装也费时费力，且常因人为因素出现错误。

为此，针对卷接机组上控制电磁阀较多也比较集中的特点，采用阀岛技术，对机组的气动系统进行了改进。

(2) 阀岛技术的特点

阀岛是一种集气动电磁阀、有多种接口及符合多种总线协议的控制器、有传感器输入接口及模拟量输入输出接口和 ASi 控制网络接口的电输入输出部件于一体的整套系统控制单元。采用第二代阀岛一带现场总线的阀岛，它是阀岛技术与现场总线技术相结合，研制的新一代气电一体化控制元器件，大幅度简化了气路与电路接口，每个阀岛都带有一个总线输入口和一个总线输出口，可与其他带现场总线的设备进行串联连接。带现场总线的阀岛与外界的数据交换只需通过一根双股或 4 股屏蔽电缆实现，不仅大幅度减少了接线而且减少了装置所占空间，使设备的安装与维护更加容易。阀岛具有以下主要特点。

① 防护等级为 IP65，不必用控制箱外壳保护；LED 显示，自诊断功能强。

② 阀岛集气动、电气、控制于一体，采用集中供气、集中排气，大大缩小了气动系统的体积。节省气管长度，减轻了气流损失。

③ 带有现场总线接口，功能扩展容易，采用 PROFIBUS-DP 现场总线通信，减少接线的工作量。

④ 运行参数的数字化传递，避免了模拟量传输所带来的漂移、干扰等问题，提高了系统的稳定性。阀岛可手动调试，也可通过程序自动控制气路。工作人员通过 PLC 指示灯可判断出相应的阀是否动作，缩减了调试时间。

(3) 阀岛结构

选用 FESTO 公司的型号为 CPV10-GE-D101-8 的阀岛（图 14-16）。阀体宽 10mm，流

量为400L/min，工作电压为24VDC。扩展模块型，总线接口号分别是CPV10-GE-FB-4和CPV10-GE-FB-6。

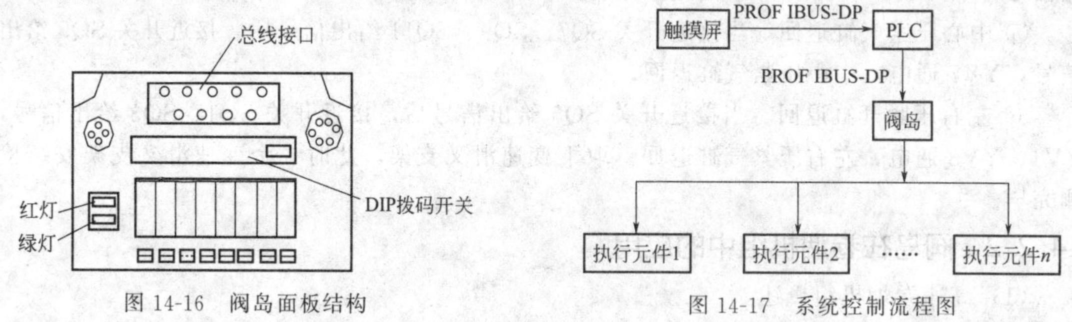

图 14-16　阀岛面板结构　　　图 14-17　系统控制流程图

① 面板左边的四芯插座接电源，右边的六芯插座用于阀岛的扩展。

② DIP拨码开关设置DP地址。

③ LED指示灯，绿色灯亮表示工作电源正常；红色灯亮表示总线故障。

(4) 控制系统原理

① 电气部分　系统控制图见图14-17。机组的电气控制系统采用西门子S7-400为主站，ET200分布式I/O模块、三组阀岛为从站，通过PROFIBUS-DP总线通信，用触摸屏进行人机界面操作，完成机组生产过程的实时监控和信息显示。

FESTO阀岛作为PLC的从站，相当于一个普通的数字输出模块，每一个阀片控制两个电磁阀的通断，等同于两个数字量输出。采用先导式控制方式，控制气路的通断，传感信号的输入、电信号及模拟量输出均集成于阀岛内。应用西门子的STEP7软件进行系统分布式组态、参数设置、节点地址的分配、数据通信传输协议的设置等工作，完成系统硬件配置。

根据阀岛气路与PLC编程地址的对应关系，可用梯形图（LAD）、语句表（STL）进行编程，编译后系统将按其实际配置类型和物理地址进行的组态程序下载到PLC。PLC根据站地址的不同控制相应的阀岛。PLC程序根据接近开关、光电开关的信号或其他模块的请求，按照预先设定的程序对驱动元器件进行控制，包括阀岛的启动、光电开关/接近开关信号的采集、液压系统的驱动等控制阀岛，再由阀岛控制各执行元件所需气流的通断，从而控制各执行元件的动作，根据现场调试情况修改参数。

② 气路部分　以机组中供丝部分气动系统的控制为例，说明控制过程。

CPV10型的阀岛最多由8个阀块组成。FESTO10型阀岛采用模块化结构，根据实际需求可配置各种功能的阀或电信号输出模块，并完成装配和功能测试，从而减少用户的安装工作量。CPV10型阀岛还可与现场总线接点或控制器连接，适合于控制分散元件，便于安装、调试和检查故障。根据实际需要，选择3个二位五通阀（单电控）、2个二位五通阀（双电控）、2个由2个二位三通阀（常闭）模块构成的阀岛，见图14-18。

供丝系统的气动系统主要完成开启/关闭蝶阀、开启/关闭下料板、推动劈刀上升/下降、计量料槽左右吹风、风室吸丝带张紧、清洁吸尘器等任务，系统的气动原理如图14-18所示。机器正常工作时，烟丝由风力吸丝管道吸至风力送丝机构落料闸门上部的烟丝腔，当烟丝储存到设定量时，接近开关发出信号。二位五通电磁阀（1Y）断电，电磁阀在弹簧力的作用下复位，吸丝风管中旋转气缸关闭。当计量辊上的烟丝料位低于光电开关时，光电开关导通，二位

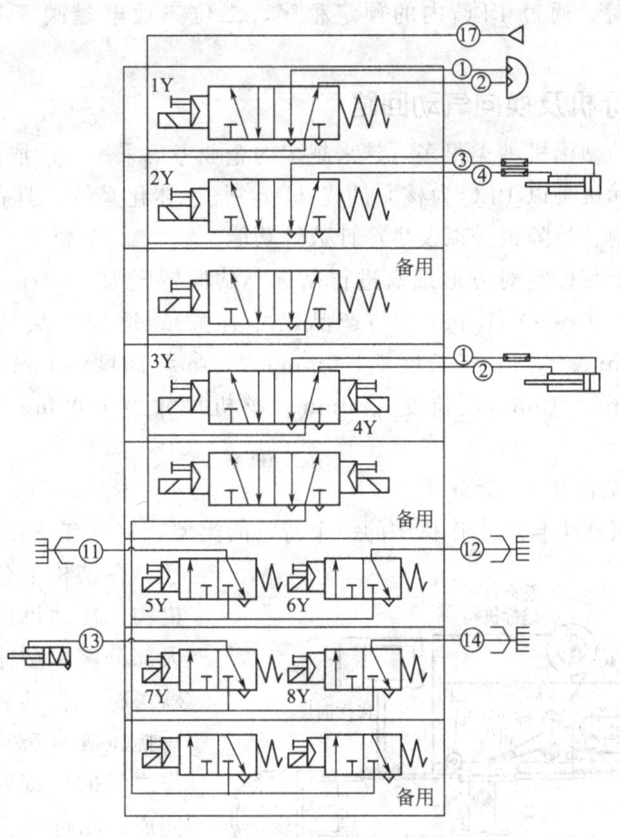

图 14-18　系统的气动原理

五通电磁阀 2Y 通电。在气缸的拉动下，落料闸门自动打开。放下定量烟丝；烟丝落入计量辊后，光电开关断开，二位五通电磁阀 2Y 断电，电磁阀在弹簧力的作用下复位，在气缸的推动下，落料闸门自动关闭。落料闸门打开落料后，接近开关又发出控制信号，二位五通电磁阀 1Y 通电，在旋转气缸的作用下吸丝风管闸门打开，烟丝又被吸入烟丝腔。

当烟支重量控制系统探测到的烟条密度较高时，系统发出信号使得二位五通电磁阀 3Y 通电，气缸推动劈刀上升，剪切下更多的烟丝，从而降低烟条密度；当烟支重量控制系统探测到的烟条密度较低时，系统发出信号使得二位五通电磁阀 4Y 通电。气缸推动劈刀下降，保留下更多的烟丝，从而提高烟条密度。

计量料槽内装有三列 15 对光电开关，每对光电开关由发射器、接收器、指示灯和反光镜组成。根据接收器是否接收光束可知计量料槽内烟丝的分布情况。当计量料槽左侧被遮住的光电开关数比右侧被遮住的光电开关数多于 2 个时，二位三通电磁阀 5Y 通电，计量料槽左侧喷嘴吹风，将计量料槽内的烟丝吹平整；当计量料槽右侧被遮住的光电开关数比左侧被遮住的光电开关数多于 2 个时，二位三通电磁阀 6Y 通电。计量料槽右侧喷嘴吹风，将计量料槽内的烟丝吹平整；当计量料槽中间被遮住的光电开关数比左、右侧被遮住的光电开关数少于 2 个时，二位三通电磁阀 5Y、6Y 同时通电。计量料槽左、右侧喷嘴同时吹风，将计量料槽内的烟丝吹平整。

机器正常工作时，二位三通电磁阀 7Y 通电，气缸杆收缩，使风室吸丝带张紧；机器停机时，二位三通电磁阀 7Y 断电，气缸杆在弹簧作用下复位，从而使风室吸丝带松弛。

机器正常工作时。通过 PLC 内的预定程序，二位三通电磁阀 8Y 定期通电，清洁吸尘器。

14.2.3 气动贴标机及换向气动回路

目前我国生产的贴标机种类很多，越来越多的企业考虑采用气动取代步进电机作为贴标机驱动方式。此贴标机是以 PLC 为核心的光-机-电-气一体化系统，具备无物不贴标、无标自动校正、自动检测、故障报警以及生产计数等功能。

贴标机使用不干胶标签对方形纸盒进行贴标。贴标精度为±0.1mm（不含产品、标签误差）；贴标速度为 40～60 件/min（与产品尺寸有关）；适用产品尺寸（方形纸盒）为 60mm≤宽度≤100mm、60mm≤长度≤100mm、20mm≤高度≤40mm；适用标签尺寸为 40mm≤宽度≤80mm，40mm≤长度≤80mm；整机尺寸为 1400mm×800mm×1100mm（长×宽×高）。

（1）贴标机机械结构

纸盒气动贴标机作为自动工作机中的一个特定的类型，它具有一般自动工作机的基本共性，在结构上包括驱动元件、工作机构、传动机构和自动控制装置四大部分。本贴标机能实现准确的间歇送标、自动剥离、可靠贴标和柔顺抚压等复杂动作，并能控制各动作之间的速度匹配，使各动作协调完成。贴标机机械结构包括以下部分（图 14-19）。

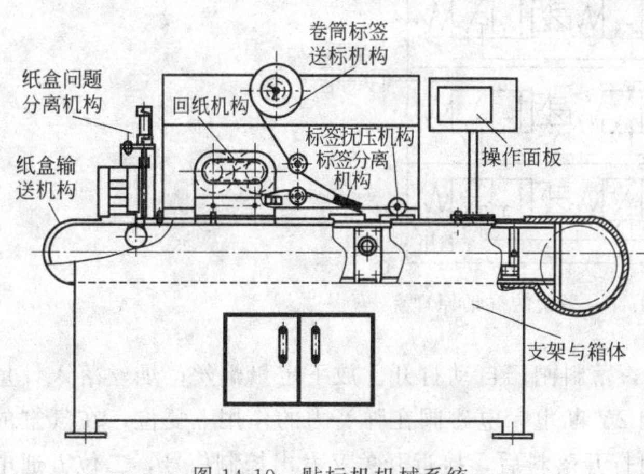

图 14-19 贴标机机械系统

① 纸盒输送装置 使用输送带完成纸盒输送，并设计分离纸盒装置。

② 贴标机的送标机构 利用牵引轮与标签纸带间的摩擦力作用，带动标签纸带到达贴标位置。通过摆动缸的驱动和棘轮的传动，实现送标的间歇运动。通过调节摆动气缸的节流阀，调节牵引轮的运动速度，以配合纸盒的输送速度。而为了使贴标机的贴标动作与纸盒传输保持同步，采用常用的传感器检测机构来提高送标精度。

③ 贴标机贴标头装置 为了能使标签自动剥离，贴标头采用头部呈尖形的出标板，由于贴标头的角度很小，使得标签会随着纸盒的相对运动而完成可靠贴标。

④ 贴标机抚压装置 由一压标辊对纸盒上的标签进行柔顺抚压。

（2）贴标机光-机-电-气控制系统

核心工作原理：传感器检测到产品经过，传回信号到贴标控制系统，在适当位置控制系统控制电机送出标签并贴附在产品待贴标位置上，产品流经覆标装置，标签被覆贴附在产品上，一张标签的贴附动作完成。

操作过程：放产品（可接流水线）→产品导向（设备自动实现）→产品输送（设备自动实现）→贴标（设备自动实现）→收集已贴标产品。

本贴标机中采用的是电-气程序控制，使用 PLC 进行气动回路的顺序控制。PLC 的使用，使庞大复杂的系统控制变得简单明了，气缸的磁性开关和一些传感器可以直接与 PLC

连接，省去了许多中间环节，简化了控制系统。PLC 程序的编制简单，修改容易，使得系统动作顺序的调整方便。

① 气动换向回路

a. 贴标机气动元件

贴标机中的气动元件均选用日本某公司的产品，在系统中的主要应用如表 14-13 所示。

表 14-13 气动元件清单

主要应用	选用气动元件	
纸盒分离机构	CDQ2B32-25DM	直线气缸(带磁性开关)
送标机构	CRBIW50-270S CDQ2B20-20DM	摆动气缸(带磁性开关) 直线气缸(带磁性开关)
控制装置	AF10-M5 AR10-M5 AL10-M5 SV1200-5W1U AS1301F-M5-4	空气过滤器 减压阀 油雾器 二位五通双电磁换向阀 单向调速阀

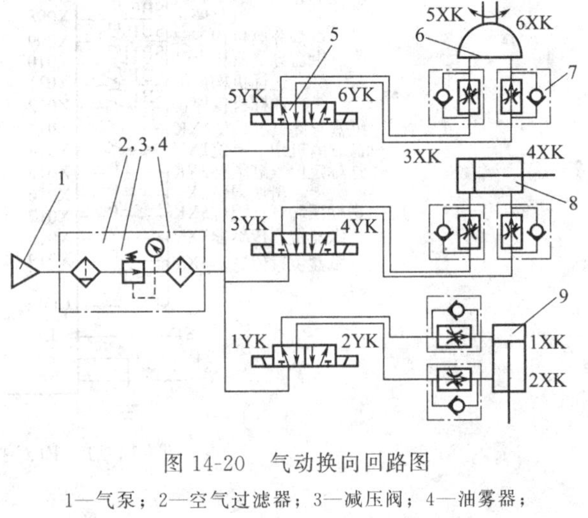

图 14-20 气动换向回路图

1—气泵；2—空气过滤器；3—减压阀；4—油雾器；5—二位五通双电磁换向阀；6—送标摆动气缸；7—单向调整阀；8—送标定位气缸；9—纸盒分离气缸

b. 系统回路

由上述气动元件组成本贴标机气动换向回路如图 14-20 所示。根据本贴标机的气动回路图，各电磁换向阀的动作顺序如表 14-14 所示。

表 14-14 贴标机电磁阀动作顺序表

流程 / 气缸控制阀	C1		C2		C3	
	1YK	2YK	3YK	4YK	5YK	6YK
纸盒分离气缸伸出,纸盒等待输送	+	−				
纸盒分离气缸缩回,纸盒送出	−	+				
纸盒分离气缸伸出,下一纸盒等待输送	+	−				
送标定位气缸伸出,送标摆动气缸正转,标签第一次进给			+	−	+	−
送标定位气缸复位,送标摆动气缸复位			−	+	−	+
送标定位气缸伸出,送标摆动气缸正转,标签第二次进给			+	−	+	−
送标定位气缸复位,送标摆动气缸复位			−	+	−	+

② PLC 控制系统　本贴标机系统使用三菱 FX2N-48MR 可编程序控制器 PLC。FX2N-48MR PLC 属于 FX2N 系列，由电源、CPU、I/O 模块和 RAM 单元组成。有 48 个 I/O 点的基本单元（输入 24，输出 24），继电器输出，使用 AC 电源，根据本贴标机系统设计及

PLC 选型，设计 PLC 控制接线图，如图 14-21 所示。

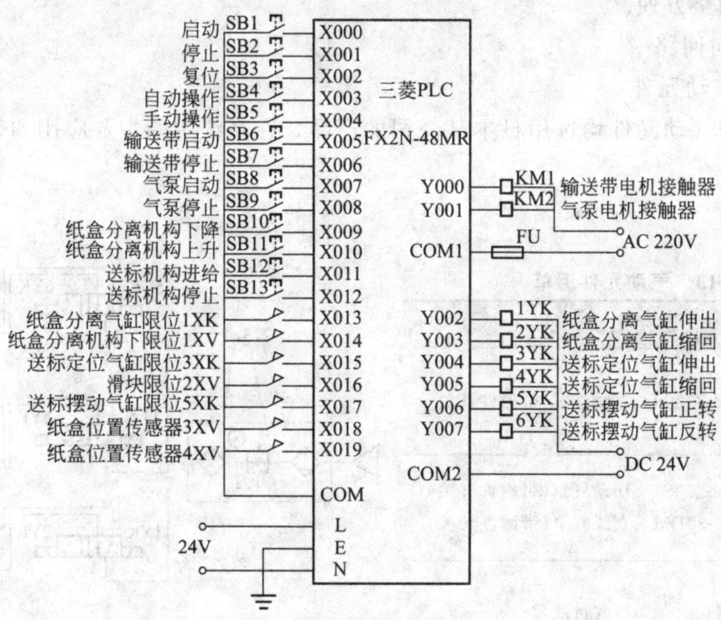

图 14-21 PLC 控制接线图

第15章 调速回路

气动调速回路就是通过控制流量的方法来调节执行元件运动速度的回路。气动执行元件运动速度的调节和控制大多采用节流调速原理。对于节流调速回路可采用进口节流、出口节流、双向节流调速等，气动节流调速回路组成与工作原理和液压节流调速回路基本相同。

15.1 单作用气缸的单向调速回路

15.1.1 控制气缸前进速度的单向调速回路（图 15-1 和表 15-1）

15.1.2 控制气缸返回速度的单向调速回路（图 15-2 和表 15-2）

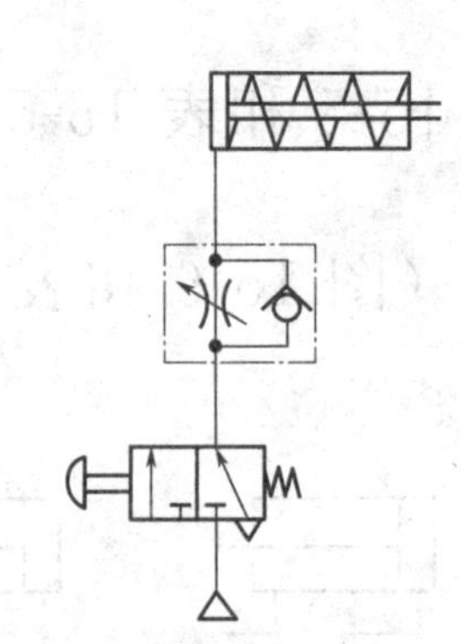

图 15-1 控制气缸前进速度的单向调速回路

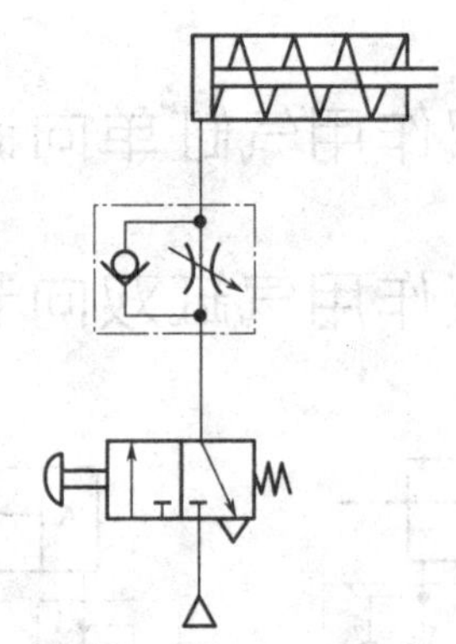

图 15-2 控制气缸返回速度的单向调速回路

表 15-1 控制气缸前进速度的单向调速回路

回路描述	特点及应用
单作用气缸前进速度的控制只能用入口节流方式，利用进气节流式单向节流阀实现活塞杆伸出速度可调及快速返回	该回路利用单向节流阀控制单作用气缸，可实现慢进-快退

表 15-2 控制气缸返回速度的单向调速回路

回路描述	特点及应用
单作用气缸前进速度的控制只能用出口节流方式，利用排气节流式单向节流阀实现活塞杆快速伸出，返回时速度可调	该回路利用单向节流阀控制单作用气缸，可实现快进-慢退

15.1.3 利用快速排气阀的单作用气缸快速后退回路（图 15-3 和表 15-3）

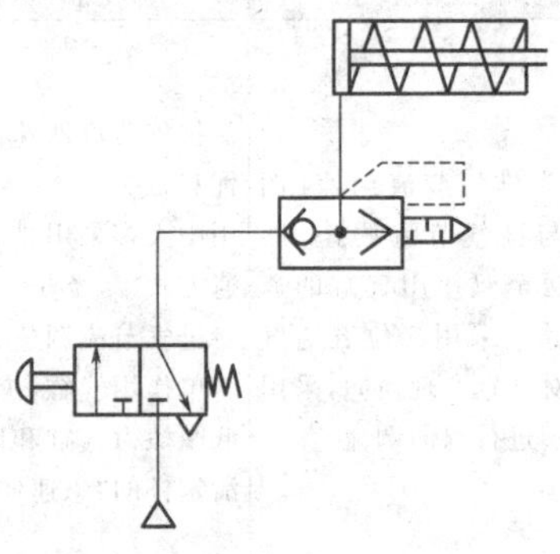

图 15-3 利用快速排气阀的单作用气缸快速后退回路

表 15-3 利用快速排气阀的单作用气缸快速后退回路

回路描述	特点及应用
当活塞后退后，气缸中的压缩空气经快速排气阀直接排放，不需经换向阀，从而减少排气阻力，故活塞可快速后退	回路的运动速度平稳性和速度刚度都较差，容易受外负载变化的影响，故该回路适用于对速度稳定性要求不高的场合

15.2 单作用气缸双向调速回路（图 15-4 和表 15-4）

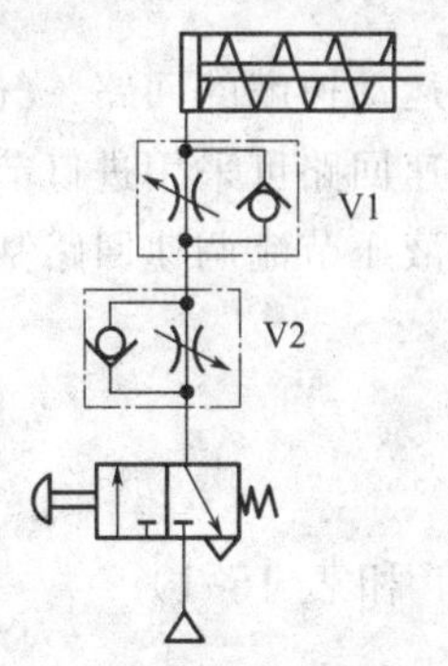

图 15-4 单作用气缸双向调速回路

表 15-4 单作用气缸双向调速回路

回路描述	特点及应用
如果单作用气缸前进及后退速度都需要控制，则可以同时采用两个单向节流阀控制，活塞前进时由节流阀 V1 控制速度，活塞后退时由节流阀 V2 控制速度	该回路液压缸活塞杆速度双向可调。两个反向安装的单向节流阀，分别实现进气节流和排气节流来控制活塞杆的伸出和返回速度

15.3 双作用气缸单向调速回路（图 15-5 和表 15-5）

15.4 双作用气缸双向节流调速回路（图 15-6 和表 15-6）

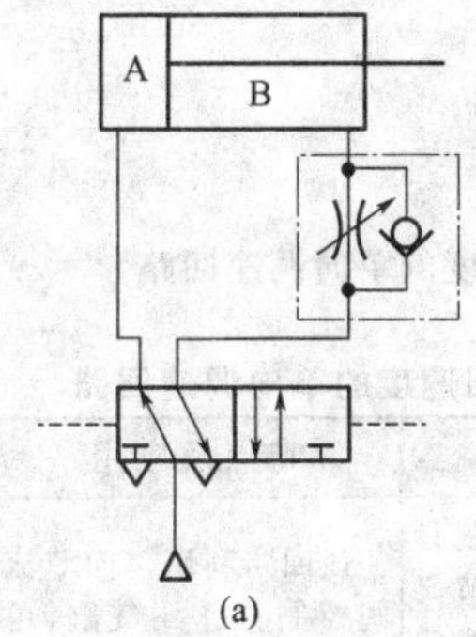

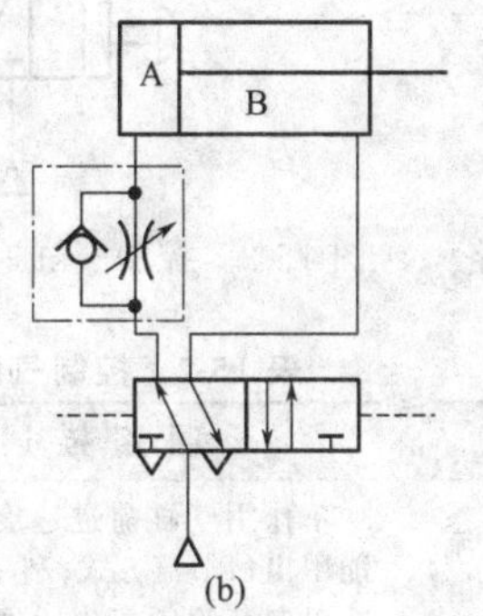

图 15-5 双作用气缸单向调速回路

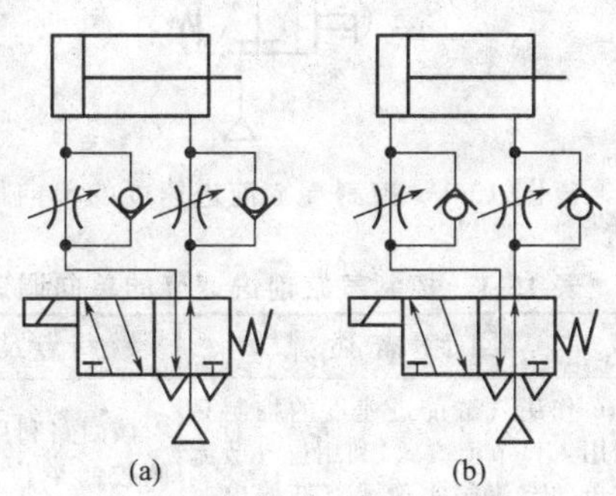

图 15-6 双作用气缸双向节流调速回路

表 15-5 双作用气缸单向调速回路

回路描述	特点及应用
图 15-5(a)为采用单向节流阀的排气节流调速回路，调节节流阀开度，可控制活塞的运动速度。由于有杆腔存在一定的气体压力，故活塞是在无杆腔和有杆腔的压力差作用下运动的，因而这种回路能够承受负值负载，运动的平稳性好，受外负载变化的影响较小 图 15-5(b)为采用单向节流阀的进气节流调速回路	排气节流调速回路能够承受负值负载，运动的平稳性好，受外负载变化的影响较小 进气节流调速回路承载能力大，但不能承受负值负载，且运动的平稳性差，受外负载变化的影响较大。因此，进气节流调速回路的应用受到了限制

表 15-6 双作用气缸双向节流调速回路

回路描述	特点及应用
本回路为排气节流调速[图 15-6(a)]与进气节流调速[图 15-6(b)]两个双作用气缸的速度控制回路。采用二位五通气控换向阀对气缸实现换向，采用单向节流阀进行双向调速	排气节流调速的调速特性和低速平稳性较好，应用中大多采用排气节流调速方式 进气节流调速方式可用于单作用气缸、夹紧气缸、低摩擦力气缸和防止气缸活塞杆的“急速伸出”现象

15.5 用排气节流阀的双向节流调速回路（图 15-7 和表 15-7）

15.6 双作用气缸的差动快速回路（图 15-8 和表 15-8）

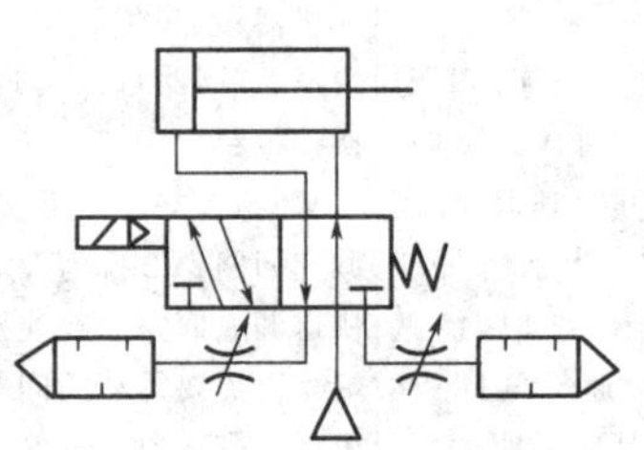

图 15-7 用排气节流阀的双向节流调速回路

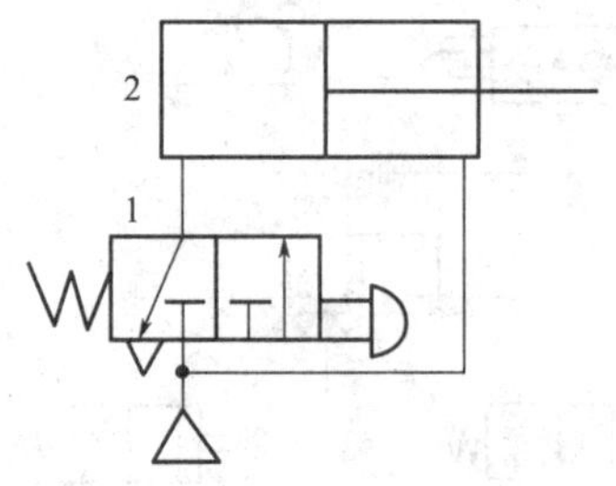

图 15-8 双作用气缸的差动快速回路

表 15-7 用排气节流阀的双向节流调速回路

回路描述	特点及应用
在换向阀的排气口上安装带消声器的排气节流阀，用于调节气缸的运动速度	适用于换向阀与气缸之间不能安装速度控制阀的场合，而且在不清洁的环境中，还能防止通过排气孔污染气路中的元件

表 15-8 双作用气缸的差动快速回路

回路描述	特点及应用
图 15-8 所示为气缸右腔进气、左腔排气的退回状态。按下二位三通手动换向阀 1 时，气缸左腔进气推动活塞右行，气缸右腔排出的气体经阀 1 的右位反馈进入左腔。由于气缸左腔流量的增大，故活塞前进速度增大	气动系统实现快速运动的原理是增加供气量或者采用小直径气缸。对供气量及气缸尺寸已经定型的系统而言，通常采用差动快速回路来实现速度的增大

15.7 双作用气缸的快速前进回路（图 15-9 和表 15-9）

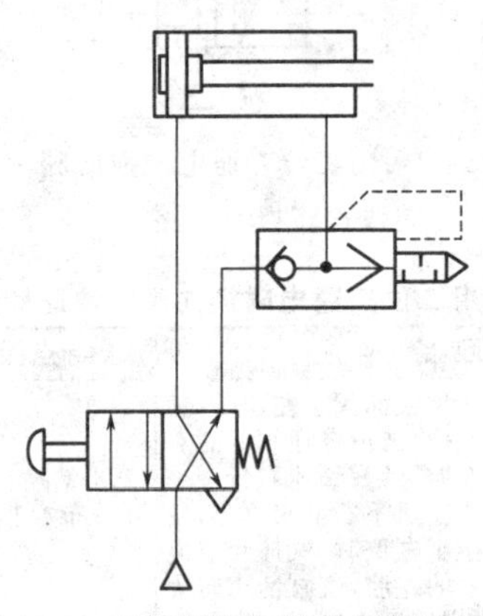

图 15-9 双作用气缸的快速前进回路

表 15-9 双作用气缸的快速前进回路

回路描述	特点及应用
图 15-9 所示为双作用气缸活塞快速前进的速度控制回路。双作用气缸前进时在气缸排气口加一个快速排气阀，以减小排气阻力	该回路利用快速排气阀实现双作用气缸的快速前进

15.8 双作用气缸慢进-快退回路（图 15-10 和表 15-10）

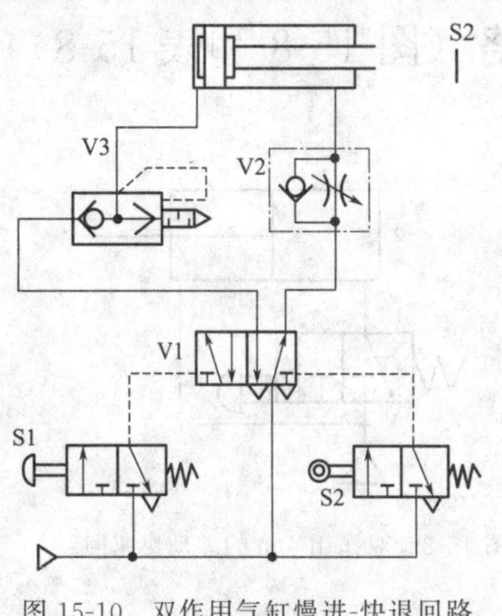

图 15-10 双作用气缸慢进-快退回路

表 15-10 双作用气缸慢进-快退回路

回路描述	特点及应用
当按下按钮阀 S1 后，换向阀 V1 换向，活塞前进，速度由阀 V2 控制，当活塞杆碰到行程阀 S2 时，活塞后退，快速排气阀 V3 可增加其后退速度	机器设备的大多数工况为慢进-快退，该回路可以实现慢进-快退的换接控制 V2 与 V3 对换可实现快进-慢退调速回路；V2 换为 V3 可实现快进-快退调速回路。要注意气缸行程末端是否需要缓动的问题及快排阀上出现结露现象。故气缸速度不宜太快，负载也不宜太大

15.9 用行程阀的快速转慢速回路（减速回路）（图 15-11 和表 15-11）

15.10 用二位二通电磁换向阀的快速转慢速回路（图 15-12 和表 15-12）

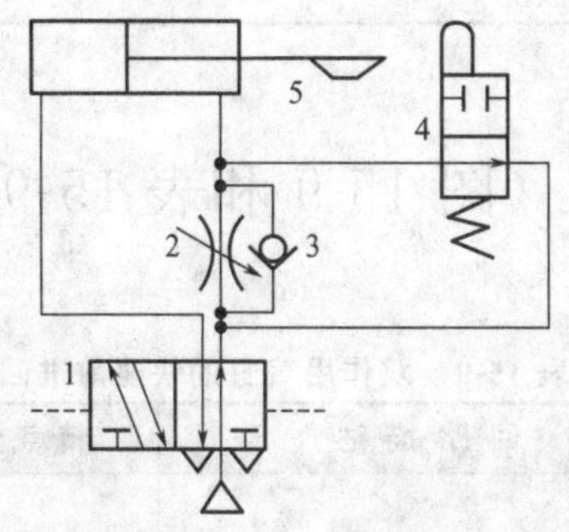

图 15-11 用行程阀的快速转慢速回路（减速回路）

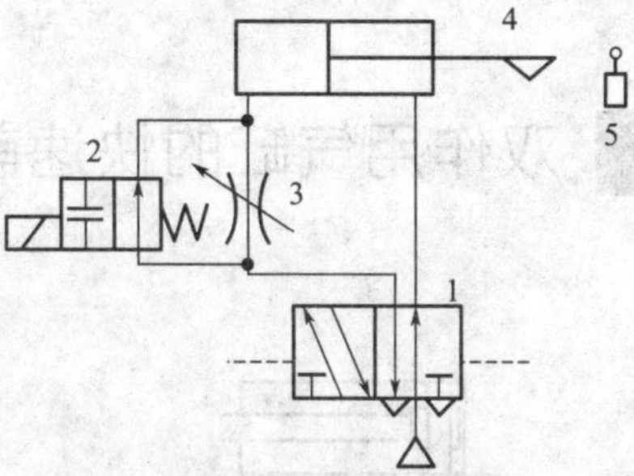

图 15-12 用二位二通电磁换向阀的快速转慢速回路

表 15-11 用行程阀的快速转慢速回路（减速回路）

回路描述	特点及应用
气控换向阀 1 切换至左位时，气缸的左腔进气，右腔气体经行程阀 4 下位、阀 1 左位排气实现快速进给。当运动部件附带的滑块 5 压下行程阀 4 时，气缸右腔的气体经节流阀 2、阀 1 排气，气缸转为慢速运动。实现了快速转慢速的换接控制	该回路是气缸空程快进、接近负载时转慢速进给的常用回路

表 15-12 用二位二通电磁换向阀的快速转慢速回路

回路描述	特点及应用
二位五通气控换向阀 1 左位时，气体经阀 1 的左位、二位二通阀 2 的右位进入气缸左腔，活塞快速右行 当活动滑块 4 压下行程开关 5，使阀 2 通电切换至左位时，气体经节流阀 3 进入气缸的左腔，气缸活塞转为慢速进给，慢进速度由阀 3 调定	电磁换向阀、行程开关布置非常灵活

15.11 行程中途变速回路

15.11.1 行程中途变速回路Ⅰ（图 15-13 和表 15-13）

15.11.2 行程中途变速回路Ⅱ（图 15-14 和表 15-14）

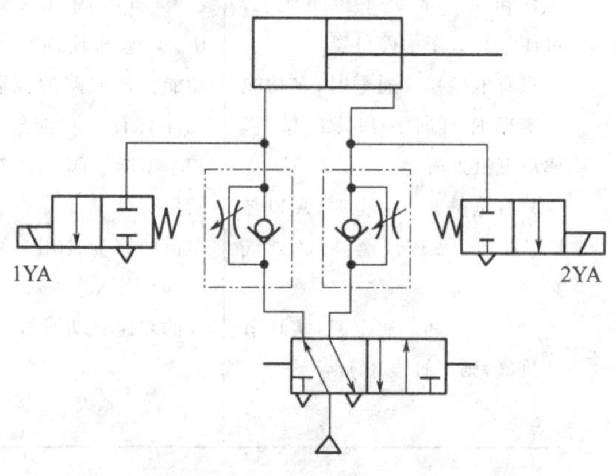

图 15-13　行程中途变速回路Ⅰ

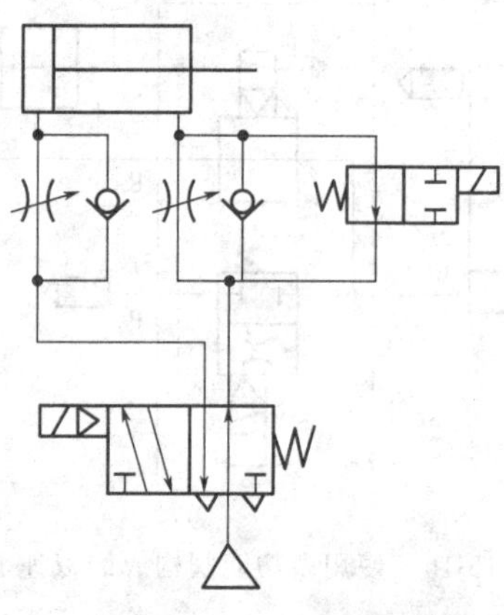

图 15-14　行程中途变速回路Ⅱ

表 15-13　行程中途变速回路Ⅰ

回路描述	特点及应用
利用两个二位二通阀与单向节流阀并联，活塞向右运动至某位置，可通过按钮开关或行程开关发出信号，使 2YA 通电，二位二通阀换向，改变排气通路，活塞快进 返回过程中，1YA 通电时活塞快退	此回路为排气口节流调速回路

表 15-14　行程中途变速回路Ⅱ

回路描述	特点及应用
二位五通阀通电，气缸向右快进，移动至某位置时让二通阀通电，则变成慢进	回路为排气口节流调速的快进转慢进回路

15.12 双速驱动回路

15.12.1 使用电磁阀构成的双速驱动回路（图 15-15 和表 15-15）

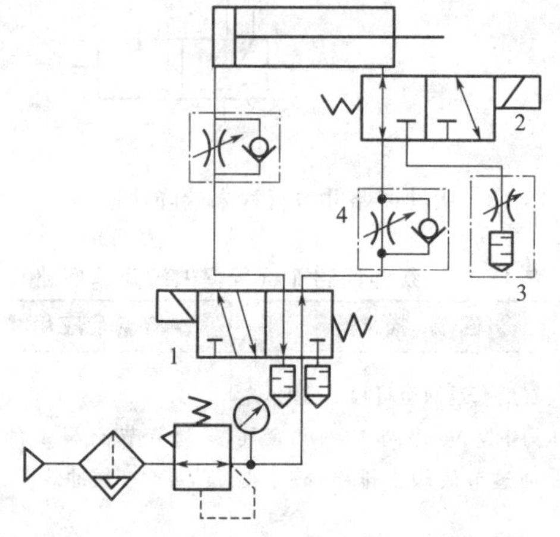

图 15-15　使用电磁阀构成的双速驱动回路

表 15-15　使用电磁阀构成的双速驱动回路

回路描述	特点及应用
三通电磁阀 2 上有两条排气通路，一条通过排气节流阀 3 实现快速排气，另一条通过调速阀 4 实现慢速排气。当气缸伸出快接近行程终端时，让阀 2 断电则变成慢速。但因存在气体的压缩性和气缸运动的惯性，气缸不会很快减速，故应提早减速为好	使用时应注意，如果快速和慢速的速度差太大，气缸速度在转换时，容易产生“弹跳”现象

15.12.2 使用多功能阀构成的双速驱动回路（图 15-16 和表 15-16）

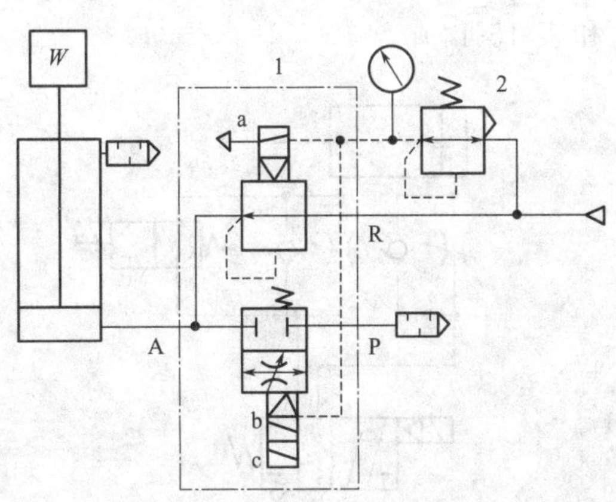

图 15-16 使用多功能阀构成的双速驱动回路

表 15-16 使用多功能阀构成的双速驱动回路

回路描述	特点及应用
电磁铁 a、b 和 c 都不通电时，P、R 和 A 口都处于封闭状态，可使气缸处于中停位置 只有电磁铁 a 通电时，多功能阀实现 R 口向 A 口降压供气，驱动气缸上升 只有电磁铁 b 通电时，A 口与 P 口接通，实现快速排气，则气缸快速下降 电磁铁 b 和 c 通电时，实现节流排气，则气缸慢速下降	多功能阀具有调压、调速和换向三种功能。该回路的控制元件只有多功能阀 1 和小型减压阀 2，系统结构简单 该回路为使用多功能阀（VEX5 系列）构成的双速驱动回路

15.13 缓冲回路

15.13.1 缓冲回路Ⅰ（行程末端降速回路）（图 15-17 和表 15-17）

15.13.2 缓冲回路Ⅱ（行程末端降速回路）（图 15-18 和表 15-18）

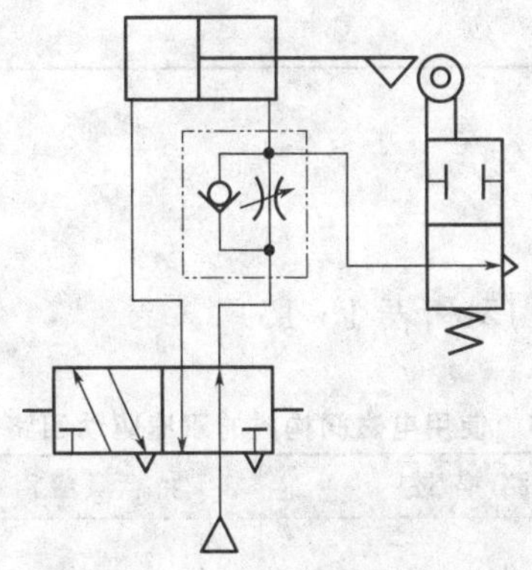

图 15-17 缓冲回路Ⅰ（行程末端降速回路）

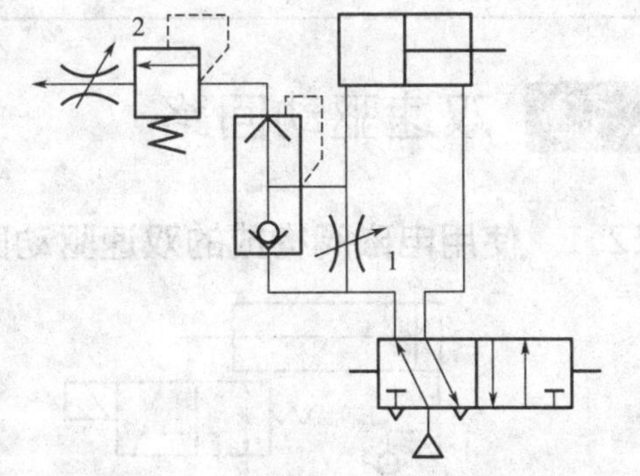

图 15-18 缓冲回路Ⅱ（行程末端降速回路）

表 15-17 缓冲回路Ⅰ（行程末端降速回路）

回路描述	特点及应用
活塞杆右移伸出，撞块切换二通阀后开始缓冲	根据负荷大小及运动速度要求来改变二通阀的安装位置，就能达到良好的缓冲效果

表 15-18 缓冲回路Ⅱ（行程末端降速回路）

回路描述	特点及应用
气缸活塞返回至行程末端时，左腔压力下降，顺序阀 2 关闭，余气只能通过节流阀 1 排出，故获得缓冲	调节节流阀 1 的开度，可改变缓冲效果

15.14 利用电气比例流量阀的无级调速回路（图 15-19 和表 15-19）

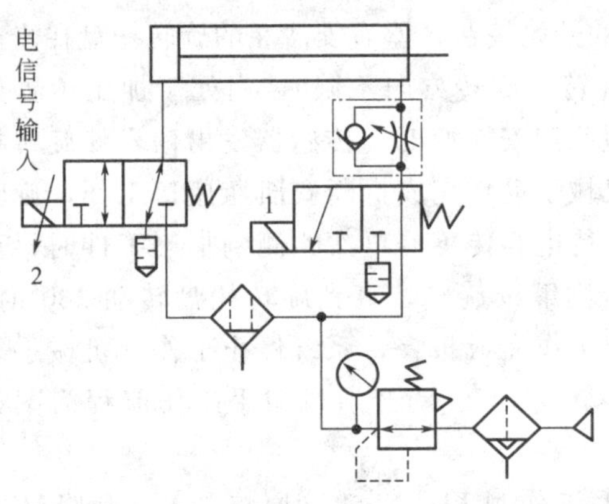

图 15-19　利用电气比例流量阀的无级调速回路

表 15-19　利用电气比例流量阀的无级调速回路

回路描述	特点及应用
电磁阀 1 通电，此时给电气比例流量阀 2 输入电信号，便可使气缸以与电信号大小相匹配的速度前进 气缸后退时，让电磁阀 1 断电，利用电信号控制电气比例流量阀 2 的节流口开度，进行排气流量控制，从而使气缸以设定的速度后退	该回路为利用电气比例流量阀（VEF 系列）实现的气缸无级调速回路

15.15 调速回路应用实例

15.15.1 安瓿瓶气动开启机械手

安瓿瓶（又称曲颈易折安瓿）因制作成本低廉，加工工艺成熟及密封性好等优点被广泛应用于存放注射用的药物、疫苗、血清等，容量一般为 1mL、2mL、3mL、5mL 和 20mL。但医务工作者在折断过程中，经常出现断裂口割伤手指等情况。而气动机械手以压缩空气为动力源来驱动机械手的动作，该装置具有系统接收简单、轻便、安装维护容易、无污染等优点被广泛应用于食品包装、医药、生物工程等领域。基于 PLC 的安瓿瓶气动开启机械手以 PLC 强大的顺序控制功能进行控制，可以很好地满足系统的控制要求，对不同规格的安瓿瓶进行开启，避免了医务工作者在医务操作中的不便。

（1）气动开启机械手的系统结构与工作过程

安瓿瓶气动开启机械手系统主要由折断机构、旋转托盘机构、蜂鸣报警装置、尺寸选择开关、气动控制系统和电气控制系统等几部分组成，其系统结构如图 15-20 所示。其主要功能部件作用如下。

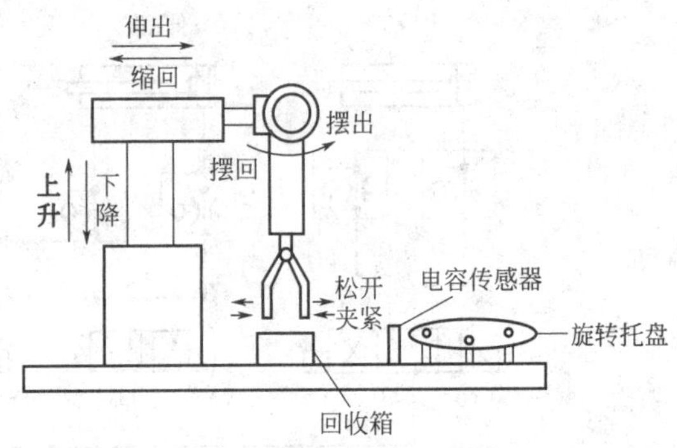

图 15-20　安瓿瓶气动开启机械手结构示意图

① 安瓿瓶折断机构　由四自由度的气动机械手构成，它能完成升降、伸缩、旋转、夹紧动作，机械手工作循环 1 次折断 1 个安瓿瓶的瓶口。

② 旋转托盘机构　为 1 个直径为 10cm 的圆形塑料托盘，托盘上注塑有 6 个直径为 12mm 的凹槽，凹槽深度为 30mm，用来承载安瓿瓶。该旋转托盘机构由步进电机控制其转

动或停止，电容传感器检测工件是否到位。

③ 报警装置 当旋转托盘转动 360°时，给出报警。

④ 安瓿瓶尺寸选择开关 现抗生素、疫苗等药品所选用的安瓿瓶容量一般为 1mL、2mL 两种，加工之前通过控制面板的旋钮开关来选择加工工件的容量，旋钮开关旋至左边为 1mL 安瓿瓶，旋至右边为 2mL 安瓿瓶。

设备工作过程。按下安瓿瓶气动开启机械手的开始按钮，盛有安瓿瓶的旋转托盘在步进电机的带动下旋转（旋转方向不限），当处于加工位置处的电容传感器检测到安瓿瓶时，传感器发出信号使旋转托盘停转，同时机械手动作完成折断安瓿瓶瓶口工作，旋转托盘继续旋转，待电容传感器再次检测到加工工件时，重复上述动作，否则继续旋转，直到旋转托盘转动 360°时，蜂鸣报警器发出工作完成报警，系统停止工作（机械手复位，步进电机停转）。该气动开启机械手工作流程简图如图 15-21 所示。

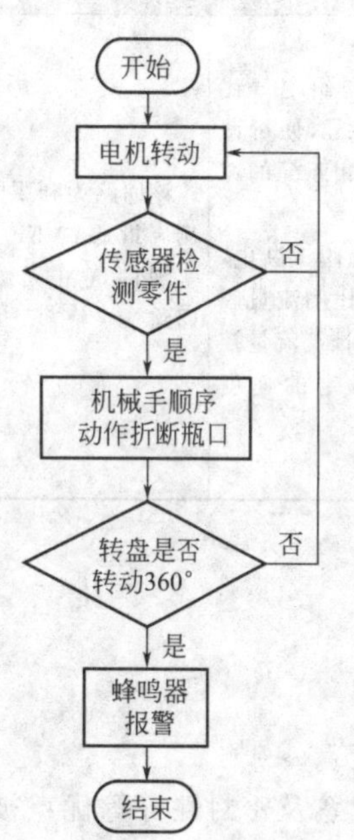

图 15-21 安瓿瓶气动开启机械手工作流程图

气动机械手工作过程。启动（原点位）→升降缸上升→伸缩缸伸出→升降缸下降→夹紧缸夹紧（保压）→摆动缸上旋 45°→升降缸上升→伸缩缸缩回→摆动缸回摆→夹紧缸松开，准备下次循环。

(2) 气动机械手回路

气动机械手系统主要由升降缸、伸缩缸、摆动缸、夹紧缸、可调压力开关、单向节流阀和 1 个三位四通电磁换向、3 个二位五通单控弹簧复位电磁阀等组成。压缩空气经二联体（输出压力调节为 0.5MPa）及相应电磁阀来控制各气缸工作，由于每个气缸的负载大小不同，以及防止在动作过程中因突然断电造成的机械零件冲击损伤，在进气口和排气口设置了单向节流阀，其系统原理如图 15-22 所示。

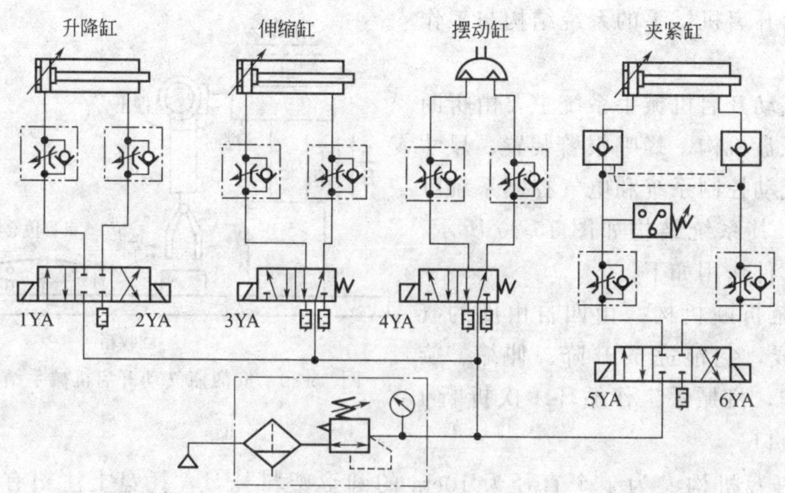

图 15-22 气动机械手系统原理图

在夹紧缸夹紧安瓿瓶颈部过程中，由于玻璃制品的特点是硬而脆，如何控制好手指既夹紧安瓿瓶颈部又不会使瓶口夹碎，可以通过调节压力继电器的压力值为恰好夹紧瓶颈的压力，当夹紧缸夹紧进气压力达到压力继电器设定值时，压力继电器动作，使电磁阀 5YA 失电，换向阀置中位，夹紧缸被气控单向阀锁紧保压，保证货物恰好抓紧。

因安瓿瓶的瓶身高度不同，为了让升降缸下降的距离更加准确，该升降缸选用带有磁性开关的气动缸。

15.15.2　气动无尘装车机

无尘装车机主要用于水泥熟料、焦炭、沥青焦等颗粒及粉状物料的敞开式和集装箱式装车，可大大减少装卸物料过程中的粉尘，防止粉尘对环境的污染。PLC 具有逻辑控制功能强、编程方便、可靠性高和抗干扰能力强的特点。将 PLC 控制应用于气动无尘装车机，不仅可以实现无尘装车机装料的自动化，提高装料速度，还可以大大降低工人的劳动强度。

气动无尘装车机系统主要由装车收尘装置、气动系统及电气控制系统组成。通过这些部件的作用，使得在装车过程中的粉尘能够被有效吸收，达到防止粉尘溢出的功能。

图 15-23 为装车收尘装置结构图，主要包括手动闸板阀、双向气动闸板阀、气动蝶阀、伸缩式装车头和电动机等。手动闸板阀用于检修装车机时关断料仓的物料；双向气动闸板阀由两个气缸和两块闸板组成，用于开闭物料；气动蝶阀用于开闭收尘风量；伸缩式装车头包括伸缩套、收尘套和伸缩内桶等，伸缩内桶用于装料，由于收尘风机的开启，在伸缩套、收尘套和伸缩内桶之间的空间产生负压收尘气流，装车粉尘即被吸入并经收尘口排入粉尘储存室；电动机用于控制伸缩式装车头的升降。

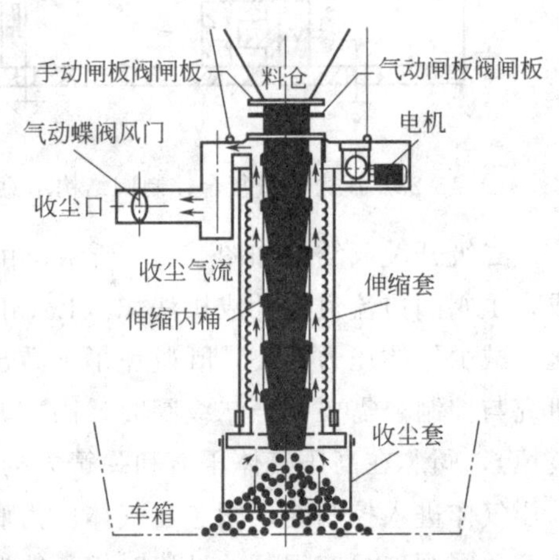

图 15-23　装车收尘装置结构图

图 15-24 为气动系统的原理图，其功能是通过控制双向气动闸板阀和气动蝶阀，从而实现物料的开闭和收尘风量的开闭。系统采用单向节流阀调速。

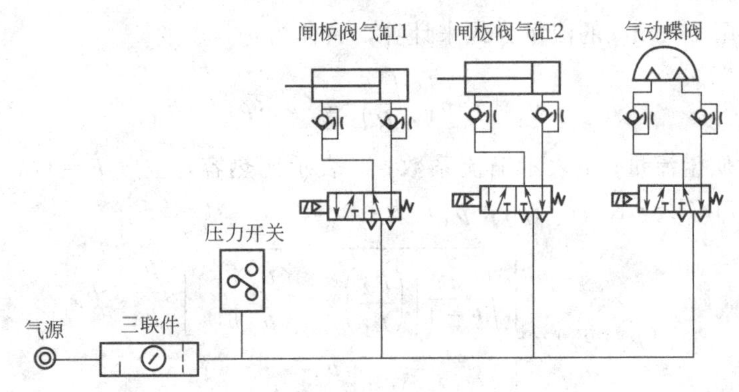

图 15-24　气动系统原理图

15.15.3 高压气动压力流量复合控制数字阀

气体具有可压缩性，通过调节阀门的开度可以实现其质量流量和压力的控制，这样就可以在一套装置上完成质量流量和压力的复合控制。

(1) 复合控制数字阀的组成和工作原理

复合数字控制阀的结构如图 15-25 所示，由 8 个二级开关阀（$V_1 \sim V_8$）、温度传感器 T_1、压力传感器 P_1 与 P_2 组成。

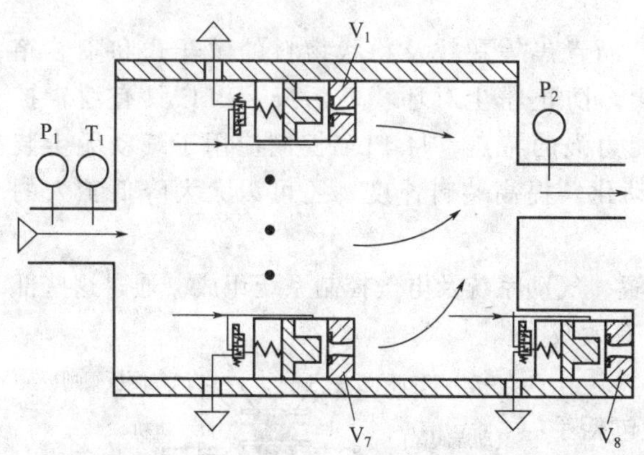

图 15-25 压力流量复合控制阀结构示意图

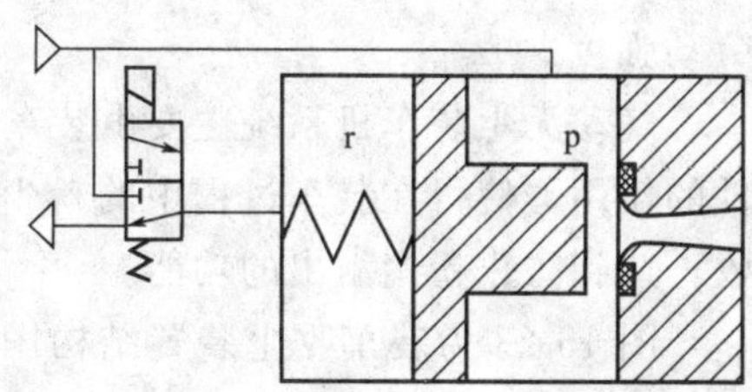

图 15-26 二级高压气动开关阀结构示意图

二级开关阀结构如图 15-26 所示，由一个二位三通式高速开关阀及端面式密封的主阀构成，主阀阀口流道设计成拉法尔（Laval）喷嘴的结构，这种结构可以实现较高的临界背压比、减少气体压力损失，既避免了下游出口腔温度压力的大幅波动，也简化了复合阀的建模研究与控制。需要打开二级阀时，高速开关阀不通电，二级阀的控制腔与大气连通（即图示装填)，阀芯在高压气体压力和弹簧力的作用下打开；需要关闭二级阀时，高速开关阀通电，高压气体进入控制腔，阀芯在气体压力和弹簧力的作用下关闭。由于控制腔内气体有限，高速开关阀阀口只有很短的过流时间，能避免高压气体长时间剧烈的节流降温而导致结冰，提高二级阀及复合阀的可靠性。主阀阀口为临界流喷嘴结构，主阀按照压力区可划分为控制腔 r 和主阀腔 p。

用复合阀来控制高压气体的压力时，控制器就会依据输出压力和目标压力来调节二级阀的启闭；用复合阀控制气体的流量时，控制器则依据上游的压力、温度以及下游的输出压力来调节二级阀的启闭。

主阀阀口采用 Sanville 的流量公式来计算，具体为：

$$q_t = \alpha S p_1 \sqrt{\frac{k}{RT_1}}\varphi(p_2, p_1) \tag{15-1}$$

式中，q_t 为质量流量；α 表示缩流系数；k 表示比热容，空气 $k=1.4$；R 表示气体常数，空气 $R=287\text{J}/(\text{kg}\cdot\text{K})$；$\varphi(p_2, p_1)$ 为：

$$\varphi(p_2, p_1) = \begin{cases} \sqrt{\dfrac{2}{k-1}\left[\left(\dfrac{p_2}{p_1}\right)^{\frac{2}{k}} - \left(\dfrac{p_2}{p_1}\right)^{\frac{k+1}{k}}\right]}, & \dfrac{p_2}{p_1} > b_p \\ \sqrt{\left(\dfrac{2}{k+1}\right)^{\frac{k+1}{k-1}}}, & \dfrac{p_2}{p_1} \leqslant b_p \end{cases} \tag{15-2}$$

式中，b_p 表示出现壅塞流动时的临界压力比。

流量计算采用式(15-1) 的方程，对于单个二级阀，适用该方程的有：高压气体从主阀进气口到主阀腔 p 的流入流量 q_{t_ip}；气体从主阀腔 p 经阀口流出的流量 q_{t_p0}。

$$q_{t\_ip}=\alpha S_{ip}p_i\sqrt{\frac{k}{RT_i}}\varphi(p_p,p_i) \tag{15-3}$$

$$q_{t\_po}=\alpha S_{po}p_p\sqrt{\frac{k}{RT_p}}\varphi(p_o,p_p) \tag{15-4}$$

式中，S_{ip}、S_{po} 分别为相应阀口的过流面积。

(2) 二级阀编码方案

用二进制方式来确定复合阀的进气阀阀口面积方案时，就是把控制信号编为 7 位二进制码来驱动 7 个进气阀，各个二级阀的有效开口面积调节为 $S_1:S_2:S_3:S_4:S_5:S_6:S_7=2^1:2^2:2^3:\dots:2^6:2^8$。

复合控制阀的综合过流面积和所给的控制信号之间的关系，如图 15-27 所示。由图 15-27 可以看出，两者的比值是常数，即最小过流面积 S_1；复合控制阀控制的流量具有离散性，输出流量表达式为：

$$Q=Q_1\sum_{i=1}^{7}2^{i-1}pc_i \tag{15-5}$$

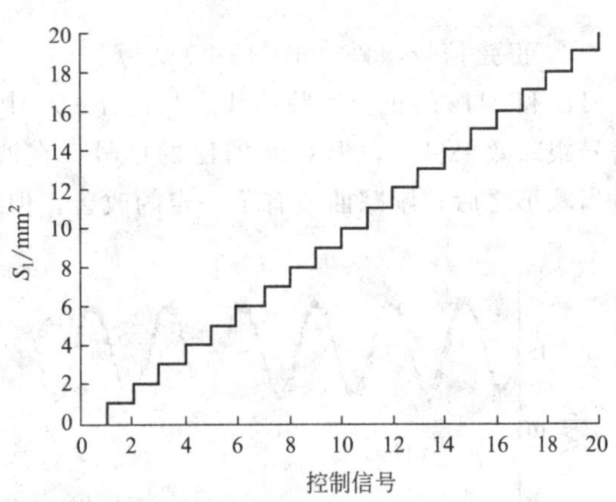

图 15-27 综合过流面积与控制信号的关系

复合阀的控制精度由开口面积最小的二级阀决定，所以希望其尽可能小，而复合阀的最大流量决定其调节范围，所以当二级阀的个数确定时，控制精度和调节范围是不能同时满足的。而采用广义脉冲编码方法能够有效解决该问题。

采用二进制和四进制结合的方法，前 6 个进气阀按照二进制编码，最后一个进气阀按照四进制标定，各进气阀的有效开口面积比为：

$S_1:S_2:S_3:S_4:S_5:S_6:S_7=2^1:2^2:2^3:\cdots:2^6:2^8$。

这样编码的复合阀最大有效截面积：

$$S_{max}=191S_1 \tag{15-6}$$

而按照二进制编码时的最大有效截面积：

$$S_{max}=127S_1 \tag{15-7}$$

可见，采用广义脉冲编码方式，可以在保证控制精度的情况下，使系统的控制范围大大增加，这样就可以同时满足调节范围和控制精度的要求。

(3) 复合控制阀技术性能

① 阶跃响应　目标压力 p_t 的值设置为 15MPa，PID 参数为 $p=0.5$，$I=0.03$，$D=0.03$，得到输出压力响应曲线，如图 15-28 所示。能够看出，输出压力 p_o 可以在 2s 左右的时间内达到稳定值，曲线有轻微的超调，稳定之后，输出压力 p_o 的偏差小于±0.1MPa。

图 15-29 为不同数值的 p_t 所对应的 p_0 响应曲线，设置 p_1 为 1.5、10、15、19MPa，$p=0.5$，$I=0.03$，$D=0.03$。从图中可以看出复合控制阀能实现的压力输出范围为 1～19MPa，稳定之后输出压力 p_o 的偏差小于 10.1MPa。

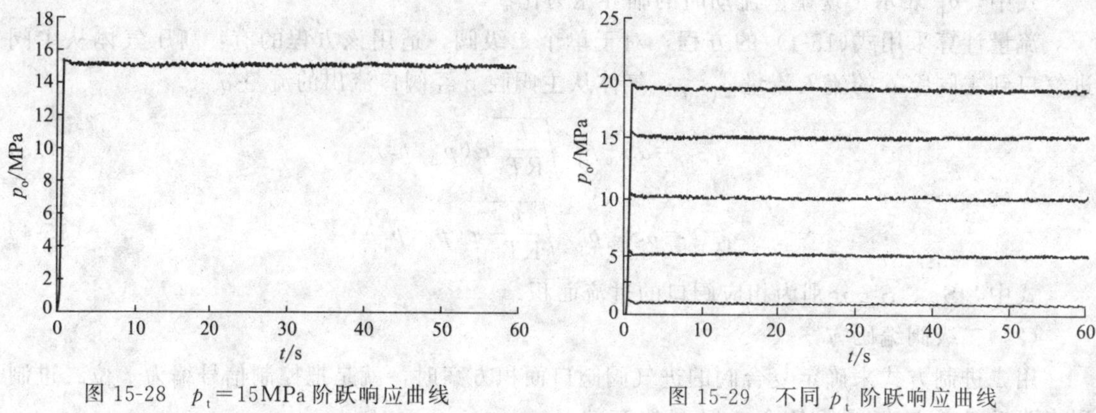

图 15-28 p_t=15MPa 阶跃响应曲线　　图 15-29 不同 p_t 阶跃响应曲线

② 正弦信号跟踪　图 15-30 为 $p_t(t)=15+3\sin(\pi t)$ 及 $p_t(t)=15+3\sin(4\pi t)$ 即 0.5Hz 和 2Hz 的正弦跟踪曲线。从图 15-30 中可以看出，复合控制阀对于频率为 0.5Hz 的信号跟踪效果良好，但对于 2Hz 的信号，在波谷处跟踪效果明显变差，把缓冲气罐的容积适当减小之后，跟踪曲线有了一定的改善，但稳态精度比之前下降。

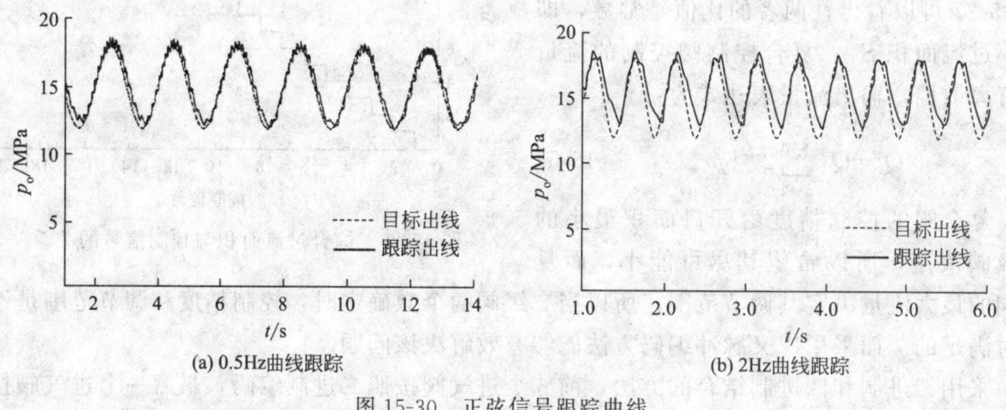

图 15-30 正弦信号跟踪曲线

该复合控制数字阀可以快速、准确且稳定地输出目标压力，稳态偏差在 10.1MPa 以内；在 20MPa 的气源压力下，输出压力的范围为 1～19MPa。

第16章 往复动作回路

16.1 电磁阀控制的往复动作回路（图 16-1 和表 16-1）

16.2 行程阀控制的往复动作回路（图 16-2 和表 16-2）

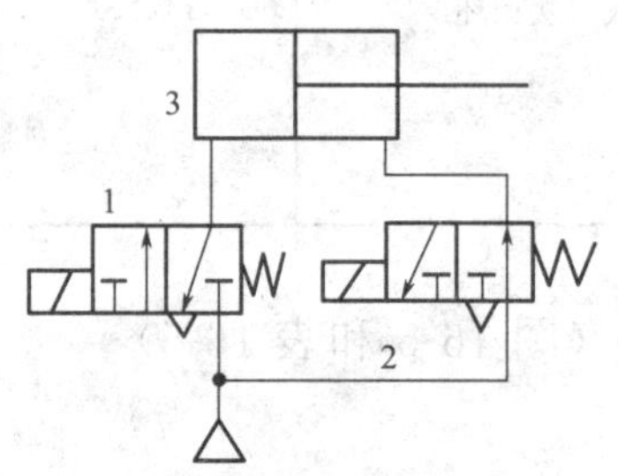

图 16-1 电磁阀控制的往复动作回路

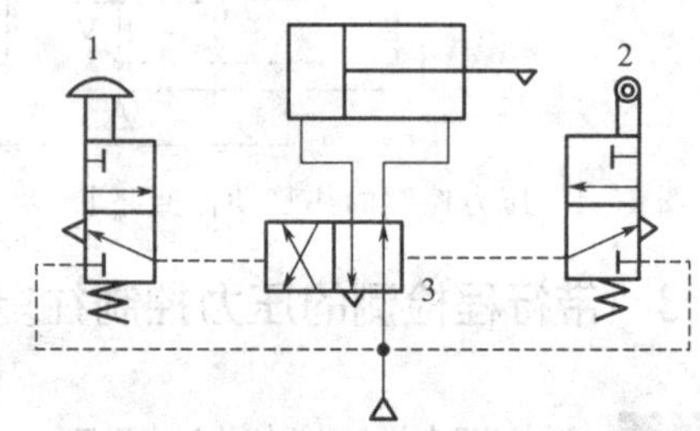

图 16-2 行程阀控制的往复动作回路

表 16-1 电磁阀控制的往复动作回路

回路描述	特点及应用
图 16-1 所示状态下，压缩空气经换向阀 2 的右位进入气缸 3 的右腔，左腔经阀 1 的右位排气，活塞向左移动。当阀 1 和阀 2 的电磁铁都通电时，气缸 3 的左腔进气，活塞杆伸出。当电磁铁都断电时，活塞杆退回	回路用两个二位三通电磁阀 1 和 2 控制双作用缸往复换向，电磁铁的通断电可采用行程开关发信

表 16-2 行程阀控制的往复动作回路

回路描述	特点及应用
当按下阀 1 时，阀 3 切换至左位，气缸的活塞右行。当滑块压下阀 2 时，阀 2 切换至上位，阀 3 右位工作，气缸右腔进气、左腔排气推动活塞退回。因而手动阀每发出一次信号，气缸往复动作一次	回路利用手动换向阀 1，气控换向阀 3 和行程阀 2，控制气缸实现一次往复换向

16.3 压力控制的往复动作回路

16.3.1 压力控制的往复动作回路 I（图 16-3 和表 16-3）

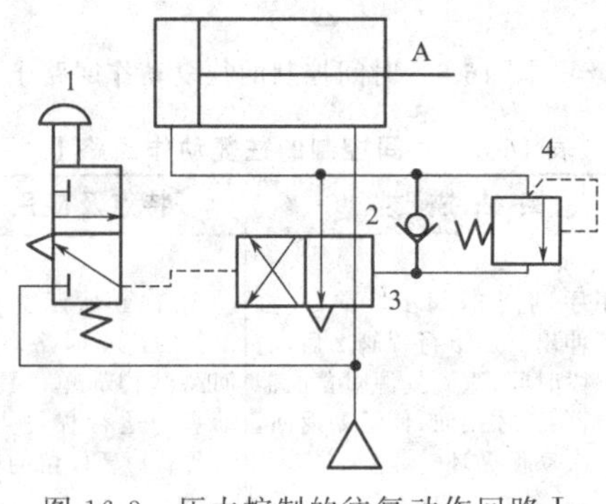

图 16-3 压力控制的往复动作回路 I

表 16-3 压力控制的往复动作回路 I

回路描述	特点及应用
按动阀 1，阀 3 至左位，气缸活塞伸出至行程终点，气压升高，打开顺序阀 4，使阀 3 换向，气缸返回，完成一次往复动作循环	图 16-3 所示为压力控制的往复动作回路

16.3.2 压力控制的往复动作回路Ⅱ（图16-4和表16-4）

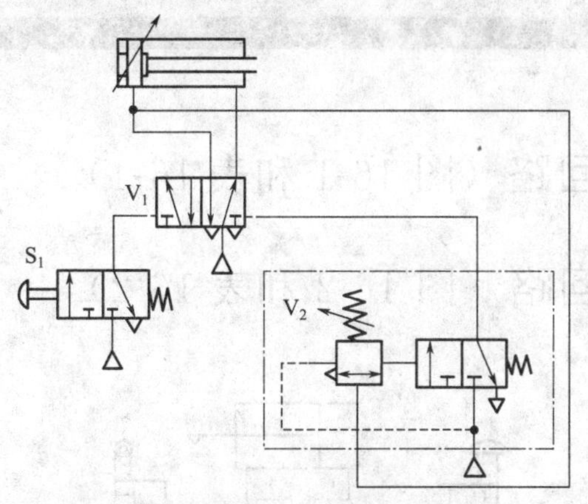

图16-4 压力控制的往复动作回路Ⅱ

表16-4 压力控制的往复动作回路Ⅱ

回路描述	特点及应用
按下按钮阀 S_1，主控阀 V_1 换向，活塞前进，当活塞腔气压达到顺序阀的调定压力时，V_1 换向，气缸后退，完成一次循环	注意：活塞的后退取决于顺序阀的调定压力，如活塞在前进途中碰到负荷时也会产生后退动作。该回路不能保证活塞到达行程终点

16.3.3 带行程检测的压力控制往复动作回路（图16-5和表16-5）

16.4 时间控制的往复动作回路

16.4.1 时间控制的往复动作回路Ⅰ（图16-6和表16-6）

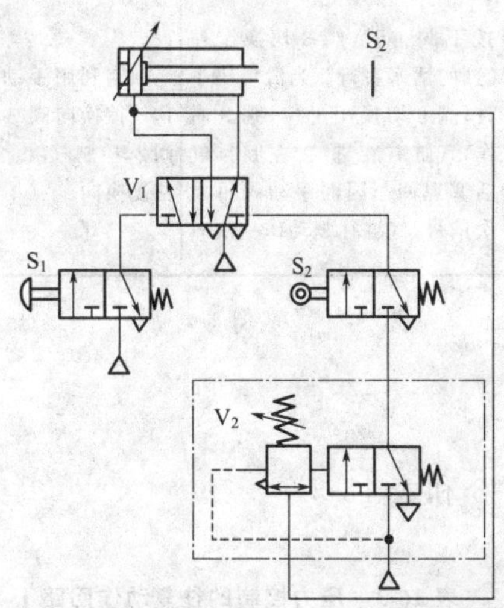

图16-5 带行程检测的压力控制往复动作回路

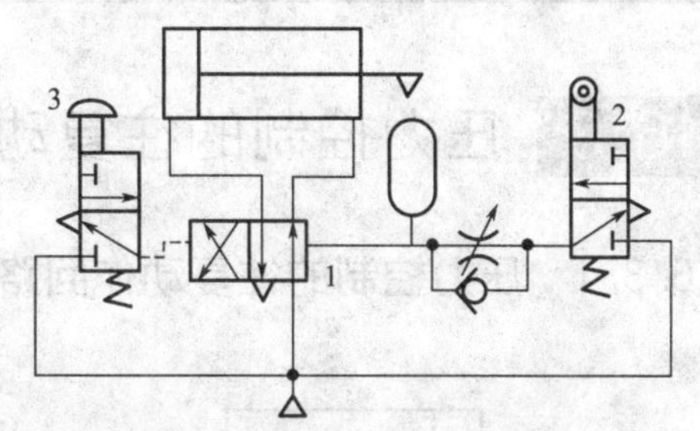

图16-6 时间控制的往复动作回路Ⅰ

表16-5 带行程检测的压力控制往复动作回路

回路描述	特点及应用
按下按钮阀 S_1，主控制阀 V_1 换向，活塞前进，当活塞杆碰到行程阀 S_2 时，若活塞腔气压达到顺序阀的调定压力，则打开顺序阀 V_2，压缩空气经过顺序阀 V_2、行程阀 S_2 使主阀 V_1 复位，活塞后退	该回路为带行程检测的控制回路，可以保证活塞到达行程终点，而且只有当活塞腔压力达到预定压力值时，活塞才后退

表16-6 时间控制的往复动作回路Ⅰ

回路描述	特点及应用
按下手动阀3，阀1换向，气缸活塞杆伸出。压下行程阀2后，需延时一段时间，直到气源对蓄能器充气后，阀1才换向，使活塞返回，完成一次动作循环	图16-6所示为延时复位的往复回路。这种回路结构简单，可用于活塞到达行程终点时，需要有短暂停留的场合

16.4.2　时间控制的往复动作回路Ⅱ（图 16-7 和表 16-7）

16.4.3　带行程检测的时间控制往复动作回路（图 16-8 和表 16-8）

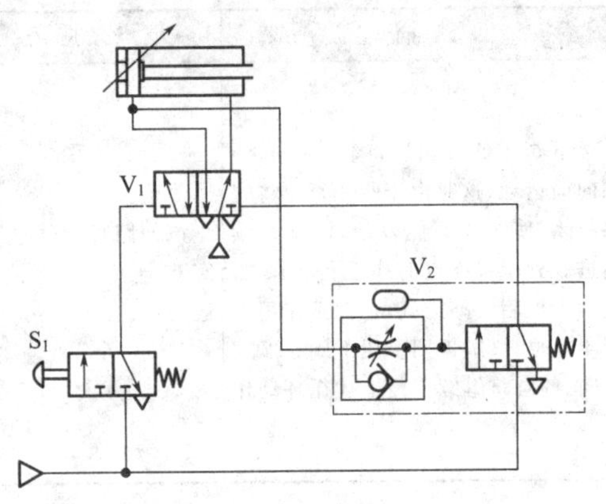

图 16-7　时间控制的往复动作回路Ⅱ

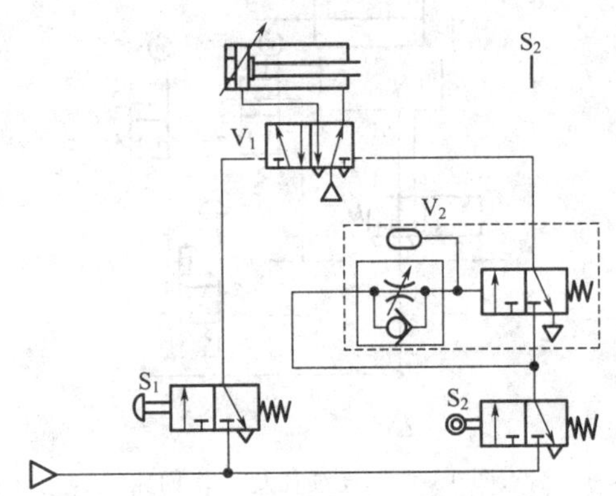

图 16-8　带行程检测的时间控制往复动作回路

表 16-7　时间控制的往复动作回路Ⅱ

回路描述	特点及应用
按下按钮阀 S_1 后，主控阀 V_1 换至左位，活塞前进，当达到延时阀设定的时间，V_1 右端有信号，阀芯切换，活塞后退	注意：采用时间控制可靠性低，一般须配合行程开关

表 16-8　带行程检测的时间控制往复动作回路

回路描述	特点及应用
按下按钮阀 S_1 后，主控阀 V_1 换向，活塞前进，压下行程阀 S_2 后，达到延时阀设定的时间，主阀 V_1 右端有信号，阀芯切换，活塞后退，完成一次往复循环	活塞只有前进到设定位置，才能延时后退

16.5　从两个不同地点控制气缸的往复动作回路（图 16-9 和表 16-9）

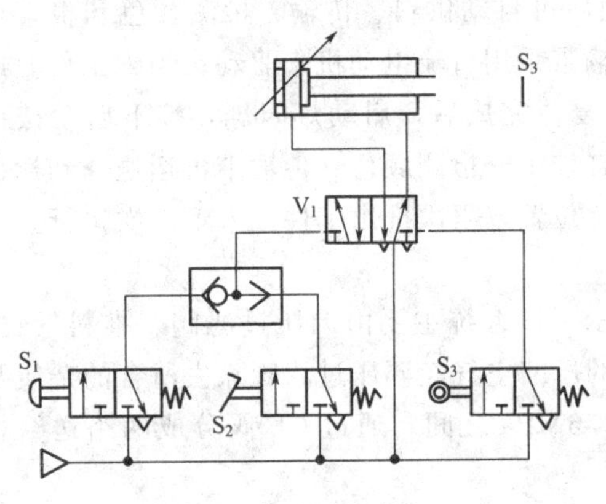

图 16-9　从两个不同地点控制气缸的往复动作回路

表 16-9　从两个不同地点控制气缸的往复动作回路

回路描述	特点及应用
利用“或”门型梭阀控制，无论用手按下阀 S_1，还是用脚踏下阀 S_2，均能使主阀 V_1 切换，活塞前进，活塞杆伸出碰到行程阀 S_3 后立即后退	实现从两个不同地点控制双作用气缸

16.6 连续往复动作回路（图 16-10 和表 16-10）

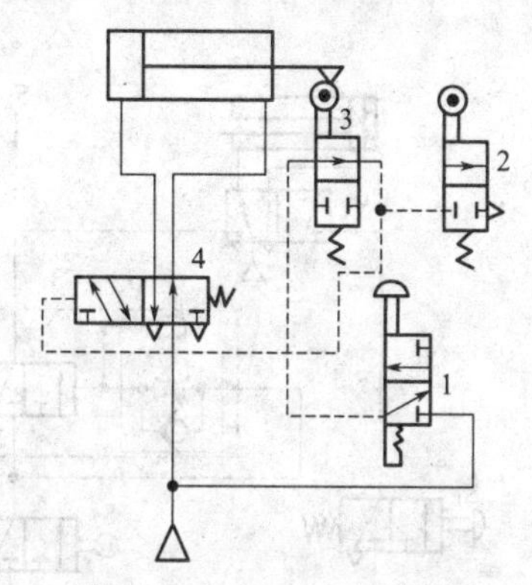

图 16-10 连续往复动作回路

表 16-10 连续往复动作回路

回路描述	特点及应用
按下阀 1 的按钮后，阀 4 换向，活塞向前运动，这时由于阀 3 复位将气路封闭，使阀 4 不能复位，活塞继续前进。到行程终点时压下行程阀 2，使阀 4 控制气路排气，在弹簧作用下阀 4 复位，气缸返回。压下阀 3，阀 4 换向，气缸将继续重复上述循环动作	该回路可以使气缸实现连续自动往复运动

16.7 往复动作回路应用实例

气动供料单元及控制系统供料单元采用气动执行组件，再配上 FX2NPLC 强大的顺序控制功能进行控制，可以很好地满足系统的控制要求。

(1) 气动供料单元系统结构和工作过程

① 系统结构　气动供料单元主要由自动推料装置、传送带机构、自动拦截机构、报警装置、检测工件和颜色的光电开关、PLC、按钮、I/O 接口板、通信接口板、直流电动机、电磁阀及气缸等组成，主要完成供料、传送并检测工件颜色等功能。

其主要功能部件作用是，自动供料装置由工件料槽、推料气缸、供料平台支架组成，每次当工件传送到头被后站取走后，自动供料；传送带机构由直流减速电动机、传送带以及一些机械部件组成，当供料机构将工件推出被传感器 B1 检测到后，直流电动机带动传送带工件开始传送，直到传感器 B3 检测到工件到位电动机停止；拦截机构由拦截气缸固定部件组成，当工件被推出检测到后拦截缸推出，等工件到 B2 检测颜色结束后拦截缸缩回；报警装置在料槽无工件或出现故障长时间无工件送出时，给出报警（可按不同需要编制不同报警方式）。

② 工作过程　本气动供料单元具有系统启动后可自动供料、传输、检测颜色和报警功能，工件的推出和拦截通过两个气缸来完成，传输带采用直流电动机来驱动；当无工件时还可以实现报警提醒功能。具体控制要求是，系统复位完成后，启动灯闪烁，按下启动按钮后，工件推出→检测工作→传输带运送→拦截气缸伸出→检测颜色→传输带再运送→到达指定位置→返回，进行一次循环运行，最后回到初始位置，再次推出工件进入下一次运行。

(2) 气动系统

气动供料单元的气动系统原理如图 16-11 所示。该系统主要由调压过滤阀、推料气缸、拦截气缸和 2 个电磁换向阀组成。经压缩机送来的压缩空气经调压过滤阀除去所含的杂质及凝结水调节并保持恒定的工作压力，即在 0.4～0.6MPa 之间。通过 CP 阀分成两路送给相应的电磁阀来控制推料气缸和拦截气缸的工作。

该供料单元的逻辑控制功能通过 PLC 来实现，其中 1B1 和 1B2 是安装在推料气缸两个极限工作位置的磁感应接近开关，用它们发出的开关量信息可以判断气缸的两个极限工作位置，而 2B1 和 2B2 则为判断拦截气缸两个极限工作位置的磁感应接近开关。1Y1 为推料气缸控制电磁阀，而 2Y1、2Y2 为拦截气缸控制电磁阀，因推料气缸为单作用气缸，用一个控制电磁阀即可；而拦截气缸为双作用气缸则需两个控制电磁阀。

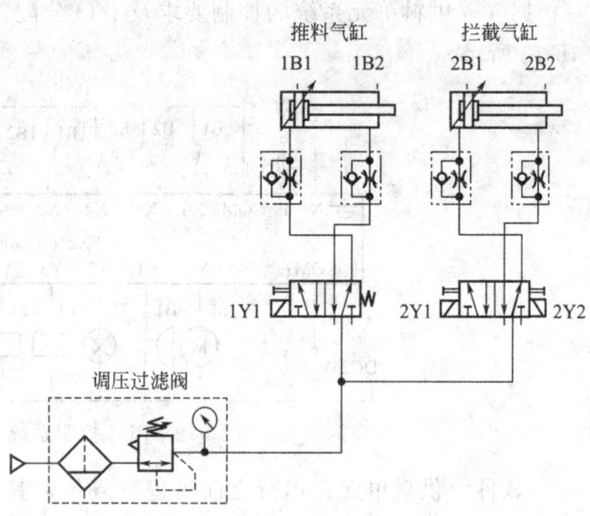

图 16-11 气动系统原理图

(3) PLC 控制系统

① PLC 的选择和 I/O 地址分配 根据控制系统的要求，气动供料单元的输入信号主要包括开始和复位，推料和拦截两个气缸上共有 4 个磁感应开关，以及工件有无、颜色、到位 3 个传感器，PLC 共计输入点 9 个，均为开关量输入点。而 PLC 输出点包括传输带电机、蜂鸣器、报警灯、开始指示灯、复位指示灯共 5 个，气缸换向阀 3 个，共计输出点 8 个。根据输入输出点分析，本控制系统选用三菱 FX2N-32MR 可编程控制器，其输入点 16 个，输出点 16 个，均远远大于系统要求的输入输出点，很好地满足控制系统的要求，并有一定的余量，I/O 地址分配见表 16-11。

表 16-11 I/O 地址分配表

名称	代号	编号	备注
工件有无传感器	B1	X0	输入信号
工件颜色传感器	B2	X1	
工件到位传感器	B3	X2	
推料气缸收回极限	1B1	X3	
推料气缸伸出极限	1B2	X4	
拦截气缸收回极限	2B1	X5	
拦截气缸伸出极限	2B2	X6	
开始按钮	SB1	X10	
复位按钮	SB2	X11	
传输带电机	M1	Y0	输出信号
蜂鸣器	B1	Y1	
报警灯	TL	Y2	
推料气缸	1Y1	Y3	
拦截气缸收回	2Y1	Y4	
拦截气缸伸出	2Y2	Y5	
开始灯	L1	Y10	
复位灯	L2	Y11	

根据气动供料单元系统的控制要求及 I/O 分配，可以设计出 PLC 控制系统 I/O 接线如图 16-12 所示。

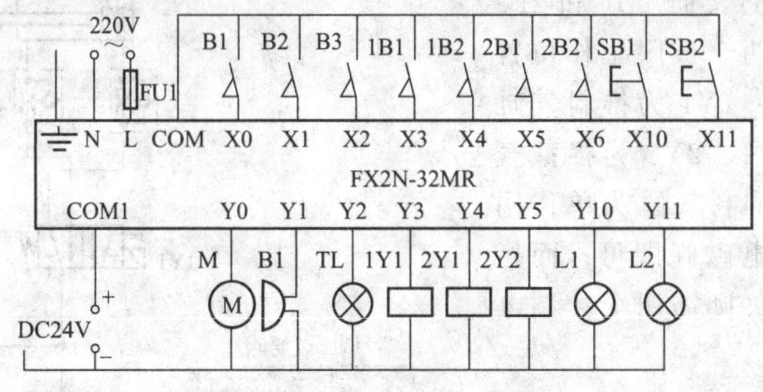

图 16-12 PLC 控制系统 I/O 接线图

② 软件 供料单元在运行之前需进行复位，其复位要求为传输带上无工件，推料和拦截气缸收回。因此系统上电后通过复位灯以 1s 的频率进行闪烁提醒操作人员对系统进行复位操作，当按下复位按钮后，系统复位完成；此时通过开始灯以 1s 的频率闪烁，系统可以开始工作；按下启动按钮，推料气缸伸出将料筒底部的工件推出，如有传感器检测到有工件 1s 后传输带电机接通运送工件，而如果料筒中无工件推出致使传感器无法检测到工件，系统将通过报警灯和蜂鸣器报警提醒操作人员添加工件；传输带运行 3s 后拦截气缸伸出，拦截工件同时传输带停止，检测工件颜色；1s 后拦截气缸收回，这是传输带电机继续运行传输工件，4s 后到达指定位置且工件到位传感器检测到工件到来，进入等待状态，如果下一站将工件取走，则返回到 S22 状态继续推出工件。至此，供料单元完成一个工作周期，返回后可进行一个循环周期。PLC 主要控制程序功能如图 16-13 所示，根据程控功能图，可以编制出梯形图和指令表，加上辅助程序即可实现对供料单元的控制。

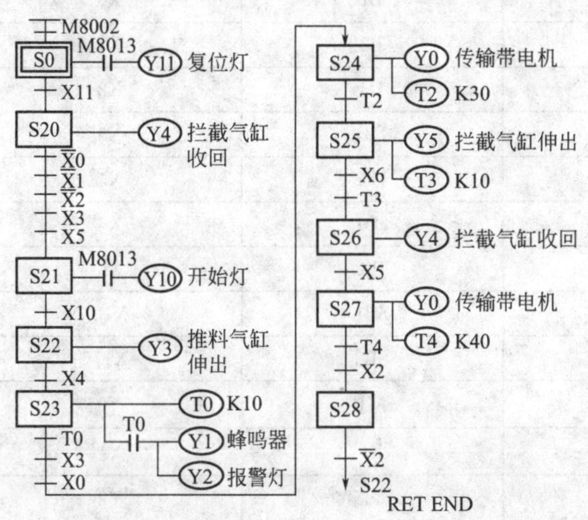

图 16-13 PLC 主要控制程序功能图

第17章 顺序动作与同步动作回路

气动系统中，各执行元件按一定程序完成各自的动作。多缸动作回路包括多缸顺序动作与同步动作回路。多缸顺序动作主要有压力控制（利用顺序阀及压力继电器等）、位置控制（利用行程阀及行程开关等）与时间控制三种控制方式。前两类与相应液压回路相同，此处仅介绍时间控制顺序动作回路。

17.1 顺序动作回路

17.1.1 延时换向的单向顺序动作回路（图 17-1 和表 17-1）

17.1.2 延时换向的双向顺序动作回路（图 17-2 和表 17-2）

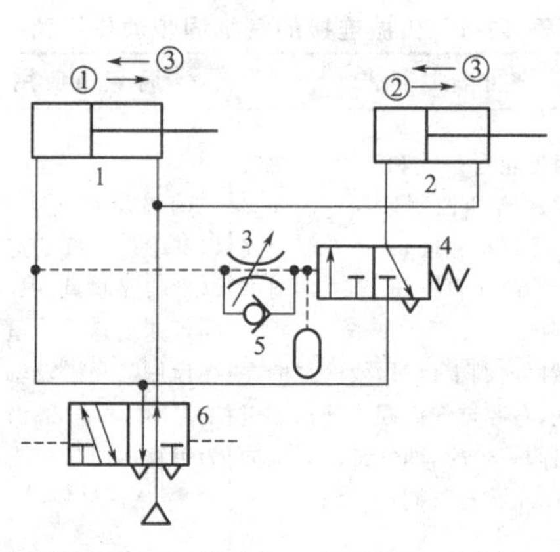

图 17-1 延时换向的单向顺序动作回路

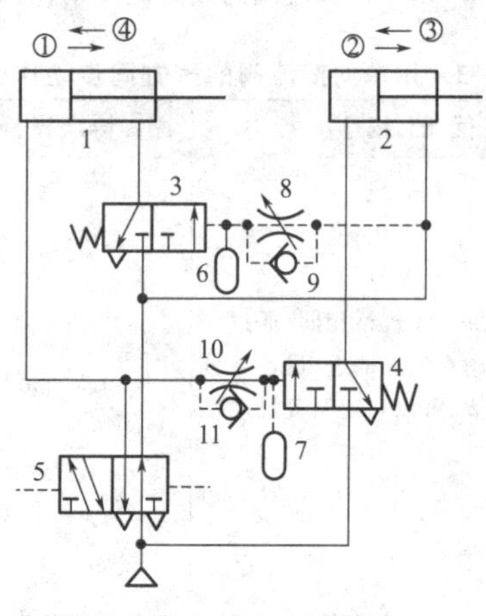

图 17-2 延时换向的双向顺序动作回路

表 17-1 延时换向的单向顺序动作回路

回路描述	特点及应用
阀 6 切换至左位时，缸 1 左腔进气实现动作①。同时，气体经节流阀 3 进入延时换向阀 4 的控制腔及气容中，阀 4 切换至左位，缸 2 左腔进气实现动作②。当阀 6 工作在右位时，两缸右腔同时进气而退回，即实际动作③	回路采用一只延时换向阀控制两气缸 1 和 2 顺序动作 两气缸进给的间隔时间可通过节流阀调节

表 17-2 延时换向的双向顺序动作回路

回路描述	特点及应用
可实现的动作顺序为：①→②→③→④。动作①→②的顺序由延时换向阀 4 控制，动作③→④的顺序由延时换向阀 3 控制 阀 5 切换至左位时，缸 1 左腔进气实现动作①。同时，气体经节流阀 10 进入延时换向阀 4 的控制腔及气容 7 中，阀 4 切换至左位，缸 2 左腔进气实现动作②。同样，阀 5 切换至右位时，可实现顺序动作③→④	回路采用两只延时换向阀 3 和 4 对两气缸 1 和 2 进行顺序动作控制

17.2 同步动作回路

17.2.1 用单向节流阀的气缸同步动作回路（图 17-3 和表 17-3）

17.2.2 机械连接的气缸同步动作回路（图 17-4 和表 17-4）

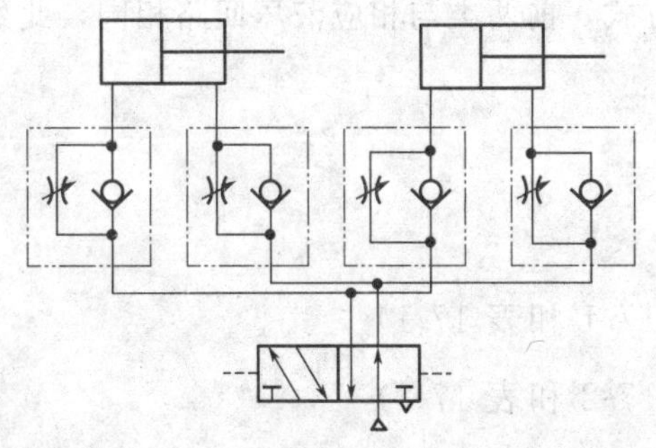

图 17-3 用单向节流阀的气缸同步动作回路

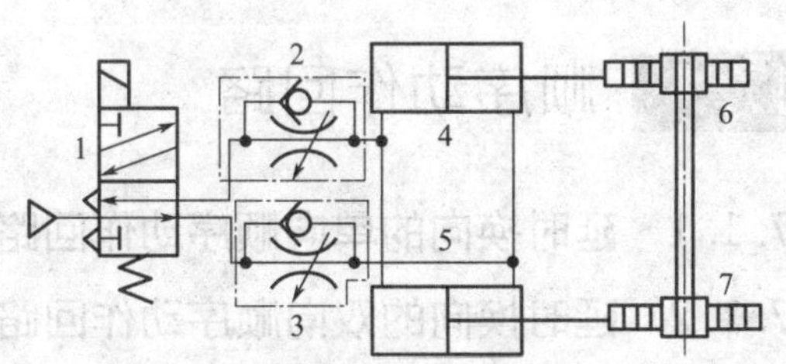

图 17-4 机械连接的气缸同步动作回路

表 17-3 用单向节流阀的气缸同步动作回路

回路描述	特点及应用
两个气缸尺寸规格相同，通过向单向节流阀对气缸的进、退速度分别进行调节，可以实现两气缸动作同步	该回路同步精度不高

表 17-4 机械连接的气缸同步动作回路

回路描述	特点及应用
用两齿轮齿条 6 和 7，实现两气缸强制同步的控制回路。气缸 4 和 5 尺寸规格相同，采用并联回路传动，由单向节流阀 2 和 3 调节进、退速度 电磁换向阀上位时，两气缸的左腔进气，右腔排气而同步伸出。电磁换向阀下位时，两气缸的右腔同时进气，左腔排气同步退回	两齿轮刚性连接，所以其中一气缸的运动快慢都将强制另一气缸以同等速度运动。虽然存在齿侧隙和齿轮轴扭转变形误差，但是仍有较为可靠的同步功能

17.2.3 气液缸同步动作回路（图 17-5 和表 17-5）

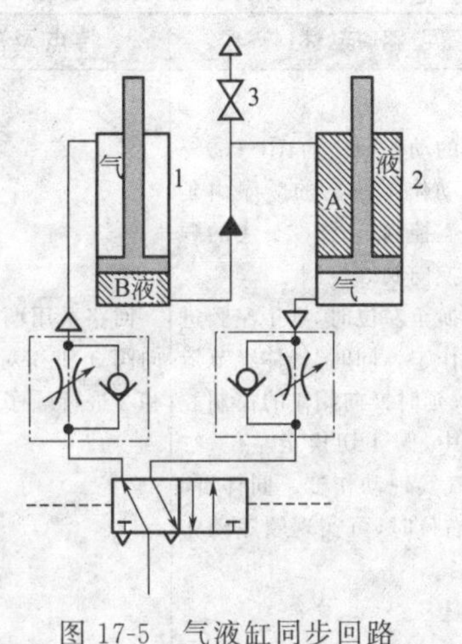

图 17-5 气液缸同步回路

表 17-5 气液缸同步回路

回路描述	特点及应用
缸 1 无杆腔（B 腔）的有效面积和缸 2 有杆腔（A 腔）的有效面积必须相等。油液密封在回路之中，油路和气路串联驱动 1、2 两个缸，使二者运动速度相同	在设计和制造过程中，要保证活塞与缸体之间的密封，回路中的截止阀 3 与放气口相接，用以放掉混入油液中的空气

17.3 顺序动作与同步动作回路应用实例

17.3.1 自动输送气动系统

（1）系统结构

自动输送系统可分为机械装置、气动系统和电气控制三部分。机械装置主要有运送车和机械手。

某运送车是一套移动设备，能装载 6 个盛放危险性原材料的化学桶。气动系统的执行部件包括 1 个气动双向马达、1 个气动吸附泵以及 7 个气缸，用来驱动运送车和机械手的动作。

气动系统是由气源装置、气动二连件、电磁阀、气缸、吸盘和马达等组成的回路。气动控制原理如图 17-6 所示。

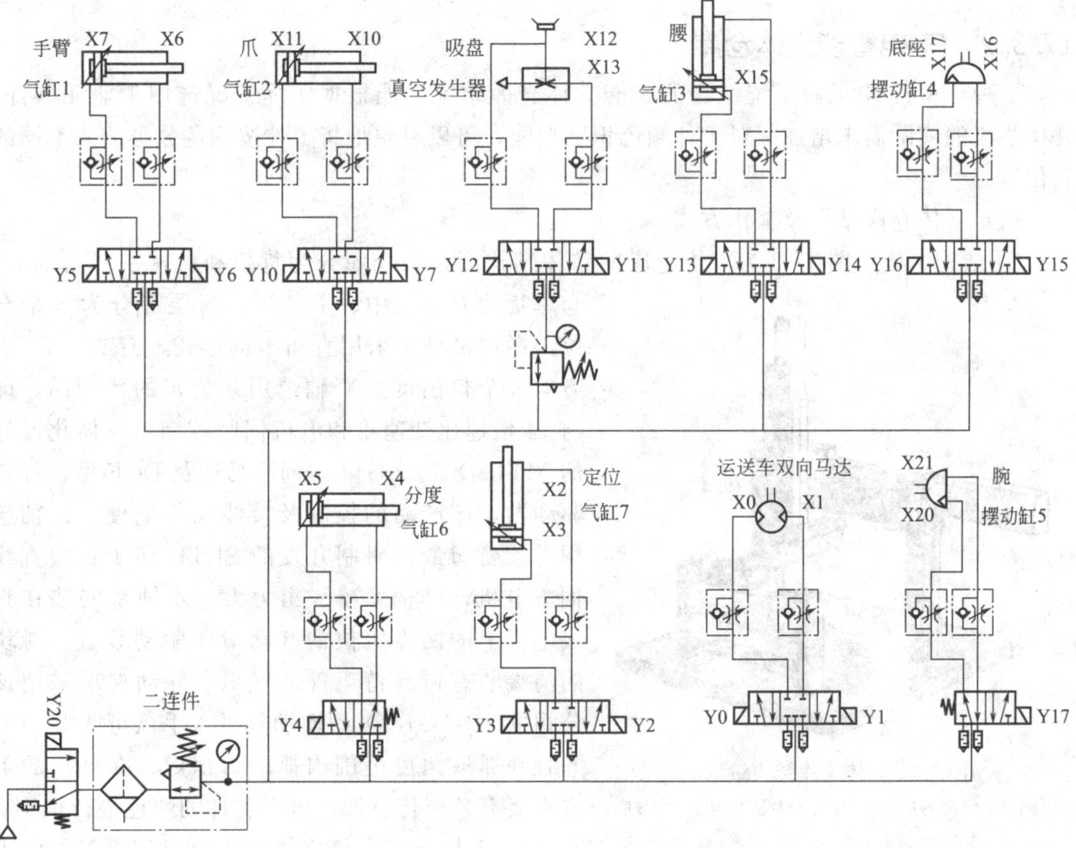

图 17-6　系统气动原理

（2）动作顺序

首先，运送车将装有危险性原材料的桶从装载位置送到机械手的抓取位置。然后机械手臂伸出，机械手爪抓住桶并通过负压吸附住桶，然后机械手的腰升高 120mm 而使桶被拿离车子的托台，机械手的底座旋转 120°，将桶摆转移到要卸载材料位置的上方，机械手的腕翻转过 180°将材料缓慢地倒出并停顿 2s。最后，手腕、底座、腰部依次翻转、摆转、下降复位到平台上方，气体也被注入吸盘与桶之间，爪松开将空桶放回车的托台上，机械手缩回。这时完成一个卸载动作。接着运送车定位销落下，分度机构动作，下一桶被旋转到机械手抓取位开始新一轮搬运。过程如图 17-7 所示。

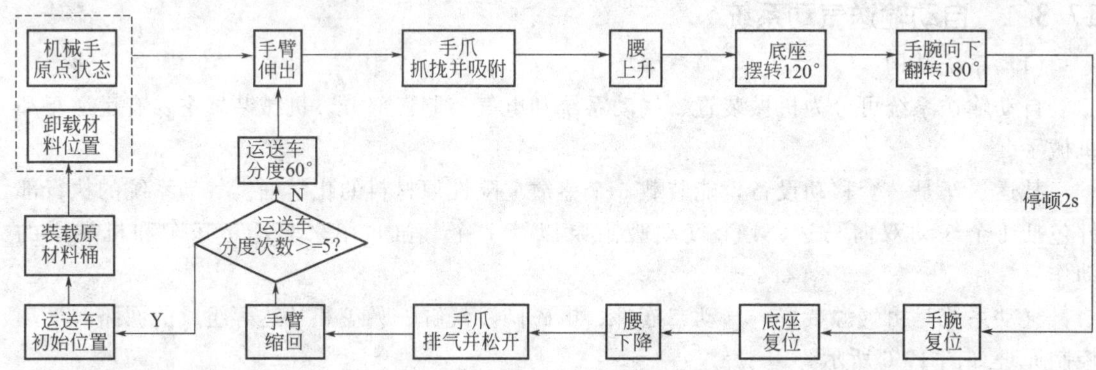

图 17-7 自动输送系统动作顺序

17.3.2 气-电智能立体仓库

一种小型气-电伺服系统结合的智能立体仓库单元，能根据实际工况选用工业元器件，并按物流的实际需求增加了对工件颜色识别功能，可以自主地将工件按颜色分类放入不同的仓位。

(1) 立体仓库结构及工作方式

① 结构组成 图 17-8 为立体仓库的整体结构图，该仓库分为货架和机械手臂两部分。仓库货架有上、中、下 3 层，每层等分为 5 个仓位。搬运机械手采用直角坐标形式，有 X、Y、Z 方向 3 个自由度。X 轴选用某公司的新产品，即与 14 倍速比变速箱和电机伺服控制器一体化设计的 MTR-DCI-42-G14 型伺服马达及 DGE 型丝杆式驱动器，该产品的控制及接线均很简便；Y 轴选用了该公司最新研制开发的 SLTE-16-150 型直线伺服电机，结构紧凑、出力大；Z 轴是安装在直线电机上的两点定位的气动滑块驱动装置，滑块的前端装有可夹持工件的气爪。气动夹爪采用该公司的 HGW-10-A 型摆动气爪，手爪可张开 40°，并且在抓取角度范围内抓取力恒定。在气爪的下方安装有色彩传感器，可对工件的颜色进行识别。

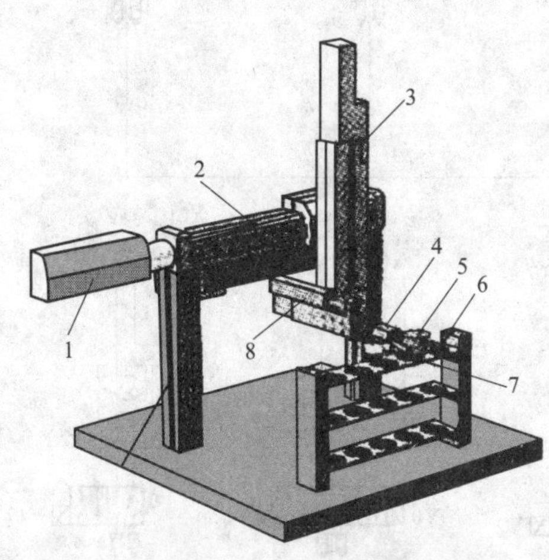

图 17-8 立体仓库结构组成图

1—MTR 伺服马达；2—DGE 丝杠式驱动器（X 轴）；3—SLTE 直线伺服电机（Y 轴）；4—HGW 摆动气爪；5—工件；6—货架；7—SOEC 色彩传感器；8—SLF 小型滑块驱动器（Z 轴）

② 工作方式 该立体仓库可以完成工件的入库、出库、仓位调整的操作。入库动作是对上一单元送来的工件进行拾取，并判断颜色后存放入指定的仓位。出库操作是指从仓库内拾取指定仓位的工件，将其移出至下一单元。仓位调整是将仓库内某一仓位的工件拾取，并移到指定的新仓位。

图 17-9 为入库操作运动流程图，具体动作顺序如下：

气爪 4 处于初始状态（即 SLF 小型滑块驱动器 8 缩回，气爪 4 张开）；

启动伺服马达 1 驱动丝杆式驱动器 2 带动机械臂沿 X 方向移动至仓库外（料仓）待入库工件位置；

直线伺服电机 3 驱动机械臂沿 Y 方向移动到待入库工件仓位的高度；

小型滑块驱动装置 8 沿 Z 方向将气爪 4 推出；

气爪 4 闭合夹住工件；

直线伺服电机 3 带动机械臂向上运动，工件被提起；

小型滑块驱动装置 8 缩回，这时入库工件的拾取动作完成。

出库和仓位调整的操作与入库操作类似。

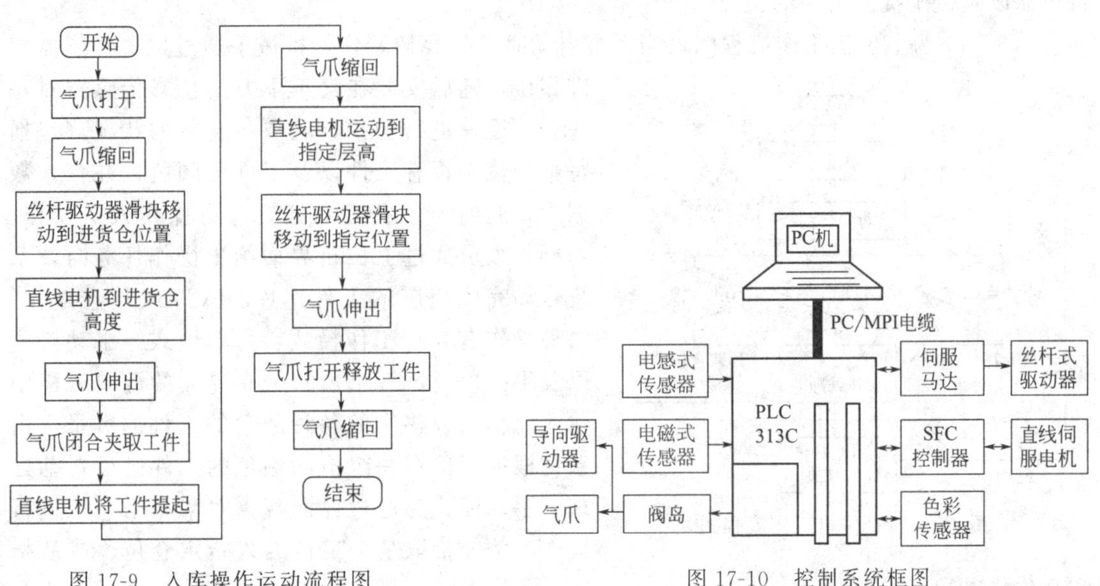

图 17-9　入库操作运动流程图

图 17-10　控制系统框图

（2）控制系统

图 17-10 为控制系统框图，该系统由上位机（PC 机）、可编程控制器（PLC）、执行机构控制器 3 部分构成。上位机采用 IBM PC 机，主要功能是界面监控、处理从界面和 PLC 收到的实时信息、协调执行动作、向 PLC 机发送控制指令。上位机通过程序界面实现人机交互，获得操作参数，并解算得出操作指令。PLC 采用 SIMATICS7-300 系列的 313C-2DP 紧凑型 PLC，实时接收上位机动作指令并将其执行，同时通过传感器接收动作执行情况，并反馈给上位机。PLC 控制的元器件包括阀岛、SFC 控制器、MTR 伺服马达控制器、SOEC 色彩传感器。

上位机与 PLC 的通信采用 PC/MPI 编程电缆，由于系统的网络节点较少，采用多点接口 MPI 组成 MPI 小型网络，使得控制结构简单。执行机构控制元件包括 10 型 CPV 紧凑型阀岛、SFC 控制器、伺服马达控制器、SOEC 色彩传感器。阀岛控制滑块驱动器和气爪，实现气爪的伸出、缩回，以及打开、关闭。在滑块驱动器和气爪上均安装有磁性开关传感器，用于检测气缸活塞的位置。SFC 控制器是 SLTE 直线伺服电机的专用控制器，功能强大、控制简单。通过 SFC 控制器由 PLC 的 10 点数字 I/O 接口就可以实现对直线伺服电机运动位置的精确定位。

伺服马达控制器是 MTR 伺服马达内置的控制器，用于进行定位操作，通过 PLC 的 7 点数字 I/O 接口，可以实现对马达转动角度的精确控制，进而通过丝杆式驱动器实现机械手 X 方向运动的准确定位。SOEC 色彩传感器可识别和记忆最多 8 种颜色，通过 PLC 的 5 点数字 I/O 接口可以对工件的颜色以及库位情况进行检测。

上位机的用户控制界面采用虚拟仪器开发工具 Lab-View 开发，它可以实现单独用 PLC 构成的控制系统无法实现的复杂数据运算，并可显示各种实时图形和友好的用户界面，但由于工业现场环境恶劣，虚拟仪器的可靠性及抗干扰能力都不及 PLC。因此，在过程监控、在线检测中越来越多地采用由虚拟仪器和 PLC 组成的上、下位机结构，并通过串口通信实现两者的信息共享，从而构建出一种两级虚拟仪器测控系统。这样构建的系统，既能够充分利用虚拟仪器运算速度快、显示图形方便、用户界面友好等优点，又充分地发挥了 PLC 运行可靠以及抗干扰能力强的优点。

图 17-11 为上位机工作流程图，当系统启动时首先要初始化，机械手通过位置传感器校准零位，随后安装在气爪下方的色彩传感器对每一仓位逐一进行扫描，获取各仓位的状况（包括每个仓位是否有工件以及工件的颜色）并存入数据库，此时进入待命状态，等待操作人员操作。当操作人员通过上位机界面给出操作任务时，系统自动完成相应的工件出库、入库或移仓操作。每种操作有 3 种工作模式：订单模式、手动模式以及手控模式。订单模式为在界面的订单表格中输入要移入或移出的各种颜色的工件的数量，由系统根据订单对一组不同颜色的工件进行自动处理。手动模式为通过界面直接对某一个仓位进行操作，例如拾取某个工件放入指定仓位、或从指定仓位移出某个工件。

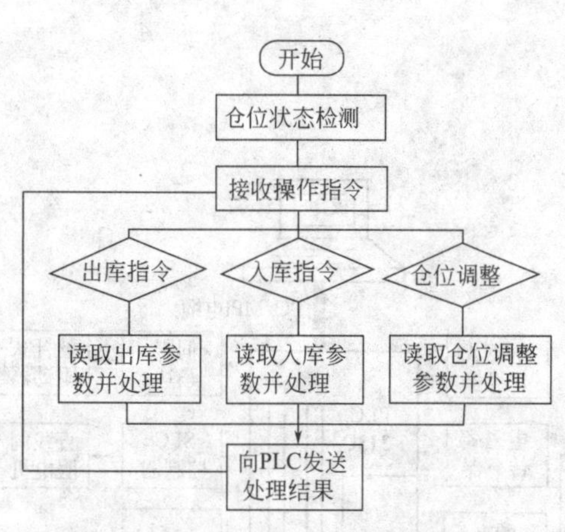

图 17-11　上位机工作流程图

手控模式为当上位机系统出现问题不能自动执行或位置检测传感器失灵时的应急控制方式。该模式下操作人员可以通过对界面按钮点动来直接对机械手臂及气爪进行运动控制。订单模式是该立体仓库智能化的体现，图 17-12 为搬运算法框图。首先由操作人员输入要入库的各种颜色工件的数量，系统会自动判断是否有足够的空位，若没有则给出警告，若有则开始搬运。搬运时首先从仓库外拾取一个工件，进行颜色判别，再由系统对照数据库读取设定数据内仓位状态数据，自行决定该工件所放位置，直至完成全部任务。

17.3.3 铝锭连续铸造机脱模装置气动同步控制系统

铝锭连续铸造机使用的机械锤击式脱模装置脱模效果差，容易产生故障，很难使锭块都在预定位置从铸模中脱落，自动送入冷却链冷却，通过堆垛机打捆入库，影响生产的正常进行。一种自动脱模装置。通过脱模冲击能够调节的气动同步控制系统，控制普通型冲击气缸驱动脱模机构实现自动脱模。

（1）脱模装置组成及工作原理

脱模装置由两套相同的脱模机构和气动同步控制系统组成。脱模机构由锭块处于最佳脱模位置时优化设计的四杆机构、缓冲装置及击锤（特殊处理，以减小锤头对铸模的刚性冲击）组成，由普通型冲击气缸驱动。工作原理是，生产中，铸造机牵引链轮带动铸模旋转时，连接于牵引链轮主轴上的信号轮开关动作，当开关闭合时（每一个铸模旋转到预定锤击位置，都确保开关闭合 1 次，且闭合时间长短可调），控制单电控二位五通阀使气动系统工

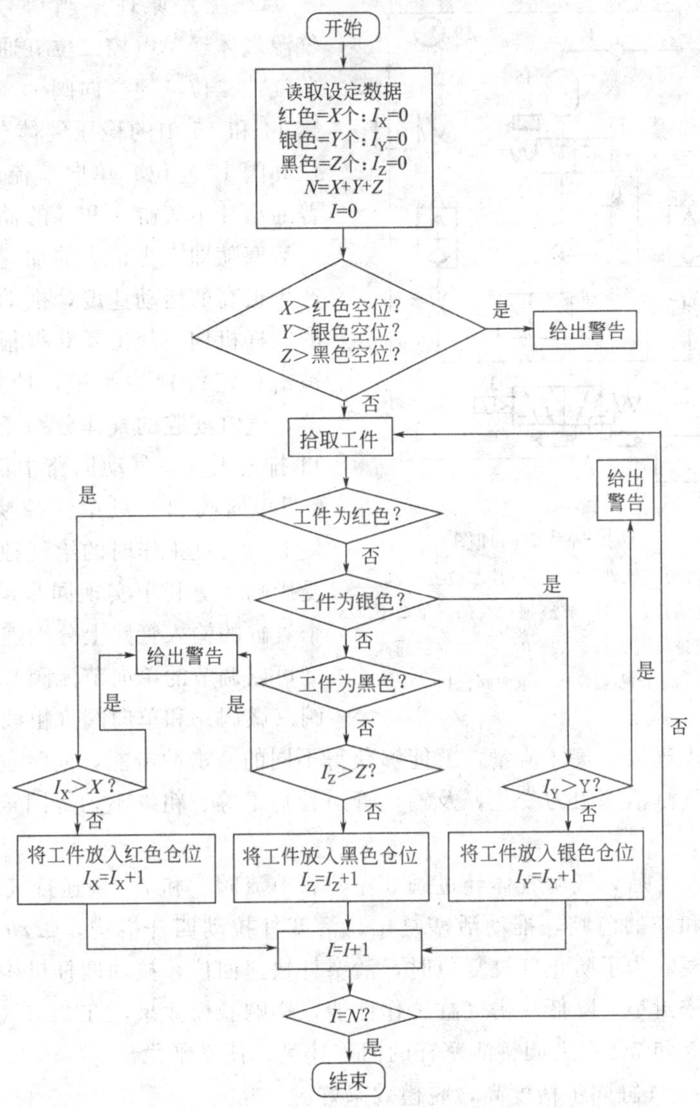

图 17-12 订单模式入库算法图

作，普通型冲击气缸推动脱模机构使击锤获得一定的冲击能，在预定位置锤击铸模，使锭块从铸模中脱落。

(2) 气动同步控制系统

① 系统概况 由于脱模效果好坏与锤击的力量、锭块在铸模内的结晶状态和冷却程度有关。实验表明，当两个击锤尽可能同时锤击预定位置铸模时，脱模效果最好。为了满足不同状况下生产需要，脱模冲击能应该能够在一定范围内调节变化。根据现场提供的气源气压16MPa，结合脱模机构的安装位置、动作过程、缓冲装置和击锤的结构及组成，经过计算、比较，选用缸径 63mm 的普通型冲击气缸为驱动气缸。由于冲击气缸从储能腔进气到冲击完成，时间很短，运动过程中受到的阻力（负载）基本不变，配合其他控制元件，更利于实现同步动作。因此，选用单向阀开度可以调节的单向节流阀、快速排气阀、单电控二位五通阀为主要控制元件，以安全、同步、回程平稳为基本要求，脱模冲击能可以在 6～20N·m 范围内调节，所设计的气动控制系统，如图 17-13 所示。

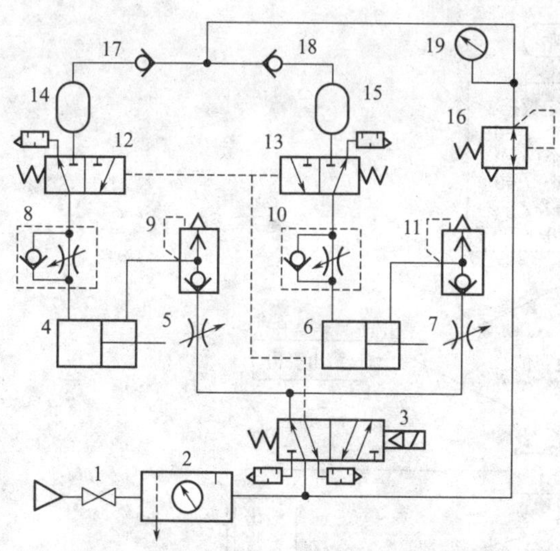

图 17-13 气动控制系统原理图

1—截止阀；2—气源三联件；3—单电控二位五通阀；4、6—普通型冲击气缸；5、7—节流阀；8、10—单向节流阀；9、11—快速排气阀；12、13—单气控二位三通阀；14、15—储气罐；16—减压阀；17、18—单向阀；19—压力表

② 工作原理 当信号轮开关闭合时，气源气体经单电控二位五通阀 3 右位，控制单气控二位三通换向阀 12 和 13 动作，储气罐 14 和 15 中的稳压气体分别经过阀 12 右位和阀 13 左位、单向节流阀 8 和 10，进入普通型冲击气缸 4 和 6 的储能腔，短暂储能后活塞随即产生很大的加速度，经一段行程产生很高的运动速度，推动连接于活塞杆上的四杆机构，使击锤获得很大的动能，同时锤击预定位置的铸模，使锭块从铸模中脱落，气缸前腔的气体分别经快速排气阀 9 和 11 排入大气。气动回路中设置 2 个储气罐、2 只单向阀和 2 只单气控换向阀分别控制，使 2 个气缸工作时的给气独立，相互之间不受影响，更利于实现同步动作。此外，在 2 个气缸的输入管路上分别连接一个单向阀开度可以调节的单向节流阀 8 和 10，调整节流阀（微调）和单向阀（粗调）的开度，改变从储气罐流入冲击气缸的气体流量，就能够获得不同的锤击冲击能，同时也可以消除气体工作压力不稳定、气缸活塞阻力变化，及输气管道长短不等、粗细不匀等因素给 2 个气缸同步动作带来的影响。

信号轮开关断开后，气源气体经过阀 3 左位、节流阀 5 和 7、快速排气阀 9 和 11，分别进入冲击气缸 4 和 6 的前腔，推动活塞复位，活塞杆拉动四杆机构，带动击锤回到原始位置，完成一次脱模。为了防止气缸复位时，活塞杆快速回位，拉动四杆机构和击锤产生回程冲击，损坏气缸密封垫，降低冲击气缸工作性能，影响脱模效果，在 2 个气缸的输出管道上分别连接节流阀 5 和 7，用来调整活塞杆的回程速度，使其平稳。

③ 系统特点 气缸同步精度高，脱模效果好。

脱模冲击能可以调节，能够满足不同状况下生产需要；调整减压阀 16，改变储气罐的储气压力，或调整单向节流阀，改变气体流量，就会得到不同的脱模冲击能。系统简单，安全可靠。选用单电控二位五通阀进行控制，即使突然断电，脱模机构也能够自动回到原始位置（气源气体经阀 3 左位进入气缸 4 和 6 前腔，推动活塞回程），防止击锤和转动的铸模干涉，产生故障，影响生产。

第18章 位置（角度）控制回路

气动系统在运行的过程中，有时需要气缸（气动马达）在行程的某个中间位置停下来，这就要求气动系统具有位置（角度）控制功能。由于气体的可压缩性及气动系统不能保证长时间不漏气，所以利用电磁阀对气缸（气动马达）进行位置（角度）控制，难以得到高的定位精度。对于要求定位精度较高的场合，可使用机械辅助定位、多位气缸、锁紧气缸或气液转换单元等的方法。

18.1 单作用气缸中途停止的位置控制回路（图 18-1 和表 18-1）

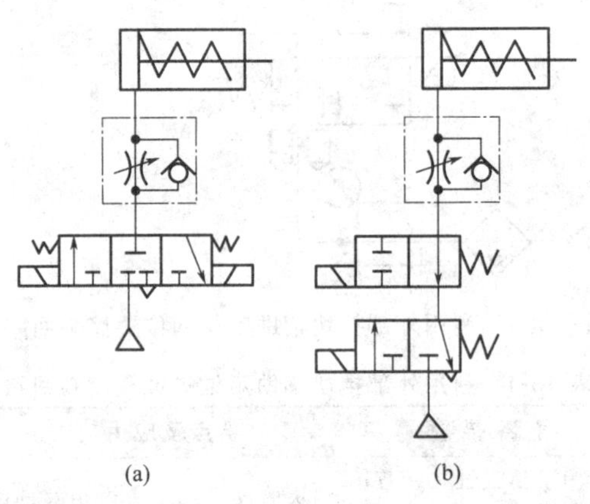

图 18-1　单作用气缸中途停止的位置控制回路

表 18-1　单作用气缸中途停止的位置控制回路

回路描述	特点及应用
图 18-1(a)为采用中位全闭型三位阀，三位阀中位时，活塞停止运动。图 18-1(b)回路用二位三通阀和二位二通阀串联，来完成上述三位阀的功能	回路能使活塞在行程中途任意位置停止运动，并且随时启动 因气体的可压缩性，这两种回路的定位精度都较低

18.2 双作用气缸中途停止的位置控制回路（图 18-2 和表 18-2）

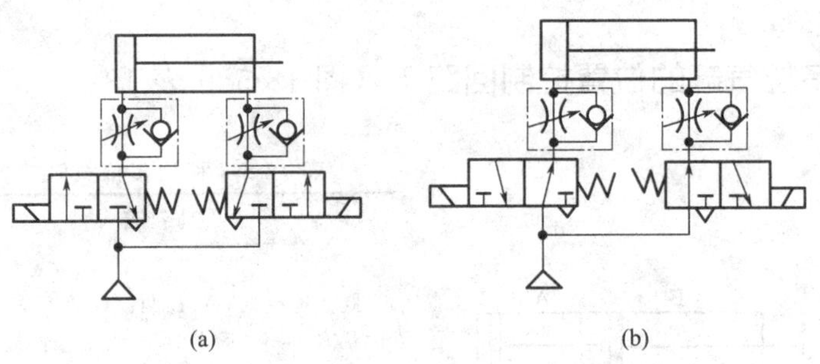

图 18-2　双作用气缸中途停止的位置控制回路

表 18-2　双作用气缸中途停止的位置控制回路

回路描述	特点及应用
使用两个二位三通阀来控制气缸的运行，图 18-2(a)相当于一个中泄式三位五通阀的功能，图 18-2(b)相当于一个中压式三位五通阀的功能	可以实现气缸任意位置停止及启动

18.3 使用三位五通阀使气缸长时间中途停止的回路（图 18-3 和表 18-3）

18.4 利用外部挡块辅助定位的位置控制回路（图 18-4 和表 18-4）

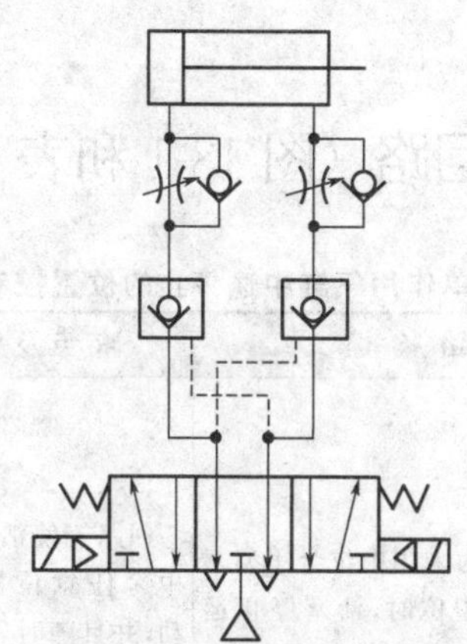

图 18-3 使用三位五通阀使气缸长时间中途停止的回路

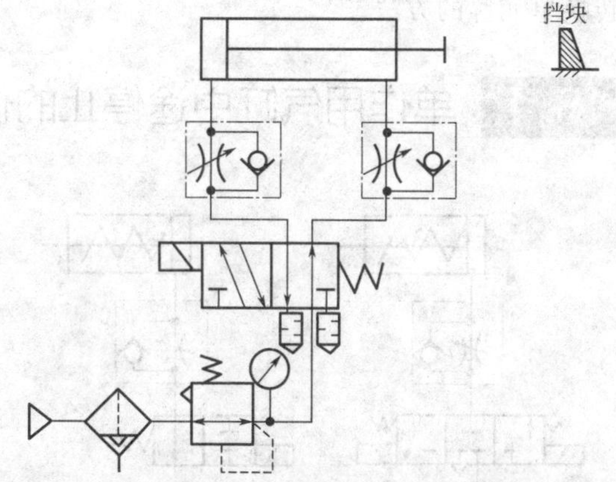

图 18-4 利用外部挡块辅助定位的位置控制回路

表 18-3 使用三位五通阀使气缸长时间中途停止的回路

回路描述	特点及应用
气缸与三位五通中位泄压型换向阀之间加入先导式单向阀，换向阀中位时，气缸中途停止运动	可实现长时间的气缸的中途停止

表 18-4 利用外部挡块辅助定位的位置控制回路

回路描述	特点及应用
为了使气缸在行程中定位，最可靠的方法是在定位点设置机械挡块	挡块的设置既要考虑足够的刚度，又要考虑具有吸收冲击的能力 这种方法位置固定，调整较困难

18.5 利用多位气缸的位置控制回路

18.5.1 利用多位气缸的位置控制回路Ⅰ（图 18-5 和表 18-5）

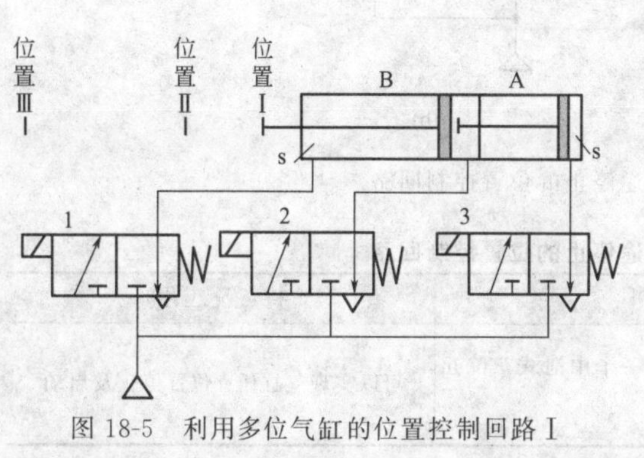

图 18-5 利用多位气缸的位置控制回路Ⅰ

表 18-5 利用多位气缸的位置控制回路Ⅰ

回路描述	特点及应用
阀 1 通电时，A、B 两缸活塞杆都处于缩回状态。阀 3 通电时，A 缸活塞杆推 B 缸活塞杆从Ⅰ位伸至Ⅱ位；阀 2 通电时，B 缸活塞杆继续从Ⅱ位伸至Ⅲ位 当阀 2 和阀 3 同时通电，B 缸活塞杆在Ⅰ～Ⅱ位之间，为二倍输出力；Ⅱ～Ⅲ位之间，为单倍输出力 若在两侧缸盖 S 处，安装与活塞杆平行的调节螺钉，则可改变定位的位置Ⅰ、Ⅱ、Ⅲ	多位气缸（单出杆双行程气缸）由两个行程不等的单杆双作用气缸串接成一体，可实现多点位置控制

18.5.2　利用多位气缸的位置控制回路Ⅱ（图 18-6 和表 18-6）

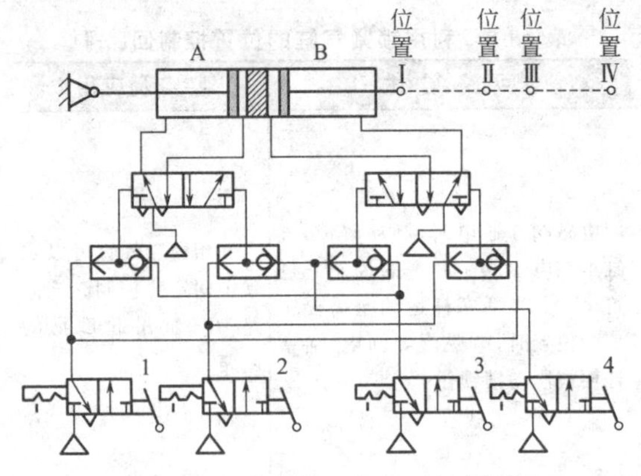

图 18-6　利用多位气缸的位置控制回路Ⅱ

表 18-6　利用多位气缸的位置控制回路Ⅱ

回路描述	特点及应用
仅手动阀 1 切换时，气缸处于Ⅰ位；仅手动阀 2 切换时，气缸 A 动作右行至Ⅱ位；仅手动阀 3 切换时，气缸 B 动作行至Ⅲ位；仅手动阀 4 切换时，气缸 A、B 同时动作，行至Ⅳ位	该回路使用双出杆双行程多位气缸，两个单杆双作用气缸的无杆侧缸盖合成一体

18.6　利用锁紧气缸的位置控制回路

18.6.1　利用锁紧气缸的位置控制回路Ⅰ（图 18-7 和表 18-7）

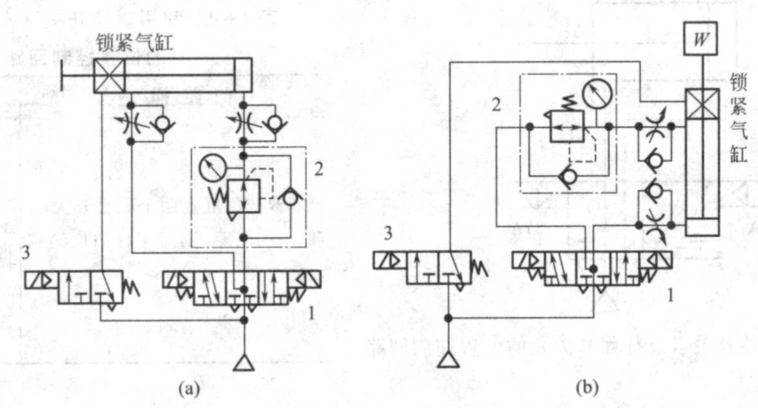

图 18-7　利用锁紧气缸的位置控制回路Ⅰ

表 18-7　利用锁紧气缸的位置控制回路Ⅰ

回路描述	特点及应用
主控阀 1 为三位五通中压式电磁换向阀。气缸锁紧后，活塞两侧应处于力平衡状态，以防止开锁时，由于活塞受力不平衡出现活塞杆快速伸出的现象，故在气缸的无杆侧，设置有带单向阀的减压阀 2 电磁阀 3 通电时，制动解锁，气缸便可在电磁阀 1 的控制下进行运动。当活塞杆运动至需要定位的位置时，电磁阀 3 断电，活塞杆便被制动锁锁住	利用锁紧气缸可以实现中间定位控制。图 18-7(a)为水平气缸运动，图 18-7(b)用气缸垂直升起重物 制动活塞若采用气压锁，则控制制动活塞的电磁阀 3 应使用二位五通电磁阀；制动活塞若采用弹簧锁（排气锁），则电磁阀 3 应使用二位三通电磁阀，本图为弹簧锁方式

18.6.2 利用锁紧气缸的位置控制回路Ⅱ（图 18-8 和表 18-8）

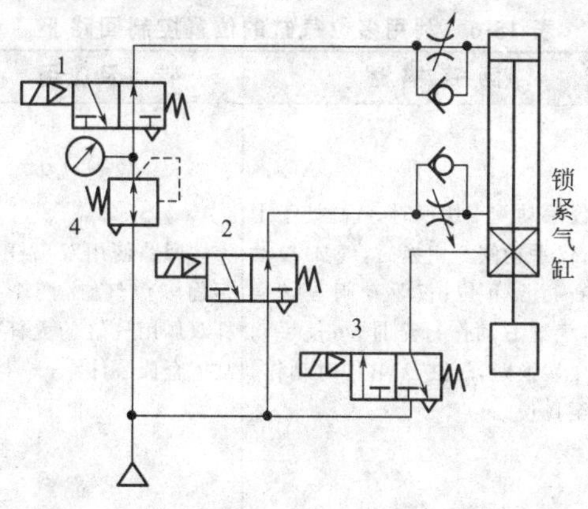

图 18-8 利用锁紧气缸的位置控制回路Ⅱ

表 18-8 利用锁紧气缸的位置控制回路Ⅱ

回路描述	特点及应用
电磁阀 3 通电时，制动解锁，气缸可在电磁阀 1 和 2 的控制下进行运动。当活塞杆运动至需要定位的位置时，电磁阀 3 断电，活塞杆便被制动锁锁住	利用锁紧气缸可以实现中间定位控制。该回路为气缸吊起重物的回路

18.7 利用磁性开关（或行程开关）的位置控制回路（图 18-9 和表 18-9）

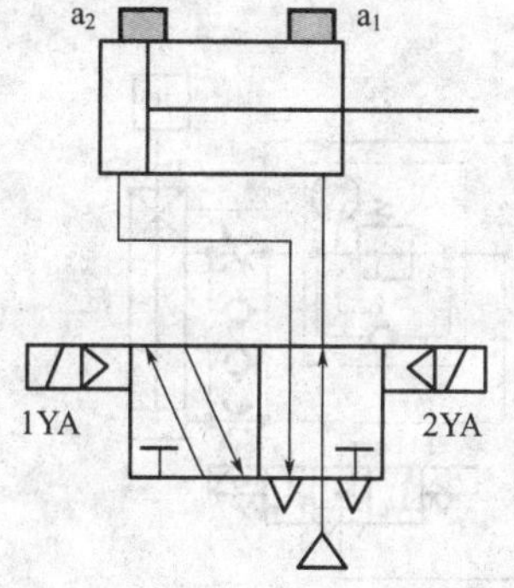

图 18-9 利用磁性开关（或行程开关）的位置控制回路

表 18-9 利用磁性开关（或行程开关）的位置控制回路

回路描述	特点及应用
若改变气缸上两个磁性开关 a_1 和 a_2 的间距，则活塞杆的检测位置便改变	回路中的气缸是带磁性开关的气缸

18.8 利用机控阀实现的位置控制回路（图 18-10 和表 18-10）

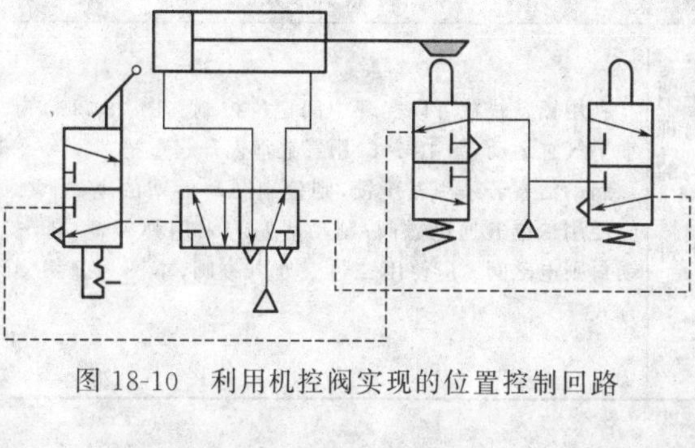

图 18-10 利用机控阀实现的位置控制回路

表 18-10 利用机控阀实现的位置控制回路

回路描述	特点及应用
两机控阀的间距改变，则同时改变了气缸活塞杆的检测位置	回路为机控阀控制的气缸连续往复动作回路

18.9 利用气液转换单元控制摆动马达角度的回路（图18-11和表 18-11）

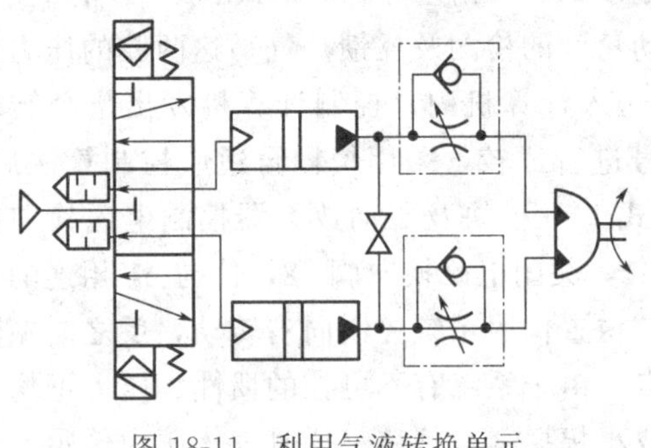

图 18-11　利用气液转换单元控制摆动马达角度的回路

表 18-11　利用气液转换单元控制摆动马达角度的回路

回 路 描 述	特点及应用
空气有可压缩性，气缸的运动速度很难平稳。为了获得较高的定位精度，可以通过气液转换单元，用气体压力推动液体的摆动缸动作。调节油路中的节流阀来控制执行元件的运动速度和摆动角度	执行元件运动速度不宜过高

18.10 利用气动位置传感器实现的位置控制回路（图18-12和表 18-12）

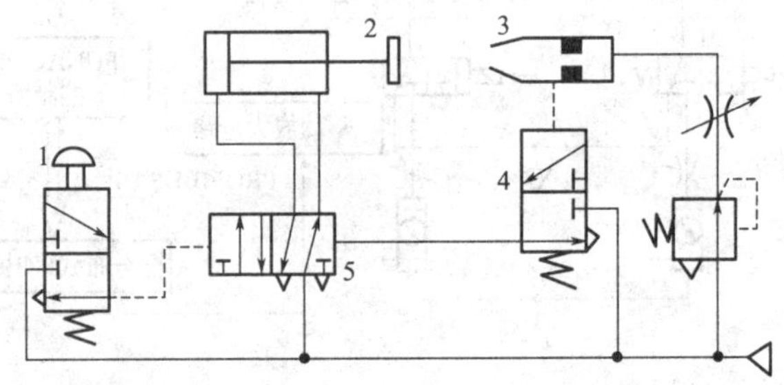

图 18-12　利用气动位置传感器实现的位置控制回路

表 18-12　利用气动位置传感器实现的位置控制回路

回 路 描 述	特点及应用
按下阀 1 的按钮，活塞杆伸出，当伸出至行程终端，活塞杆前端的挡板 2 靠近气动背压式位置传感器 3 的喷嘴时，传感器腔内的压力上升，气控换向阀 4 换向，主控阀 5 随后切换，气缸返回	气动位置传感器可以保证定位精度。为了减少气动传感器的耗气量，故设有减压阀及节流阀

18.11 位置（角度）控制回路应用实例

18.11.1　气动机器人关节位置伺服系统

电-气开关/伺服系统采用开关阀作电-气信号转换元件，这类系统成本低，对工作环境要求不高，且易于计算机控制，因此在各类机器人的驱动系统中得到了广泛的应用，同时利用现场总线技术，采用分布式 I/O 接口的 PLC 控制器，可以减小气动机器人的关节尺寸和重量，优化机器人的机械结构，同时节省了大量电缆。

（1）机器人电-气关节位置伺服系统结构及工作原理

气动机器人的关节用高速开关阀式气马达驱动，图 18-13 给出了其电-气关节位置伺服系统的结构。该关节位置伺服系统的工作原理是，机器人关节的转动是由开关阀式气马达带动的，关节的转动角度由增量式光电编码器实时地以 A、B 相差分脉冲形式长线传输到控制计算机中进行编码器脉冲计数，完成实时关节转动角度的检测及反馈。气马达两腔的压力经 P-20000EM 型气体压力传感器、PROFIBUS DP 送入计算机内，控制计算机发出指令转动角度信号，与光电码盘检测反馈来的转动角度信号进行比较，采用模糊自适应控制算法后，发出输出控制信号，经由 FUNAC PLC 通过分布式 I/O 模块及驱动放大器控制电磁换向阀的开闭。若使气马达向右转动，打开电磁换向阀 u1，关闭电磁换向阀 u2，使与 u1 相连的气腔与气源接通，另一腔与大气接通，气马达受关节位置伺服系统控制向右转动，反之向左转动。在关节位置伺服系统控制下气马达接近目标点，由于系统有不可控的惯性、压力不均及气体泄漏等不利因素存在，气马达可能会有超调或小幅振荡、偏移。这时气体压力传感器会实时测量气马达两腔压力，反馈到位置伺服系统后，经控制计算机的判断、运算后向 FUNAC PLC 控制器发出相应的 PWM 控制信号控制气马达保持在目标转角位置上。

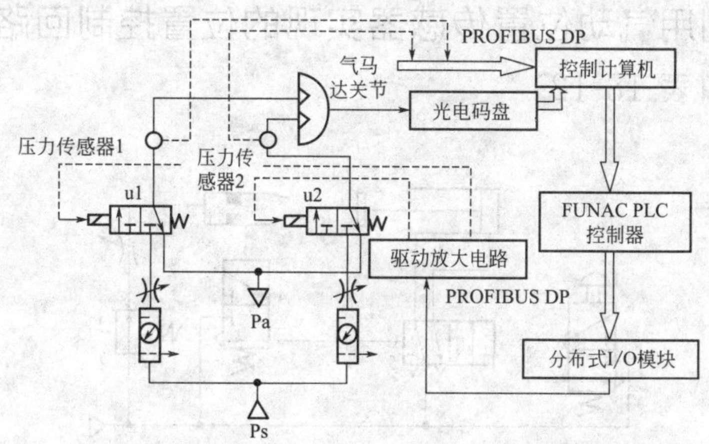

图 18-13 机器人关节位置伺服系统的结构图

（2）关节位置伺服系统的控制策略

脉宽调制（PWM）控制方式原理是利用一定频率的脉冲控制高速开关阀的开和关，调节脉冲控制开关阀的开和关，即调节脉冲的占空比，以改变开关阀的开关时间，其宏观效果（时间平均）相当于改变阀的开口面积，使得开关阀在 PWM 信号控制时，其输出具有比例阀的特性。

基于 FUNUC PLC 的伺服控制器采用模糊自适应 PID 控制算法是在常规 PID 控制原理的基础上，运用专家模糊推理，根据不同的偏差 $\dot{\theta}(t)$ 和偏差 $\dot{\theta}(t)$，对 PID 控制器的 3 个参数 K_p、K_i、K_d 进行在线模糊推理，使系统获得高的响应速度和控制精度。图 18-14 是关节伺服系统的模糊自适应 PID 控制原理图。

18.11.2 SKF 精炼炉合金加料气动系统故障分析

（1）问题的提出

某炼钢厂 SKF 精炼炉主要生产火车车轮、火车轮箍所用的优质钢水。其中合金加料系

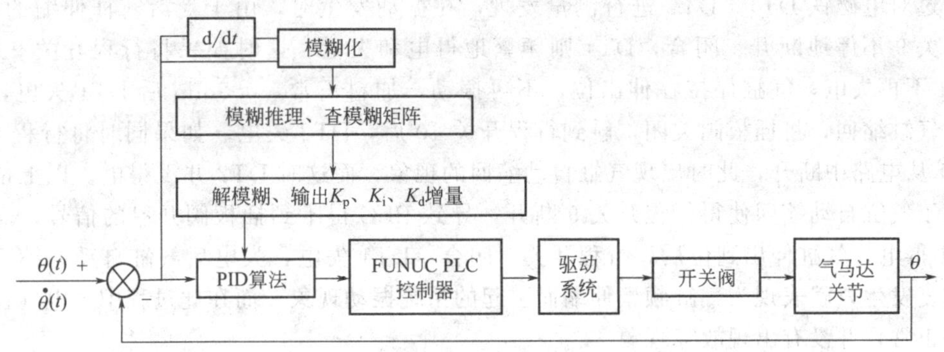

图 18-14　关节伺服系统模糊自适应 PID 控制原理图

统的作用是在需要调节钢水成分时，开启气动插板阀，向炉内添加合金料。故障现象是，向炉内添加合金料时，合金加料系统出现了定位不准、高频振动的现象，导致合金料不能顺畅地加入炉内，影响了正常生产。

（2）系统概况

向精炼炉内加入合金料是通过气动系统推动插板阀实现的，加料系统原理如图 18-15 所示。在精炼过程中，当需要往炉内添加合金时，操作人员按下加料按钮，PLC 得到加料指令后，使电磁先导阀 7 的电磁铁 DT1 得电，同时 PLC 开始计时，DT1 得电后使电磁先导阀 7 换向，压缩空气经过该阀进入主阀（气动换向阀）6 的左控制腔，使主阀 6 的阀芯处于左位，压缩空气经主阀 6 进入气缸的右腔，气缸活塞杆伸出，开启插板阀，当开启到位后，行程开关 9 发出信号，PLC 得到信号，使电磁铁 DT1 失电，气缸活塞杆保持伸出，插板阀处于开启状态。合金料从料斗经插板阀加入精炼炉内，PLC 计时 0.5min 后，自动使电磁先导阀 8 的电磁铁 DT2 得电，电磁先导阀 8 换向，压缩空气经过该阀作用在气动换向阀 6 的右控制腔，使主阀 6 的阀芯处于右位，压缩空气经主阀 6 进入气缸的左腔，气缸活塞杆缩回，关闭插板阀，到位后行程开关 10 发出信号，PLC 得到信号，使电磁铁 DT2 失电，加料过程结束。

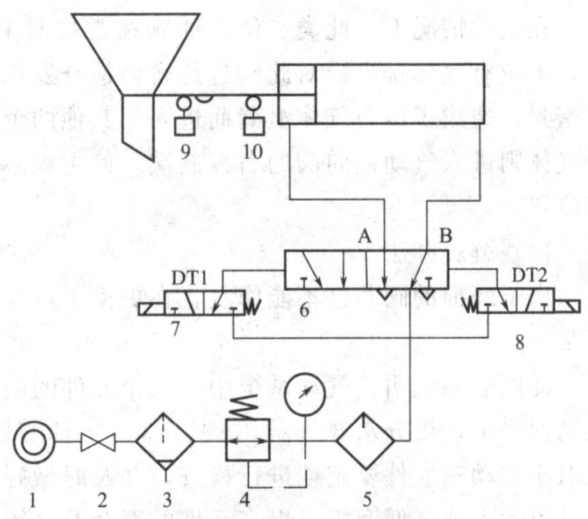

图 18-15　加料系统原理图

1—气源；2—截止阀；3—分水滤气器；4—减压阀；5—油雾器；6—主阀；7、8—电磁先导阀；9、10—行程开关

（3）故障分析

当加料系统插板阀处于关闭状态，气缸活塞杆缩回原位时，无振动现象发生。而当进行加料操作时，气缸活塞杆伸出，推开插板阀后，合金料斗及支架便开始出现高频振动现象，直至 0.5min 后，PLC 自动使气缸缩回，插板阀关闭，振动方消失。仔细观察发现，振动是由于气缸活塞杆自动频繁伸缩同时推动插板阀运动而造成的，同时，在振动过程中气动换向阀排气口有气体排出。

由于气缸的动作受换向阀控制，而换向阀是受电气控制的，所以首先判断电气控制系统有无故障。

通过对电磁铁DT1、DT2进行测量发现，在振动发生时，由于受活塞杆伸缩的触动，行程开关9不停地断开、闭合，DT1则频繁地得电和失电。这时如果将行程开关9断开，则DT1不再失电，气缸保持在伸出位，不再振动，加料正常，0.5min后DT1失电，DT2得电，气缸缩回，将插板阀关闭，触到行程开关10后，DT2失电。如果同时将行程开关9和DT1从电路中断开，此时出现气缸自动缩回的现象，而这时DT2并没得电。以上情况说明，由于气缸自动缩回使得行程开关9断开，导致PLC得不到插板阀开启的信号，而发信使DT1得电，气缸伸出到位后，行程开关9闭合，DT1失电，失电后气缸自动回缩，以上过程重复发生，就表现为气缸频繁伸缩而引起的系统振动现象。而在此过程中，电气控制系统工作正常，并没有出现故障现象。

接下来检查气动系统。当气缸伸出后，关闭气源，则气缸能够保持在开启位置不再回缩，这说明气缸的动作不是受机械外力作用而产生的。气缸的回缩动作是由电磁先导阀8控制气动换向阀6来实现的，检查电磁先导阀时发现，阀在常位时，排气口一直有微弱气流排出。在正常情况下，此类二位三通阀在常位时P口应是关闭的，而排气口与主阀控制口相通，不应有气体排出。对此阀进行解体检查发现，该阀阀芯有一定程度的磨损，已不能很好地密封，造成了压力气体泄漏而进入了其他两个口。其中一部分气体从排气口排出，另一部分气体则进入气动换向阀的右控制端，使主阀芯在没有控制信号时，自动控制气缸回到了缩回位置。

(4) 解决办法

由于磨损的阀芯已不能修复，在更换了过度磨损的电磁先导阀后，合金加料系统恢复了正常。

此例故障说明，气动系统中，某个元件的微小故障即可能影响整个系统的正常工作。在气动回路中，由分水滤气器3、减压阀4、油雾器5所组成的气动三大件是必不可少的，因此对于气动三大件要定期进行检查，并及时做好排水、清洗滤芯、添加润滑油等日常维护工作，可大大地降低磨损，提高元件的寿命及系统的可靠性，从而保证合金料能够顺畅地加入炉内，保证生产的正常进行。

18.11.3 工业锅炉用智能气动阀门定位控制器

工业锅炉是我国重要的热能动力设备，年耗煤量占全国原煤产量的1/3。但大多数工业锅炉仍处于能耗高、浪费大、环境污染严重等生产状态，需要用先进技术进行技术改造。

(1) 系统构成及特点

① 系统构成　系统构成如图18-16所示。气缸用于驱动阀门插板，4个高速开关阀控制气缸。控制器根据安装在气缸上的位移传感器控制气缸活塞杆的位移，从而达到控制阀门开度的目的。

在图18-16中，位移传感器用于测量气缸的位移；气缸控制阀门开度；开关阀驱动电路用于控制开关阀；变送器用于将传感器采集到的微弱的信号放大，以便转送或启动控制元件，或将传感器输入的非电量转换成电信号同时放大以便供远方测量和控制的信号源，根据需要还可将模拟量变换为数字量；位置指令用于向系统输入位置指令；外部数字指令接受外部非程序性指令，主要起保护系统的作用；控制器主要实现控制策略；4～20mA阀位信号通信接口用于将阀口的位置信号上传至远程控制中心。

② 开关阀式气动位置系统特点

a. 开关阀动作速度快、结构简单，所以开关阀式气动伺服系统具有频响较高、抗干扰

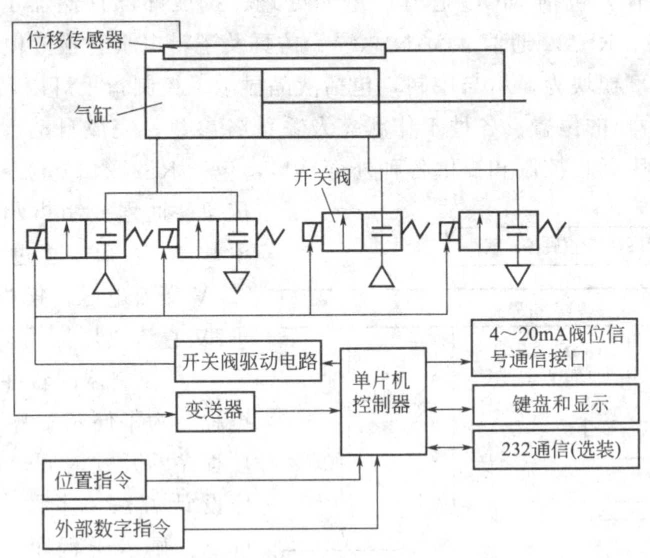

图 18-16 阀门定位系统的构成

能力强、结构简单、成本低廉和对环境要求不高等优点。

b. 由于阀处于全开或全关状态，过流面积大，减少了污染物堵塞的可能性，可靠性高，消除多种非线性因素如干摩擦等的影响。

c. 阀的加工精度低，成本低。

d. 由于开关阀始终工作在开或者关的状态，存在着一定的开关死区，所以容易在平衡点附近产生极限环振荡。

开关阀具有结构简单、价格便宜、抗污染能力强、容易维护等优点，虽然阀的开关动作产生流量脉动会影响系统的精度、阀的开关切换特性会形成零位死区，但其本身所具有的特点再加上控制策略的弥补，应用仍较广泛。

(2) 系统控制器

① 控制器的硬件　控制器功能结构如图 18-17 所示，可分为 4 个模块。

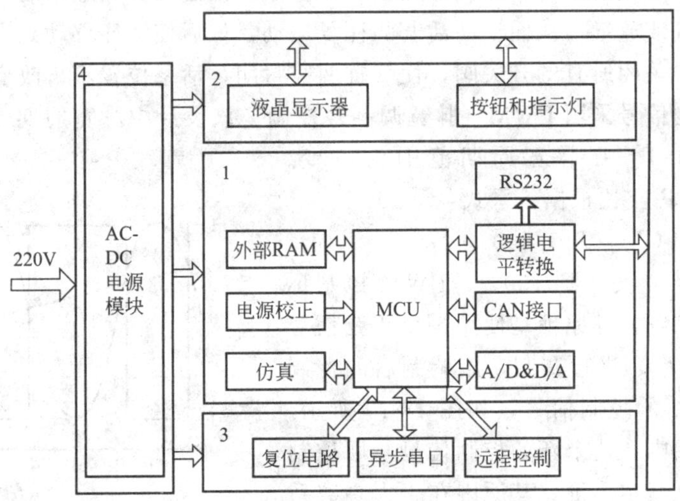

图 18-17 控制器硬件功能结构图

第1模块为主体，包括MCU芯片、电源处理、扩展外部存储器RAM、A/D转换电路、D/A转换电路、RS232通信、CAN总线、仿真及逻辑电平转换等电路，此模块为控制器的核心部分；第2模块为显示与控制，包括液晶显示、控制指示灯以及控制按钮，其主要功能是显示D/A输出的位置、各种工作状态及系统各参数，完成自动、手动、联机、复位等功能；第3模块为远程控制和提供各种外部接口，包括RS232、复位、仿真以及远程控制按钮、远程控制指示灯操作接口；第4模块为电源。通过AC-DC模块，将220V交流电压转换为＋24V、＋12V和＋5V直流电压。

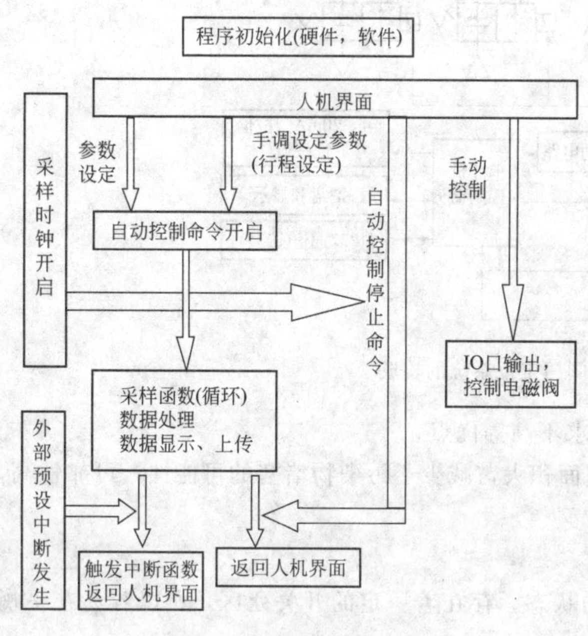

图18-18 控制系统软件结构图

② 控制器的软件 程序采用C语言编程。为了便于程序的维护和修改，缩短程序的开发时间，采用了模块化的程序设计方法，主要包括主程序、跟踪D/A、显示子程序、按键处理子程序、液晶跟踪显示参数子程序、远程控制子程序、通信子程序、同步串口子程序、异步串口子程序、定时采样子程序和A/D中断（控制算法）子程序。其关系如图18-18所示。

由于硬件设计大部分采用串口实现这些功能，因此在软件设计上需要对外部中断、定时器、SPI、MCBSP、SCI、ECAN模块等的时钟频率合理设置使各串口之间能够协调地工作，另外在编程时需要正确设置中断源的优先级，以达到实时控制的目的。

(3) 基于PID的PWM阀门定位器控制策略

气缸的每个腔室连接两个开关阀，开关阀1和开关阀3从气源向气缸提供压缩气体，开关阀2和开关阀4把气缸内的压缩气体释放到大气中。控制开关阀适时的打开和关闭，进而控制气缸两腔充气或放气，从而推动活塞的往复运动，最后使活塞移动到设定位置。一旦活塞到达设定位置，关闭所有的开关阀，使气缸两腔封闭，活塞位置不再改变。

开关阀的控制信号采用PWM（脉宽调制）控制。该设计中脉宽周期T_p设定为40ms，开关阀开启时间T_{on}在脉宽周期范围内可变。PWM控制信号的占空比根据关系式：

$$d=(T_{on}/T_p)/100\%$$

占空比可以从0变化到100%。PWM控制称为脉冲宽度调制控制，其原理是使用一个正弦信号对一个控制信号$e(t)$进行调制，用调制后的控制信号$ze(t)$作为新的控制信号，如图18-19所示。在一定的时间周期内，这个新的控制信号与原控制信号在控制结果上基本等价，其原因在于大多数系统都是一个低通滤波器，可以把$ze(t)$的高频分量

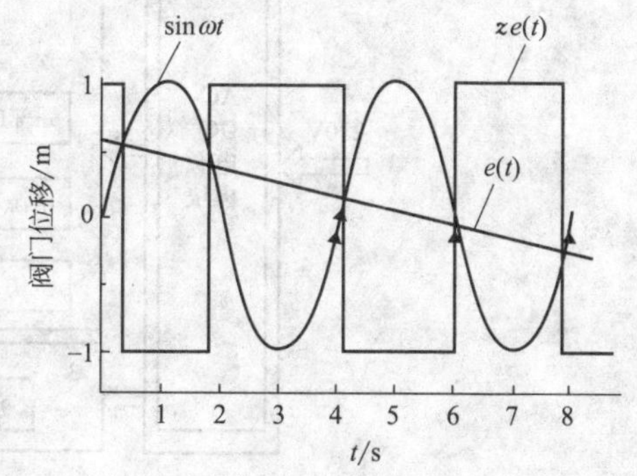

图18-19 脉冲宽度调制原理图

滤掉，最终剩下与原控制信号 $e(t)$ 等价的低频分量。

控制信号 $u(t)$ 由 PID 控制算法来确定，为避免执行器在设定位置附近频繁地轻微振荡，当位置偏差 $e(t)$ 在设定的很小范围 ε（死区）内时，设置控制信号 $u(t)$ 为 0。

$$u(t)=\begin{cases}k_{\mathrm{p}}\left|e(t)+\dfrac{1}{T_{\mathrm{i}}}\int_{0}^{t}e(t)\mathrm{d}t+T_{\mathrm{d}}\dfrac{\mathrm{d}e(t)}{\mathrm{d}t}\right|(|e|>\varepsilon)\\0(|e|\leqslant\varepsilon)\end{cases}$$

（4）技术性能

① 阀门定位性能　在控制器上分别输入不同的定位位置进行定位测试，其响应曲线如图 18-20、图 18-21 所示。

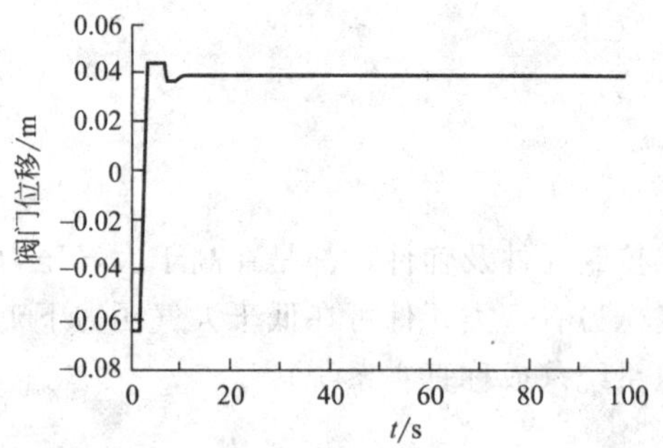

图 18-20　阀门定位距离为 0.04m 处响应曲线

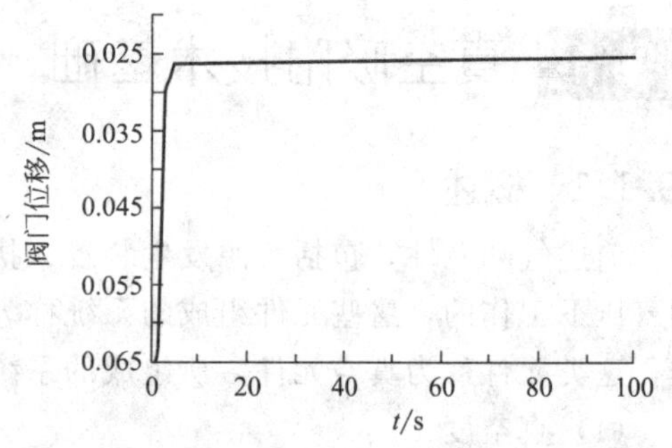

图 18-21　阀门定位距离为 0.025m 处响应曲线

② 阀门控制器对干扰的响应　控制系统在工作过程中，总会受到外界的干扰。一个良好的控制系统，应对外界干扰有足够的抵抗能力。在该系统中，给系统突然添加一个干扰力，系统的响应如图 18-22 所示。

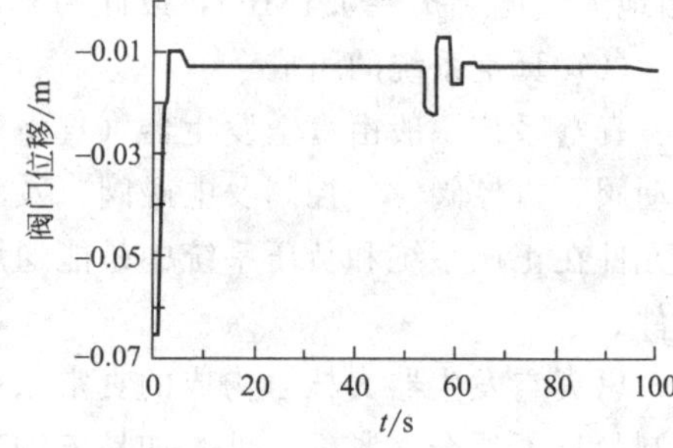

图 18-22　阀门控制器对干扰的响应曲线

③ 阀门控制器稳定性　该系统要求在很长一段时间内能够保持一定的位置精度，图 18-23、图 18-24 分别是系统在 2000s 和 3500s 的时间范围内位移曲线。

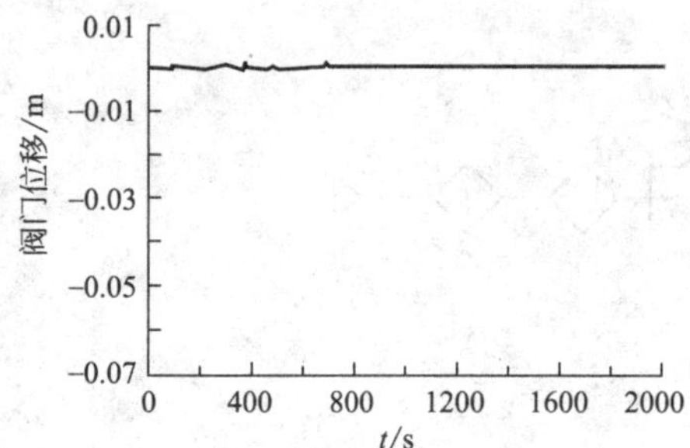

图 18-23　阀门控制器 2000s 内的位移曲线响应

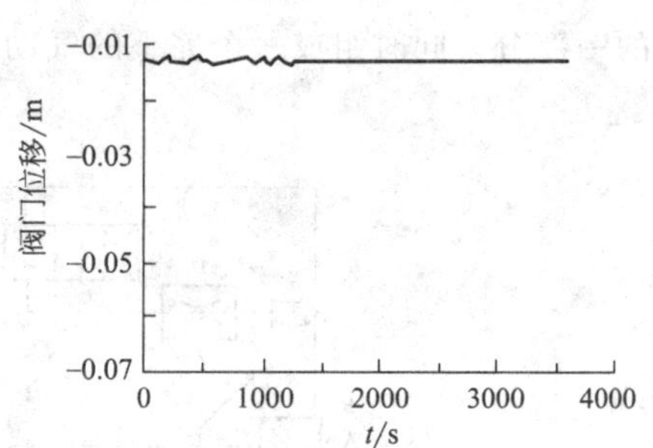

图 18-24　阀门控制器 3500s 内的位移曲线响应

第19章 真空回路

真空吸附回路以真空吸盘作为执行器，广泛用于轻工、食品、印刷、医疗、塑料制品等行业，以及自动搬运和机械手等各种机械设备之中，如玻璃的搬运，装箱，机械手抓取工件，印刷机械中的纸张检测、运输，包装机械中包装纸的吸附、送标、贴标、包装袋的开启，精密零件的输送，塑料制品的真空成型，电子产品的加工、运输、装配等各种作业。

19.1 真空吸附技术基础

19.1.1 概述

前述气动元件，包括气源发生装置、执行元件、控制元件及辅件，都是在高于大气压力的气压下工作的，这些元件组成的系统称为正压系统。另有一类元件可在低于大气压力下工作，这类元件称为真空元件，所组成的系统称为负压系统（或称真空系统）。

（1）真空度

在真空技术中，将低于当地大气压力的压力称为真空度。在工程计算中，为简化常取“当地大气压” $p_a=0.1$MPa，以此为基准来度量真空度。

（2）真空系统的组成

真空系统一般由真空发生器（真空压力源）、吸盘（执行元件）、真空阀（控制元件，有手动阀、机控阀、气控阀及电磁阀）及辅助元件（管件接头、过滤器和消声器等）组成。有些元件在正压系统和负压系统中是能通用的，如管件接头、过滤器和消声器，以及部分控制元件。

以真空发生器为核心构成的真空系统适合于任何具有光滑表面的工件，特别是对于非金属制品且不适合夹紧的工件，如易碎的玻璃制品，柔软而薄的纸张、塑料以及各种电子精密零件。

图19-1所示为典型的真空回路。实际上，用真空发生器构成的真空回路，往往是正压系统的一部分，同时组成一个完整的气动系统。

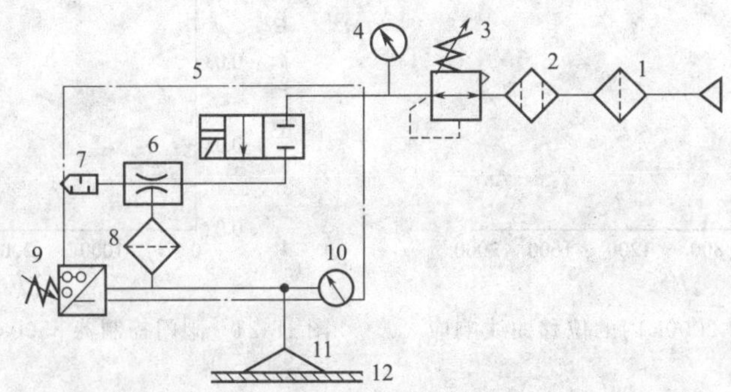

图19-1 典型真空回路

1—过滤器；2—精密过滤器；3—减压阀；4—压力表；5—电磁阀；6—真空发生器；7—消声器；8—真空过滤器；9—真空压力开关；10—真空压力表；11—吸盘；12—工件

19.1.2 真空发生器

用真空发生器产生负压的特点有：结构简单、体积小、使用寿命长；产生的真空度可达 88kPa，抽吸流量不大，但可控、可调，稳定可靠；瞬时开关特性好，无残余负压；同一输出口可使用负压或交替使用正负压。

(1) 工作原理

图 19-2 所示为真空发生器的工作原理图，它由喷嘴、接收室、混合室和扩散室组成。压缩空气通过收缩的喷射后，从喷嘴内喷射出来的一束流体的流动称为射流。射流能卷吸周围的静止流体和它一起向前流动，这称为射流的卷吸作用。而自由射流在接收室内的流动，将限制了射流与外界的接触，但从喷嘴流出的主射流还是要卷吸一部分周围的流体向前运动，于是在射流的周围形成一个低压区，接收室内的流体便被吸进来，与主射流混合后，经接收室另一端流出。这种利用一束高速流体将另一束流体（静止或低速流）吸进来，相互混合后一起流出的现象称为引射现象。若在喷嘴两端的压差达到一定值时，气流达声速或亚声速流动，于是在喷嘴出口处，即接收室内可获得一定负压。

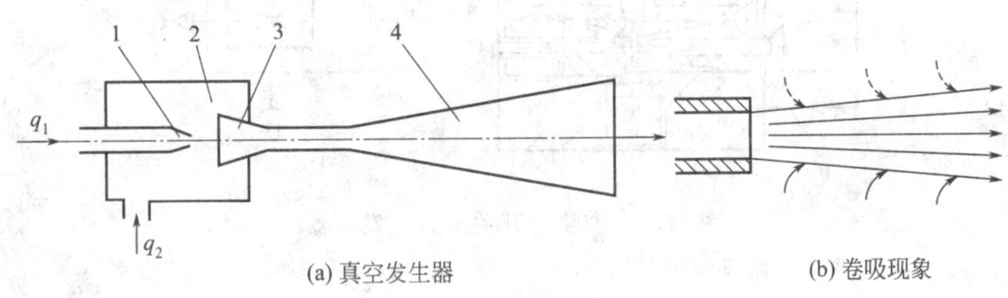

图 19-2 真空发生器的工作原理图

1—喷嘴；2—接收室；3—混合室；4—扩散室

对于真空发生器，引射气流是有限的。若在引射通道端口连接真空吸盘，当吸盘与平板工件接触，只要将吸盘腔室内的气体抽吸完并达到一定的真空度，就可将平板吸持住。

真空发生器可用于产生负压，也可用作喷射器。若真空发生器用作喷射器，则气流必须经扩散器后喷出。若真空发生器仅用作发生负压，就可以不用扩散室，在扩散室位置安装消声器以降低气流的噪声。

(2) 结构

① 普通真空发生器 图 19-3 所示为普通真空发生器，P 口接气源，R 口接消声器，U 口接真空吸盘。压缩空气从真空发生器的 P 口经喷嘴流向 R 口时，在 U 口产生真空。当 P 口无压缩空气输入时，抽吸过程停止，真空消失。

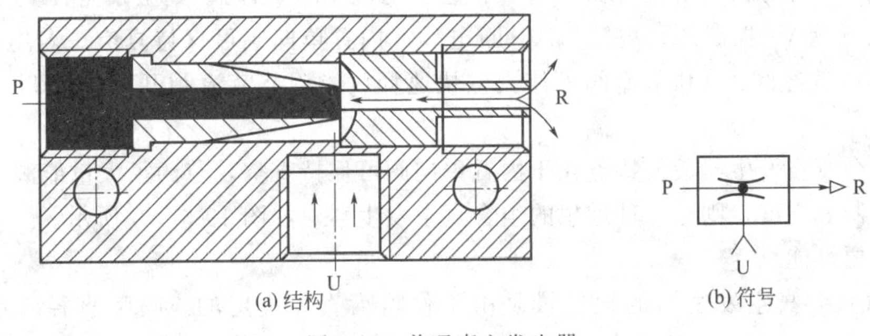

图 19-3 普通真空发生器

② 带喷射开关的真空发生器 一般真空吸盘吸持工件后，要放掉工件就必须使吸盘内的真空消除。若在真空发生器的引射通道流入一股正压气流，就能使吸盘内的压力从负压迅速变为正压，使工件脱开。带有喷射开关的真空发生器就能完成这一功能。

图 19-4 所示为带喷射开关的真空发生器，内置气室和喷射开关。喷射开关由阀芯和阀座构成。其动作原理和快速排气阀相似。真空发生器在抽吸过程中，压缩空气经通道 B 充满气室，同时阀芯压在阀座上将排气通道关断。而当 P 口无输入时，储存在气室内的压缩空气把阀芯推离阀座，从阀口经混合室从阀口快速排出，从而使工件与吸盘快速脱开。

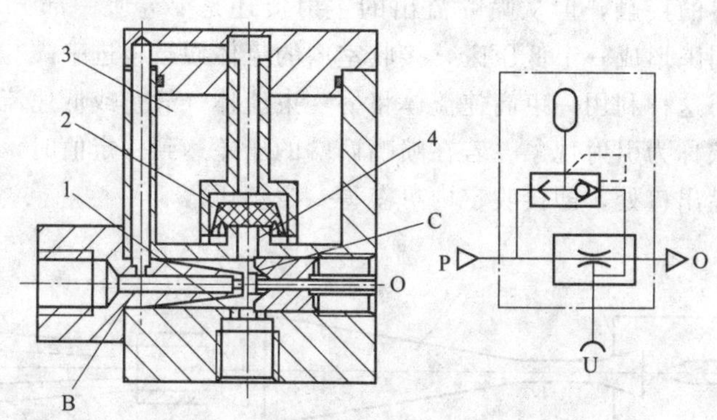

图 19-4 带喷射开关的真空发生器

1—喷嘴；2—阀芯（喷射开关）；3—气室；4—阀座；B—通道；C—混合室

③ 组合真空发生器 真空发生器常与电磁阀、压力开关和单向阀等真空元件构成组件，更便于安装使用。

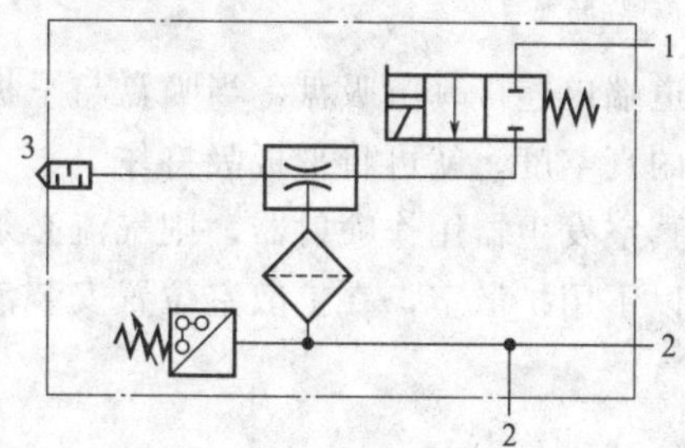

图 19-5 组合真空发生器原理

1—进气口；2—真空口（输出口）；3—排气口

图 19-5 所示的组合真空发生器由真空发生器、消声器、过滤器、压力开关和电磁阀等组成。进入真空发生器的压缩空气由内置电磁阀控制。电磁线圈通电，阀换向，从 1 口（进气口）流向 3 口（排气口）的压缩空气，产生真空。电磁线圈断电，真空消失。吸入的串气通过内置过滤器和压缩空气一起从排气口排出。内置消声器可减少噪声。真空压力开关用来控制真空度。

图 19-6(a) 所示是一种带喷射开关、内置单向阀的组合真空发生器。喷射开关由电磁阀 V_2 和节流阀构成。吸盘与真空口 2 相连。与图 19-5 相同，真空发生器真空的产生和消失是由电磁阀 V_1 控制的。电磁阀 V_1 断电后，内置单向阀可保持真空。若电磁阀 V_2 通电，则压缩空气经阀 V_2 和节流阀可使真空快速释放。调节节流阀开度，能调整真空释放时间。

这种组合真空发生器最大特点在于内置单向阀可保持真空，节约了大量能源。若再由真空开关来控制真空度，则是一种理想的组合真空发生器，如图 19-6(b) 所示。

(3) 主要性能

① 耗气量 真空发生器的耗气量是由工作喷嘴直径决定的。喷嘴直径一般在 0.5～3mm 范围。显然，对同一喷嘴直径的真空发生器，其耗气量随工作压力的增加而增加。

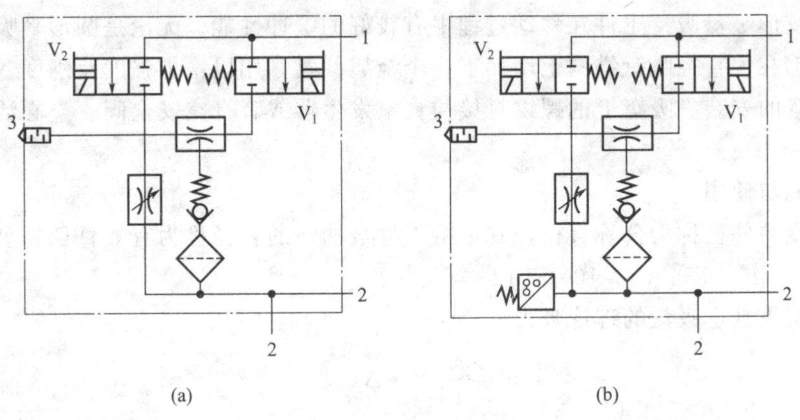

图 19-6　带喷射开关、内置单向阀的组合真空发生器

V_1—供气电磁阀；V_2—喷射开关电磁阀；1—进气口；2—真空口；3—排气口

② 真空度　图 19-7 所示为真空度特性曲线。由图 19-7 可见，曲线有最大值，即使增加工作压力，真空度非但没有增加反而会下降。真空发生器产生的真空度最大可达 88kPa。建议实际使用时，真空度可选定在 70kPa，工作压力在 0.5MPa 左右。

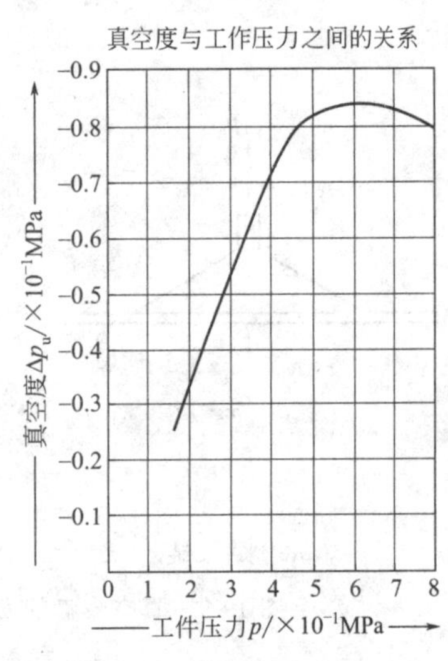

图 19-7　真空度特性曲线

③ 抽吸时间　抽吸时间表征了真空发生器的动态指标，表示在 0.6MPa 时，抽吸 1L 容积空气所需的时间。显然，抽吸时间与真空度有关。在一定的工作压力下，抽吸时间长短决定于流经抽吸通道的抽吸流量的大小。若已知抽吸流量，同样可以求得抽吸时间。

19.1.3　真空吸盘

真空吸盘是真空系统中的执行元件，用于将表面光滑且平整的工件吸起并保持住，柔软又有弹性的吸盘确保不会损坏工件。

(1) 结构

图 19-8 所示为常用真空吸盘的结构。通常吸盘是由橡胶材料与金属骨架压制而成。橡胶材料有丁腈橡胶、聚氨酯和硅橡胶等，其中硅橡胶吸盘适用于食品工业。

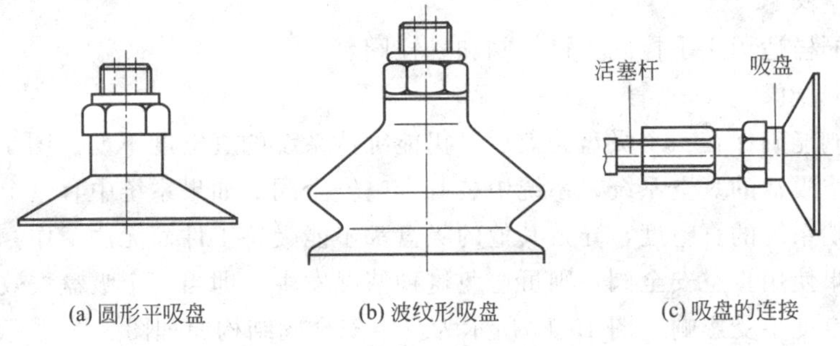

图 19-8　常用真空吸盘结构

图 19-8(b) 为波纹形吸盘，它的适应性更强，允许工件表面有轻微的不平、弯曲和倾斜，同时波纹形吸盘吸持工件在移动过程中有较好的缓冲性能。无论是圆形平吸盘，还是波纹形吸盘，都在大直径吸盘结构上增加了一个金属圆盘，用以增加强度及刚度。

真空吸盘的安装靠吸盘上的螺纹直接与真空发生器或者真空安全阀、空心活塞杆气缸相连，见图 19-8(c)。

(2) 性能与使用

真空吸盘的外径称为公称直径，其吸持工件被抽空的直径称为有效直径。盘的公称直径有 8、15、30、40、55、75、100 和 125 等规格。

一般真空吸真空吸盘的理论吸力 F 为：

$$F=\frac{\pi}{4}D_e^2\cdot\Delta p_u(\mathrm{N})$$

式中 Δp_u——真空度，kPa；

D_e——真空吸盘的有效直径，m。

这样，若已知一个真空吸盘，只要设定真空度，就可以计算吸盘的理论吸力。

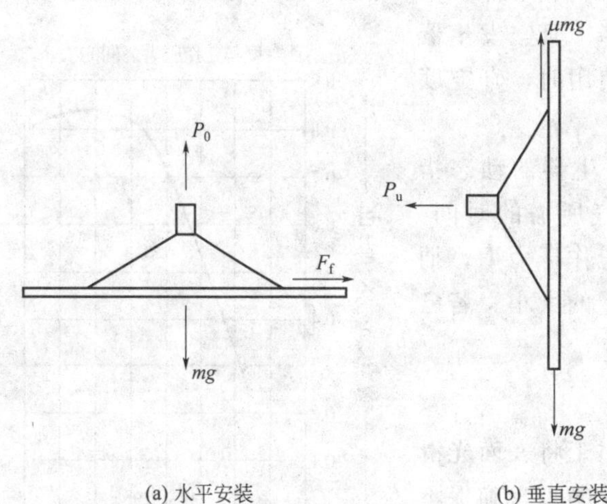

(a) 水平安装 (b) 垂直安装

图 19-9 真空吸盘的安装位置

真空吸盘使用时应该注意吸盘的安装位置，如图 19-9 所示，水平安装位置和垂直安装位置两者吸持工件时的受力状态是不同的。图 19-9(a) 中，吸盘水平安装时，除了要吸持住工件负载，还应该考虑吸盘移动时因工件的惯性力对吸力的影响。图 19-9(b) 中，吸盘垂直安装时，吸盘的吸力必须大于工件与吸盘间的摩擦力。

19.1.4 其他真空元件

(1) 真空电磁阀

真空电磁阀与普通电磁阀在结构、工作原理方面没什么两样，区别仅在于密封。气动元件采用的密封圈有 O 形密封圈和唇形密封圈两类。若采用唇形密封结构的普通电磁阀，那肯定是不能用于真空系统的，除非将唇形密封圈拆下反装。一般采用 O 形密封结构的阀是可以用于真空系统的。

采用截止式阀芯结构的阀时，若阀芯和阀座开闭件之间有弹性密封垫（圈），则截止式同样可用作真空阀。

上述情况同样适用于手控阀、机控阀和气控阀。

(2) 真空安全阀

真空安全阀能确保在一个吸盘失效后，仍能维持系统的真空度不变。图 19-10 所示为同时使用多个真空吸盘的真空系统，系统中装有真空安全阀。如果系统中有一个或几个吸盘密封失效，将影响系统的真空度，导致其他的吸盘都不能吸持工件而无法工作。

但是，如果使用真空安全阀，则可避免这种情况发生，即当一个吸盘失效或不能密封时其他吸盘的真空度不受影响。图 19-11 所示为真空安全阀结构原理图。

(3) 真空顺序阀

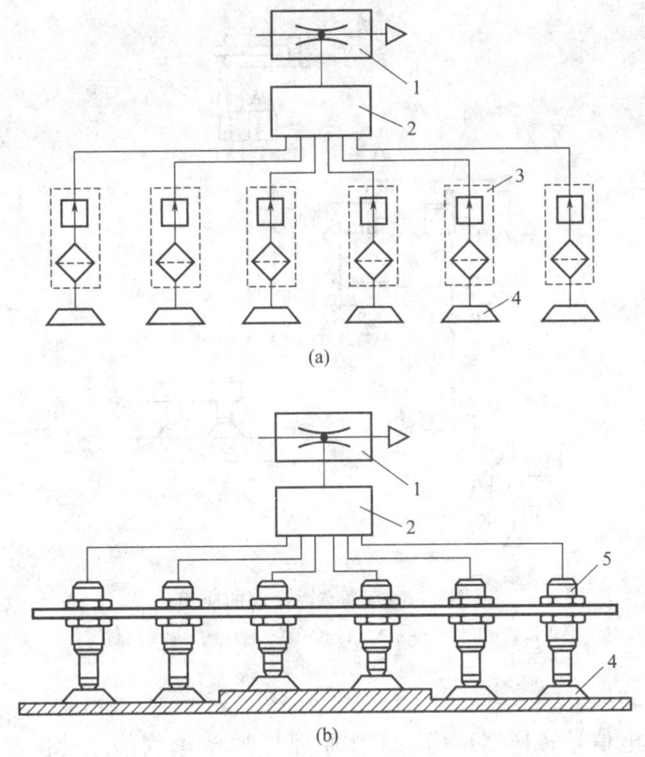

图 19-10　多个真空吸盘的真空系统

1—真空发生器；2—分配器；3—真空安全阀；4—吸盘；5—高度调整件

图 19-12 所示为真空顺序阀，其结构、动作原理与压力顺序阀相同。只是用于负压控制，压力控制口 X 在上方，调节弹簧压缩量可调整控制压力（真空度）。只要 X 口的真空度达到真空顺序阀的设定值，则与其相连的阀动作。

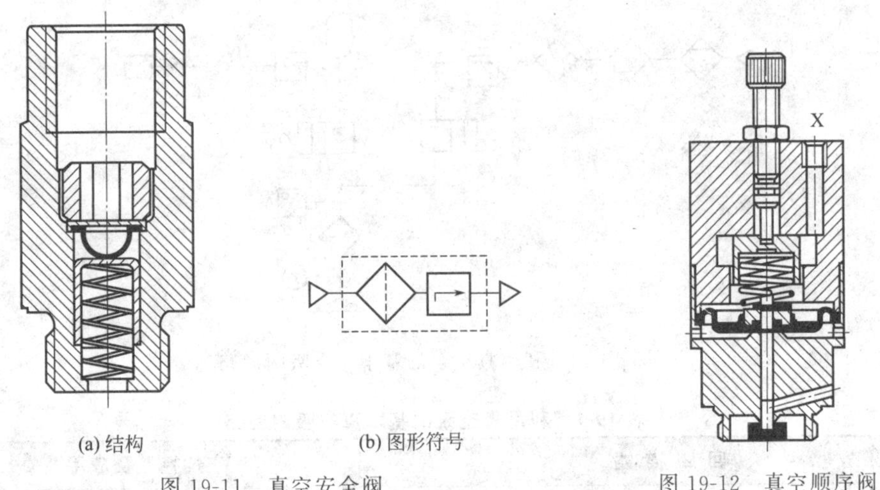

(a) 结构　(b) 图形符号

图 19-11　真空安全阀　图 19-12　真空顺序阀

图 19-13 所示为真空顺序阀应用例。图 19-13 中，真空顺序阀的 X 口与真空发生器 U 口相连。启动手动阀向真空发生器供给压缩空气即产生负压，对吸盘进行抽吸。在吸盘内的真空度达到设定值时，真空顺序阀打开，阀 5 动作有输出，使阀 6 换向，气缸活塞杆伸出。

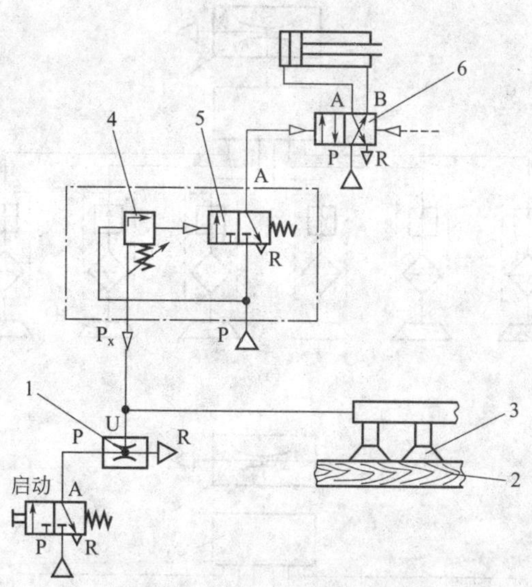

图 19-13 真空顺序阀的应用

1—真空发生器；2—工件；3—吸盘；4—真空顺序阀；5—控制阀；6—换向阀

（4）气-电信号转换器

用于真空的气-电信号转换器结构、工作原理与普通电-气信号转换器是一样的，只是控制口的真空信号吸上膜片（而不是压下膜片），驱动微动开关动作，有电信号输出。其他电气性能要求与普通电-气信号转换器相同。

19.2 利用真空泵的基本真空吸附回路（图 19-14 和表 19-1）

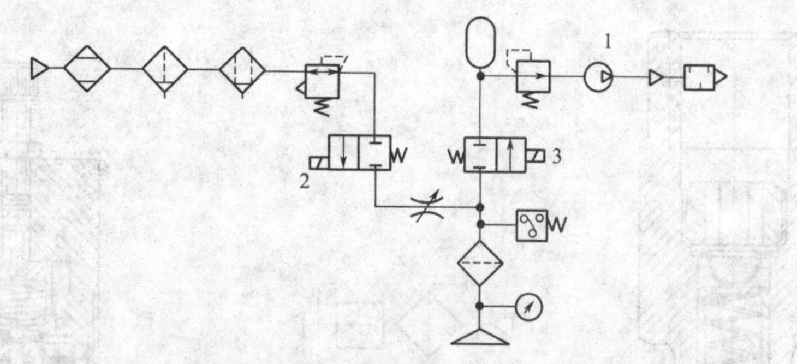

图 19-14 利用真空泵的基本真空吸附回路

表 19-1 利用真空泵的基本真空吸附回路

回路描述	特点及应用
1为真空泵，电磁阀3通电切换至右位时，真空泵1将真空吸盘抽真空，吸起工件。阀3断电、阀2通电切换至左位时，压缩空气进入吸盘，吸盘内的真空状态被破坏，工件快速落下	该回路为利用真空泵的基本真空吸附回路

19.3 用真空控制单元组成的吸件与快速放件回路（图 19-15 和表 19-2）

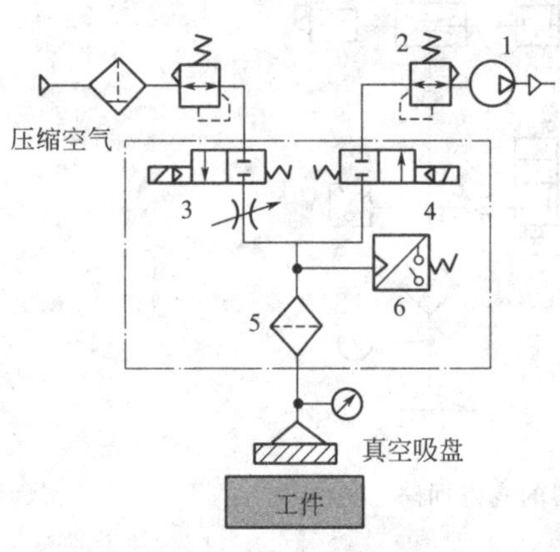

图 19-15 用真空控制单元组成的吸件与快速放件回路

表 19-2 用真空控制单元组成的吸件与快速放件回路

回路描述	特点及应用
1 为真空泵，2 为真空调压阀。电磁阀 4 通电切换至右位时，真空泵 1 将真空吸盘抽真空，吸起工件。阀 4 断电、阀 3 通电切换至左位时，压缩空气进入吸盘，吸盘内的真空状态被破坏，工件快速落下	真空控制元件电磁阀 3、4，真空过滤器 5，真空开关 6 组合为一体成为真空控制组件

19.4 用一个真空泵控制多个真空吸盘的回路（图 19-16 和表 19-3）

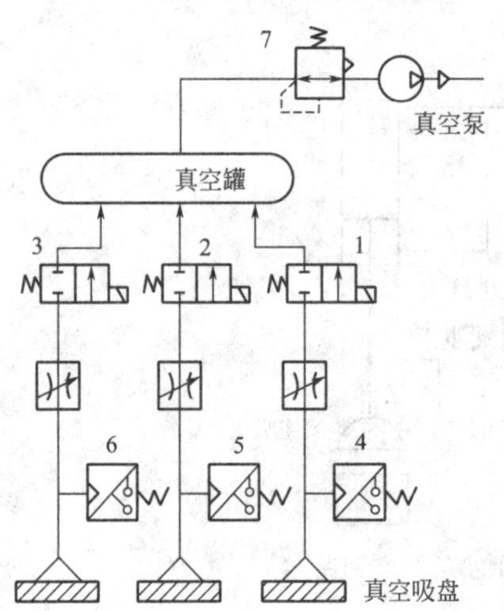

图 19-16 用一个真空泵控制多个真空吸盘的回路

表 19-3 用一个真空泵控制多个真空吸盘的回路

回路描述	特点及应用
真空管路上安装多个吸盘，电磁阀 1、2、3 通电，真空吸盘开始吸住工件	若其中的一个吸盘有泄漏会引起真空压力源的压力变动，使真空度下降。相应的压力继电器阀发出信号，电磁阀关闭吸气口，保持系统在真空状态下正常工作

19.5 利用真空发生器的真空回路（图 19-17 和表 19-4）

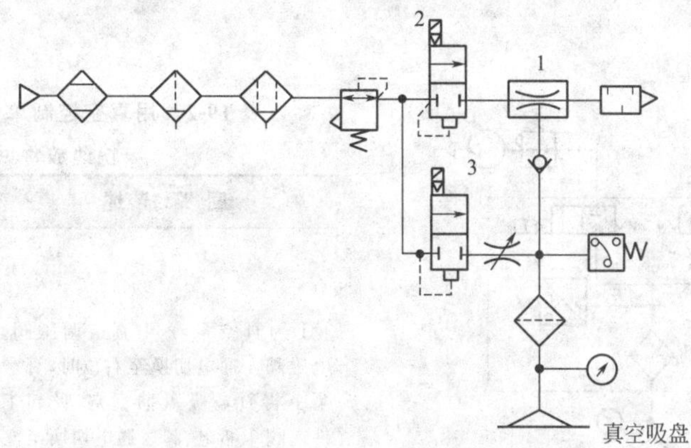

图 19-17 利用真空发生器的真空回路

表 19-4 利用真空发生器的真空回路

回路描述	特点及应用
1 为真空发生器，需要产生真空时，电磁阀 2 通电。快速放件时，电磁阀 2 断电、电磁阀 3 通电	该回路为利用真空发生器的基本真空回路

19.6 利用真空吸盘搬运重物的真空回路（图 19-18 和表 19-5）

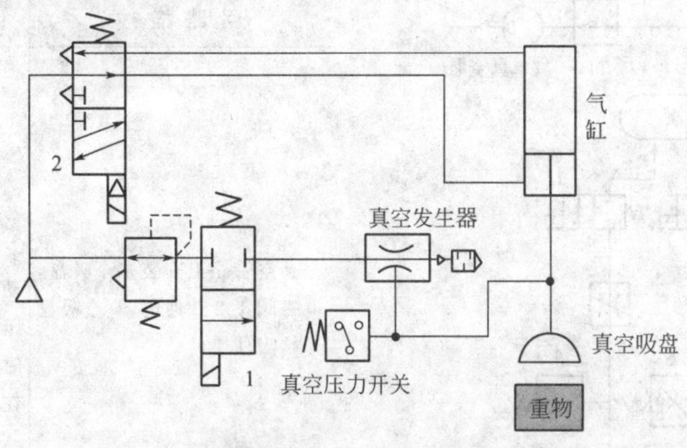

图 19-18 利用真空吸盘搬运重物的真空回路

表 19-5 利用真空吸盘搬运重物的真空回路

回路描述	特点及应用
电磁阀 1 和 2 通电，气缸下降，真空吸盘接触到重物，当真空吸盘内的真空度达到真空压力开关的设定压力时，真空压力开关动作，阀 2 复位，吸盘吸着重物被气缸提升 提升期间用真空发生器保持真空状态。当重物搬送到指定位置时，电磁阀 1 断电，则重物与吸盘分开	回路为利用真空吸盘搬运重物的气动回路

19.7 用一个真空发生器控制多个真空吸盘的回路（图19-19和表19-6）

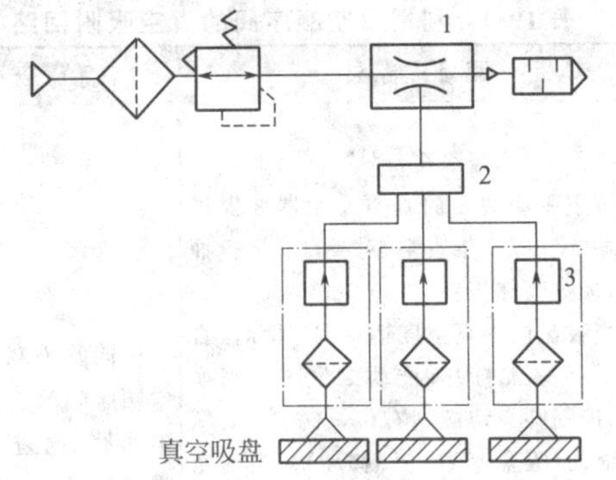

图19-19　用一个真空发生器控制多个真空吸盘的回路

表19-6　用一个真空发生器控制多个真空吸盘的回路

回路描述	特点及应用
真空发生器1经分配器2、真空安全阀3吸气带动真空吸盘工作	如果某吸盘漏气没有盖住被吸工件，阀3可自动关闭阀内的进气口，保持系统在真空状态下正常工作

19.8 用真空发生器组件组成的吸件与快速放件回路（图19-20和表19-7）

19.9 用真空发生器、小储气室等组成的吸件与快速放件回路（图19-21和表19-8）

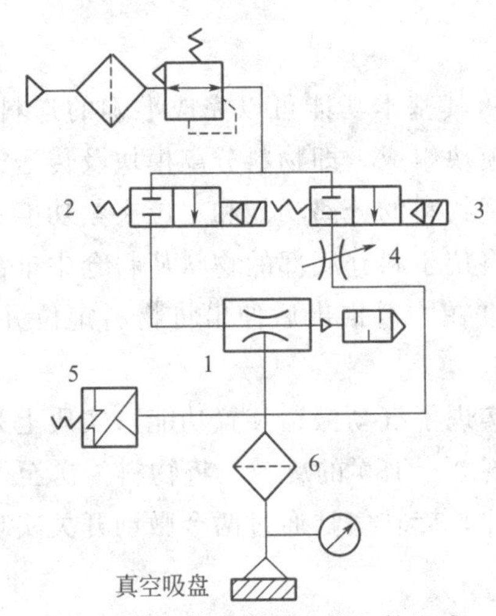

图19-20　用真空发生器组件组成的吸件与快速放件回路

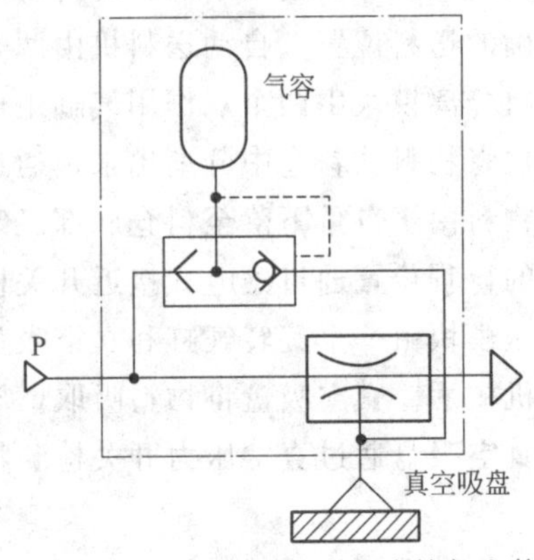

图19-21　用真空发生器、小储气室等组成的吸件与快速放件回路

表19-7　用真空发生器组件组成的吸件与快速放件回路

回路描述	特点及应用
当需要产生真空时，电磁阀2通电；快速放件时，电磁阀2断电、电磁阀3通电	回路由真空发生器1、电磁阀2和3、节流阀4、真空开关5、真空过滤器6、真空吸盘组成

表19-8　用真空发生器、小储气室等组成的吸件与快速放件回路

回路描述	特点及应用
P口接通压缩空气后，一路经快排阀左侧给气容充气；另一路由P口接通真空发生器，吸盘吸起物件 切断P口供气后，气容的压缩空气经快排阀右侧排出，破坏了吸盘4内的真空，将物件快速吹下	气容、快排阀、真空发生器可组成真空发生器组件

19.10 利用真空顺序阀的真空吸附回路（图19-22和表19-9）

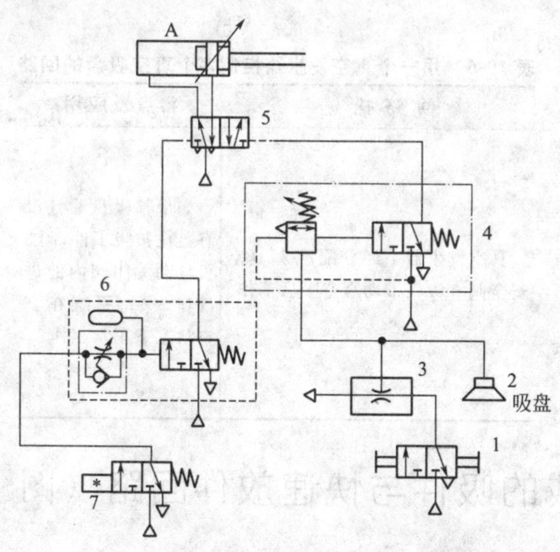

图19-22 利用真空顺序阀的真空吸附回路

表19-9 利用真空顺序阀的真空吸附回路

回路描述	特点及应用
按下手动阀1向真空发生器3提供压缩空气即产生真空，对吸盘2进行抽吸，吸盘吸住工件 当吸盘内的真空度达到调定值时，真空顺序阀4打开，推动二位三通阀换向，控制阀5切换到右位，气缸A活塞杆缩回（吸盘吸着工件移动）。当活塞杆退回触动行程阀7时，延时阀6动作，同时手动阀1换向，吸盘放开工件。经过设定时间延时后，主控阀5换向，气缸伸出，完成一次吸放工件动作	该回路为利用真空顺序阀的真空吸附回路，通过真空吸盘来搬运重物

19.11 真空回路应用实例

（1）自动送料机的工作原理

自动送料机主要适用于物料的自动分配和传送，其基本功能可以完成准确的送料时间，达到精确的送料位置。自动送料机由两个基本应用模块组成，即物料分离模块及传送模块。

物料分离模块由两个双作用气缸组成，分别实现物料的分离功能和定位夹紧功能。物料分离模块将物料从料仓中分离出来，通过分离气缸将位于料仓底部的物料从料仓中推出，料仓中的物料由于自重下落至料仓底部。定位夹紧气缸在物料推出后伸出将物料定位并夹紧。两气缸的行程位置通过磁电式接近开关检测。

传送模块由一个旋转气缸和真空吸盘组成。它实现了气动搬运装置功能，实质上是一个小型的机械手。真空吸盘将物料吸取，旋转气缸实现0°～180°的旋转，将物料传送至下一个工位。真空吸盘通过真空压力开关检测物料是否吸住，旋转气缸通过两个微动开关实现位置检测。

（2）气动系统

自动送料机的气动控制系统原理如图19-23所示。在气动系统原理图中，安装在分离气缸和定位夹紧气缸上方的元件X0～X3均为磁电式接近开关；安装在旋转气缸两侧的元件X4、X5为微动行程开关；安装在真空系统回路中检测系统真空度（负压）的元件X6为真空开关。这些传感元件分别用于检测气缸的行程位置及吸盘工作情况。

自动送料机的启动条件是料仓中有物料存在（通过对射式光电传感器检测）。气动系统的初始位置是分离气缸位于伸出位置X1，定位夹紧气缸位于回缩位置X2，旋转气缸位于左侧料仓位置X4，真空发生器关闭（真空开关X6无信号）。

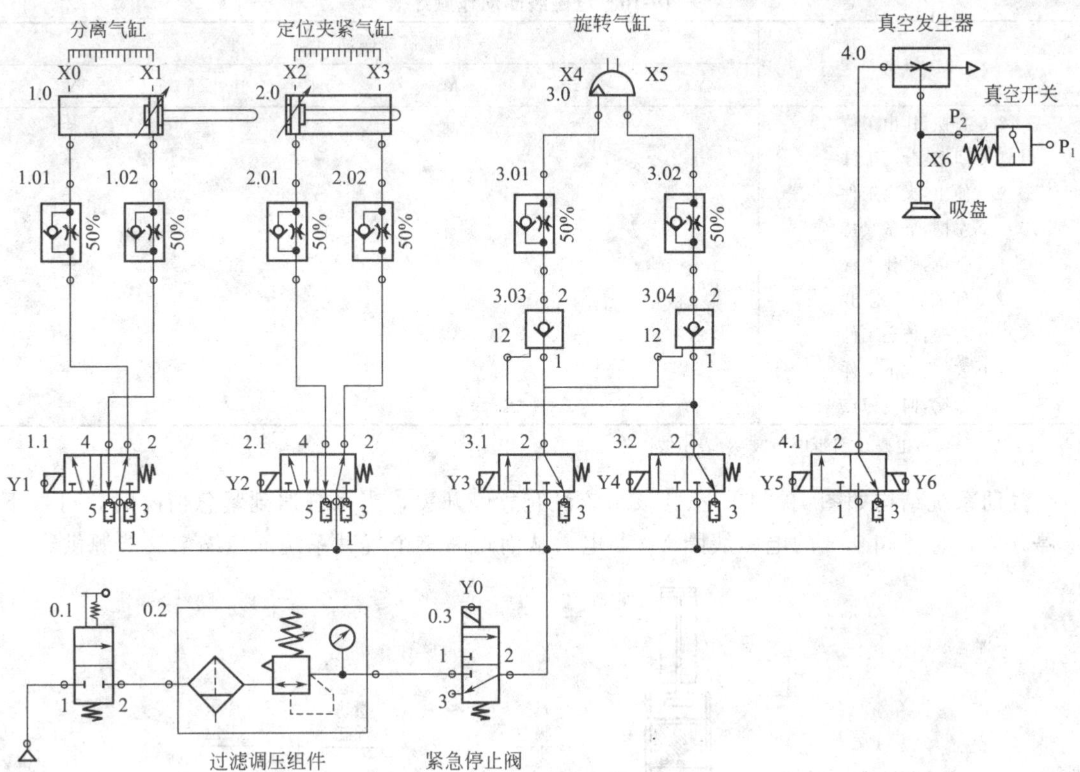

图 19-23 自动送料机气动控制系统原理图

1.0—分离气缸；2.0—定位夹紧气缸；3.0—旋转气缸；4.0—真空发生器；1.01、1.02、2.01、2.02、3.01、3.02—单向节流阀；1.1、2.1—单电控 2 位 5 通换向阀；3.1、3,2—单电控 2 位 3 通换向阀；4.1—双电控 2 位 3 通换向阀；0.1—开关阀；0.2—过滤调压组件；0.3—急停阀；3.03、3.04—气控单向阀

首先，打开气路开关 0.1 阀，压缩空气网络中的气压源经过滤调压组件 0.2 向系统供气，调节调压阀，将系统压力调整在 0.4MPa 左右，再锁定调压阀。其次，将系统上电，紧急停止阀 0.3 的电磁线圈 Y0 得电并自锁，阀导通，压缩空气分别向各控制回路供气。其工作过程如下。

① 控制 3.1 阀的电磁线圈 Y3 得电，旋转气缸从料仓位置右摆 180°，Y3 断电。

② 控制 1.1 阀电磁线圈 Y1 得电，分离气缸回缩将物料从料仓中推出。

③ 控制 2.1 阀电磁线圈 Y2 得电并自锁，定位夹紧气缸伸出，将工件定位夹紧。

④ 控制 3.2 阀电磁线圈 Y4 得电，旋转气缸左摆 180°回至料仓位置，Y4 断电。

⑤ 控制 4.1 阀电磁线圈 Y5 得电，真空发生器产生吸力，并吸住物料（X6 真空开关产生信号），Y5 断电。

⑥ 控制 2.1 阀电磁线圈 Y2 断电，定位夹紧气缸在弹簧作用下自行复位，同时 Y1 失电分离气缸伸出复位。

⑦ 重复步骤①。

⑧ 控制 4.1 阀 Y6 得电，真空发生器关闭，物料由于自重下落至下一个工位，Y6 断电。

⑨ 重复步骤④（回复到初始位置）。

整个气动控制系统回复到初始位置，准备下一次的工作循环。自动送料机的电磁线圈动作顺序见表 19-10。

表 19-10 电磁线圈动作顺序表

动作循环	电磁线圈动态					
	Y1	Y2	Y3	Y4	Y5	Y6
3.0 右摆：让出工位	−	−	+	−	−	−
1.0 回缩：分离工件	+	−	−	−	−	−
2.0 伸出：夹紧工件	+	+	−	−	−	−
3.0 左摆：准备吸持	+	+	−	+	−	−
4.0 吸持：吸住工件	+	+	−	−	+	−
2.0 回缩、1.0 伸出	−	−	−	−	−	−
3.0 右摆：传送工件	−	−	+	−	−	−
4.0 放气：放下工件	−	−	−	−	−	+
3.0 左摆：回复原点	−	−	−	+	−	−

注："+"表示电磁线圈带电，"−"表示线圈失电。

气动系统结构如图 19-24 所示。该系统设有急停开关，当系统遇到紧急情况时，可按下急停开关，急停阀 0.3 的电磁线圈 Y0 断电，从而切断整个气动系统的压缩空气能源供给。

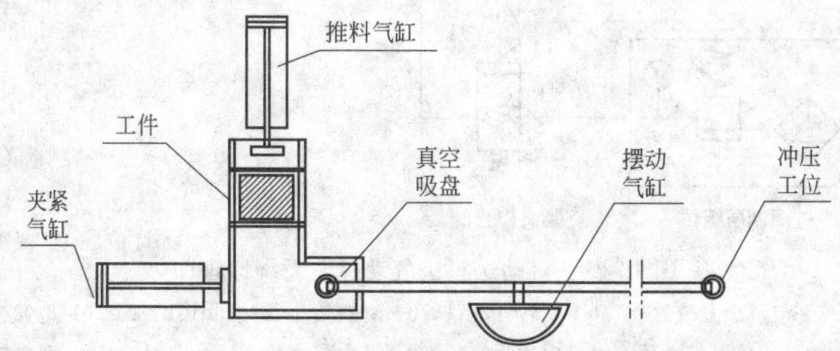

图 19-24 气动系统结构示意图

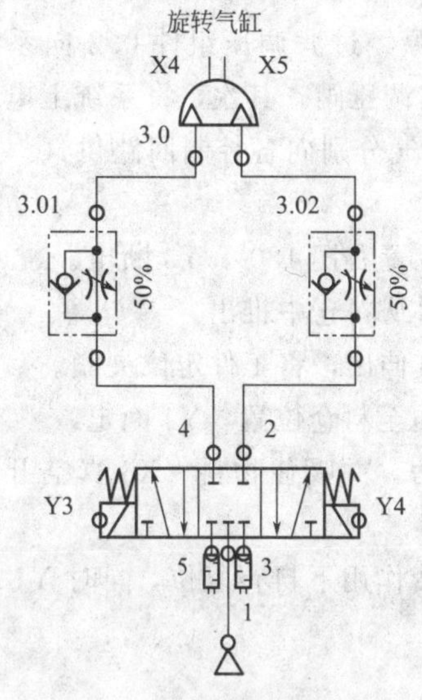

图 19-25 双气控单向阀的应用原理图

气动系统的旋转气缸动作回路中，采用了 2 个气控单向阀及 2 个二位三通的单控电磁阀来代替 1 个三位五通中位 O 型的双控电磁阀。其实现的功能是，2 个气控单向阀的密闭锁紧性能更好，通过 2 个气控单向阀可以更准确地将旋转气缸定位在 0°～180°旋转角度中的任一位置，且定位更准确可靠。双气控单向阀的应用原理如图 19-25 所示。

整个气动系统执行元件的速度控制可通过调节各单向节流阀来实现。系统中的单向节流阀均采用排气节流安装方式，以保证气缸运行的平稳性。为保证真空系统的气流通畅，以提高真空发生器的真空度，回路中的真空控制回路不安装节流阀。同时，回路中的所有连接气管应尽可能短，以减小空气流通阻力，提高真空度。

第20章 逻辑回路与计数回路

气动回路中控制执行元件动作的信号有时会很多，信号与信号之间存在着一定的逻辑关系。正确处理输入信号间的逻辑关系，以实现执行元件动作的有序控制，是逻辑回路的主要任务。

计数回路可以组成二进制或十进制计数器，多用于容积计量及成品装箱中。

20.1 逻辑回路

20.1.1 “或门”逻辑元件应用回路（图 20-1 和表 20-1）

20.1.2 “与门”逻辑元件应用回路（图 20-2 和表 20-2）

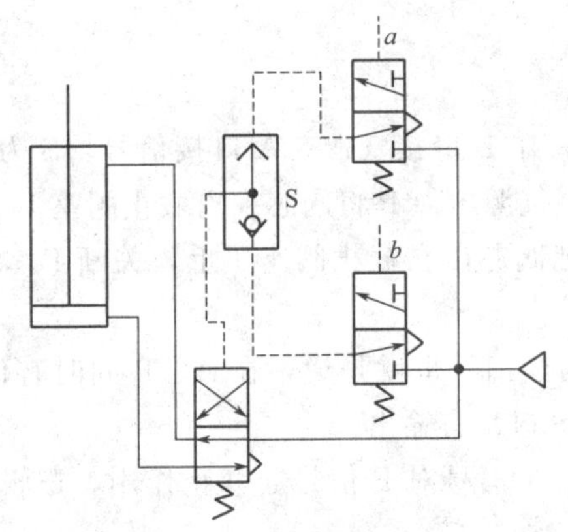

图 20-1 “或门”逻辑元件应用回路

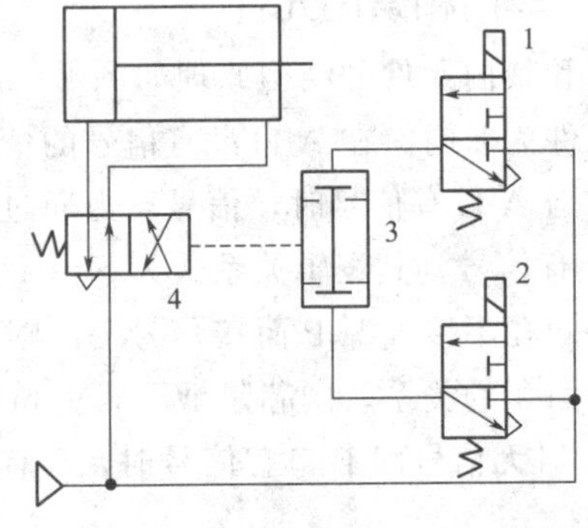

图 20-2 “与门”逻辑元件应用回路

表 20-1 “或门”逻辑元件应用回路

回路描述	特点及应用
信号 a 及 b 均无输入时，气缸处于原始位置 当信号 a 或 b 有输入时，梭阀 S 有输出，使二位四通阀切换至上位，压缩空气进入气缸下腔，活塞上移	该回路为采用梭阀作“或门”逻辑元件的控制回路 “或门”型梭阀在气动逻辑回路和程序控制回路中被广泛采用，是构成气动逻辑回路的重要元件

表 20-2 “与门”逻辑元件应用回路

回路描述	特点及应用
当电磁阀 1 与 2 同时通电时，梭阀 3 有输出，使二位四通阀切换至右位，压缩空气进入气缸左腔，气缸活塞杆前进 当电磁阀 1 与 2 只有一个通电，气缸活塞杆处于原始位置	该回路为采用梭阀作“与门”逻辑元件的控制回路 “与门”型梭阀同样是构成气动逻辑回路的重要元件

20.1.3 逻辑“禁门”元件组成的双手操作安全回路（图 20-3 和表 20-3）

表 20-3 逻辑“禁门”元件组成的双手操作安全回路

回路描述	特点及应用
按钮阀 1、2 同时按下时，“与门”的输出信号 S_2 直接输入到“禁门”6。“或门”的输出信号 S_1 要经单向节流阀 3 进入气容 4，有一个延时过程，延时时间为 t 因此，S_2 比 S_1 早到达“禁门”6，“禁门”6 有输出。输出信号 S_4 推动主控阀 8 换向使缸 7 前进，同时 S_4 又作为“禁门”5 的一个输入信号，由于此信号比 S_1 早到达“禁门”5，因此“禁门”5 无输出 如果先按阀 2，后按阀 1，则其效果与同时按下两个阀的效果相同	如果先按阀 1，后按阀 2，且按下的时间间隔大于回路中延时时间 t，则“或门”的输出信号 S_1 先到达“禁门”5，“禁门”5 有输出信号 S_3 输出，S_3 是作为“禁门”6 的一个输入信号，由于 S_3 比 S_2 早到达“禁门”6，“禁门”6 无输出，主控阀不能换向，气缸 7 不能动作 若只按下阀 1、2 中一个阀，则换向阀 8 不能换向，气缸 7 不能动作

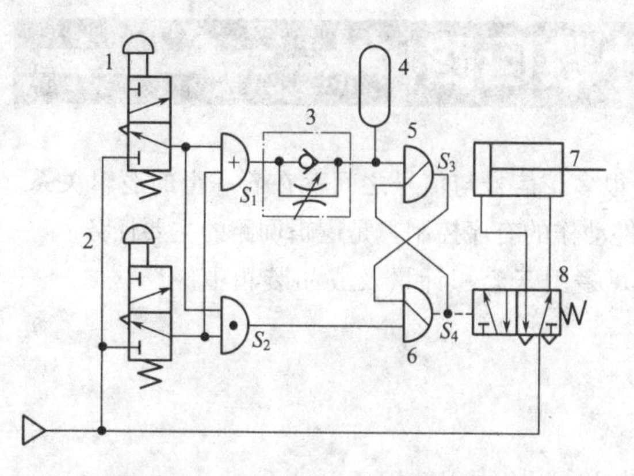

图 20-3 逻辑“禁门”元件组成的双手操作安全回路

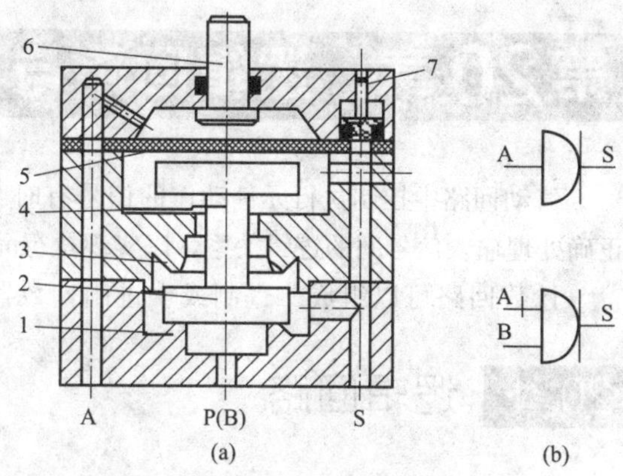

图 20-4 气动非门和禁门元件

1—下截止阀座；2—密封阀芯；3—上截止阀座；4—阀芯；5—膜片；6—手动按钮；7—指示活塞

20.1.4 非门和禁门元件

非门和禁门元件的结构原理如图 20-4 所示。在 P 口接气源，A 口接信号，S 为输出口情况下元件为非门。在 A 口没有信号的情况下，气源压力 P 将阀芯推离截止阀座 1，S 有信号输出；当 A 口有信号时，信号压力通过膜片把阀芯压在截止阀座 1 上，关断 P、S 通路，这时 S 没有信号。其逻辑关系式为 $S=\overline{A}$。

若中间孔不接气源 P 而接信号 B，则元件为禁门。也就是说，在 A、B 同时有信号时，由于作用面积的关系，阀芯紧抵下截止阀口 1，S 口没有输出。

在 A 口无信号而 B 口有信号时，S 有输出。A 信号对 B 信号起禁止作用，逻辑关系式为 $S=\overline{A}B$ 。

20.1.5 或非元件与回路

如图 20-5 所示，或非元件是在非门元件的基础上增加了两个输入端，即具有 A、B、C 三个信号输入端。在三个输入端都没有信号时，P、S 导通，S 有输出信号。当存在任何一个输入信号时，元件都没有输出。元件的逻辑关系式为 $S=\overline{A+B+C}$。

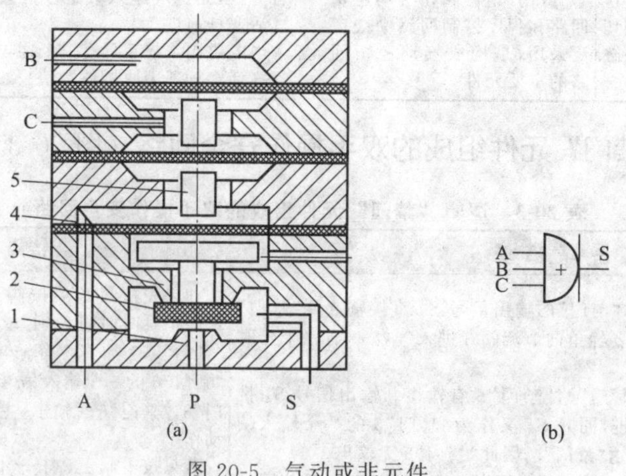

图 20-5 气动或非元件

1—下截止阀座；2—密封阀芯；3—上截止阀座；4—膜片；5—阀柱

或非元件是一种多功能逻辑元件，可以实现是门、或门、与门、非门或记忆等逻辑功能，见表 20-4。

表 20-4　或非元件组合可实现的逻辑功能

是　门	A　S	A　S=A
或　门	A　B　S	A　B　S=A+B
与　门	A　B　S	A　B　S=A・B
非　门	A　S	A　S=$\overline{A}$
双　稳	A　1　S_1　B　0　S_2	A　S_1　B　S_2

20. 1. 6　双稳元件

双稳元件属于记忆型元件，在逻辑线路中具有重要的作用。图 20-6 所示为双稳元件的工作原理。

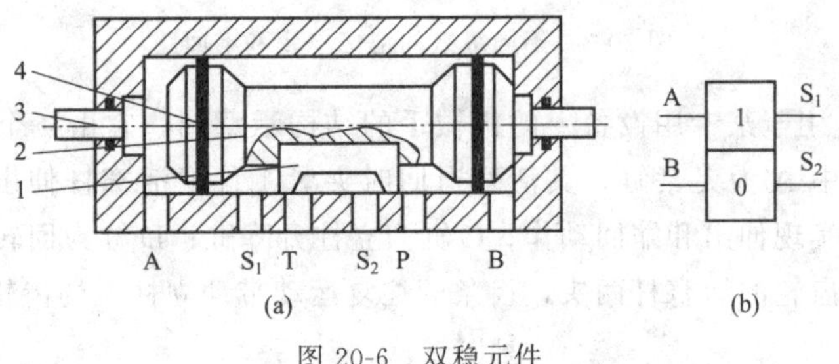

图 20-6　双稳元件

1—滑块；2—阀芯；3—手动按钮；4—密封圈

当 A 有信号输入时，阀芯移动到右端极限位置，由于滑块的分隔作用，P 口的压缩空气通过 S_1 输出，S_2 与排气口 T 相通；在 A 信号消失后 B 信号到来前，阀芯保持在右端位置，S_1 总有输出；当 B 有信号输入时，阀芯移动到左端极限位置，P 口的压缩空气通过 S_2 输出，S_1 与排气口 T 相通；在 B 信号消失后 A 信号到来前，阀芯保持在右端位置，S_2 总有输出；这里，两个输入信号不能同时存在。元件的逻辑关系式为 $S_1=K_B^A$，$S_2=K_A^B$。

20.2 逻辑回路应用实例

此处介绍一种利用气动逻辑元件的多气缸顺序动作控制回路设计方法，该方法适用于三个气缸以上，且动作级数三级以上的复杂动作回路，设计方法直观、明了。该方法主要特点是利用 1 个气动逻辑元件与门（双压阀）和 1 个二位三通阀组成具有记忆功能的单元，其组成及各管路接线法如图 20-7 所示。

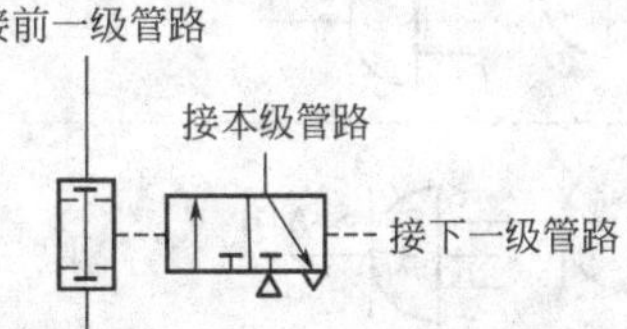

图 20-7 具有记忆功能的单元

该方法是以记忆功能元件来改变各级管路的输出气压，在任一时刻，只能有一个管路输出压缩空气，而其余管路均在排气状态。输出管路数与气缸动作顺序分级数相当，也决定了所需记忆功能单元数量，即 n 级动作顺序就有 n 级输出管路也就有 n 个记忆单元，如图 20-8 所示。因此为节省使用记忆功能单元，应尽可能将动作级数分少，不过至少要达到 3 级。

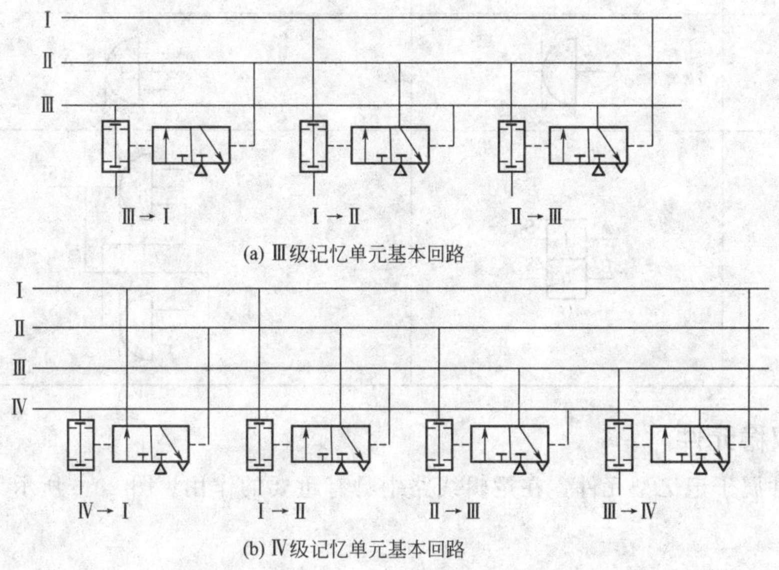

(a) Ⅲ级记忆单元基本回路

(b) Ⅳ级记忆单元基本回路

图 20-8 不同级数的记忆单元基本回路

图 20-9 所示是用于某专用设备上的机械手的结构示意图，它由 4 个气缸组成，可在三个坐标内工作，图中 A 为夹紧缸，其活塞退回时夹紧工件，活塞杆伸出时松开工件；B 缸为长臂伸缩缸，可实现伸出和缩回动作；C 缸为立柱升降缸；D 缸为回转缸，该气缸有两个活塞，分别装在带齿轮的活塞杆两头，齿条的往复运动带动立柱上的齿轮旋转，从而实现立柱及长臂的回转。

该气动机械手控制要求是，手动启动后，能从第一个动作开始自动延续到最后一个动作。其要求的动作顺序见图 20-10。

完整的工作程序可简化写成 $C_1B_1A_0B_0D_1C_0B_1A_1B_0D_0$，控制回路设计步骤如下。

① 将气缸顺序动作分级 气缸作为执行元件其伸出和缩回由换向阀控制，为避免换向阀的两端控制信号同时有压缩空气，分级时必须将其避开，即 A_0 与 A_1，B_0 与 B_1，C_0 与 C_1，D_0 与 D_1 分别不能在同一级，保证每一气缸只在该级中出现一次动作。本例中有 4 个

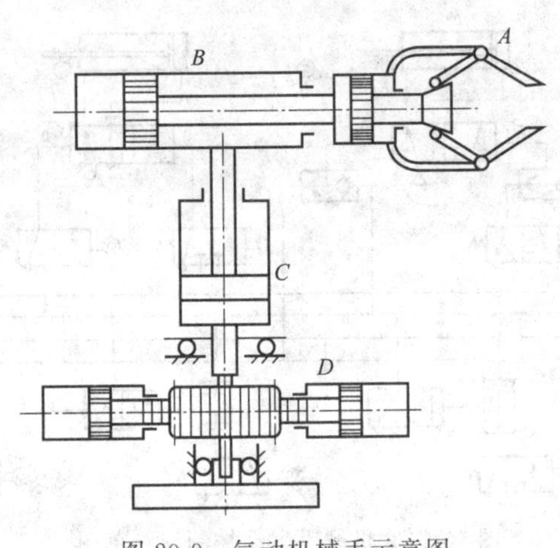

图 20-9　气动机械手示意图

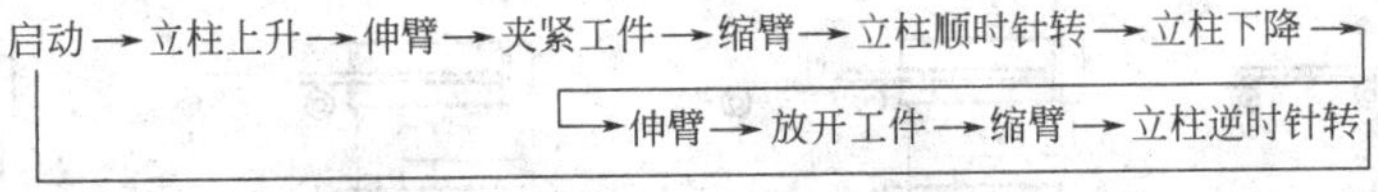

启动 → 立柱上升 → 伸臂 → 夹紧工件 → 缩臂 → 立柱顺时针转 → 立柱下降 →

→ 伸臂 → 放开工件 → 缩臂 → 立柱逆时针转

图 20-10　动作顺序

气缸，其顺序动作为 $C_1B_1A_0B_0D_1C_0B_1A_1B_0D_0$，最多可分为十级，最少分为四级。根据最少级数原则，本例中将气缸顺序动作分为四级，即

$$C_1B_1A_0/B_0D_1C_0/B_1A_1/B_0D_0$$

Ⅰ　　Ⅱ　　Ⅲ　　Ⅳ

② 依照动作顺序写出信号流程（q 表示启动开关）。

③ 根据以上信号流程写出接线式子。

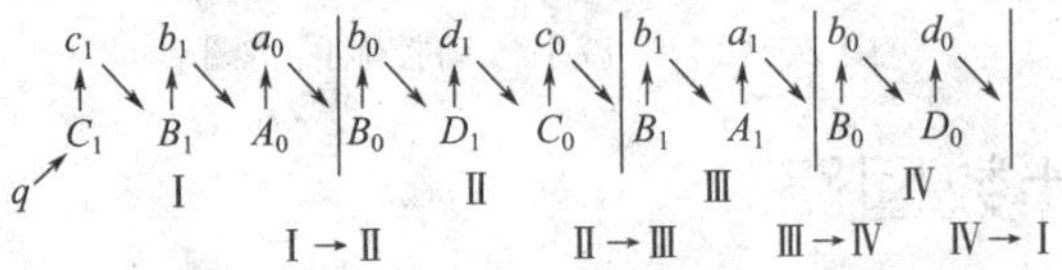

c_1 b_1 a_0 | b_0 d_1 c_0 | b_1 a_1 | b_0 d_0

C_1 B_1 A_0 | B_0 D_1 C_0 | B_1 A_1 | B_0 D_0

q　Ⅰ　Ⅱ　Ⅲ　Ⅳ

Ⅰ→Ⅱ　Ⅱ→Ⅲ　Ⅲ→Ⅳ　Ⅳ→Ⅰ

$q \cdot$ Ⅰ $= C_1$ ………………（1）

$c_1 \cdot$ Ⅰ $= B_1$ ………………（2）

$b_1 \cdot$ Ⅰ $= A_0$ ………………（3）

$a_0 =$ Ⅰ→Ⅱ ………………（4）

Ⅱ $= B_0$ ………………（5）

$b_0 \cdot$ Ⅱ $= D_1$ ………………（6）

$d_1 \cdot$ Ⅱ $= C_0$ ………………（7）

$c_0 =$ Ⅱ→Ⅲ ……………（8）

Ⅲ $= B_1$ ……………（9）

$b_1 \cdot$ Ⅲ $= A_1$ ……………（10）

$a_1 =$ Ⅲ→Ⅳ ……………（11）

Ⅳ $= B_0$ ……………（12）

$b_0 \cdot$ Ⅳ $= D_0$ ……………（13）

$d_0 =$ Ⅳ→Ⅰ ……………（14）

④ 画出气压传动系统控制回路图　根据图 20-8(b) 及上述 14 个接线式子画出气动控制回路草图，如图 20-11 所示。由于（2）与（9）两式都是控制 B_1，两者是“或”的关系，所以（2）与（9）通过一个逻辑元件或门（梭阀）输出控制 B_1，同样（5）与（12）也是通过一个逻辑元件或门（梭阀）输出控制 B_0。另外本控制回路中分别有两个相同的行程阀，即两个 b_0 和两个 b_1，它们分别安装在相同的位置，顺序动作中两个相同阀的触头同时压下及弹起，所以在这四个相应的地方装 4 个快速排气阀（图 20-11）。

将图 20-11 稍加整理得出正式气动控制回路图，如图 20-12 所示。

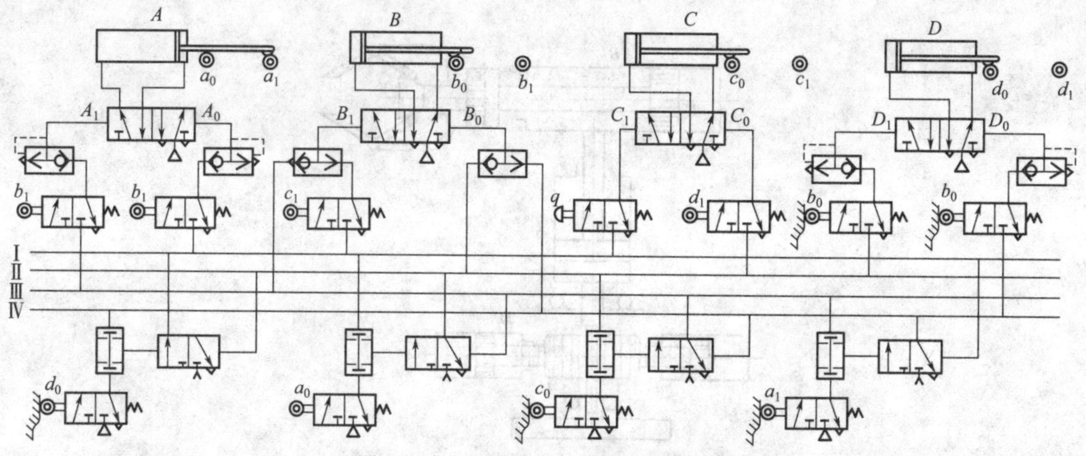

图 20-11 机械手气动控制回路草图

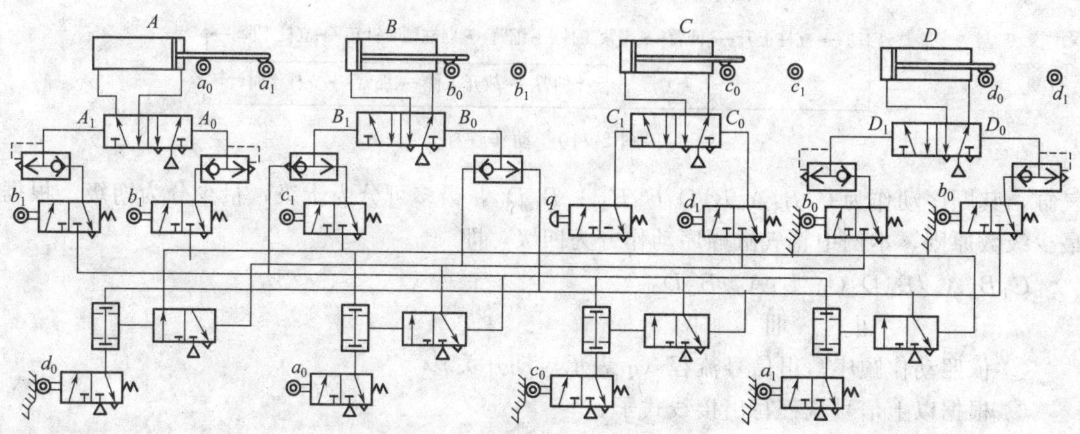

图 20-12 机械手气动控制回路图

20.3 二进制计数回路

20.3.1 二进制计数回路Ⅰ（图 20-13 和表 20-5）

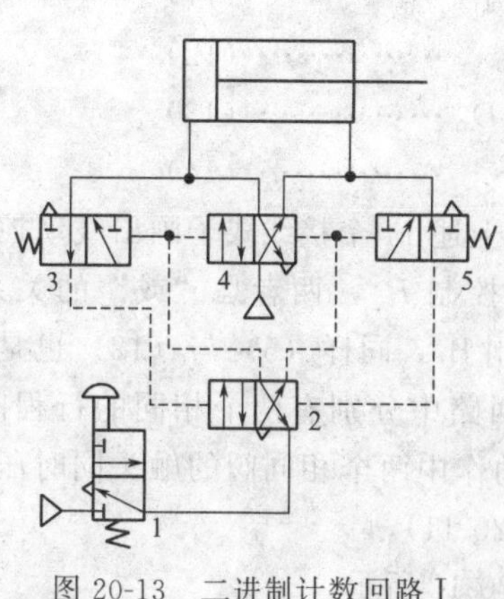

图 20-13 二进制计数回路Ⅰ

表 20-5 二进制计数回路Ⅰ

回路描述	特点及应用
计数原理为：按下手动阀 1，压缩空气经阀 2 使阀 4 换向，气缸活塞缸伸出或退回。阀 4 的位置取决于阀 2 的位置，而阀 2 的换位又取决于阀 3 和阀 5。图 20-4 所示位置，按下阀 1 时，压缩空气经阀 2 使阀 4 切换至左位，同时使阀 3 切断气路，此时气缸向外伸出。阀 1 复位后，原通入阀 4 左控制腔的气压信号经阀 1 排空，阀 3 复位，于是气缸无杆腔的气体经阀 3 至阀 2 左端，使阀 2 换至左位等待阀 1 的下一次信号输入 第二次按下阀 1，压缩空气经阀 2 的左位至阀 4 右控制腔使阀 4 换至右位，气缸退回，同时阀 5 将气路切断。待阀 1 复位后，阀 4 右控制腔信号经阀 2、阀 1 排空，阀 5 复位并将气导致阀 2 左端使其换至右位，又等待阀 1 下一次信号输入。这样，第 1、3、5…次（奇数）按压阀 1，则气缸伸出；第 2、4、6、…次（偶数）按压阀 1，则使气缸退回	计数回路可以组成二进制或十进制计数器，多用于容积计量及成品装箱中

20.3.2　二进制计数回路Ⅱ（图 20-14 和表 20-6）

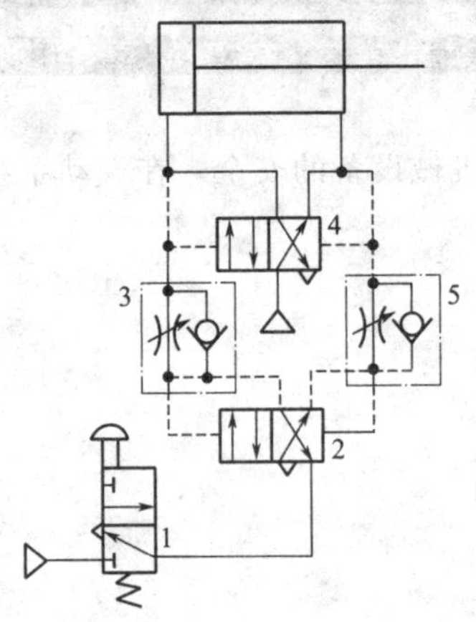

图 20-14　二进制计数回路Ⅱ

表 20-6　二进制计数回路Ⅱ

回路描述	特点及应用
该回路计数原理与计数回路Ⅰ基本相同，不同的是按压手动换向阀 1 的时间不能过长，只要使阀 4 切换后就放开，否则压缩空气将经单向节流阀 5 或阀 3 通至气压换向阀 2 左或右控制腔，使阀 2 换位，气缸反行，从而使气缸来回振荡	计数回路可以组成二进制或十进制计数器，多用于容积计量及成品装箱中

第21章 安全保护回路

安全保护与操作回路的功用是为了保证操作人员和机械设备的安全，在气动系统和气动自动化设备上应用非常广泛。

21.1 双手同时操作回路

21.1.1 双手同时操作回路Ⅰ（图 21-1 和表 21-1）

21.1.2 双手同时操作回路Ⅱ（图 21-2 和表 21-2）

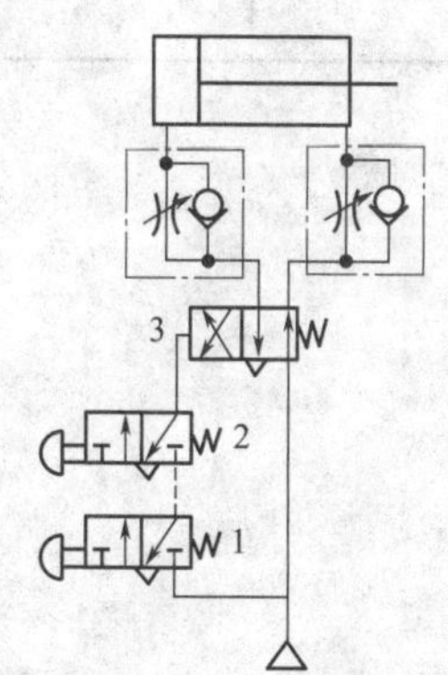

图 21-1 双手同时操作回路Ⅰ

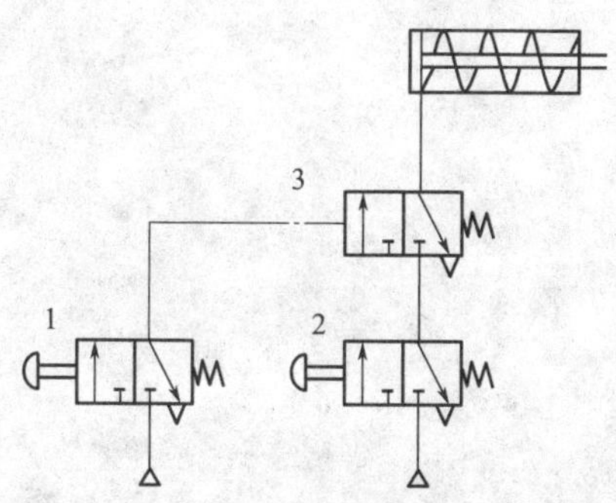

图 21-2 双手同时操作回路Ⅱ

表 21-1 双手同时操作回路Ⅰ

回路描述	特点及应用
为使二位四通阀 3 换向，必须同时按下两个三通手动阀 1 和 2，活塞杆才能动作 在操作时，如任何一只手离开时则控制信号消失，主控阀复位，则活塞杆后退。以避免因误动作伤及操作者。该回路可通过单向节流阀实现双节流调速	注意两个手动阀须安装在单手不能同时操作的距离上

表 21-2 双手同时操作回路Ⅱ

回路描述	特点及应用
为使二位三通阀 3 换向，须同时按下两个三通手动阀 1 和 2，活塞杆才能动作。操作时任何一只手离开时则控制信号消失，主控阀复位，则活塞杆后退。以避免因误动作伤及操作者	回路工作稳定，注意两个手动阀须安装在单手不能同时操作的距离上

21.1.3 利用气容的双手同时操作回路（图 21-3 和表 21-3）

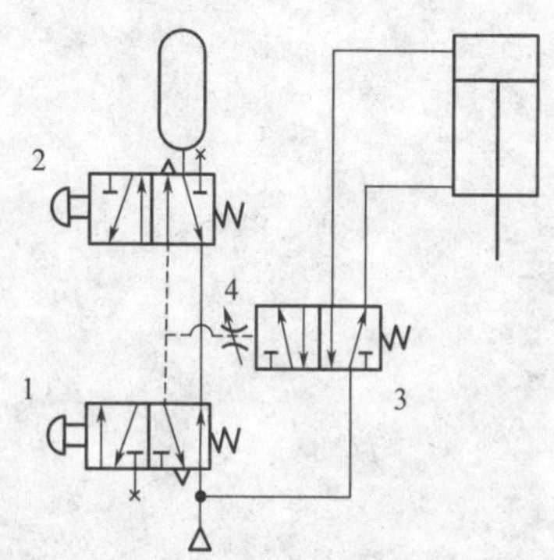

图 21-3 利用气容的双手同时操作回路

表 21-3 利用气容的双手同时操作回路

回路描述	特点及应用
气源通过阀 1 和 2 向气容充气，工作时需要双手同时按下阀 1、2，气容中的压缩空气才能经阀 2 及节流阀 4 使主阀 3 换向，活塞才能下行完成冲压、锻压等工作	使用中若只按下阀 1 或 2 中的一个，气容 4 会经阀 1、2 排气，不能建立起控制气体的压力，阀 3 不能换向，活塞不会下落，可起到安全保护作用

21.1.4　利用三位主控阀的双手同时操作回路（图 21-4 和表 21-4）

21.2　互锁回路（图 21-5 和表 21-5）

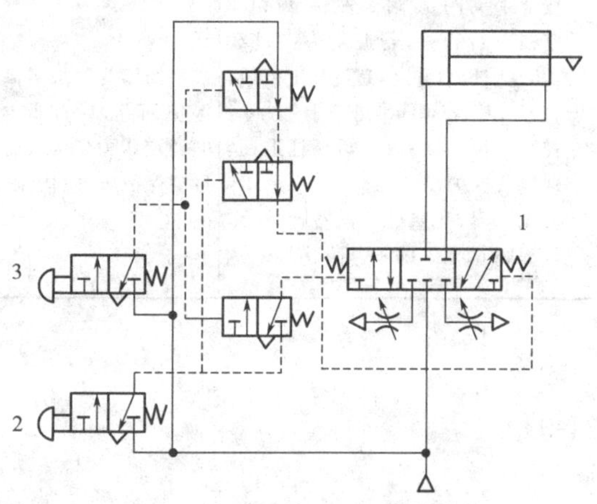

图 21-4　利用三位主控阀的双手同时操作回路

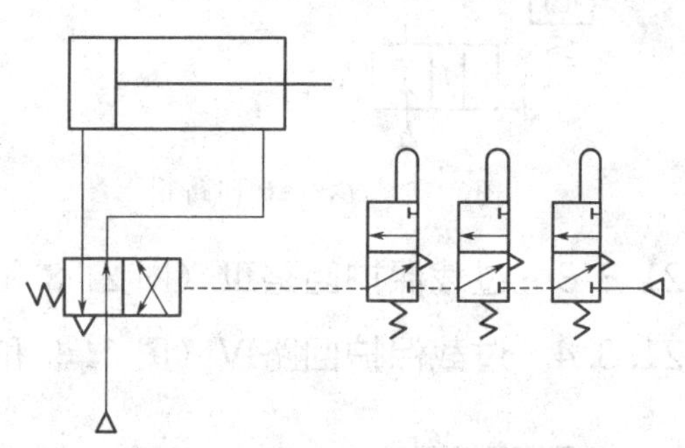

图 21-5　互锁回路

表 21-4　利用三位主控阀的双手同时操作回路

回路描述	特点及应用
手动阀 2 和 3 同时动作时，主控阀 1 才切换至左位，气缸活塞杆前进；手动阀 2 和 3 同时松开时，主控制阀 1 切换至右位，活塞杆返回	若手动阀 2 或 3 只有一个动作，将使主控制阀复至中位，活塞杆处于停止状态，所以可保证操作者安全

表 21-5　互锁回路

回路描述	特点及应用
二位四通阀的换向受三个串联的行程阀控制，只有当三个行程阀都接通后，主控阀才能换向，气缸才能动作	互锁回路可起到安全保护作用

21.3　过载保护回路

21.3.1　过载保护回路Ⅰ（图 21-6 和表 21-6）

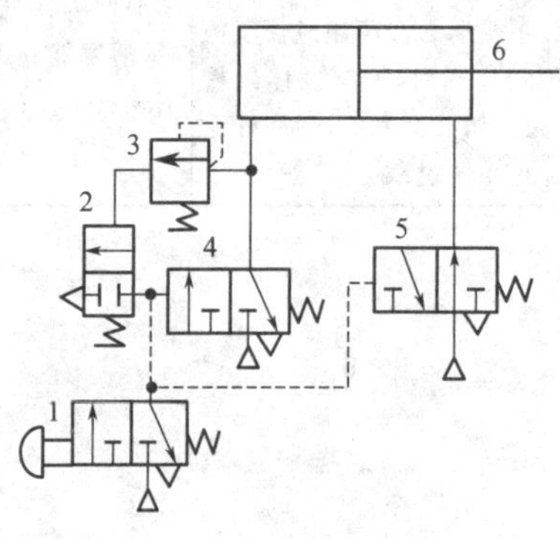

图 21-6　过载保护回路Ⅰ

表 21-6　过载保护回路Ⅰ

回路描述	特点及应用
按下手动换向阀 1 后，压缩空气使气动换向阀 4 和 5 同时切换至左位，气缸 6 活塞杆右移。活塞杆遇到大的负载或者活塞行程到右端点时，气缸左腔压力急速上升。当气压升高至顺序阀 3 的调定值时，顺序阀开启，高压气体推动换向阀 2 切换至上位，使阀 4 和阀 5 控制腔的气体经阀 2 排空，阀 4 和 5 复位，活塞退回，从而保护系统	过载保护回路用于防止系统过载而损坏元件

21.3.2 过载保护回路Ⅱ（图 21-7 和表 21-7）

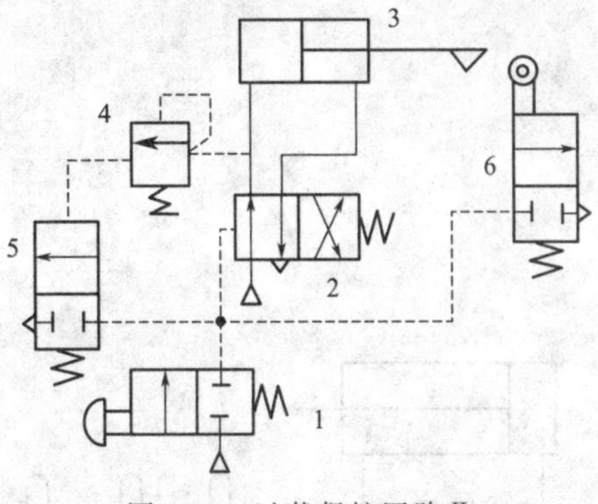

图 21-7 过载保护回路Ⅱ

表 21-7 过载保护回路Ⅱ

回路描述	特点及应用
按下手动阀 1，阀 2 左位，气缸 3 活塞在右行程中，若遇阻力而过载时，其左腔压力升高，超过预定值后，即打开顺序阀 4，阀 5 处于上位，阀 2 左控制腔排气回右位，活塞杆退回，实现过载保护 若无障碍，活塞继续向右运动，压下行程阀 6，活塞即刻返回	该回路为气缸过载保护回路，顺序阀 4 的调定压力值为气缸过载保护压力的上限

21.3.3 过载保护回路Ⅲ（图 21-8 和表 21-8）

21.3.4 过载保护回路Ⅳ（图 21-9 和表 21-9）

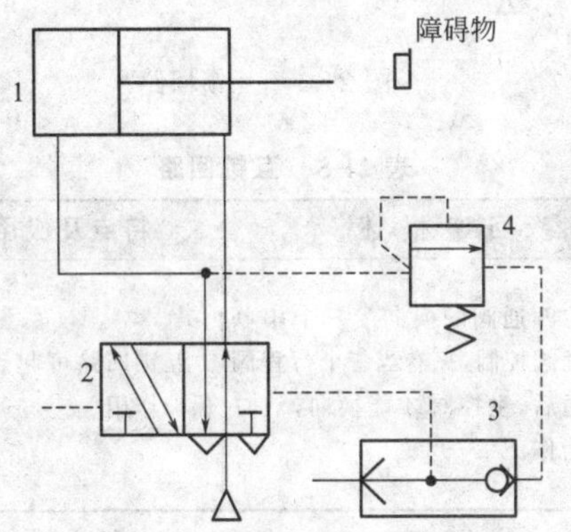

图 21-8 过载保护回路Ⅲ

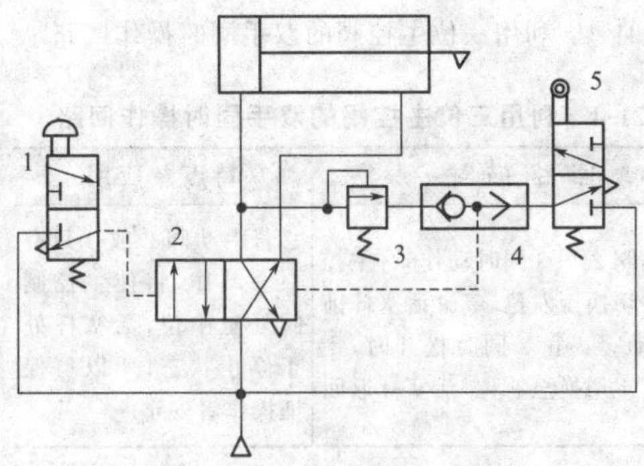

图 21-9 过载保护回路Ⅳ

表 21-8 过载保护回路Ⅲ

回路描述	特点及应用
换向阀 2 左位时，气缸的左腔进气，活塞杆右行。当活塞杆遇到障碍物或行至极限位置时，气缸左腔压力快速增高，当压力达到顺序阀 4 的开启压力时，顺序阀开启，压力气体经顺序阀 4、或门梭阀 3 作用在阀 2 右控制腔使换向阀换位，气缸退回	回路依靠顺序阀 4、或门梭阀 3 的作用，避免了过载现象的产生

表 21-9 过载保护回路Ⅳ

回路描述	特点及应用
正常工作时，按下阀 1，阀 2 换至左位，气缸活塞右行，直到压下行程阀 5 时，阀 2 切换至右位，活塞退回 如果气缸活塞右行途中，偶遇故障，使气缸左腔压力升高超过预定值时，则顺序阀 3 开启，控制气体经梭阀 4 将主阀 2 切换至右位，活塞杆退回，就可防止系统过载	活塞杆在伸出途中，遇到偶然故障或其他原因使气缸过载时，活塞能立即缩回，实现过载保护

21.4 安全保护回路应用实例

21.4.1 石油钻机气压传动系统

气压传动在石油钻机中有着广泛的应用。通过气压系统可控制钻机各部件的开关、变速、制动、限位等。ZJ70D石油钻机是气压传动一个应用实例，该系统主要由2台电动螺杆压缩机、1台冷启动压缩机、冷冻式干燥机、储气罐和柴油机气马达、旋扣器、风动绞车、液气大钳等用气设备组成。系统工作压力为0.7～0.9MPa。具体气压传动流程如图21-10所示。

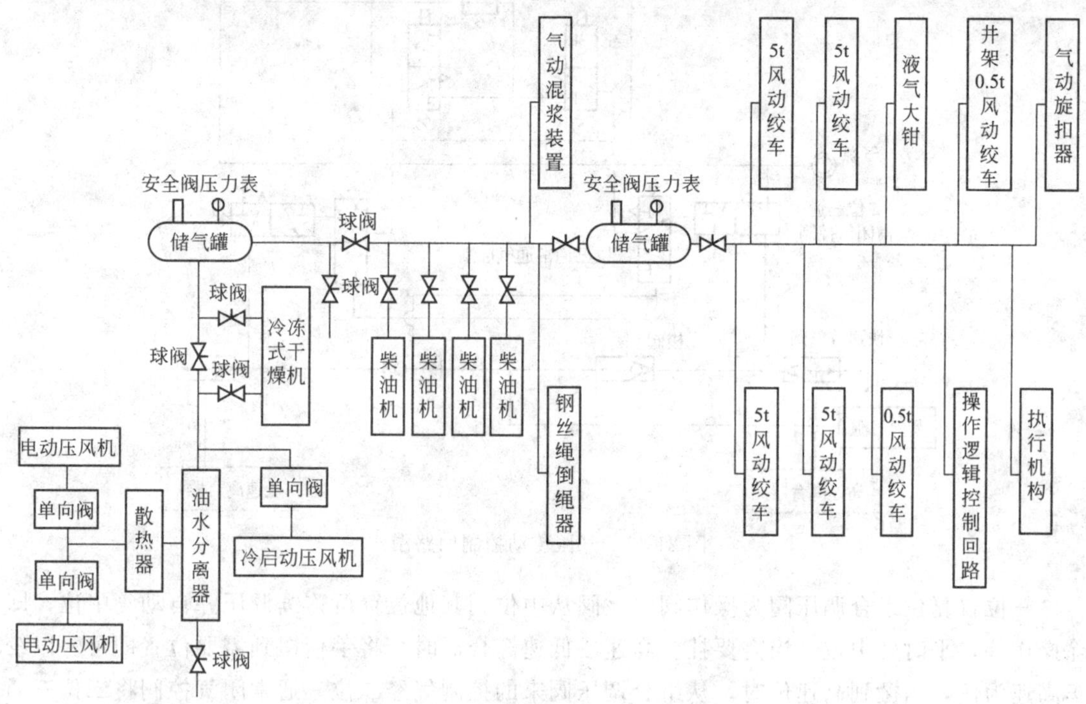

图21-10 气压传动流程图

气压发生装置的2台电动压缩机的排气量为5.6m³/min，排气压力为1MPa，冷却方式为风冷。产生的压缩气体通过单向阀并车，工作时一台运转，一台备用，或两台交替工作，或两台同时工作。输出的压缩空气经散热器散热后再通过油水分离器最后与冷启动压缩机汇合，冷启动压缩机在钻机安装之初无电源时使用，该机组由手启动柴油机带动，额定排气压力为1.2MPa，公称容量为0.8m³/min，风冷。

空气处理装置由1套冷冻式干燥机和1个2.5m³储气罐组成。潮湿且高温的压缩空气首先经过前置空气冷却器中以将空气温度降至常温，再进入空气热交换器中心降低少许温度做预冷工作，除去空气中的部分水滴，然后压缩空气进入冷媒蒸发器中进行冷媒热交换。将空气降低至露点温度2℃的低温，则可将压缩空气中大部分的水分凝结成水滴，经旋风分离器时，会将空气和水滴做自动分离，水滴会经自动排水器排出系统外，最后干燥的空气再经由空气热交换器回升少许温度后至出口。干燥后的压缩空气含水量只有0.59g/m³，出水率可达93%，这种作用可避免空气管道生锈和节约能源。由冷冻式空气干燥机排出的空气进入2.5m³的储气罐。储气罐上输出口通过主气管分送到4台柴油机气马达、气动混浆装置等，启动各装置时打开球阀，即可供气启动。

供给钻台和井架上的用气设备是先经过一个4m³的储气罐，该储气罐上有进气口、加酒精漏斗、安全阀、压力表、排污口和备用供气口。由储气罐的出口经过球阀给钻台和井架上的风动绞车、风动旋扣器、液气大钳、气缸、执行元件等用气设备供气。

空气控制系统主要由盘刹、转盘惯刹、风动旋扣器、输入轴换挡、滚筒离合器、气动卡瓦、猫头等控制。这里以绞车高低速控制为例说明其控制方式，控制回路见图 21-11。

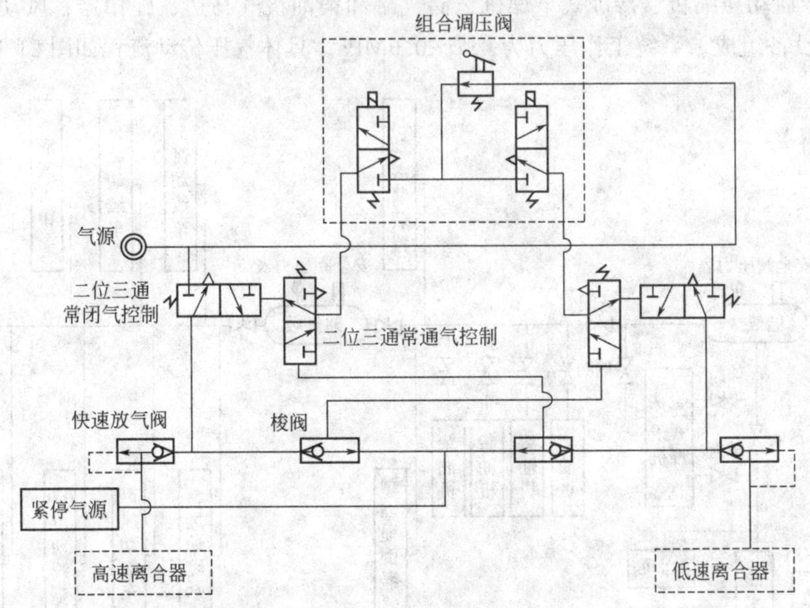

图 21-11 气压传动控制回路图

三位自复位组合调压阀为操作阀，该阀从中位到其他位置可连续调压并自动复中位，即除操作外，平时处中位。当需要挂合高速或低速离合器时，将手柄搬到需要位置即可。以绞车高速为例，当搬到高速位时，从组合调压阀来的控制气经二位三通常闭气控阀将二位三通常开气控阀导通。导通后，常开控制阀通过一个三通接头将压缩气体一路通过快速放气阀给高速离合器供气，使高速离合器动作，另外一路通过梭阀将低速的二位三通常闭气控阀打开使得低速离合器的气源断开；反向操作时，必须等离合器压力降至 0.2MPa 以下，否则就不可能完成操作。反之亦然。

系统设有安全保护措施，当发生紧急事故时，紧停气源接通使高低速控制气源都断开，高低速离合器脱开，保证了气路的安全。

21.4.2 石油钻机气动盘式刹车

作为绞车主刹车投入使用的气动刹车有 2 种方式，一是气动带刹复合结构，这种结构虽然减轻了司钻的劳动强度，但可靠性低、灵敏度差、制动力矩小；另一种是 EATON 公司 WCBS 型气动水冷盘刹结构，这种结构绞车尺寸较小，但需要专门配备较大的冷却系统。国外气动盘式刹车发展相对较早，既有单盘制动结构又有双盘制动结构。一种新型气动盘式刹车，为国内绞车的设计和应用提供了新的制动方式。

(1) 功能及工作原理

气动盘式刹车能实现绞车工作制动、紧急制动以及防碰保护等功能。

① 工作钳工作原理 如图 21-12 所示，当下放钻柱或其他提升物时，操作司钻刹把，下压司钻阀（比例调压阀），主气经过司钻阀进气口进入控制管路，打开 2 个常闭继气阀，主气经这 2 个常闭继气阀分别进入左右刹车气缸，摩擦盘抱死制动盘，实现制动盘制动。当上提钻柱或其他负载时，松开司钻刹把，刹把自动弹回，司钻阀复位后，常闭继气阀的控制气断开，主刹车气进气断开，刹车气缸通过弹簧回位，摩擦盘松开。

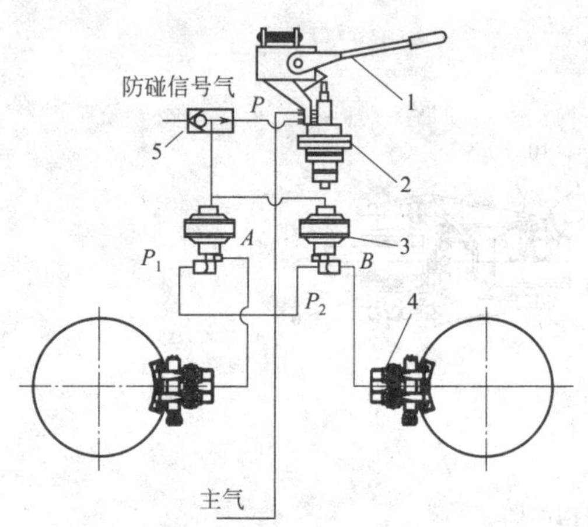

图 21-12　工作钳工作原理图

1—司钻刹把；2—司钻阀；3—常闭继气阀；4—工作钳；5—梭阀

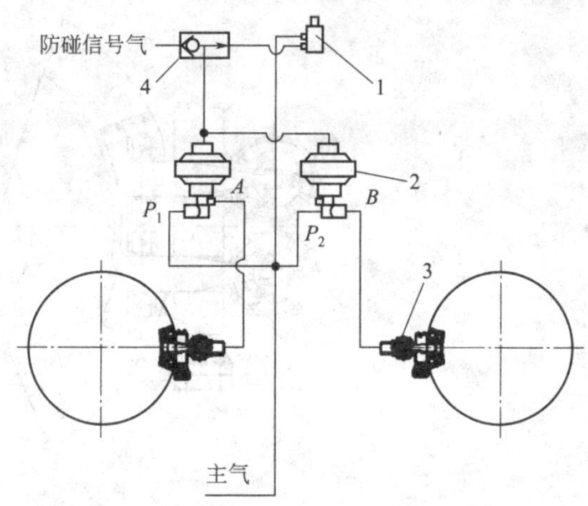

图 21-13　安全钳工作原理图

1—按钮阀；2—常开继气阀；3—安全钳；4—梭阀

② 安全钳工作原理　如图 21-13 所示，当下放钻柱或其他提升物时，安全钳处于松开刹车状态，需使用安全钳时，按下按钮阀，切断进入 2 个常开继气阀的控制气口，2 个常开继气阀主气口被关断，刹车气缸在弹力作用下回位，摩擦盘抱死制动盘，实现制动盘制动，此种制动可用作紧急情况下的快速制动或停机。当上提钻柱或其他负载时，主气经过按钮阀进气口，进入控制管路，控制气打开 2 个常开继气阀，主气通过常开继气阀分别进入左右刹车气缸，弹簧被压缩，摩擦盘松开，即安全钳脱离。

③ 防碰系统工作原理　当绞车上提钻柱或其他负载接近天车顶部设定的安全范围时，防碰系统工作，防碰信号气通过梭阀，打开工作钳的常闭继气阀、关闭安全钳的常开继气阀，工作钳和安全钳同时抱死制动盘，实现刹车制动。

以某 2000m 橇装钻机为例，绞车所需最大制动力矩为 55000N·m，可取工作钳与安全钳各 1 付，常规制动时，仅采用工作钳，当负载接近 90%最大负载或需要采取紧急制动时，同时使用安全钳与工作钳。制动力矩计算如下。

$$M=F\mu R$$

式中　M——制动力矩，N·m；

F——夹紧力，N；

μ——摩擦因数，一般取 0.45（20℃）～0.55（260℃）；

R——制动盘作用直径，mm。

(2) 组成及调整

① 气动盘式刹车的组成　气动盘式刹车由气源系统、控制系统和制动执行机构 3 部分组成。气路系统工作压力与主机气源一致，可采用与主机相同的气源。最大工作气压为 0.85MPa，控制系统的组成见图 21-12 及图 21-13。

下面以工作钳为例来对制动执行机构作简要介绍，如图 21-14 所示。单盘气动盘式刹车整体布置如图 21-15 所示。

② 摩擦盘间距的调整　用户自行配备制动盘时，可通过增减垫片来调整摩擦盘间距。垫片装于制动蹄片与端部轴承座之间，可按实际情况搭配使用。

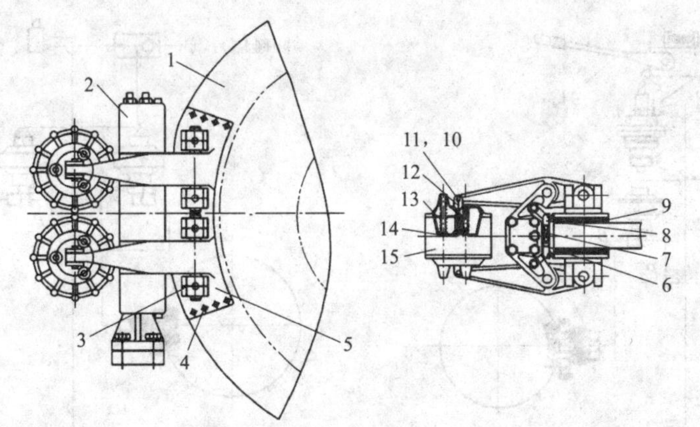

图 21-14 工作钳结构简图

1—制动盘；2—钳架；3—轴承座；4—铆钉；5—制动蹄片；6、8—调平杆；7—内六角螺栓；9—摩擦盘；10—销轴；11—开口销；12—L 形接头；13—释放弹簧；14—橡胶隔膜；15—隔膜固定座

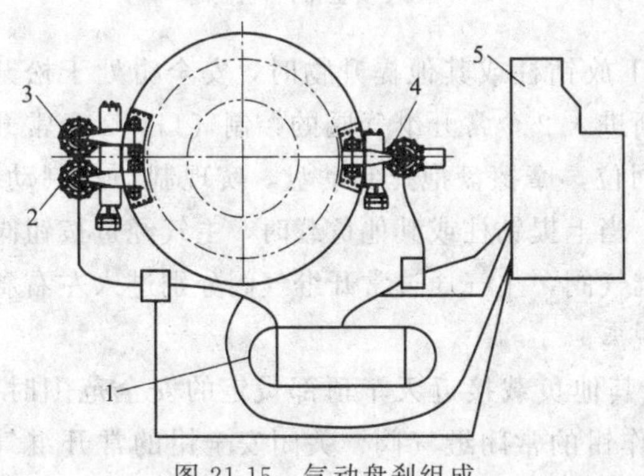

图 21-15 气动盘刹组成

1—气源系统；2—工作钳总成；3—制动执行机构；4—安全钳总成；5—控制系统

③ 摩擦盘间隙的调整 调节传动装置中的U形接头即可调整摩擦盘间隙。取出开口销及销轴，将两侧U形接头同向旋转一定圈数，保证两侧间隙相同。逆时针旋转减小间隙，顺时针旋转增加间隙。

④ 摩擦盘的调平 需松开内六角螺栓，调节调平杆，使两侧摩擦盘平行制动，再拧紧螺钉。

(3) 设计要点

制动盘用于 1500m 以上钻机绞车的制动时，必须设计成带散热翅的结构。制动盘与绞车主滚筒轴采用双台肩配合结构，且间隙合适，满足热膨胀要求。摩擦盘材料及规格应根据制动力矩大小选择。为保证制动灵活平稳，司钻阀应选取比例阀。

为提高响应速度，采取控制气与制动气分离方式，制动气直接来自主气源。为提高国产气动盘刹的可靠性，主要阀器件采用较高质量的引进件。

21.4.3 测试设备气动标杆

某测试设备为了与被测设备进行对接调试，需要利用标杆将其垂直举至 8m 高位置来完成此工作，此设备受外形尺寸限制，依靠单级标杆不能满足要求，为此该设备采用了套筒式多级气缸作为标杆基本解决了此问题。经过长期的实践操作发现，在标杆的升降过程中，由人工操作多级气缸的锁紧手柄不仅容易发生危险，而且需要时间较长。为了加快标杆升降速度，提高工作效率，避免人员在标杆升降操作过程中受伤，对套筒式多级气缸的锁紧装置进行了改造革新，以提高安全性。

(1) 套筒式多级气缸工作过程分析

该多级气缸是某型测试设备的主要执行机构，由 6 个直径不同的缸套和 5 个手动锁紧手柄组成（图 21-16）。最内层气缸是第六级。最外层气缸是第一级。第六级气缸的锁紧手柄安装在第五级气缸上端的套环上。各级缸套之间有橡胶密封圈，并设有毛毡防尘圈。标杆升高时，首先将拖车顶部的空气操纵阀置“升”的标志位，储气罐的高压气体进入气缸，然后通过人工逆时针旋转第五级气缸顶端套环上的锁紧手柄，使第六级气缸在高压气体作用下向上伸出，待第六级气缸完全伸出后再进行人工锁紧此手柄。使用同样的方法按第五、四、三、二级气缸的顺序将各气缸伸出并锁紧（由于第一级气缸固定在拖车顶，不需要伸出和锁紧），最后将空气操纵阀置“断开”位置。当标杆下降时，将空气操纵阀置“降”。松开第一级气缸顶端套环上的锁紧手柄。

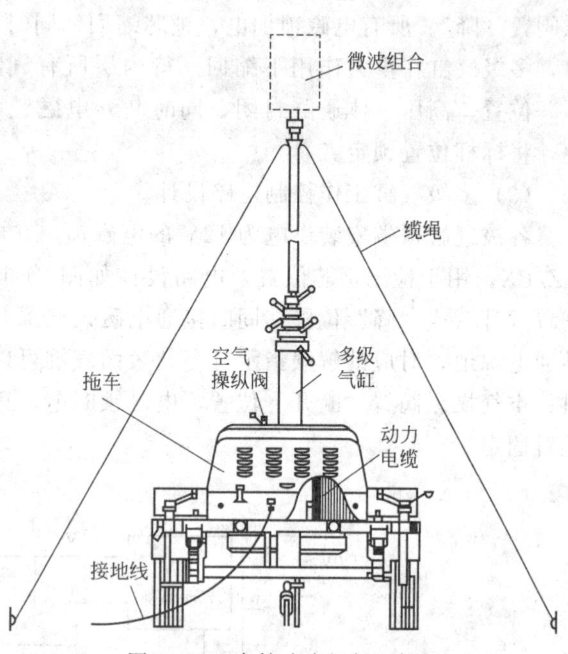

图 21-16　套筒式多级气缸标杆

第二级气缸开始下降，待此气缸完全收回后再进行人工锁紧第一级气缸顶端套环上的锁紧手柄，用同样的方法按第三、四、五、六级气缸的顺序将各气缸依次收回并锁紧。

标杆在升起和降落操作过程中，每级气缸的锁紧和解锁都是通过人工操作，当部分不熟悉设备操作的人员对其进行相关操作时，若发生误操作现象或者操作时机不准确都会直接导致操作人员受伤，甚至损坏某些部件。因此在实际使用和操作该设备时，需要操作人员必须掌握一定的技巧，这就给操作人员增加了难度。此外，这种人工操作标杆升降的方法需要较长的时间，严重影响了测试人员的工作效率。

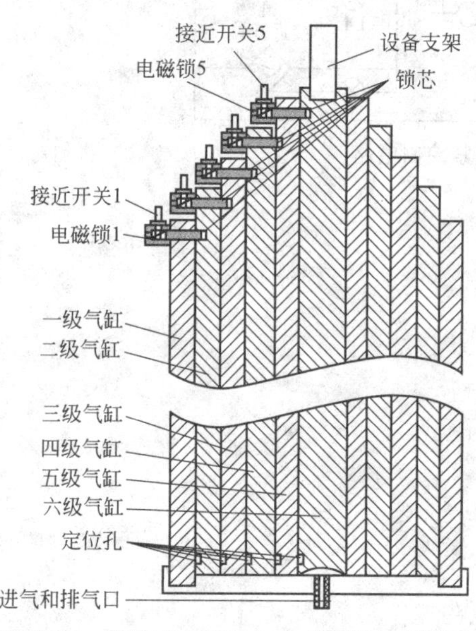

图 21-17　套筒式多级气缸电动锁紧控制结构

（2）多级气缸锁紧控制结构设计

多级气缸电动锁紧控制结构（图 21-17）是将原多级气缸顶端的手动锁紧手柄去掉，更换为电磁锁，利用电磁锁的锁芯和各级气缸上下两端的定位孔来实现气缸的固定性，以防伸出的气缸下滑。此外在电磁锁上加装了接近开关，接近开关连接电磁锁解锁和闭锁指示灯，供标杆操作人员查看电磁锁锁芯解锁状态。

对多级气缸标杆升起操作的步骤是，首先将图 21-16 中所示的空气操纵阀置“升”的标志位，此时所有电磁锁加电，锁芯缩回。同时高压气体从高压储气罐通过进气和排气口进入多级气缸，多级气缸在压力作用下向上伸出。当内层所有气缸全部伸出后，将空气操纵阀置“断开”位置，高压气体通路封闭，同时断开电磁锁电源，锁芯伸出置气缸底部的定位孔中，将标杆位置锁定。当标杆下降时，将空气操纵阀置“降”。所有电磁锁加电，锁芯缩回，同时高压气体通过进气和排气口从多级气缸排出，多级气缸在重力作用下缩回。待内层所有气缸全部降落到位后，将空气操纵阀置“断开”位置，高压气体通路封闭，同时断开电磁锁电源，锁芯伸出置内层气缸顶部的定位孔中，将标杆位置锁定。

(3) 多级气缸工作控制电路设计

各级气缸顶端安装供电为12V的电磁锁，在电磁锁的末端安装电感式接近开关LJ5A3-1-Z/BX，用于检测锁芯位置，电路设计如图21-18所示。在标杆升起或下降时，空气操纵阀置“升”或“降”位置，同时接通电磁锁电源开关K，电磁锁锁芯缩回，接近开关的黑线导通电源地，对应的解锁指示灯亮，表面气缸可以升起或下降，在多级气缸全部伸出或收回时，空气操纵阀置“断开”位置，电磁锁断电，锁芯进入各气缸的定位孔，使内层各级气缸位置固定。

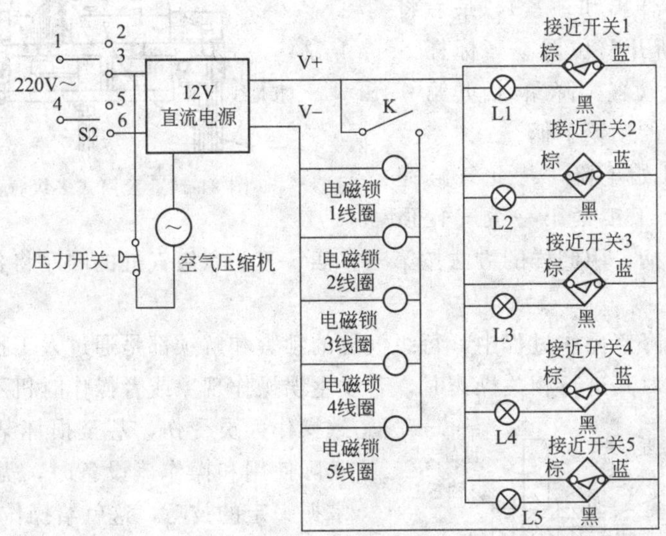

图 21-18 多级气缸锁紧控制电路

第22章　气液联动回路

气液联动是以气压为动力，利用气液转换器把气压传动变为液压传动，或采用气液阻尼缸来获得更为平稳的和更为有效的控制运动速度的气压传动，或使用气液增压器来使传动力增大等。

由于空气有可压缩性，气缸的运动速度很难平稳，尤其在负载变化时，其速度波动更大。在有些场合，例如机械切削加工中的进给气缸要求速度平稳，以保证加工精度，普通气缸很难满足此要求。为此，可通过气液联合控制，调节油路中的节流阀来控制气液缸的运动速度，实现平稳的进给运动。

22.1　气液缸的速度控制回路（图 22-1 和表 22-1）

22.2　气液转换的液压缸无级调速回路（图 22-2 和表 22-2）

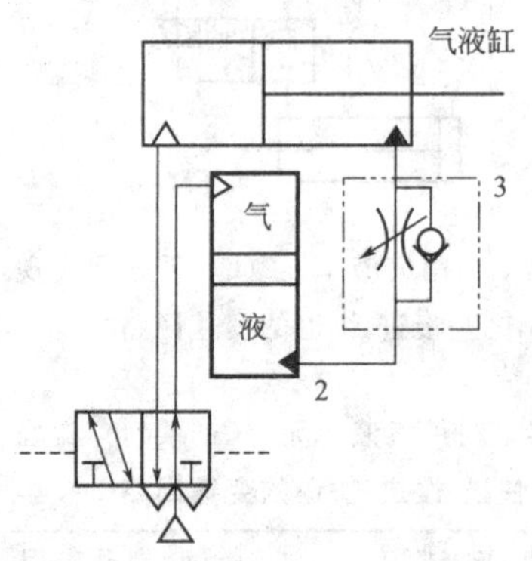

图 22-1　气液缸的速度控制回路

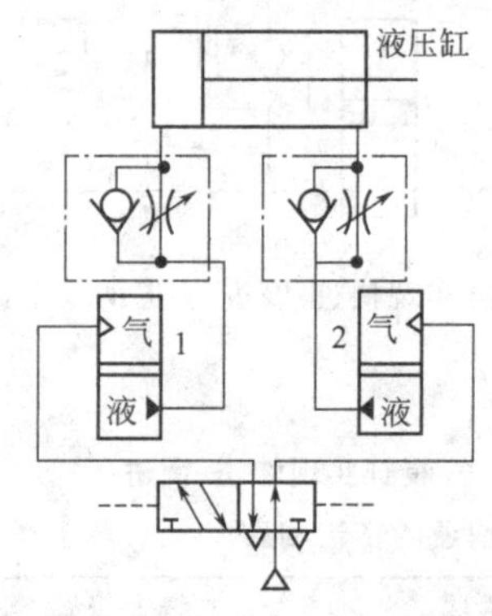

图 22-2　气液转换的液压缸无级调速回路

表 22-1　气液缸的速度控制回路

回 路 描 述	特点及应用
换向阀 1 左位时，气液缸左腔进气，右腔液体经单向节流阀 3 排入气液转换器 2 的下腔，缸的活塞杆向右伸出，其运动速度由节流阀调节 当阀 1 工作在右位时，气液转换器上腔进气，下腔液体经单向阀进入气液缸右腔，而气液缸左腔排气使活塞快速退回	回路速度控制是通过控制气液缸的回油流量实现的。采用气液转换器要注意其容积应满足气液缸的要求。同时，气液转换器应该是气腔在上立置状态。必要时，也应设置补油回路以补偿油液泄漏

表 22-2　气液转换的液压缸无级调速回路

回 路 描 述	特点及应用
利用气液转换器 1、2 将气体压力转变为液体压力，利用液压油驱动液压缸，调节节流阀的开度，可以实现活塞在两个运动方向的无级调速	这种回路运动平稳，充分发挥了气动供气方便和液压速度易控制的特点，但气、液之间要求密封性好，以防止空气混入液压油中。另外，气压转换器的储油量大于液压缸的容积，并有一定的余量

22.3 气液缸实现快进-慢进-快退的变速回路（图 22-3 和表 22-3）

22.4 利用气液单元（CC 系列）实现快进-慢进-快退的变速回路（图 22-4 和表 22-4）

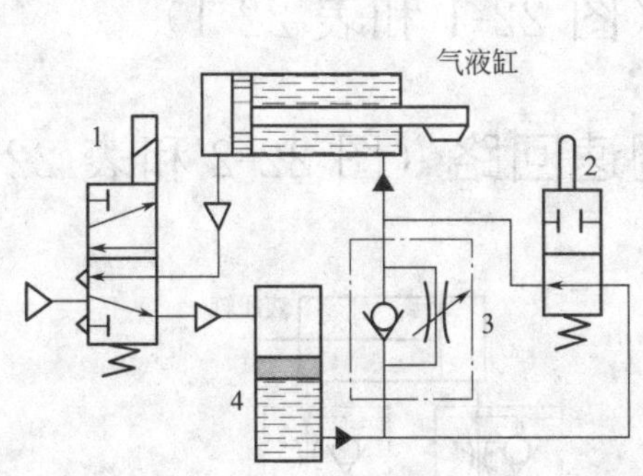

图 22-3 气液缸实现快进-慢进-快退的变速回路

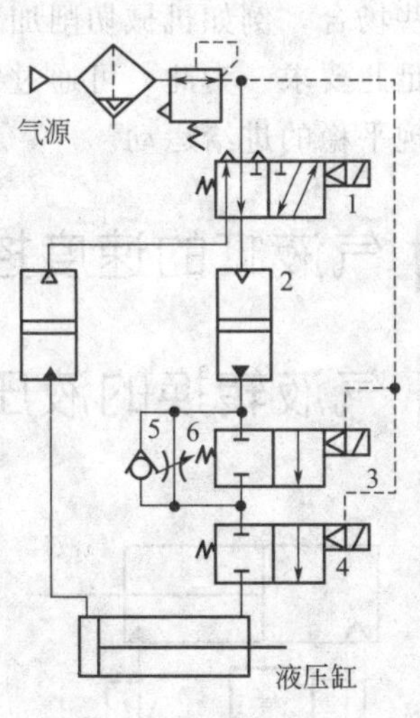

图 22-4 利用气液单元（CC 系列）实现快进-慢进-快退的变速回路

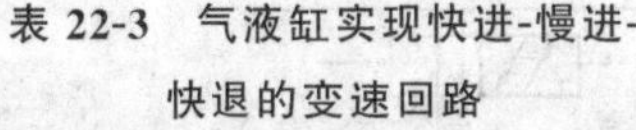

表 22-3 气液缸实现快进-慢进-快退的变速回路

回路描述	特点及应用
电磁阀 1 通电时，气液缸无杆腔进气，而有杆腔的油经行程阀 2 回至气液转换器 4，活塞杆快速前进。当活塞杆滑块压下行程阀 2 后，切断油路，有杆腔的油只能经节流阀 3 回油至气液转换器 4，实现慢进。调节节流阀可改变进给速度。当电磁阀 1 断电时，油液通过气液转换器经阀 3 的单向阀进入气液缸的有杆腔，推动活塞杆迅速返回	本变速回路常用于金属切削机床上推动刀具进给和退回，行程阀 2 的位置可根据加工工件的长度进行调整

表 22-4 利用气液单元（CC 系列）实现快进-慢进-快退的变速回路

回路描述	特点及应用
中停阀 4 和变速阀 3 使用外部先导式，当中停阀 4、变速阀 3、换向阀 1 都通电时，则液压缸快进；此时阀 3 断电，则液压缸慢进，慢进速度取决于节流阀 6 的开度。如气动换向阀 1 断电，液压缸快退 不论液压缸运行状态如何，如果中停阀 4 断电，则液压缸实现中停	以钻孔为例，说明本回路的应用。液压缸快进，表示钻头快速接近工件。液压缸慢进进行钻孔。钻孔完毕，液压缸快速退回。遇到异常，让中停阀断电，实现中停。当钻孔贯通瞬时，由于负载突然变小，为防止钻头飞速伸出，可将单向节流阀改为带压力补偿的单向调速阀

22.5 利用气液阻尼缸的速度控制回路

22.5.1 利用气液阻尼缸的调速回路（图 22-5 和表 22-5）

22.5.2 利用气液阻尼缸的快进-慢进-快退变速回路（图 22-6 和表 22-6）

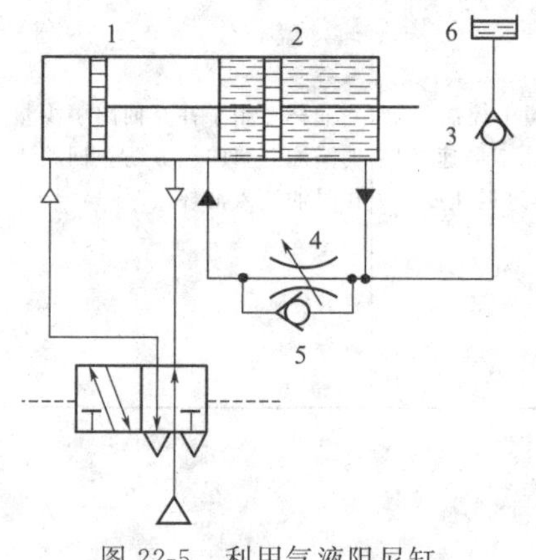

图 22-5 利用气液阻尼缸的调速回路

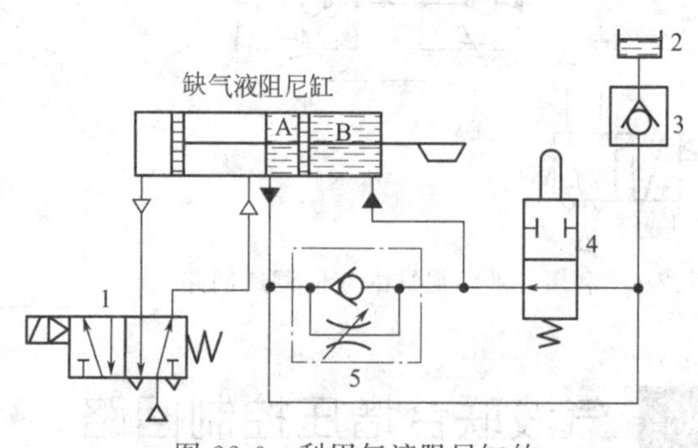

图 22-6 利用气液阻尼缸的快进-慢进-快退变速回路

表 22-5 利用气液阻尼缸的调速回路

回路描述	特点及应用
气液阻尼缸调速回路中气缸 1 为工作缸，液压缸 2 为阻尼缸 换向阀左位时，气缸左腔进气右腔排气，活塞杆向右伸出。液压缸右腔容积减小，排出的液体经节流阀 4 返回左腔，因而调节节流阀即可调节气液阻尼缸活塞的运动速度。换向阀右位时，气缸右腔进气左腔排气，活塞退回。液压缸左腔排出液体经单向阀 5 返回右腔，此时液阻极小，活塞退回较快 回路中油杯 6 位置高于气液阻尼缸，可通过单向阀 3 补偿阻尼缸的泄漏	为了改善气缸运动的平稳性，工程上有时采用气缸传递动力，液压缸起阻尼和稳速作用，并由调速机构进行调速，以实现高精度调速、运动速度平稳的目的。气液阻尼缸的速度控制回路在金属切削机床中使用广泛

表 22-6 利用气液阻尼缸的快进-慢进-快退变速回路

回路描述	特点及应用
换向阀 1 通电，气液阻尼缸快进。当活塞杆前进到一定位置，其撞块压住行程阀 4，油液由阀 5 节流，气液阻尼缸 1 慢进。当阀 6 断电，则气液阻尼缸 1 快退	若取消阀 5 中的单向阀，则回路能实现快进→慢进→慢退→快退的动作

22.5.3 利用气液阻尼缸的快进-工进-快退变速回路（图 22-7 和表 22-7）

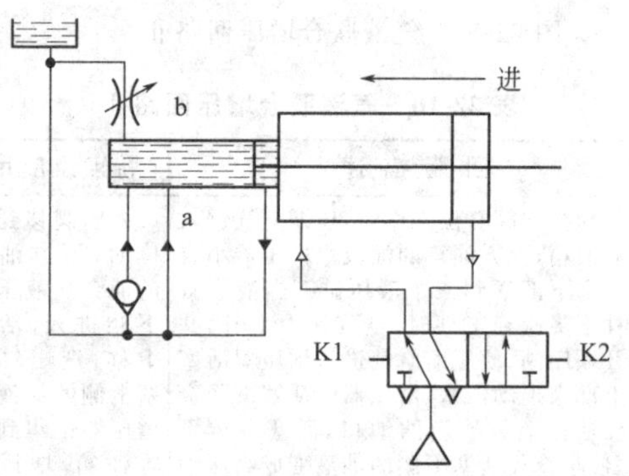

图 22-7 利用气液阻尼缸的快进-工进-快退变速回路

表 22-7 利用气液阻尼缸的快进-工进-快退变速回路

回路描述	特点及应用
K2 有信号时，五通阀换向，活塞向左运动，液压缸无杆腔中的油液通过 a 口进入有杆腔，气缸快速向左前进 当活塞将 a 口关闭时，液压缸无杆腔中油液被迫从 b 口经节流阀进入有杆腔，活塞工作进给；当 K2 消失，K1 输入信号时，五通阀换向，活塞向右快速返回	能实现常用的“快进→工进→快退”的动作

22.5.4 利用气液阻尼缸的双向调速回路（图 22-8 和表 22-8）

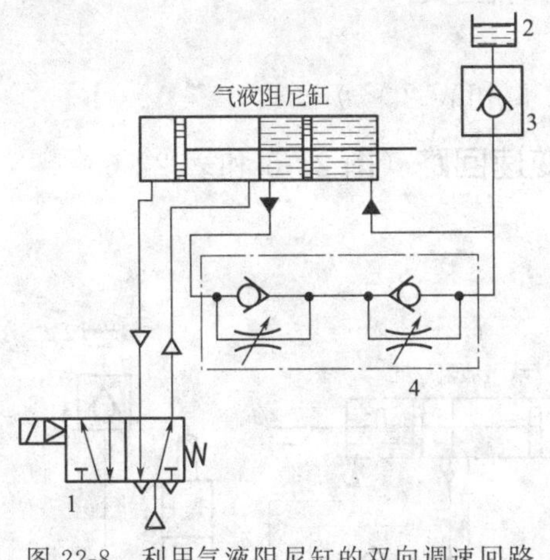

图 22-8 利用气液阻尼缸的双向调速回路

表 22-8 利用气液阻尼缸的双向调速回路

回 路 描 述	特点及应用
气动换向阀 1 控制气液阻尼缸进退，由双向速度控制阀 4 控制其进退速度	油杯 2 用于补充回路中少量的漏油。单向阀 3 防止回路工作时油流入油杯

22.6 气液联合增压控制回路

22.6.1 气液联合增压回路Ⅰ（图 22-9 和表 22-9）

22.6.2 气液联合增压回路Ⅱ（图 22-10 和表 22-10）

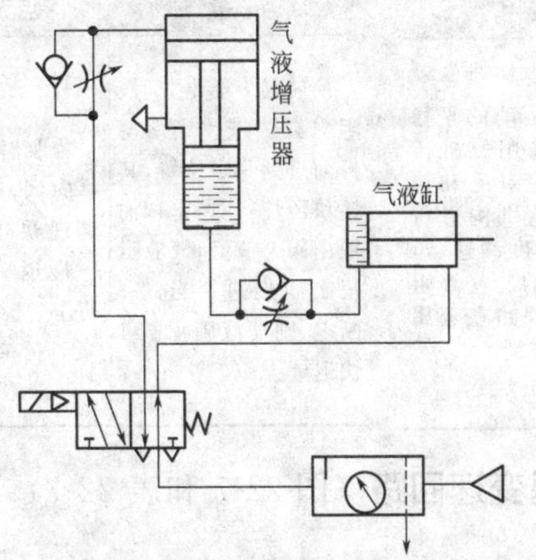

图 22-9 气液联合增压回路Ⅰ

气源
气压
液压
上方油箱
增压器
气压
液压
下方油箱

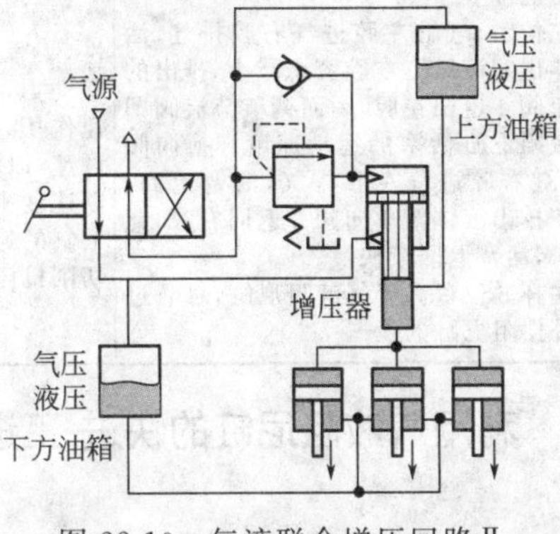

图 22-10 气液联合增压回路Ⅱ

表 22-9 气液联合增压回路Ⅰ

回 路 描 述	特点及应用
气动电磁换向阀处在图 22-9 所示状态时，气压推动气液缸及气液增压器回程。当换向阀通电被切换，则气压力进入增压器上腔，推动活塞组件下移。由于增压器内的活塞组件的低压侧活塞面积比高压侧活塞面积大几倍，则气液缸可获得大几倍的输出力。调节气动减压阀的设定压力便可改变气液缸的输出力	必须注意油中不得混入空气，且气液缸及油管中的容积必须小于增压器内液压侧存有的油容积的 1.5 倍 设计时，还应考虑万一油中混入空气时，能将油中的空气从高处向外泄去

表 22-10 气液联合增压回路Ⅱ

回 路 描 述	特点及应用
手动换向阀右位工作时，压缩空气进入上方油箱，上方油箱的油液经增压器小直径活塞下部送到三个液压缸。当液压缸冲柱下降碰到工件时，空气压力上升，并打开顺序阀，使压缩空气进入增压器活塞的上部来推动活塞，增压器的活塞下降会堵住通往上方油箱的油口，活塞继续下移，使小直径活塞下侧的油液变成高压油液，并注入三个液压缸	换向阀移到左位时，下方油箱的油会从液压缸下侧进入，活塞上移，液压缸活塞上侧的油液经增压器汇集到上方油箱，增压器回到原来的位置

22.6.3　气液联合增压回路Ⅲ（图 22-11 和表 22-11）

22.6.4　气液转换器和增压器组成的增压回路（图 22-12 和表 22-12）

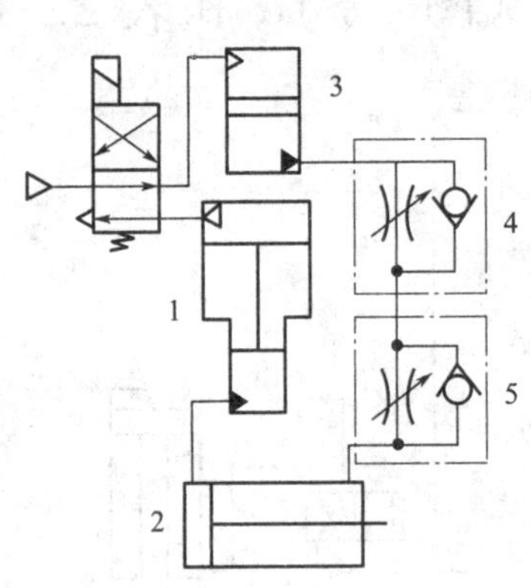

图 22-11　气液联合增压回路Ⅲ

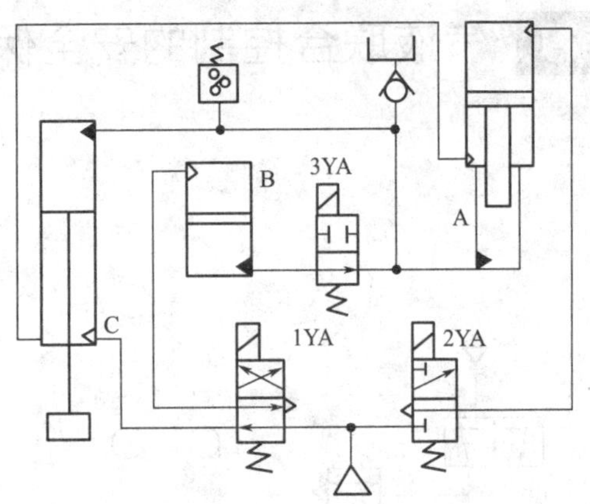

图 22-12　气液转换器和增压器组成的增压回路

表 22-11　气液联合增压回路Ⅲ

回路描述	特点及应用
利用气液增压器 1 增压后的液体驱动负载液压缸 2 前进。返回时由气液转换器 3 输出的液体驱动	单向节流阀 5 和 4 分别用于缸 2 的正反向回油节流调速

表 22-12　气液转换器和增压器组成的增压回路

回路描述	特点及应用
电磁铁 1YA 通电时，压缩空气进入气液转换器 B 并输出低压油，低压油进入工作缸 C 上腔，使活塞杆快速运动。当冲头接触负载后，C 缸上腔压力增加，压力继电器动作发出信号，使电磁铁 2YA、3YA 通电，增压器 A 输出高压油进入 C 缸上腔使其完成工进动作 当 1YA、2YA、3YA 都断电，则压缩空气进入 C 缸下腔使活塞杆快速返回	C 为带有冲头的工作缸，它的工作循环是：快进-工进-快退，工作时需要克服大的负载 二位二通电磁阀的作用是防止高压油进入气液转换器

22.7　气压控制的液压缸连续往复运动回路（图 22-13 和表 22-13）

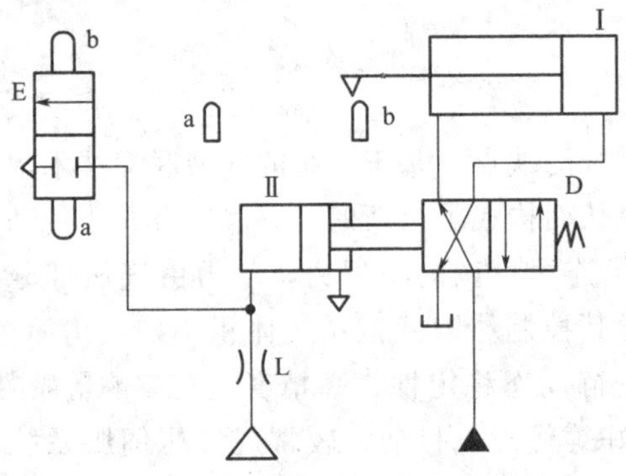

图 22-13　气压控制的液压缸连续往复运动回路

表 22-13　气压控制的液压缸连续往复运动回路

回路描述	特点及应用
图 22-13 所示位置时，活塞右移。当撞块碰到阀 E 的触头 b 后，阀 E 切换至上位，气缸Ⅱ卸压，由于小孔 L 的作用使气源不卸压，弹簧使阀 D 复位，活塞向左移动	换向阀 D 的切换由单作用气缸Ⅱ控制，适用于换向精度和平稳性要求不高的场合

22.8 气液联合控制的平衡回路（图 22-14 和表 22-14）

22.9 气液联合控制的安全保护回路（图 22-15 和表 22-15）

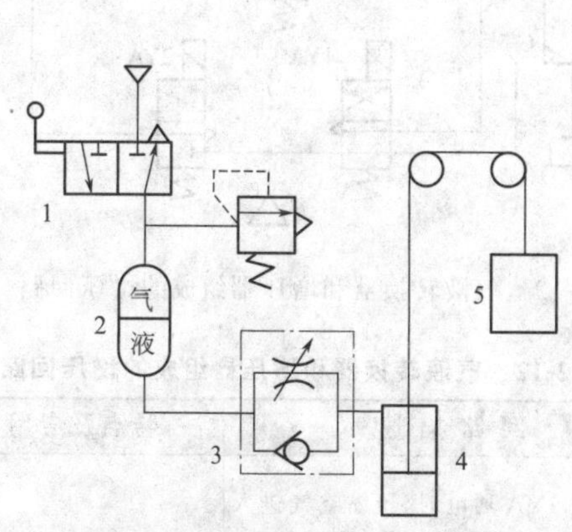

图 22-14 气液联合控制的平衡回路

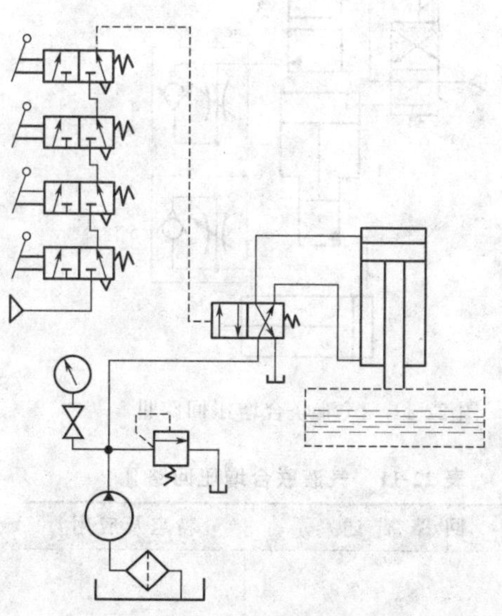

图 22-15 气液联合控制的安全保护回路

表 22-14 气液联合控制的平衡回路

回路描述	特点及应用
当二位三通气动换向阀 1 处于左位时，压缩空气经阀 1 进入气液转换器 2 并使其中的压力油经阀 3 的单向阀进入液压缸 4 的有杆腔，活塞杆下移驱动负载 5 上升；当阀 1 处于右位时，气源关闭，负载靠自重下降，活塞杆上移，有杆腔油液经节流阀 3 返回转换器 2，从而使负载缓慢下降	调节节流阀开度，便可调节负载下降速度

表 22-15 气液联合控制的安全保护回路

回路描述	特点及应用
四个先导阀的手柄必须全部压下才能使气动换向阀切换至左位，使液压缸活塞下移，若有一个手柄放松，活塞即向上退回	在两人操作的大型液压机上，因为一个人不能看见另一个人，或由于噪声，在开动压机前彼此无法联系，采用四手控制安全回路以保护两人的双手。适用于大型液压机液压系统

22.10 气液联动回路应用实例

22.10.1 气液联动伺服纠偏系统

（1）气液联动系统及应用

气液联动伺服技术是一种针对常规气压伺服系统的缺点，基于传统的气液联动技术，将液体介质引入到气压伺服系统中并进行闭环控制，从而构成了全新的气、液复合介质传动系统。在该系统中，液压部分不需要液压源，仅提供连续可调的阻尼力，动力由气压部分提供，并采用高速开关阀，用 PWM（脉冲调制）对其控制。因此该系统体积小，结构简单，液体介质的引用，使其不仅具有液压系统的良好的静动态稳定性、高精度、高频响等特性，而且还具备气压系统环保、安全、经济和快速性好等优点。目前，较常规气压伺服系统而言，气液联动伺服系统综合了气压与液压伺服系统的优点，实现了输出无超调、精确快速的点位控制、连续轨迹控制、定位锁死、精确的速度和力伺服控制等功能。

在软包装（如造纸、分切机、涂布机、塑料印刷、印染、胶卷等）生产线上，卷筒材料在行进过程中，由于前道工序收卷不整齐或本机组中的机械误差、导辊偏差、振动以及带材张力的波动等原因形成带材跑偏现象。因此，为保证生产的正常运行，需要设计跑偏检测与控制装置，对生产线实施有效的纠偏控制。生产流水线作业的高速度，使传统的手动控制存在调节不及时、控制精度差等问题，所以需要使用自动跑偏检测与控制装置来解决该类问题。本气液联动伺服纠偏系统就能够实现快速检测与精确调节。

（2）气液联动伺服纠偏系统组成及工作原理

气液联动伺服纠偏系统主要由带材偏差信号检测器、气液转换器、液压缸以及相关控制元件组成。

如图 22-16 所示，光电传感器 6 监视运动中的带材 5 的边缘。当带材边缘不发生偏移时，光电传感器输出信号为零，即伺服阀无输出，液压缸 4 无输出，带材边缘不被移动。当带材边缘向右偏移时，光电传感器输出偏移信号，然后经过采样放大输入到控制器中。控制器通过对偏差信号的计算处理输出对气压高速开关阀的控制信号控制其关闭，当右边高速开关阀打开时，气源经过阀门进入气液转换器 1，将气压信号转换成液压信号，液压缸 4 的右腔压力升高，使得导向机构推动带材向左移动，直到带材边缘向右偏移量为零为止。反之亦然。由此达到带材边缘自动对齐的目的。根据系统的工作原理，可以画出其方框图，如图 22-17 所示。

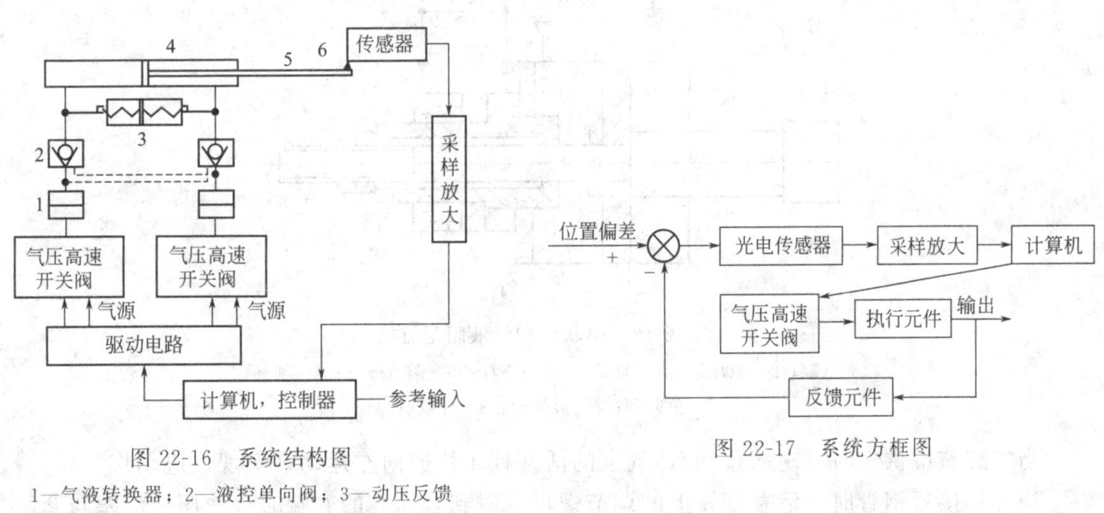

图 22-16 系统结构图

1—气液转换器；2—液控单向阀；3—动压反馈装置；4—液压缸；5—带材；6—光电传感器

图 22-17 系统方框图

（3）系统主要元件的选用

针对图 22-16 所示的结构，为了进一步提高系统纠偏的平稳性、快速性和精确性。在本伺服系统中，采用气压高速开关阀 VQI10U-5G-M5，该种阀是采用 PWM 的方法进行控制的。当系统进行纠偏时，实时计算出系统的输出，把活塞位移与理想输出进行比较后得出误差值，经控制器计算出控制量，再通过软件方式生成 PWM 信号，来控制气压高速开关阀的占空比，进而控制液压缸两腔的液压量，使得系统向着减小偏差的方向运动；在系统中选用 GX-A 型直线光栅位移传感器，细分后的分辨率达到 0.01mm；QY 型气液转换器是一种将气压转换成同等液压的元件，能获得良好的稳定性和低速性能，可使液压缸平稳匀速调节。QY 型气液转换器消除了气压传动中低速爬行现象，实现平稳传动。为改善系统响应特性，采用由阻尼器和活塞式蓄能器组成的动压反馈装置，并联在液压缸进回油路之间。这样，即在不破坏系统的稳定性的情况下，又可以提高系统的快速响应特性。

(4) 小结

这是一个综合利用气控（简单）与液控（平稳）的优点，实现整个系统优化的实例。

气液联动伺服纠偏系统针对带材纠偏装置工作精度不高、响应速度慢及平稳性差等缺点，进行了很大的改善。气液联动伺服纠偏系统能够满足实际应用高精度、高速度、高抗性和输出速度及力均匀、可调、平稳的要求，而且采用气液联控的纠偏器还具有成本低、无污染等优点。

22.10.2 钢管平头机

钢管平头机是用于加工钢管端面及倒角的设备，用来提高钢管质量，是钢管生产线上的重要设备之一。在过去的产品中有的采用液压，有的采用机械等进给方式，实际使用中效果都不太理想。通过分析比较后采用了气-液阻尼结构，用户使用效果好。

图 22-18 所示的是一种阻尼行程可调的气液阻尼缸结构，特点是液压阻尼缸行程很短，且可以调节，用以实现快速接近钢管（快进）、工进（切削）及快速离开钢管（快退）等工作循环。

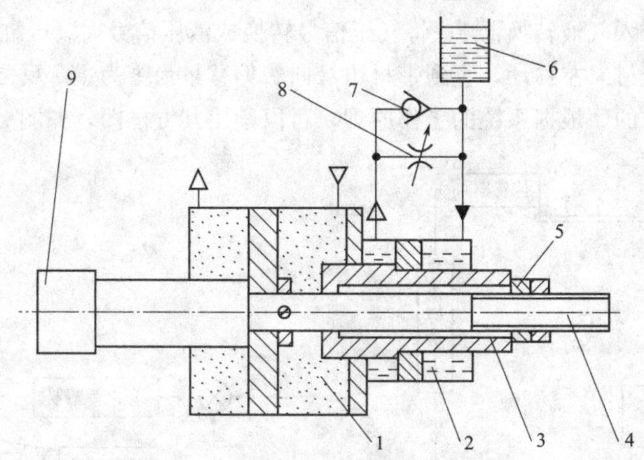

图 22-18 串联结构气液阻尼缸

1—气缸；2—液压缸；3—套筒；4—活塞杆；5—调节螺母；6—油杯；
7—单向阀；8—节流阀；9—外载荷

当气缸右端供气时（左端排气），气缸的活塞杆 4 快速向左运动，实现快进动作。

当刀具接近钢管时，活塞杆 4 上的调节螺母 5 碰到套筒 3 的右端时（液压缸活塞与套筒固定在一起），此时气缸带动液压缸活塞一同向左慢速运动，实现工进动作。这个过程中液压缸左端排油。此时单向阀 7 是关闭的，液压油只能通过节流阀 8 流入液压缸右端。工进速度是通过调节节流阀的节流口的大小来实现的。

当加工完成时，气缸动作换向，实现快退动作。

22.10.3 PWM 控制的气液联控伺服系统

(1) 气液联控系统的特点

由于气体的低黏性，常规气压伺服系统的快速性较好。但由于气体介质的可压缩性，使得系统的固有频率和阻尼比都较低，系统的定位精度、频响及稳定性都低于液压伺服系统。根据气体和液体的流体特性，在常规气压伺服系统中引入液体介质，并进行控制，以改善系统的性能。在该系统中，气体仍可发挥其快速性好、清洁、易获得、易储存等一系列优点，仍可采用气压伺服系统中常用的控制方法，实现流量、压力调节，进而控制位置、速度、加速度和力。根据控制的需要，液压控制部分可产生连续可调的阻尼力，以获得合适的阻尼比。因此系统综合了气压与液压伺服系统的优点，能够实现输出无超调、精确快速的点位控制、连续轨迹控制、定位锁死等功能。当气压部分闭环控制，液压部分只提供适当的固定阻尼时，称此类系统为固定节流式气液联控伺服系统。当气压和液压两部分都进行闭环控制，称为气液联控并联伺服系统。气液联控伺服系统可实现常规气压伺服系统难以达到的高刚度、高精度和高频响，对气压技术应用领域的拓宽具有重要的意义。

(2) PWM 控制的气液联控位置伺服系统的构成

气液联控伺服系统主要由气液动力机构、采样系统和控制系统 3 部分组成，其结构如图 22-19 所示。

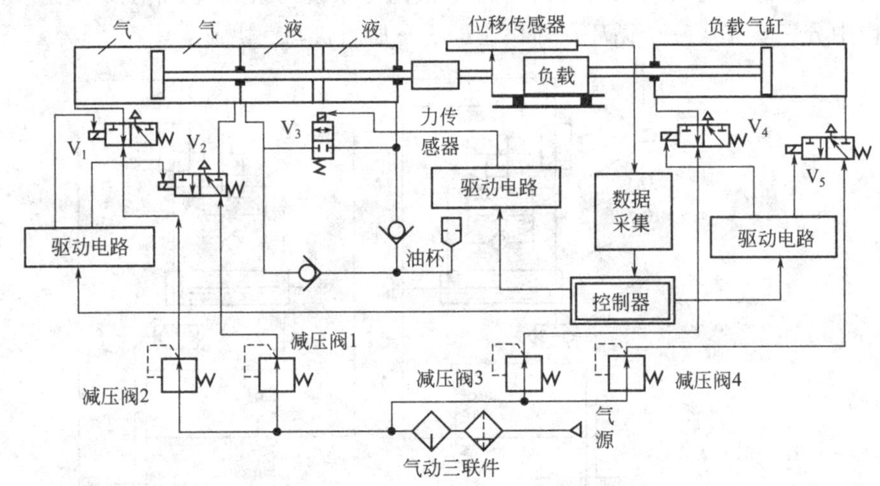

图 22-19　气液联控系统结构示意图

气液动力机构由气液缸、气液控制阀和负载构成。

气液缸可以采用两种结构形式，即串联和并联。考虑到受力状况和两缸活塞同步运动精度，采用串联缸的形式。为防止由于泄漏而产生气液互串，在气液缸公共端盖上，开有泄漏气、液的排出孔。为了防止油液泄漏而在油缸内产生真空，设计了油缸的补油装置（图中油杯和单向阀）。

气、液控制阀都采用高速开关阀。选择阀时应使气、液高速开关阀的开关时间相等，从而消除由于两种开关阀开、关不同步，而需要通过控制器进行补偿的问题。

系统的负载由惯性负载和阻力负载组成。惯性负载由加在负载小车上的质量块决定。而阻力负载由负载气缸施加，负载大小由高速开关阀控制负载气缸的进排气量决定。

采样系统由位移传感器和力传感器组成，采用的位移传感器为直线位移光栅传感器，在液压缸活塞杆与负载小车之间加装了力传感器，以采集负载力数据。控制系统主要由一台工控机及外围输入输出电路组成。

(3) 技术性能

由试验得出如下结论。

① 实现了较高精度的位置控制，控制精度达到±0.1mm。

② 液体固定阻尼式气液联控伺服系统的静、动态刚度较常规气压伺服系统有较大的提高，低速特性有很大改善。能响应 0.2mm/s 甚至更低速的斜坡信号，同等条件下常规气压

伺服系统能响应的最小斜坡信号为 0.1mm/s；正弦响应较常规气压伺服系统平稳、滞后小。

③ 液体固定阻尼式气液联控伺服系统可以很容易地实现无超调定位，抗干扰能力较常规气压伺服系统有所增强，定位精度也较高；随着液压阻尼的增加，系统的阻尼增加，系统的位置刚度及速度刚度也增加，抗干扰能力增强。系统可以实现定位锁死功能。

22.10.4 自动双头锯钻铣机

气动控制技术在木工机械中已广泛应用。

气-液阻尼缸具有气动和液压两者的优点，它以压缩空气驱动却具有液压缸的某些优良性能，如良好的调速特性、运动稳定性，已得到普遍使用。

(1) 气-液阻尼系统的组成及工作原理

某公司从德国进口的自动双头锯钻铣机气-液阻尼系统的组成及工作原理见图 22-20，工作台在工作中分三步完成一个循环，即快速进给→加工状态→快速复位。

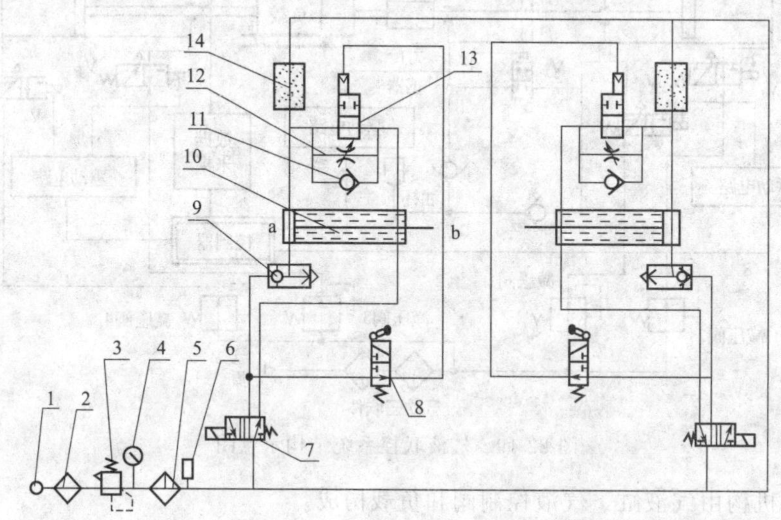

图 22-20 气-液阻尼系统工作原理示意图

1—气源；2—气水分离器；3—调压阀；4—压力表；5—油雾器；6—压力开关；7—电磁换向阀；
8—行程控制阀；9—快速排气阀；10—气-液阻尼缸；11—单向阀；
12—调速阀；13—气动换向阀；14—供给补油杯

① 快速进给 工作台运动主动力来源于气-液阻尼缸，气-液阻尼缸的动力由压缩空气和补油杯的液压油来供给。压缩空气经过气水分离器 2、调压阀 3、油雾器 5、供给补油杯 14 和电磁阀 7。开始工作时，电磁阀 7 得电换向，压缩空气分两路：一路经由快速排气阀 9，进入气-液阻尼缸 10，推动气-液阻尼缸工作；另一路为控制回路，到达控制换向阀 8，换向阀 8 在关闭状态，换向开关 13 未关闭，补油杯的液压油在压缩空气的动力下，通过换向开关 13 直接进入气-液阻尼缸，气-液阻尼缸快速前行，完成工作台的快速进给动作。

② 工作状态 在快速进给向前运动时，控制阀 8 被打开，控制回路的压缩空气经过控制阀到达换向开关 13，使换向开关 13 闭合，此时补油杯的液压油经过调速阀 12 进入气-液阻尼缸 10，所以气-液阻尼缸的速度就由调速阀 12 来控制，可以根据加工的工件不同合理调整工作台的运动速度。

③ 快速复位 当工作完成后，工作台使电磁阀失电，压缩空气换向，使气-液阻尼缸 b 端得气，快速排气阀 9 换向快速排气，液压经单向阀 11 返回补油杯，工作台快速返回原位。

（2）故障现象及故障分析

① 故障现象　在经过多次开机试车试验，常见故障情况如下：

a. 在快速进给阶段工作正常；

b. 工作状态时，一个工作台速度较慢，调整调速阀无明显反应，并且速度越来越慢，最后停止；

c. 快速返回工作正常；

d. 试车试验两到三个循环，压力开关 6 报警，自动停机。

② 故障分析　从故障现象初步分析，应为调速阀 12 故障，但对调速阀进行互换，故障现象仍未被排除，所以从其他方面进行分析。产生故障的原因应该有三个：供气压力不足、进入运动气-液阻尼缸 10 的液压油压力不足、进入运动气-液阻尼缸的压缩空气的压力不足。分别对这三个因素分析，查出可能故障再进行判断。

供气压力不足有以下原因：a. 气源供气压力低，达不到使用要求，而使压力开关 6 报警关机；b. 油水分离器内分离过滤系统阻塞，通过的气体不足，压力迅速下降，使压力开关 6 报警关机；c. 调压阀调压故障，不能调到使用压力值；d. 管路有严重泄漏，如运动气缸 10 内泄漏、电磁阀 7、控制阀 8、转向阀 13、快速排气阀 9 及管路接头处有泄漏，使供气量小于泄漏量，压力快速下降，使压力开关报警关机。

压缩空气进入运动气-液阻尼缸，压力不足原因：a. 电磁阀 7 未工作或阻力大，使压缩空气压降大；b. 快速排气阀 9 未工作、阻力大或有泄漏现象，使压缩空气压降大；c. 管路连接处压缩空气阻力较大。

进入运动气-液阻尼缸的压缩空气的压力不足原因：a. 调速阀 12 阻力大，调速阀作用损坏，油液通过困难，进入气-液阻尼缸压力不足；b. 油路阻力大，进入气-液阻尼缸压降较大；c. 快速排气阀 9 有泄漏现象，主气路压降较大，补油杯的压力较小，所以进入气-液阻尼缸压力不足。

③ 故障排除　经过上述分析，故障点可能性最大的是快速排气阀 9，用互换法将快速排气阀 9 与另一工作台的快速排气阀进行互换，试车试验，故障仍未排除，而另一工作台又出现相同的故障，可以判定快速排气阀 9 有故障。将快速排气阀 9 解体检查，发现阀体内滑阀的密封件损坏，使压缩空气不能密封，直接进行排气，更换密封件后再试车，自动停机故障排除。

气-液阻尼气缸运动无力，就是管路阻力过大而产生的，最后判定为调速阀 12 所在管路有阻塞现象，对调速阀管路解体检查，发现在气-液阻尼气缸内部管路入口处有一烧铜过滤器阻塞，更换后试车，工作正常，故障排除。

22. 10. 5　被动式钻柱升沉补偿装置气-液控制系统

浮式钻井平台在海上作业时处于漂浮状态，可近似认为在波浪的不规则运动中将产生围绕其原始平衡位置的进退、横移、升沉、横摇、纵摇、平摇 6 个自由度的运动。钻柱升沉补偿装置作为浮式平台钻井系统的一个关键设备，其主要作用是阻隔浮式平台在波浪作用下的升沉运动对钻柱的影响，减小钻柱和防喷器之间的磨损，获得稳定的钻压。在钻井过程中，它可以把井底的钻头定位在司钻设定的一个位置范围内；在其他操作中，能根据海洋平台的升沉运动状态补偿钻柱的运动，使之保持在一定的高度。钻柱升沉补偿装置通常采用液压驱动方式，主要有被动式、主动式、被动＋主动式 3 种形式。

（1）钻柱升沉补偿装置的组成

钻柱升沉补偿装置按照其安装位置可分为多种形式，其中以游车与大钩之间的升沉补偿装置（通称游车补偿装置）应用较为广泛。游车补偿装置中大钩的载荷不是直接作用在游车上，而是由补偿液缸来承受一部分。游车升沉补偿装置及控制系统（图 22-21）主要组成如下。

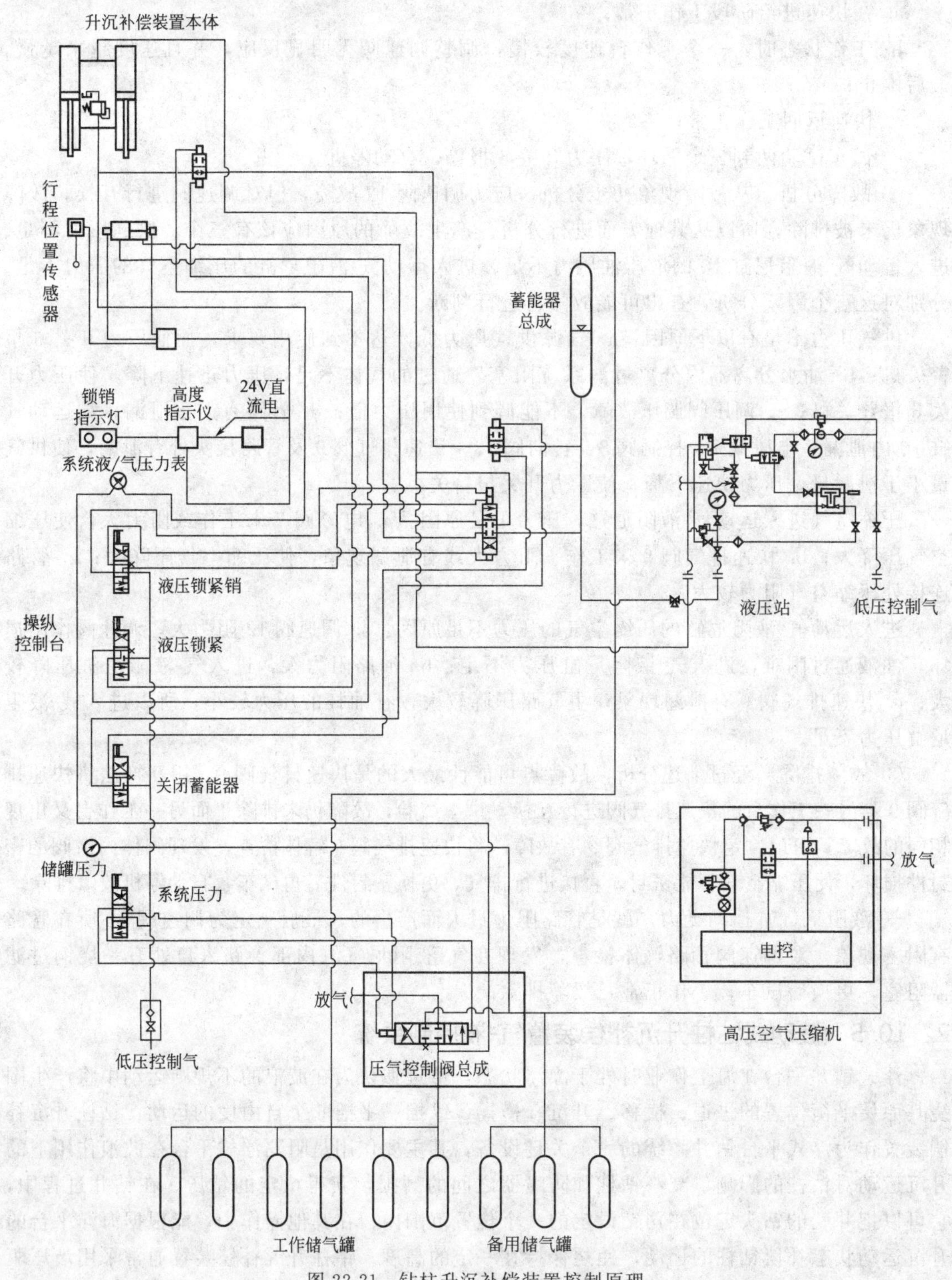

图 22-21 钻柱升沉补偿装置控制原理

① 升沉补偿装置本体是完成升沉补偿功能的执行机构，由液压缸-活塞杆组、连接架、液压锁紧阀、液压安全锁销和游车等组成。

② 液压站包括液压泵、油箱、控制系统及管汇、升沉补偿装置本体。

③ 供气装置包括空气压缩机、空气干燥机、控制系统和管汇。

④ 储气罐包括高压储气罐（工作储气罐和备用储气罐）、工作气管、阀门和管汇。

⑤ 蓄能器总成包括蓄能器、控制阀件和管汇。

⑥ 司钻操作控制台包括操作手柄，各种指示仪表等，可遥控观察和控制调节钻压、补偿行程、工作储气罐和备用储气罐等。

（2）工作原理

在此以被动式游车补偿装置为例说明升沉补偿用于下沉时，蓄能器外部负载压力减小，进而释放能量的工作原理。被动型是在浮式平台受海浪或潮量，提升钻柱，用以补偿钻柱的下沉位移，即被动式汐作用上升时，靠浮式平台的举升力将蓄能器的气补偿。装置工作的能量来源于浮式平台的外部海浪升沉运动，故其几乎不消耗燃料动力。由理想气体状态方程（玻意耳定律）可知，在等温条件下（若气体的压缩和膨胀是缓慢发生的，有足够的散热时间，可将钻柱升沉补偿装置工作过程视为等温），可认为 $p_1V_1=p_2V_2$。当蓄能器气体容积被压缩 1 倍，气体压力将增加 1 倍，容积与压力是反比关系，故在设计补偿装置时，为了提高装置补偿船体升沉行程的能力，降低补偿误差，就必须增大蓄能器气体部分的容积（并联若干气罐）。当并联气罐越多时，补偿装置工作压力越高，则负荷变化误差越小，其钻压误差通常为±3%～±5%。

（3）操作说明

本升沉补偿装置操作控制台如图 22-22 所示，主要有系统压力、液压锁紧、机械锁紧和关闭储能器 4 个阀件控制手柄；有系统压力和储能器压力显示 2 个压力表；有 1 个高度显示仪表；有左、右 2 个机械锁紧销的状态指示灯。

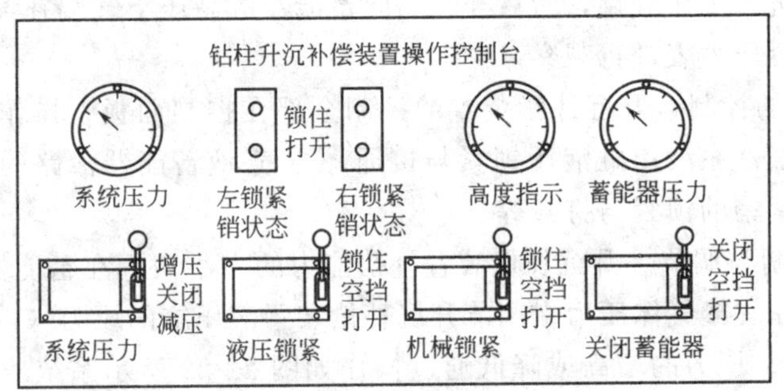

图 22-22　钻柱升沉补偿装置控制操作台面板

系统压力、液压锁紧、机械锁紧、关闭蓄能器 4 个阀均为三位五通手动气控阀，所用控制介质均来自钻机储气罐的低压气（压力为 0.7～1.0MPa）。在机械锁紧销侧安装有行程开关，机械锁紧销锁紧后销子碰触该行程开关，行程开关反馈信号，机械锁紧销的状态指示灯（红灯）亮，表示已锁紧；如果打开机械锁紧销，则行程开关无反馈信号，机械锁紧销的状态指示灯（绿灯）亮，表示已打开。由于该升沉补偿装置设有 2 个机械锁紧销，分别安装在本体的下部两侧，所以指示灯有左右之分。在实际工作中，2 个锁紧销是同时动作的，所以操作机械锁紧阀时只有 2 个状态指示灯均反应后才可进行下一步操作。

（4）控制原理

升沉补偿装置控制原理如图 22-21 所示，主要包括液压站自动补油、供气装置控制、系统压力控制与调节、补偿器主液缸的液压锁紧与接通、主气-液蓄能器液路的通断控制、升沉补偿装置本体液压锁紧销的锁紧与打开等。

① 液压站的自动补油 在钻井作业过程中，升沉补偿装置本体液缸内的高压油液从活塞处泄漏（例如液缸的顶部，该泄漏通常不可避免），其泄漏油液从补偿器液压缸顶部的软管流入油箱。操作液压锁紧销，排出的油液也经软管返回油箱，在此过程中蓄能器内的工作油液相应地减少，会造成补偿装置工作中压力降低，为了保持工作压力不变，需对蓄能器经常进行补油工作。为了满足防爆安全要求，液压站的液压泵采用气动马达驱动，其动力气源由平台钻机压缩空气储罐供给，一路经过滤器、气水分离器、减压阀、润滑器到达常开式二位二通气压阀；另一路经减压阀接至油箱浮子开关的常开式气压换向阀。当油液在油箱中上升至一定（初始设定）液位时，使浮子导通右边的二位二通常开式气阀，压缩空气即推动右下部的二位二通常开式气阀使其导通，驱动气动马达的低压空气即可同时进入气动液压泵驱动泵的工作。油液从油箱经过滤器、单向阀吸入泵内，泵出的压力油液经过滤器、管路（同时还并联一溢流阀，将超过压力的油液溢回油箱）向蓄能器和补偿器本体液压缸下腔补油。当油箱内由于泵的吸油使液位下降至一定位置时，浮子下落使二位二通气阀断开气源，则控制气动泵气阀的控制气路丧失压力，泵被自动切断工作气源，停止工作。当油液重新增多达到设定值，则气动液压泵又重新被启动，如此循环工作。

② 高压工作气源供气装置 在钻井作业时，需要经常调节气压，在此过程中会造成高压气的损失，供气装置主要功能就是对气体的损失进行补充。工作过程中，高压空气经单向阀、空气干燥机、定压开启阀、单向阀后输出，各主供气回路并联压力继电器，当气压超过调定压力时，该继电器动作，将压缩机电机的交流接触器电磁线圈断电，使空压机停止运转。高压气源送至储气罐，同时接至三位四通气控换向阀。高压空气经压力控制阀总成中三位四通气控换向阀进入工作气罐，然后经气路向蓄能器的高压空气端补气。空压机及储气罐的压力可通过储气罐压力表进行观察。

③ 液压执行器的控制 升沉补偿装置的控制全部在控制面板上操作，主要包括系统压力控制与调节、补偿器主液压缸液压锁紧与接通、主气-液蓄能器液路的通断控制、升沉补偿装置本体液压锁紧销的锁紧与打开等。

a. 系统压力控制与调节。升沉补偿装置补偿能力的大小表现在蓄能器内压力的高低上。系统主要靠调节工作气罐气体压力来调节升沉补偿装置液压缸的压力（蓄能器中浮动活塞两侧气压与液压平衡）。压力的增高或降低通过操作如图 22-22 所示系统压力操作手柄即可实现。当需要增高系统压力时，打开增压气控气路，开启三位四通主换向阀（压力控制阀）使空压机和储气罐内的高压空气进入工作气罐，观察系统液-气压力表的指针，压力增至合适值，即可断开操作手柄使储气罐气源与工作气罐断开。当需要降低系统压力时，打开降压气控气路将压力控制阀打开（三位四通阀处于右位），使工作气罐的高压空气经气路排出至大气，观察压力表的读数，直至降到合适值。

b. 补偿装置液压缸液压锁紧与接通。当钩载较小时进行下钻作业，可通过关闭该阀切断液压油路，将补偿装置本体和游车锁紧进行作业；在紧急情况下，必须通过关闭该阀切断油路。液压缸液压锁紧采用二位二通常通式阀，操作液压锁紧手柄，控制气推动补偿装置本体的液压缸关闭阀，进而切断主液压油路，完成相应功能。

c. 蓄能器液路的通断控制。在紧急情况（如高压软管爆裂），必须和补偿装置液压缸液压锁紧关闭功能共同操作，才能彻底切断液压油路，防止事故的再次发生。操纵关闭或打开蓄能器阀（三位四通气阀）的手柄，使控制气源接入二位二通的气-液蓄能器开断控制阀（该阀为常通式），进而可达到蓄能器输出油液的断开或接通控制。

d. 升沉补偿装置本体液压锁紧销的锁紧与打开。升沉补偿装置正常工作时（钻井状态），液压锁紧销处于打开状态，使游动滑车与大钩（或顶驱）机械脱开，液压缸进行升沉补偿；当提钻时，钻孔内钻具负重（钻具自重加孔内卡阻力）增大，必须令游动滑车与大钩实行机械锁紧后提升钻具。该项工作是用液压缸推动机械锁紧销实现的。操作时，只需将机械锁紧销控制气阀手柄打到锁紧位置，使控制气与锁紧销控制阀（三位四通）锁紧端控制气路接通，以推动气-液换向阀换位，利用蓄能器油源经液路推动升沉补偿装置游动滑车与大钩之间机械锁销的液缸活塞杆实行锁紧或打开。该锁紧销控制气阀处于中间位置时，液压锁紧销处于打开状态。

(5) 升沉补偿装置系统压力与提升载荷关系

升沉补偿装置蓄能器系统压力与游动系统提升载荷有着一定的对应关系，为了司钻人员操作方便，随时掌握钩载信息，保证钻压，在装置操作面板上也可根据下列公式制作二者的关系对照表。

根据系统设计，有

$$N=2(pA+F)$$

式中，N 为提升载荷；p 为蓄能器压力；A 为补偿液缸有效作用面积；F 为液缸中活塞运动时的阻力。可以近似认为只有摩擦力，即

$$F=fp\pi Dh$$

式中，f 为活塞与液缸之间的摩擦因数；h 为密封的有效高度；D 为补偿液压缸内径。

钻柱升沉补偿装置是保证海洋浮式钻井平台在恶劣海况下正常工作必不可少的关键设备。此为一种适用于浮式平台钻井系统的被动式钻柱升沉补偿装置组成及气-液控制系统的原理设计方案，结构比较简单，控制也较容易。该成果可直接用于深海浮式平台的钻井系统。补偿装置工作原理、控制方式均可适应各种形式的补偿装置，但是被动式钻柱升沉补偿装置产生的钻压误差通常为±3%～±5%，为了提高钻压精度，需要进一步研究主动式和被动式＋主动式2种钻柱升沉补偿装置。

参 考 文 献

[1] 赵月静，宁辰校．液压实用回路360例，北京：化学工业出版社，2008.

[2] 崔培雪，冯宪琴．典型液压气动回路600例．北京：化学工业出版社，2014.

[3] 黄志坚．液压实用技术500问．北京：中国电力出版社，2013.

[4] 黄志坚．液压伺服比例控制及PLC应用．北京：化学工业出版社，2014.

[5] 黄志坚，郑金传．液压及电控系统设计开发．北京：中国电力出版社，2015.

[6] 黄志坚．气动系统设计要点．北京：化学工业出版社，2015.

[7] 赵庆龙．变频容积调速液压系统的实验研究．煤矿机电 2011 (2).

[8] 周旭辉．水平式压力机液压主回路的设计．液压与气动．2009 (7).

[9] 王涛，王平．桥梁支座更换工程装备液压系统研究．起重运输机械．2008 (11).

[10] 陈智园．多功能天车液压系统无压力故障分析．有色设备．2006 (4).

[11] 赵丽娟，周双喜，谢波．磨蚀系数试验台的自动化改造．液压与气动．2009 (3).

[12] 杨明松，涂婷婷，彭巍等．采用开式油路的阀控-变频节能液压电梯研究．液压气动与密封．2011 (6).

[13] 谢群，杨佳庆，高伟贤．盾构机刀盘驱动液压系统设计．液压与气动．2009 (4).

[14] 赵伟，张凯，阮健．高速活塞式蓄能器的设计与应用．液压气动与密封．2013 (11).

[15] 任喜岩，白杰．2500kN热压成型机液压系统．液压与气动．2007 (8).

[16] 臧贻娟，赵国霞，徐瑞霞等．高速冲床液压系统设计．液压与气动．2008 (4).

[17] 吴芹兰．PLC在多缸顺序控制中的应用．流体传动与控制．2010 (1).

[18] 李云，付胜．电液比例控制系统在摆丝机上的应用．液压与气动．2010 (11).

[19] 周敏，倪俊芳．冲压机的气动送料机研究．江苏电器．2008 (3).